Strömungsmaschinen

AF003582

Strömungsmaschinen

Turbinen, Kreiselpumpen und Verdichter

Eine Einführung

von

Dipl.-Ing. Max Adolph

Oberbaurat, Leiter der Abteilung Konstruktionstechnik
an der Staatl. Ingenieurschule für Maschinenwesen
in Hagen

Zweite neubearbeitete und erweiterte Auflage

Mit 210 Abbildungen
und 40 Berechnungsbeispielen

Springer-Verlag
Berlin / Heidelberg / New York
1965

ISBN 978-3-642-88295-1 ISBN 978-3-642-88294-4 (eBook)
DOI 10.1007/978-3-642-88294-4

Alle Rechte, insbesondere das der Übersetzung in fremde Sprachen, vorbehalten

Ohne ausdrückliche Genehmigung des Verlages ist es auch nicht gestattet,
dieses Buch oder Teile daraus auf photomechanischem Wege
(Photokopie, Mikrokopie) oder auf andere Art zu vervielfältigen

© by Springer-Verlag, Berlin/Heidelberg 1959 and 1965

Softcover reprint of the hardcover 2nd edition 1965

Library of Congress Catalog Card Number: 65–22 145

Die Wiedergabe von Gebrauchsnamen, Handelsnamen, Warenbezeichnungen usw. in diesem Buche berechtigt auch ohne besondere Kennzeichnung nicht zu der Annahme, daß solche Namen im Sinne der Warenzeichen- und Markenschutz-Gesetzgebung als frei zu betrachten wären und daher von jedermann benutzt werden dürften

Titel Nr. 0002

Vorwort zur zweiten Auflage

Die im Vorwort zur ersten Auflage begründete Art der Darstellung wird beibehalten. Der Umfang der Strömungslehre wird erweitert, das Berechnungsbeispiel für ein Francisrad geändert.

Seit Jahren ist man bestrebt, nicht mehr das Gewicht bzw. die Kraft, sondern die Masse als Bezugsgröße zu wählen. Der Übergang vom Technischen Maßsystem (nachfolgend TM abgekürzt) zum MKS-System wird für Strömungsmaschinen dadurch erleichtert, daß man nach Prof. PETERMANN die spezifische Stutzenarbeit Y in J/kg neben die Fallhöhe, die Förderhöhe und die spezifische technische Arbeit in kpm/kp stellt. Dementsprechend arbeitet nur der Teil A der zweiten Auflage mit dem TM und mit der Krafteinheit kp, während in dem Teil B der zweiten Auflage die Gleichungen und Berechnungen auf das MKS-System bezogen sind.

In der Zeit des Übergangs vom TM zum MKS-System sind Umrechnungen nicht zu umgehen. Mit ihnen machen die 27 kleineren Zahlenbeispiele des Teiles B dadurch vertraut, daß die Größen noch in den Einheiten des TM gegeben sind. Um die Umrechnungen zu vereinfachen, wird in der Einführung auf die Bedeutung der kohärenten Einheiten, der allgemeinen und der zugeschnittenen Größengleichungen und auf die Nachteile der Zahlenwertgleichungen eingegangen. Bei den 13 größeren Berechnungsbeispielen des Teiles B sind die Größen bereits in den Einheiten des MKS-Systems gegeben, so daß Umrechnungen nicht mehr erforderlich sind.

Mein Dank gilt den am Schluß aufgeführten Firmen für die Überlassung von Werkbildern, Prospekten und Betriebsvorschriften sowie dem Springer-Verlag für die verständnisvolle Zusammenarbeit und die gute Ausstattung des Buches. Auch möchte ich des Herrn Prof. Dr.-Ing. Dr.-Ing. E. h. PFLEIDERER gedenken, der seit dem Erscheinen der ersten Auflage verstarb und dem ich so manche Anregung verdanke.

Hagen (Westf.), im März 1965

Max Adolph

Vorwort zur ersten Auflage

Wie für jedes Gebiet, so stehen auch für die Behandlung der Strömungsmaschinen zwei Wege offen: Man kann entweder alle Strömungsmaschinen zusammenfassend und vergleichend betrachten oder nur eine Strömungsmaschine, z. B. die Dampfturbine oder die Kreiselpumpe, gewissermaßen stellvertretend für die andern, auswählen und diese dafür eingehend behandeln.

Für den Lehrer und für den Studierenden wird es immer anziehend sein, die Zusammenhänge zu zeigen und zu erkennen. Der Betriebsingenieur wird unter Umständen alle Maschinen in seinem Betrieb haben, und auch für den Konstrukteur einer bestimmten Maschinenart wird es gut sein, etwas von seinen Nachbargebieten zu wissen und u. U. zu verwenden.

Das vorliegende Buch geht deshalb bei der Betrachtung des Energieumsatzes, der Ähnlichkeitsgesetze, der Verluste und der günstigsten Form der Laufräder und Leitvorrichtungen sowie bei der Ableitung der Formeln für die Berechnung weitgehend den ersten Weg, um dann aber getrennt in Wasserturbinen und in Dampfturbinen, in Kreiselpumpen, in Lüfter, Gebläse und Kompressoren die Bauarten, die Berechnung der Hauptabmessungen sowie das Betriebsverhalten und die Regelung zu behandeln.

Hierdurch und durch die Aufnahme der Grundgebiete der Wärme- und Strömungslehre hoffe ich, den Studierenden und Jungingenieuren einen besonderen Dienst zu erweisen.

Mein Dank gilt den am Schluß aufgeführten Firmen, die mich durch Überlassung von Werkbildern, Prospekten und Betriebsvorschriften unterstützten, und dem Verlag, der für die gute Ausstattung des Buches sorgte und meinen besonderen Wünschen entgegenkam.

Hagen (Westf.), im September 1958

Max Adolph

Inhaltsverzeichnis

Teil A

I. Allgemeine Einführung

1. Wirkungsweise und Bauarten der Strömungsmaschinen

In den Strömungsmaschinen wird durch die kontinuierliche Strömung eines Mediums (Flüssigkeit, Gas oder Dampf) diesem entweder Energie (Arbeit) entzogen und der Welle als mechanische Drehenergie zugeführt wie in den *Kraftmaschinen* (den sog. *Turbinen*), oder es wird ihnen durch die Welle mechanische Drehenergie zugeführt und diese dann durch das Laufrad in der Form von Druck- oder kinetischer Energie auf das Medium übertragen wie in den *Pumpen* und *Verdichtern* (den sog. *Arbeitsmaschinen*).

Die Energieabnahme (Kraftmaschinen) bzw. Energiezunahme (Arbeitsmaschinen), die 1 kp Medium in der Maschine erfährt, nennt man *Gefälle H* kpm/kp, bei Wasserturbinen *Fallhöhe H* kpm/kp und bei Arbeitsmaschinen *Förderhöhe H* (früher manometrische Förderhöhe H_{man}).

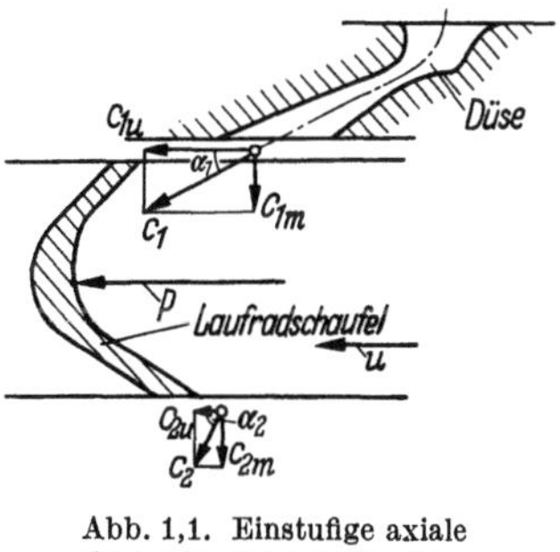

Abb. 1,1. Einstufige axiale Gleichdruck-Dampfturbine c_m Meridional-, c_u Umfangskomponente von c

Die Hauptteile einer Strömungsmaschine sind das mit der Welle umlaufende *Laufrad* und das in das Gehäuse fest eingebaute *Leitrad*. Beide zusammen bezeichnet man als *Stufe*. Bei *mehrstufigen* Maschinen fließt das Medium in einem Strom nacheinander durch mehrere Stufen, bei *mehrflutigen* teilt sich der Strom in Teilströme auf.

Bei fast allen Strömungsmaschinen ändert das Medium seinen Druck in der Leitvorrichtung. Bei *Gleichdruckwirkung* ist der Druck vor und hinter dem Laufrad der gleiche. Bei *Überdruck-* oder *Reaktionswirkung* sinkt der Druck im Laufrad der Turbinen, während er im Laufrad der Arbeitsmaschinen steigt.

Strömt das Medium im Laufrad in der Hauptrichtung parallel zur Welle, so nennt man die Maschine *axial*. Bei *Radial*maschinen ist die Strömung im Laufrad auch radial. Bei *halbaxialer* Bauweise ist die radiale Umlenkung im Laufrad nur gering.

Abb. 1,1 zeigt im Schnitt und in radialer Sicht Leitrad (hier Düse genannt) und Laufradschaufel einer einstufigen axialen Gleichdruckdampfturbine. Durch diese Stufe strömen in t sek G kp Dampf und erfahren in der Düse bzw. in den Leitkanälen eine Drucksenkung und damit eine Verminderung ihres Wärmeinhaltes. Aus der hierdurch frei werdenden Energie baut sich die Geschwindigkeit c_1 auf, mit der der Dampf die Düse verläßt und in das Laufrad eintritt. Die Dampfmasse $m = G/g$ erfährt im Laufrad durch die Umlenkung eine Verzögerung von c_1 auf c_2. Nach dem dynamischen Grundgesetz übt sie damit auf das Laufrad eine Umfangskraft $P = m \cdot b$ aus, die das Rad mit der Umfangsgeschwindigkeit $u = D \cdot \pi \cdot n/60$ dreht. In Richtung von P und u vermindert sich die Dampfgeschwindigkeit von c_{1u} auf c_{2u}, so daß die Verzögerung gleich $(c_{1u} - c_{2u})/t$ ist. Mit dem sekundlichen Dampfgewicht $G_s = G/t$ wird die Umfangskraft

$$P = G_s \cdot (c_{1u} - c_{2u})/g \text{ kp}$$

und die Radleistung $P \cdot u$ kpm/sek.

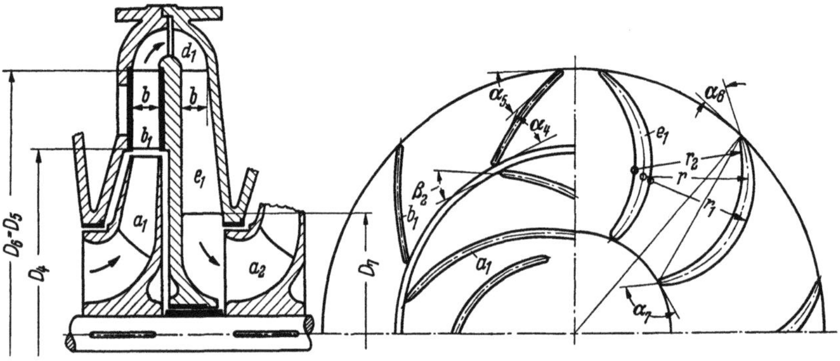

Abb. 2,1. Mehrstufige Überdruck-Radialpumpe

Abb. 2,1 zeigt zwei mittlere Stufen einer einflutigen, mehrstufigen radialen Überdruck-Kreiselpumpe mit dem Laufrad a_1, dem beschaufelten Leitrad b_1, dem nicht beschaufelten Umlenkraum d_1, den Rückführschaufeln e_1 der einen und dem Laufrad a_2 der folgenden Stufe. Ist p_d atü der durch die Druckhöhe und durch die Energieverluste in der äußeren Druckleitung am Druckstutzen der Pumpe sich einstellende Überdruck und p_s at der durch die Saughöhe und durch die Energieverluste in der Saugleitung am Saugstutzen der Pumpe sich ergebende Unterdruck, so ist bei i Stufen mit 10 m Wassersäule je at die Förderhöhe der Pumpenstufe annähernd $h_{man} = (p_d + p_s) \cdot 10/i$ ebenfalls dem Wert $u_2 \cdot c_{2u} - u_1 \cdot c_{1u}$ proportional wie in der durch Abb. 1,1 dargestellten Strömungsmaschine.

Die Hauptgrößen für die Berechnung der Strömungsmaschinen sind also nicht wie bei den Kolbenmaschinen der Druck, seine Wirkfläche und der Hub, sondern das sekundliche Gewicht des Mediums und die Geschwindigkeiten des Mediums bzw. des Laufrades.

2. Geschwindigkeitsverhältnisse am Laufrad

Zur ersten Einführung seien drei vereinfachende Annahmen gemacht:

a) Abstimmung der sekundlichen Menge des Mediums und der je kp Medium übertragenden Energie auf die Drehzahl, so daß das Medium stoßfrei ins Laufrad eintritt.

b) Sehr große Schaufelzahl des Laufrades, so daß der Schaufeldruck auf das Medium klein wird und so alle Teilchen des Mediums, die von der Wellenmitte radial die gleiche Entfernung haben, auch die gleichen Drücke und Geschwindigkeiten aufweisen.

c) Alle Teilchen verfolgen eine geordnete Strombahn (laminare Strömung).

Dann führt das Medium im Laufrad zwei Bewegungen aus: Es strömt erstens mit der sog. *Relativgeschwindigkeit* w an der Laufradschaufel entlang und macht außerdem mit der *Umfangsgeschwindigkeit* u die Drehung des Laufrades mit. Die *wirkliche* oder *absolute Geschwindigkeit* c ist die Resultierende von u und w. Die drei Geschwindigkeiten können in Parallelogrammen oder in Dreiecken vereinigt dargestellt werden (Richtungssinn beachten!).

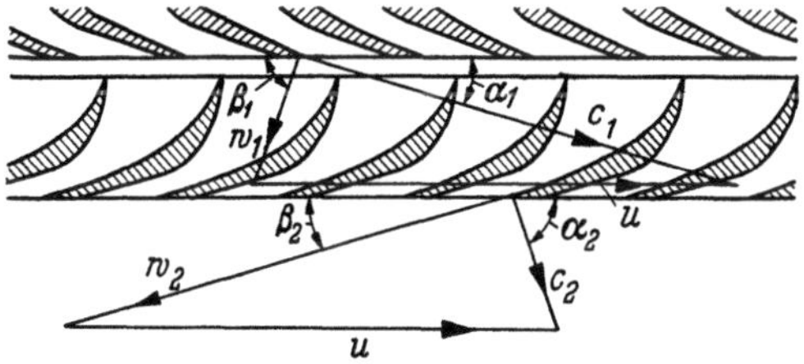

Abb. 3,1. Geschwindigkeitsdreiecke einer axialen Überdruck-Dampfturbine

Abb. 3,1 zeigt die Laufradschaufel einer mehrstufigen axialen Überdruck-Dampfturbine in radialer Sicht im Schnitt. w_2 ist größer als w_1, weil der Druck im Laufrad sinkt und die so frei werdende Wärmeenergie in kinetische Energie umgesetzt wird. w_2 ist kleiner als der Wert w_0, den die Relativgeschwindigkeit am Austritt des Laufrades haben würde, wenn im Laufrad keine Energieverluste durch Strömungsreibung und Umlenkung auftreten würden.

Im Laufrad der axialen Gleichdruck-Dampfturbine Abb. 4,1 findet keine Drucksenkung statt. Daher wäre ohne die eben genannten Verluste $w_2 = w_1$. Infolge dieser Verluste ist w_2 kleiner als w_1. Zur zeichnerischen Vereinfachung kann nach Abb. 4,2 das Austrittsdreieck auf die Seite des Eintrittsdreiecks geklappt werden.

Beachte: Bei allen Kraftmaschinen ist c_2 kleiner als c_1, weil dem Medium Energie entzogen wird.

Abb. 4,3 zeigt das Laufrad eines radialen Überdruck-Kreiselverdichters im Normalschnitt. w_2 ist kleiner als w_1, weil durch die bei dieser Verzögerung frei werdende Energie und durch die mit der Zunahme von u_1

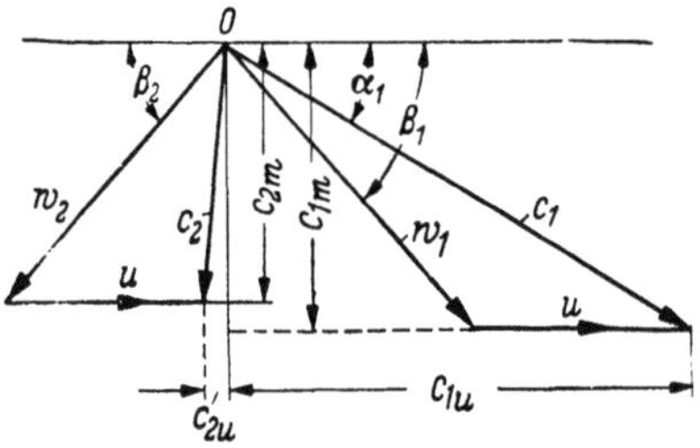

Abb. 4,1. Geschwindigkeitsdreiecke einer axialen Gleichdruck-Dampfturbine

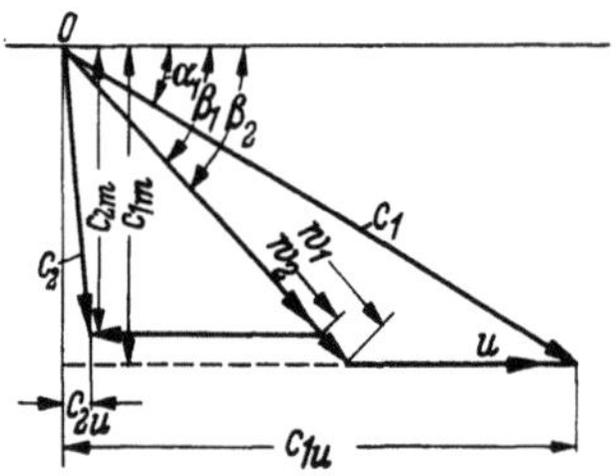

Abb. 4,2. Geschwindigkeitsdreiecke einer axialen Gleichdruck-Dampfturbine

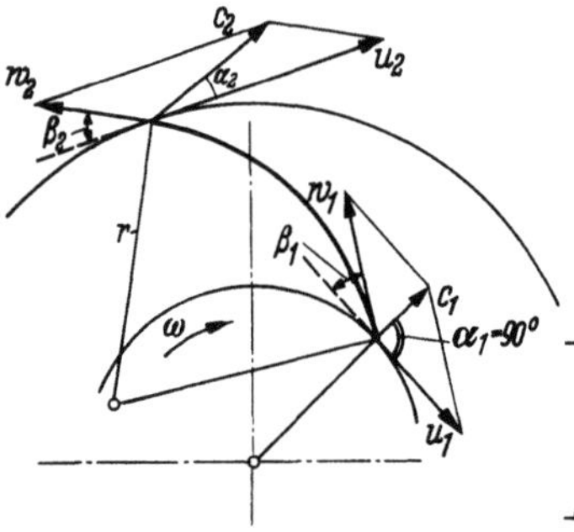

Abb. 4,3. Geschwindigkeitsdreiecke eines radialen Überdruck-Kreiselverdichters

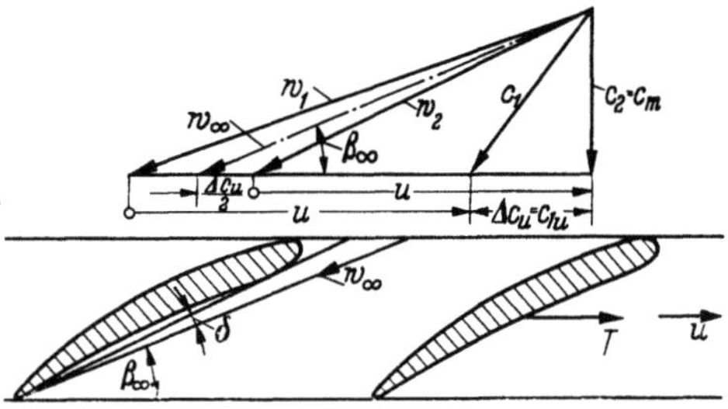

Abb. 4,4. Geschwindigkeitsdreiecke eines axialen Überdruck-Kreiselverdichters

auf u_2 hervorgerufene Fliehkraft der Druck des Mediums bereits im Laufrad gesteigert wird. Infolge der Energieverluste durch Strömungsreibung und Umlenkung im Laufrad ist aber auch hier w_2 kleiner, als es ohne diese Verluste sein würde.

In der Laufradbeschaufelung Abb. 4,4 eines axialen Kreiselverdichters im Schnitt in radialer Sicht ist infolge Überdruckwirkung aus den vorstehenden Gründen ebenfalls w_2 kleiner als w_1, aber auch kleiner als theoretisch.

Beachte: In den Arbeitsmaschinen ist im allgemeinen c_2 größer als c_1 wie in Abb. 4,3. Ausnahmsweise ist dies in Abb. 4,4 nicht der Fall. Durch ein vorgeschaltetes Leitrad ist hier c_{1u} negativ und so trotz $c_{2u} = 0$ die dem Wert $c_{2u} - c_{1u}$ entsprechende übertragene Energie positiv.

II. Grundlagen der Gas-, Wärme- und Strömungslehre

Nach Abschn. I beruht die Theorie der Strömungsmaschinen auf Änderungen von Druck und Volumen und damit von Wärmeinhalt und Arbeitsvermögen bzw. Arbeitsbedarf der Gase und Dämpfe sowie auf der Umwandlung der Energieformen. Ebenso sind die Strömungsarten, das Strömungsverhalten und die Strömungswiderstände in geraden und gekrümmten, in sich verengenden und sich erweiternden Kanälen von Einfluß auf die Vorgänge in Strömungsmaschinen. Deshalb folgt zunächst eine kurze Zusammenfassung dieser Grundlagen.

A. Gas- und Wärmelehre

1. Luftdruck. Absoluter Gasdruck. Normalzustand

Einheit des Druckes ist 1 at = 1 kp/cm² = 10 m WS (Wassersäule) = 10000/13,6 = 735,5 mm QS (Quecksilbersäule).

Der absolute Druck der äußeren Luft wird mit dem Barometer in b_t mm QS bei t °C gemessen. Mit dem auf 0 °C reduzierten Barometerstand

$$b = b_t - b_t \cdot 0{,}00018 \cdot t \tag{5,1}$$

errechnet sich der Luftdruck

$$p_a = b/735{,}5 \text{ ata}. \tag{5,2}$$

Gasdrücke mißt man als Überdrücke und Unterdrücke mit Manometern. Der *absolute Gasdruck* ist also entweder

$$p = p_a + \text{Überdruck in ata} \tag{5,3a}$$

oder

$$p = p_a - \text{Unterdruck in ata}. \tag{5,3b}$$

In der Gaslehre wird der absolute Gasdruck mit P bezeichnet, wenn er in kp/m² eingesetzt werden muß.

$$P = 10000 \cdot p \text{ kp/m}^2\text{abs}. \tag{5,4}$$

Ein Behälter hat 0% Luftleere (Vakuum), wenn er mit Außenluft gefüllt, und 100% Vakuum, wenn der Unterdruck in ihm p_a ist. Für ein dazwischenliegendes *teilweises Vakuum* $\mathfrak{v}$% gilt

$$\mathfrak{v}/100 = \text{Unterdruck/Luftdruck}. \tag{5,5}$$

Das Jahresmittel des Luftdrucks in Höhe des Meeresspiegels heißt *Normaldruck* $p_0 = 760$ mm QS $= 1{,}033$ ata und vereinigt mit der Temperatur 0 °C *Normalzustand.* Das hierauf bezogene Volumen von G kp Gas nennt man *Normalvolumen* V_0 in Nm³ (Normalkubikmetern), den reziproken Wert der *Wichte* $\gamma_0 = G/V_0$ das *spezifische Volumen* $v_0 = 1/\gamma_0 = V_0/G$. Für Luft ist $\gamma_0 = 1{,}293$ kp/Nm³.

2. Thermische Zustandsgleichung der Gase

Das sog. ideale Gas zieht sich unter konstantem Druck bei Abkühlung um 1° um $^1/_{273}$ seines Volumens bei 0 °C zusammen und behält diese Eigenschaft und seinen Aggregatzustand auch bei tiefen Kältegraden bei. Da es bei −273 °C das Volumen Null haben würde, so nennt man diese Temperatur den *absoluten Nullpunkt* und die von dort aus gezählten Temperaturen *absolute Temperaturen* T (gemessen in °Kelvin). Damit wird

$$T = 273 + t\ \text{°K}, \tag{6,1}$$

wenn t in °C gemessen wird.

Ist V m³ das Volumen von G kp Gas, so hat für veränderlichen absoluten Druck P kp/m² und für veränderliche Temperatur T °K der Bruch $\frac{P \cdot V}{G \cdot T}$ einen konstanten Wert, den man die *Gaskonstante* R der betreffenden Gasart nennt. Zum Beispiel ist für Luft $R = 29{,}27\ \frac{\text{kpm}}{\text{kp °K}}$. So ergibt sich die *thermische Zustandsgleichung*

$$P \cdot V = G \cdot R \cdot T. \tag{6,2}$$

Zahlenbeispiel 1. Ein Turbokompressor soll sekundlich 2,5 Nm³ Luft bei 700 mm QS absolutem Druck und 15 °C am Saugstutzen fördern. Wie groß sind Luftgewicht, absoluter Druck, absolute Temperatur und Wichte am Saugstutzen?

$G_s = V_0 \cdot \gamma_0 = 2{,}5 \cdot 1{,}293 = \underline{3{,}23 \text{ kp/sek}}$. Nach Gl. (5,2) ist $p_1 = 700/735{,}5 = \underline{0{,}952 \text{ ata}}$ und $P_1 = 10000 \cdot p_1 = \underline{9520 \text{ kp/m}^2 \text{ abs.}}$ nach Gl. (5,4). Nach Gl. (6,1) ist $T_1 = 273 + 15 = \underline{288\,\text{°K}}$. Da die Wichte γ zu 1 m³ gehört, so wird nach Gl. (6,2) $\gamma_1 \cdot R \cdot T_1 = P_1 \cdot 1$ und $\gamma_1 = \frac{P_1}{R \cdot T_1} = \frac{9520}{29{,}27 \cdot 288} = \underline{1{,}13 \text{ kp/m}^3}$ (s. Berechnung einer Verdichterstufe ab S. 225).

3. Wärmezufuhr. Innere Energie. Äußere Arbeit. Enthalpie

Einheit der Wärmemenge: 1 Kilokalorie (kcal).

Um 1 kp Gas ohne Verluste um 1° zu erwärmen, benötigt man die *spezifische Wärmemenge* der betreffenden Gasart. Sie ist c_v bei konstantem

Volumen, c_p bei konstantem Druck und c allgemein. Das Verhältnis c_p/c_v wird mit $\varkappa$ und der Wert

$$\frac{c_p - c}{c_v - c} \tag{7,1}$$

mit n bezeichnet. Zum Beispiel ist für Luft bei 1 ata und 0 °C $c_p = 0{,}241$, $c_v = 0{,}172$ und $\varkappa = 1{,}4$.

c_p ist größer als c_v, weil sich *bei konstantem Druck* das spez. Volumen um Δv vergrößert. Geschieht dies z. B. in einem Zylinder von der Kolbenfläche F m² bei P kp/m² abs auf dem Weg s m, so wird hierbei die *äußere Arbeit* = Kraft mal Weg $= P \cdot F \cdot s = P \cdot (F \cdot s) =$ *Druck mal Volumenänderung* frei. Sie ist für 1 kp Gas $P \cdot \Delta V/G = P \cdot \Delta v = L$ kpm/kp.

Nach Versuchen hat 1 kcal den Arbeitswert 427 kpm. Damit ergeben sich folgende Energiegleichungen:

das sog. *mechanische Wärmeäquivalent*

$$A = 1/427 \text{ kpm/kcal}, \tag{7,2}$$

die technische Arbeitseinheit

$$1 \text{ PSh} = 632 \text{ kcal}$$

und

$$1 \text{ kWh} = 860 \text{ kcal}.$$

Weiter ist

$$c_p - c_v = A \cdot R. \tag{7,3}$$

Eine Wärmezufuhr q kcal für 1 kp Gas bewirkt damit sowohl eine Temperaturerhöhung und damit eine Erhöhung der sog. *inneren Energie* u kcal/kp als auch eine Volumenvergrößerung und damit eine äußere Arbeit. Dies wird durch den *I. Hauptsatz der Wärmelehre* ausgedrückt:

$$dq = du + A \cdot dL = c_v \cdot dT + A \cdot P \cdot dv = c \cdot dT \text{ kcal/kp}. \tag{7,4}$$

Die Wärmezufuhr, die ohne Verluste notwendig ist, um 1 kp Stoff bei konstantem Druck von 0 °C auf t °C zu bringen, heißt *Wärmeinhalt* oder *Enthalpie* i kcal/kp. Für Gase ist demnach

$$i = c_{pm} \cdot t. \tag{7,5}$$

4. Zustandsänderungen und Diagramme

Verändern sich die vorstehenden Zustandsgrößen P, V, T, c und i bis auf eine oder geschieht dies ohne Wärmezu- oder -abfuhr, so spricht man von den sechs einfachen Zustandsänderungen. Man nennt sie *Isobare* für konstantes P, *Isochore* für gleichbleibendes v, *Isotherme* für konstantes T, *Polytropen* für gleichbleibendes c, *Drosselung* für konstantes i und *Adiabate oder Isentrope* für den Fall, daß Wärme weder zu- noch abgeführt wird. Zur Darstellung der Zustandsänderungen werden vorzugsweise nachstehende Diagramme benutzt.

a) Das Pv-Diagramm. Abb. 8,1 hat als Abszisse das spezifische Volumen v m³/kp und als Ordinate den absoluten Druck P kp/m², so daß die *äußere Arbeit* $L = \int_1^2 P \cdot dv$ kpm/kp in ihm *als Fläche zwischen der Zustandskurve 1—2 und der v-Achse* erscheint. Es hat aber den Nachteil, daß man in ihm T und q nicht darstellen kann.

b) Das Ts-Diagramm. Abb. 8,2 hat deshalb die absolute Temperatur T zur Ordinate und die sog. *Entropie* s kcal/kp° zur Abszisse. Diese Rechnungsgröße der Wärmelehre ist so gewählt, daß die *Wärmezufuhr q als Fläche zwischen der Zustandskurve und der s-Achse* erscheint. Die Entropie s läßt sich daher aus der Definitionsgleichung

$$dq = T \cdot ds \tag{8,1}$$

berechnen.

c) Das is-Diagramm hat als Abszisse ebenfalls die Entropie s, aber als Ordinate die Enthalpie i. Über seine besonderen Vorteile wird in den beiden nächsten Abschnitten gesprochen werden.

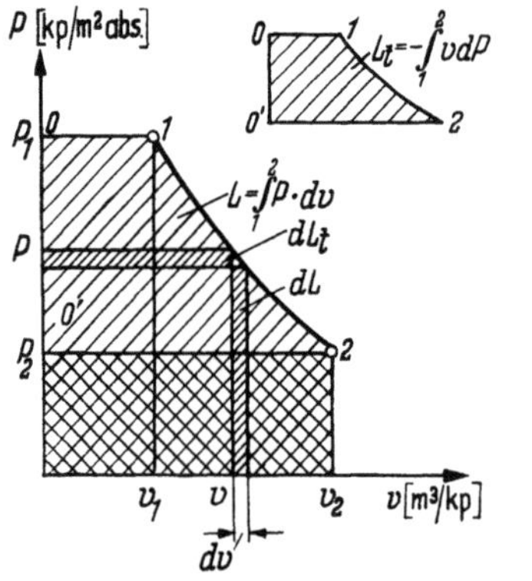

Abb. 8,1. Pv-Diagramm: Äußere Arbeit L, technische Arbeit L_t

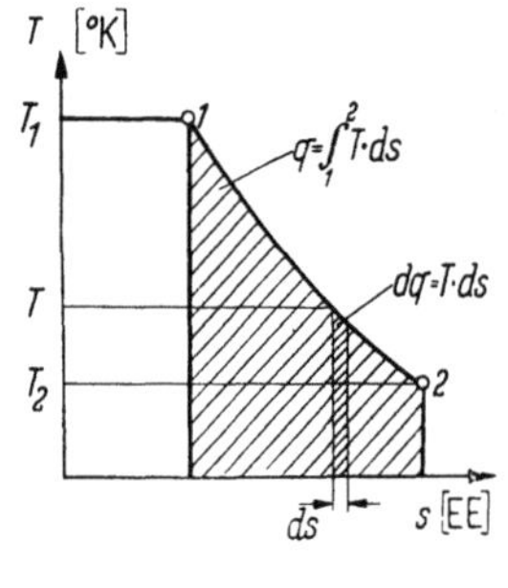

Abb. 8,2. Ts-Diagramm

5. Die Dampfarten und ihre Kennwerte

Das Sieden einer homogenen (in sich gleichartigen) Flüssigkeit erfolgt bei einer bestimmten *Siedetemperatur* t_s °C, die von der Art der Flüssigkeit abhängt und um so größer ist, je höher der absolute Druck p ata über der Flüssigkeit ist.

Der Dampf, der sich beim Sieden entwickelt, hat auch die Temperatur t_s und den absoluten Druck p ata und wird, wenn er frei von siedendem Wasser ist, *trocken gesättigter Dampf*, kurz *Sattdampf*, genannt. Man gibt seinen Werten zwei Striche und dem siedenden Wasser einen Strich als Index.

Um 1 kp siedende Flüssigkeit in 1 kp Sattdampf umzuwandeln, ist ohne Verluste die *Verdampfungswärme* r kcal/kp zuzuführen. Damit wird nach Gl. (8,1)

$$i'' = i' + r \quad \text{und} \quad r = T_s \cdot (s'' - s'). \tag{9,1}$$

Die Werte von γ', v', i', r, s', s'', i'', γ'', v'' und t_s kann man aus Tabellen für Sattdampf, aus dem Ts-Diagramm oder aus dem is-Diagramm entnehmen. Im letzteren ist dem *Sattdampf* die *Kurve* $x = 1$ zugeordnet (Begründung unter Naßdampf).

Trennt man den Sattdampf von der siedenden Flüssigkeit und führt man ihm dann bei gleichbleibendem Druck Wärme zu, so steigt die Temperatur auf $t > t_s$. Man nennt ihn dann *überhitzten Dampf*, kurz *Heißdampf*. Seine Werte für γ, v, i und s sind ebenfalls in Heißdampftabellen zusammengestellt. Man entnimmt sie aber bei wärmetechnischen Rechnungen meist dem is-Diagramm, wo sie *oberhalb der Sattdampfkurve* $x = 1$ liegen.

Arbeitet dieser Dampf in einer Maschine, z. B. Wasserdampf in einer Dampfturbine, so wandelt sich ein Teil seiner Enthalpie in Arbeit um. Mit größer werdendem Volumen (Expansion) fällt also nicht nur p und t, sondern auch i. Durch die Expansion wird damit der Heißdampf zu Sattdampf; wenn er nun noch weiter expandiert, so kann er nur dadurch Arbeit abgeben, d. h. Energie frei machen, daß ein Teil von ihm aus Sattdampf zu fein verteiltem siedendem Wasser wird, welches in dem Dampf verbleibt. So entsteht der sog. *Naßdampf*. 1 kp hiervon besteht aus dem *spezifischen Dampfgehalt* $= x$ *kp an Sattdampf* und aus der *spezifischen Dampfnässe* $f = 1 - x$ *kp an siedendem Wasser*. Das Volumen von letzterem kann gegenüber dem Dampfvolumen vernachlässigt werden. Damit gilt für den Naßdampf

$$i = i' + x \cdot r, \quad s = s' + x \cdot (s'' - s'), \quad v \sim x \cdot v''. \tag{9,2}$$

Auch diese Werte können dem is-Diagramm für Wasserdampf entnommen werden und liegen *unter der Kurve* $x = 1$.

Einen Ausschnitt aus dem is-Diagramm für Wasserdampf zeigt Abb. 190,1.

6. Die technische Arbeit bei isothermischer, adiabatischer und polytropischer Zustandsänderung

In den Wärme-Kraft- und -Arbeitsmaschinen wird ein Gas- oder Dampfkörper, wenn er expandiert ist bzw. verdichtet worden ist, ausgeschoben und durch einen neuen Körper abgelöst. In Abb. 8,1 geht somit der äußeren Arbeit $L = \int_1^2 P \cdot dv$ (Fläche unter *1—2*) eine Füllarbeit $P_1 \cdot v_1$ (Fläche unter *0—1*) voraus, und es folgt ihr eine Ausstoßarbeit $P_2 \cdot v_2$ (Fläche unter *2—0'*). Letztere muß negativ angesetzt und deshalb anders schraffiert werden, weil sich beim Ausstoßen das Volumen in der Maschine verkleinert, während es sich bei den beiden andern Vorgängen vergrößert. Die Summe dieser drei Arbeiten heißt *technische Arbeit* L_t kpm/kp, und es ist damit

$$L_t = P_1 \cdot v_1 + \int_1^2 P \cdot dv - P_2 \cdot v_2 = -\int_1^2 v \cdot dP \text{ kpm/kp}. \qquad (10,1)$$

Das Vorzeichen des letzten Integrals muß negativ sein, weil nach der Schraffur die Summe der drei Arbeiten positiv ist, während die Druckänderung dP eine Druckabnahme und somit negativ ist.

Durch Differenzieren der Gl. (6,2) nach T und aus Gl. (7,4) folgt mit

$$dq = c \cdot dT, \qquad \text{daß} \qquad L_t/L = n$$

und

$$P_1 \cdot v_1^n = P_2 \cdot v_2^n = P \cdot v^n \qquad (10,2)$$

ist. Ersetzt man nach Gl. (6,2) $P \cdot v$ durch $R \cdot T$, so wird aus

$$P \cdot v^n = R \cdot T \cdot v^{n-1} = P_1 \cdot v_1^n = R \cdot T_1 \cdot v_1^{n-1} = P_2 \cdot v_2^n = R \cdot T_2 \cdot v_2^{n-1}$$

schließlich

$$v_1/v_2 = (p_2/p_1)^{1/n} \qquad \text{und} \qquad T_2/T_1 = (v_1/v_2)^{n-1} = (p_2/p_1)^{\frac{n-1}{n}}. \quad (10,3)$$

Es sollen nun die vier Zustandsänderungen betrachtet werden, die bei der Berechnung von Strömungsmaschinen von besonderer Wichtigkeit sind.

a) Die isothermische Zustandsänderung. Sie stellt den Idealprozeß des *intensiv gekühlten* Verdichters dar, denn bei ihr bleibt die Temperatur bei der Verdichtung dieselbe; doch kann die Isotherme auch zum Vergleich mit der polytropischen Verdichtung herangezogen werden.

Da $T_1 = T_2 = T$ ist, so wird nach Gln. (6,2) und (10,2) für die Isotherme

$$P_2 \cdot v_2 = P_1 \cdot v_1 = P \cdot v, \quad n = 1 \quad \text{und} \quad P = P_1 \cdot v_1/v \qquad (11,1)$$

und nach Gl. (10,2)

$$L_t = L \text{ kpm/kp}.$$

Nach Abb. 8,1 ist damit die Zustandskurve der Isotherme eine gleichseitige Hyperbel nach Abb. 11,1. Die bei der isothermischen Expansion *frei werdende technische Arbeit* ist

$$\left.\begin{aligned} L_{is} &= L_t = L = \int_1^2 P \cdot dv = P_1 \cdot v_1 \cdot \int_1^2 dv/v, \\ L_{is} &= 2{,}303 \cdot P_1 \cdot v_1 \cdot \lg (p_1/p_2) \text{ kpm/kp}. \end{aligned}\right\} \qquad (11,2)$$

Da im allgemeinen die Temperatur bei sinkendem Druck fällt, so kommt eine isothermische Expansion nur zustande, wenn bei ihr eine Wärmemenge q kcal/kp zugeführt wird. Da für die Isotherme T konstant und somit $dT = 0$ ist, so wird nach Gl. (7,4)

$$q = A \cdot L_{is} \text{ kcal/kp}. \qquad (11,3)$$

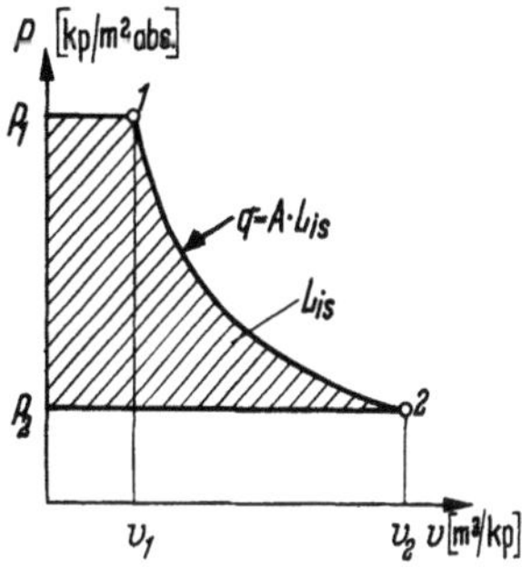

Abb. 11,1. Isothermische Expansion

Für die isothermische Verdichtung gilt Abb. 11,2. Der positiven Füllarbeit $P_1 \cdot v_1$ (Fläche unter *0—1*) folgt die negative Verdichtungsarbeit $L = \int_1^2 P \cdot dv$ (Fläche unter *1—2*) und die negative Ausstoßarbeit $P_2 \cdot v_2$ (Fläche unter *2—0'*), so daß nach Abb. 11,2 die technische Arbeit $L_t = P_1 \cdot v_1 - L - P_2 \cdot v_2$ (Fläche neben *1—2*) negativ wird. Dies entspricht Gl. (11,2), da für die Verdichtung p_1 kleiner als p_2 ist und hierdurch $\lg (p_1/p_2)$ negativ wird. Da das negative Vorzeichen schon im Begriff Bedarf enthalten ist, so ist der *isothermische Arbeitsbedarf*

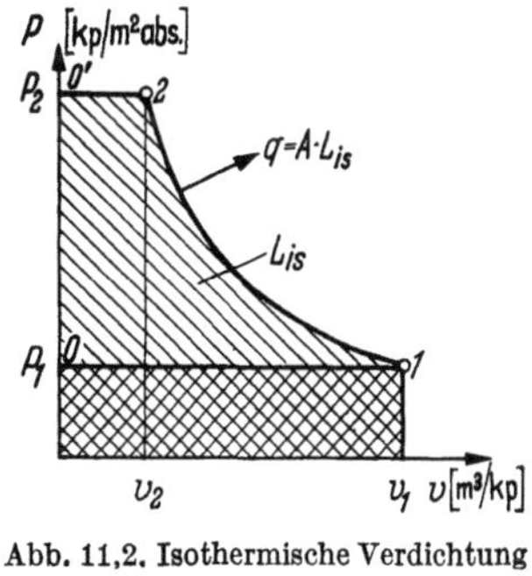

Abb. 11,2. Isothermische Verdichtung

$$L_{is} = 2{,}303 \cdot P_1 \cdot v_1 \cdot \lg (p_2/p_1) \qquad (11,4)$$

und die bei der Verdichtung abzuführende Wärme $q = A \cdot L_{is}$, beides in kpm bzw. kcal je kp Gas.

Zahlenbeispiel 2. Wie groß ist die theoretische Antriebsleistung des in Zahlenbeispiel 1 S. 6 behandelten Turbokompressors bei isothermischer Verdichtung auf 7 ata in PS und die stündlich abzuführende Wärmemenge?

Mit dem sekundlichen Luftgewicht $G_s = 3{,}23$ kp/sek wird $N_{is} = G_s \cdot L_{is}/75$ PS, da 1 PS = 75 kpm/sek ist. $P_1 = 9520$ kp/m² abs. Nach S. 6 $v_1 = 1/\gamma_1 = 1/1{,}13 = 0{,}885$ m³/kp. $p_2/p_1 = 7/0{,}952 = 7{,}35$. $L_{is} = 2{,}303 \cdot P_1 \cdot v_1 \cdot \lg(p_2/p_1) = 2{,}303 \cdot 9520 \cdot 0{,}885 \cdot 0{,}866 = 16850$ kpm/kp. $N_{i_s} = 3{,}23 \cdot 16850/75 = \underline{726 \text{ PS}}$ (vgl. S. 17 und S. 225).

b) Die adiabatische oder isentropische Zustandsänderung. Wie später behandelt werden wird, geht die Expansion und die Verdichtung in Strömungsmaschinen unter Strömungsreibung vor sich. Die dabei auftretenden Energieverluste setzen sich in Reibungswärme um. Diese wieder verbleibt im Gas- oder Dampfkörper und bedeutet so für ihn eine Wärmezufuhr. Würde nun im Gegensatz hierzu die Expansion bzw. Verdichtung weder unter Wärmezufuhr noch unter Wärmeabfuhr erfolgen, so wäre dies der *Idealfall einer ungekühlten Strömungsmaschine ohne Strömungsreibung*, die sog. Adiabate oder Isentrope.

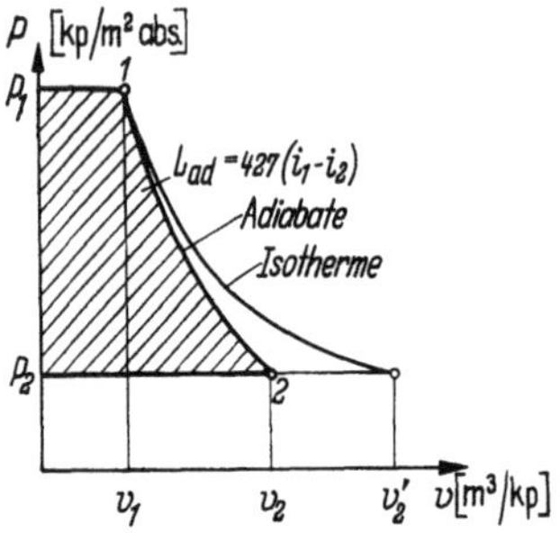

Abb. 12,1. Adiabatische Expansion

Für die Adiabate wird also $dq = 0$ und damit nach Gln. (7,4) und (8,1) sowie nach S. 10 und Gln. (10,2) und (7,1)

$$\left.\begin{aligned} ds = 0, \quad c = 0, \quad n = c_p/c_v = \varkappa, \quad L_t/L = \varkappa, \\ P_1 \cdot v_1^\varkappa = P_2 \cdot v_2^\varkappa = P \cdot v^\varkappa. \end{aligned}\right\} \qquad (12{,}1)$$

Aus Gl. (7,4) wird für die Adiabate $A \cdot dL = -du$. Dies bedeutet, daß hierbei die äußere Arbeit auf Kosten der inneren Energie geleistet wird, d. h., bei der adiabatischen Expansion fällt die Temperatur, und damit wird nach Abb. 12,1 das Endvolumen v_2 bei adiabatischer Expansion kleiner als v_2' bei isothermischer Expansion. Die adiabatische Zustandskurve für die Expansion liegt damit im Pv-Diagramm links von der Isotherme. $ds = 0$ bedeutet, daß für die Adiabate $s_1 = s_2 = s =$ konstant ist, daß also die *Adiabate im Ts- und im is-Diagramm* als *Lotrechte* erscheint (s. Abb. 13,1). Dies bringt auch der Name Isentrope zum Ausdruck. Aus Gl. (7,4) folgt mit $L_t = \varkappa \cdot L$, daß für die Adiabate $A \cdot dL = -c_v \cdot dT$ und damit $A \cdot L_t = \varkappa \cdot c_v \cdot (T_1 - T_2) = c_p \cdot (t_1 - t_2)$ wird.

$$H_0 = A \cdot L_{ad} = i_1 - i_2$$

oder

$$L_{ad} = 427 \cdot (i_1 - i_2). \qquad (12{,}2)$$

Abb. 13,1 zeigt, daß der Wärmewert der adiabatischen technischen Arbeit $A \cdot L_{ad}$ im is-Diagramm durch die lotrechte Strecke *1—2* zwischen den Kurven für p_1 ata und p_2 ata dargestellt wird. Deshalb nennt man diesen Wert das *adiabatische Wärmegefälle* H_0 kcal/kp. Der Index 0 deutet an, daß dieses Arbeitsvermögen nur dann vorhanden ist, wenn die Verluste durch Strömungsreibung gleich Null sind. Der Wert L_{ad} entspricht der Fallhöhe H der Wasserturbinen. Auf H_0 baut sich die Berechnung der Dampfturbinen auf. Die gestrichelten Kurven in Abb. 13,1 sind die Kurven für konstantes Volumen v_1 bzw. v_2. Sie sind steiler als die für konstanten Druck.

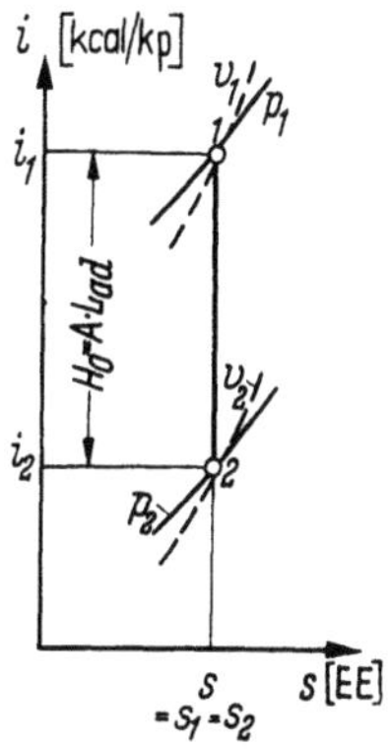

Abb. 13,1. is-Diagramm: Adiabatische Expansion

Aus $L_{ad} = \varkappa \cdot L$ und $P = P_1 \cdot v_1^\varkappa / v^\varkappa$ nach Gl. (12,1) ergibt sich durch Integration für die adiabatische Expansion

$$L_{ad} = \varkappa \int_1^2 P \cdot dv = \frac{\varkappa}{\varkappa - 1} (P_1 \cdot v_1 - P_2 \cdot v_2) = \frac{\varkappa \cdot R \cdot T_1}{\varkappa - 1} \left[1 - (p_2/p_1)^{\frac{\varkappa - 1}{\varkappa}} \right]. \tag{13,1}$$

Bei adiabatischer Verdichtung erhöht sich die Temperatur, so daß nach Abb. 13,2 v_2 größer wird als das Endvolumen v_2' bei isothermischer Verdichtung. Hierdurch liegt die Kurve für adiabatische Verdichtung von der P-Achse im Pv-Diagramm weiter entfernt als die Isotherme, und dadurch ist auch der *Arbeitsbedarf für den ungekühlten Verdichter größer als für den gekühlten Kompressor.* Nach den oben angegebenen Gleichungen läßt sich für die adiabatische Verdichtung ableiten:

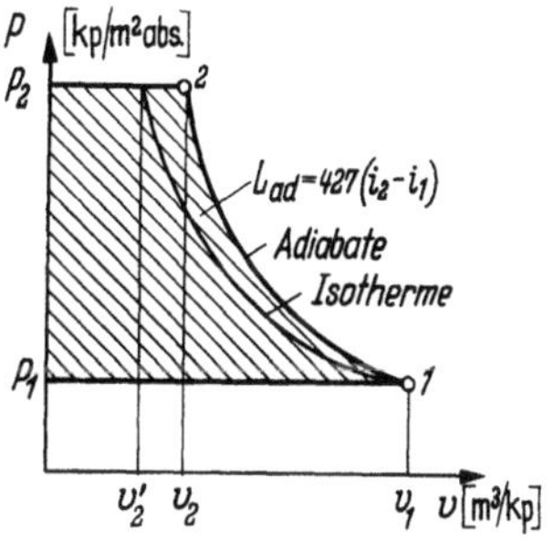

Abb. 13,2. Pv-Diagramm: Adiabatische Verdichtung

$$L_{ad} = \frac{\varkappa}{\varkappa - 1} (P_2 \cdot v_2 - P_1 \cdot v_1) = 427 \cdot (i_2 - i_1) = 427 \cdot c_{pm} \cdot \Delta t_{ad}$$

$$= \frac{\varkappa \cdot R \cdot T_1}{\varkappa - 1} \left[(p_2/p_1)^{\frac{\varkappa - 1}{\varkappa}} - 1 \right]. \tag{13,2}$$

Mit $c_{pm} = 0{,}24$, $\varkappa = 1{,}4$ und $\frac{\varkappa}{\varkappa - 1} = \frac{1{,}4}{0{,}4} = 3{,}5$ wird für Luft

$$L_{ad} = 427 \cdot 0{,}24 \cdot \Delta t_{ad} = 102{,}6 \cdot \Delta t_{ad}$$

und

$$p_2/p_1 = \left[\frac{L_{ad} \cdot (\varkappa - 1)}{\varkappa \cdot R \cdot T_1} + 1 \right]^{3{,}5}. \tag{13,3}$$

Abb. 14,1 und Abb. 14,2 zeigen die adiabatische Verdichtung im Ts- und is-Diagramm. Aus dem Ts-Diagramm kann $\Delta t_{ad} = \Delta T_{ad}$ als lotrechte Strecke zwischen den Kurven für p_1 und p_2 ata abgegriffen werden. Dasselbe gilt im is-Diagramm für den Wärmewert $H_{ad} = i_2 - i_1$ des adiabatischen Arbeitsbedarfs L_{ad}. L_{ad} entspricht der Förderhöhe H der Kreiselpumpen.

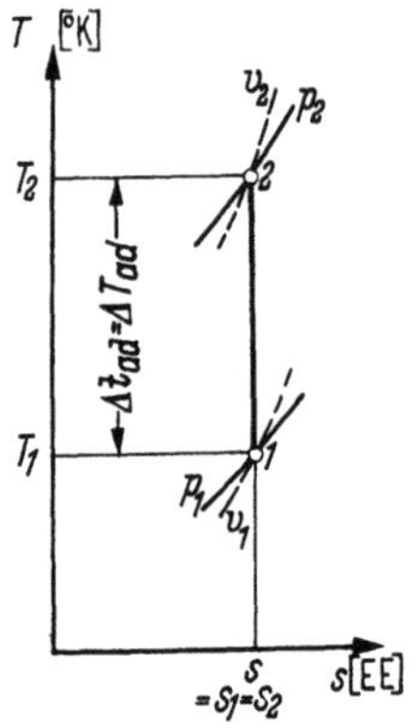

Abb. 14,1. Ts-Diagramm: Adiabatische Verdichtung

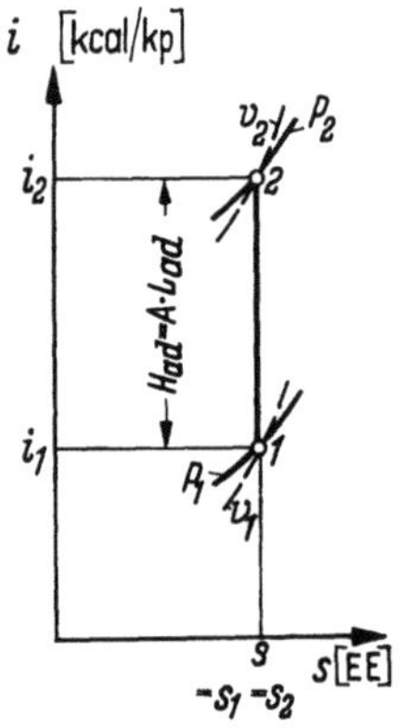

Abb. 14,2. is-Diagramm: Adiabatische Verdichtung

Nach Gl. (10,3) kann die Endtemperatur auch aus der Beziehung

$$T_2/T_1 = (p_2/p_1)^{\frac{\varkappa-1}{\varkappa}} = (p_2/p_1)^{0,286} \qquad (14,1)$$

für Luft errechnet werden.

Zahlenbeispiel 3. Die erste Stufe des vorstehend behandelten Turbokompressors hat im Laufradmund einen absoluten Druck von 0,925 ata und eine Temperatur von 13,24 °C. Das Laufrad führt der Luft eine adiabatische technische Arbeit von 3240 kpm/kp zu. Welcher Enddruck stellt sich ein, und welche Endtemperatur würde sich bei verlustfreier Strömung ergeben?

Nach Gl. (13,3) ist mit $T = 273 + 13,24 = 286,24\,°\mathrm{K}$

$$p_2/p_1 = \left[\frac{L_{ad} \cdot (\varkappa - 1)}{\varkappa \cdot R \cdot T_1} + 1\right]^{3,5} = \left[\frac{3240 \cdot 0,4}{1,4 \cdot 29,27 \cdot 286,24} + 1\right]^{3,5} = 1,11^{3,5} = \underline{1,45},$$

$$p_2 = 1,45 \cdot 0,925 = \underline{1,345 \text{ ata}}.$$

Nach Gl. (13,3) ist außerdem $102,6 \cdot \Delta t_{ad} = L_{ad} = 3240$ kpm/kp.

Mit $\Delta t_{ad} = 3240/102,6 = 31,6\,°\mathrm{C}$ wird $\underline{t_2} = t_1 + \Delta t_{ad} = 13,25 + 31,7 \approx \underline{45\,°\mathrm{C}}$ bei adiabatischer Verdichtung (vgl. S. 28 und S. 228).

c) Die polytropische Zustandsänderung. Sie ist der Vergleichsprozeß der *wirklichen* Strömungsmaschinen. Die in ihnen auftretenden Energieverluste durch Strömungsreibung und Umlenkung setzen sich in Reibungswärme um und bewirken so eine *Expansion bzw. Verdichtung unter Wärmezufuhr*, da diese Wärme wieder in den Gas- oder Dampfkörper zurückkehrt.

Nach Gl. (8,1) bedeutet eine Wärmezufuhr eine Zunahme der Entropie. Deshalb geht in allen Entropiediagrammen wie Abb. 15,1, 15,2 und 15,3 die Kurve der polytropischen Zustandsänderung in Strömungsmaschinen nach rechts. Es gelten Gln. (10,2) und (10,3) mit Gl. (7,1).

An die Stelle des adiabatischen Wärmegefälles H_0 tritt bei der polytropischen Expansion Abb. 15,1 das polytropische oder *innere Wärmegefälle* $H_{pol} = H_i$ kcal/kg. Es stellt *im Wärmemaß das wirkliche Arbeitsvermögen von 1 kp Dampf* in der Strömungsmaschine dar und ist um die Strömungsverluste kleiner als H_0. Diese inneren Verluste werden durch den *inneren Wirkungsgrad* η_i erfaßt, und für die Expansion ist

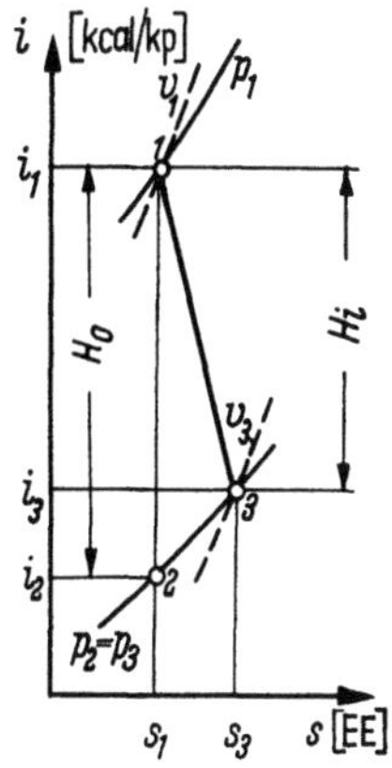

Abb. 15,1. *is*-Diagramm: Polytropische Expansion

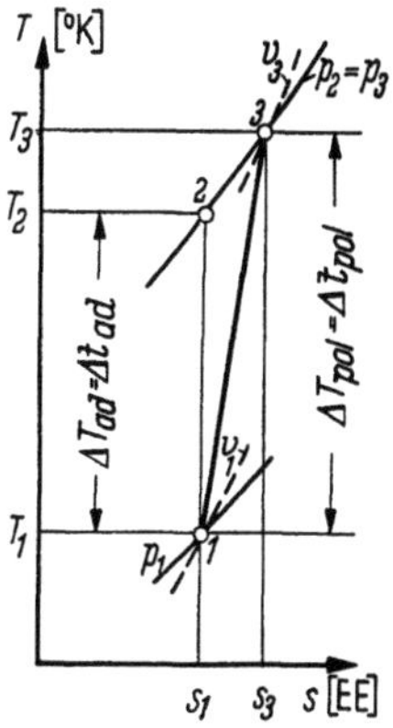

Abb. 15,2. *Ts*-Diagramm: Polytropische Verdichtung

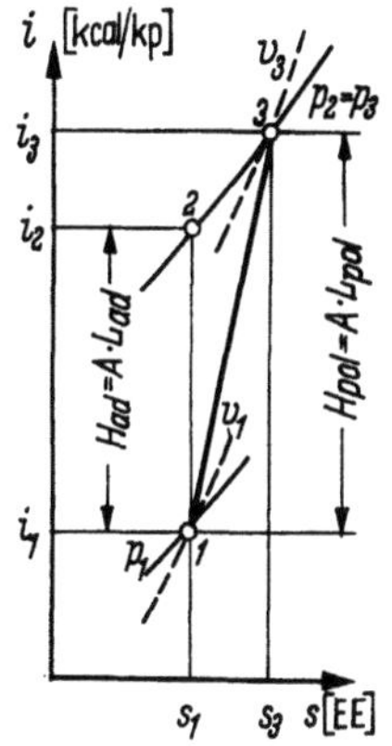

Abb. 15,3. *is*-Diagramm: Polytropische Verdichtung

$$H_i = \eta_i \cdot H_0. \tag{15,1}$$

In Abb. 15,1 liegt mit p_1 ata und t_1 °C der Punkt *1* mit i_1 kcal/kp fest. Die Lotrechte durch Punkt *1* gibt auf der Kurve für p_2 ata den Punkt *2* mit i_2 kcal/kp. Aus $H_0 = i_1 - i_2$ und $H_i = \eta_i \cdot H_0$ errechnet man $i_3 = i_1 - H_i$ und erhält mit i_3 auf der Kurve für p_2 ata den Endpunkt *3* der Zustandskurve *1—3* für die polytropische Expansion. Weiteres hierüber S. 190 Zahlenbeispiel Curtisturbine.

Bei der polytropischen Verdichtung Abb. 16,1 wird laut Vortext die Wärmemenge q in Form von Reibungswärme zugeführt. Daher ist hierfür das Endvolumen v_2 noch größer als bei der Adiabate und die erforderliche technische Arbeit am größten. Auch hier werden die Energieverluste durch den inneren Wirkungsgrad η_i erfaßt. Da aber L_{pol} größer als L_{ad} ist, so wird für die Verdichtung

$$\eta_i = L_{ad}/L_{pol} = H_{ad}/H_{pol} = \Delta t_{ad}/\Delta t_{pol}, \tag{15,2}$$

da nach Gl. (13,3)

$$L_{ad} = 427 \cdot (i_2 - i_1) = 102{,}6 \cdot \Delta t_{ad} \tag{15,3}$$

und ebenso

$$H_{pol} = i_3 - i_1 \quad \text{sowie} \quad L_{pol} = 427 \cdot (i_3 - i_1) = 102{,}6 \cdot \Delta t_{pol} \quad \text{ist.}$$

An ausgeführten Maschinen kann man die Temperaturerhöhung Δt_{pol} und die absoluten Drücke p_1 und p_2 ata messen und daraus Δt_{ad} sowie η_i und nach Gln. (10,3) und (7,1) auch n und c berechnen.

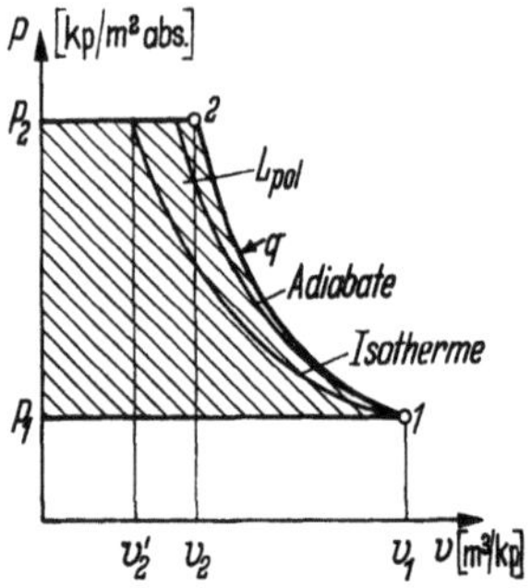

Abb. 16,1. Pv-Diagramm: Polytropische Verdichtung

Zahlenbeispiel 4. Welche innere Arbeit ist der ersten Stufe des Turbokompressors der früheren Beispiele je kp Luft zuzuführen, wenn innere Verluste in Höhe von 20% auftreten? Wie groß sind Temperatur, Wichte und Volumen beim Austritt aus der Stufe?

Nach S. 6 und 14 ist $G_s = 3{,}23$ kp/sek, $p_1 = 0{,}925$ ata und $t_1 = 13{,}24\,°C$ im Saugmund des Laufrades, $p_2 = 1{,}345$ ata und $L_{ad} = 3240$ sowie die adiabatische Endtemperatur 45 °C.

Nach Gl. (15,2) wird

$$L_i = L_{pol} = L_{ad}/\eta_i = 3240/0{,}8 = \underline{4050 \text{ kpm/kp}},$$

$$\Delta t_{pol} = L_{pol}/102{,}6 = 4050/102{,}6 = \underline{39{,}5\,°C}, \qquad t_2 = t_1 + 39{,}5 \approx \underline{53\,°C}$$

statt 45 °C bei adiabatischer Verdichtung.

Nach Gl. (6,2) ist für 1 m³

$$\gamma_2 = 1/v_2 = \frac{P_2}{R \cdot T_2} = \frac{13470}{29{,}27 \cdot 326} = \underline{1{,}415 \text{ kp/m}^3},$$

$$V_2 = G_s/\gamma_2 = 3{,}23/1{,}415 = \underline{2{,}28 \text{ m}^3\text{/sek}}$$

ohne Berücksichtigung der zusätzlich zu fördernden Spaltverluste (vgl. S. 228).

Verdichtung mit Zwischenkühlung. Ein Vergleich von Abb. 11,2, 13,2 und 16,1 zeigt anschaulich, daß die isothermische Verdichtung den geringsten Aufwand an technischer Arbeit erfordert. Um die Antriebsleistung N_a zu vermindern und um die Preßluft durch Annäherung an die Temperatur der Außenluft brauchbarer zu machen, wird bei Pressungen über 2 bis 7 atü die vorgepreßte Luft stufenweise gekühlt, indem sie nach je zwei bis drei Stufen aus der Maschine herausgeführt, einem Zwischenkühler zugeleitet und dann erst der nächsten Stufe zugeführt wird. Nach Abb. 17,1 kommen dann zu der senkrecht schraffierten technischen Arbeit der Isotherme nur die waagerecht schraffierten Arbeitsflächen für die Temperaturerhöhung bei der stufenweisen Verdichtung, während die schräg schraffierte Arbeitsfläche, die bei ungekühlter Verdichtung noch hinzukommen würde, gespart wird.

Das Verhältnis der bei isothermischer Verdichtung theoretisch notwendigen Antriebsleistung N_{is} zu der an der Kupplung wirklich aufzuwendenden Antriebsleistung N_a nennt man den *isothermischen Kupplungswirkungsgrad*

$$\eta_{is-k} = N_{is}/N_a. \tag{17,1}$$

Er wird durch Kühlung verbessert.

Ist p_{k1} ata der Druck im 1. Zwischenkühler, t'_{k1} °C die Lufteintritts- und t''_{k1} die Luftaustrittstemperatur des Kühlers, G_h kp/h das stündliche Luftgewicht, Δt_w °C der Unterschied der Kühlwassertemperaturen, G_w kp/h das stündliche Kühlwassergewicht, F m² die Kühlfläche des Kühlers, ϑ_m die mittlere Temperaturdifferenz zwischen Luft und Kühlwasser und k $\frac{\text{kcal}}{\text{m}^2 \cdot \text{h} \cdot \text{gr}}$ die Wärmedurchgangszahl, so ist für Kreuzstrom $\vartheta_m = t_{k1m} - t_{wm}$ und die im Kühler stündlich zu übertragende Wärmemenge

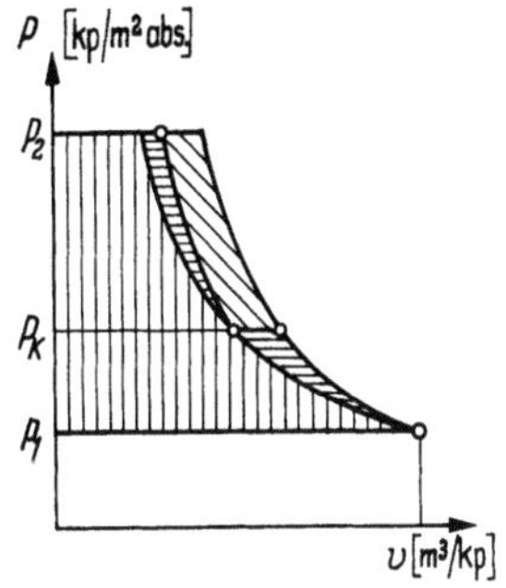

Abb. 17,1. Pv-Diagramm: Verdichtung mit Zwischenkühlung

$$Q = G_h \cdot 0{,}24 \cdot (t'_{k1} - t''_{k1}) = F \cdot k \cdot \vartheta_m = G_w \cdot 1 \cdot \Delta t_u \, \frac{\text{kcal}}{\text{h}}. \tag{17,2}$$

Die Wärmedurchgangszahl k ist um so größer, je größer die Luft- und die Wassergeschwindigkeit im Kühler sind. Doch ist auch der Druckabfall Δp_k im Kühler um so größer, je größer Luftgeschwindigkeit und Wichte der Luft sind, je größer also das Produkt Wichte mal Quadrat des sekundlichen Durchflußvolumens V wird.

Zahlenbeispiel 5. Wie groß ist die Antriebsleistung des im Zahlenbeispiel 2 behandelten Turbokompressors, wenn für eine sekundliche Luftförderung von 2,5 Nm³ und für den Enddruck von 7 ata der isothermische Kupplungswirkungsgrad zu 0,57 angenommen wird? Wie groß ist die im ersten Zwischenkühler stündlich abzuführende Wärmemenge, wenn die Luft von 92,7 °C hinter der 2. Stufe auf 30 °C vor der 3. Stufe gekühlt werden soll?

Nach Zahlenbeispiel 2 ist $G_s = 3{,}23$ kp/sek, $N_{is} = 726$ PS.

Damit wird

$$N_a = N_{is}/\eta_{is-k} = 726/0{,}57 = \underline{1275 \text{ PS}}$$

und nach Gl. (17,2)

$$Q = G_s \cdot 3600 \cdot 0{,}24 \cdot (t'_{k1} - t''_{k1}) = 3{,}23 \cdot 3600 \cdot 0{,}24 \cdot (92{,}7 - 30) = \underline{175000 \text{ kcal/h}}$$

(vgl. S. 225 und 228).

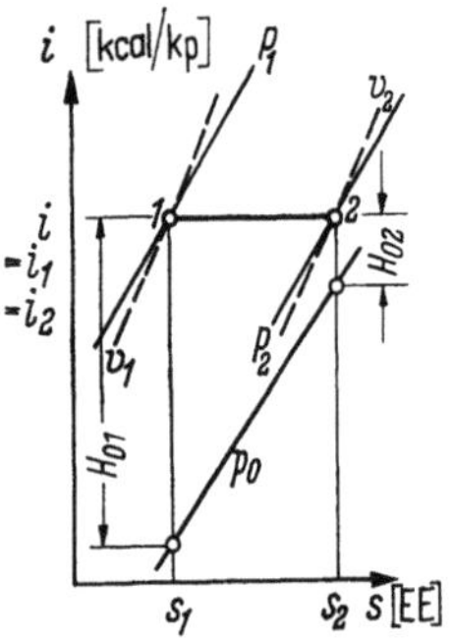

Abb. 18,1. *is*-Diagramm: Drosselung

d) Die Drosselung. Erfährt ein Gas oder ein Dampfkörper durch eine Umlenkung u. ä. einen Druckverlust Δp, ohne daß hierbei Arbeit geleistet wird, so bleibt die Enthalpie i dieselbe. Man nennt einen solchen Vorgang eine Drosselung. Nach Abb. 18,1 wird die Drosselung im is-Diagramm durch eine von links nach rechts führende Waagerechte zwischen den Kurven für p_1 ata und $p_2 = p_1 - \Delta p$ ata dargestellt. Eine Drosselung tritt z. B. in den Regelventilen vor einer Dampfturbine auf (vgl. S. 189, Abb. 190,1 und S. 239).

B. Strömungslehre

1. Dynamische (absolute) Zähigkeit. Dichte. Kinematische Zähigkeit

Die Strömungsart (geordnet = laminar, wirbelig = turbulent) hängt, wie in einem folgenden Abschnitt behandelt wird, u. a. auch von der Zähigkeit (Viskosität) des Mediums ab. Bei Schmierölen mißt man die Zähigkeit durch das Verhältnis der Durchlaufzeit von 200 cm³ Öl von t °C und Wasser von 20°C aus einem genormten Engler-Viskosimeter in °E (Engler). Dieses willkürliche Maß kann man in der Strömungslehre nicht gebrauchen. Man hat deshalb die obenstehenden Begriffe eingeführt, die im folgenden verständlich gemacht werden sollen.

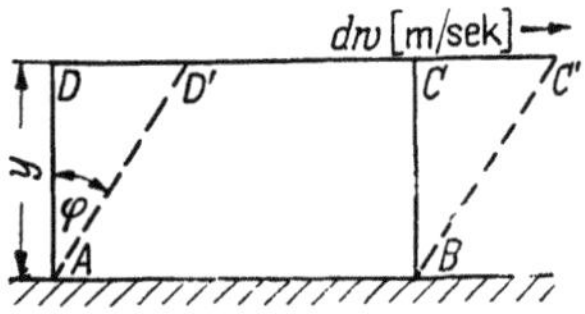

Abb. 18,2. Ableitung der absoluten Zähigkeit

Durch Haftkräfte, welche die Wandung auf das Medium ausübt, hat es am Rande eines Kanals von f m² die Geschwindigkeit Null und in der Mitte die Geschwindigkeit w_{max}. Nach Abb. 18,2 hat daher eine Mediumschicht im Abstand y m von der Wand einen Geschwindigkeitsunterschied dw m/sek gegenüber der Wand. Dadurch wird der Flüssigkeitskörper $AB\,CD$ um den Winkel φ mit $\tan\varphi = dw/y$ verformt in die Gestalt $AB\,C'D'$. Der Widerstand S kp, den das Medium der Verformung entgegensetzt, ist offenbar um so größer, je größer die absolute Zähigkeit η des Mediums, die Schichtfläche F m² senkrecht zur Bildebene und $\tan\varphi$ sind, je größer also dw und je kleiner y ist. Aus $S = \eta \cdot F \cdot dw/y$ wird

$$\eta = \frac{S \cdot y}{F \cdot dw}\,\frac{\text{kp}\cdot\text{m}\cdot\text{sek}}{\text{m}^2\cdot\text{m}} = S\,\frac{\text{kp}\cdot\text{sek}}{\text{m}^2}$$

$$\text{für}\quad F = 1\ \text{m}^2,\quad y = 1\ \text{m}\quad \text{und}\quad dw = 1\ \text{m/sek}.$$

Die *absolute oder dynamische Zähigkeit* η ist demnach der Widerstand, den das Medium ausübt, wenn zwei Schichten von 1 m² Fläche bei einem Abstand von 1 m mit einer Relativgeschwindigkeit von 1 m/sek gegeneinander verschoben werden sollen.

Unter diesen Umständen würde der Flüssigkeitskörper *AB CD* das Volumen 1 m³ haben. Die Masse von 1 m³ heißt *Dichte* $\varrho = \gamma/g \, \frac{\text{kp} \cdot \text{sek}^2}{\text{m}^3 \cdot \text{m}}$.

Die auf die Masseneinheit bezogene Zähigkeit nennt man *kinematische Zähigkeit*

$$\nu = \frac{\eta}{\varrho} \, \frac{\text{kp} \cdot \text{sek} \cdot \text{m}^4}{\text{m}^2 \cdot \text{kp} \cdot \text{sek}^2} = \frac{\text{m}^2}{\text{sek}}. \tag{19,1}$$

Im allgemeinen nehmen η und ν bei Flüssigkeiten mit zunehmender Temperatur ab, bei Wasserdampf dagegen mit zunehmendem Druck und zunehmender Temperatur zu. Ihre Werte können den Tabellen und Kurventafeln der Taschenbücher entnommen werden (z. B. DUBBEL[1])*. Weiteres s. Zahlenbeispiel 14 S. 29.

2. Impulssatz. Flächensatz. Satz vom Drall oder Potentialwirbel

Das dynamische Grundgesetz „Kraft = Masse mal Beschleunigung" $P = m \cdot b = \frac{m \cdot \varDelta c}{t} = m_{\text{sek}} \cdot \varDelta c$ gilt auch für reibungslose Flüssigkeiten, Gase und Dämpfe. Der Ausdruck $m \cdot c$ heißt Bewegungsgröße und das Produkt $P \cdot t$ *Impuls*. Doch wird auch der Wert $m_{\text{sek}} \cdot c$ in der Strömungslehre mit Impuls bezeichnet. Da Geschwindigkeiten Wege sind, so ist zu beachten, daß nur die Komponente von c eingesetzt werden darf, die der Kraft P parallel ist. Für axiale Turbinen mit Gleichdruckwirkung hat nach S. 2 der *Impulssatz* die Form:

Umfangskraft

$$P = m_{\text{sek}} \cdot (c_{1u} - c_{2u}) \text{ kp}. \tag{19,2}$$

Das Produkt

$$m_{\text{sek}} \cdot c_u \cdot r \tag{19,3}$$

nennt man *Impulsmoment*. Für das Drehmoment M kpm ergibt sich aus dem Impulssatz der sog. *Flächensatz*

$$M = m_{\text{sek}} \cdot (r_2 \cdot c_{2u} - r_1 \cdot c_{1u}). \tag{19,4}$$

[1] [*3*], Bd. I, S. 817.

* Die zwischen eckigen Klammern stehenden Ziffern verweisen auf das Schrifttumsverzeichnis am Schluß des Buches.

Er besagt, daß das Medium ein Drehmoment ausübt, wenn sein Impulsmoment vermindert wird und daß dieses Moment bei reibungsfreier Strömung gleich der Differenz der Impulsmomente ist.

Der Impulssatz und der Flächensatz werden es später ermöglichen, auf sehr einfache Weise die Eulersche Gleichung abzuleiten, die zur Errechnung der Laufradarbeit aller Strömungsmaschinen dient und deshalb auch als Hauptgleichung der Strömungsmaschinen bezeichnet wird.

Der sog. *erweiterte Flächensatz* S. 99,2 dient zur Erfassung des Einflusses der Strömungsreibung in schaufellosen Leitringen.

Bei reibungsfreier Bewegung eines Mediums in einem schaufellosen Leitring in radialer Hauptströmungsrichtung wird kein Drehmoment übertragen. Aus dem Flächensatz mit $M = m_{\text{sek}} \cdot (r_2 c_{2u} - r_1 c_{1u}) = 0$ wird der *Satz vom Drall* (auch *Satz vom Potentialwirbel* genannt)

$$r \cdot c_u = \text{konstant}. \qquad (20,1)$$

$r \cdot c_u$ wird als Drall oder Geschwindigkeitsmoment bezeichnet. Er wird der Berechnung der Spiralgehäuse zugrunde gelegt. Weiteres S. 234.

3. Fliehkraft. Eigenschwingungszahl des Läufers. Kritische Drehzahl

Bewegt sich der Schwerpunkt eines festen, flüssigen oder gasförmigen Körpers von der Masse m auf einem Kreis mit dem Radius $r\,m$, so erfährt der Körper eine radial nach außen gerichtete *Fliehkraft*

$$C = m \cdot r \cdot \omega^2 \text{ kp}. \qquad (20,2)$$

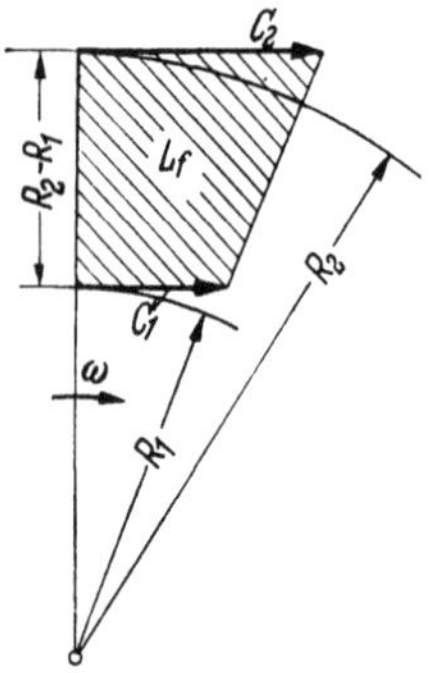

Abb. 20,1. Durch Fliehkraft übertragene Arbeit

Hierin ist die Winkelgeschwindigkeit $\omega = \frac{2 \cdot \pi \cdot n}{60}$ und n U/min die Drehzahl.

Macht 1 kp Medium in einer radialen Arbeitsmaschine nach Abb. 2,1 auf dem Weg von innen nach außen die mit der Winkelgeschwindigkeit ω erfolgende Drehung des Laufrades mit, so nimmt auf dem radialen Weg $R_2 - R_1$ m die radial gerichtete Fliehkraft linear von $C_1 = \omega^2 \cdot R_1/g$ auf $C_2 = \omega^2 \times R_2/g$ kp zu. Trägt man die Kräfte nach Abb. 20,1 senkrecht über dem Weg auf, so ist die schraffierte Trapezfläche gleich der *durch die Fliehkraft auf 1 kp Medium übertragenen Arbeit* L_f kpm/kp, wenn die Verluste unberücksichtigt bleiben. Mit $u = R \cdot \omega$ wird also

$$L_f = (R_2 - R_1) \cdot \frac{\omega^2 \cdot R_2/g + \omega^2 \cdot R_1/g}{2} = \frac{\omega^2 \cdot (R_2^2 - R_1^2)}{g \cdot 2} = \frac{u_2^2 - u_1^2}{2 \cdot g} \, \frac{\text{kpm}}{\text{kp}}. \qquad (20,3)$$

Bei axialen Strömungsmaschinen rufen die Fliehkräfte in den Laufradschaufeln Zugbeanspruchungen, in ihren Füßen Zug-, Schub- und Biegebeanspruchungen und in den Laufradscheiben von außen nach innen sich ändernde radiale und tangentiale Zugbeanspruchungen hervor. Bei den Laufradscheiben der Radialmaschinen treten dazu noch die Biegespannungen, die durch die Fliehkräfte der Deckscheiben und der Laufradschaufeln bewirkt werden, so daß dort u. U. Beanspruchungen von 2000 bis 3000 kp/cm² und mehr vorkommen. (Deshalb sorgfältige Kettenrechnung und Formgebung erforderlich!)

Auch auf die Welle wirkt die Fliehkraft, wenn der Schwerpunkt S des aus der Welle und den Laufrädern bestehenden Läufers vom Gewicht G nicht auf der Wellenmitte liegt (unvollkommene Auswuchtung). Dann tritt eine einseitig wirkende Fliehkraft auf, die die Lager mit der feststehenden Periode einer Umdrehung entlastet und belastet. Diese Erschütterung kann sich als Impuls auswirken und durch Resonanz die Welle in Eigenschwingung versetzen. Dies ist dann zu erwarten, wenn eine gewisse Zeit die Drehzahl gleich

$$n_k = 300/\sqrt{f} \text{ U/min} \qquad \text{für } f \text{ in cm} \tag{21,1}$$

wird. Diesen Wert nennt man die *kritische Drehzahl*, weil durch Verweilen auf dieser Drehzahl zum mindesten schwere Erschütterungen der Maschine, u. U. aber auch Anrisse und Zerstörungen der Welle auftreten können. Da die Durchbiegung f cm der Welle unter dem Gewicht G kp des Läufers von der Stärke der Welle abhängt, so kann man die kritische Drehzahl n_k *über* die *Betriebsdrehzahl* n legen, *wenn* man die *Welle* stark (*starr*, *steif*, kleines f) ausführt, und eine kritische Drehzahl n_k *kleiner als die Betriebsdrehzahl* n bekommen, *wenn* man die *Welle* dünn (*elastisch*, *weich*, großes f) macht. In beiden Fällen ist zu vermeiden, daß beim Regeln, d. h. beim Ändern der Drehzahl, beim Durchgehen der Maschine oder beim Anfahren der Maschine eine zu lange Zeit auf der kritischen Drehzahl verweilt wird. Bei „steifen" Wellen macht man $n_k = 1{,}15 \cdot n$ und bei „weichen" Wellen $n_k = 0{,}6 \cdot n$ bis $0{,}7 \cdot n$ (Ausnahme S. 235).

Zahlenbeispiel 6. Das Laufrad einer Kreiselpumpe dreht sich mit 1450 U/min. Die Laufradschaufeln beginnen innen bei 150 mm und enden außen bei 310 mm ⌀. Welche Arbeit wird ohne Verluste durch die Fliehkraft auf 1 kp Wasser übertragen?

Nach Gl. (20,3) ist

$$L_f = \frac{u_2^2 - u_1^2}{2 \cdot g} = \frac{23{,}5^2 - 11{,}38^2}{2 \cdot 9{,}81} = \underline{21{,}52 \text{ kpm/kp}},$$

da

$$u_2 = D_2 \cdot \pi \cdot n/60 = 0{,}31 \cdot \pi \cdot 1450/60 = \underline{23{,}5 \text{ m/sek}}$$

und

$$u_1 = D_1 \cdot \pi \cdot n/60 = 0{,}15 \cdot \pi \cdot 1450/60 = \underline{11{,}38\ \text{m/sek}}$$

ist.

Zahlenbeispiel 7. Eine Dampfturbine von axialer Bauart macht 3000 U/min. Die letzte ihrer Niederdruckstufen hat Laufradschaufeln von 6 kp Gewicht, deren Schwerpunkt S auf dem Durchmesser 1,6 m liegt. Welche Fliehkraft muß der Schaufelfuß aufnehmen?

Nach Gl. (20,2) ist die Winkelgeschwindigkeit

$$\omega = 2 \cdot \pi \cdot n/60 = 2 \cdot \pi \cdot 3000/60 = \underline{314{,}1\ \text{sek}^{-1}}$$

und die Fliehkraft

$$C = m \cdot R \cdot \omega^2 = 6 \cdot 0{,}8 \cdot 314{,}1^2/9{,}81 = \underline{48400\ \text{kp}}.$$

Zahlenbeispiel 8. Eine Kreiselpumpenwelle aus Stahl vom Elastizitätsmodul 2200000 kp/cm² und 50 mm ∅ ist in zwei einstellbaren Lagern mit 1000 mm Lagerabstand gelagert. Die Welle wiegt 16 kp und trägt vier Laufräder von je 23 kp Gewicht. Wie groß ist die kritische Drehzahl der Kreiselpumpe?

Nach dem Taschenbuch ist das axiale Trägheitsmoment der Welle $I = \pi \cdot d^4/64$ cm⁴ und die Durchbiegung f cm, wenn gleichmäßig verteilte Last angenommen wird, $f = \dfrac{G \cdot 5 \cdot l^3}{E \cdot I \cdot 384}$. Nach Gl. (21,1) ist die kritische Drehzahl $n_k = 300/\sqrt{f}$ U/min.

Damit wird $I = \pi \cdot 5^4/64 = \underline{30{,}7\ \text{cm}^4}$, $G = 16 + 4 \cdot 23 = \underline{108\ \text{kp}}$,

$$f = \frac{108 \cdot 5 \cdot 100^3}{2200000 \cdot 30{,}7 \cdot 384} = \underline{0{,}0208\ \text{cm}}$$

und

$$n_k = 300/\sqrt{0{,}0208} = 300/0{,}144 = \underline{2080\ \text{U/min}},$$

so daß

$$2080/1450 = 1{,}435 \quad \text{und somit} \quad \underline{n_k = 1{,}435 \cdot n} \quad \text{wird.}$$

Steife Welle vgl. S. 204.

4. Kontinuitäts-(Stetigkeits-)Gleichung. Potentielle Energie. Druckenergie. Kinetische Energie. Bernoullische Energiegleichung

Zur gleichen Zeit ströme durch jeden der Querschnitte *1* bis *4* die gleiche sekundliche Menge G kp/sek, obwohl die Strömungsquerschnitte F_1, F_2, F_3 und F_4 m² verschieden sind. Dann nennt man die Strömung *stetig* oder *kontinuierlich.* $G_1 = G_2 = G_3 = G_4$ kp/sek oder $V_1/v_1 = V_2/v_2$

$= V_3/v_3 = V_4/v_4$. Mit $V = F \cdot w \frac{\mathrm{m}^2 \cdot \mathrm{m}}{\mathrm{sek}}$ wird

$$F_1 \cdot w_1/v_1 = F_2 \cdot w_2/v_2 = F_3 \cdot w_3/v_3 = F_4 \cdot w_4/v_4 \,\mathrm{kp/sek}. \qquad (23,1)$$

Für Flüssigkeiten bleibt auch das Volumen und damit das spezifische Volumen $v = V/G \,\mathrm{m^3/kp}$ konstant. Für sie geht daher die vorstehende Kontinuitäts- oder Stetigkeitsgleichung über in die Form

$$F_1 \cdot w_1 = F_2 \cdot w_2 = F_3 \cdot w_3 = F_4 \cdot w_4 = Q \,\mathrm{m^3/sek}. \qquad (23,2)$$

In jedem der vier Punkte der Strömung Abb. 23,1 hat das Medium eine andere Höhenlage h m gegenüber der gezeichneten Niveaulinie N—N, einen anderen absoluten Druck p kp/m² und eine andere Geschwindigkeit w m/sek. Diese drei Größen und die Energieverluste, die zwischen den vier Strömungspunkten auftreten, haben eine gegenseitige Abhängigkeit, die besonders einfach erfaßt wird, wenn man von den drei Energiearten ausgeht, die mit diesen Größen verbunden sind.

a) Potentielle oder Lagenenergie. Um 1 kp Medium h m über N—N zu heben, ist ohne Verluste die *potentielle Energie*

$$h \,\mathrm{kpm/kp} \qquad (23,3)$$

erforderlich. Sie ist auf der Höhe h m als Lagenenergie in 1 kp Medium gespeichert und wird zum Teil frei, wenn es seine Höhenlage gegenüber N—N vermindert.

b) Druckenergie. Das vollkommene Gas hat nach S. 6 bei p kp/m² und 0 °K das Volumen Null. Um es bei konstantem Druck p auf T °K und damit auf V m³ zu bringen, ist nach Gl. (6,2) die Raumschaffungs-

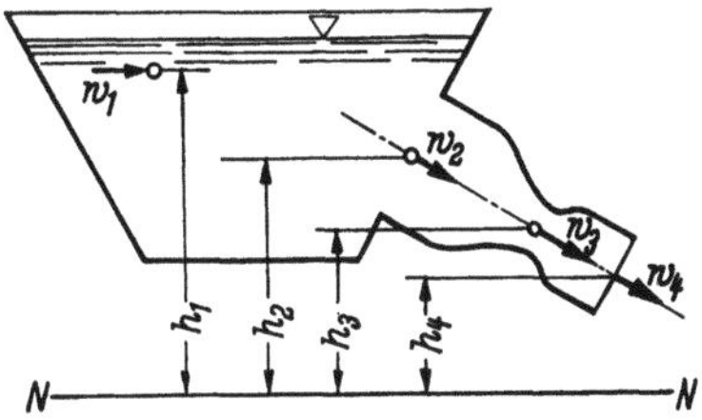

Abb. 23,1. Bernoullische Energiegleichung

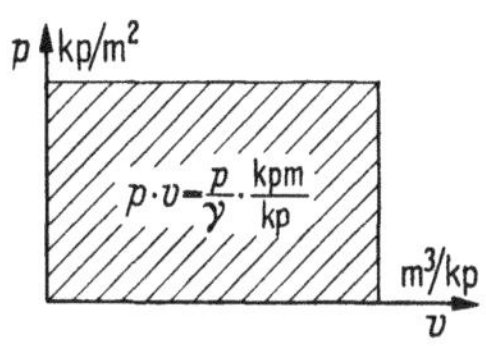

Abb. 23,2. Druckenergie oder Raumschaffungsarbeit

arbeit $p \cdot \Delta V = p \cdot V = G \cdot R \cdot T$ aufzubringen. Also ist in 1 kp Gas die Druckenergie

$$\frac{p \cdot V}{G} = \frac{p}{\gamma} \frac{\mathrm{kpm}}{\mathrm{kp}} \qquad (23,4)$$

gespeichert. Nach Abb. 23,2 gilt dies erst recht für Flüssigkeiten, da bei ihnen ja v auch bei verändertem Druck konstant bleibt.

c) Kinetische Energie. Um G kp Medium in t sek von der Geschwindigkeit Null auf die Geschwindigkeit w m/sek zu bringen, ist nach dem dynamischen Grundgesetz die Kraft $P = m \cdot b = m \cdot w/t$ nötig. Da die mittlere Geschwindigkeit $w_m = w/2$ m/sek und der Weg $s = w_m \cdot t = w \cdot t/2$ m ist, so ist ohne Verluste die zu obiger Beschleunigung erforderliche Arbeit $P \cdot s = \frac{G \cdot w \cdot w \cdot t}{g \cdot t \cdot 2}$ kpm. Damit ist für 1 kp Medium die *kinetische Energie*

$$\frac{w^2}{2 \cdot g} \, \frac{\text{kpm}}{\text{kp}}. \tag{24,1}$$

Sie ist in dem Medium gespeichert, solange es die Geschwindigkeit w m/sek hat, und wird zum Teil frei, wenn es seine Geschwindigkeit vermindert.

d) Bernoullische Energiegleichung. Ohne Strömungsreibung und ohne Energiezufuhr bzw. ohne Energieabfuhr ist nach dem Gesetz von der Erhaltung der Energie

$$h_1 + \frac{p_1}{\gamma} + \frac{w_1^2}{2 \cdot g} = h_2 + \frac{p_2}{\gamma} + \frac{w_2^2}{2 \cdot g} = h_3 + \frac{p_3}{\gamma} + \frac{w_3^2}{2 \cdot g} = h_4 + \frac{p_4}{\gamma} + \frac{w_4^2}{2 \cdot g}. \tag{24,2}$$

Treten durch Strömungsreibung und Umlenkung je kp Medium die Energieverluste h_{v12} zwischen Punkt *1* und *2*, h_{v23} zwischen Punkt *2* und *3* und h_{v34} kpm/kp zwischen Punkt *3* und *4* auf und wird zwischen Punkt *2* und *3* außerdem je kp Medium die Energie E kpm/kg dem Medium z. B. durch eine Turbine entzogen, so geht obige sog. *Bernoullische Gleichung* in die Form über:

$$h_1 + \frac{p_1}{\gamma} + \frac{w_1^2}{2g} = h_2 + \frac{p_2}{\gamma} + \frac{w_2^2}{2g} + h_{v12} = h_3 + \frac{p_3}{\gamma} + \frac{w_3^2}{2g} + h_{v12} +$$
$$+ h_{v23} + E = h_4 + \frac{p_4}{\gamma} + \frac{w_4^2}{2g} + h_{v12} + h_{v23} + h_{v34} + E. \tag{24,3}$$

Weiteres s. nächster Abschnitt unter f.

Wird aber zwischen den Punkten *2* und *3* je kp Medium z. B. durch eine Pumpe die Energie E kpm/kp zugeführt, so ist $-E$ statt $+E$ in obige Gleichung einzuführen.

Aus Gl. (24,2) ergibt sich, daß man die drei verschiedenen Energieformen ineinander überführen kann.

Bei Gasen und Dämpfen ist die Druckänderung mit einer technischen Arbeit $L_t = -\int_1^2 v \cdot dP = \frac{P_1 - P_2}{\gamma} \frac{\text{kpm}}{\text{kp}}$ mit $v = 1/\gamma$ verbunden. *Bei reibungsloser Strömung* ohne Energiezufuhr muß nach S. 12 die Adiabate mit $L_t = L_{ad} = 427 \cdot (i_1 - i_2)$ nach Gl. (12,2) zugrunde gelegt werden. Damit wird nach Gl. (24,2), da im allgemeinen der Unterschied der potentiellen Energien gegenüber dem Unterschied der Enthalpien vernachlässigt werden kann, also $h_1 = h_2$ gesetzt werden kann,

$$\frac{p_1}{\gamma} + \frac{w_1^2}{2g} = \frac{p_2}{\gamma} + \frac{w_2^2}{2g}$$

oder *für Gas und Dämpfe*

$$\frac{P_1 - P_2}{\gamma} = 427 \cdot (i_1 - i_2) = \frac{w_2^2}{2g} - \frac{w_1^2}{2g}$$

und damit

$$427 \cdot i_1 + \frac{w_1^2}{2 \cdot g} = 427 \cdot i_2 + \frac{w_2^2}{2 \cdot g}. \qquad (25,1)$$

Zu beachten ist noch, daß das Formelzeichen w hier einfach für die Geschwindigkeit gesetzt ist und somit nichts mit der Relativgeschwindigkeit zu tun hat.

Setzt man für reibungslose Strömung in Gl. (25,1) w_0 statt w_2, so wird bei *Strömungsreibung* w_2 kleiner als w_0. Ist h_v kcal/kp der Wärmewert des Energieverlustes durch Strömungsreibung, so wird nach S. 12 und Abb. 15,1 mit Gln. (24,3) und (25,1)

$$427 \cdot i_1 + \frac{w_1^2}{2 \cdot g} = 427 \cdot i_2 + 427 \cdot h_v + \frac{w_2^2}{2 \cdot g} = 427 \cdot i_3 + \frac{w_2^2}{2 \cdot g}. \qquad (25,2)$$

Hierin ist nach Abb. 15,1 i_2 kcal/kp die Enthalpie nach adiabatischer Expansion und i_3 kcal/kp die Enthalpie nach polytropischer Expansion.

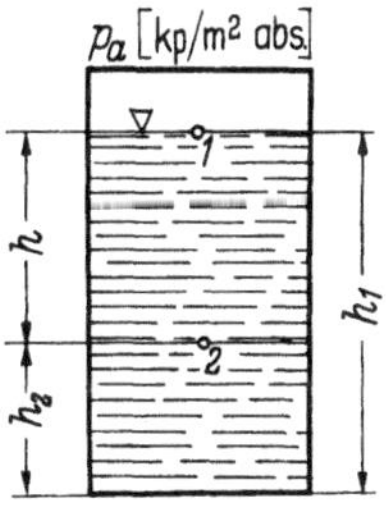

Abb. 25,1. Hydrostatischer Druck

Zahlenbeispiel 9. In einem Behälter nach Abb. 25,1 befindet sich Wasser von der Wichte $\gamma = 1000$ kp/m³. Welchen Überdruck p kp/m² — sog. hydrostatischen Druck — hat ein Flüssigkeitsteilchen *2* gegenüber einem Flüssigkeitsteilchen *1* am Spiegel, wenn es $h = 4{,}5$ m lotrecht unter dem Spiegel liegt?

Nach Gl. (5,3a) sind die absoluten Drücke $p_1 = p_a$ kp/m² und $p_2 = p_a + p$ kp/m². Da die Flüssigkeit ruht, so fällt der Energieverlust durch Strömungsreibung fort. Demnach haben alle Teilchen nach Gl. (24,2) die gleiche Energiesumme, und es wird mit $w_1 = w_2 = 0$

$$h_2 + \frac{p_a + p}{\gamma} = h_1 + \frac{p_a}{\gamma},$$

also $$p = (h_1 - h_2) \cdot \gamma = h \cdot \gamma \text{ kp/m}^2 \text{ Überdruck}. \qquad (25,3)$$

$\underline{p} = 4{,}5 \cdot 1000 = 4500$ kp/m² $= 4500/10000 = \underline{0{,}45 \text{ atü}}$ nach Gl. (5,4).

Zahlenbeispiel 10. Ein Ventilator von 395 mm ∅ im Laufradmund fördert sekundlich 2,6 m³ Luft von 1 ata und 20 °C gegen einen *Gesamtdruck* von 80 mm WS. Wie groß ist bei reibungsfreier Strömung die Eintrittsgeschwindigkeit und der absolute Druck vor dem Laufrad?

Nach Gl. (6,2) ist die Wichte der Luft vor dem Ventilator

$$\gamma = 1/v = \frac{P}{R \cdot T} = \frac{10000}{29{,}27 \cdot 293} = \underline{1{,}166 \text{ kp/m}^3}$$

und die Geschwindigkeit im Laufradmund

$$w = V/F = \frac{2{,}6}{0{,}395^2 \cdot \pi/4} = \underline{21{,}25 \text{ m/sek}}.$$

Damit wird nach Gl. (24,2) mit $h_1 = h_2$, $p_1 = 10000$ kp/m² abs, $p_2 = p$ kp/m², $w_1 = 0$ und $w_2 = w$ m/sek nun $p/\gamma + w^2/19{,}62 = p_1/\gamma + 0$

$$\frac{p_1 - p}{\gamma} = \frac{w^2}{2 \cdot g} = 21{,}25^2/19{,}62 = \underline{23}.$$

$$p_1 - p = 23 \cdot \gamma = 23 \cdot 1{,}166 = 27 \text{ kp/m}^2 = \underline{27 \text{ mm WS}}.$$

$$p = p_1 - 27 = 10000 - 27 = 9973 \text{ kp/m}^2 \text{ abs}$$

$$= 9973/10000 = \underline{0{,}9973 \text{ ata}}.$$

Da der Ventilator gegen einen Gesamtdruck von 80 mm WS fördern soll, so kann er bei reibungsfreier Strömung nur gegen eine Druckdifferenz von 80 − 27 = 53 mm WS arbeiten. Würde man die Energieverluste durch Strömungsreibung vor dem Ventilator so hoch annehmen, daß sie einen Druckverlust von 13 mm WS ergeben, so würde der Ventilator nur gegen eine Druckdifferenz von 40 mm WS arbeiten können (vgl. S. 212).

Bei diesen geringen Druckunterschieden kann die Änderung der Temperatur und der Wichte vernachlässigt werden.

Zahlenbeispiel 11. Welche Arbeit wird je kp Wasser bei reibungsfreier Strömung dadurch in Druckenergie umgesetzt, daß in dem Kreiselpumpenlaufrad des Zahlenbeispiels 6, S. 21, die Relativgeschwindigkeit sich von 11,7 auf 8,2 m/sek vermindert? Welche Druckerhöhung stellt sich durch diese Verzögerung und durch die Wirkung der Fliehkraft im Laufrad ein?

Die umgesetzte Energie entspricht dem Unterschied der kinetischen Energien und ist nach Gl. (24,1)

$$L_w = \frac{w_1^2}{2g} - \frac{w_2^2}{2g} = \frac{11{,}7^2 - 8{,}2^2}{2 \cdot 9{,}81} = \underline{3{,}54 \text{ kpm/kp}}.$$

Dazu kommt nach S. 21 durch die Fliehkraftwirkung noch ein Betrag von $21{,}52\,\frac{\text{kpm}}{\text{kp}}$, so daß insgesamt $25{,}06\,\frac{\text{kpm}}{\text{kp}}$ in Druckenergie umgesetzt werden. Aus Gl. (23,4) wird $\frac{\Delta p}{\gamma} = 25{,}06\,\frac{\text{kpm}}{\text{kp}}$ und mit $\gamma = 1000\,\text{kp/m}^3$ für Wasser die Drucksteigerung im Laufrad $\Delta p = 25{,}06 \cdot 1000 = 25060\,\text{kp/m}^2$ $= \underline{2{,}50\,\text{at}}$. Der Wert $L_f + L_w = 25$ m WS heißt *statische Druckhöhe* und bei Berücksichtigung der Verluste Spaltdruckhöhe H_p oder Laufradgefälle H_p.

Zahlenbeispiel 12. Welche Arbeit muß je kp Wasser noch zusätzlich bei reibungsfreier Strömung auf das Laufrad übertragen werden, wenn sich die wirkliche Geschwindigkeit des Wassers bei den in Zahlenbeispiel 6 und 11 gegebenen Verhältnissen beim Durchströmen des Laufrades von 3 auf 16,4 m/sek erhöht? Nach Gl. (24,1) ist sie

$$L_c = \frac{c_2^2}{2g} - \frac{c_1^2}{2g} = \frac{16{,}4^2 - 3^2}{2 \cdot 9{,}81} = \underline{13{,}25\,\text{kpm/kp}}.$$

Man nennt diesen Wert *dynamische Druckhöhe.* Die Summe der im Laufrad übertragenen Energien

$$H_{th\infty} = \frac{c_2^2}{2g} - \frac{c_1^2}{2g} + \frac{u_2^2}{2g} - \frac{u_1^2}{2g} + \frac{w_1^2}{2g} - \frac{w_2^2}{2g} = L_c + L_f + L_w$$

$$= 13{,}25 + 21{,}52 + 3{,}54 = \underline{38{,}21\,\text{kpm/kp}}$$

heißt „theoretische Förderhöhe bei unendlich großer Schaufelzahl“, weil sie sich auf reibungsfreie und geordnete Strömung bezieht. Durch Strömungsreibung und einen Relativwirbel im Laufrad wird sie vermindert.

Zahlenbeispiel 13. Welche Drucksenkung und damit auch welche Temperaturverminderung erfährt die Luft vor dem Laufrad des auf S. 6 behandelten Turbokompressors, wenn sich die Geschwindigkeit der Luft auf dem Wege vom Saugstutzen zum Laufradmund von 40,0 auf 72,5 m/sek steigert und 30% Energieverlust durch Strömungsreibung angenommen werden?

Eintrittsdruck $p = 0{,}952$ ata, Eintrittstemperatur $t = 15\,°\text{C}$, Wichte $\gamma = 1{,}13\,\text{kp/m}^3$ nach S. 6. Zur Beschleunigung der Luft nach Gl. (24,1) erforderliche Energie $\frac{c_s^2}{2g} - \frac{c^2}{2g} = \frac{72{,}5^2 - 40^2}{2 \cdot 9{,}81} = \underline{180\,\text{kpm/kp}}$. Energieverlust durch Strömungsreibung $0{,}3 \cdot 180 = \underline{54\,\text{kpm/kp}}$, zusammen $\underline{234\,\text{kpm/kp}}$. Bei dem zu erwartenden geringen Druckunterschied kann die der Luft zu entziehende technische Arbeit $L_t = \Delta P \cdot v = \frac{\Delta P}{\gamma}$ $= 234\,\frac{\text{kpm}}{\text{kp}}$ gesetzt werden. Druckabfall $\Delta P = \gamma \cdot 234 = 1{,}13 \cdot 234$

$= 265 \text{ kp/m}^2 = 0{,}0265$ at. Absoluter Druck im Laufradmund $p_s = p - \Delta p = 0{,}952 - 0{,}0265 = 0{,}9255$ ata (vgl. S. 14, Zahlenbeispiel 3, und S. 226).

Da nach S. 12 die Verlustenergie als Reibungswärme in der Luft verbleibt, so muß für die Temperatursenkung nur die Expansion ohne Strömungsreibung, d. h. die adiabatische Dehnung, zugrunde gelegt werden. Nach Gl. (13,3) wird also $L_{ad} = 102{,}6 \cdot \Delta t_{ad} = 180$ kpm/kp und damit die Temperatursenkung $t - t_s = 180/102{,}6 = 1{,}76\,°\text{C}$.

Temperatur im Laufradmund $t_s = t - 1{,}76 = 15 - 1{,}76 = 13{,}24\,°\text{C}$ (vgl. S. 14, Zahlenbeispiel 3, und S. 226).

5. Reynoldssche Zahl. Grenzschicht. Druckverlust in geraden Rohren und in Umlenkungen. Ablösung (Totwasser)

Man könnte erwarten, daß in einer geraden, überall gleich weiten und glatten Rohrleitung die einzelnen Flüssigkeitsteilchen sich in geordneten nebeneinander vorbeigleitenden Schichten bewegen, ohne sich durch Querbewegungen zu mischen. Diese sog. *laminare Strömung* tritt aber in einer geraden Rohrleitung vom lichten Durchmesser d m bei der mittleren Strömungsgeschwindigkeit w m/sek nur ein, solange die sog. *Reynoldssche Zahl*

$$Re = \frac{w \cdot d}{\nu} \tag{28,1}$$

kleiner als 2320 ist, wie durch Versuche festgestellt wurde.

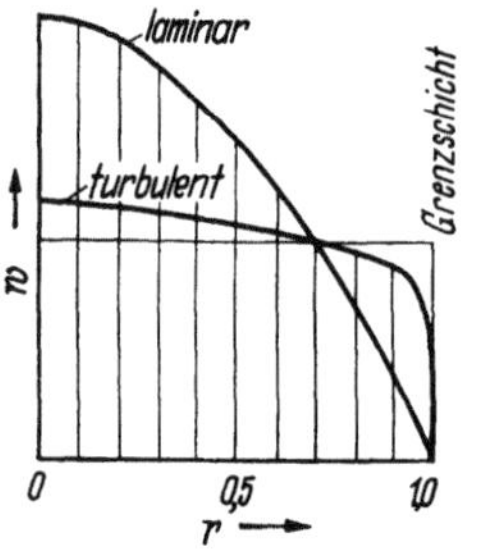

Abb. 28,1. Geschwindigkeitsverteilung im Rohrquerschnitt

Für $Re > 2320$ wird die Strömung *turbulent*. Wirbelige Strömung ist zwar für die Wärmeübertragung günstiger, weil sich das Medium hierbei inniger mit der Wand berührt, aber für die Fortleitung in Rohren und für die Energieumsetzung in Strömungsmaschinen ist sie ungünstiger, weil sie mit größeren Energieverlusten verbunden ist.

Bei beiden Strömungsarten ist nach Abb. 28,1 die Geschwindigkeitsverteilung über den Querschnitt verschieden.

a) Laminare Strömung im glatten Rohr. In ihrer zeitlichen Aufeinanderfolge bilden die Orte, die ein Teilchen des strömenden Mediums einnimmt, eine *Stromlinie* oder *Flutlinie* und, da die Teilchen durch Kohäsion zusammenhängen, einen *Stromfaden*. Die schraffierten Flächen der Abb. 29,1 stellen den Längsschnitt einer *Stromröhre* dar.

Infolge Haftung an der Rohrwand ist $w = 0$ für $y = r$, $w = w_{\max}$ für $y = 0$; für $y + dy$ wird die Geschwindigkeit $w - dw$. Auf der

Stirnseite des Flüssigkeitskörpers von $2y$ m ⌀ muß durch den Druckabfall Δp auf der Länge l links eine Kraft P entstehen, die den Verformungswiderstand S (s. S. 18) überwindet.

$$S = \eta \cdot F \cdot dw/dy, \quad P = \Delta p \cdot y^2 \pi, \quad \eta \cdot 2 \cdot \pi \cdot y \cdot l \cdot (-dw)/dy = \Delta p \cdot y^2 \cdot \pi,$$

$$dw = -\frac{\Delta p \cdot y \cdot dy}{\eta \cdot 2 \cdot l},$$

$$w = -\frac{\Delta p \cdot y^2}{\eta \cdot 2 \cdot l \cdot 2} + C = 0 \text{ für } y = r, \text{ also } C = \frac{\Delta p \cdot r^2}{4 \cdot \eta \cdot l},$$

$$w_{\max} = C = \frac{\Delta p \cdot r^2}{4 \cdot \eta \cdot l} \text{ für } y = 0.$$

Die Verteilung von w entspricht demnach einer Parabel (s. Abb. 28,1). Der durch die Parabel umrissene Drehkörper stellt das sekundlich durchströmende Volumen Q dar. Sein Volumen ist nach Dubbel[1] $\frac{1}{2} r^2 \cdot \pi \cdot w_{\max}$, so daß die mittlere Geschwindigkeit $\underline{w_m} = w_{\max}/2 = \frac{\Delta p \cdot r^2}{8\eta \cdot l} = \underline{\frac{\Delta p \cdot d^2}{32 \cdot \eta \cdot l}}$ wird. Wird der Druckverlust Δp durch die Flüssigkeitssäule Δh ausgedrückt, so wird $\Delta p = \Delta h \cdot \gamma = \frac{32 \cdot \eta \cdot l \cdot w_m}{d^2}$ oder die verlorene Druckenergie je kp Medium $\Delta h = \frac{\Delta p}{\gamma} = \frac{32 \cdot \eta \cdot l \cdot w_m^2 \cdot 2g}{\gamma d \cdot d \cdot w_m \cdot 2g}$, $\underline{\Delta h} = \frac{64}{Re} \cdot \frac{l}{d} \cdot \frac{w_m^2}{2g} = \underline{\lambda_0 \cdot \frac{l}{d} \cdot \frac{w_m^2}{2g}}$. Den Faktor λ_0 nennt man die *Widerstandszahl des glatten Rohres*. Bei laminarer Strömung ist $\lambda_0 = 64/Re$.

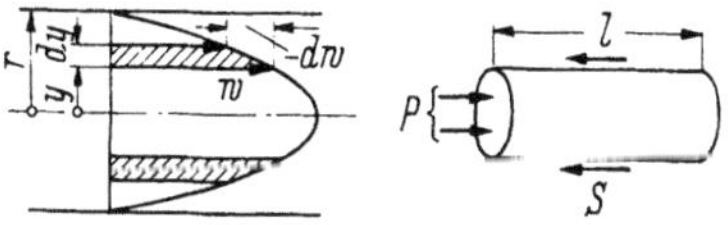

Abb. 29,1. Stromröhre. Druckverlust bei laminarer Strömung im glatten Rohr

$$\Delta p = \gamma \cdot \lambda_0 \cdot \frac{l}{d} \cdot \frac{w_m^2}{2g}. \quad (29,1)$$

Aus dieser Beziehung kann man die Zähigkeit bestimmen, wenn man die übrigen Größen mißt.

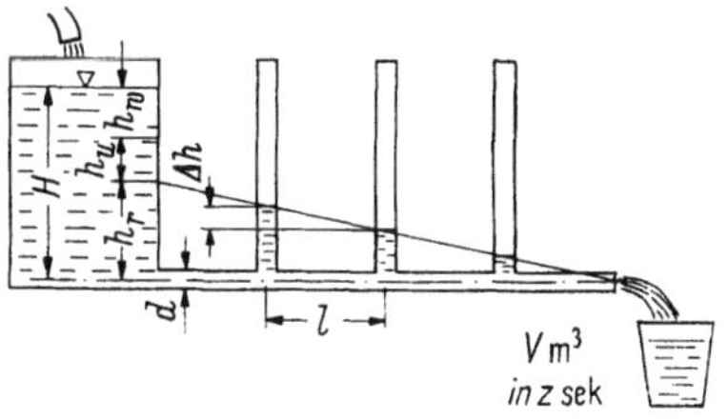

Abb. 29,2. Messung von Druckverlusten in geraden Rohrleitungen

Zahlenbeispiel 14. An einem glatten Metallrohr von 0,4 mm ⌀ und 200 mm Meßlänge wurde nach Blasius mit Wasser von 10 °C 4800 mm WS Druckabfall bei 68,8 cm³ Durchfluß in 10 min gemessen. Wie groß sind die absolute und die kinematische Zähigkeit sowie die Reynoldssche Zahl?

$$d = 0{,}4 \cdot 10^{-3}\,\text{m}, \quad f = 0{,}126 \cdot 10^{-6}\,\text{m}^2, \quad V = f \cdot w_m \cdot z = 0{,}126 \cdot w_m \cdot 10^{-6} \cdot 6 \cdot 10^2$$
$$= 68{,}8 \cdot 10^{-6}\,\text{m}^3, \quad \underline{w_m} = \frac{68{,}8}{0{,}126 \cdot 6 \cdot 10^2} = \underline{0{,}91\,\text{m/sek}}.$$

[1] [*3*], Bd. I, S. 190.

Nach vorigem Abschnitt ist

$$w_m = \frac{\Delta p \cdot d^2}{32 \cdot \eta \cdot l} = \frac{\Delta h \cdot \gamma \cdot d^2}{32 \cdot \eta \cdot l},$$

$$\underline{\eta} = \frac{\Delta h \cdot \gamma \cdot d^2}{32 \cdot l \cdot w_m} = \frac{4{,}8 \cdot 1000 \cdot 0{,}16 \cdot 10^{-6}}{32 \cdot 0{,}2 \cdot 0{,}91} = \underline{132 \cdot 10^{-6}\ \text{kpsek/m}^2},$$

$$\underline{\nu} = \frac{\eta \cdot g}{\gamma} = \frac{132 \cdot 9{,}81 \cdot 10^{-6}}{1000} = \underline{1{,}3 \cdot 10^{-6}\ \text{m}^2/\text{sek}},$$

$$\underline{Re} = \frac{w_m \cdot d}{\nu} = \frac{0{,}91 \cdot 0{,}4 \cdot 10^{-3}}{1{,}3 \cdot 10^{-6}} = \underline{280}.$$

Probe: $\Delta h = \lambda_0 \cdot \frac{l}{d} \cdot \frac{w_m^2}{2g}$ mit $\lambda_0 = \frac{64}{Re}$,

$$\underline{\lambda_0} = 64/280 = \underline{0{,}229},$$

$$\underline{\Delta h} = 0{,}229 \cdot \frac{0{,}2}{0{,}4 \cdot 10^{-3}} \cdot \frac{0{,}828}{19{,}62} = \underline{4{,}8\ \text{m}}.$$

Die Skizze zeigt, daß die für eine Strömung aufzuwendende Energie H kpm/kp sich zusammensetzt aus der Beschleunigungsarbeit $h_w = \frac{w^2}{2g}$, aus dem Energieverlust h_u für die Umlenkung aus der lotrechten in die waagerechte Strömungsrichtung und aus dem Energieverlust h_r durch Strömungsreibung in der geraden Rohrleitung.

Versuche zeigen, daß die Widerstandszahl $\lambda_0 = 64/Re$ nur bis $Re = 2320$ gilt. Dann wird die Strömung auch in glatten, geraden und überall gleich weiten Rohren turbulent.

b) Turbulente Strömung im glatten Rohr. Bei turbulenter Strömung läßt sich die Widerstandszahl λ_0 für das glatte Rohr nur durch Versuche feststellen. So fand Blasius, daß bis $Re = 10^5$ die Widerstandszahl $\lambda_0 = 0{,}316/Re^{0{,}25}$ gilt. Da in der Strömungslehre und bei Strömungsmaschinen oft die mathematische Auswertung von Versuchswerten die reine mathematisch-physikalische Ableitung ersetzen muß, so sei hierfür der nachfolgende Versuch von Blasius[1] ausgewertet.

Zahlenbeispiel 15. Mit Wasser von 10 °C wurden mit der Apparatur der Abb. 29,2 1. zwei Versuche mit einem glatten Metallrohr mit 6 mm lichtem Durchmesser und 500 mm Meßlänge und 2. ein Versuch an einem glatten Metallrohr von 30 mm lichtem Durchmesser und 1200 mm Meßlänge durchgeführt. Sie ergaben

$$w_1' = 4{,}33\ \text{m/sek bei}\ \Delta h_1' = 2130\ \text{mm WS},$$
$$w_1'' = 8{,}67\ \text{m/sek bei}\ \Delta h_1'' = 7150\ \text{mm WS},$$
$$w_2 = 1{,}73\ \text{m/sek bei}\ \Delta h_2 = 137\ \text{mm WS}.$$

[1] Blasius: Mechanik, III. Teil, 3. Aufl., Hamburg: Boysen & Maasch.

Welche Reynoldsschen Zahlen liegen vor? Welches Gesetz liegt dieser Strömung zugrunde?

$$\underline{Re_1'} = \frac{w_1' \cdot d_1}{\nu} = \frac{4{,}33 \cdot 6 \cdot 10^{-3}}{1{,}3 \cdot 10^{-6}} = \underline{19800},$$

$$\underline{Re_1''} = \frac{w_1'' \cdot d_1}{\nu} = \frac{8{,}67 \cdot 6 \cdot 10^{-3}}{1{,}3 \cdot 10^{-6}} = \underline{39700},$$

$$\underline{Re_2} = \frac{w_2 \cdot d_2}{\nu} = \frac{1{,}73 \cdot 30 \cdot 10^{-3}}{1{,}3 \cdot 10^{-6}} = \underline{39900}.$$

In allen drei Fällen ist $Re > 2320$. Es handelt sich also um turbulente Strömung. Laut Vortext zu Gl. (29,1) ist $\Delta h = \frac{32 \cdot \eta \cdot l \cdot w_m}{\gamma \cdot d^2}$ und damit das sog. *Druckliniengefälle* (s. Abb. 29,2) $\underline{I} = \frac{\Delta h}{l} = \underline{32 \cdot \eta \cdot w_m / \gamma \cdot d^2}$ für laminare Strömung. Die Annahme liegt nahe, daß für das der laminaren Strömung nahe turbulente Gebiet das ähnliche Gesetz $\underline{I} = \frac{\Delta h}{l} = \underline{C \cdot w_m^n / d^m}$ statt $I = k \cdot w_m^1 / d^2$ gilt.

Für die beiden ersten Versuche sei, da d_1 konstant ist, eine gemeinsame Konstante $\underline{c_1 = C/d^m}$ eingeführt, um n zu finden. Es bleiben dann zwei Gleichungen — eine aus dem ersten und eine aus dem zweiten Versuch — zur Ermittlung von C und m.

$$I_1' = c_1 \cdot w_m'^n = \Delta h_1'/l_1, \qquad c_1 \cdot 4{,}33^n = 2130/500 = 4{,}26,$$

$$I_1'' = c_1 \cdot w_m''^n = \Delta h_1''/l_1, \qquad c_1 \cdot 8{,}67^n = 7150/500 = 14{,}3,$$

$$(8{,}67/4{,}33)^n = 14{,}3/4{,}26 = 3{,}36, \qquad \underline{n = 1{,}75}.$$

$$c_1 \cdot 4{,}33^n = c_1 \cdot 13{,}1 = 4{,}26, \qquad \underline{c_1 = 0{,}325}.$$

$$I_2 = c_2 \cdot w_2^n = \Delta h_2/l_2, \qquad c_2 \cdot 1{,}73^{1{,}75} = c_2 \cdot 2{,}61 = 137/1200 = 0{,}114,$$

$$\underline{c_2 = 0{,}0434}.$$

$$\left(\frac{d_2}{d_1}\right)^m = \left(\frac{30}{6}\right)^m = 5^m = c_1/c_2 = 7{,}5, \quad \underline{m = 1{,}25}.$$

$$\underline{C} = c_1 \cdot d_1^m = c_2 \cdot d_2^m = 0{,}0434 \cdot 0{,}03^{1{,}25} = 0{,}0434 \cdot 0{,}0125 = \underline{0{,}000542}.$$

$$I = \frac{\Delta h}{l} = C \cdot w_m^n / d^m = 5{,}42 \cdot 10^{-4} \cdot w_m^{1{,}75} / d^{1{,}25}.$$

Mit $\Delta p = \Delta h \cdot \gamma$ wird

$$\underline{\Delta p} = \frac{\gamma \cdot 5{,}42 \cdot 10^{-4} \cdot l \cdot w_m^{1{,}75} \cdot 2 \cdot 9{,}81 \cdot w_m^{0{,}25} \cdot d^{0{,}25} \cdot \nu^{0{,}25}}{\sqrt[4]{131} \cdot 10^{-2} \cdot d \cdot d^{0{,}25} \cdot 2 \cdot g \cdot w_m^{0{,}25} \cdot d^{0{,}25}} = \underline{\gamma \cdot \lambda_0 \cdot \frac{l}{d} \cdot \frac{w_m^2}{2g}}$$

wie Gl. (29,1), wenn $\lambda_0 = \frac{5{,}42 \cdot 10^{-4} \cdot 2 \cdot 9{,}81}{3{,}38 \cdot 10^{-2} \cdot \sqrt[4]{w_m \cdot d_m/\nu}} = \underline{0{,}316/\sqrt[4]{Re}}$ gesetzt wird.

Von $Re = 10^5$ bis $Re = 10^8$ gilt nach DUBBEL[1] $\underline{\lambda_0 = 0{,}0032 + \frac{0{,}221}{Re^{0{,}237}}}$.

Besonders bei turbulenter Strömung wirkt sich nach Abb. 28,1 die äußere Reibung in einer verhältnismäßig dünnen Schicht — der sog.

[1] [3], Bd. I, S. 292.

Grenzschicht — aus, während außerhalb derselben die Geschwindigkeit w nur wenig niedriger oder höher als w_m ist. Aus der Grenzschicht lösen sich durch die starke Verzögerung des Mediums dauernd Wirbel ab und dringen in das Innere des Rohres ein.

Bei den heute angewendeten hohen mittleren Geschwindigkeiten sind die Strömungen in den Strömungsmaschinen sowie in ihren Zu- und Ableitungen fast stets turbulent.

c) Strömung in rauhen Rohren. Laut DUBBEL[1] ist nach HOPF zu unterscheiden zwischen welliger und körniger Rauhigkeit. Für erstere ist $\lambda = \xi \cdot \lambda_0$ mit $\xi = 1{,}2-1{,}5$ für asphaltiertes Eisenblech und $\xi = 1{,}03-1{,}1$ für bituminöse Innenisolierungen der Deutschen Röhrenwerke. Drückt die Rechnungsgröße k' m die Rauhigkeit aus, so wird für körnige Rauhigkeit $\lambda = (k'/d)^{0{,}314}/100$ mit

$k' = 1{,}5$ für neues glattes Metallrohr,

$k' = 2{,}5$ für neues Gußeisen und Eisenblech,

$k' = 5$ für angerostetes Eisenrohr und

$k' = 7$ für verkrustetes Eisen.

Weiteres s. Zahlenbeispiel 16 und 17.

d) Unrunde Querschnitte. Hydraulischer Radius. Offenbar hängt der Verlust durch Strömungsreibung von dem Verhältnis der Kernströmung zur Randströmung, also von dem sog. *hydraulischen Radius* $a = \frac{F \cdot l}{U \cdot l} = \frac{F}{U}$ ab. Für den Kreisquerschnitt wird $a = \frac{d^2\pi}{4d \cdot \pi} = \frac{d}{4}$. Für unrunde Querschnitte können alle Formeln für Re und λ übernommen werden, wenn man d durch $4a$ ersetzt.

e) Umlenkungen. Der Druckverlust in Umlenkungen

$$\Delta p = \zeta \cdot \frac{w^2 \cdot \gamma}{2 \cdot g} \frac{\text{kp}}{\text{m}^2} \tag{32,1}$$

wird mit einer Widerstandszahl ζ berechnet, die der Art der Umlenkung entspricht und durch Versuche ermittelt wurde. Es ist bei lichten Durchmessern von 50 bis 500 mm $\zeta = 0{,}5$ für 90°-Bogen, $\zeta = 0{,}2$ bis 0,35 für Schieber, $\zeta = 2{,}3$ bis 0,8 für Schrägsitzventile, dagegen $\zeta = 5$ bis 8,3 für normale Durchgangsventile mit verhältnismäßig scharfen Umlenkungen und $\zeta = 3{,}1$ bis 6,5 für T-Stücke (DUBBEL[2]).

Kanäle gleicher Weite und stetig sich verengende Kanäle sind für die Strömung günstig, weil sie von ihr ausgefüllt werden. Letzteres kann

[1] [3], Bd. I, S. 292—294.
[2] [3], Bd. I, S. 790.

durch kleine Erweiterungswinkel von 5 bis 10° auch bei stetigen Erweiterungen noch erreicht werden. Bei größeren Erweiterungen aber löst sich die Strömung von der Wand ab. Die Ursachen eines solchen „Totwasser"-Raumes sind zu starke Verzögerungen der Grenzschicht oder scharfe Kanten wie bei unstetigen Verengungen oder Erweiterungen des Querschnitts. Das Ausweichen der Strömung an der scharfen Kante führt zur Kontraktion (Abb. 33,1). Man kann sie schon durch kleine Abrundungen der Kanten, am besten aber durch große und glatte Ausrundungen vermindern. Damit setzt man gleichzeitig die Widerstandszahl ζ ganz erheblich herab.

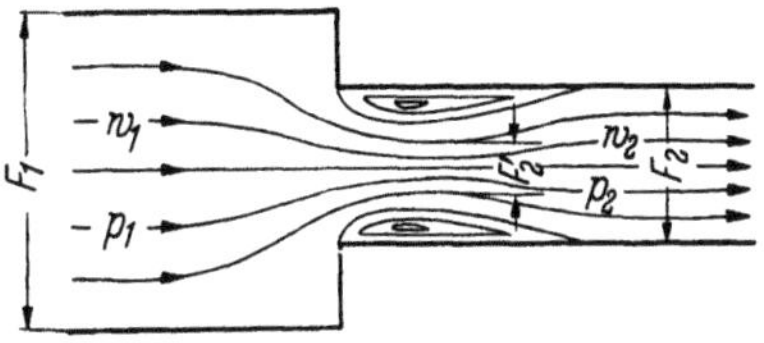

Abb. 33,1. Kontraktion bei unstetigen Verengungen

Nach dem Satz vom Potentialwirbel [Gl. (20,1)] wird in einer Krümmung theoretisch $c_m \cdot \varrho$ = konstant (Abb. 33,2). Über Abweichungen hiervon, die sich praktisch am Austritt aus den Leitschaufeln und beim Eintritt in das Laufrad einer Francisturbine ergeben, s. Berechnung eines Francisrades, Abschnitt „Aufteilung in Teilturbinen gleicher Schluckfähigkeit".

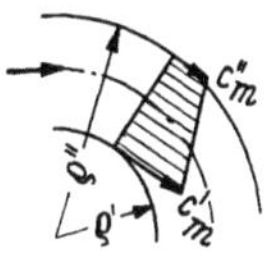
Abb. 33,2. Geschwindigkeitsverteilung in Rohrkrümmern

f) Zusammenfassung. Widerstandshöhe. Treten in einer Leitung von d m lichtem Durchmesser, l m Länge und der Widerstandszahl λ zwischen den Punkten *1* am Anfang und *2* am Ende der Leitung z_1 Umlenkungen von der Widerstandszahl ζ_1 und z_2 Umlenkungen von der Widerstandszahl ζ_2 auf, so ist die sog. *Widerstandshöhe* h_{v12}, d. h. der Energieverlust durch Strömungsreibung und Umlenkung, lt. Vortext

$$h_{v12} = \frac{w_m^2}{2g}\left[\lambda \cdot \frac{l}{d} + z_1 \cdot \zeta_1 + z_2 \cdot \zeta_2\right] \frac{\text{kpm}}{\text{kp}}. \qquad (33,1)$$

Weiteres s. Zahlenbeispiel 16 und 17.

6. Zuleitungswiderstand und Fallhöhe einer Wasserturbine

Unter der Fallhöhe H m einer Wasserturbine versteht man die Energie in $\frac{\text{kpm}}{\text{kp}}$, die 1 kp Wasser in der Turbine entzogen wird. H entspricht somit dem Wert $E \frac{\text{kpm}}{\text{kp}}$ in der erweiterten Bernoullischen Gleichung [Gl. (24,3)].

Der Oberwasserspiegel einer Turbinenanlage liege h_1 m, der Unterwasserspiegel h_2 m über $N-N$. Auf beiden Spiegeln steht der Luftdruck. Im Mittel sei die Geschwindigkeit der Strömung im Oberwasserkanal c_a und im Unterwasserkanal c_e m/sek. Der Energieverlust durch Strömungsreibung und Umlenkung in den äußeren Leitungen sei $h_v \frac{\text{kpm}}{\text{kp}}$. Dann ist nach Gl. (24,3) $h_2 + \frac{c_e^2}{2g} + h_v + H = h_1 + \frac{c_a^2}{2g}$ und mit $h = h_1 - h_2$ m Spiegelunterschied zwischen Ober- und Unterwasser die Fallhöhe

$$H = h + \frac{c_a^2 - c_e^2}{2 \cdot g} - h_v \frac{\text{kpm}}{\text{kp}}. \tag{34,1}$$

Zahlenbeispiel 16. Die Düse einer Peltonturbine liegt 150 m unter dem Oberwasserspiegel. Die Zuflußleitung hat 80 m Länge von 600 mm ⌀, 135 m Länge von 500 mm ⌀ und die Rauhigkeitsziffer 4. In ihrem ersten Teil liegen ein Einlauf mit $\zeta_1 = 0{,}2$ und zwei Drosselklappen mit je $\zeta_2 = 0{,}1$ (offen), in ihrem zweiten Teil vier Übergangsstücke bzw. Knie mit je $\zeta_3 = 0{,}15$. Vor der Düse mit 180 mm ⌀ befindet sich eine Verengung mit $\zeta_4 = 0{,}05$. Wie groß sind bei Vernachlässigung der Verschiedenheit der Geschwindigkeiten am Ober- und Unterwasserspiegel und der Strömungsreibung in der polierten Düse die Austrittsgeschwindigkeit aus der Düse, die Fallhöhe und der sekundliche Wasserdurchsatz?

Düse: Geschwindigkeit c_0 m/sek, Querschnitt $f_0 = \frac{0{,}18^2\pi}{4} = \underline{0{,}0254\ \text{m}^2}$.

1. Rohrstrecke: Querschnitt $f_1 = \frac{0{,}6^2\pi}{4} = \underline{0{,}283\ \text{m}^2}$. Mit der Kontinuitätsgleichung [Gl. (23,2)] wird $f_1 \cdot c_1 = f_0 \cdot c_0$ und $c_1 = c_0 \cdot f_0/f_1 = \underline{0{,}09 \cdot c_0}$.

2. Rohrstrecke: Querschnitt $f_2 = \frac{0{,}5^2\pi}{4} = \underline{0{,}196\ \text{m}^2}$ und $c_2 = c_0 \cdot f_0/f_2$ $= \underline{0{,}1296 \cdot c_0}$.

Im Mittel ist die Widerstandszahl der Rohre nach S. 32

$$\lambda = (k'/d)^{0{,}314}/100 = (4/0{,}55)^{0{,}314}/100 = \underline{0{,}0187}.$$

Der Energieverlust durch Strömungsreibung und Umlenkung wird nach Gln. (23,4), (29,1) und (32,1) in der 1. Rohrstrecke

$$h_{v1} = \frac{\Delta p}{\gamma} = \lambda \cdot \frac{l_1}{d_1} \cdot \frac{c_1^2}{2g} + \zeta_1 \cdot \frac{c_1^2}{2g} + 2 \cdot \zeta_2 \cdot \frac{c_1^2}{2g}$$
$$= 0{,}09^2 \cdot \frac{c_0^2}{2g}\left(0{,}0187 \cdot \frac{80}{0{,}6} + 0{,}2 + 0{,}2\right) = \underline{0{,}0234 \cdot \frac{c_0^2}{2g}}.$$

Ebenso wird in der 2. Rohrstrecke

$$h_{v2} = \lambda \cdot \frac{l_2}{d_2} \cdot \frac{c_2^2}{2g} + 4 \cdot \zeta_3 \cdot \frac{c_2^2}{2g} = 0{,}1296^2 \cdot \frac{c_0^2}{2g} \cdot \left(0{,}0187 \cdot \frac{135}{0{,}5} + 4 \cdot 0{,}15\right)$$
$$= \underline{0{,}0948 \cdot \frac{c_0^2}{2g}}$$

und vor der Düse

$$h_{v3} = \zeta_4 \cdot \frac{c_0^2}{2g} = \underline{0{,}05 \cdot \frac{c_0^2}{2g}}\,.$$

$$h_v = h_{v1} + h_{v2} + h_{v3} = \underline{0{,}167 \cdot \frac{c_0^2}{2g}}\,.$$

Nach Gl. (34,1) wird unter Vernachlässigung von c_a und c_e die Fallhöhe

$$H = h - h_v = \underline{150 - 0{,}167\,\frac{c_0^2}{2g}}\,.$$

Die Peltonturbine ist eine einstufige Gleichdruckturbine, so daß nach S. 1 die gesamte im Wasser verfügbare Energie nicht teils in der Düse und teils im Laufrad, sondern nur in der Düse in kinetische Energie umgesetzt wird. Somit wird nach Gl. (24,1) mit $\frac{c_0^2}{2g} = H$ und $\frac{c_0^2}{2g} = 150 - 0{,}167 \cdot \frac{c_0^2}{2g}$ nun $1{,}167 \cdot \frac{c_0^2}{2g} = 150$, $\frac{c_0^2}{2g} = \frac{150}{1{,}167} = \underline{128{,}5\,\text{m} = H}$. Durch die Strömungsreibung und Umlenkung in der Zuleitung geht also das Gefälle von 150 m auf die Fallhöhe von 128,5 m herunter.

Mit der Austrittsgeschwindigkeit aus der Düse

$$c_0 = \sqrt{2gH} = \sqrt{2g \cdot 128{,}5} = \underline{50{,}2\ \text{m/sek}}$$

wird der sekundliche Wasserdurchsatz

$$Q = f_0 \cdot c_0 = 0{,}0254 \cdot 50{,}2 = \underline{1{,}275\ \text{m}^3/\text{sek}}.$$

Über die zulässige Saughöhe bei Überdruckturbinen s. S. 88.

7. Nutzförderhöhe, Förderhöhe, Saugzahl und zulässige Saughöhe einer Kreiselpumpe

Oft dient eine Pumpe dazu, Wasser aus einem Brunnen in einen Hochbehälter zu fördern. Die lotrechten Abstände von der Pumpenmitte bis zum Brunnen- bzw. Behälterspiegel seien mit H_s m bzw. mit H_d m bezeichnet. Ihre Summe nennt man *Nutzförderhöhe*

$$H_n = H_s + H_d\text{m}. \tag{35,1}$$

Lastet auf dem Spiegel des Hochbehälters der Überdruck p atü, so vergrößert sich H_n um den Betrag $10 \cdot p$ m WS.

Infolge der Beschleunigungsarbeit $\frac{c_s^2}{2g}\,\frac{\text{kpm}}{\text{kp}}$ und der Energieverluste $h_{vs}\,\frac{\text{kpm}}{\text{kp}}$ durch Strömungsreibung und Umlenkung in der Saugleitung und ihren Organen ist aber der absolute Druck p_s ata am Saugstutzen niedriger, als es H_s entspricht; ebenso ist der absolute Druck p_d ata am Druckstutzen höher, als H_d ausmacht. Aus diesem Grund ist die Energiezufuhr $E \frac{\text{kpm}}{\text{kp}}$, die in der Pumpe auf das Wasser übergeht, größer als H_n. Da sie von den mit Manometern gemessenen Drücken p_d und p_s abhängt, so nannte man sie die *manometrische Förderhöhe* H_{man}. Heute heißt sie Förderhöhe H. Sie läßt sich aus Gl. (24,3) errechnen.

Ist $h_a = 10 \cdot p_a$ der Luftdruck in m WS, so ist der absolute Druck p_s am Saugstutzen gleich $10 \cdot p_s$ in m WS und

$$10 \cdot p_s = h_a - H_s - h_{vs} - \frac{c_s^2}{2g} \text{ m WS}. \tag{36,1}$$

Dieser Druck p_s darf aber die sog. *Haltedruckhöhe* Δh m WS und den zu der höchsten vorkommenden Wassertemperatur t °C gehörigen *Dampfbildungsdruck* h_t m WS nicht unterschreiten. Damit ergibt sich *die höchstzulässige Saughöhe* $H_{s\,\text{zul}}$ aus

$$10 p_s = h_a - H_{s\,\text{zul}} - h_{vs} - \frac{c_s^2}{2g} = h_t + \Delta h$$

zu

$$H_{s\,\text{zul}} = h_a - h_{vs} - \frac{c_s^2}{2g} - h_t - \Delta h \text{ m WS}. \tag{36,2}$$

Durch Einhaltung der Haltedruckhöhe Δh werden die S. 67 behandelten Kavitationserscheinungen vermieden. Sie hängt von der minutlichen Drehzahl n der Pumpe, von der sekundlichen Wassermenge Q m³/sek, von der Verengung k des Laufradmundes der Pumpe durch die Nabe des Laufrades und von der sog. *Saugzahl S der Pumpe* ab. Diese ist nach PFLEIDERER[1] für Axialpumpen mit wenigen Schaufeln und für Radialräder mit räumlich gekrümmten Laufradschaufeln, die in den Laufradmund weit hineinragen, $S = 3{,}0$, bei Radialrädern mit Zylinderschaufeln bei achsparalleler Einströmkante $S = 2{,}40$ und bei schräger Einströmkante $S = 2{,}5$ (vgl. Abb. 51,2). Nach PFLEIDERER ist mit $k = 1 - (d_n/D_s)^2$

$$\Delta h = \left[\left(\frac{n}{100}\right)^2 \cdot \frac{Q}{k \cdot S}\right]^{2/3} \text{m WS} \tag{36,3}$$

bei radialer Zuströmung, also bei $\alpha_1 = 90°$.

Zahlenbeispiel 17. Eine Kreiselpumpe fördert bei der Drehzahl 1450 U/min stündlich 130 m³ Wasser aus 5,5 m Tiefe auf 85,5 m Höhe. Die Laufräder haben einen Nabendurchmesser von 70 mm und einen Durchmesser des Laufradmundes von 145 mm sowie zylindrische Laufradschaufeln mit achsparalleler Einströmkante (Abb. 51,2b). Sie wird

---

[1] [*14a*], S. 77.

200 m über dem Meeresspiegel aufgestellt. Der dort herrschende Luftdruck schwankt um 40 mm QS. Die höchste vorkommende Wassertemperatur beträgt 30 °C. In der 15 m langen Saugleitung sitzt ein Saugkorb ($\zeta_1 = 1{,}6$), ein Ventil ($\zeta_2 = 3$) und drei Krümmer (je $\zeta_3 = 0{,}5$). Die Sauggeschwindigkeit soll 1 bis 1,5 m/sek betragen. In der 120 m langen Druckleitung sind ein Absperrventil ($\zeta_4 = 5$), vier Krümmer ($\zeta_5 =$ je 0,5) und eine Geschwindigkeit von 2 m/sek vorgesehen. Mit Rücksicht auf Verkrustung der Leitungen soll mit der Rauhigkeitszahl 7 gerechnet werden. Wie groß sind die Leitungsdurchmesser, die Widerstände in der Saug- und Druckleitung, die höchstzulässige Saughöhe, die absoluten Drücke am Saug- und Druckstutzen und die notwendige manometrische Förderhöhe?

Sekundliche Wassermenge

$$Q = 130/3600 = \underline{0{,}0362 \text{ m}^3/\text{sek}}.$$

Saugleitung: 200 mm ⌀ angenommen. $f_s = 314 \text{ cm}^2$;

Sauggeschwindigkeit $\quad c_s = Q/f_s = 0{,}0362/0{,}0314 = \underline{1{,}15 \text{ m/sek}}.$

Druckleitung: 150 mm ⌀ angenommen. $f_d = 176{,}5 \text{ cm}^2$;

Fördergeschwindigkeit $\quad c_d = Q/f_d = 0{,}0362/0{,}0176 = \underline{2{,}05 \text{ m/sek}}.$

Widerstandszahl nach S. 32 $\lambda = (k'/d)^{0{,}314}/100$;

Saugleitung $\quad \lambda_s = (7/0{,}2)^{0{,}314}/100 = \underline{0{,}03}.$

Druckleitung $\quad \lambda_d = (7/0{,}15)^{0{,}314}/100 = \underline{0{,}033}.$

Energieverluste: Nach Gln. (29,1) und (32,1).

Saugleitung
$$h_{vs} = \frac{c_s^2}{2g} \cdot \left(\lambda_s \cdot \frac{l_s}{d_s} + \zeta_1 + \zeta_2 + 3 \cdot \zeta_3\right)$$
$$= \frac{1{,}15^2}{2 \cdot 9{,}81} \cdot \left(0{,}03 \cdot \frac{15}{0{,}2} + 4{,}6 + 1{,}5\right) = \underline{0{,}565 \text{ kpm/kp}}.$$

Druckleitung
$$h_{vd} = \frac{c_d^2}{2g} \cdot \left(\lambda_d \cdot \frac{l_d}{d_d} + \zeta_4 + 4 \cdot \zeta_5\right)$$
$$= \frac{2{,}05^2}{19{,}62} \cdot \left(0{,}033 \cdot \frac{120}{0{,}15} + 5 + 2\right) = \underline{7{,}24 \text{ kpm/kp}}.$$

Laut DUBBEL[1] ist für 30 °C $h_t = \underline{0{,}43 \text{ m WS}}$ und für 200 m Höhe $b = \underline{742 \text{ mm QS}}$ und damit der niedrigste Luftdruck $p_a = \frac{742 - 20}{735{,}5} = \underline{0{,}982 \text{ ata}}$ oder $h_a = \underline{9{,}82 \text{ m WS}}$. Saugzahl nach S. 36 $S = \underline{2{,}40}$.

Verengung des Laufradmundes $k = 1 - (70/145)^2 = \underline{0{,}767}$.

[1] [3], Bd. II, S. 237.

Haltedruckhöhe nach Gl. (36,3)

$$\underline{\Delta h} = \left[(n/100)^2 \cdot \frac{Q}{k \cdot S}\right]^{2/3} = \left(14{,}5^2 \cdot \frac{0{,}0362}{0{,}767 \cdot 2{,}40}\right)^{2/3} = \sqrt[3]{4{,}19^2} = \underline{2{,}6 \text{ m WS}}.$$

Höchstzulässige Saughöhe:

$$H_{s\,\text{zul}} = h_a - h_{vs} - c_s^2/19{,}62 - h_t - \Delta h$$

nach Gl. (36,2) mit

$$c_s^2/19{,}62 = \frac{1{,}15^2}{19{,}62} = 0{,}067$$

$$\underline{H_{s\,\text{zul}}} = 9{,}82 - 0{,}565 - 0{,}067 - 0{,}43 - 2{,}6 = \underline{6{,}158 \text{ m WS} > 5{,}5 \text{ m}}.$$

Der absolute Druck am Saugstutzen ergibt sich aus Gl. (36,1)

$$10 \cdot p_s = h_a - H_s - h_{vs} - \frac{c_s^2}{2g} = 9{,}82 - 5{,}5 - 0{,}565 - 0{,}067$$

$$= 3{,}69 \text{ m WS} \quad \text{zu} \quad \underline{p_s = 0{,}369 \text{ ata}}.$$

Der absolute Druck p_d am Druckstutzen und die Förderhöhe H errechnen sich, da am Brunnen nur die Druckenergie h_a des Luftdruckes vorhanden ist, für die drei Strömungspunkte Brunnen, Druckstutzen und Behälter unter Vernachlässigung der bei der Pumpenberechnung zu erfassenden hydraulischen Verluste h_v in der Pumpe aus Gl. (24,3) mit

$$h_a = H_s + \frac{p_d}{\gamma} + \frac{c_d^2}{2g} + h_{vs} - H = H_n + h_a + 0 + h_{vs} + h_{vd} - H.$$

Mit

$$\frac{c_d^2}{2g} = \frac{2{,}05^2}{19{,}62} = 0{,}214$$

wird

$$9{,}82 = 5{,}5 + \frac{p_d}{\gamma} + 0{,}214 + 0{,}565 - H$$

$$= 91 + 9{,}82 + 0{,}565 + 7{,}24 - H,$$

$$H = H_n + h_{vs} + h_{vd} = 91 + 0{,}565 + 7{,}24 = \underline{98{,}8}, \qquad \text{rund } \underline{100 \text{ m WS}}.$$

$$p_d = 1000 \cdot (9{,}82 + 98{,}8 - 5{,}5 - 0{,}214 - 0{,}565)$$

$$= 102\,341 \text{ kp/m}^2 = \underline{10{,}234 \text{ ata}}.$$

$$\text{Probe: } (p_d - p_s)/\gamma + \frac{c_d^2 - c_s^2}{2g} = \frac{(10{,}234 - 0{,}369) \cdot 10000}{1000} + 0{,}214 - 0{,}067$$

$$= \underline{100{,}1 \sim H}.$$

Das Zahlenbeispiel zeigt, wie der der Pumpenberechnung S. 203 zugrunde gelegte Wert $H = 100$ m WS zustande gekommen ist und daß in diesem Fall $H = 100$ m um 9 m größer als die Nutzförderhöhe $H_n = 91$ m ist.

8. Nicht stationäre Bewegung

Eine Bewegung ist nicht stationär, wenn die Geschwindigkeit an einer Stelle der Strömung sich noch mit der Zeit t ändert. Zu der Bernoullischen Gleichung [Gl. (24,2)] tritt dann noch ein Beschleunigungsglied hinzu.

$$h_1 + \frac{p_1}{\gamma} + \frac{w_1^2}{2g} + \frac{1}{g}\int_{s_0}^{s_1} \frac{\partial w}{\partial t} \cdot ds = h_2 + \frac{p_2}{\gamma} + \frac{w_2^2}{2g} + \frac{1}{g}\int_{s_0}^{s_2} \frac{\partial w}{\partial t} \cdot ds. \quad (39{,}1)$$

Solche instationären Bewegungen treten auf bei der Veränderung der sekundlichen Volumenmenge Q bzw. V des Mediums, wie sie in der Kennlinie von Pumpen (Abb. 65,1) und Verdichtern (Abb. 245,1 bis 249,1) erfaßt wird, besonders aber beim „Pumpen" der Kreiselverdichter, welches auf S. 250 beschrieben wird, und beim Abschalten und Zuschalten von Leitungen und Maschinen.

Zahlenbeispiel 18. Eine Leitung von 2,5 km Länge und 250 mm lichtem Durchmesser führt Wasser mit 1,5 m/sek mittlerer Geschwindigkeit bei einem mittleren Druck von 4,2 atü. Um wieviel at erhöht sich der Druck, wenn das Absperrventil im Laufe von 10 sek geschlossen wird?

Das eingeschlossene Flüssigkeitsgewicht ist $G = \gamma \cdot f \cdot l$ kp mit $f = \frac{2{,}5^2 \pi}{4} = 4{,}92$ dm², $G = 1 \cdot 4{,}92 \cdot 25000 = \underline{123000\,\text{kp}}$. Seine Masse m wird verzögert. Dabei entsteht eine zusätzliche Kraft P in Strömungsrichtung, die sich auf der Wirkfläche als Drucksteigerung Δp auswirkt.

$$\underline{m} = \frac{123000}{9{,}81} = \underline{12500\ \text{kp} \cdot \text{sek}^2/\text{m}},$$

$$\underline{b} = \frac{\Delta w}{t} = 1{,}5/10 = \underline{0{,}15\ \text{m/sek}^2},$$

$$\underline{P} = m \cdot b = 12500 \cdot 0{,}15 = \underline{1875\ \text{kp}},$$

$$\underline{\Delta p} = P/f = 1875/492 = \underline{3{,}82\ \text{at}}.$$

Damit solche Drucksteigerungen beim Abstellen von Peltonturbinen das Düsengehäuse nicht sprengen, sind Ablenker (Abb. 86,2) hinter der Düse angeordnet. Ihr Zusammenarbeiten mit der Bewegung der Düsennadel wird durch den Regler bewirkt und auf S. 236 beschrieben. Weiteres s. S. 235.

9. Druck- und Geschwindigkeitsmessung mit Sonde, Pitotrohr und Prandtlschem Staurohr im offenen Strom

a) Messung des statischen Druckes mit Hilfe der Drucksonde (Abb. 40,1). Zu beachten ist, daß sie sehr empfindlich gegen Richtungsänderung ist, so daß besonders bei turbulenter Strömung Mindesttoleranzen von (0,01 bis 0,02) $\cdot q$ in Kauf genommen werden müssen. Der sog. *Staudruck* ist

$$q = \gamma \cdot w^2/2g. \qquad (40,1)$$

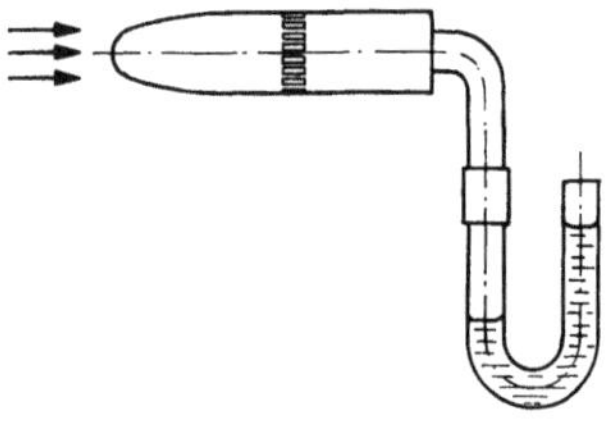

Abb. 40,1. Drucksonde für statischen Druck

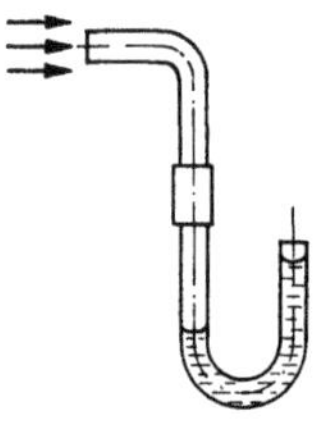

Abb. 40,2. Pitotrohr für Gesamtdruck

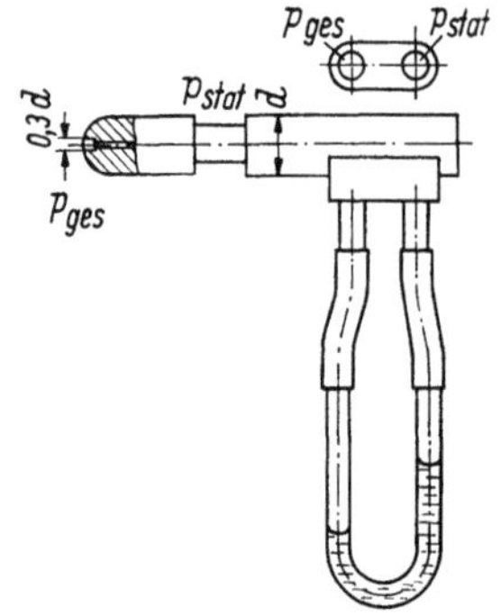

Abb. 40,3. PRANDTLsches Staurohr für Staudruck

b) Messung des Gesamtdruckes mit dem Pitotrohr (Abb. 40,2). Diese Messung ist so genau, daß Richtungsänderungen von $\pm 6°$ gegenüber der Strömungsrichtung ohne Einfluß sind. Da der Unterschied von p_{ges} und p_{stat} durch die Vernichtung der kinetischen Energie entsteht, so ist der Staudruck

$$q = p_{ges} - p_{stat} = \frac{\gamma \cdot w^2}{2g}.$$

c) Messung des Staudruckes. Er wird auch *dynamischer Druck* genannt und mit dem Prandtlschen Staurohr (Abb. 40,3) dadurch direkt gemessen, daß auf den linken Spiegel p_{ges} und auf den rechten Spiegel p_{stat} wirkt. Das Instrument ist unempfindlich gegen Richtungsänderungen von $\pm 10°$. Bei sehr kleinen *Re*-Werten ist $q = \frac{\gamma \cdot c \cdot w^2}{2g}$. Korrekturwert c s. DUBBEL[1]. Aus γ und q kann w berechnet werden.

10. Überfallmessungen

Sie sind das Hauptmeßverfahren für größere Wassermengen in Kanälen und an Wasserturbinen. Die ohne Strömungsreibung an der Wehrkrone auftretende Geschwindigkeit ist $w_0 = \sqrt{2 \cdot g \cdot h}$, der ohne

[1] [3], Bd. I, S. 287.

Kontraktion voll genutzte Querschnitt $b \cdot h$. Da der Flächeninhalt einer Parabel gleich $^2/_3$ vom Inhalt des umschriebenen Rechtecks ist, so wäre die sekundliche Wassermenge theoretisch $Q_0 = b \cdot \sqrt{2 \cdot g \cdot h} \cdot h \cdot 2/3$ m³/sek. Praktisch ist infolge Strömungsreibung die Geschwindigkeit $< \sqrt{2 \cdot g \cdot h}$ und der genutzte Querschnitt $< b \cdot h$, so daß $Q < Q_0$ wird. Den Wert $\mu = Q/Q_0$ nennt man *Abflußbeiwert.*

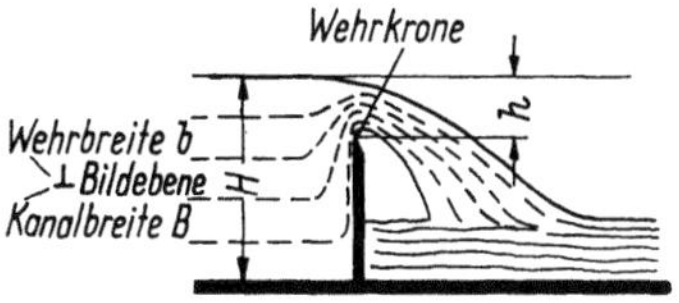

Abb. 41,1. Überfallmessung

$$Q = \mu \cdot \frac{2}{3} \cdot h \cdot b \cdot \sqrt{2 \cdot g \cdot h} \text{ m}^3/\text{sek}. \quad (41,1)$$

Nach den als Schweizer Normen bezeichneten Versuchen (DUBBEL[1]) ist

$$\mu = \left[0{,}578 + 0{,}037\left(\frac{b}{B}\right)^2 + \frac{3{,}615 - 3(b/B)^2}{1000 \cdot h + 1{,}6}\right] \cdot \left[1 + 0{,}5\left(\frac{b}{B}\right)^4 \cdot \left(\frac{h}{H}\right)^2\right],$$

wenn h in m WS sowie $H - h \geqq 0{,}3$ m und $\frac{h}{H - h} \leqq 1$ bei $0{,}025 \text{ m} \leqq h \leqq 0{,}8$ m.

Zahlenbeispiel 19. Der Meßgraben einer Wasserturbine zeigt $H - h = 514$ mm und $B = b = 1000$ mm. Gemessen wurde $h = 150$ mm. Wie groß ist die sekundliche Durchflußmenge?

$$H - h = 0{,}514 \text{ m} > 0{,}3 \text{ m},$$

$$h/(H - h) = 150/514 < 1,$$

$$0{,}025 \text{ m} < h = 0{,}15 \text{ m} < 0{,}8 \text{ m}.$$

Damit ist die Formel für μ anwendbar.
Für $b = B$ wird

$$\mu = 0{,}615\left(1 + \frac{1}{1000 \cdot h + 1{,}6}\right) \cdot \left[1 + 0{,}5\left(\frac{h}{H}\right)^2\right]$$

mit $H = 514 + 150 = 664 \text{ mm} = 0{,}664$ m,

$h = 0{,}15$ m und $h/H = 0{,}226$,

$$\mu = 0{,}615\left(1 + \frac{1}{151{,}6}\right) \cdot \left(1 + 0{,}5 \cdot 0{,}0512\right),$$

$$\underline{\mu} = 0{,}615 \cdot 1{,}0066 \cdot 1{,}0256 = \underline{0{,}634.}$$

$$Q = \mu \cdot \frac{2}{3} \cdot h \cdot b \cdot \sqrt{2gh}$$

$$= 0{,}634 \cdot 0{,}667 \cdot 0{,}15 \cdot 1 \cdot \sqrt{2 \cdot 9{,}81 \cdot 0{,}15},$$

$$\underline{Q = 0{,}109 \text{ m}^3/\text{sek}.}$$

[1] [*3*], Bd. I, S. 288.

11. Messungen in Leitungen mit Düsen, Blenden und Venturidüsen

Sie sind mit genormten Blenden (Abb. 42,1), Düsen (Abb. 42,2) und kurzen und langen Venturidüsen (Abb. 43,1) oberhalb $D_1 = 50$ mm Leitungsdurchmesser anwendbar, wenn für das *Öffnungsverhältnis* $m = (d/D_1)^2 = 0{,}5$, $Re = w_1 \cdot D_1/\nu > 20000$ für die Blende und >70000 für die Düse und für $m = 0{,}65$ $Re > 260000$ für die Blende und > 200000 für die Düse ist (DUBBEL[1]).

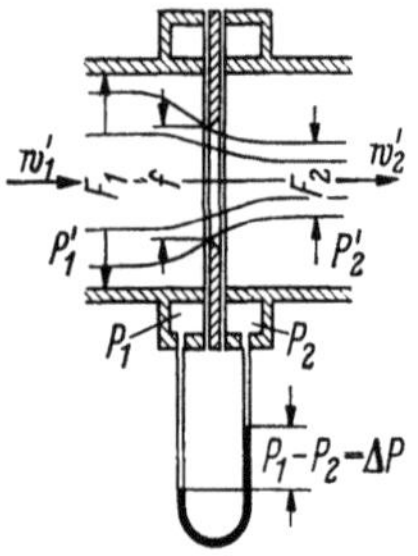

Abb. 42,1. Blende oder Staurand

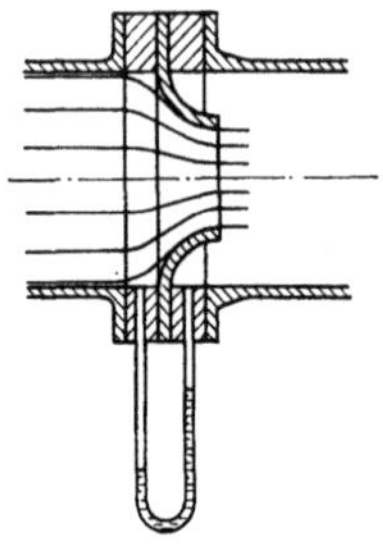

Abb. 42,2. Düse

Ist $\mu = F_2/f$ der Kontraktionsbeiwert, so wird nach Gl. (23,2) bei kleinen Druckunterschieden, also gleichbleibendem v, für alle Medien $F_1 \cdot w_1' = F_2 \times \times w_2'$, $\frac{w_1'}{w_2'} = \frac{F_2}{F_1} = \frac{f}{F_1} \cdot \frac{F_2}{f} = m \cdot \mu$, also $w_1' = \mu \cdot m \cdot w_2'$ und nach Gl. (24,2) für waagerechte Leitungen $w_2'^2 - w_1'^2 = w_2'^2 (1 - \mu^2 \cdot m^2) = 2g(P_1' - P_2')/\gamma$, $w_2' = \frac{1}{\sqrt{1 - \mu^2 \cdot m^2}} \cdot \sqrt{2g \cdot (P_1' - P_2')/\gamma}$. Statt der Drücke P_1' und P_2' führt man die besser zugänglichen Drücke P_1 und P_2, gemessen an ringförmigen Schlitzen (Abb. 42,1) oder an Bohrungen der Rohrwand (Abb. 42,2) unmittelbar vor und hinter der Blende oder Düse, in die Rechnung ein. Die dadurch hervorgerufenen Abweichungen sowie den Einfluß der Strömungsreibung faßt man im Berichtigungsfaktor φ zusammen, so daß $w_2 = \frac{\varphi}{\sqrt{1 - \mu^2 \cdot m^2}} \sqrt{2g(P_1 - P_2)/\gamma}$ wird. $G_{\text{sek}} = F_2 \cdot w_2 \cdot \gamma = \mu \cdot f \cdot w_2$. Bezeichnet man den Wert $\alpha = \frac{\varphi \cdot \mu}{\sqrt{1 - \mu^2 \cdot m^2}}$ als *Durchflußzahl* und den gemessenen Druckunterschied

$$\Delta P = P_1 - P_2 \text{ mm WS} = \text{kp/m}^2$$

als *Wirkdruck*, so ist das sekundliche Durchflußgewicht

$$G_{\text{sek}} = \alpha \cdot f \cdot \sqrt{2 \cdot g \cdot \Delta P \cdot \gamma}. \tag{42,1}$$

Bei größeren Wirkdrücken sind die bei Gasen und Dämpfen auftretenden Volumenänderungen durch eine *Expansionszahl* ε zu berücksichtigen, die von dem Verhältnis $\frac{\Delta P}{\varkappa \cdot P_1}$ abhängt, bei größerem m

[1] [3], Bd. I, S. 291.

kleiner ist und für Blenden größer ist als für Düsen (DUBBEL[1]). Dann ist

$$G_{\text{sek}} = \alpha \cdot \varepsilon \cdot f \cdot \sqrt{2g \cdot \gamma \cdot \Delta P}. \tag{43,1}$$

Die hinter der Meßstelle auftretenden Stoßverluste hängen ebenfalls vom Öffnungsverhältnis ab und können durch kurze oder lange Venturidüsen (Abb. 43,1) vermieden werden.

Vor und hinter der Meßstelle muß eine störungsfreie gerade Rohrstrecke von $10 D_1$ bis $20 D_1$ vorhanden sein.

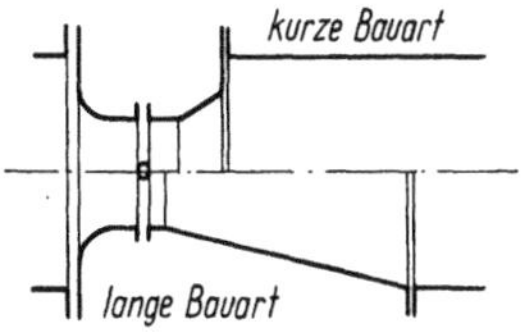

Abb. 43,1. Venturidüse

Die Abmessungen der Blenden, Düsen und Venturidüsen sind genormt. Werden diese Normen (DIN 1952) eingehalten, so können die α-Werte aus Tab. 1 entnommen werden.

Tabelle 1

m	Blende	Venturidüse	Düse
0,05	0,598	0,986	0,987
0,10	0,602	0,989	0,989
0,15	0,608	1,001	0,993
0,20	0,615	1,001	0,999
0,25	0,624	1,010	1,007
0,30	0,634	1,020	1,017
0,35	0,645	1,032	1,029
0,40	0,660	1,048	1,043
0,45	0,676	1,067	1,060
0,50	0,695	1,092	1,081
0,55	0,716	1,120	1,108
0,60	0,740	1,155	1,142
0,65	0,768	—	1,183

Zahlenbeispiel 20. Der Niederdruckventilator Abb. 160,1 (Laufrad Abb. 214,1) soll eine Saugleitung von 500 mm ⌀ erhalten und liefert 2,6 m³/sek Luft von 1 ata und 20 °C. Welche Düse muß in die Saugleitung eingebaut werden, damit der Wirkdruck höchstens 20 mm WS wird?

Für 760 mm QS und 20 °C ist für Luft die kinematische Zähigkeit $\underline{\nu = 15{,}1 \cdot 10^{-6}\ \text{m}^2/\text{sek}}$ nach DUBBEL[2].

$$\underline{w_1} = \frac{V}{F_1} = \frac{2{,}6 \cdot 4}{0{,}5^2 \cdot \pi} = \frac{2{,}6}{0{,}196} = \underline{13{,}27\ \text{m/sek}},$$

$$\underline{Re_{D_1}} = \frac{w_1 \cdot D_1}{\nu} = \frac{13{,}27 \cdot 0{,}5 \cdot 10^6}{15{,}1} = \underline{439000} > 70000 \text{ bis } 200000.$$

---

[1] [*3*], Bd. I, S. 290.
[2] [*3*], Bd. I, S. 818.

Also ist eine Düse anwendbar und α lt. Tabelle gültig. Ohne Berücksichtigung von φ und μ ist nach Gl. (24,2) für waagerechte Leitung bei Annahme von etwa gleichbleibender Wichte

$$\underline{\gamma} = \frac{P}{R \cdot T} = \frac{10000}{29{,}27 \cdot 293} = \underline{1{,}166 \text{ kp/m}^3}$$

$$\frac{w_2'^2 - w_1^2}{2g} = \frac{\Delta P'}{\gamma},$$

$$w_2'^2 = 2g \cdot \Delta P'/\gamma + w_1^2$$

$$= 2 \cdot 9{,}81 \cdot 20/1{,}166 + 13{,}27^2$$

$$= 336 + 176 = 512,$$

$$w_2' = \sqrt{512} = 22{,}6 \text{ m/sek vorläufig.}$$

Vorläufiger Düsenquerschnitt $f' = \frac{V}{w_2'} = \frac{2{,}6}{22{,}6} = 0{,}1150 \text{ m}^2$ entsprechend $d' = 0{,}383$ m $= 383$ mm $\varnothing$. Gewählt $\underline{d = 400 \text{ mm}}$ Düsendurchmesser, $\underline{f} = 0{,}4^2\pi/4 = \underline{0{,}126 \text{ m}^2}$, Öffnungsverhältnis $\underline{m} = \frac{f}{F_1} = \frac{1260}{1960} = \underline{0{,}643}$. Aus vorstehender Tabelle Durchflußzahl $\alpha = 1{,}177$. Nach Gl. (42,1)

$$\sqrt{2g \cdot \Delta P \cdot \gamma} = \frac{G_{\text{sek}}}{\alpha \cdot f} = \frac{V \cdot \gamma}{\alpha \cdot f}$$

$$= \frac{2{,}6 \cdot 1{,}166}{1{,}177 \cdot 0{,}126} = 20{,}45,$$

$$2 \cdot 9{,}81 \cdot \Delta P \cdot 1{,}166 = 20{,}45^2 = 418,$$

$$\text{Wirkdruck } \underline{\Delta P} = \frac{418}{19{,}62 \cdot 1{,}166} = \underline{18{,}3 \text{ mm WS}}.$$

12. Widerstand von Körpern

Wird ein Körper von einem Medium umströmt, so ergeben sich ähnliche Verhältnisse wie bei der Durchströmung eines Körpers. Das Medium wird an der Oberfläche des Körpers durch Adhäsionskräfte festgehalten. Der Übergang von der Geschwindigkeit Null auf die volle Geschwindigkeit findet in einer verhältnismäßig dünnen Grenzschicht statt. Sie kann laminar oder turbulent sein.

Bei anliegender Strömung (z. B. an der Vorderkante zugeschärfte, in Strömungsrichtung liegende Platte) ergibt sich die Widerstandskraft W nur aus den in der Grenzschicht übertragenen Schubspannungen (sog. Flächenwiderstand).

Bei quer zur Strömungsrichtung liegenden Platten und Körpern löst sich die Strömung vom Körper ab, und der Unterdruck hinter dem Körper verursacht einen zusätzlichen Widerstand. Der Widerstand wird nun als Formwiderstand bezeichnet, da die Widerstandszahl c von der Form des Körpers abhängt.

Liegt durch scharfe Kanten die Ablösungsstelle fest, so ist c für Re unempfindlich. Zum Beispiel ist nach DUBBEL[1] für einen querliegenden → I -Träger $c = 2{,}04$, für einen längsliegenden → H-Träger $c = 0{,}86$. Bei stetig abgerundeten Körpern ändert c seinen Wert bei einem bestimmten Re, z. B. bei einer -Strebe unterhalb von $Re = 10^5$.

$$W = c \cdot F \cdot q \,\text{kp}. \tag{45,1}$$

Hierin ist F m² die sog. Schattenfläche, d. h. die Projektion in Strömungsrichtung, und $q = \gamma \cdot w^2/2g$ kp/m² der auf S. 40 behandelte Staudruck.

Über die Umströmung von *Tragflügeln* s. S. 54, Abschn. III C.

III. Der Energieumsatz in den Strömungsmaschinen

A. Die Hauptgleichung (Eulersche Gleichung) der Strömungsmaschinen

Sie verbindet die Geschwindigkeiten des Mediums in der Maschine mit der in 1 kp Medium aufgewendeten Energie (Kraftmaschinen) oder mit der auf 1 kp Medium übertragenen Energie (Arbeitsmaschinen). Ihre Ableitung möge in drei Schritten erfolgen: a) Annahme einer reibungsfreien Strömung, die durch unendlich viele Laufradschaufeln tangential zu diesen Schaufeln geführt wird, b) Annahme reibungsfreier Strömung bei endlicher Schaufelzahl im Laufrad, c) Berücksichtigung der Strömungsverluste.

1. Spezifische theoretische Laufradarbeit $H_{th\infty}$ bei unendlich großer Schaufelzahl

Es sei zunächst die Strömung in einer axialen Gleichdruck-Kraftmaschine, z. B. in einer Dampfturbine, Abb. 46,1, betrachtet. Die Kraft P am Laufradumfang entsteht dadurch, daß das Medium durch die Umlenkung in den Laufradschaufeln von c_1 auf c_2 verzögert wird. Nach dem Impulssatz Gl. (19,2) ist $P = G_{\text{sek}} \cdot (c_{1u} - c_{2u})/g$. Teilt man die Umfangsleistung $P \cdot u$ kpm/sek durch G_{sek} kp/sek, so erhält man die je kp

[1] [3], Bd. I, S. 306—308.

Medium ohne Strömungsverluste und bei unendlich großer Schaufelzahl übertragene Energie

$$H_{th\infty} = \frac{u \cdot (c_{1u} - c_{2u})}{g} = \frac{u_1 \cdot c_{1u} - u_2 \cdot c_{2u}}{g} \frac{\text{kpm}}{\text{kp}} \tag{46,1}$$

allgemein.

Bei der Strömung im Laufrad einer radialen Überdruckarbeitsmaschine, einer Kreiselpumpe, Abb. 46,2, wird das Medium im Laufrad

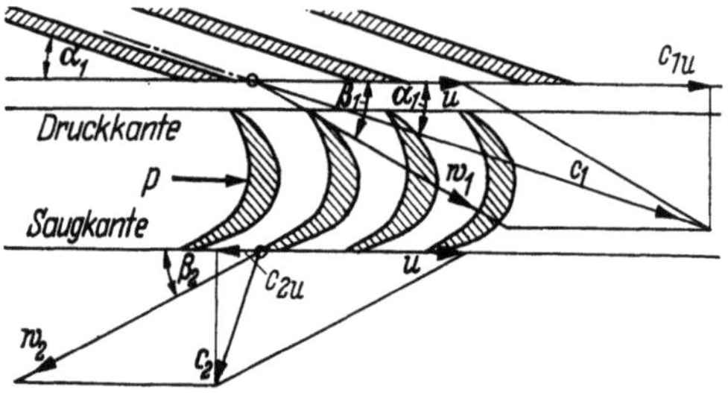

Abb. 46,1. Axiale Gleichdruck-Dampfturbine: Umfangskraft und -arbeit

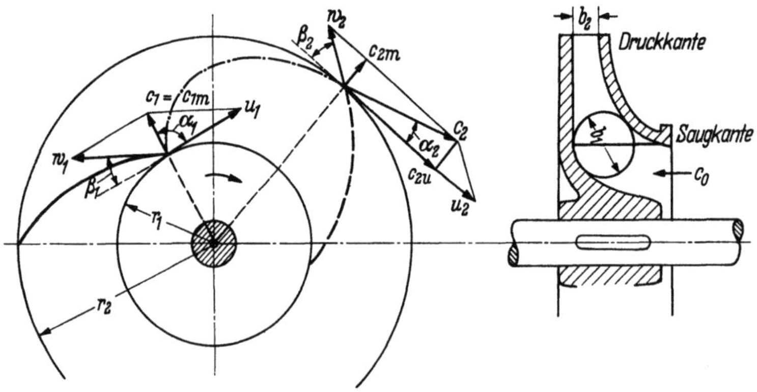

Abb. 46,2. Radiale Überdruckpumpe: Umfangsleistung

von c_1 auf c_2 beschleunigt. Hierzu ist ein Drehmoment M erforderlich, welches nach dem Flächensatz Gl. (19,4) gleich der Zunahme des Impulsmomentes $m_{\text{sek}} \cdot r \cdot c_u$ ist. Da nach den Gesetzen der Dynamik die Umfangsleistung gleich $M \cdot \omega$ kpm/sek ist, so wird die je kp Medium ohne Strömungsverluste und bei unendlich großer Schaufelzahl im Laufrad übertragene Energie $H_{th\infty} = M \cdot \omega / G_{\text{sek}}$, also

$$H_{th\infty} = (r_2 \cdot \omega \cdot c_{2u} - r_1 \cdot \omega \cdot c_{1u})/g = (u_2 \cdot c_{2u} - u_1 \cdot c_{1u})/g \frac{\text{kpm}}{\text{kp}}. \tag{46,2}$$

Man sieht, daß die Gleichungen für $H_{th\infty}$ für alle Arten von Strömungsmaschinen bis auf die Indexe gleich sind. Diese vertauschen sich, da, wie Abb. 46,1 und 46,2 zeigen, bei einer Turbine das Medium von der Druckkante zur Saugkante, bei einer Pumpe aber von der Saugkante zur Druckkante strömt.

2. Spezifische theoretische Laufradarbeit H_{th} bei endlich großer Schaufelzahl

Nach S. 2, 3 und 4 wird in den Leitvorrichtungen der Turbinen die absolute Geschwindigkeit des Mediums aufgebaut, und in den Laufrädern der Turbinen bleibt die Relativgeschwindigkeit w entweder ohne Strömungsreibung dieselbe — Gleichdruckwirkung —, oder sie erhöht sich — Überdruckwirkung. Deshalb bleiben die Beschaufelungen der Kraftmaschinen entweder gleich weit, oder sie verengen sich in Strömungsrichtung. Nach S. 32 ist dies für die Strömung günstig, denn es führt zum Anliegen der Strömung an den Schaufeln, d. h. zu guter Führung des Mediums auch bei endlicher Zahl z der Laufradschaufeln. Deshalb kann bei Turbinen die theoretische Laufradarbeit je kp Medium ohne Verluste bei endlicher und bei unendlich großer Schaufelzahl gleichgesetzt werden. Es gilt somit *für Turbinen*

$$H_{th} = H_{th\infty} = (u_1 \cdot c_{1u} - u_2 \cdot c_{2u})/g = \frac{u_1 \cdot c_{1u}}{g} \frac{\text{kpm}}{\text{kp}} \quad \text{für } \alpha_2 = 90^\circ. \quad (47,1)$$

Nach S. 4 wird dagegen in den Laufrädern der Arbeitsmaschinen die Relativgeschwindigkeit vermindert. Auch in ihren Leitvorrichtungen wird die absolute Austrittsgeschwindigkeit c_2 hinter dem Laufrad wieder auf die absolute Geschwindigkeit c_1 vor dem nächsten Laufrad vermindert. Die Kanäle der Arbeitsmaschinen erweitern sich also in Strömungsrichtung. Dies führt nach S. 33 zu Ablösungen und damit zu Totwasserräumen und so zu Querströmungen. Diese wirken sich ohne Rücksicht auf die Schaufelform so aus, daß die Umfangskomponente c_{2u} der absoluten Austrittsgeschwindigkeit auf $c_{3u} = k \cdot c_{2u}$ verringert wird und daß so das Medium aus dem Laufrad unter einem Winkel $\alpha_3 > \alpha_2$ austritt. Abb. 47,1 zeigt den Zusammenhang: Die Gegenkathete c_{3m} behält die Größe c_{2m}, weil das gleiche sekundliche Volumen durch den gleichen Umfangsquerschnitt hindurchströmen muß. Die Ankathete c_{3u} wird $< c_{2u}$, und so wird $\tan\alpha_3 > \tan\alpha_2$ und damit $\alpha_3 > \alpha_2$. Die Beschaufelung der nachgeschalteten Leitvorrichtung muß einen entsprechenden Eintrittswinkel erhalten. Weiteres S. 100.

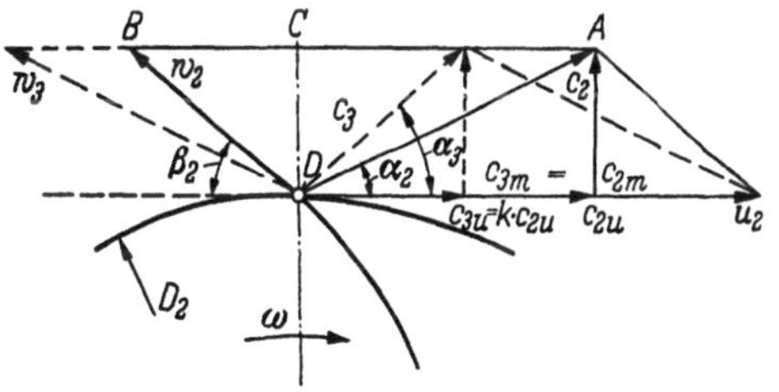

Abb. 47,1. Arbeitsminderung durch endliche Schaufelzahl bei Arbeitsmaschinen

Nach Angaben von PFLEIDERER[1] ist der Arbeitsminderungsfaktor

$$k = \frac{1}{1+p}. \tag{48,1}$$

Es ist für Radialmaschinen mit $R_1 \leqq 0{,}5 R_2$ $p = \frac{2 \cdot \psi' \cdot R_2^2}{z \cdot (R_2^2 - R_1^2)}$; für $R_1 > 0{,}5 R_2$ ist in die Rechnung

$$p' = \left(0{,}4 + 1{,}2 \cdot \frac{R_1}{R_2}\right) \cdot p \quad \text{statt} \quad p$$

einzuführen. Für Axialräder ist nach PFLEIDERER $p = \frac{1{,}6 \cdot \psi' \cdot R}{z \cdot e}$ mit der axialen Ausdehnung e der Laufradschaufeln in der Mitte. Der Schaufelwinkelbeiwert ψ' ist kleiner für *rückwärts gekrümmte Schaufeln mit* $\beta_2 < 90°$ und größer bei hohen Drehzahlen, bei weiten Laufradkanälen, beim Fehlen einer Laufraddeckscheibe und beim Fehlen von Leiträdern. Er liegt zwischen den Werten $\psi' = 0{,}55 + 0{,}6 \cdot \sin \beta_2$ und $0{,}68 + 0{,}6 \cdot \sin \beta_2$.

Die Zahl z der Laufradschaufeln ist nach PFLEIDERER[2] aus der Faustformel

$$z = K \cdot \frac{D_2 + D_1}{D_2 - D_1} \cdot \sin \frac{\beta_1 + \beta_2}{2} \tag{48,2}$$

zu berechnen. Hierin ist $K = 5$ bis $6{,}5$ für gegossene Radialräder, während bei Rädern aus gewalztem oder gepreßtem Werkstoff, wie z. B. bei Kreiselverdichtern, K wesentlich größer (bis $K = 11$ und mehr) angenommen werden kann.

Da bei Arbeitsmaschinen meist *radiale Einströmung unter* $\alpha_1 = 90°$ mit $c_{1u} = c_1 \cdot \cos \alpha_1 = 0$ zugrunde gelegt wird, so ist nach Gl. (46,2) die theoretische Laufradarbeit bei endlicher Schaufelzahl *für Arbeitsmaschinen*

$$H_{th} = k \cdot H_{th\infty} = \frac{k \cdot u_2 \cdot c_{2u}}{g} = \frac{u_2 \cdot c_{3u}}{g} \frac{\text{kpm}}{\text{kp}}. \tag{48,3}$$

3. Berücksichtigung der Strömungsverluste. Eulersche Gleichung

Die Strömungsverluste in der Strömungsmaschine werden erfaßt durch den hydraulischen Wirkungsgrad η_h, das ist das Verhältnis der nutzbar übertragenen Energie zur aufgewendeten Energie.

Bei den Turbinen ist die nutzbare Energie je kp Wasser die Laufradarbeit H_{th} kpm/kp. Infolge der Strömungsverluste ist sie kleiner als die in 1 kp Wasser aufgewendete Energie, die man nach S. 33 die Fall-

[1] [*14*], 1. Aufl., S. 102.
[2] [*14a*], S. 109.

höhe H nennt. Deshalb heißt die *Hauptgleichung für Strömungsmaschinen, die sog. Eulersche Gleichung, für Wasserturbinen*

$$H \cdot \eta_h = H_{th} = H_{th\infty} = (u_1 \cdot c_{1u} - u_2 \cdot c_{2u})/g \ \frac{\text{kpm}}{\text{kp}}. \qquad (49{,}1)$$

Nach S. 13 entspricht der Fallhöhe H der Wasserturbinen bei Dampfturbinen der Arbeitswert des adiabatischen Wärmegefälles

$$L_{ad} = 427 \cdot H_0 \ \frac{\text{kpm}}{\text{kp}}$$

für eine einstufige Turbine oder $L_{ad} = 427 \cdot h_0 \ \frac{\text{kpm}}{\text{kp}}$ für eine Stufe einer mehrstufigen Dampfturbine. An die Stelle des hydraulischen Wirkungsgrades der Wasserturbinen tritt bei Dampfturbinen der Umfangswirkungsgrad η_u. Er erfaßt die Strömungsverluste, die am Umfang des Laufrades auftreten. Da in der Dampfturbine noch weitere innere Verluste auftreten, so ist η_u größer als der innere Wirkungsgrad η_i. Damit heißt *die Eulersche Gleichung für Dampfturbinen*

$$427 \cdot h_0 \cdot \eta_u = u(c_{1u} - c_{2u})/g \ \frac{\text{kpm}}{\text{kp}}, \qquad (49{,}2)$$

da Dampfturbinen in der Hauptsache Axialturbinen sind und so $u_1 = u_2 = u$ wird.

Bei den Arbeitsmaschinen wird dem Medium durch das Laufrad Energie zugeführt. Die an 1 kp Wasser nutzbar abgegebene Energie ist nach S. 36 bei einer einstufigen Kreiselpumpe die Förderhöhe H und für eine Stufe einer i-stufigen Pumpe die Förderhöhe der Stufe $h = H/i \ \frac{\text{kpm}}{\text{kp}}$. Die Laufradarbeit muß infolge der Strömungsverluste größer sein. Damit lautet nach Gln. (46,2) und (48,3) *die Eulersche Gleichung für Kreiselpumpen*

$$h = H_{th} \cdot \eta_h = k \cdot \eta_h \cdot H_{th\infty} = k \cdot \eta_h \cdot u_2 \cdot c_{2u}/g \ \frac{\text{kpm}}{\text{kp}}. \qquad (49{,}3)$$

Ventilatoren sind einstufige Kreiselverdichter. Ist nach S. 26 ΔP mm WS oder kp/m² der die Beschleunigungsarbeit und die Drucksteigerung im Laufrad zusammenfassende sog. *Gesamtdruck,* so tritt an Stelle der Förderhöhe H für einstufige Kreiselpumpen bei Ventilatoren die Nutzenergie $\frac{\Delta P}{\gamma} \ \frac{\text{kpm}}{\text{kp}}$; damit ist die Form der *Eulerschen Gleichung für Ventilatoren*

$$\frac{\Delta P}{\gamma} = \frac{k \cdot \eta_h \cdot u_2 \cdot c_{2u}}{g} \ \frac{\text{kpm}}{\text{kp}}. \qquad (49{,}4)$$

Mit dem spezifischen Volumen $v = 1/\gamma$ tritt bei höheren Verdichtungen in einer Stufe eines Kreiselgebläses oder eines Turbokompressors infolge der Volumenänderung an die Stelle von $\Delta P/\gamma$ die technische Arbeit der Adiabate $L_{ad} = -\int_1^2 v \cdot dP \ \frac{\text{kpm}}{\text{kp}}$ [vgl. Gl. (10,1)]. Die *Eulersche Gleichung für Turbokompressoren* lautet daher

$$L_{ad} = k \cdot \eta_h \cdot u_2 \cdot c_{2u}/g \ \frac{\text{kpm}}{\text{kp}} \,. \tag{50,1}$$

B. Die Laufradschaufelformen der Strömungsmaschinen

Nach dem vorigen Abschnitt ist die Laufradarbeit dem Produkt $u \cdot c_u$ proportional. Dieses aber hängt im wesentlichen von der Form der Laufradschaufeln ab. Es werden daher anschließend zuerst die Schaufelformen der radialen und dann die der axialen Laufräder behandelt.

1. Radialmaschinen

Die Formen der Laufradschaufeln der radialen Arbeitsmaschinen unterscheidet man nach dem Winkel β_2, den sie nach Abb. 50,1 außen mit dem negativen Teil der Umfangsgeschwindigkeit u_2 bilden. Je nach-

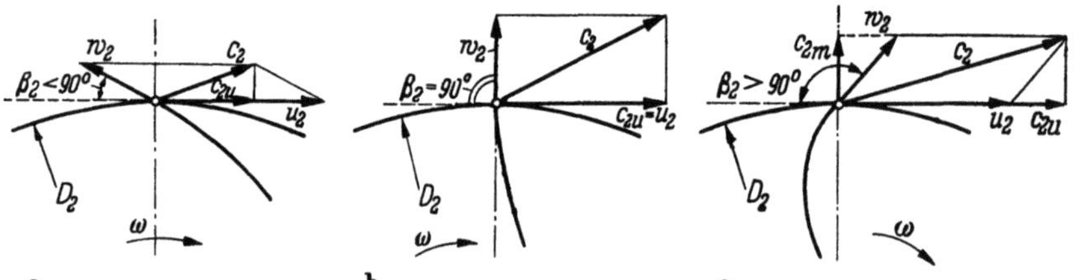

Abb. 50,1 a—c. Laufradschaufelformen: a) rückwärts gekrümmt, b) radialendigend, c) vorwärts gekrümmt

dem, ob β_2 größer als 90°, gleich 90° oder kleiner als 90° ist, nennt man die Laufradschaufel vorwärts gekrümmt,, radial endigend oder rückwärts gekrümmt. Abb. 50,1 zeigt die drei Formen für gleiches u_2 und w_2. Für die *vorwärts gekrümmte Schaufel* Abb. 50,1 c ist c_{2u} am größten, aber auch c_2 am größten. Für die gleiche Laufradarbeit h bzw. $\Delta P/\gamma$ hat nach Gln. (49,3) und (49,4) diese Schaufelform das kleinste u_2, also bei gleicher Drehzahl den kleinsten Außendurchmesser D_2 und so den geringsten Platzbedarf und die kleinsten Anlagekosten. Aber die große absolute Austrittsgeschwindigkeit c_2 muß in nachgeschalteten stark erweiterten Leitradkanälen abgebaut werden, wenn man ihre Energie in Druckenergie umsetzen will. Diese stark erweiterten Kanäle haben nach S. 33 ungünstige Strömungsverhältnisse. Deshalb ist für vorwärts gekrümmte Laufradschaufeln der hydraulische Wirkungsgrad der Stufe gering. Man wendet sie daher nur bei Ventilatoren für kleinen Gesamtdruck, bei sog. Sirokko- oder Trommelläufern, an. Das Umgekehrte gilt für die *rückwärts gekrümmte Schaufel* Abb. 50,1 a. Mit ihr ausgeführte

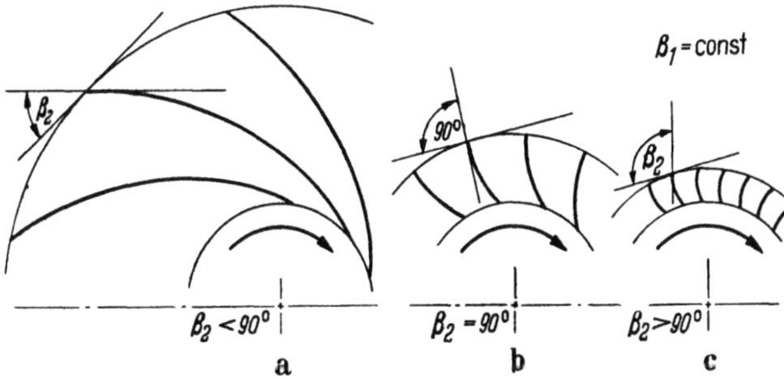

Abb. 51,1 a – c. Laufräder für Verdichter von gleichem n, V und ΔP

Laufräder haben zwar einen großen Platzbedarf und höhere Anlagekosten, aber durch einen höheren hydraulischen Wirkungsgrad niedrigere Betriebskosten. Sie werden daher mit $\beta_2 \leqq 40°$ für alle radialen Kreiselpumpen, mit $\beta_2 \leqq 50°$ für die radialen Turbokompressoren, für Kreiselgebläse und für große Ventilatoren radialer Bauart bei größerem Gesamtdruck angewendet. Abb. 51,1 zeigt drei Kreiselverdichterlaufräder für gleiche Drehzahl, gleiche sekundliche Luftförderung und gleichen Gesamtdruck ΔP.

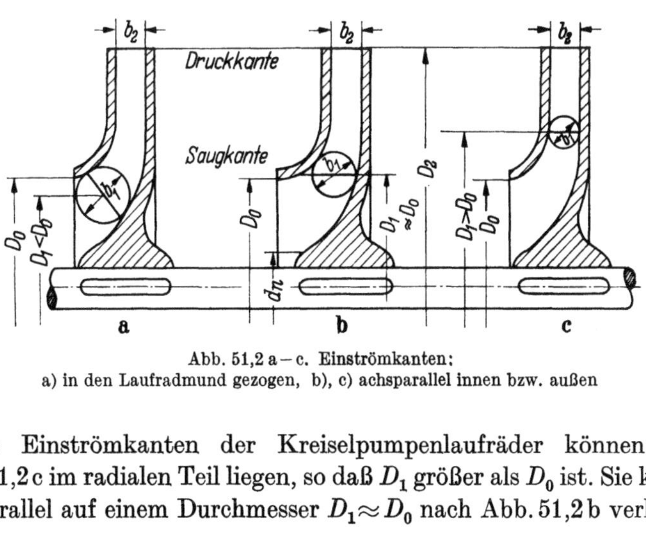

Abb. 51,2 a – c. Einströmkanten:
a) in den Laufradmund gezogen, b), c) achsparallel innen bzw. außen

Die Einströmkanten der Kreiselpumpenlaufräder können nach Abb. 51,2 c im radialen Teil liegen, so daß D_1 größer als D_0 ist. Sie können achsparallel auf einem Durchmesser $D_1 \approx D_0$ nach Abb. 51,2 b verlaufen, oder sie können nach Abb. 51,2a in den Laufradmund hineingezogen sein, so daß D_{1m} kleiner als D_0 wird. In den beiden ersten Fällen liegen alle Punkte der Einströmkante auf dem gleichen Durchmesser. Sie haben daher alle dasselbe u_1 und bei gleichem c_1 den gleichen Eintrittswinkel β_1. Die Laufradschaufel kann deshalb in diesen beiden Fällen als sog. Zylinderschaufel eben und daher billig ausgeführt werden. Bei Abb. 51,2a aber liegen die einzelnen Punkte der Einströmkante auf verschiedenen Durchmessern, so daß sie nach Abb. 52,1 verschiedene Umfangsgeschwindigkeiten u_1 und somit bei gleichem c_1 auch verschiedene Eintrittswinkel β_1 haben müssen. Es werden also hierfür räumlich und nicht einfach gekrümmte Schaufeln notwendig. Sie sind zwar teurer, ergeben aber bessere Betriebsverhältnisse, z. B. nach S. 36 größere Saugzahlen S und so kleinere Haltedruckhöhen Δh, d. h. größere zulässige Saughöhen.

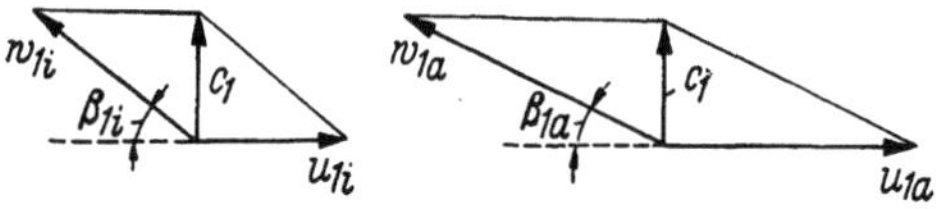

Abb. 52,1. Winkel β_1 räumlich gekrümmter Laufradschaufeln, innen und außen

Bei Wasserturbinen-Laufrädern mit stark ausgeprägtem radialem Teil finden nach Abb. 79,1a ebenfalls außen schwach rückwärts gekrümmte Schaufeln Anwendung, während halbaxiale Laufradformen nach Abb. 79,1c entgegengesetzte Krümmung aufweisen; doch ist es bei den Wasserturbinen nicht üblich, diese beiden Schaufelformen als rückwärts bzw. vorwärts gekrümmt zu bezeichnen. Auch wirkt sich dort infolge anderer konstruktiver Maßnahmen die vorwärts gekrümmte Schaufel nicht ungünstig auf den hydraulischen Wirkungsgrad aus.

2. Axialmaschinen

Hier wendet man drei Grundformen an.

a) Die Becher der Freistrahl-Wasserturbinen. Sie haben eine Form nach Abb. 52,2. Der aus der Düse in den freien Luftraum austretende Wasserstrahl wird durch die Schneide des Bechers in

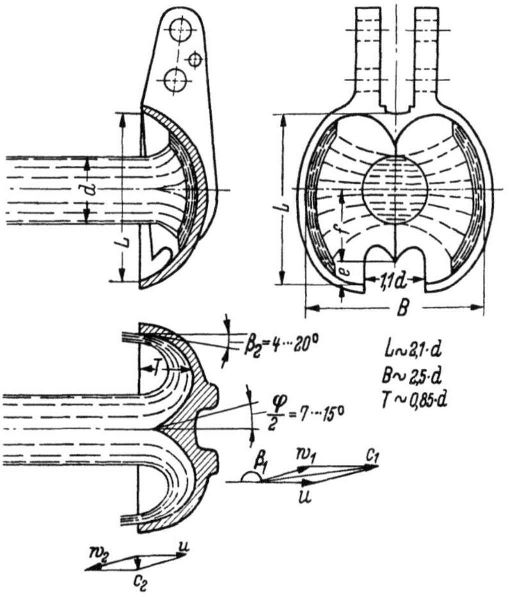

Abb. 52,2. Freistrahl- (Pelton-) Becher

zwei Teilströme zerschnitten. Diese werden in der Rundung des Bechers nahezu um 180° umgelenkt. Durch diese Zerteilung des Strahles haben die an den beiden Becherhälften auftretenden Axialkräfte die gleiche Größe und gleichzeitig die entgegengesetzte Richtung. Somit ergeben sie keinen Axialschub.

b) Die Laufradschaufeln der axialen Dampfturbinen. Bei den Gleichdruckturbinen werden sie mit einer großen Umlenkung als sog. Hakenschaufeln nach Abb. 53,1 ausgeführt, um eine große Umlenkungskraft

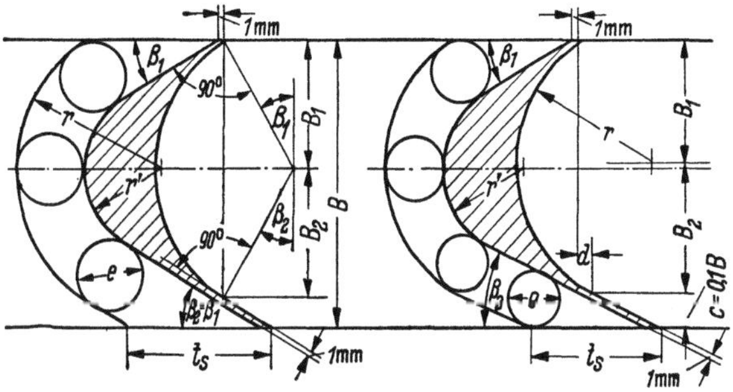

Abb. 53,1. Hakenschaufeln axialer Gleichdruck-Dampfturbinen

zu erreichen. Bei den Überdruckturbinen sinkt nach S. 1 der Druck in der Laufradbeschaufelung. Nach S. 3 bewirkt die hierdurch frei werdende Wärmeenergie eine Steigerung der Relativgeschwindigkeit im Laufrad. Dies führt zu einer Rückstoß- oder Reaktionskraft, die der Ausströmrichtung entgegenwirkt und so die Umlenkungskraft bei der Drehung des Laufrades unterstützt. Deshalb braucht die Umlenkungskraft und

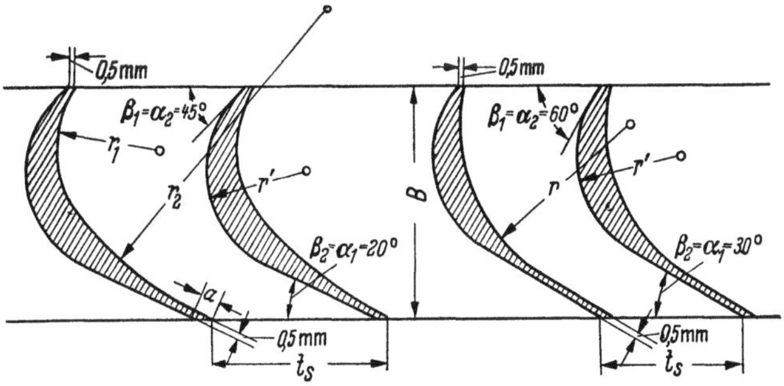

Abb. 53,2. Leit- und Laufradschaufeln axialer Überdruck-Dampfturbinen

damit auch die Umlenkung in der Laufradschaufel nicht so groß zu sein. Die Überdruckschaufel Abb. 53,2 ist daher flacher als die Gleichdruckschaufel.

c) Die Propeller der axialen Wasserturbinen und Arbeitsmaschinen. Wie Abb. 4,4 für einen axialen Kreiselverdichter und Abb. 54,1 für eine axiale Wasserturbine zeigen, haben die Laufradschaufeln dieser Maschinen die Form der Tragflügel von Flugzeugen, doch ist ihr Profilwinkel β entweder größer (Pumpen und Verdichter) oder kleiner (Turbinen) als der mittlere Anströmwinkel β_∞. Die Tragflügel werden im folgenden Abschn. besonders behandelt.

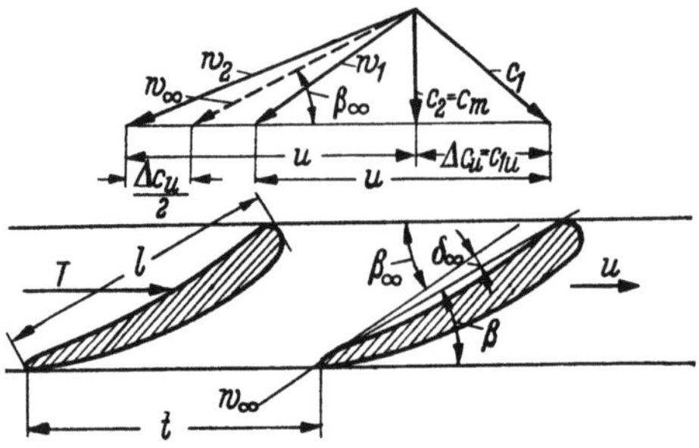

Abb. 54,1. Propeller axialer Wasserturbinen

C. Die Tragflügeltheorie

Bei wenigen und daher weit gestellten Schaufeln von Axialmaschinen muß die Eulersche Gleichung in Verbindung mit der Tragflügeltheorie benutzt werden.

Abb. 54,2 zeigt ein Flügelprofil von der Spannweite b (senkrecht zur Bildebene), der Flügeltiefe l in Richtung der Profilsehne und dem Anstellwinkel δ zwischen der Profilsehne und der mittleren Anströmgeschwindigkeit w_∞ des Mediums. Durch die Strömung entsteht unter dem Flügel ein Stau und über dem Flügel ein Sog. Der Stau sowohl wie auch der Sog werden noch durch eine Zirkulationsströmung vergrößert, welche von der Unterseite um das abgerundete Ende C zur Oberseite des Flügels führt. Der Flügel wirkt auf das Medium mit der senkrecht auf w_∞ stehenden nach unten gerichteten Kraft A' und mit der w_∞ entgegengerichteten Kraft W'. Gegenkräfte hierzu sind die vom Medium auf den Flügel ausgeübten Kräfte A und W, die man (dynamischen) Auftrieb und Widerstand nennt. Im Strömungskanal kann man diese beiden Kräfte z. B. mit einer Zweikomponentenwaage messen. Man setzt sie in Beziehung zur Flügelfläche $F = b \cdot l$ m² und zum sog. Staudruck

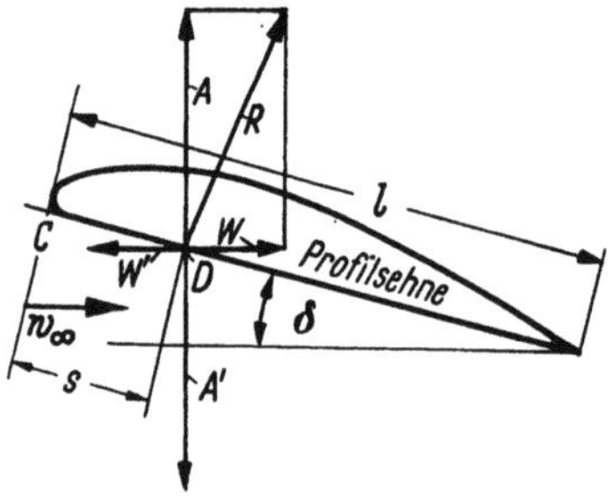

Abb. 54,2. Kräfte am Tragflügel

$$q = \frac{\gamma \cdot w_\infty^2}{2g} \; \frac{\text{kp}}{\text{m}^2} \tag{54,1}$$

durch die Formeln

$$A = c_a \cdot F \cdot q \text{ kp} \qquad \text{und} \qquad W = c_w \cdot F \cdot q \text{ kp}. \tag{54,2}$$

Der Auftriebsbeiwert c_a und der Widerstandsbeiwert c_w sind von der Form des Tragflügelprofils und von dem Anstellwinkel δ abhängig (s. DUBBEL[1]). Ihr Verhältnis nennt man die Gleitzahl

$$\tan \varepsilon = \frac{W}{A} = \frac{c_w}{c_a}. \tag{55,1}$$

Bei guten Profilen wird der Widerstand W sehr klein, so daß der Gleitwinkel $\varepsilon = \tan \varepsilon$ und sehr klein wird. So ist für profilierte Schaufeln $\varepsilon \leqq 0{,}04$ und für Blechschaufeln $\varepsilon > 0{,}04$. Damit fällt die Resultierende R nach Größe und Richtung etwa mit A zusammen, und deshalb ist in den folgenden Ableitungen A statt R gesetzt.

Zerlegt man die Resultierende R in eine Kraft in Richtung der Profilsehne und in eine Kraft N senkrecht zur Profilsehne, so ist nach Abb. 54,2 das Moment der beiden Kräfte A und W bezogen auf den Punkt C

$$M = s \cdot N = c_m \cdot l \cdot q \cdot F \text{ kpm}. \tag{55,2}$$

Den Wert $c_m = s/l$ nennt man Momentenbeiwert. Er ist wie auch c_a und c_w von der Art des Profils abhängig.

Abb. 54,1 zeigt das Schaufelgitter einer Propellerturbine in radialer Sicht auf das Laufrad abgewickelt in die Bildebene. Das Wasser strömt aus der Leitvorrichtung mit der absoluten Geschwindigkeit c_1 zu. Diese zerlegt sich in die nach rechts gerichtete Umfangsgeschwindigkeit $u_1 = u_2 = u$ und in die relative Eintrittsgeschwindigkeit w_1. Beim Verlassen des Laufrades soll das Wasser axial, also unter $\alpha_2 = 90°$, in das Saugrohr abströmen. Damit wird

$$c_2 = c_{2m} = c_m \quad \text{und} \quad c_{2u} = 0 \quad \text{sowie} \quad c_{1u} - c_{2u} = c_{1u} = \Delta c_u. \tag{55,3}$$

Aus c_2 und ihrer Komponente u ergibt sich die relative Austrittsgeschwindigkeit w_2. Ersetzt man w_1 und w_2 durch die mittlere relative Geschwindigkeit w_∞, so wird nach Abb. 54,1

$$w_\infty^2 = c_m^2 + \left(u - \frac{\Delta c_u}{2}\right)^2 \quad \text{und} \quad \tan \beta_\infty = \frac{c_m}{u - \frac{\Delta c_u}{2}} \tag{55,4}$$

für Turbinen.

Der Index ∞ wurde gewählt, um anzudeuten, daß die hier abgeleiteten Strömungsgesetze eigentlich nur für einen ∞ langen Flügel gelten. Hat ein Flügel in radialer Richtung nur die endliche Länge b, so ändert das umgebende Medium die Strömungsrichtung des vom Flügel erfaßten Mediums, so daß A nicht mehr auf der ursprünglichen, sondern

[1] [3], Bd. I, S. 312.

auf der neuen Strömungsrichtung senkrecht steht. Es ergibt sich also eine zusätzliche Widerstandskraft W_i, die man den induzierten Widerstand nennt. Der wirksame Anstellwinkel ist dann $\delta' = \delta - \Delta\delta$. Ist b die radiale Flügellänge, so wird $\Delta\delta = \frac{c_a \cdot F}{\pi b^2}$ nach DUBBEL[1].

Hier kann mit den Gesetzen für den ∞ langen Flügel gerechnet werden, da bei den gestellten Aufgaben das Flügelrad unmittelbar von einem Gehäuse umgeben ist, so daß es kaum ein umgebendes Medium und so auch keinen induzierten Widerstand gibt.

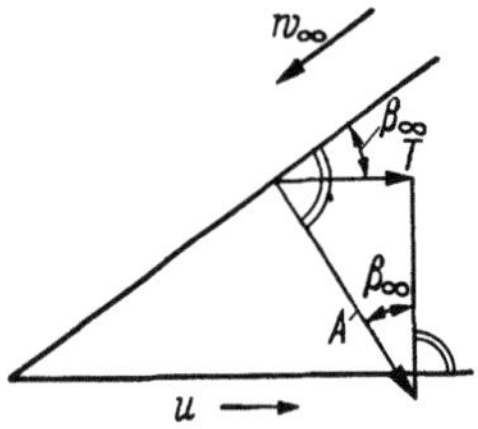

Abb. 56,1. Auftrieb A und Umfangskraft T

Nach Abb. 56,1 ist die Umfangskraft T, welche das Wasser auf die Schaufeln ausübt, einmal

$$T = A \cdot \sin\beta_\infty \tag{56,1}$$

und außerdem nach Gl. (19,2)

$$T = P = m_{\text{sek}} \cdot \Delta c_u .$$

Für eine Teilung ist die sekundlich durch den Schaufelkanal strömende Masse

$$m_{\text{sek}} = \frac{\gamma \cdot t \cdot b \cdot c_m}{g} . \tag{56,2}$$

Mit $c_m = w_\infty \cdot \sin\beta_\infty$ und $u = D \cdot \omega/2$ sowie mit $u \cdot \Delta c_u = H \cdot \eta_h \cdot g$ nach Gl. (49,1) und mit Gln. (54,1) und (54,2) wird aus

$$A \cdot \sin\beta_\infty = \frac{m_{\text{sek}} \cdot u \cdot \Delta c_u}{u}$$

$$\frac{c_a \cdot b \cdot l \cdot \gamma \cdot w_\infty^2 \cdot \sin\beta_\infty}{2g} = \frac{\pi \cdot D \cdot b \cdot w_\infty \cdot \sin\beta_\infty \cdot \gamma \cdot H \cdot \eta_h \cdot g \cdot 2}{z \cdot g \cdot D \cdot \omega}$$

und

$$c_a \cdot l \cdot w_\infty = \frac{4 \cdot \pi \cdot H \cdot \eta_h \cdot g}{z \cdot \omega} = m \tag{56,3}$$

für Wasserturbinen.

Abb. 4,4 zeigt die Beschaufelung einer axialen Kreiselpumpe oder eines axialen Ventilators, bei denen durch ein vorgeschaltetes Leitrad das Medium ein u entgegengerichtetes $c_{1u} = c_u$ erhält, damit es mit $\alpha_2 = 90°$, also mit $c_{2u} = 0$ abströmen kann. Auf diese Weise ist es trotzdem möglich, eine Energie H oder $\Delta P/\gamma$ auf das Medium zu übertragen, welche nach Gl. (46,2) dem Wert

$$(c_{2u} - c_{1u}) \cdot u = \big(0 - (-c_u)\big) \cdot u = u \cdot c_u = u \cdot \Delta c_u$$

[1] [3], Bd. I, S. 311.

entspricht. Abb. 4,4 ergibt

$$w_\infty^2 = c_m^2 + \left(u + \frac{\Delta c_u}{2}\right)^2 \quad \text{und} \quad \tan \beta_\infty = \frac{c_m}{u + \frac{\Delta c_u}{2}} \tag{57,1}$$

für Pumpen und Verdichter.

Abb. 54,2 kann auch hier verwendet werden, wenn man die von der Schaufel auf das Medium ausgeübte Kraft A' statt A setzt und wenn T die von der Schaufel auf das Medium ausgeübte Kraft ist, welche das Medium von $-c_u$ auf 0 beschleunigt. Ohne Berücksichtigung der endlichen Schaufelzahl ist nach Gln. (46,2) und (49,3) für Pumpen

$$u \cdot \Delta c_u = \frac{g \cdot h}{\eta_h}$$

und für Ventilatoren nach S. 49

$$u \cdot \Delta c_u = \frac{g \cdot \Delta P}{\eta_h \cdot \gamma}. \tag{57,2}$$

Nach der vorstehenden Ableitung für Turbinen wird für Pumpen

$$c_a \cdot l \cdot w_\infty = \frac{4 \cdot \pi \cdot h \cdot g}{z \cdot \omega \cdot \eta_h} = m \tag{57,3}$$

und für Ventilatoren

$$c_a \cdot l \cdot w_\infty = \frac{4 \cdot \pi \cdot \Delta P \cdot g}{z \cdot \omega \cdot \gamma \cdot \eta_h} = m. \tag{57,4}$$

Ein Vergleich von Abb. 4,4 mit Abb. 54,1 zeigt, daß der konstruktive Anstellwinkel β für Pumpen und Ventilatoren $\beta = \beta_\infty + \delta$ und für Turbinen $\beta = \beta_\infty - \delta$ wird. In nachfolgenden Zahlenbeispielen wird bei Berechnung von Propellerturbinen, Pumpen und Ventilatoren axialer Bauart gezeigt werden, wie man mit Hilfe der vorstehenden Gleichungen nach Wahl eines Flügelprofils die erforderliche Flügeltiefe l und den vorzusehenden Anstellwinkel δ für die einzelnen Querschnitte des Flügels bestimmt (vgl. S. 188, 211 und 221).

D. Ähnlichkeitsgesetze und Kennziffern für Strömungsmaschinen

Aus den vorhergehenden Abschnitten ergab sich, daß man bei allen Strömungsmaschinen auf den hydraulischen Wirkungsgrad η_h bzw. auf den Umfangswirkungsgrad η_u oder den inneren Wirkungsgrad η_i angewiesen ist, um die Hauptgeschwindigkeiten und damit die Hauptabmessungen der Maschine für die vorliegenden Verhältnisse zu ermitteln. Diese Wirkungsgrade erfassen die Energieverluste durch Strömungsreibung (auch Kanalreibung genannt) und Umlenkung in den Strömungsmaschinen. Es müssen also für sie ähnliche Gesetze gelten wie für die entsprechenden Energieverluste in den Rohren und Armaturen außerhalb der Maschinen.

Bei letzteren konnte man nach S. 28 u. f. die Strömungsarten und die Energieverluste durch Errechnung der dimensionslosen Kennzahl $\frac{w \cdot d}{\nu} \frac{\mathrm{m \cdot m \cdot sek}}{\mathrm{sek \cdot m^2}}$, der sog. Reynoldsschen Zahl *Re*, bestimmen.

Auch der Strömungsmaschinenbau kann mit den aus den Regeln der Flüssigkeits-, Gas- und Wärmemechanik entwickelten Rechnungsunterlagen nicht auskommen. Er muß diese durch die bei Versuchen an Modellmaschinen gewonnenen empirischen Ergebnisse ergänzen. Da die gebauten Maschinen Vergrößerungen der Modellmaschinen sind, so muß die Gewähr dafür gegeben sein, daß die Strömungen in diesen Maschinen den Strömungen in den Modellen etwa ähnlich sind. Deshalb hat sich der Strömungsmaschinenbau ebenfalls dimensionslose Kennzahlen geschaffen.

Zuerst wurden im Kreiselverdichterbau die Druckzahl ψ (Verhältnis zweier Energien) und die Lieferzahl φ'' bzw. φ (Verhältnis zweier sekundlicher Volumina) eingeführt; ihnen folgte die jetzt für alle Strömungsmaschinen zugrunde gelegte Kennzahl n_q, die man auch Schnelläufigkeit nennt. Vorher hatte schon der Wasserturbinenbau mit der spezifischen Drehzahl n_s gerechnet. Alle diese Werte können miteinander durch die dimensionslose Kennzahl n_0 und durch die Gebläsekennzahl σ vereinigt werden.

1. Die Druckzahl ψ

Sie ist mit der Wichte γ bzw. mit der Dichte $\varrho = \gamma/g$ durch folgende Gleichungen definiert: Für Radialmaschinen

für Pumpenstufen

$$\frac{\psi \cdot u_2^2}{2g} = h, \tag{58,1}$$

für Kreiselverdichter

$$\frac{\psi \cdot u_2^2}{2g} = \frac{\Delta P}{\gamma} \quad \text{oder} \quad L_{ad} \quad \text{und} \quad \psi \cdot u_2^2/2 = \frac{\Delta P}{\varrho}, \tag{58,2}$$

für Axialmaschinen

$$\frac{\psi \cdot u_a^2}{2g} = h \quad \text{bzw.} \quad \frac{\psi u_a^2}{2g} = \frac{\Delta P}{\gamma} \tag{58,3}$$

2. Die Lieferzahl φ und φ''

(auch Durchfluß-, Förder- oder Volumenzahl)

Sie hat zwei Definitionsgleichungen:

für Axialverdichter mit

$$\nu = \frac{D_i}{D_a} \quad \text{ist} \quad \varphi'' = \frac{V}{\pi \cdot (D_a^2 - D_i^2) \cdot u_a/4} = \frac{c_m}{u_a} = \frac{V}{\pi \cdot D_a^2 \cdot u_a \cdot (1 - \nu^2)/4}, \tag{58,4}$$

für Radialverdichter

$$\varphi = \frac{V}{\pi \cdot D_2^2 \cdot u_2/4} = \frac{4 \cdot b_2 \cdot c_{2m}}{D_2 \cdot u_2} = \varphi'' \cdot (1 - \nu^2) \tag{59,1}$$

mit $c_{2m} = \frac{V}{\pi \cdot D_2 \cdot b_2}$. Hierin ist V m/³sek die sekundliche Liefermenge und $b_2 m$ die lichte Breite des Laufrades am Austritt.

Die spätere Berechnung von Ventilatoren wird zeigen, daß die Druckzahl ψ, die Lieferzahl φ bzw. φ'' und der Wirkungsgrad voneinander abhängig sind und durch die Gebläsekennzahl σ miteinander verbunden sind.

3. Die dimensionslose Kennzahl n_0

Sie ist eine Verknüpfung der Drehzahl n (eigentlich 1/sek) und der sekundlichen Liefermenge V m³/sek mit der Laufradarbeit je Masseneinheit

$$\frac{\Delta P}{\varrho} \frac{\text{kpm} \cdot \text{m}}{\text{kp} \cdot \text{sek}^2} = \frac{\text{m}^2}{\text{sek}^2}.$$

Die Definitionsgleichung $n_0 = n^1 \cdot V^\alpha \cdot (\Delta P/\varrho)^\beta$ dient zur Errechnung der Potenzexponenten α und β, die man V und $(\Delta P/\varrho)$ geben muß, wenn man der für Strömungsmaschinen so wichtigen Drehzahl n die erste Potenz zuordnet. Wenn n_0 dimensionslos werden soll, so muß

$$\left(\frac{1}{\text{sek}}\right)^1 \cdot \left(\frac{\text{m}^3}{\text{sek}}\right)^\alpha \cdot \left(\frac{\text{m}^2}{\text{sek}^2}\right)^\beta = 1 = \frac{\text{m}^0}{\text{sek}^0}$$

werden. Dies ist der Fall für $3 \cdot \alpha + 2\beta = 0$ und $1 + \alpha + 2\beta = 0$, d. h. für $\alpha = 1/2$ und $\beta = -\frac{3}{4}$. Damit wird

$$n_0 = n^1 \cdot V^{1/2} \cdot (\Delta P/\varrho)^{-3/4} = \frac{n}{\sqrt{\Delta P/\varrho}} \cdot \sqrt{\frac{V}{\sqrt{\Delta P/\varrho}}}. \tag{59,2}$$

4. Die Gebläsekennzahl σ

Setzt man laut Gl. (58,2) $\sqrt{\Delta P/\varrho} = u_2 \cdot \sqrt{\psi}/\sqrt{2}$ und nach Gl. (59,1) $\sqrt{V} = \sqrt{\varphi} \cdot D_2 \cdot \sqrt{u_2} \cdot \sqrt{\pi}/2$ sowie $u_2 = D_2 \cdot \pi \cdot n/60$, so ergibt Gl. (59,2)

$$n_0 = \frac{n \cdot 60 \cdot \sqrt{2} \cdot \sqrt{\varphi} \cdot \sqrt{\pi} \cdot D_2 \cdot \sqrt{u_2} \cdot \sqrt[4]{2}}{D_2 \cdot \pi \cdot n \cdot \sqrt{\psi} \cdot 2 \cdot \sqrt{u_2} \cdot \sqrt[4]{\psi}} = \frac{60 \cdot \sigma}{\sqrt[4]{2} \cdot \sqrt{\pi}} = 28{,}5 \cdot \sigma, \tag{59,3}$$

wenn die Gebläsekennzahl

$$\sigma = \frac{\varphi^{1/2}}{\psi^{3/4}} \tag{59,4}$$

für Radialgebläse und

$$\sigma = \frac{(1 - \nu^2)^{1/2} \cdot \varphi''^{1/2}}{\psi^{3/4}} \tag{60,1}$$

für Axialgebläse eingeführt wird.

Die Berechnung eines Axialgebläses wird zeigen, daß für ein gewähltes Schaufelprofil von der Gleitzahl $\tan \varepsilon = \varepsilon$ ein möglichst hoher Wirkungsgrad η sich nur dann erreichen läßt, wenn eine den Verhältnissen entsprechende Gebläsekennzahl σ zugrunde gelegt wird. Diese bestimmt die Bauart und mit ε zusammen die Druckzahl ψ und die Lieferzahl φ''. Aus ψ und φ'' wieder ergibt sich die günstigste Drehzahl n und der Außendurchmesser D_a des Laufrades (vgl. S. 219 und 222).

5. Die Kennzahl n_q aller Strömungsmaschinen

(auch Radformkennzahl genannt)

Sie ist zwar nicht dimensionslos, aber zahlenmäßig einfacher als n_0. Sie ist definiert durch die Gleichung $n_q = n_1' \cdot \sqrt{Q_1'}$. Hierin sind n_1' und Q_1' die sog. *Einheitswerte* der Drehzahl und der sekundlichen Menge des Mediums. Sie werden so bezeichnet, weil sie sich auf 1 m Fallhöhe bzw. Förderhöhe und auf 1 m äußeren Laufraddurchmesser beziehen.

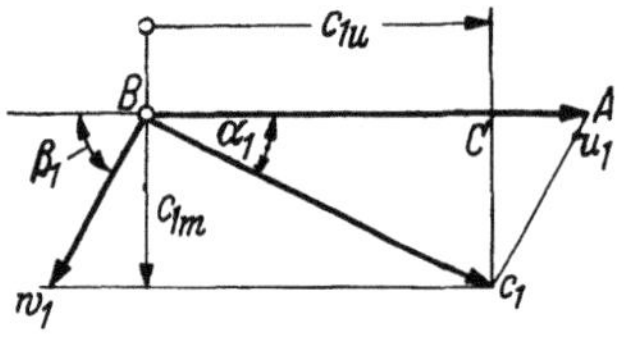

Abb. 60,1. Eintritt in das Laufrad einer Wasserturbine

Ist Abb. 60,1 das Eintrittsdreieck für das Laufrad einer Wasserturbine von H m Fallhöhe und D_1 m Laufraddurchmesser, so muß es für 1 m Fallhöhe und 1 m Laufraddurchmesser die gleiche Gestalt haben, wenn das Wasser stoßfrei in das Laufrad eintreten soll, d. h. wenn seine Relativgeschwindigkeit w_1 die Laufradschaufel tangieren soll. In den Leitvorrichtungen der Wasserturbinen baut sich die absolute Geschwindigkeit c_1 dadurch auf, daß sich die Fallhöhe $H \frac{\text{kpm}}{\text{kp}}$ ganz (Gleichdruckwirkung) oder zum Teil (Überdruckwirkung) in kinetische Energie umsetzt. Also ist nach Gl. (24,1) $\frac{c_1^2}{2g}$ proportional H und damit c_1 proportional $\sqrt{H}$. Vermindert man nun H auf 1 m, so muß sich c_1 im Verhältnis $\frac{1}{\sqrt{H}}$ und so auch u im Verhältnis $\frac{1}{\sqrt{H}}$ verkleinern. Da aber auch D_1 auf 1 m verkleinert werden soll und u hierdurch keine weitere Veränderung erfahren darf, so muß

$$n_1' = \frac{n \cdot D_1}{\sqrt{H}} \tag{60,2}$$

sein und damit die Verkleinerung durch D_1 wieder ausgleichen.

Bei H m Fallhöhe und D_1 m Laufraddurchmesser sei der Querschnitt der Leitvorrichtung f m² und die sekundliche Durchflußmenge somit $Q = f \cdot c_1$ m³/sek. Bringt man die Längenmaße der Leitvorrichtung auch auf das $\frac{1}{D_1}$-fache, so wird ihr Querschnitt $f' = \frac{f}{D_1^2}$. Da gleichzeitig die Durchflußgeschwindigkeit laut Vortext im Verhältnis $\frac{1}{\sqrt{H}}$ abnimmt, so wird die auf 1 m Fallhöhe und auf 1 m Laufraddurchmesser bezogene Einheitsmenge

$$Q_1' = f' \cdot c_1'$$

und damit

$$Q_1' = \frac{Q}{\sqrt{H}\, D_1^2}\,. \tag{61,1}$$

Damit wird die Kennzahl für *Wasserturbinen*

$$n_q = n_1' \cdot \sqrt{Q_1'} = \frac{n}{\sqrt{H}} \sqrt{\frac{Q}{\sqrt{H}}}\,. \tag{61,2}$$

Da nach S. 13 die technische Arbeit der Adiabate $L_{ad} = 427 \cdot h_0$ bei Dampf der Fallhöhe H der Wasserturbinen entspricht, so ist für *eine Stufe einer Dampfturbine*

$$n_q = \frac{n}{\sqrt{L_{ad}}} \cdot \sqrt{\frac{V_m}{\sqrt{L_{ad}}}}, \tag{61,3}$$

wenn V_m m³/sek das mittlere Dampfvolumen in der Stufe ist.

Entsprechend gilt für *eine Stufe einer Kreiselpumpe*

$$n_q = \frac{n}{\sqrt{h}} \cdot \sqrt{\frac{Q}{\sqrt{h}}}, \tag{61,4}$$

für *eine Stufe eines Turbokompressors*

$$n_q = \frac{n}{\sqrt{L_{ad}}} \cdot \sqrt{\frac{V_m}{\sqrt{L_{ad}}}} \tag{61,5}$$

und für *Ventilatoren*

$$n_q = \frac{n}{\sqrt{\Delta P/\gamma}} \cdot \sqrt{\frac{V}{\sqrt{\Delta P/\gamma}}}\,. \tag{61,6}$$

Nach S. 19 ist die Dichte $\varrho = \gamma/g$. Hiermit wird nach Gl. (59,2)

$$n_q = \sqrt{9{,}81} \cdot \sqrt[4]{9{,}81} \cdot n_0 = 5{,}55 \cdot n_0 = 5{,}55 \cdot 28{,}5 \cdot \sigma = 158 \cdot \sigma, \tag{61,7}$$

wenn Gl. (59,3) einbezogen wird.

Bei Kreiselpumpen und -verdichtern sind von n_q die Laufradform und der Pumpenwirkungsgrad abhängig. Dasselbe gilt für Dampfturbinen und für Gasturbinen, für die neuerdings ebenfalls die Kennzahl n_q eingeführt wurde (vgl. Abb. 82,1 bis 82,3).

6. Die spezifische Drehzahl n_s der Wasserturbinen

Sie wurde vor n_q eingeführt und wird auch heute noch verwendet. Da bei Kraftmaschinen die Leistung, bei Arbeitsmaschinen die sekundliche Fördermenge im Vordergrund steht, so entspricht n_s der Definitionsgleichung $n_s = n_1' \cdot \sqrt{N_1'}$. Mit der Wichte $\gamma = 1000$ kp/m³ für Wasser ist die Turbinenleistung $N_e = \frac{Q \cdot \gamma \cdot H \cdot \eta}{75}$ PS an der Welle. Damit wird für 1 m Nutzgefälle und 1 m äußeren Laufraddurchmesser nach Gl. (61,1)

$$N_1' = \frac{Q_1' \cdot 1000 \cdot 1 \cdot \eta}{75} = \frac{Q \cdot 1000 \cdot H \cdot \eta}{\sqrt{H} \cdot D_1^2 \cdot H \cdot 75} = \frac{N}{\sqrt{H} \cdot D_1^2 \cdot H}$$

und mit Gl. (60,2)

$$n_s = n_1' \cdot \sqrt{N_1'} = \frac{n}{H} \cdot \sqrt{\frac{N}{\sqrt{H}}}. \tag{62,1}$$

Setzt man hierin den Wert $\sqrt{\frac{Q \cdot 1000 \cdot H \cdot \eta}{75}}$ statt $\sqrt{N}$, so wird *für Wasserturbinen*

$$n_s = \sqrt{\frac{1000}{75}} \cdot \sqrt{\eta} \cdot n_q = 3{,}65 \cdot \sqrt{\eta} \cdot n_q, \tag{62,2}$$

für Kreiselpumpen

$$n_s = 3{,}65 \cdot n_q \tag{62,3}$$

und mit Gl. (61,7) *für Kreiselverdichter*

$$n_s = 158 \cdot 3{,}65 \cdot \sigma = 578 \cdot \sigma, \tag{62,4}$$

da für Arbeitsmaschinen die Leistung im Medium eingesetzt wird und so der Faktor $\sqrt{\eta}$ fortfällt.

Aus n_s und der Fallhöhe ist die Bauart der Wasserturbinen bestimmt. Jede Wasserturbinenbauart ist nur in einem bestimmten Bereich von n_s bzw. n_q und H verwendbar (vgl. Abb. 107,2, 111,2 und 114,2).

7. Weitere Kennzahlen

Sie werden noch bei den betreffenden Strömungsmaschinen behandelt, wie die Parsonssche Kennzahl oder Gütezahl auf S. 119 und die Laufzahl auf S. 116, beide für Dampfturbinen, sowie die Einlaufzahl ε auf S. 73 für Kreiselpumpen und Kreiselverdichter.

Bemerkung. Für die vorstehend mit σ, n_q und n_s bezeichneten Kennwerte hat die technische Literatur leider oft die gleichen Fachausdrücke und Formelzeichen wie Schnelläufigkeit und n_s, so daß es ratsam ist, jedesmal nachzuprüfen, welche Kennzahl der betreffende Verfasser mit seinem Formelzeichen meint. Auch muß geprüft werden, ob sie auf 1 min oder 1 sek bezogen sind.

E. Die Verluste in Strömungsmaschinen allgemein

1. Übersicht

Die Verluste werden wie bei allen Maschinen in ihrer Gesamtheit durch den Wirkungsgrad η erfaßt. Er ist das Produkt aus dem Liefergrad λ_v, dem hydraulischen Wirkungsgrad η_h und dem mechanischen Wirkungsgrad η_m, welche die Mengenverluste, die Strömungsverluste und die Verluste durch mechanische Reibung in Rechnung stellen. Die beiden ersten Verlustgruppen werden bei den Strömungsmaschinen für Gase und Dämpfe durch den inneren Wirkungsgrad zusammengefaßt. Damit gilt für Wasserturbinen und Kreiselpumpen

$$\eta = \lambda_v \cdot \eta_h \cdot \eta_m \tag{63,1}$$

und für Dampfturbinen und Turbokompressoren

$$\eta_e = \eta_i \cdot \eta_m \tag{63,2}$$

mit dem effektiven Wirkungsgrad η_e statt η.

Für Ventilatoren sind die Mengenverluste so gering, daß man sie im allgemeinen vernachlässigt, so daß

$$\eta = \eta_h \cdot \eta_m \tag{63,3}$$

wird.

a) **Die Mengenverluste** entstehen (vom Stopfbüchsenverlust, der durch einen Zuschlag zu Q m³/sek berücksichtigt wird, abgesehen) durch den Spalt zwischen Laufrad und Gehäuse, wenn ein Druckunterschied im Laufrad auftritt. Durch diesen Spalt fließt ein Teil des Mediums um das Laufrad herum. Deshalb ist bei Kraftmaschinen die sekundliche Menge Q_L im Laufrad kleiner als die erforderliche Menge Q, während bei Arbeitsmaschinen umgekehrt die sekundliche Menge Q_L im Laufrad größer als die angesaugte und geförderte Menge Q ist. Es gilt also

$$\text{für Kraftmaschinen } Q_L = Q \cdot \lambda_v, \text{ für Arbeitsmaschinen } Q_L = \frac{Q}{\lambda_v}. \tag{63,4}$$

b) Die Strömungsverluste in der Strömungsmaschine sind vor allem bedingt durch Strömungsreibung und Umlenkung (sog. Kanalreibung), durch stetige und unstetige Querschnittsänderungen, durch Grenzschichtbildung und Ablösung, durch Überlagerung der Hauptströmung mit Querströmungen (Wirbel), durch Stoß beim Eintritt des Mediums in das Laufrad und in die Leitvorrichtung und durch nicht ausgenutzte Strömungsenergie am Austritt der Stufe oder der Maschine sowie durch Strömungsreibung an den Laufradscheiben und Widerstand der Strömung an nichtbeströmten Schaufeln (sog. Ventilation). Wie es bereits durch die Gln. (49,1) bis (50,1) ausgedrückt wurde, ist deshalb bei den Kraftmaschinen die im Medium aufgewendete Energie größer als die am Laufrad abgegebene Energie, während bei den Arbeitsmaschinen die am Laufrad aufgewendete Arbeit größer ist als die auf das Medium übertragene Arbeit.

c) Die Energieverluste durch mechanische Reibung in den Lagern und Stopfbüchsen sowie durch den Verbrauch für den Antrieb der Regelung und der Hilfsmaschinen, wie Schmieröl-, Kondensations- und Kühlwasserpumpen, bewirken, daß bei Kraftmaschinen die innere Leistung größer ist als die an der Kupplung abgegebene Leistung, während bei Arbeitsmaschinen umgekehrt die an der Kupplung aufgewendete Leistung größer sein muß als die am Laufrad abgegebene Leistung. Damit wird für Kraftmaschinen

$$N_e = N_i \cdot \eta_m \tag{64,1}$$

und für Arbeitsmaschinen

$$N_a = N_i/\eta_m. \tag{64,2}$$

d) Leistungsformeln. Ist Q bzw. V m³/sek das sekundliche Volumen an Wasser bzw. Gas und $G_{\text{sek}}\,\frac{\text{kp}}{\text{sek}}$ das sekundliche Gewicht des Mediums, so ist für Wasserturbinen

$$N_e = \frac{Q \cdot 1000 \cdot H \cdot \eta}{75}\ \text{PS}, \tag{64,3}$$

nach S. 12 für Dampfturbinen

$$N_e = \frac{G_{\text{sek}} \cdot 427 \cdot H_0 \cdot \eta_e}{75}\ \text{PS}, \tag{64,4}$$

für Kreiselpumpen

$$N_a = \frac{Q \cdot 1000 \cdot H}{75 \cdot \eta}\ \text{PS}, \tag{64,5}$$

für Turbokompressoren

$$N_a = \frac{G_{\text{sek}} \cdot L_{ad}}{75 \cdot \eta_e}\ \text{PS} \tag{64,6}$$

und für Ventilatoren

$$N_a = \frac{V \cdot \Delta P}{75 \cdot \eta}\ \text{PS}. \tag{64,7}$$

2. Die Strömungsverluste bei sich ändernder sekundlicher Menge, dargestellt an der Änderung der Förderhöhe einer Kreiselpumpe. Kennlinie einer Kreiselpumpe

Um zu einer möglichst einfachen Beziehung der beiden Größen Q und H zu kommen, werden die Spaltverluste im Laufrad, der Einfluß der Verengung des Austrittskanals des Laufrades durch die Stärke der Laufradschaufeln und zunächst auch die inneren Verluste und der Einfluß der endlichen Schaufelzahl vernachlässigt. Dann wird außen am Laufrad mit der lichten Laufradbreite b_2 m und dem Querschnitt $\pi \cdot D_2 \cdot b_2$ die Meridionalkomponente der absoluten Austrittsgeschwindigkeit $c_{2m} = \frac{Q}{\pi \cdot D_2 \cdot b_2}$. Nach Gl. (46,2) ist für radialen Eintritt, d. h. $c_{1u} = 0$, die theoretische Förderhöhe bei unendlich großer Schaufelzahl $H_{th\infty} = \frac{u_2 \cdot c_{2u}}{g}$. Nun wird aber nach Abb. 47,1

$$\frac{BC}{DC} = \cot \beta_2 \quad \text{und} \quad BC = CD \cdot \cot \beta_2 = c_{2m} \cdot \cot \beta_2 .$$

Dies ergibt

$$c_{2u} = AC = AB - BC = u_2 - c_{2m} \cdot \cot \beta_2 = u_2 - \frac{Q \cdot \cot \beta_2}{\pi \cdot D_2 \cdot b_2} .$$

Damit wird

$$H_{th\infty} = \frac{u_2 \cdot c_{2u}}{g} = \frac{u_2}{g} \cdot \left(u_2 - \frac{Q \cdot \cot \beta_2}{\pi \cdot D_2 \cdot b_2} \right) = \frac{u_2^2}{g} \quad \text{für} \quad Q = 0$$

ohne Rücksicht auf die Schaufelkrümmung.

Nach Abb. 50,1 wird für vorwärts gekrümmte Laufradschaufeln $\beta_2 > 90°$ und $\cot \beta_2$ negativ, für radial endigende Schaufeln $\beta_2 = 90°$ und $\cot \beta_2 = 0$ und für rückwärts gekrümmte Schaufeln $\beta_2 < 90°$ und $\cot \beta_2$ positiv. Nach obiger Formel für $H_{th\infty}$ gilt in Abb. 65,1 die Gerade a für vorwärts gekrümmte Schaufeln, die Waagerechte b für radial endigende Schaufeln und die Gerade c für den Wert $H_{th\infty}$ bei rückwärts gekrümmten Schaufeln.

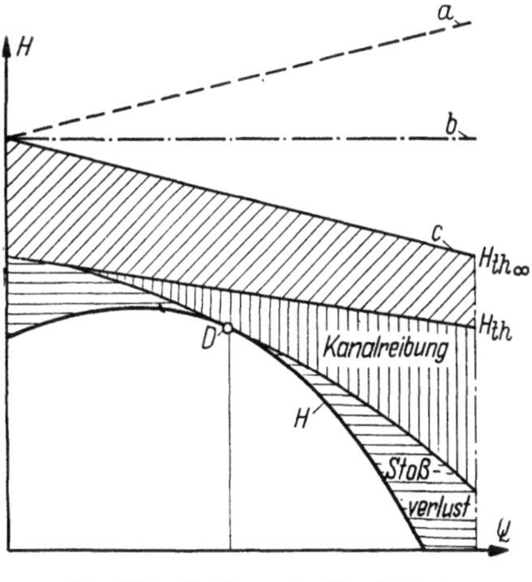

Abb. 65,1. Ableitung der Kennlinie einer Kreiselpumpe

Nach PFLEIDERER haben Kreiselpumpen rückwärts gekrümmte Laufradschaufeln mit einem Schaufelaustrittswinkel $\beta_2 = 14$ bis 30, ausnahmsweise bis 40°[1], so daß für sie $H_{th\infty}$ mit zunehmendem Q abfällt.

Durch die endliche Zahl z der Laufradschaufeln wird die theoretische Förderhöhe nach S. 48 kleiner als $H_{th\infty}$. Nach Gl. (48,3) erfährt sie eine Minderung auf $H_{th} = k \cdot H_{th\infty}$.

Von der theoretischen Förderhöhe H_{th} müssen aber die Energieverluste durch Strömungsreibung und Umlenkung in den Laufrad- und Leitkanälen abgezogen werden, die nach Gln. (23,4), (29,1) und (32,1) mit dem Quadrat der relativen bzw. absoluten Geschwindigkeit, d. h. mit dem Quadrat von Q, zunehmen (daher parabolische senkrecht gestreifte Fläche in Abb. 65,1).

Nur bei einer bestimmten sekundlichen Durchflußmenge Q (Punkt D in Abb. 65,1) ergibt sich ein Geschwindigkeitsdreieck am Eintritt ins Laufrad, in dem die relative Eintrittsgeschwindigkeit w_1 nach Abb. 4,3 an die Laufradschaufel tangiert. Bei diesem Q tritt dann die Flüssigkeit stoßfrei und damit ohne Stoßverlust ins Laufrad und ebenso danach in die Leitvorrichtung ein. Weicht Q von dieser Menge ab, so muß, wie in Abschn. 3 gezeigt werden wird, die Schaufel eine Änderung der Richtung des Mediums durch die Stoßkomponente w_t bewirken. Nur ein Teil der Energie $\frac{w_t^2}{2g}$ wird nutzbar, der größere Teil geht als sog. Stoßverlust verloren. Dieser ist demnach ebenfalls w_t^2 und somit $(\Delta Q)^2$ proportional, wenn $\Delta Q = Q - Q_{\text{opt}}$ ist (parabolische waagerecht schraffierte Fläche in Abb. 65,1).

Zieht man die Verluste durch Kanalreibung und durch Stoß von der theoretischen Förderhöhe ab, so erhält man die Förderhöhe H, welche die Kreiselpumpe bei den verschiedenen sekundlichen Fördermengen Q zu überwinden vermag. Ihre Kurve über der Abszisse Q nennt man die Kennlinie der Pumpe.

Die Gestalt der Kennlinie hängt außerdem besonders von dem Verhältnis D_1/D_2, d. h. von der Form des Laufrades (ausgesprochen radial, halbaxial oder axial) ab. Flache Kennlinien erreicht man mit kleinem D_1/D_2, also mit radialen Laufrädern (Abb. 82,1a), steilere Kennlinien mit halbaxialen Laufrädern (Abb. 82,1c) und sehr steile Kennlinien mit Propellerpumpen (Abb. 82,1d). Pumpen mit knapp bemessenem Leitradeintritt oder mit schaufellosem Leitring haben flachere Kennlinien als Pumpen mit normal bemessenen Leitschaufeln. Auch Spiralgehäuse machen die Kennlinien flacher.

Den Wert von H bei $Q = 0$ nennt man Anfahrhöhe. Pumpen mit kleiner Anfahrhöhe, also Radialpumpen, werden mit geschlossenem Drosselschieber, Axialpumpen dagegen mit offenem Drosselschieber angefahren.

---

[1] [*14a*], S. 55.

Kennlinien, die nach $Q = 0$ hin abfallen, heißen labil, solche, die nach $Q = 0$ hin ansteigen, stabil. Letztere haben einen größeren störungsfreien Regelbereich. Eine stabile Kennlinie kann auch durch stark rückwärts gekrümmte Schaufeln ($\beta_2 = 27$ bis $30°$), durch eine geringere Zahl

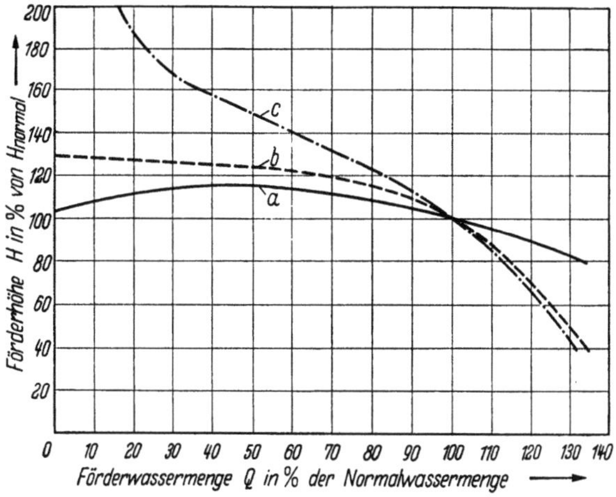

Abb. 67,1. Kennlinien von Kreiselpumpenbauarten; *a* radial, *b* halbaxial, *c* axial (Escher Wyss, Ravensburg)

von Laufradschaufeln und durch Ausführung der Einströmkante nach Abb. 51,2a erreicht werden.

Im Punkt *D* der Kennlinie Abb. 65,1 ist der Wirkungsgrad der Kreiselpumpe am größten, weil dort die Stoßverluste wegfallen. Ermittelt man die Kennlinie für verschiedene Drehzahlen, so liegen nach Abb. 67,2 (nach DUBBEL[1]) die Punkte für η_{max} auf einer Parabel durch den Nullpunkt. Dort, wo die Kurven gestrichelt sind, war die Drehzahl zu hoch, so daß die Saughöhe größer war, als es der vom Quadrat der Drehzahl nach Gl. (36,3) abhängigen Haltedruckhöhe entsprach. Es traten deshalb auf der Rückseite der Laufradschaufeln Hohlsogerscheinungen auf. Durch

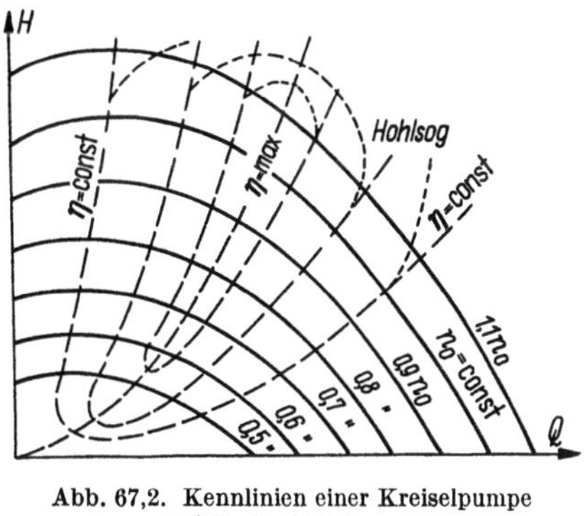

Abb. 67,2. Kennlinien einer Kreiselpumpe bei Drehzahländerung

diese Hohlraum- und Blasenbildung wird der Querschnitt und damit die sekundliche Durchflußmenge vermindert. Dies führt zu Änderungen der Relativgeschwindigkeit, d. h. zum Auftreten von Stößen und damit zur

[1] [*3*], Bd. II, S. 419.

unstetigen Herabsetzung des Wirkungsgrades um 10 bis 20%, zum Abreißen der Flüssigkeitssäule im Saugrohr und so zum Durchgehen der Antriebsmaschine oder zu Erschütterungen bzw. knatternden Geräuschen. Diese Vorgänge nennt man Kavitation. Dort, wo die Blasen an den Wänden zur Ruhe kommen, brechen die Hohlräume zusammen. Die unelastische Flüssigkeit strömt an diese Stellen und übt so eine hämmernde Wirkung auf die Wände aus, die zu porigen Anfressungen und in kurzer Zeit, u. U. nach wenigen Stunden, zur Werkstoffvernichtung führen kann. Schrauben- und Propellerpumpen sind besonders kavitationsgefährdet. Dies gilt auch für Wasserturbinenlaufräder der gleichen Bauart, da bei den Überdruckturbinen durch die Anwendung des Saugrohrs hinter den Laufrädern Unterdruck auftritt. Die Kavitation wird bei Pumpen durch Tieferlegen der Maschine (hierdurch geringeres H_s und so geringerer Unterdruck), durch kleinere Relativgeschwindigkeiten in der Pumpe (damit nach S. 28 geringere Neigung zur Wirbelbildung), durch Ausführung der Einströmkante nach Abb. 51,2a (d. h. stetigerer Übergang von der Anströmung zur Strömung im Laufrad) oder durch zusätzliche Zubringerpumpen mit kleinem n und H in tieferer Lage vermieden.

Auf die Erfassung der Verluste durch Kanalreibung in den Laufrad- und Leitradkanälen der verschiedenen Strömungsmaschinen sowie der Austrittsverluste bei den Kraftmaschinen wird in einem späteren Abschnitt noch eingegangen werden. Zunächst mögen die Stoßverluste beim Eintritt in die Laufräder der Kraft- und Arbeitsmaschinen näher besprochen werden.

3. Stoßverluste bei sich ändernder sekundlicher Menge

a) Stoßverluste bei einer Kraftmaschine, z. B. bei einer Wasserturbine. Vermindert sich bei einer Wasserturbine die Fallhöhe H m, soll aber die Leistung und die Drehzahl der Maschine gehalten werden, so wird nach S. 35 die absolute Eintrittsgeschwindigkeit c_0 ins Laufrad kleiner, und es muß nach Gl. (64,3) durch die Leitvorrichtung eine größere sekundliche Wassermenge Q m³/sek zugeführt werden. Da diese gleich Querschnitt mal Geschwindigkeit ist, letztere aber kleiner als vorher ist, so müssen die Leitschaufeln, die sog. FINKschen Drehschaufeln, Abb. 69,1, im Uhrzeigersinn gedreht werden. Dann werden die Leitkanäle zwischen ihnen weiter, allerdings wird dabei auch der Winkel α_0 größer als der vorherige Winkel α_1.

So entsteht Abb. 69,2. Die Relativgeschwindigkeit w_0 tangiert die Laufradschaufel nicht. Die Strömung erfährt durch die sich im Sinne der Umfangsgeschwindigkeit u_1 weiter nach rechts bewegende Schaufel des

Laufrades einen Stau und bremst daher die Schaufel auf der rechten Schaufelseite. Dieselbe Wirkung hat der Sog, der durch den Totraum auf der linken Schaufelseite entsteht. Durch die Energie, welche das in der Mitte des Laufradkanals strömende Wasser auf die Schaufel ausübt, drückt die Schaufel das Wasser mit der Stoßkomponente w_t in die Richtung von w_1. Aber diese Umlenkung erfolgt unstetig und unter Wirbelbildung. Deshalb wird die von der Schaufel zur Umlenkung aufgewendete Energie $\frac{w_t^2}{2g}$ nicht voll nutzbar. Es gehen vielmehr etwa 70% davon verloren. Der Stoßverlust je kp Wasser ist somit

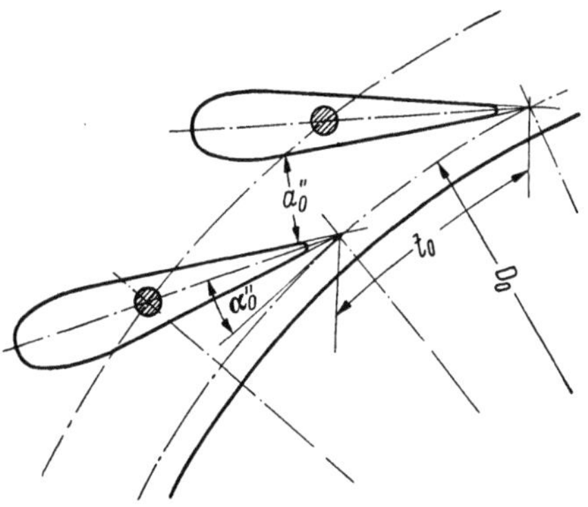

Abb. 69,1. FINKsche Drehschaufeln von Überdruck-Wasserturbinen

$$\varphi \cdot \frac{w_t^2}{2g} = 0{,}7 \cdot \frac{w_t^2}{2g} \, \frac{\text{kpm}}{\text{kp}}. \quad (69{,}1)$$

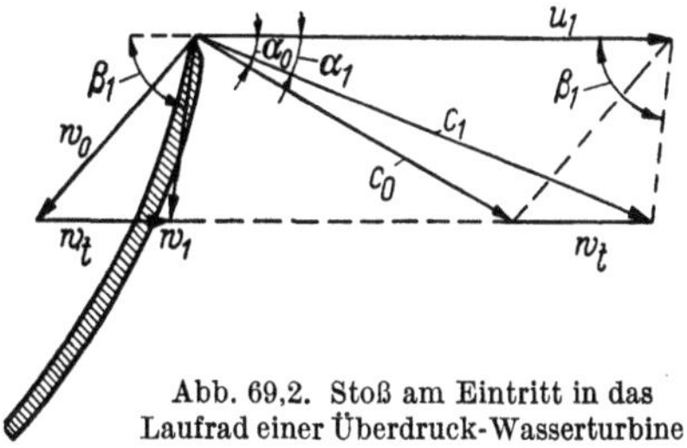

Abb. 69,2. Stoß am Eintritt in das Laufrad einer Überdruck-Wasserturbine

Dieser Verlust verkleinert den hydraulischen Wirkungsgrad η_h und somit auch den Gesamtwirkungsgrad η der Wasserturbine. Da diese Wirkungsgradänderung der Änderung von Q und H bei gleichbleibendem n entspricht, so pflegt man sie auf die durch Gln. (60,2) und (61,1) bestimmbaren Einheitswerte n_1' und Q_1' zu beziehen, indem man η als Kurvenschar in ein Wirkungsgradfeld Abb. 71,1 (sog. Muscheldiagramm) einträgt, welches die Einheitswerte zu Koordinaten hat.

Auch bei der Regelung der Dampfturbinen treten durch die Änderungen der Dampfmengen Änderungen im Druckgefälle und dadurch auch im Wärmegefälle, d. h. nach S. 12 und 25 in den Geschwindigkeiten für die einzelnen Stufen, ein. Um die hierdurch hervorgerufenen Stoßverluste zu verringern, verwendet man neuerdings Schaufelprofile mit gerundeten — Abb. 69,3 a — statt

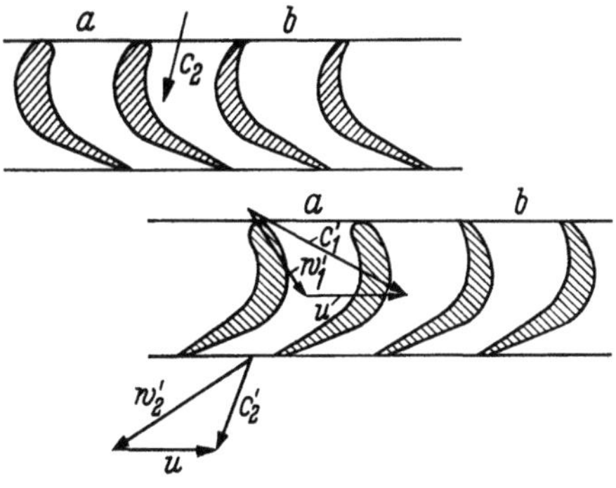

Abb. 69,3. Leit- und Laufradschaufeln axialer Überdruck-Dampfturbinen
a gerundete, *b* scharfe Eintrittskanten

mit scharfen — Abb. 69,3b — Eintrittskanten. Die Turbinen können dann ohne wesentliche Stoßverluste in einem gewissen Regelbereich nicht nur Grundlast, sondern auch Spitzenlast fahren.

Zahlenbeispiel 21. Beim Bremsversuch einer Francisturbine wurden bei 628 U/min und bei 0,5 m Bremshebellänge gemessen: 13,2 kp Bremslast, 0,121 m³/sek an Wasser und 5,97 m Fallhöhe. Wie groß sind effektive Leistung, Wirkungsgrad und Einheitswerte dieser Messung? Der Laufradeintrittsdurchmesser der Turbine war 0,3 m.

Nach den Gesetzen der Mechanik ist für das Drehmoment $M_t = P \cdot l = 13{,}2 \cdot 0{,}5 = 6{,}6$ kpm bei der Drehzahl $n = 628$ U/min die Leistung an der Welle

$$N_e = M_t \cdot n/716{,}2 = \frac{6{,}6 \cdot 628}{716{,}2} = \underline{5{,}78\ \text{PS}}.$$

Damit wird nach Gl. (64,3) der Wirkungsgrad

$$\eta = \frac{75 \cdot N_e}{Q \cdot 1000 \cdot H} = \frac{75 \cdot 5{,}78}{0{,}121 \cdot 1000 \cdot 5{,}97} = \underline{0{,}6}.$$

Mit der Einheitsdrehzahl

$$n_1' = \frac{n \cdot D_1}{\sqrt{H}} = \frac{628 \cdot 0{,}3}{\sqrt{5{,}97}} = \underline{77}$$

nach Gl. (60,2) und der Einheitsmenge

$$Q_1' = \frac{Q}{D_1^2 \cdot \sqrt{H}} = \frac{0{,}121}{0{,}3^2 \cdot \sqrt{5{,}97}} = \underline{0{,}55\ \text{m}^3/\text{sek}}$$

nach Gl. (61,1) ergibt sich der Punkt A vom Muscheldiagramm Abb. 71,1 auf der Muschelkurve, die alle Versuchswerte vom Wirkungsgrad $\eta = 0{,}6$ miteinander verbindet. Es werden nun bei der gleichen Leitschaufelöffnung — bezeichnet mit der Beaufschlagung $0{,}34 = \frac{Q_{\text{vorh}}}{Q_{\max}}$ — weitere Versuche unternommen. Sie ergeben die mit 0,34 ausgezeichnete Kurve mit dem äußersten Punkt B für die Bremslast 0 kp, d. h. für den Leerlauf mit $N_e = 0$ und daher auch $\eta = 0$.

Im vorliegenden Fall sind noch bei acht andern Leitschaufelöffnungen Versuche durchgeführt worden. Daraus, ob die Kurven für den gleichen Unterschied im Wirkungsgrad näher oder entfernter voneinander liegen, sieht man, ob der Wirkungsgrad in dem betreffenden Bereich von n_1' und Q_1' sich stark oder wenig ändert. Er erreicht seinen höchsten Wert im Punkt C, d. h., bei der Beaufschlagung $\lambda_t = 0{,}78$ ist der Eintritt ins Laufrad stoßfrei und der Wirkungsgrad $\eta_{\max} = 0{,}88$. Da für C $n_1' = 89$ und $Q_1' = 1{,}33$ ist, so hat das untersuchte Modell einer Francisturbine nach S. 61 die Kennzahl

$$n_q = n_1' \cdot \sqrt{Q_1'} = 89 \cdot \sqrt{1{,}33} = \underline{102{,}7}$$

und nach Gl. (62,2) die spezifische Drehzahl

$$n_s = 3{,}65 \cdot \sqrt{\eta} \cdot n_q = 3{,}65 \cdot \sqrt{0{,}88} \cdot 102{,}7 = \underline{350}.$$

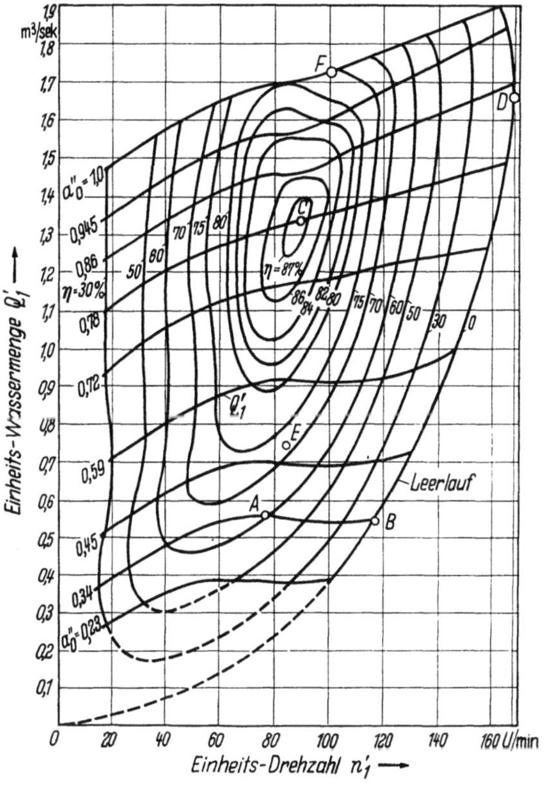

Abb. 71,1. Wirkungsgradfeld (Muscheldiagramm) einer Wasserturbine

Zieht man parallel zur Q_1'-Achse die Tangente an die Leerlaufkurve, so erhält man in Punkt D die Einheitsdrehzahl $n_1' = 168$, die der Durchgangsdrehzahl n_d entspricht. Die Durchgangsdrehzahl n_d ist also für Wasserturbinen von der spezifischen Drehzahl $n_s = 350$ das $\frac{168}{89} =$ etwa 1,9fache der Betriebsdrehzahl n.

Aus den Werten Q_1' für die volle Leitschaufelöffnung auf der Kurve 1,0 des Muscheldiagramms lassen sich die sekundlichen Wassermengen Q des größten Schluckvermögens errechnen.

Das aus den Versuchen am Modell entwickelte Muscheldiagramm kann für andere Maschinengrößen derselben Bauart zur Bemessung und zur Beurteilung als Grundlage dienen, wie es das folgende Zahlenbeispiel zeigt.

Zahlenbeispiel 22. Durch Messungen, wie sie der Ausnützung einer Wasserkraft vorausgehen, ist folgendes Wasseraufkommen festgestellt: Während 8 Monaten des Jahres 8,5 m³/sek bei 4 m, während der Hochwasserzeit (1 Monat) 14,5 m³/sek bei 3,2 m und in der Niedrigwasserzeit (0,5 Monate) 5 m³/sek bei 4,5 m Nutzgefälle. Ist die zu Abb. 71,1 gehörige Bauart für diese Verhältnisse verwendbar? Welchen Laufradeintrittsdurchmesser und welche Drehzahl verlangt sie bei bester Ausnützung? Welche Leistung gibt sie unter den verschiedenen Verhältnissen ab?

Nach Abb. 111,2 ist eine Francisturbine von $n_q = 100$ bzw. $n_s = 350$ für Nutzgefälle von $H = 35$ m und darunter verwendbar.

Da die Turbine in 8 Monaten des Jahres dem Bestpunkt C entsprechen soll, so wird für $Q = 8{,}5$ m³/sek und $H = 4$ m $n_1' = \frac{n \cdot D_1}{\sqrt{H}} = 89$ und $Q_1' = \frac{Q}{D_1^2 \cdot \sqrt{H}} = 1{,}33$. Damit wird der vorzusehende Eintrittsdurchmesser des Laufrades

$$D_1 = \sqrt{\frac{Q}{Q_1' \cdot \sqrt{H}}} = \sqrt{\frac{8{,}5}{1{,}33 \cdot \sqrt{4}}} = 1{,}79 \text{ m}$$

und die Betriebsdrehzahl $n = \frac{n_1' \cdot \sqrt{H}}{D_1} = \frac{89 \cdot \sqrt{4}}{1{,}79} = \underline{100 \text{ U/min}}$. Normal stehen nach Gl. (64,3)

$$N_e = \frac{Q \cdot 1000 \cdot H \cdot \eta}{75} = 8{,}5 \cdot 1000 \cdot 4 \cdot 0{,}88/75 = \underline{400 \text{ PS}_e}$$

zur Verfügung.

Bei Niedrigwasser ist für $D_1 = 1{,}79$ m und $n = 100$ U/min

$$n_1' = \frac{n \cdot D_1}{\sqrt{H}} = \frac{100 \cdot 1{,}79}{\sqrt{4{,}5}} = \underline{84{,}4 \text{ U/min}}$$

und

$$Q_1' = \frac{Q}{D_1^2 \cdot \sqrt{H}} = \frac{5}{1{,}79^2 \cdot \sqrt{4{,}5}} = \underline{0{,}735 \text{ m}^3\text{/sek}}.$$

Für diese Einheitswerte gibt der Punkt E in Abb. 71,1 einen Wirkungsgrad $\eta = 0{,}71$ an. Also ist bei Niedrigwasser eine Leistung an der Welle von

$$N_e = \frac{Q \cdot 1000 \cdot H \cdot \eta}{75} = \frac{5 \cdot 1000 \cdot 4{,}5 \cdot 0{,}71}{75} = \underline{213 \text{ PS}_e}$$

zu erwarten.

Für Hochwasser ist $n_1' = \frac{n \cdot D_1}{\sqrt{H}} = \frac{100 \cdot 1{,}79}{\sqrt{3{,}2}} = 100$ und das vorläufige $Q_1' = \frac{Q}{D_1^2 \cdot \sqrt{H}} = \frac{14{,}5}{1{,}79^2 \cdot \sqrt{3{,}2}} = 2{,}53$ m³/sek. Für diesen Punkt F des Wirkungsgradfeldes Abb. 71,1 ist aber für $n_1' = 100$ bei voller Leitschaufelöffnung entsprechend dem Schluckvermögen der Turbine nur

$Q_1' = 1{,}73\ \mathrm{m^3/sek}$ möglich. Hierbei ist der Wirkungsgrad $\eta = 0{,}75$. Aus $Q_1' = \frac{Q}{D_1^2 \cdot \sqrt{H}}$ ergibt sich als höchste ausnutzbare sekundliche Wassermenge

$$Q = Q_1' \cdot D_1^2 \cdot \sqrt{H} = 1{,}73 \cdot 1{,}79^2 \cdot \sqrt{3{,}2} = \underline{9{,}91\ \mathrm{m^3/sek}}$$

und die Leistung an der Welle hierbei

$$N_e = \frac{Q \cdot 1000 \cdot H \cdot \eta}{75} = \frac{9{,}91 \cdot 1000 \cdot 3{,}2 \cdot 0{,}75}{75} = \underline{317\ \mathrm{PS_e}}.$$

Nach Abb. 114,2 hätte man für die vorliegenden niedrigen Nutzgefälle von 3,2 bis 4,5 m auch eine schnelläufige Kaplanturbine verwenden können. Diese hat eine größere Schluckfähigkeit und bei Teilleistung ebenfalls in einem großen Regelbereich hohe Wirkungsgrade (vgl. Abb. 81,1), da nur bei dieser Bauart die Laufradschaufeln einstellbar sind, so daß Stoß vermieden werden kann.

b) Stoßverluste bei einer Arbeitsmaschine, z. B. bei einem Ventilator. Bei den radialen Arbeitsmaschinen strömt das Medium dem Laufradmund axial mit einer gewissen Geschwindigkeit c_0 zu. Dann wird es nach Möglichkeit mit einem nicht zu kleinen Krümmungsradius im Laufradmund aus der axialen in die radiale Strömungsrichtung umgelenkt, um schließlich auf die Einströmkante der Laufradschaufeln zu treffen. Um die bei dieser Strömung auftretenden Verluste, die ja nach Gl. (32,1) vom Quadrat der Durchflußgeschwindigkeit abhängen, klein zu halten, empfiehlt PFLEIDERER[1],

bei Pumpen und

$$\left.\begin{aligned} c_0 &= \varepsilon \cdot \sqrt{2 \cdot g \cdot h} \\ c_0 &= \varepsilon \cdot \sqrt{2g \cdot L_{ad}} \end{aligned}\right\} \quad (73{,}1)$$

bei Verdichtern zu machen und die sog. *Einlaufzahl* $\varepsilon = 0{,}1$ bis $0{,}3$ für $n_q < 30$ bei Pumpen und $n_q < 40$ bei Verdichtern oder

$$\varepsilon = (0{,}26 \text{ bis } 0{,}64) \cdot (n_q/100)^{2/3} \text{ für } n_q > 30 \text{ bzw. } 40 \quad (73{,}2)$$

anzunehmen.

Bei Ventilatoren erfolgt die Umlenkung aus der axialen in die radiale Strömungsrichtung mit Rücksicht auf den Platz oder den Preis aber oft ohne Abrundung oder mit einem zu kleinen inneren Krümmungsradius bei a_1 in Abb. 74,1. Dann reißt die Strömung an dieser Stelle ab. Es tritt u. U. sogar eine Rückströmung ein, die mit großen Verlusten verbunden ist, und nur ein Teil des Eintrittsquerschnitts verbleibt für die Haupt-

[1] [*14a*], S. 100.

strömung. Hierdurch wird natürlich die Größe von c_1 verändert, und so kommt es zum Stoß an der Eintrittskante. ECK[1] empfiehlt, für Ventilatoren die Hauptströmung beim Eintritt in die Laufradbeschaufelung um etwa 20% zu beschleunigen, indem man nach Abb. 74,1 die Eintrittsbreite b_1 kleiner macht, als es dem Querschnitt des Laufradmundes $\pi \cdot D_1^2/4$ entspricht. Es wird damit für Ventilatoren diese Ablösung vermieden, wenn für

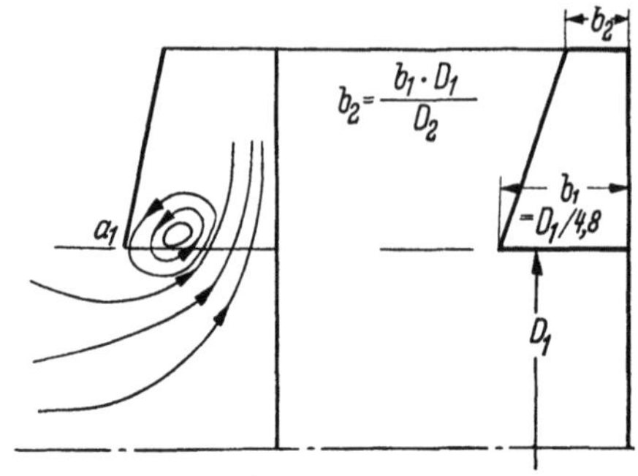

Abb. 74,1. Abreißen der Strömung am Laufradeintritt

$$\left.\begin{aligned} c_0 = c_1 \quad \text{etwa} \quad \pi \cdot D_1 \cdot b_1 \cdot c_1 \cdot 1{,}2 = \pi \cdot \frac{D_1^2}{4} \cdot c_0 \\ \text{oder} \qquad b_1 = D_1/4{,}8 \end{aligned}\right\} \qquad (74{,}1)$$

gemacht wird.

Bei guter Abrundung im Übergang vom Laufradmund zum Laufradkanal kommt man mit erheblich geringeren Beschleunigungen, z. B. bei der üblichen Ausführung von Turbokompressorstufen mit 2% aus.

Abb. 74,2 und 75,1 stellen für den günstigsten Fall, d. h. für rückwärts gekrümmte Laufradschaufeln, also $\beta_2 < 90°$, die Einströmung ins Laufrad dar, wenn die Fördermenge kleiner — Abb. 74,2 — bzw. größer — Abb. 75,1 — als normal ist. Nur bei normaler Fördermenge entspricht der Eintrittswinkel β_1 der Laufradschaufel der Richtung der Relativgeschwindigkeit w_1. Bei kleinerer Fördermenge wird β_1' der Strömung kleiner als β_1. Die Strömung stößt gegen die sog. schlagende Schaufelseite D und löst sich von der ausweichenden Schaufelseite S ab. Ist dagegen die Fördermenge größer als normal, so wird β_1'' der Strömung größer als β_1. Die Strömung löst sich deshalb nun von der schlagenden Schaufelseite D ab und stößt gegen die ausweichende Schaufelseite S. In beiden Fällen geht ein großer

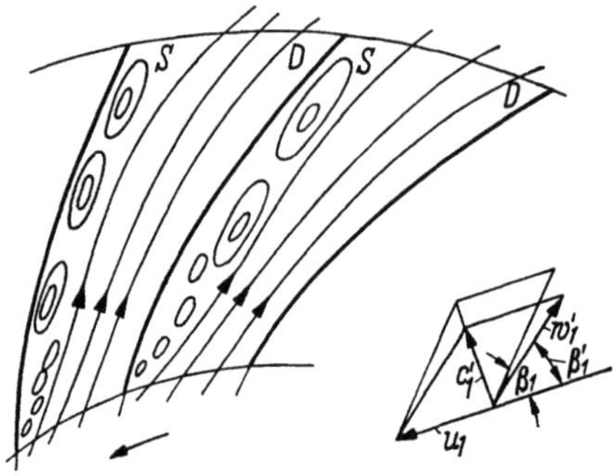

Abb. 74,2. Strömung, falls sekundliche Menge < normal

[1] [5], S. 85 u. 23, sowie 3. Aufl., S. 43.

Teil des Kanalquerschnitts im Laufrad für die Hauptströmung verloren. Für diese ergeben sich dann andere Relativgeschwindigkeiten, und so führt sowohl der Stoß am Eintritt ins Laufrad wie auch die Ablösung im Laufrad zu einer Vergrößerung der inneren Verluste und damit zu einer Verkleinerung des hydraulischen Wirkungsgrades.

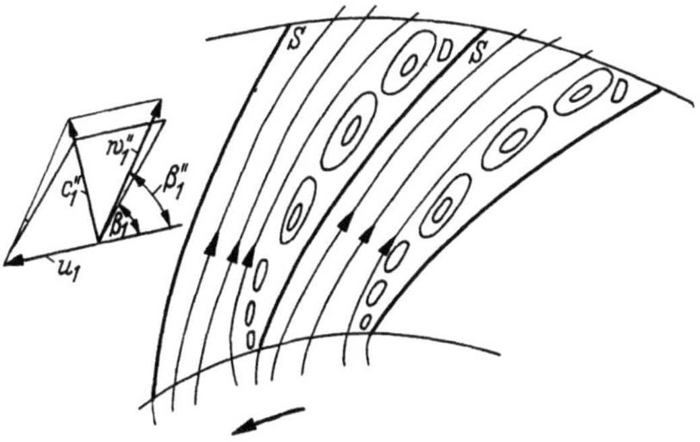

Abb. 75,1. Strömung, falls sekundliche Menge $>$ normal

An Hand von Abb. 75,2 sei an dieser Stelle noch einmal auf die Strömung im Laufrad eingegangen, die die mit Gl. (48,3) erfaßte Minderung der Laufradarbeit durch die endliche Zahl der Laufradschaufeln her-

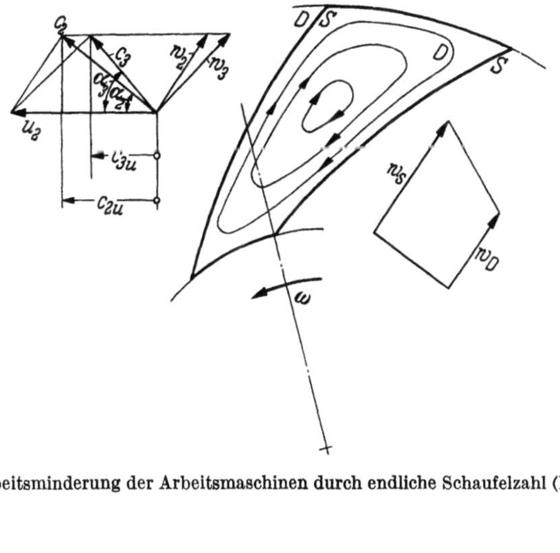

Abb. 75,2. Arbeitsminderung der Arbeitsmaschinen durch endliche Schaufelzahl (Relativwirbel)

vorruft. Da die von der Schaufel ausgeübte Kraft an der schlagenden Schaufelseite D naturgemäß größer ist als an der ausweichenden Schaufelseite S, so ist die Strömungsreibung — es sei an die Beziehung Reibung R $=$ Reibungsziffer μ mal Normalkraft N der Mechanik erinnert — an der Schaufelseite D größer als an der Schaufelseite S. Deshalb ist auch die Relativgeschwindigkeit w_D an D kleiner als die Relativgeschwindigkeit w_s an S. Damit wird nach Gl. (24,2) auf dem gleichen Halbmesser r auch der Druck p in der strömenden Flüssigkeit bei D größer als bei S. Hierdurch wird die Hauptströmung überlagert durch einen sog. Relativwirbel, der durch seinen Drehsinn die Relativgeschwindigkeit am Austritt w_2 unter β_2 in w_3 unter β_3 und so auch die absolute Geschwindigkeit c_2 unter α_2 in c_3 unter $\alpha_3 > \alpha_2$ ändert. So wird dann auch c_{2u} auf $c_{3u} = k \cdot c_{2u}$ verkürzt und die theoretisch übertragene Laufradarbeit von $H_{th\infty}$ auf $H_{th} = k \cdot H_{th\infty}$ vermindert [vgl. (Gl. 48,3)].

Teilt man die durch einen Kanal des Laufrades strömende Menge in vier Teile, so gibt Abb. 76,1a die trennenden Schichtlinien dieser vier Teilströme wieder. Eine Verminderung der Fördermenge muß deshalb schließlich auf der Schaufelseite D zum Stillstand der Strömung, ja bei weiterer Verminderung der Relativgeschwindigkeit zur Rückströmung Abb. 76,1b führen. Diese Ablösung läßt sich durch entsprechende Gestaltung des Schaufelkanals mildern. Nach S. 32 schafft ein sich verengender Kanal eine gesündere Strömung. Diese Verengung kann man wenigstens in axialer Richtung durchführen, indem man die äußere Laufradbreite b_2 kleiner als die innere Laufradbreite b_1 macht. Es muß nachgeprüft werden, ob der noch zulässige Erweiterungswinkel von 5 bis 10° (s. S. 33) nicht überschritten wird. Zu diesem Zweck trägt man über der Mittellinie des Laufradschaufelkanals als Abszisse die Kanalquerschnitte umgerechnet in die Durchmesser gleich großer Kreisquerschnitte als Ordinaten auf. Diese sog. konischen Deckscheiben müssen nach Eck für Ventilatoren angewendet werden, wenn bei rückwärts gekrümmten Laufradschaufeln $D_1/D_2 \geqq 0{,}56$ ist, da sonst die Verzögerung im Laufradkanal zu groß wird. Auch bei radial endigenden Schaufeln läßt sich hierdurch die Ablösung noch in einem gewissen Umfang mildern. Bei vorwärts gekrümmten Schaufeln (sog. Trommel- oder Sirokkoläufern) gelingt dies nur sehr beschränkt, so daß man hier auf die Verzögerung im Laufradkanal verzichten muß und trotzdem auch bei großen und sorgfältig hergestellten Läufern nur einen Wirkungsgrad von 0,6 erreicht. Doch ist infolge des großen $D_1 = 0{,}85 \cdot D_2$ Platz für eine große Schaufelzahl, so daß hierdurch der Arbeitsminderungsfaktor k groß ($= 0{,}85$ bis 0,9) angenommen werden kann.

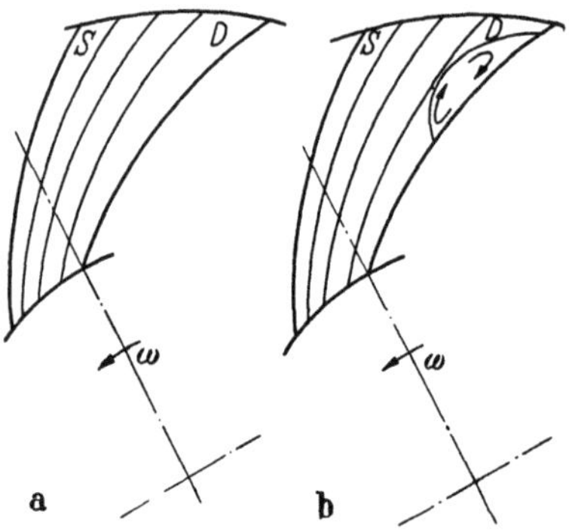

Abb. 76,1a u. b. Ablösung im Laufradkanal bei kleiner sekundlicher Menge

F. Die Laufradform für den günstigsten Energieumsatz im Laufrad

In diesem Abschnitt sollen Grundlagen dafür gewonnen werden, wie man die Laufradschaufeln gestalten muß, um für die verschiedenen Verhältnisse den günstigsten Wirkungsgrad des Energieumsatzes zu erreichen. Die durch Ableitungen an axialen Dampfturbinen und durch Betrachtungen der radialen und halbaxialen Wasserturbinen erhaltenen Erkenntnisse werden auch auf die axialen und radialen Arbeitsmaschinen übertragen.

1. Dampfturbinen

Im allgemeinen haben die Dampfturbinen axiale Bauart (Ausnahme: Ljungströmturbine der MAN, Elektraturbine der Fa. Kühnle, Kopp & Kausch).

a) Gleichdruckturbinen. Um die Ableitung möglichst zu vereinfachen, mögen gegenüber Abb. 4,1 folgende Vereinfachungen angenommen werden: erstens gleichwinklige Laufradschaufeln, also $\beta_2 = \beta_1$; zweitens keine Strömungsverluste im Laufrad, d. h. $w_2 = w_1$. Dann wird nach Abb. 77,1

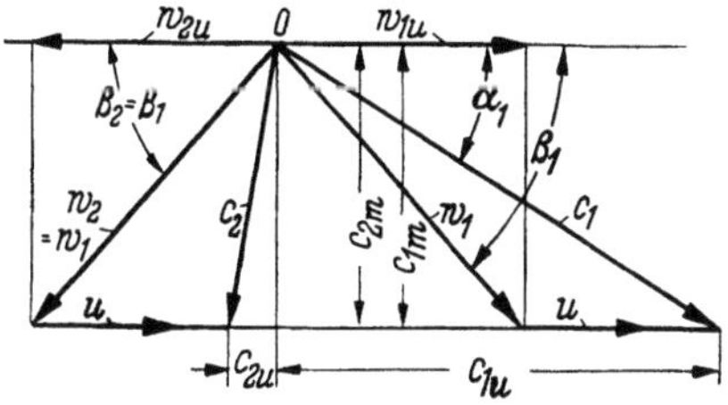

Abb. 77,1. Gleichwinklige Schaufeln axialer Gleichdruckturbinen

$$w_{1u} = w_1 \cdot \cos\beta_1 = w_2 \cdot \cos\beta_2 = w_{2u} = c_1 \cdot \cos\alpha_1 - u$$

und, da c_{2u} die c_{1u} entgegengesetzte Richtung hat,

$$\begin{aligned} c_{1u} - c_{2u} &= u + w_{1u} - u + w_{2u} = w_{1u} + w_{2u} = 2 \cdot w_{1u} \\ &= 2 \cdot (c_1 \cdot \cos\alpha_1 - u). \end{aligned}$$

Nun ist aber nach S. 46 und 47 die am Laufradumfang je kp Dampf übertragene Energie

$$H_{th} = \frac{u \cdot (c_{1u} - c_{2u})}{g} = \frac{2 \cdot (u \cdot c_1 \cdot \cos\alpha_1 - u^2)}{g}.$$

Da der Umfangswirkungsgrad η_u ein Maximum wird, wenn H_{th} im Verhältnis zum Arbeitsvermögen des Dampfes ohne Verluste, zur sog. technischen Arbeit der Adiabate L_{ad} [s. S. 12 Gl. (12,2)] ein Maximum wird, so wird der günstigste Energieumsatz in sog. druckgestuften Gleichdruckturbinen etwa bei $\frac{dH_{th}}{du} = c_1 \cdot \cos\alpha_1 - 2u = 0$ erreicht. Gelänge es, wie bei Freistrahlturbinen Abb. 52,2, den Dampfstrahl parallel zu u, also mit $\alpha_1 = 0$ und $\cos \alpha_1 = 1$, in das Laufrad einzuführen, so müßte $c_1 = 2 \cdot u$ oder $\underline{u = c_1/2}$ gemacht werden. Im späteren Abschnitt über Dampfturbinen wird gezeigt werden, welche Folgerungen sich daraus für den Bau von Gleichdruckturbinen ergeben.

b) Überdruckturbinen. Von der nach Abb. 97,2 in der Stufe ohne Verluste frei werdenden Wärmeenergie $h_0 = A \cdot L_{ad}$ wird nach S. 96 gewöhnlich $h_0' = h_0/2$ im Leitrad und $h_0'' = h_0/2 = \mathfrak{r} \times h_0$ im Laufrad in kinetische Energie umgesetzt, so daß der sog. Reaktionsgrad $\mathfrak{r} = h_0''/h_0 = 0{,}5$ wird. Dann wird etwa $w_2 = c_1$ und $c_2 = w_1$ sowie $\beta_2 = \alpha_1$ und $\alpha_2 = \beta_1$ (Abb. 78,1). Auch hier ist wie in Abschn. a $c_{1u} - c_{2u} = u - w_{1u} - (u - w_{2u}) = w_{2u} - w_{1u}$ und $w_{1u} = u - c_1 \cdot \cos \alpha_1$ sowie $H_{th} = \frac{u \cdot c_{1u} - u \cdot c_{2u}}{g}$. Da aber hier $w_{2u} = w_2 \cdot \cos \beta_2 = c_1 \cdot \cos \alpha_1$ wird, so wird

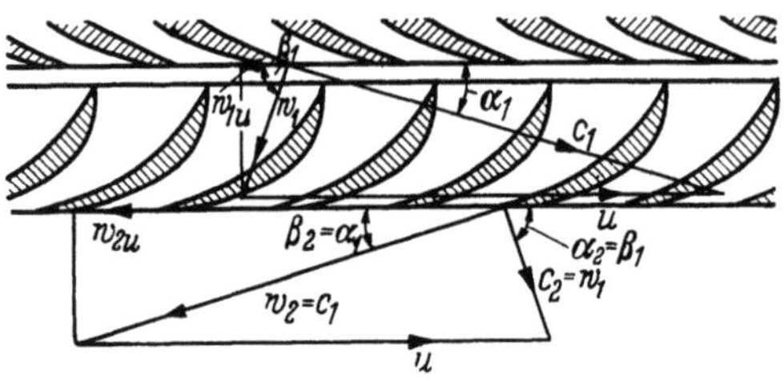

Abb. 78,1. Axiale Überdruckturbinen: Schaufeln beim Reaktionsgrad 0,5

$$H_{th} = \frac{u \cdot (w_{2u} - w_{1u})}{g} = \frac{u \cdot (c_1 \cdot \cos \alpha_1 - u + c_1 \cdot \cos \alpha_1)}{g} = \frac{2u \cdot c_1 \cdot \cos \alpha_1 - u^2}{g}.$$

Damit muß für den günstigsten Energieumsatz nach Abschn. a

$$\frac{dH_{th}}{du} = 2 \cdot c_1 \cdot \cos \alpha_1 - 2u = 0,$$

d. h. für $\alpha_1 = 0$ und $\cos \alpha_1 = 1$ bei den druckgestuften Überdruckturbinen $2c_1 = 2u$, also $\underline{u = c_1}$ werden. Folgerungen für den Bau von Dampfturbinen hieraus s. Abschnitt Dampfturbinen.

2. Wasserturbinen

Nach S. 21 und 27 ist der Anteil der Fallhöhe H bzw. Förderhöhe h, der in einem ausgesprochen radialen Laufrad vom Durchmesserverhältnis $D_i/D_a = 150/310 = 0{,}483$ auf den Fliehkrafteinfluß kommt, der größte. Daraus ergibt sich, daß zu *Rädern mit größerem Durchmesserverhältnis* D_i/D_a auch *eine kleinere Fallhöhe* H bzw. *eine kleinere Förderhöhe* h gehört (s. Abb. 79,1) und umgekehrt. Da die sekundliche Wassermenge Q proportional $\pi \cdot D \cdot b \cdot c_m$ ist, so entspricht *Rädern mit einem größeren Verhältnis* b/D, *also mit weiteren Laufradkanälen* auch *eine größere sekundliche Wassermenge.*

Nach Abb. 60,1 ist $\tan\beta_1 = c_{1m}/CA$, also $CA = c_{1m}/\tan\beta_1$. Weiter ist $c_{1u} = BC = BA - CA = u_1 - \frac{c_{1m}}{\tan\beta_1}$. Nach Gl. (49,1) ist für Wasserturbinen bei $\alpha_2 = 90°$, $\cos\alpha_2 = 0$ und damit $c_{2u} = c_2 \cdot \cos\alpha_2 = 0$

$$u_1 \cdot c_{1u} = H \cdot \eta_h \cdot g = u_1 \cdot \left(u_1 - \frac{c_{1m}}{\tan\beta_1}\right),$$

also $u_1^2 - \frac{u_1 \cdot c_{1m}}{\tan\beta_1} - H \cdot \eta_h \cdot g = 0$ und somit

$$u_1 = \frac{c_{1m}}{2 \cdot \tan\beta_1} \pm \sqrt{\left(\frac{c_{1m}}{2 \cdot \tan\beta_1}\right)^2 + g \cdot H \cdot \eta_h}. \tag{79,1}$$

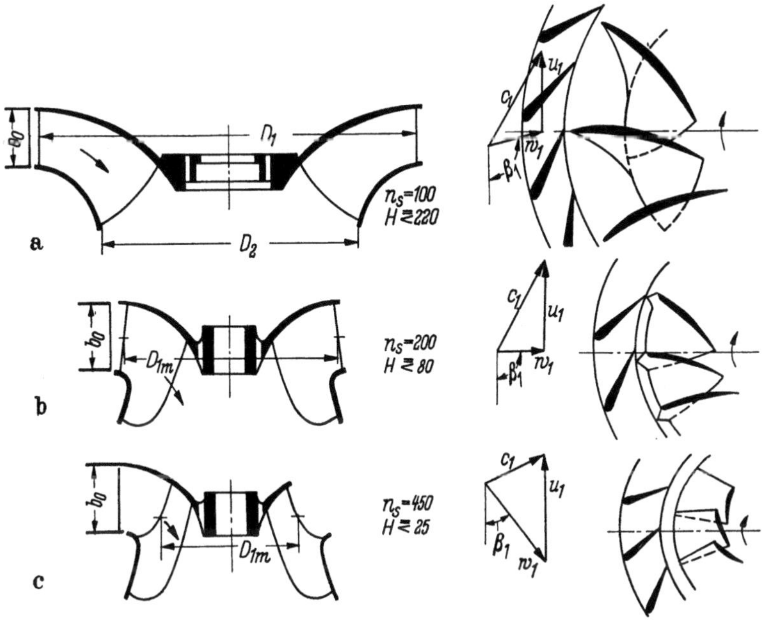

Abb. 79,1 a – c. Francislaufräder von gleichem Q und H

Hiernach gehört zu einem Rad von größerem β_1 (Abb. 79,1 a) ein kleineres $u_1 = D_1 \cdot \pi \cdot n/60$ und somit bei großem D_1 eine erst recht kleine Drehzahl n. Vergleicht man die Laufradformen Abb. 79,1 a, b und c, sog. Franciswasserturbinen, miteinander, so hat das ausgesprochene Radialrad a infolge seines großen Winkels β_1 bei großem Eintrittsdurchmesser D_1 eine kleine Drehzahl n, infolge seiner im Verhältnis zu D_1 kleinen axialen Weite der Leitvorrichtung b_0 eine kleine sekundliche Durchflußmenge Q (s. Vortext) und infolge seines kleinen Durchmesserverhältnisses D_i/D_a eine große Fallhöhe H (s. Vortext), d. h. insgesamt eine kleine Kennzahl $n_q = \frac{n}{\sqrt{H}} \cdot \sqrt{\frac{Q}{\sqrt{H}}}$ [Gl. (61,2)] und so auch eine kleine spezifische Drehzahl $n_s = 3{,}65 \cdot \sqrt{\eta} \cdot n_q$ [Gl. (62,2)]. Würde man für gleiche Fallhöhe H (also für eine kleine Fallhöhe H, vgl. Zahlenbeispiel 22 S. 73) und für die gleiche sekundliche Durchflußmenge Q drei Laufräder mit zunehmendem Reaktionsgrad $\mathfrak{r}$, also mit abnehmendem c_1 entwerfen, so würde nach Abb. 79,1 a, b und c mit abnehmendem c_1 und größer gewähltem α_1 die Komponente c_{1u} ständig kleiner werden und so nach Gl. (49,1) u_1 ständig größer werden müssen. Nach Gl. (79,1) gibt ein kleinerer Winkel β_1 ebenfalls ein größeres u_1. Nach Abb. 79,1 a, b und c wird aber auch die relative Eintrittsgeschwindigkeit w_1 größer; deshalb wird, da von a über b nach c der Reaktionsgrad $\mathfrak{r}$ nach Vortext ansteigen soll, die relative Austrittsgeschwindigkeit w_2 erst recht größer (vgl. Abb. 3,1). Da nun nach Gl. (29,1) die Strömungsreibung im Laufrad mit $l \cdot w^2$ zunimmt, so muß man die Länge l der Laufradschaufel in Strömungsrichtung vermindern, d. h., man muß die Eintrittskante an die Austrittskante heranrücken. So kommt man zu einer Verminderung von D_{1m} auf D_2 (Form b) und schließlich auf $D_{1m} < D_2$ (Form c, halbaxiales Rad). Form c hat demnach bei großem u_1 einen kleinen Eintrittsdurchmesser $D_a = D_{1m}$ und so eine große Drehzahl n, weiter ein großes b_0/D_1 und so ein großes Q und schließlich ein großes Durchmesserverhältnis $D_i/D_a = D_2/D_{1m}$ (sogar > 1), d. h. eine kleine Fallhöhe H,

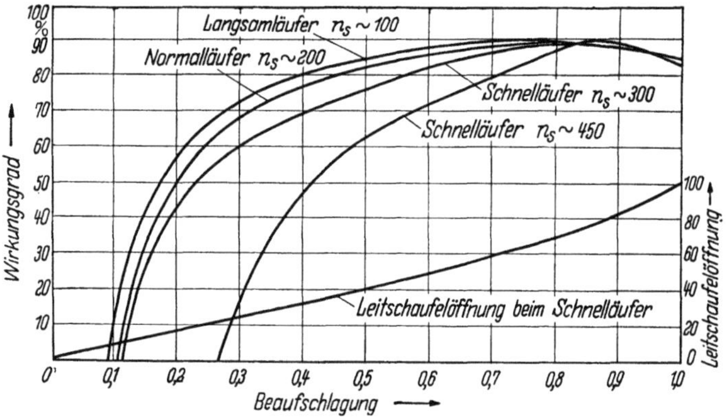

Abb. 80,1. Wirkungsgrad und sekundliche Wassermenge bei Francisturbinen

eine große Kennzahl n_q und eine große spezifische Drehzahl n_s. Man nennt daher Form c Schnelläufer, Form b Normalläufer und Form a Langsamläufer. Nach Abb. 80,1 ändert sich der Wirkungsgrad η bei diesen Laufradformen in verschiedener Weise, wenn man zur Regelung der Leistung N PS die sekundliche Wassermenge Q und so die Beaufschlagung Q/Q_{max} ändert. Bei Schnelläufern fällt η stark ab, wenn die Normallast, die bei der Beaufschlagung 0,85 liegt, verlassen wird. Schnelläufer eignen sich somit für Kraftwerke, die eine bestimmte Grundlast fahren. Langsam- und Normalläufer dagegen haben in einem großen Leistungsbereich von der Beaufschlagung 0,4 bis 1,0 einen guten Wirkungsgrad. Sie kommen daher für Spitzenkraftwerke, z. B. für Pumpspeicherwerke, in Frage, weil bei diesen die Last sich ständig ändert. Allerdings zeigt Abb. 79,1a, daß diese Bauart einen größeren Platzbedarf hat. Es sei schon hier bemerkt, daß die Freistrahlturbinen Abb. 106,1 eine kleinere Kennzahl n_q bzw. eine kleinere spezifische Drehzahl haben als die Francislangsamläufer. Dafür haben sie wie letztere eine flache Wirkungsgradkurve und eignen sich für noch größere Fallhöhen. Andererseits haben die Propellerturbinen Abb. 112,1 eine noch größere Kennzahl n_q und spezifische Drehzahl n_s als die Francisschnelläufer, ebenfalls eine stark abfallende Wirkungsgradkurve und den kleinsten Platzbedarf.

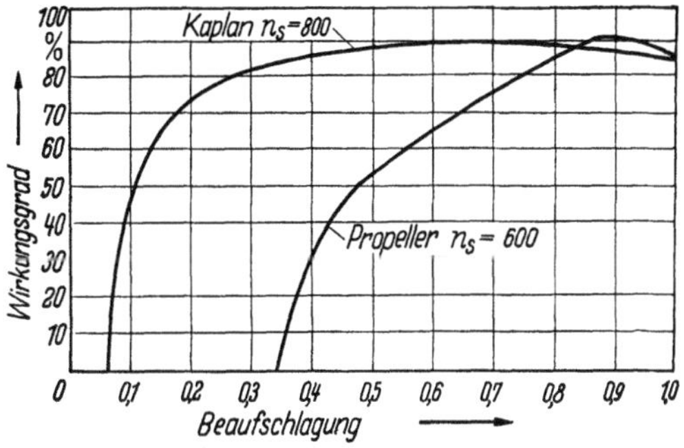

Abb. 81,1. Wirkungsgrad und sekundliche Wassermenge bei Axialturbinen

Man machte, da das Sinken des Wirkungsgrades ja auf die sich ändernden Kanal- und Stoßverluste zurückzuführen ist, deshalb bei den sog. Kaplanturbinen die Laufradpropeller drehbar und erhält damit einen Schnelläufer mit flacher Wirkungsgradkurve (s. Abb. 81,1).

3. Kreiselpumpen

Die Abb. 82,1 und 82,2 zeigen, daß die oben für Wasserturbinen abgeleiteten Beziehungen auch für Kreiselpumpen gelten. Ausgesprochen radiale Laufräder *a* haben eine kleine Kennzahl n_q, eine flache Wirkungsgradkurve und eignen sich für hohe Stufenförderhöhen, während umgekehrt halbaxiale Räder, die sog. Schnelläufer mit hohem n_q sind, eine stark abfallende Wirkungsgradkurve haben und sich nur für kleine Stufenförderhöhen eignen. Die Wirkungsgradkurve *d* gilt aber für eine Propellerpumpe mit verstellbaren Propellern. Bei festen Propellern würde sie noch unter *c* liegen. Weiter ist zu beachten, daß Abb. 82,2 die Wirkungsgrade in % des maximal erreichbaren Wirkungsgrades angibt. Bei Wasserturbinen werden bei optimalem Q bei allen Laufradformen etwa die gleichen Wirkungsgrade erreicht, wie aus Abb. 80,1 und 81,1 hervorgeht. Bei den Kreiselpumpen aber ist nach Abb. 81,3[1] der erreich-

Abb. 82,1a–d. Laufradformen der Kreiselpumpen (Escher Wyss, Ravensburg)

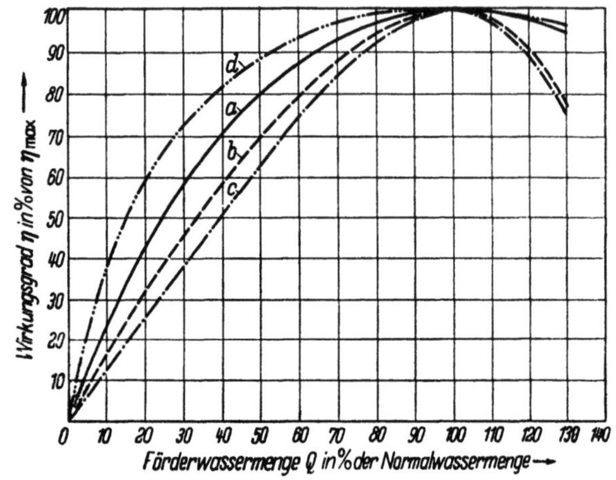

Abb. 82,2. Wirkungsgrad und sekundliche Wassermenge von Kreiselpumpen (Escher Wyss, Ravensburg)

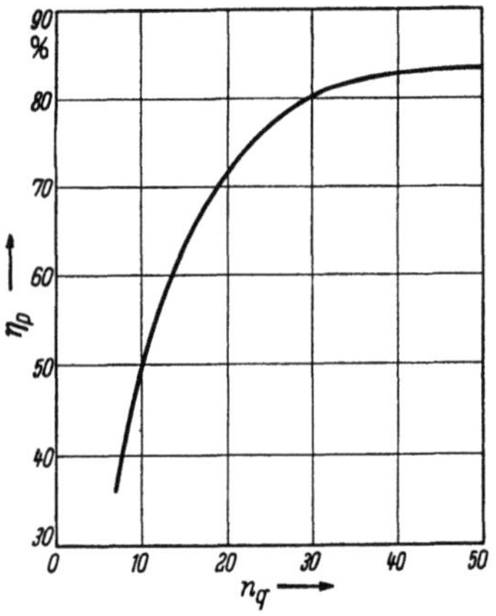

Abb. 82,3. Wirkungsgrad von Kreiselpumpen

bare Wirkungsgrad um so niedriger, je kleiner die Kennzahl n_q der gewählten Laufradform ist. Abb. 83,1 zeigt, daß man bei Propellerpumpen innen entsprechend der kleineren Umfangsgeschwindigkeit u_i

[1] Krisam, F.: Strömungsfragen bei Kreiselpumpen für heißes Wasser. Arch. Wärmew. 21 (1940) 255.

wesentlich größere Schaufelwinkel β_{1i} und β_{2i} wählen muß als außen, um in allen Teilen des Durchflußquerschnittes die gleiche Meridionalgeschwindigkeit c_1 zu erreichen.

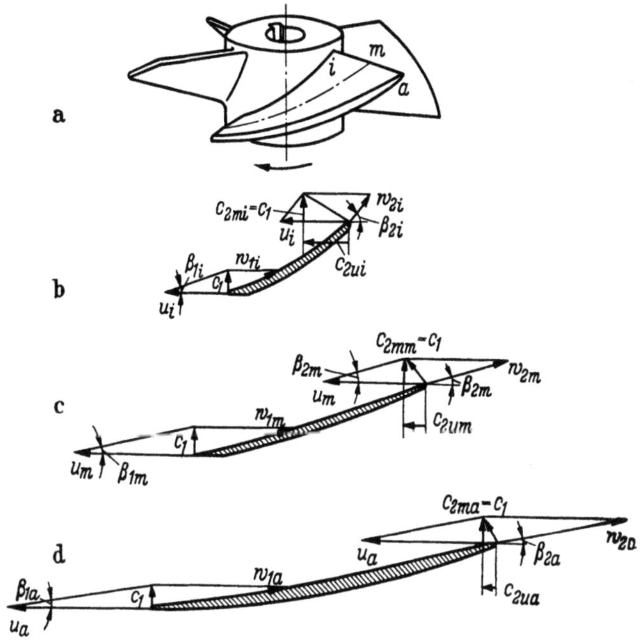

Abb. 83,1 a–d. Propellerpumpenrad: 3 Zylinderschnitte

4. Kreiselverdichter

Auch hier ist nach Abb. 83,2 das Durchmesserverhältnis D_2/D_0 und damit die Form des Laufrades mit der Kennzahl n_q verknüpft. Man wählt bei mehrstufigen Turbokompressoren radialer Bauart in der 1. Stufe $n_q = 20-50$, in der letzten Stufe $n_q = 10-20$, bei axialer Bauart in der 1. Stufe $n_q = 100-250$, in der letzten Stufe $n_q = 50-100$, während man bei Kreiselpumpen für alle Stufen die gleiche Kennziffer n_q annimmt. Dies hängt damit zusammen, daß bei Kreiselpumpen das sekundliche Volumen Q m³/sek in allen Stufen das gleiche ist, während bei den Turbokompressoren V_m m³/sek

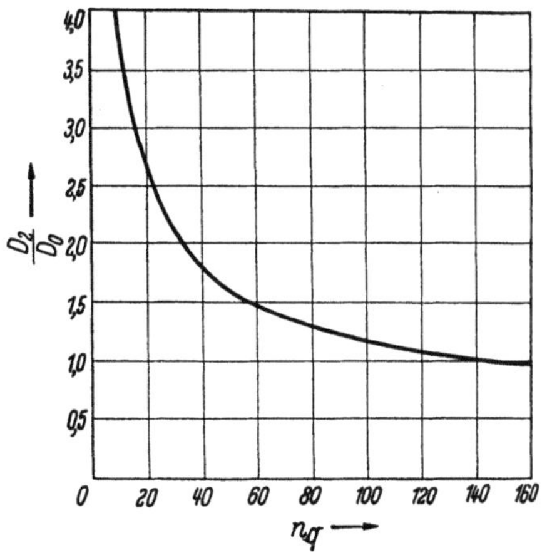

Abb. 83,2. Durchmesserverhältnis für Kreiselverdichter

mit fortschreitender Verdichtung abnimmt; Q und V_m stehen aber im Zähler von n_q. Auch bei Kreiselverdichtern ist der Wirkungsgrad geringer, wenn n_q kleiner ist; so schätzt man die Abnahme von η_h in den 6 bis 8 Stufen eines Turbokompressors zu 0,88 auf 0,84 und die des inneren Wirkungsgrades η_i zu 0,8 auf 0,72. Um diese Wirkungsgrade erreichen zu können, muß die Eintrittsgeschwindigkeit c_0 im Laufradmund der Laufradarbeit L_{ad} der Stufe und der Kennzahl n_q angepaßt sein [vgl. S. 73, Gl. (73,1)].

Für Ventilatoren radialer Bauart gibt Eck[1] für günstige Gestaltung des Laufrades folgende Richtlinien: $D_1/D_2 \sim 1{,}194 \sqrt[3]{\varphi}$, $\beta_1 \leqq 35°$. Im letzten Fall handelt es sich um einen sog. Trommel- oder Sirokkoläufer, der im Gegensatz zu den anderen Ausführungen nicht rückwärts, sondern vorwärts gekrümmte Laufradschaufeln hat. Dies gibt nach Abb. 50,1c und 51,1c ein besonders großes c_{2u}. Da aber nach Gln. (49,4) und (58,2) für Ventilatoren $L_{ad} = \Delta P/\gamma = \frac{\psi \cdot u_2^2}{2g} = k \cdot \eta_h \cdot u_2 \cdot c_{2u}/g$ ist, so wird die Druckzahl

D_1/D_2	n_q	φ	ψ
0,15	6,3	0,00185	1,1
0,3	26,6	0,035	1,1
0,5	44,7	0,08	1,0
0,7	104	0,2	0,6
0,85	63—79	0,5—0,6	2,1

$$\psi = 2 \cdot k \cdot \eta_h \cdot c_{2u}/u_2 \tag{84,1}$$

trotz des bei der letzten Ausführungsform niedrigen hydraulischen Wirkungsgrades entsprechend $\eta = 0{,}55$ hoch gegenüber den anderen Ausführungen.

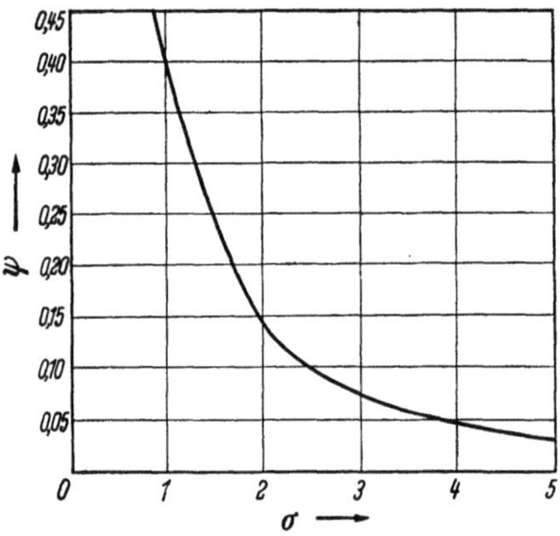

Abb. 84,1. Druckzahl und Gebläsekennzahl axialer Lüfter

Für Ventilatoren axialer Bauart empfiehlt Eck[2], zur Erreichung von Bestwerten die Druckzahl ψ nach der in Abb. 84,1 gezeichneten Abhängigkeit von der Gebläsekennzahl σ zu wählen und das Durchmesserverhältnis

$$\nu = D_i/D_a \geqq \sqrt{0{,}8 \cdot \psi} \tag{84,2}$$

zu machen. Damit wird für viele kurze Propeller $n_q = 146$, $\varphi'' = 0{,}37$, $\psi = 0{,}43$, für wenige lange Propeller $n_q = 250-600$,

[1] [5], S. 64, 88 u. 89.
[2] [5], 3. Aufl., S. 345 u. 346.

$\varphi'' = 0{,}314-0{,}17$, $\psi = 0{,}22-0{,}05$. Dann ergeben sich für profilierte Propeller mit der Gleitzahl $\varepsilon = 0{,}04$ Wirkungsgrade, die von 84% bei $\sigma = 1$ linear auf 68% bei $\sigma = 5$ abfallen. Bei den axialen Ventilatoren haben also die Maschinen mit der größeren Gebläsekennzahl σ nicht den größeren, sondern den kleineren Wirkungsgrad. Für Blechschaufeln mit der Gleitzahl $\varepsilon = 0{,}06$ erhöhen sich für obige Kennzahlen σ die Druckzahlen ψ um 10–15%, während sich die Wirkungsgrade auf 80 bzw. 60% vermindern. In bezug auf die Lärmentwicklung ist natürlich die Ausführung mit profilierten Schaufeln vorteilhafter. Da der Wirkungsgrad bei zu enger Schaufelteilung durch Flächenreibung an den Propellerflächen, bei zu großer Teilung aber durch Ablösung vermindert wird, so ist nach Versuchen der BBC am besten

$$a/t = 2{,}5 \cdot \sin^2 \beta_2 \cdot (\cot \beta_1 - \cot \beta_2) \tag{85,1}$$

zu machen. Hierin ist a die axiale Erstreckung des Flügels und t die Teilung. Diese Beziehung gilt auch für die Gestaltung der Leiträder, die bei Ventilatoren für $\psi > 0{,}1$ unbedingt angeordnet werden sollten. Weiteres siehe unter Berechnung der Hauptabmessungen von Axial- und Radialventilatoren S. 214–225.

G. Die Leitvorrichtungen

1. Die Leitvorrichtungen der Turbinen

Sie setzen bei Wasserturbinen Druckenergie, bei Dampfturbinen Wärmeenergie in Strömungsenergie um und geben den Strahlen eine bestimmte Richtung, bevor sie ins Laufrad geleitet werden. Bei den Wasserturbinen werden in diesem Abschnitt auch die Saugrohre der Überdruckturbinen behandelt, die das aus dem Laufrad austretende Wasser zum Unterwasserspiegel leiten. Sie wandeln die kinetische Energie des aus dem Laufrad mit c_2 m/sek austretenden Wassers in Druckenergie um und haben daher eine ähnliche Aufgabe wie die Leitvorrichtungen der Kreiselpumpen.

a) Wasserturbinen. α) *Gleichdruckturbinen.* Die Leitvorrichtungen der Freistrahlturbinen werden Düsen genannt. Ihre Innenflächen werden sauber geschliffen und poliert, um den Beiwert für die Strömungsreibung φ groß zu halten ($\varphi = 0{,}96$ bis $0{,}98$). Liegt die Düsenmitte H_f m (sog. Freihang) über dem Unterwasserspiegel, so wird die Austrittsgeschwindigkeit aus der Düse

$$c_1 = \varphi \sqrt{2 \cdot g \cdot (H - H_f)}. \tag{85,2}$$

Die Düsennadeln werden in Zwiebelform, wie in Abb. 86,1, ausgeführt, um den Strahl durch Fliehkraftwirkung kurz vor dem Austreten zu verdichten. Man geht aber zur einfacheren konischen Form über. Die

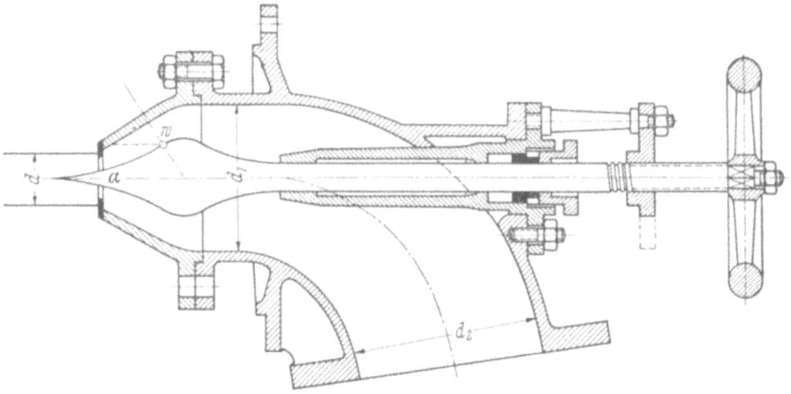

Abb. 86,1. Düse einer Freistrahlturbine

Nadeln werden sorgfältig bearbeitet und geschliffen und bei kleineren Düsen in einem Stück mit dem Schaft aus Schmiedestahl hergestellt. Größere Düsen erhalten eine auswechselbare Nadelspitze aus rostfreiem Stahl. Die Düsen werden aus hochwertigem Gußeisen, bei größeren Abmessungen aus Stahlguß hergestellt und mit Rücksicht auf den Sandgehalt des Wassers ebenfalls auswechselbar konstruiert. Hinter der Düse angeordnete Ablenker (Abb. 86,2) vermeiden Drucksteigerungen in der Düse bei plötzlicher Leistungsverminderung. Sie werden ebenso wie die Nadel bei größeren Anlagen automatisch durch Steueröl verstellt, um einen Teil des Strahles abzuleiten. Dann führt der Regler die Düsennadel weiter in die Düse hinein, um die sekundliche Wassermenge Q durch den kleineren Querschnitt zu vermindern, und gleichzeitig zieht er den Ablenker wieder aus dem Strahl heraus. Durch die Anordnung von mehreren Düsen (zwei bei waagerechter, bis vier bei senkrechter Welle) wird das Drehmoment gleichmäßiger über den Radumfang verteilt und außerdem ein geringerer Strahldurchmesser und so auch ein kleineres Bechergewicht erzielt, so daß sich die Becher besser auf dem

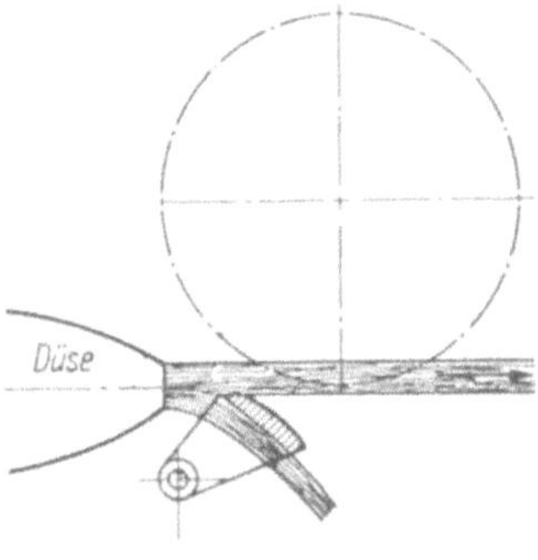

Abb. 86,2. Ablenker einer Freistrahlturbine

Laufradumfang unterbringen lassen. Siehe Berechnungsbeispiel S. 173. Ist d der Strahldurchmesser, so macht man den lichten Durchmesser des Düsenrohrs $d_1 = 2{,}5d$ bis $3d$. Das S. 78 abgeleitete Gesetz $u = c_1/2$ gilt auch für Freistrahlturbinen.

β) Überdruckturbinen. Mit Ausnahme der sog. Rohrturbinen werden sowohl die radialen (Francis-) wie auch die axialen (Propeller- und Kaplan-) Überdruckturbinen mit den sog. FINKschen Drehschaufeln (Abb. 69,1) als Leitvorrichtung ausgerüstet. Sie werden mit Hilfe von Lenkern durch Regulierringe gedreht, so daß sich der Durchtrittsquerschnitt und damit die sekundliche Wassermenge Q m³/sek verändert. Bei den sog. Schachtturbinen liegt diese Regelung im Wasser (Innenregelung), bei Spiralturbinen (hier wird das Wasser der Leitvorrichtung durch ein Spiralgehäuse zugeleitet) außen (Außenregelung). Letztere Ausführung ist teurer als die Innenregelung. Nach Abb. 79,1 sind die Austrittswinkel α_1 zwischen u_1 und c_1 bei den Turbinen mit hoher Kennziffer n_q größer. Aus der axialen Leitschaufelhöhe b_0, der sekundlichen Wassermenge Q m³/sek und c_1 ergibt sich das Maß $a_0'' \cdot z_0$ und damit die Kanalweite a_0'' und die Schaufelteilung t_0 nach Wahl der Zahl z_0 der Leitschaufeln. Die Leitschaufeln sollen sich im geschlossenen Zustand gut decken. Die Schaufelkrümmung ist nach einem flachen Kreisbogen symmetrisch so auszubilden, daß sich die Querschnitte zwischen zwei Schaufeln nach außen gleichmäßig erweitern.

Saugrohre. Bei den Laufradformen der Francisturbinen (Abb. 79,1 a—c) wurde darauf hingewiesen, daß diese drei Skizzen in ihren Abmessungen so gezeichnet sind, daß sie zu den gleichen sekundlichen Wassermengen Q, zu den gleichen Fallhöhen H und damit zu etwa den gleichen Leistungen N gehören. Würde man noch eine axiale Turbine hinzuzeichnen, so würde der Austrittsdurchmesser beim Francislangsamläufer (Abb. 79,1 a) am größten, bei der Axialturbine am kleinsten werden. Letztere hätten also den größten prozentualen Austrittsverlust $\frac{(c_2^2/2g) \cdot 100}{H}$, erstere den kleinsten (vgl. Abb. 111,2 und 114,2), wenn diese Energie ungenützt bliebe. An die Turbine schließt sich daher nach Abb. 109,1 ein in Strömungsrichtung sich erweiterndes gerades oder gekrümmtes Saugrohr an, welches die Wassergeschwindigkeit von c_3 auf c_4 m/sek herabsetzt und die Turbine mit dem Unterwasser verbindet. Damit tritt nur noch ein Austrittsverlust $c_4^2/2g$ auf, der sich allerdings um die Strömungsverluste im Saugrohr (etwa 10% der in ihm umgesetzten Energie) erhöht. Die Axialturbinen haben daher die längsten Saugrohre, da wegen Ablösungsgefahr die Neigung nicht größer als 1 : 10 bis 1 : 20 sein darf. Bei entsprechender Länge kann die Erweiterung auf das Achtfache erfolgen. Mit Rücksicht auf diese Länge muß man von dem geraden Saugrohr mit Kreisquerschnitt, welches den besten Wirkungsgrad ergibt, abgehen und ein gekrümmtes Saugrohr anwenden, dessen zunächst kreisförmiger Querschnitt in einen flach rechteckigen Querschnitt übergeht (Abb. 114,1) und in dessen Krümmung u. U. Leitschaufeln eingebaut sind.

Da sich die im Saugrohr zurückgewonnene kinetische Energie von 0,8 bis 0,9 · $(c_3^2 - c_4^2)/2g$ aber in Druckenergie umsetzt und der Druck am Unterwasser gleich dem Luftdruck ist, so entsteht am Austritt aus dem Laufrad ein Unterdruck, der der Saughöhe H_s (s. Abb. 109,1) vermehrt um die obige Energie entspricht. Da außerdem bei den wenigen und kurzen Laufradschaufeln der Francisschnelläufer und der Axialturbinen die Druckverteilung und die Strömung zwischen zwei Schaufeln nicht mehr gleichmäßig ist, so entstehen Unterdrücke, die zur Ausscheidung von Wasserdampfblasen führen, weil der Druck kleiner ist als der Dampfbildungsdruck der vorliegenden Wassertemperatur (vgl. S. 36). Diese Dampfblasen werden fortgeschwemmt, geraten in ein Gebiet höheren Druckes — z. B. von der Unterfläche an die Oberfläche einer Laufradschaufel — und kondensieren dort. Das umgebende Wasser stürzt in den so entstehenden Hohlraum (Kavitation, Hohlraumbildung), dringt in die haarfeinen Spalten des Schaufelgefüges und bricht immer größere Stücke heraus, so daß die Schaufeloberfläche zerfressen wird. Dieser Vorgang ist von einer Verminderung der Leistung und von knatternden Geräuschen begleitet. Um diese Kavitation zu vermeiden, darf die Saughöhe H_s nicht größer als

$$H_s = (p_a - p_t) \cdot 10 - \sigma \cdot H \tag{88,1}$$

gemacht werden. Nach Versuchen von Prof. THOMA bei den Firmen Voith und Escher Wyss sinkt der Kavitationsbeiwert σ bei $n_q = 225$ bis $n_q = 145$, also für Kaplanturbinen, von 1,05 auf 0,4 und bei $n_q = 135$ bis $n_q = 25$, d. h. für Francisturbinen, von 0,46 auf 0,045 ab. Deshalb werden die Laufräder u. U. aus Sonderstahlbronze gemacht, und es wird dem Saugrohr seitlich etwas Luft zugeführt.

PETERMANN[1] gibt für die von ihm Kavitationszahl genannte Größe σ folgende Werte und Ergänzungen:

Tabelle 1

$n_{q1/1}$	15,6	24,6	30,2	60,2	90,5	120,5	135,8
σ	0,03	0,045	0,05	0,11	0,20	0,35	0,46
$Q'/Q_{1/1}$	0,81	0,82	0,83	0,85	0,87	0,90	0,91
$\eta_{1/1}$	0,78	0,80	0,82	0,83	0,83	0,83	0,83

[1] [*14b*], S. 97.

für Francisturbinen und

Tabelle 2

$n_{q1/1}$	135,5–150,8	164,5–179,5	195–210	208–238
σ	0,4–0,45	0,6–0,65	0,85	1,05
$Q'/Q^*_{1/1}$	0,92	0,94	0,96	0,97
z	7	6	5	4
$\eta_{1/1}$	0,83	0,84	0,84	0,85

für Kaplanturbinen, aber $Q'/Q_{1/1}$ für Propellerturbinen. Über Q' s. Berechnung eines Francisrades, S. 174.

b) Dampfturbinen. Im Gegensatz zu den Wasserturbinen sind die Leitvorrichtungen der Dampfturbinen nicht verstellbar. Die Mengenregelung wird auf andere Weise erreicht.

α) *Gleichdruckturbinen.* Besteht vor der Leitvorrichtung der Zustand *1* und hinter dem Laufrad der Zustand *2*, so ist nach Gl. (12,2) und Abb. 13,1 bei verlustfreier, d. h. adiabatischer Expansion der Wärmewert der technischen Arbeit, das sog. adiabatische Wärmegefälle $H_0 = i_1 - i_2$ kcal/kp, falls der Energieumsatz in nur einer Stufe erfolgt. Dann wird nach S. 94 in Gleichdruck- oder Aktionsturbinen die gesamte Wärmeenergie H_0 in der Leitvorrichtung in den Aufbau der absoluten Austrittsgeschwindigkeit c_0 aus der Leitvorrichtung oder Düse, also in die kinetische Energie $c_0^2/2g$ umgesetzt, da sie ohne Reaktion, d. h. mit dem Reaktionsgrad $\mathfrak{r} = 0$, arbeiten. Wird aus Festigkeitsgründen die Umfangsgeschwindigkeit $u \leqq 300$ m/sek angenommen, so dürfte nach S. 78 $c_1 = \varphi \cdot c_0$ nicht größer als $2 \cdot u = 600$ m/sek werden, wenn der günstigste Umfangswirkungsgrad erzielt werden soll. Der Geschwindigkeitsbeiwert φ ist 0,93 bis 0,94 für gegossene, 0,94 bis 0,95 für gegossene und nachgearbeitete und 0,95 bis 0,97 für allseitig sauber gefräste Leitvorrichtungen, im Mittel also 0,95. Aus $c_0 = c_1/\varphi = 600/0{,}95 = 632$ m/sek und

$$c_0^2/2g = L_{ad} = 427 \cdot H_0,$$

also
$$c_0 = \sqrt{2 \cdot g \cdot 427} \cdot \sqrt{H_0} = 91{,}53 \cdot \sqrt{i_1 - i_2}, \tag{89,1}$$

würde sich dann ergeben, daß H_0 nicht größer als $(c_0/91{,}53)^2 = (632/91{,}53)^2 = 47{,}6$ kcal/kp sein dürfte. Bei den heute üblichen Frischdampfzuständen und Abdampfdrücken ist aber das adiabatische Gesamtgefälle H_0 der Dampfturbine wesentlich größer. Aus diesem Grund baut man sog. druckgestufte Gleichdruck- und Überdruckturbinen. In den druckgestuften Gleichdruckturbinen, den Zoellyturbinen, senkt man den Druck stufenweise in mehreren Leitvorrichtungen ab, so daß bei $u = 300$ m/sek das adiabatische Wärmegefälle einer Stufe $h_0 \leqq 47{,}6$ kcal/kp und damit $c_1 \leqq 600$ m/sek, also $\leqq 2 \cdot u$ wird. Verzichtet man auf einen hohen Umfangswirkungsgrad, so wird der Druck nicht gestuft, und es können dann für die Austrittsgeschwindigkeit aus den Düsen c_1 Werte ausgeführt werden, die größer als $2 \cdot u$ sind. Zu diesen Turbinen gehören die Lavalturbinen und die Curtisturbinen. Auf die Unterschiede dieser beiden Turbinenarten wird später noch eingegangen werden.

Die Düsenarten. Aus der Beziehung

$$c_0 = 91{,}53 \cdot \sqrt{i_1 - i_2} = 91{,}53 \cdot \sqrt{L_{ad}/427}$$

könnte man annehmen, daß man mit einer sog. einfachen (d. h. in Strömungsrichtung sich nur verengenden) Düse eine beliebig hohe Austrittsgeschwindigkeit c_0 erreichen kann, wenn man nur den absoluten Austrittsdruck p_2 niedrig genug macht. Wie die folgende Ableitung zeigt, stimmt dies nicht.

Nach Gl. (13,1) ist

$$L_{ad} = \frac{\varkappa}{\varkappa - 1} \cdot P_1 \cdot v_1 \cdot [1 - (p_2/p_1)^{\varkappa - 1/\varkappa}].$$

Aus $c_0^2/2g = L_{ad}$ wird

$$c_0 = \sqrt{2g \cdot \frac{\varkappa}{\varkappa - 1} \cdot P_1 \cdot v_1 \cdot [1 - (p_2/p_1)^{\varkappa - 1/\varkappa}]}.$$

Das sekundlich austretende Volumen ist $V_2 = F \cdot c_0$, wenn F m² der Austrittsquerschnitt der Düse ist. Damit wird das sekundlich durchströmende Dampfgewicht $G_{sek} = V_2/v_2$ kp/sek. Nach Gl. (12,1) ist für die Adiabate $v_1/v_2 = (p_2/p_1)^{1/\varkappa}$ und $(v_1/v_2)^2 = (p_2/p_1)^{2/\varkappa}$. Damit wird

$$\left.\begin{aligned} G_{sek} &= F \cdot \sqrt{2g \cdot \frac{\varkappa}{\varkappa - 1} \cdot \frac{P_1}{v_1} \cdot (v_1/v_2)^2 \cdot [1 - (p_2/p_1)^{\varkappa - 1/\varkappa}]} \\ &= F \cdot \sqrt{2g \cdot \frac{\varkappa}{\varkappa - 1} \cdot \frac{P_1}{v_1} \cdot [(p_2/p_1)^{2/\varkappa} - (p_2/p_1)^{\varkappa + 1/\varkappa}]} = \text{konst} \sqrt{z}, \end{aligned}\right\} \quad (90{,}1)$$

wenn $p_2/p_1 = \lambda$ und $z = \lambda^{2/\varkappa} - \lambda^{\varkappa + 1/\varkappa}$ gesetzt wird. Wird G_{sek} für ein bestimmtes λ, das sog. kritische Druckverhältnis $\lambda_k = p_k/p_1$, ein Maximum, so muß für dieses kritische Druckverhältnis der Differentialquotient

$$\frac{dG_{sek}}{d\lambda} = \frac{dG_{sek}}{dz} \cdot \frac{dz}{d\lambda} = 0$$

werden. Nun ist aber

$$\frac{dz}{d\lambda} = \frac{2}{\varkappa} \cdot \lambda^{\frac{2}{\varkappa} - 1} - \frac{\varkappa + 1}{\varkappa} \cdot \lambda^{\frac{\varkappa + 1}{\varkappa} - 1}.$$

Setzt man $dz/d\lambda = 0$, so wird $\lambda_k = \left(\frac{2}{\varkappa+1}\right)^{\frac{\varkappa}{\varkappa-1}}$ und für Heißdampf mit $\varkappa = 1{,}3$ $\lambda_k = (2/2{,}3)^{1{,}3/0{,}3} = 0{,}546$. Der kritische Austrittsdruck ist dann

$$p_k = 0{,}546 \cdot p_1. \tag{91,1}$$

Demnach kann theoretisch eine einfache Düse nur angewendet werden, wenn der absolute Druck p_2 hinter der Düse größer als p_k ist. Ist $p_2 = p_k$, so entsteht am Austritt einer einfachen Düse die höchste in ihr erreichbare Geschwindigkeit, die sog. kritische Geschwindigkeit c_k. Sie entspricht der Geschwindigkeit des Schalls im Wasserdampf (s. Zahlenbeispiel 22). Herrscht hinter einer einfachen Düse ein absoluter Druck $p_2 < p_k$, so entspannt sich der Dampf in der Düse nur auf den kritischen Druck p_k, um dann hinter der Düse unstetig nach allen Seiten auf p_2 zu expandieren. Dieser auseinanderstiebende Strahl eignet sich nicht für eine wirtschaftliche Ausnutzung seiner Strömungsenergie in einer Laufradbeschaufelung.

Zahlenbeispiel 23. Aus einer einfachen Düse soll Luft mit 1,033 ata und 0 °C sowie mit der kritischen Geschwindigkeit austreten. Wie groß sind das kritische Druckverhältnis, der absolute Eintrittsdruck, das spezifische Volumen und die Temperatur am Eintritt, die kritische Geschwindigkeit am Austritt bei reibungsloser, also adiabatischer Expansion?

Luft: $\varkappa = 1{,}4.$

$$\gamma_2 = \gamma_0 = 1{,}293 \text{ kp/Nm}^3,$$

$$\underline{v_2} = 1/\gamma_2 = 1/1{,}293 = \underline{0{,}773 \frac{\text{Nm}^3}{\text{kp}}}.$$

Nach Vortext zu Gl. (91,1) ist das kritische Druckverhältnis

$$\underline{\lambda_k} = \left(\frac{2}{\varkappa+1}\right)^{\frac{\varkappa}{\varkappa-1}} = \left(\frac{2}{2{,}4}\right)^{1{,}4/0{,}4} = 0{,}833^{3{,}5} = \underline{0{,}525}.$$

$$\underline{p_1} = p_2/\lambda_k = 1{,}033/0{,}525 = \underline{1{,}97 \text{ ata}},$$

$$\frac{v_2}{v_1} = \left(\frac{p_1}{p_2}\right)^{\frac{1}{\varkappa}} = \left(\frac{1}{0{,}525}\right)^{\frac{1}{1{,}4}} = 1{,}905^{0{,}714} = 1{,}585 \text{ nach Gl. (12,1)},$$

$$\underline{v_1} = v_2/1{,}585 = 0{,}773/1{,}585 = \underline{0{,}487 \frac{\text{m}^3}{\text{kp}}}.$$

Nach Gl. (6,2) ist $R \cdot T_1 = P_1 \cdot v_1$ für 1 kp Luft

$$\underline{T_1} = \frac{P_1 \cdot v_1}{R} = \frac{19700 \cdot 0{,}487}{29{,}27} = \underline{328\,°\text{K}},$$

$$\underline{t_1} = T_1 - 273 = \underline{55\,°\text{C}}.$$

Nach S. 12 ist $A L_t = c_p(t_1 - t_2)$,

$$\underline{L_t} = 0{,}241 \cdot (55 - 0) \cdot 427 = \underline{5670 \frac{\text{kpm}}{\text{kp}}},$$

$$\frac{c_0^2}{2g} = L_t \quad \text{nach Vortext zu Gl. (89,1)},$$

$$c_0 = \sqrt{2g \cdot L_t} = \sqrt{2 \cdot 9{,}81 \cdot 5670} = \sqrt{111200},$$

$$c_0 = \underline{333\ \text{m/sek}},$$

also nach DUBBEL[1] die Schallgeschwindigkeit in Luft.

Physikalisch erklärt sich dieses Verhalten der Gase und Dämpfe daraus, daß bei der Drucksenkung in einem strömenden Gas- oder Dampfkörper sowohl eine Volumenvergrößerung wie auch eine Geschwindigkeitsvergrößerung erfolgt. In dem Druckbereich von p_1 bis p_k wächst das Volumen weniger als die Geschwindigkeit; es genügt daher in diesem Bereich eine sich nur verengende Düse. Bei der Drucksenkung von p_k auf $p_2 < p_k$ nimmt aber das Volumen mehr zu als die Geschwindigkeit. Trägt man diesem Umstand dadurch Rechnung, daß man an die sich verengende Düse eine sich erweiternde ansetzt — man nennt dann die ganze Leitvorrichtung eine erweiterte Düse oder Lavaldüse (Abb. 92,1) —, so kann man an ihrem Austritt absolute Geschwindigkeiten c_0 erreichen, die überkritisch, d. h. $> c_k$ sind.

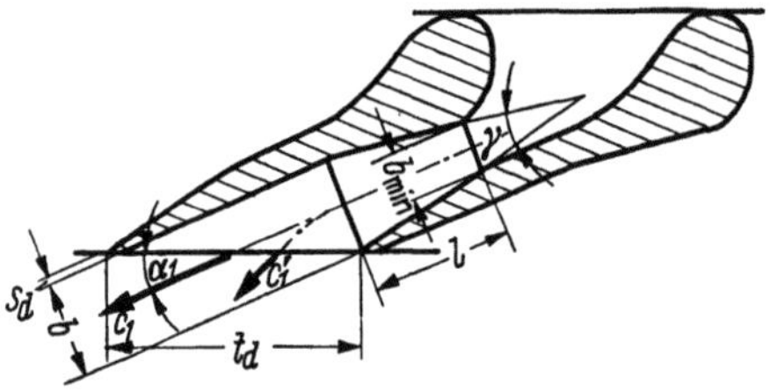

Abb. 92,1. Erweiterte (sog. Laval-) Düse

Bei Geschwindigkeiten c von Gasen, die größer als die kritische Geschwindigkeit c_k sind, nennt man das Verhältnis $\underline{Ma = \frac{c}{c_k}}$ *Machsche Zahl* und in $\underline{\sin\alpha = c_k/c}$ den Winkel α *Machschen Winkel.* Er ist maßgebend für die Grenze zwischen dem ungestörten und dem gestörten Strömungsbereich bei überkritischen Geschwindigkeiten (s. DUBBEL[2]). Zahlenbeispiel s. S. 195.

Diese erweiterte Düse wird bei Laval- und bei Curtisturbinen angewendet. Der engste Querschnitt $F_{\min}$ m² errechnet sich für Heißdampf, wenn man in Gl. (90,1) den Wert 1,3 für $\varkappa$ und statt p_2/p_1 das kritische

[1] [3], Bd. I, S. 853.
[2] [3], Bd. I, S. 318.

Druckverhältnis 0,546 einsetzt. Dann wird

$$G_{\text{sek}} = F_{\min} \cdot \sqrt{2 \cdot 9{,}81 \cdot \frac{1{,}3}{0{,}3} \cdot 10000 \cdot [0{,}546^{2/1{,}3} - 0{,}546^{2{,}3/1{,}3}]} \cdot \sqrt{p_1/v_1}$$

$$= 209 \cdot F_{\min} \cdot \sqrt{p_1/v_1}. \qquad (93{,}1)$$

Man macht, um nicht zu kurze Laufradschaufeln zu erhalten, die radiale Austrittshöhe a der Düsen mindestens 9 bis 11 mm. Außerdem gibt man den Düsen am Austritt oder an der engsten Stelle quadratischen Querschnitt, um so die Randströmung im Verhältnis zur Kernströmung zu vermindern und damit die Strömungsverluste in der Düse gering zu halten. So ergibt sich die Zahl z_d der Düsen und damit der engste Querschnitt einer Düse $f_{\min} = a \cdot b_{\min} = F_{\min}/z_d$. Da sich die Strömungsverluste in Reibungswärme umsetzen, so wird die Enthalpie des Dampfes i_3 hinter der Düse nach Abb. 15,1 um den Düsenverlust

$$h_d = (c_0^2 - c_1^2)/(2g \cdot 427) \text{ kcal/kp} \qquad (93{,}2)$$

größer als i_2. Aus dem Endpunkt *3* dieser polytropischen Expansion im *is*-Diagramm erhält man das spezifische Volumen v_3 am Austritt aus den Düsen. Mit $c_1 = \varphi \cdot c_0 = \varphi \cdot 91{,}53 \cdot \sqrt{i_1 - i_2}$ und $V_3 = G_{\text{sek}} \cdot v_3$ wird der Gesamtquerschnitt am Austritt

$$F = V_3/c_1, \qquad (93{,}3)$$

der Düsenquerschnitt $f = F/z_d$ und die Austrittsbreite $b = f/a$ sowie die Länge des erweiterten Teiles $l = \frac{b - b_{\min}}{2 \cdot \tan \gamma/2}$. Den Düsenerweiterungswinkel γ macht man, um Strahlablösung zu vermeiden, meist 10°, aber nicht > 15 bis 20°.

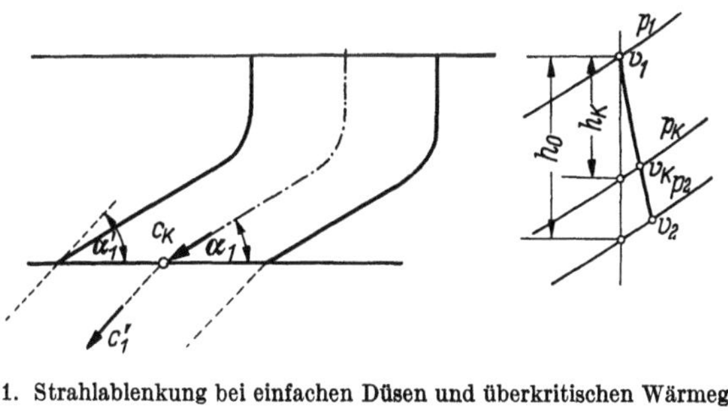

Abb. 93,1. Strahlablenkung bei einfachen Düsen und überkritischen Wärmegefällen

An den erweiterten Teil schließt sich nach Abb. 92,1 ein gleich weit bleibender Teil mit Schrägabschnitt an. Durch ihn wird der Strahl nicht beeinflußt, wenn der Endquerschnitt F dem Enddruck p_2 entspricht. Ist dies nicht der Fall oder wird eine sich nicht erweiternde Düse für überkritische Wärmegefälle benutzt, so tritt nach Abb. 93,1 Strahlablenkung ein. Der Ablenkungswinkel α_1' wird $>$ der konstruktive Düsenwinkel α_1, weil hierdurch der Kanal im Verhältnis $\sin\alpha_1'/\sin\alpha_1$ weiter und so eine weitergehende Expansion ermöglicht wird. Es ist dann $c_1' : c_k = \sqrt{h_0} : \sqrt{h_k}$. Der Querschnitt verhält sich nicht wie $v_2 : v_k$, weil c_k auf c_1' ansteigt. Damit wird

$$\frac{\sin\alpha_1'}{\sin\alpha_1} = \frac{v_2 \cdot c_k}{v_k \cdot c_1'}. \tag{94,1}$$

Als Beaufschlagungsgrad ε bezeichnet man das Verhältnis des mit Düsen besetzten Bogens L zum Umfang $\pi \cdot D$. Da nach Abb. 92,1 die Düsenteilung

$$t_d = \frac{b}{\sin\alpha_1} + \frac{s_d}{\sin\alpha_1}$$

ist, so wird

$$L = z_d \cdot t_d. \tag{94,2}$$

Je größer der Beaufschlagungsgrad ε ist, je kleiner ist der sog. Ventilationsverlust, der durch die nichtbeströmten Laufradschaufeln verursacht wird.

Ändert sich der Beaufschlagungsgrad von einer Stufe zur nächsten — dies ist z. B. immer zwischen der 1. Stufe, der sog. Regelstufe, und der 2. Stufe einer druckgestuften Gleichdruckturbine der Fall —, so muß man zwischen beiden Stufen einen Abstand, die sog. Radkammer, vorsehen. Dann ist die Austrittsenergie $c_2^2/2g$ der vorhergehenden Stufe als verloren anzusehen. Ist aber der Beaufschlagungsgrad von zwei Stufen derselbe, so kann man Laufradschaufeln und Leitschaufeln so nahe aneinandersetzen, daß 80% der Austrittsenergie der vorhergehenden Stufe in den Leitschaufeln der folgenden Stufe zum Aufbau von c_1' nutzbar werden.

Die Leitschaufeln der druckgestuften Gleichdruckturbinen lenken in stetig sich verengenden Kanälen nach Abb. 95,1 die Strömung von α_2 auf α_1' um und setzen gleichzeitig ohne Strömungsreibung das adiabatische Wärmegefälle h_0 der Stufe in kinetische Energie um. Dann würde theoretisch die absolute Austrittsgeschwindigkeit aus den Leitschaufeln c_0' m/sek sein und

$$\frac{c_0'^2}{2g \cdot 427} = \frac{0{,}8 \cdot c_2^2}{2g \cdot 427} + h_0. \tag{94,3}$$

Infolge der Strömungsreibung wird die wirkliche absolute Eintrittsgeschwindigkeit ins Laufrad nur

$$c_1' = \varphi \cdot c_0'. \tag{94,4}$$

Der Beiwert φ ist nach Abb. 95,1 um so kleiner, je größer der Umlenkungswinkel $\varDelta\alpha = 180 - (\alpha_2 + \alpha_1')$ ist. Der Leitschaufelverlust ist somit

$$h_l = \frac{c_0'^2 - c_1'^2}{2 \cdot g \cdot 427} \text{ kcal/kp}. \qquad (95,1)$$

Da er als Reibungswärme dem Dampf zugute kommt, so ist die Enthalpie des Dampfes hinter der Leitvorrichtung $i_3 = i_1 - h_0 + h_l$ kcal/kp. Aus i_3 und p_2 ata gibt das is-Diagramm das spez. Volumen v_3 m³/kp und die Entropie s_3 EE. α_2 ergibt sich aus dem Geschwindigkeitsparallelogramm am Austritt der vorhergehenden Stufe (möglichst etwa 90°), α_1' macht man bei druckgestuften Gleichdruckturbinen etwa 14°. Die Druckstufung wird so durchgeführt, daß für die normalen Stufen nach S. 78 u/c_1 etwa 0,45 bis 0,5 wird, während die 1. Stufe als Regelstufe gewöhnlich ein zweikränziges Curtisrad wird und daher nach S. 90 ein größeres Stufengefälle h_0 erhält.

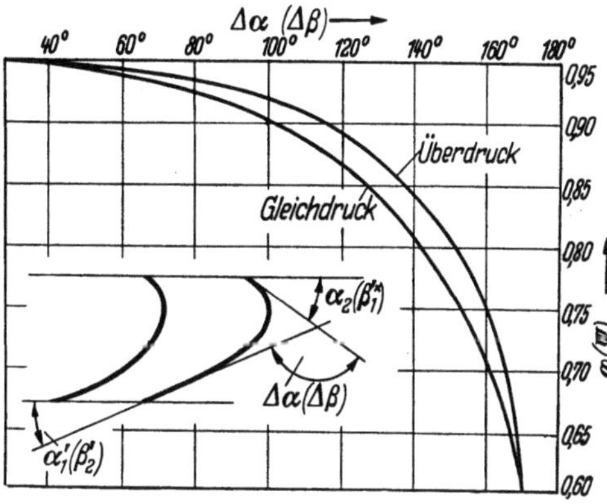

Abb. 95,1. Geschwindigkeitsbeiwert und Umlenkung

Nach Abb. 95,1 und 4,1 kann man auch die Relativgeschwindigkeit w_1' am Eintritt und $w_2' = \psi \cdot w_1'$ am Austritt des Laufrades berechnen. Aus der Zerlegung von c_1' in u und w_1' ergibt sich der theoretische Winkel $\beta_1'^*$ von w_1'. Praktisch macht man den Profilwinkel β_1' etwas größer als $\beta_1'^*$, um beim Regeln der Leistung den hemmenden Stoß des Dampfstrahls auf den erhabenen Teil der Schaufel (den sog. Schaufelrücken) zu vermeiden bzw. zu mildern. Den Profilwinkel am Austritt macht man $\beta_2' = 20$ bis $30°$, und zwar so, daß c_2' etwa unter $\alpha_2' = 90°$ liegt. Aus dem Umlenkungswinkel $\varDelta\beta = 180 - (\beta_1'^* + \beta_2')$ gibt dann Abb. 95,1 den Beiwert ψ und somit

$$w_2' = \psi \cdot w_1'. \qquad (95,2)$$

Der Verlust in der Laufradbeschaufelung ist

$$h_s = \frac{w_1'^2 - w_2'^2}{2 \cdot g \cdot 427} \text{ kcal/kp} \qquad (95,3)$$

und somit die Enthalpie des Dampfes beim Austritt aus dem Laufrad $i_4 = i_3 + h_s$ kcal/kp. Aus i_4 und p_2 ata gibt das is-Diagramm das spezifische Volumen v_4 und die Entropie s_4 EE. Die Profilierung der Laufradschaufeln muß so erfolgen, daß nach Abb. 53,1 die Durchmesser der an die Kanalwand tangierenden Kreise die gleichen bleiben oder stetig abnehmen und daß am Austritt ein Zehntel der Profilbreite B parallelwandig verläuft (vgl. Abb. 97,1).

β) *Überdruckturbinen.* Nach S. 78 wird in Überdruckdampfturbinen, um gleiche Winkel und damit gleiche Profile für die Leit- und Laufradschaufeln zu bekommen, das Stufengefälle h_0 je zur Hälfte in den Leit- und Laufradschaufeln in kinetische Energie umgesetzt. Damit wird mit $c_1' = \psi \cdot c_0'$, mit $c_0' = 91{,}53 \cdot \sqrt{h_0/2}$ und $c_1' = u$ nach S. 78 für $u = 300$ m/sek bei $\psi = 0{,}88-0{,}90$ $c_0' = 338$ m/sek und $h_0 = 2 \cdot (c_0'/91{,}53)^2 = 27{,}4$ kcal/kp für den günstigsten Umfangswirkungsgrad statt nach S. 90 $h_0 = 47{,}6$ kcal/kp bei den Gleichdruckturbinen. Damit wird die Stufenzahl für das gleiche Gesamtgefälle H_0 bei den druckgestuften Überdruckturbinen, den sog. Parsonsturbinen, größer als bei den Gleichdruckturbinen. Da durch die Spaltverluste der Umfangswirkungsgrad auf den inneren Wirkungsgrad verkleinert wird, so macht man, um den besten inneren Wirkungsgrad zu erreichen, $u/c_1' < 1$. Andererseits muß man sowohl bei Gleichdruckturbinen wie auch bei Überdruckturbinen, um im Niederdruckteil durch das starke Anwachsen des sekundlichen Volumens nicht zu große Schaufellängen zu erhalten, die Meridionalgeschwindigkeiten c_{1m} und c_{2m}, d. h. auch die Umfangsgeschwindigkeiten und die Wärmegefälle in den Niederdruckstufen größer machen. Man findet daher z. B. bei druckgestuften Überdruckturbinen in den Hochdruckstufen $u/c_1 = 0{,}5$, in den Niederdruckstufen $u/c_1 = 0{,}65$ bis 0,8. Den unterschiedlichen Geschwindigkeitsverhältnissen entspricht auch eine sich ändernde Gestalt der Geschwindigkeitsparallelogramme, so daß auch die Profilwinkel $\alpha_2 = \beta_1'$ vom Hochdruck- bis zum Niederdruckteil, z. B. von 40 bis 72°, und $\alpha_1' = \beta_2'$ von 20 bis 36° ansteigen.

Da bei Überdruckturbinen die Stufen außer der ersten Regel- und daher Gleichdruckstufe alle voll beaufschlagt sind und die Leit- und Laufradschaufeln dicht aneinander anschließen, so kann in den Leiträdern das c_2 des vorhergehenden Laufrades ebenso wie in den Laufrädern das w_1' zum Aufbau von c_1' bzw. von w_2' ausgenutzt werden. Somit gilt nach Abb. 137,2 für die Leitschaufeln

$$c_1' = \psi_1 \cdot c_0' \quad \text{und} \quad \frac{c_0'^2}{2 \cdot g \cdot 427} = \frac{h_0}{2} + \frac{c_2^2}{2 \cdot g \cdot 427} \tag{96,1}$$

sowie für die Laufradschaufeln

$$w_2' = \psi_2 \cdot w_0' \quad \text{und} \quad \frac{w_0'^2}{2 \cdot g \cdot 427} = \frac{h_0}{2} + \frac{w_1'^2}{2 \cdot g \cdot 427}\,, \tag{96,2}$$

worin die Beiwerte ψ_1 sich aus dem Umlenkungswinkel $\Delta\alpha = 180 - (\alpha_2 + \alpha_1')$ und ψ_2 aus $\Delta\beta = 180 - (\beta_1' + \beta_2')$ nach Abb. 95,1 ergeben. Abb. 97,1 zeigt im *is*-Diagramm die Zustandsänderung in einer Stufe

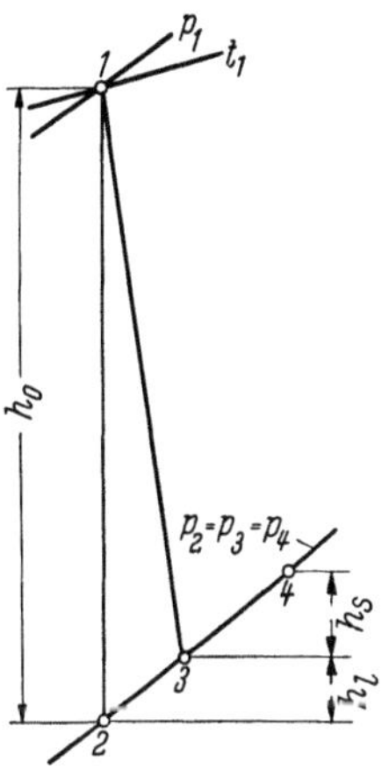

Abb. 97,1. Zustandsänderung in einer Gleichdruckstufe (*is*-Diagramm)

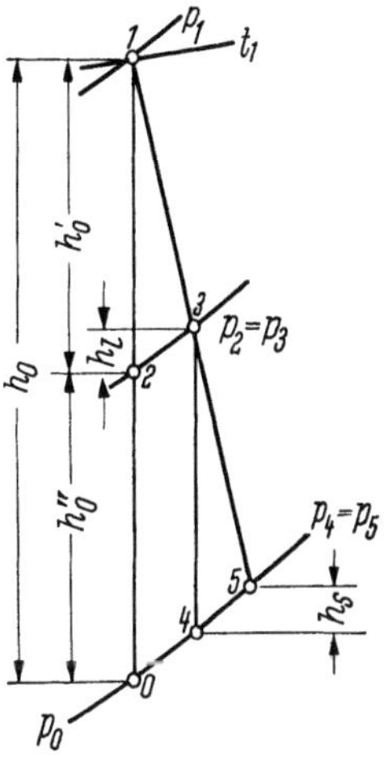

Abb. 97,2. Zustandsänderung in einer Überdruckstufe (*is*-Diagramm)

einer druckgestuften Gleichdruckturbine, Abb. 97,2 die Zustandsänderung in einer druckgestuften Überdruckturbine. Hierbei gilt Punkt *1* vor der Leitvorrichtung, Punkt *3* hinter der Leitvorrichtung und Punkt *4* in Abb. 97,1, Punkt *5* in Abb. 97,2 hinter dem Laufrad.

2. Die Leitvorrichtungen der Arbeitsmaschinen

Nach S. 20 bis 27 ist die theoretische Förderhöhe im Laufrad einer Arbeitsmaschine bei unendlich großer Zahl der Laufradschaufeln gleich der statischen Druckhöhe

$$H_p = \frac{p_2' - p_1}{\gamma} = \frac{u_2^2 - u_1^2}{2g} + \frac{w_1^2 - w_2^2}{2g} = L_f + L_w$$

+ der dynamischen Druckhöhe

$$H_{dyn} = \frac{c_2^2 - c_1^2}{2g} = L_c .$$

Die Leitvorrichtungen der Arbeitsmaschinen haben die Aufgabe, diese dynamische Druckhöhe, die sich durch die endliche Schaufelzahl nach S. 47 auf $\frac{c_3^2 - c_1^2}{2g}$ vermindert, in die Druckenergie $\frac{p_2 - p_2'}{\gamma}$ umzuwandeln. Bereits Abb. 2,1 zeigte für die erste Stufe einer Kreiselpumpe drei Arten einer Leitvorrichtung: das beschaufelte Leitrad b_1, den nicht beschaufelten Umlenkraum d_1 und die Rückführschaufeln e_1. Ändert sich die sekundliche Fördermenge, so wird zur Vermeidung der Stoßverluste beim Eintritt in die Leitvorrichtung zwischen dem Laufrad und dem beschaufelten Leitrad ein schaufelloser Leitring angeordnet. Dieser ermöglicht es der Strömung, auf dem Weg durch diesen schaufellosen Raum möglichst stetig die Richtung am Eintritt der Leitradschaufeln zu gewinnen. Auch ein Spiralgehäuse — s. Abb. 99,1 und 103,1 — ist nach S. 20 eine Leitvorrichtung, da nach dem Satz vom Drall [Gl. (20,1)] mit zunehmendem Halbmesser r die Umfangskomponente c_u und so auch c sich vermindert. Dem gleichen Zweck dient die (diffusorartige) Erweiterung des Druckstutzens einer Kreiselpumpe oder eines Kreiselverdichters sowie der erweiterte Raum (Diffusor) hinter dem Leitrad der Axialgebläse (Abb. 98,1). Bei den vorstehenden Beispielen ist die Leit-

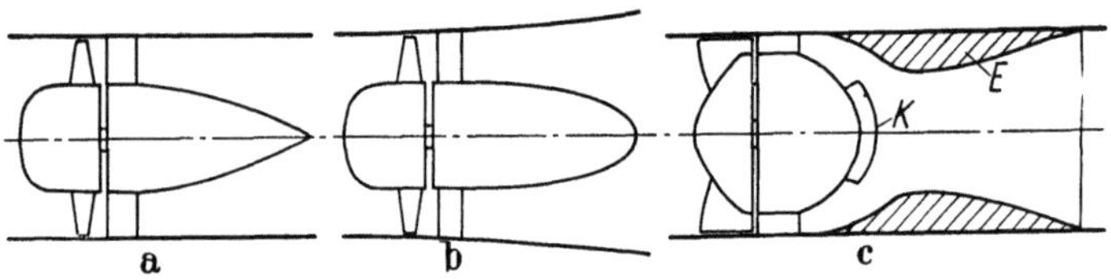

Abb. 98,1a—c. Diffusoren (Erweiterungen hinter den Leitschaufeln) der Axialgebläse

vorrichtung der Arbeitsmaschinen wie üblich hinter dem Laufrad angeordnet. Abb. 4,4 zeigt dagegen die Geschwindigkeitsdreiecke für einen axialen Ventilator, bei dem die Leitvorrichtung vor das Laufrad gelegt ist. Hier soll die Luft hinter dem Laufrad rein axial strömen, es soll also $c_{2u} = 0$ oder $c_2 = c_{2m}$ werden. Nach Gln. (46,2) und (49,4) ist aber für axiale Ventilatoren $\frac{\Delta P}{\gamma} = \frac{\eta_h \cdot u \cdot (c_{2u} - c_{1u})}{g}$. Um einen Gesamtdruck ΔP zu erzeugen, muß demnach ein Δc_u vorhanden sein. Wenn also $c_{2u} = 0$ ist, muß durch ein vorgeschaltetes Leitrad ein negatives c_{1u}, d. h. ein entgegen u gerichtetes c_{1u}, ein sog. Gegendrall, erzeugt werden.

a) Kreiselverdichter. An Hand von Abb. 99,1 sollen nun die Strömungsverhältnisse und die Berechnungsgrundlagen behandelt werden für α) schaufellose Leitringe BC, β) beschaufelte Leiträder CD, γ) schaufellose Umlenkräume DE, δ) Rückführschaufeln EF und ε) Spiralgehäuse G.

α) *Schaufelloser Leitring BC.* Die sekundliche Luftmenge im Laufrad muß um die Mengenverluste, die durch den Spalt zwischen Gehäuse und Laufrad zum Laufradmund zurückströmen, größer sein als die der Fördermenge entsprechende sekundliche Luftmenge. Diese Mengenverluste mögen 4% betragen. Sie strömen unmittelbar hinter dem Laufrad ab. Außerdem besteht die Verengung durch die Laufradschaufeln von $\pi \cdot D_2 \cdot b_2$ auf $\tau_2 \cdot \pi \cdot D_2 \cdot b_2$ freien Querschnitt unmittelbar hinter dem Laufrad nicht mehr. Tritt nach Abb. 47,1 die Luft aus der Laufradbeschaufelung infolge des Relativwirbels mit c_{3u}, $c_{3m} = c_{2m}$ und mit α_3

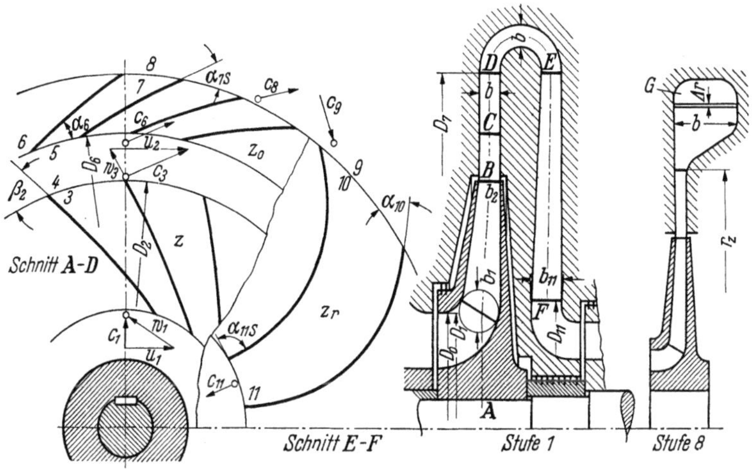

Abb. 99,1. Leitvorrichtungen an Turbokompressoren

aus $\tan\alpha_3 = c_{2m}/c_{3u}$ aus, so wird unmittelbar hinter dem Laufrad $c_{4u} = c_{3u}$, $c_{4m} = \dfrac{\tau_2 \cdot c_{2m}}{1{,}04}$ unter α_4 aus

$$\tan\alpha_4 = c_{4m}/c_{3u} \tag{99,1}$$

sein.

Für die sich anschließende Strömung im schaufellosen Leitring bleibt ohne Strömungsreibung nach dem Satz vom Drall Gl. (20,1) das Produkt $R \cdot c_u$ konstant. Außerdem nimmt der auf der Meridionalgeschwindigkeit senkrecht stehende Querschnitt mit R zu. Deshalb würde sich bei reibungsfreier Strömung sowohl die Meridionalgeschwindigkeit c_m wie auch die Umfangskomponente c_u in demselben Maß vermindern, wie der Halbmesser R zunimmt. Für reibungslose Strömung würde also der Strömungswinkel $\alpha = \alpha_4$ bleiben (sog. logarithmische Spirale), da $\tan\alpha = c_m/c_u = c_{4m}/c_{3u}$ bestehenbleibt. c_m ist durch den Querschnitt $\pi \cdot D$ bedingt. c_u aber wird offenbar durch die Strömungsreibung vermindert, so daß $\tan\alpha_5 = c_{5m}/c_{5u} > \tan\alpha_4$ wird. Für diese Aufrichtung der Strömung in schaufellosen Kanälen gilt nach PFLEIDERER[1] der sog. erweiterte Flächensatz

$$\tan\alpha_5 - \tan\alpha_4 = \lambda \cdot (R_5 - R_4)/4b, \tag{99,2}$$

[1] [*14a*], S. 244.

wenn b die lichte Breite des Leitrings ist. Die Reibungsziffer λ wird von PFLEIDERER zu 0,04 angegeben. Mit Gl. (99,2) erhält man α_5. Ist V_l m³/sek die sekundliche Luftmenge im Laufrad in Punkt *3*, so ergibt sich c_{5m} und c_{5u} aus

$$c_{5m} = \frac{V_l}{1{,}04 \cdot \pi \cdot D_5 \cdot b_5} \quad \text{und} \quad \tan\alpha_5 = c_{5m}/c_{5u}. \tag{100,1}$$

Am schaufellosen Leitring treten damit folgende Geschwindigkeitsmomente auf:

$$R_2 \cdot c_{3u} \text{ am Eintritt}, \qquad R_5 \cdot c_{5u} \text{ am Austritt}. \tag{100,2}$$

β) *Beschaufeltes Leitrad CD.* Für die Wahl des Eintrittswinkels α_6 von beschaufelten Leiträdern ist nach PFLEIDERER[1] folgendes zu beachten. 1. Im Laufradkanal tritt an der schlagenden Schaufelseite ein größerer Druck und damit eine kleinere Relativgeschwindigkeit auf. An der ausweichenden Schaufelseite ist es umgekehrt (s. Relativwirbel Abb. 75,2). Durch die endliche Zahl der Laufradschaufeln sind also die Relativgeschwindigkeiten im Laufrad nicht gleich. 2. Die Laufradschaufeln divergieren nach außen. Deshalb divergiert auch die Luftströmung nach außen. 3. Durch die Verminderung von c im schaufellosen Leitring nimmt der Druck zu, und damit verdickt sich die Grenzschicht. Dies kann dazu führen, daß das Medium ins Laufrad zurückzuströmen versucht. Deshalb empfiehlt PFLEIDERER, die Leitkanäle am Eintritt weiter zu machen, damit sie die Strömung sicher auffangen. Da sich die Kanäle aber durch die Stärke der Leitschaufeln im Verhältnis τ_6 verengen, so schlägt PFLEIDERER vor, den Eintrittswinkel α_6 der Leitschaufeln $> \alpha_5$ zu machen, so daß

$$\tan\alpha_6/\tan\alpha_5 = \mu/\tau_6 \tag{100,3}$$

wird. Die Erweiterungszahl ist nach PFLEIDERER $\mu = 1{,}25$ bis $1{,}8$ wachsend mit der Leitschaufelzahl z_0 anzunehmen. Der Verengungsfaktor ist

$$\tau_6 = \frac{t_6 - \dfrac{s_0}{\sin\alpha_6}}{t_6}, \tag{100,4}$$

worin z_0 (zur Unterdrückung von Schwingungen) nicht genau gleich $2 \cdot z$, die Stärke der Leitradschaufeln $s_0 \sim 1{,}5$ mm und die Teilung $t_6 = \pi \cdot D_6/z_0$ ist.

Der Außendurchmesser D_7 wird zu etwa $1{,}2 \cdot D_6$ angenommen. Bei nicht zu stark sich erweiterndem Verlauf werden die Leitradschaufeln

[1] [*14a*], S. 238.

aufgezeichnet und so ihr Austrittswinkel α_{7S} gefunden. Damit wird

$$t_7 = \pi \cdot D_7/z_0, \quad \text{weiter} \quad \tau_7 = \left(t_7 - \frac{s_0}{\sin\alpha_{7S}}\right)\Big/t_7$$

und

$$c_{7m} = \frac{V_l}{1{,}04 D_7 \cdot \pi \cdot b \cdot \tau_7}. \tag{101,1}$$

Bei unendlich großer Schaufelzahl z_0 würde die Strömung der Krümmung der Leitradschaufeln genau folgen. Dann würde sich

$$c'_{7u} \quad \text{aus} \quad \tan\alpha_{7S} = c_{7m}/c'_{7u} \tag{101,2}$$

ergeben. Für diesen Fall sei die Änderung der Geschwindigkeitsmomente im beschaufelten Leitrad mit dem Index ∞ bezeichnet, so daß

$$R_5 \cdot c_{5u} - R_7 \cdot c'_{7u} = \Delta(R \cdot c_u)_\infty \tag{101,3}$$

gesetzt wird.

Die Strömung macht aber die durch die Leitradwinkel α_6 und α_{7S} gegebene Umlenkung infolge der endlichen Schaufelzahl z_0 nicht ganz mit, sondern strömt unter $\alpha_7 < \alpha_{7S}$ aus dem Leitrad aus. Deshalb ist auch die Abnahme der Geschwindigkeitsmomente

$$\Delta(R \cdot c_u) = R_5 \cdot c_{5u} - R_7 \cdot c_{7u} < \Delta(R \cdot c_u)_\infty.$$

Wie für Laufradströmungen $H_{th\infty}/H_{th} = 1 + p$ ist (s. S. 48), so ist nach PFLEIDERER für radiale Leiträder $\frac{\Delta(R \cdot c_u)_\infty}{\Delta(R \cdot c_u)} = 1 + p$ und mit $\psi' = 0{,}6 + 0{,}6 \cdot \sin\alpha_{7S}$

$$p = \frac{2 \cdot \psi' \cdot R_7^2}{z_0 \cdot (R_7^2 - R_5^2)}. \tag{101,4}$$

Aus p und $\Delta(R \cdot c_u)_\infty$ ergibt sich dann $\Delta(R \cdot c_u)$ und c_{7u} sowie der wirkliche Abströmungswinkel α_7 aus $\tan\alpha_7 = c_{7m}/c_{7u}$.

γ) *Schaufelloser Umlenkungsraum DE.* Entsprechend Gl. (99,1) ist der Eintrittswinkel der Luft α_8 aus $c_{8m} = \tau_7 \cdot c_{7m}$ und $\tan\alpha_8 = \frac{c_{8m}}{c_{7u}}$ zu errechnen. Für die Aufrichtung der Strömung durch die Strömungsreibung gilt Gl. (99,2), nur daß an Stelle von $R_5 - R_4$ der zeichnerisch ermittelte Umlenkungsweg $\widehat{DE}$ einzusetzen ist. Damit wird der Austrittswinkel α_9 aus

$$\tan\alpha_9 - \tan\alpha_8 = \lambda \cdot \widehat{DE}/4b \tag{101,5}$$

mit $\lambda = 0{,}04$ erhalten.

δ) *Rückführbeschaufelung EF.* Die Rückführschaufeln führen die Luft zum Mund des nächsten Laufrades, also nach innen. Um dort Platz zu finden, sei ihre Zahl $z_r < z_0$, aber zur Unterdrückung von Schwingungen ungleich z gewählt. Ihr Eintrittswinkel α_{10} wird ebenso berechnet wie der Eintrittswinkel α_6 des beschaufelten Leitrades. Mit $D_9 = D_7$ und s_r wird die Teilung $t_{10} = \pi \cdot D_9/z_r$, der Verengungsfaktor etwa

$$\tau_{10} = \frac{t_{10} - \frac{s_r}{\sin \alpha_9}}{t_{10}} \qquad \text{und} \qquad \tan \alpha_{10}/\tan \alpha_9 = \mu/\tau_{10}. \qquad (102,1)$$

Nach Abb. 99,1 wird der Austrittsdurchmesser der Rückführschaufeln D_{11} etwas größer als der Laufradmunddurchmesser D_0 des nächsten Laufrades gemacht, um eine genügende Ausrundung beim Eintritt in die nächste Stufe zu ermöglichen. Der weitere Rechnungsgang entspricht der Rechnung beim beschaufelten Leitrad, nur muß der Austrittswinkel α_{11S} der Rückführschaufeln übertrieben, d. h. $> 90°$ gemacht werden, damit die Luft auch dann radial, d. h. unter $\alpha_{11} = 90°$ zum nächsten Laufrad strömt, wenn sie der Umlenkung in den Rückführschaufeln nicht ganz folgt. Hier ist also die wirkliche Abnahme der Geschwindigkeitsmomente $\Delta(R \cdot c_u) = R_{10} \cdot c_{10u} - R_{11} \cdot c_{11u}$ mit $\alpha_{11} = 90°$ und daher

$$c_{11u} = 0 \qquad \text{zu} \qquad \Delta(R \cdot c_u) = R_{10} \cdot c_{10u} \qquad (102,2)$$

gegeben. Gesucht ist die Abnahme der Geschwindigkeitsmomente bei unendlich großer Schaufelzahl z_r

$$R_{10} \cdot c_{10u} - R_{11} \cdot c'_{11u} = \Delta(R \cdot c_u)_\infty,$$

damit man aus ihr

$$c'_{11u} \qquad \text{und damit} \qquad \tan \alpha_{11S} = \frac{c_{11m}}{c'_{11u}} \qquad (102,3)$$

und so den Austrittswinkel α_{11S} der Rückführschaufeln berechnen kann. Da nun am Austritt der Rückführschaufeln die Schaufeln dicht aneinander stehen, so ist die Luft gut geführt; man kann demnach den Berichtigungsfaktor $\frac{1}{1+p}$ groß und damit p, d. h. ψ', klein machen. Deshalb sei $\psi' = 0{,}6$ gewählt. Damit wird

$$p = \frac{2 \cdot \psi' \cdot R_{10}^2}{z_r \cdot (R_{10}^2 - R_{11}^2)}$$

und

$$\Delta(R \cdot c_u)_\infty = R_{10} \cdot c_{10u} - R_{11} \cdot c_{11u} = (1 + p)\,\Delta(R \cdot c_u). \quad (102,4)$$

Stufen von Turbokompressoren, welche die gleichen Laufraddurchmesser haben, nennt man eine Stufengruppe. Gehört das nächste Laufrad zur gleichen Stufengruppe, so ist auch die Geschwindigkeit im Laufradmund c_0 die gleiche. In Gl. (102,3) kann also c_0 statt c_{11m} gesetzt werden. Da $\sin\alpha_{11S}$ etwa sin 90°, also etwa 1 ist, so wird $s_r/\sin_{11S}$ etwa s_r und somit $t_{11} = \pi \cdot D_{11}/z_r$ und $\tau_{11} = \frac{t_{11} - s_r}{t_{11}}$ sowie mit dem freien Laufrad-mundquerschnitt F_0 m² die Austrittsbreite der Rückführschaufeln

$$b_{11} = \frac{F_0}{1{,}045 \cdot \pi \cdot D_{11} \cdot \tau_{11}}, \tag{103,1}$$

da wohl F_0, aber noch nicht b_{11} den Spaltverlust der nächsten Stufe aufnehmen muß. Dieser Mengenverlust wächst mit der fortschreitenden Verdichtung und ist daher hier mit 4,5% statt mit 4% in der vorhergehenden Stufe auf S. 98 angenommen worden.

ε) *Spiralgehäuse G.* Am Austritt der Stufen, hinter denen eine Zwischenkühlung erfolgen soll, sowie hinter der letzten Stufe wird die Luft durch ein Spiralgehäuse aufgenommen. Da auch im Spiralgehäuse durch die Vergrößerung des Durchmessers kinetische Energie in Druckenergie umgewandelt wird, so fällt für die Stufen vor dem Spiralgehäuse gewöhnlich das beschaufelte Leitrad weg, so daß das Spiralgehäuse an den schaufellosen Leitring anschließt. Aus der Berechnung dieses schaufellosen Leitrings ist der Wert $K = R_5 \cdot c_{5u}$ an seinem Austritt bekannt. Den innersten Punkt der Spirale nennt man die Zunge (s. Abb. 103,1).

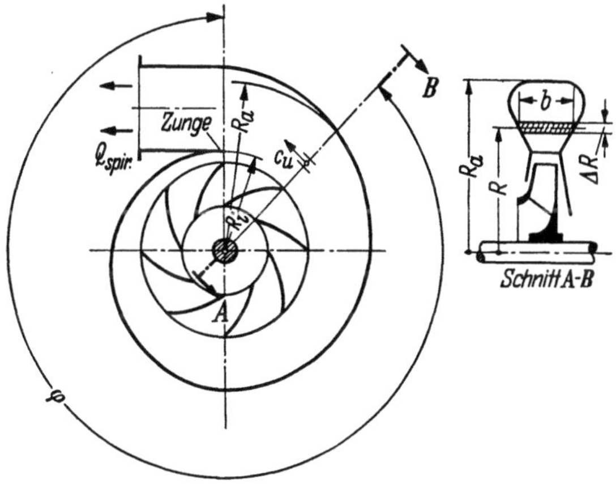

Abb. 103,1. Beziehungen am Spiralgehäuse

Liegt die Zunge auf dem Halbmesser R_i, so ist nach Gl. (20,1) $R_i \cdot c_{iu} = K$. Soll die Spirale in allen Teilen den gleichen Druck herstellen, so muß sie in allen Querschnitten diesem Satz vom Drall entsprechen. Mißt man den Winkel φ von der Zunge aus, so entspricht dem Vollwinkel 360° die sekundliche Menge

$$Q_{spir} = \frac{V_l}{1{,}045} \text{ m}^3/\text{sek}$$

und dem Winkel φ die sekundliche Menge

$$Q_\varphi = \frac{\varphi \cdot V_l}{360 \cdot 1{,}045}. \tag{104,1}$$

Nach Abb. 103,1 ist nun $\Delta Q_\varphi = b \cdot \Delta R \cdot c_u$ und so mit $c_u \cdot R = K$ und $c_u = K/R$

$$Q_\varphi = K \cdot \int_{R_i}^{R} b \cdot dR/R. \tag{104,2}$$

Man nimmt nach Eck[1] zur zeichnerischen Ermittlung des Winkels φ, dem ein bestimmter Querschnitt zuzuordnen ist, nach Abb. 104,1 links eine Querschnittsform für das Spiralgehäuse an, z. B. einen aus einem Trapez und einem Rechteck zusammengesetzten Querschnitt. Da man damit die lichte Breite b kennt, die zu einem gewissen R gehört, so kann man den Wert $K \cdot b/R$ für dieses R ausrechnen und als Ordinate über R auftragen.

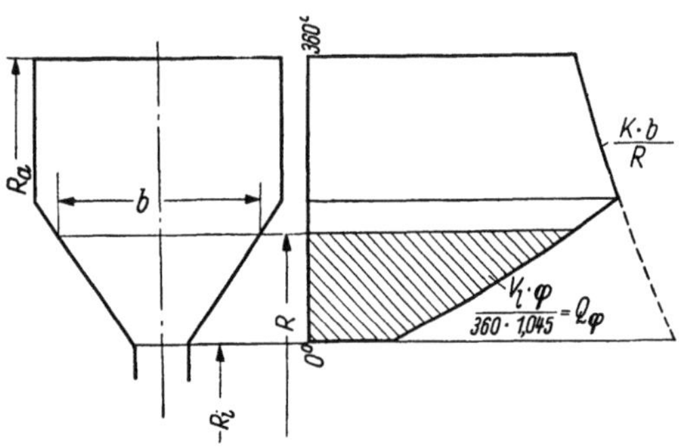

Abb. 104,1. Rechnerisch-zeichnerische Bestimmung der Zuordnung von b und φ

Dann ist die schraffierte Fläche gleich $\int_{R_i}^{R} K \cdot b \cdot dR/R = Q_\varphi = \frac{V_l \cdot \varphi}{360 \cdot 1{,}045}$. Multipliziert man sie mit $1{,}045 \cdot 360/V_l$, so erhält man den Winkel φ, auf dem für den Halbmesser R die in Abb. 104,1 mit b bezeichnete Breite vorzusehen ist. Der hier angegebene einfache Weg berücksichtigt zwar nicht die Verminderung von c_u durch die Strömungsreibung. Er hat sich jedoch im allgemeinen bewährt.

b) Kreiselpumpen. Die Gestaltung der Leitradschaufeln der Kreiselpumpen entspricht dem vorigen Abschn. a für Kreiselverdichter. Für den Eintritt ins beschaufelte Leitrad und seinen Schaufelwinkel α_6 gilt damit das unter Abschn. β auf S. 100 Gesagte, nur daß die Stärke s_0 der Leitradschaufeln im allgemeinen stärker, z. B. 3 mm, sein wird. Außerdem macht man mit Rücksicht auf die Strömungsreibung die Weite a_6 in Abb. 105,1 gern gleich der lichten Leitradbreite b, die etwas größer als b_2 gewählt wird. Damit ergibt sich die Leitschaufelzahl z_0 und die

---

[1] [5], S. 193.

Teilung aus

$$\frac{a_6 + s_0}{\sin \alpha_6} = \frac{D_6 \cdot \pi}{z_0} \quad \text{und} \quad t_6 = \frac{D_6 \cdot \pi}{z_0}. \tag{105,1}$$

Eine gute Fortsetzung der Strömung ist die Ausbildung des Eintritts der Leitradschaufeln als Evolvente. Abb. 105,1 zeigt die Aufzeichnung. Der Evolventengrundkreis hat $d_6 = D_6 \cdot \sin \alpha_6$ Durchmesser. Man teilt die Teilung t_6 in vier Teile und zieht aus den Teilpunkten Tangenten an den Evolventengrundkreis. Vom inneren Umfang des Leitrades trägt man dann nach außen die Maße

$$(a_6 + s_0)/4, \quad 2 \cdot (a_6 + s_0)/4$$

usw. ab und erhält so die Einströmungskurve der Leitradschaufel. In Abb. 105,1 liegen die Anker für das Zusammenspannen der Gehäuseringe außen. Macht man aber, um einen kleineren Erweiterungswinkel im Leitkanal zu erhalten und so mit Sicherheit Ablösung zu vermeiden, die voll ausgezeichneten Leitschaufeln in Abb. 105,1 stärker, so kann man die Augen für die Längsanker in ihnen anordnen, so daß die Anker dann in der Pumpe liegen.

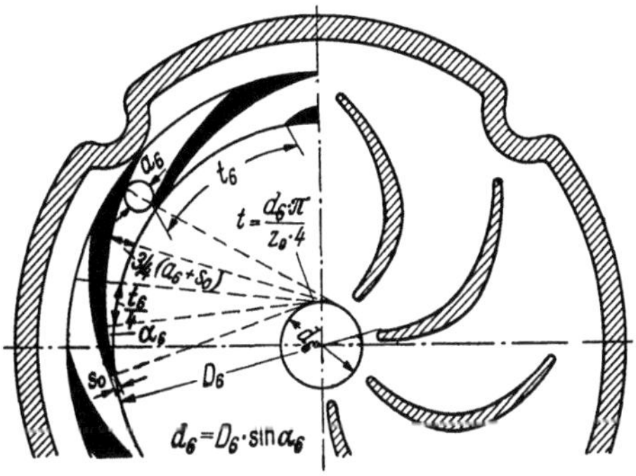

Abb. 105,1. Leitschaufeleintritt in Evolventenform

IV. Übersicht über die Turbinen

A. Wasserturbinen

Die fünf heute üblichen Bauarten sind als Gleichdruckturbinen die Peltonturbine und die Michell-Ossberger-Turbine und als Überdruckturbinen die Francisturbine, die Propellerturbine und die Kaplanturbine.

1. Gleichdruckturbinen

a) Die Pelton-, Becher- oder Freistrahlturbine (Abb. 106,1) wurde von PELTON in USA um 1880 entwickelt. Sie wird für große Fallhöhen von 50 bis 1750 m und infolge ihrer teilweisen Beaufschlagung für sehr kleine, aber auch für große Wassermengen bis 10 m^3/sek angewendet. Ihr Wirkungsgrad erreicht 90% und bleibt in einem Bereich von 20 bis 100% über 80% (flache Wirkungsgradkurve). Durch 1 bis 3 Düsen (bei

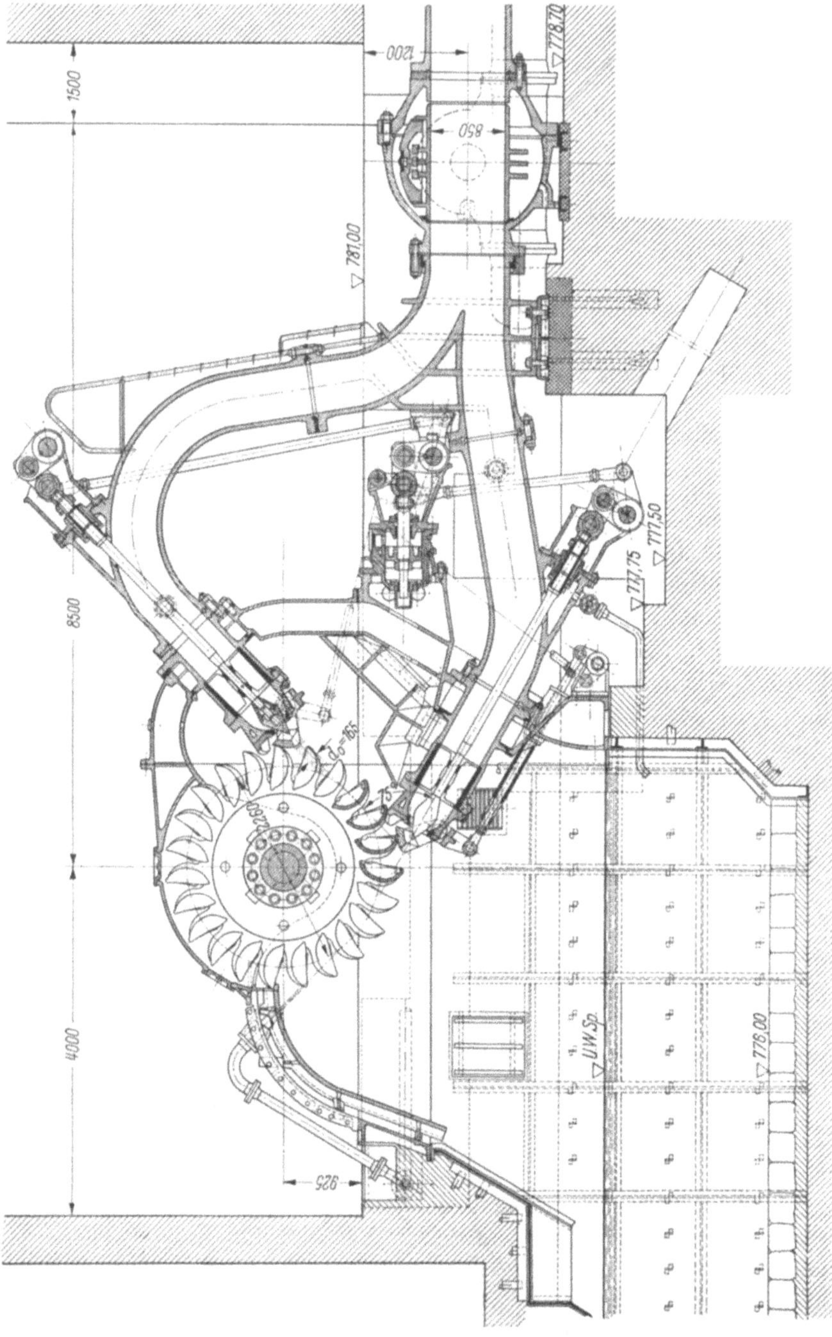

Abb. 106,1. Zweidüsige Freistrahlturbine Kraftwerk Kaprun

$H = 845$ m, $Q = 8{,}41$ m/sek, $n = 500$ U/min, $N = 83200$ PS, $D = 2{,}26$ m, $z = 23$ Becher (Escher Wyss, Ravensburg)

stehender Welle auch 4 Düsen) werden Wasserstrahlen von Kreisquerschnitt auf die Schneide von becherartigen Schaufeln (s. Abb. 52,2) geführt, dort zur Vermeidung des Axialschubs aufgeteilt und um etwa 180° umgelenkt. Bei kleinen Rädern bis $u = 30$ m/sek sind Becher und Räder ein Stück, bei größeren Rädern bis $u = 70$ m/sek werden die Becher der Stoßbeanspruchung wegen mit Paßschrauben am Rad befestigt. Hierdurch wird es möglich, schadhafte Schaufeln auszuwechseln. Um die Düsen möglichst nahe an das Becherrad heranzubringen, erhalten die Becher außen eine Aussparung, die außerdem verhindert, daß der Strahl sich am Becherrand aufsplittert. Die Becher sind bei kleinen Abmessungen aus Gußeisen, bei großen aus Stahlguß und werden innen sauber geschliffen und poliert. Über die Düsennadeln, die Düsen und die Ablenker s. S. 86. Abb. 107,1 zeigt die Änderung des absoluten Druckes p, der absoluten Geschwindigkeit c und der Relativgeschwindigkeit w des Wassers auf dem Weg durch die Turbine. Durch die Kurven von Abb. 107,2 (nach KEYL-HÄCKERT[1]) werden in Abhängigkeit von der Kennzahl n_q die nutzbringendsten Fallhöhen H, die Verhältnisse D/d des

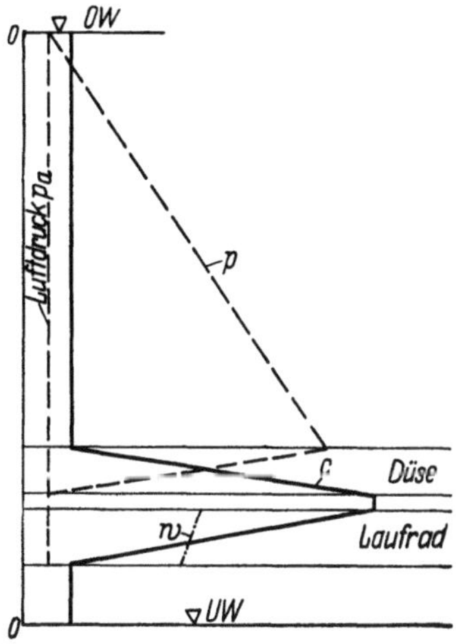

Abb. 107,1. Verhalten von p, c und w in einer Freistrahlturbine

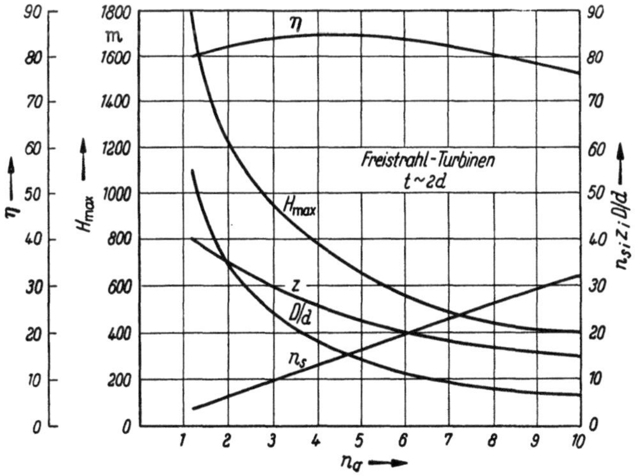

Abb. 107,2. Günstigste Verhältnisse für Freistrahlturbinen

[1] [10], S. 110.

Laufraddurchmessers zum Strahldurchmesser und die Becherzahlen sowie die dabei erreichbaren Wirkungsgrade angegeben. Berechnungsbeispiel für ein Peltonrad s. S. 172.

b) Die Michell-Ossberger-Durchströmturbine. Abb. 108,1 zeigt strichpunktiert die doppelte Durchströmung des Turbinenrades, welches in seiner Länge in 1 bis 4 Zellen aufgeteilt ist. Eine einfache Klappe, die sich von Hand oder durch einen Regler verstellen läßt, regelt die je Zelle sekundlich durchströmende Wassermenge und so die Leistung der Turbine derart, daß nach Bremsergebnissen des Überwachungsvereins der Kraftwirtschaft der Ruhrzechen im Bereich von 20 bis 100% der Beaufschlagung ein Wirkungsgrad von 80 bis 84% gehalten werden kann. Die Durchströmturbine wird hauptsächlich zum Ersatz von alten Wasserrädern benutzt, also für kleine sekundliche Wassermengen — 25 bis 2000 l/sek — und kleine Fallhöhen — 12 bis 50 m — im Kennzahlbereich von $n_q = 10$ (einzellig) bis $n_q = 60$ (vierzellig) bei äußeren Durchmessern von 300 bis 600 mm. Für Gefälle über 2,3 m wird sie auch mit einem Saugrohr ausgerüstet.

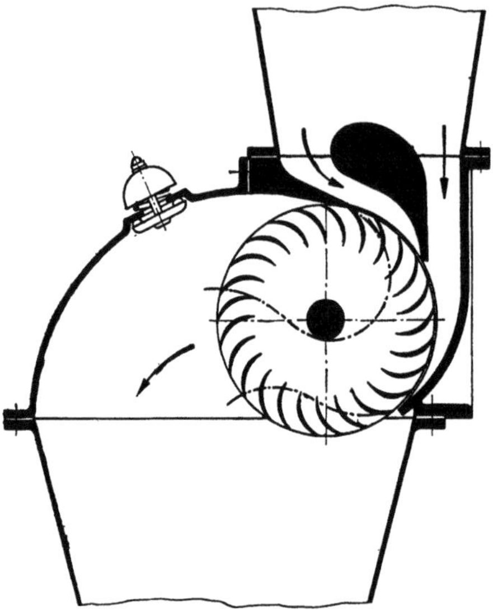
Abb. 108,1. Durchströmturbine (Ossberger Turbinenfabrik)

2. Überdruckturbinen

Mit Ausnahme der Rohrturbinen (Abb. 115,1) haben alle Überdruckturbinen zur Regelung ihrer sekundlichen Wassermenge Q und damit ihrer Leistung die auf S. 87 bereits behandelten FINKschen Drehschaufeln (Abb. 69,1). Sie bestehen aus Gußeisen oder Stahlguß und erhalten Rotgußbüchsen. Die Lenker werden oft aus Rotguß und ihre Zapfen aus Messing hergestellt. Da sich der Winkel α_1 der Leitschaufeln und damit die Gestalt des Geschwindigkeitsparallelogramms am Eintritt des Laufrades mit der eingestellten sekundlichen Wassermenge Q ändert, so tangiert w_1 nur bei einer bestimmten sekundlichen Wassermenge Q_t an die Laufradschaufel; nur bei dem Beaufschlagungsgrad $\lambda_t = Q_t/Q_{max}$ erfolgt also der Eintritt ins Laufrad stoßfrei. Ebenso wird nur bei einem bestimmten w_2, d. h. bei einer bestimmten sekundlichen Menge Q_g und einem bestimmten Beaufschlagungsgrad $\lambda_g = Q_g/Q_{\max}$, der Winkel $\alpha_2 = 90°$ und somit der Austrittsverlust ein Minimum. Wählt man $Q_t = Q_g$, so erreicht man die geringsten Strömungsverluste und somit

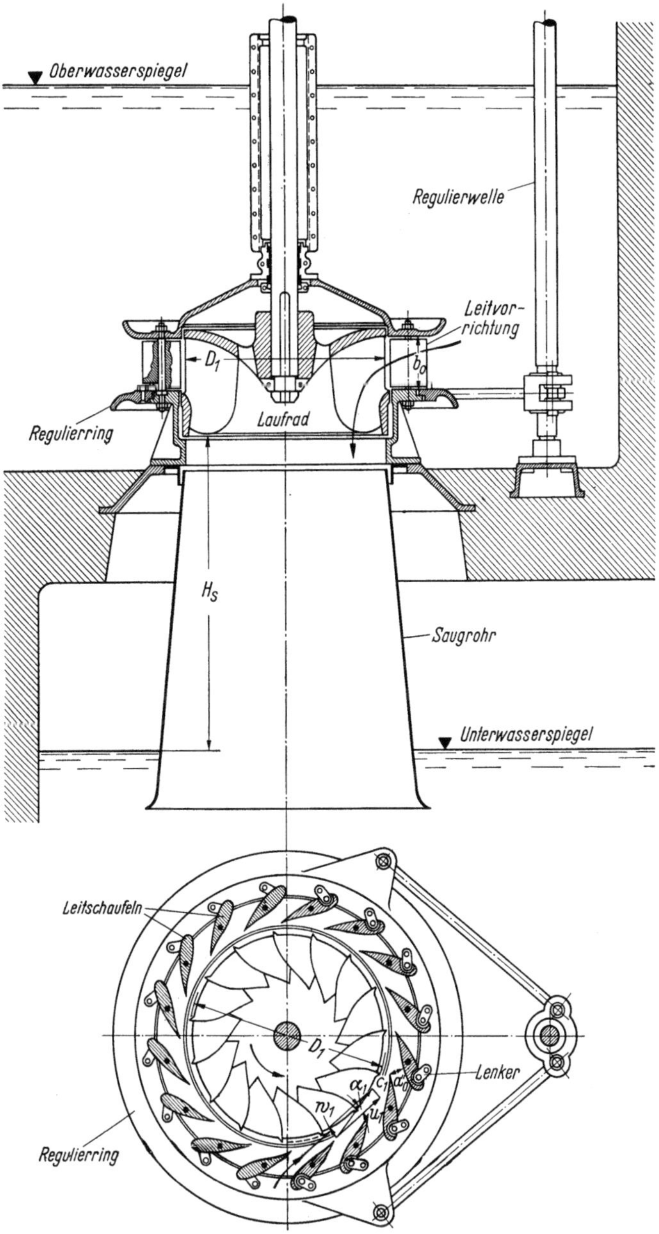

Abb. 109,1. Francis-Schachtturbine (stehende Welle, Innenregelung)

ein Maximum des hydraulischen Wirkungsgrades. Macht man aber Q_g etwas verschieden von Q_t, so erhält man für die betreffende Laufradform eine flachere Wirkungsgradkurve. Man legt die Turbinen meistens so aus, daß $\lambda_t = 2/3$ bis $3/4$ wird, muß aber die Größe der Laufräder und Leitvorrichtungen für $Q_{\max}$ bemessen.

a) Die Francisturbinen. Die von dem Amerikaner FRANCIS um 1850 entwickelte Überdruckturbine hat ein Laufrad, welches aus einem Laufradboden mit Nabe, aus einem Außenkranz und dazwischen angeordneten Laufradschaufeln besteht. Letztere sind mit dem Laufrad entweder aus einem Stück in Gußeisen, Bronze oder Stahlguß gegossen, oder sie sind aus Stahlblech über einem Schaufelklotz warm gebogen, dann eingeformt und schließlich mit dem Laufradboden und Außenkranz zusammengegossen. Gußeiserne Laufräder mit Blechschaufeln

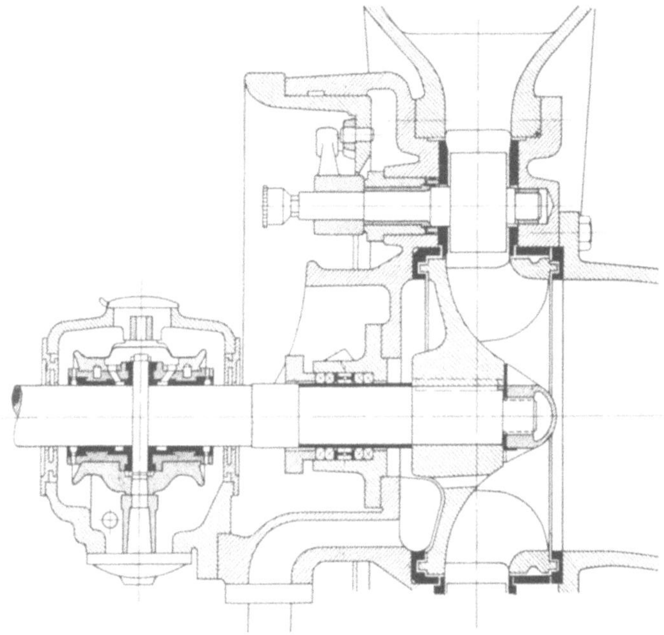

Abb. 110,1. Francis-Spiralturbine (liegende Welle, Außenregelung) (Escher Wyss, Ravensburg)

werden bis 45 m/sek, gußeiserne bis 50 m/sek und Stahlgußräder bis 95 m/sek angewendet. Die 12 bis 18 Laufradschaufeln sind räumlich gekrümmt. Ihr recht schwieriger Entwurf wird im Berechnungsbeispiel S. 175 u. f. im Auszug behandelt.

Auf die verschiedenen Laufradformen (Abb. 79,1), die für sie in Frage kommenden Fallhöhen H, sekundlichen Wassermengen Q und Reaktionsgrade sowie auf ihre Kennziffern n_q wurde bereits auf S. 79 u. f.

eingegangen. Die Aufgabe des Saugrohrs wurde S. 87 besprochen. Abb. 109,1 zeigt demnach einen Francis-Normalläufer mit stehender Welle und geradem Saugrohr, ausgeführt als Schachtturbine, denn die Leitvorrichtung und das Laufrad liegen im Oberwasser. Der Drehzahlregler verdreht mit Hilfe einer Druckölsteuerung die Regulierwelle. Der auf dieser sitzende Winkelhebel betätigt zwei Zugstangen. Drehen sie den Regelring im Uhrzeigersinn, so werden die Kanäle zwischen den Leitschaufeln enger, und Q und damit die Leistung verkleinert sich. Auch Abb. 110,1 ist ein Francis-Normalläufer, aber mit liegender Welle, gegossenem Spiralgehäuse, Außenregelung und Krümmer zwischen Laufrad und Saugrohr. Der Bund des Gleitlagers nimmt den Axialschub auf. Dieser ist nur gering, da das Laufrad beiderseits mit Dichtungsleisten ausgerüstet ist und so im Laufradboden Entlastungslöcher erhalten konnte.

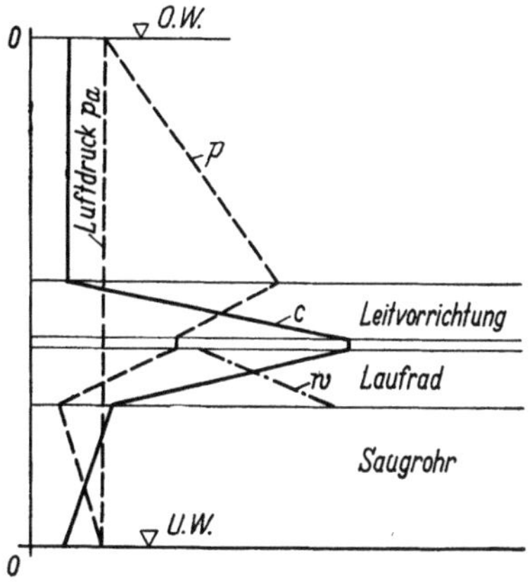

Abb. 111,1. Verhalten von p, c und w in einer Überdruckturbine

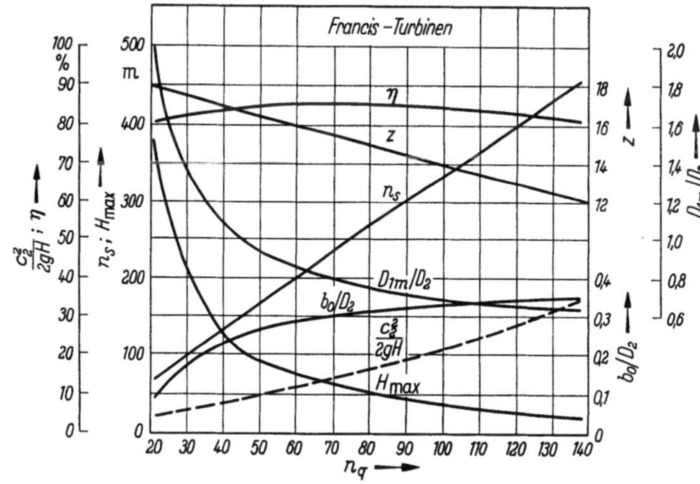

Abb. 111,2. Günstigste Verhältnisse für Francisturbinen

Den Verlauf des absoluten Druckes p, der absoluten Geschwindigkeit c und der Relativgeschwindigkeit w in der Anlage zeigt Abb. 111,1. Da bei Überdruckturbinen der Druck im Laufrad abnimmt, setzt sich Druckenergie in kinetische Energie um, so daß die Relativgeschwindigkeit w sich im Laufrad vergrößert. Hierdurch entsteht am Laufrad außer der Umlenkungskraft eine Rückstoß- (Reaktions-) Kraft. Beide Kräfte bilden die Drehkraft des Laufrades. Durch das Saugrohr entsteht hinter dem Laufrad ein Unterdruck, so daß die im Laufrad umgesetzte Druckenergie größer wird.

Abb. 111,2 (nach KEYL-HÄCKERT[1]) zeigt für die verschiedenen Kennzahlen n_q und damit für die verschiedenen Laufradformen die anwendbaren Fallhöhen H, die günstigsten Verhältnisse des mittleren Eintrittsdurchmessers D_{1m} zum Austrittsdurchmesser D_2, der axialen Höhe b_0 der Leitschaufeln zu D_2 und der zulässigen Austrittsenergie $c_2^2/2g$ zu H sowie die Zahl z der Laufradschaufeln, bei denen die angegebenen Wirkungsgrade erreicht werden.

Der Charakter der Wirkungsgradkurven Abb. 80,1 der Francis-Langsam- und -Schnelläufer und die Eignung dieser Bauarten für Spitzen- bzw. Grundlastkraftwerke ist bereits S. 80 und 81 behandelt worden.

Ein Rechnungsbeispiel für ein Francislaufrad s. S. 173.

b) Die Propeller- und Kaplanturbinen. Nach Abb. 113,1 wird auch bei diesen Turbinen das Wasser durch die FINKschen Drehschaufeln radial zugeführt. Nachdem es dann in einem schaufellosen Raum in die axiale Richtung umgelenkt ist, ist die Hauptströmungsrichtung im Laufrad axial. Die Laufradschaufeln der Propellerturbine bestehen entweder mit der Nabe aus einem Stück (Abb. 112,1), oder sie sind mit Zapfen fest in die Nabe eingesetzt. Bei beiden Ausführungen kommt es nach Abb. 69,2 zu Stoßverlusten und so zu einem starken

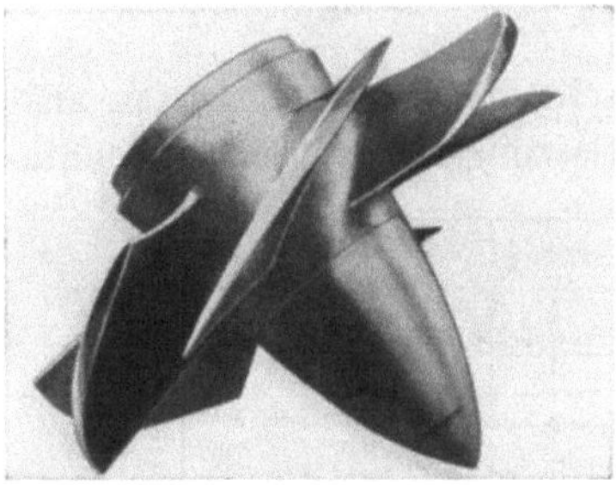

Abb. 112,1. Laufrad einer Propellerturbine (Maier, Brackwede)

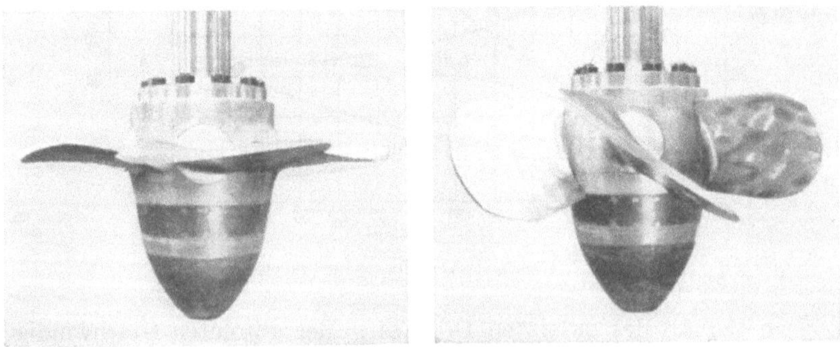

a b

Abb. 112,2a u. b. Kaplanlaufrad (Voith, Heidenheim). a) geschlossen, b) offen

[1] [10], S. 117.

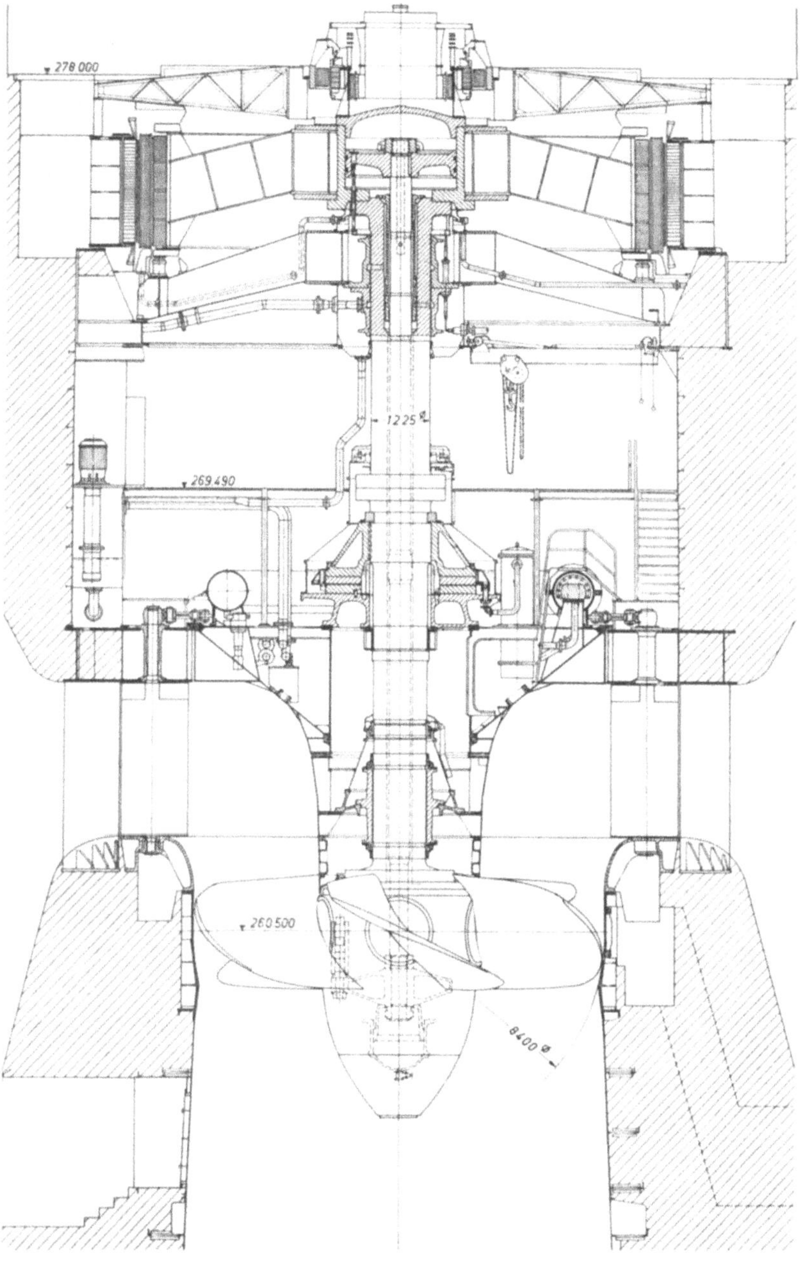

Abb. 113,1. Donaukraftwerk Aschach: Kaplanturbine mit Einlaufspirale und gekrümmtem Saugrohr. 5 Laufradflügel. $H = 15$ m, $Q = 500$ m³/sek, $n = 68{,}2$ U/min, $N = 91\,000$ PS, $N_{max} = 102\,000$ PS (Voith, Heidenheim)

Abfallen der Wirkungsgradkurve, wenn Q von Q_t abweicht. Bei der von dem Österreicher KAPLAN 1910 bis 1918 entwickelten Kaplanturbine verstellt der Regler über eine Druckölsteuerung nicht nur die Leitschaufeln, sondern auch die Laufradschaufeln (Abb. 112,2) so, daß die Strömung beim Eintritt ins Laufrad die Schaufeln tangiert. Auf diese Weise bleibt trotz der hohen Kennzahl n_q nach Abb. 81,1 der Wirkungsgrad in dem großen Beaufschlagungsbereich von 30 bis 100% zwischen 80 und 90%. Abb. 113,1 zeigt eine in eine Betonspirale eingebaute Propellerturbine mit stehender Welle. Das Traglager ist ein Michell-Einscheiben-Drucklager. Wie es auf S. 87 begründet wurde, benötigen schnelläufige Überdruckturbinen ein langes Saugrohr, welches mit Rücksicht auf die geringe Fallhöhe gekrümmt nach

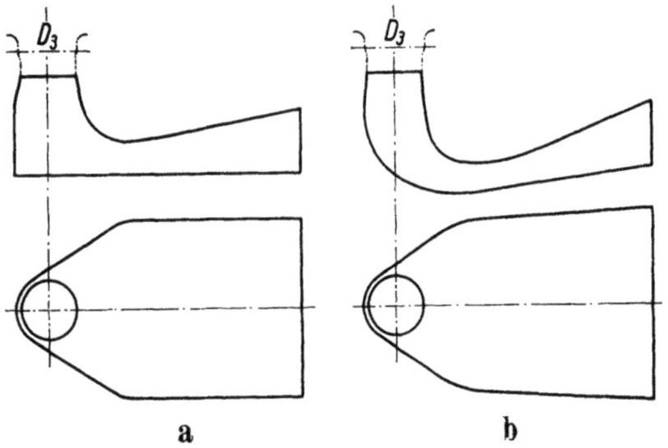

Abb. 114,1 a u. b. Gekrümmte Saugrohre. a) nach KAPLAN, b) heute üblich (Voith, Heidenheim)

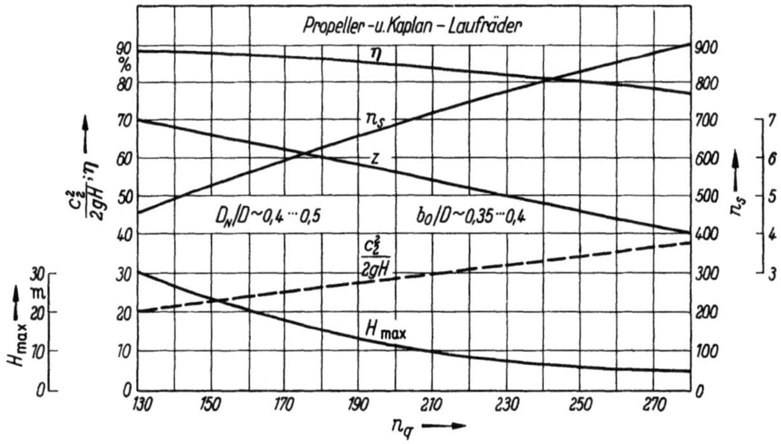

Abb. 114,2. Günstigste Verhältnisse für Propeller- und Kaplanturbinen

Abb. 114,1b ausgeführt wird. In Abb. 114,1a ist der sog. „Ellbogenkrümmer" nach KAPLAN abgebildet.

Über die Gefährdung schnelläufiger Laufräder durch Kavitation und ihre Vermeidung s. S. 88.

Die Kurven Abb. 114,2 (nach KEYL-HÄCKERT[1]) zeigen in Abhängigkeit von der Kennzahl n_q die höchstzulässigen Fallhöhen $H_{\max}$, die günstigsten Propellerzahlen z und Verhältnisse des Nabendurchmessers D_N zum Außendurchmesser D sowie der axialen Leitschaufelhöhe b_0 zum

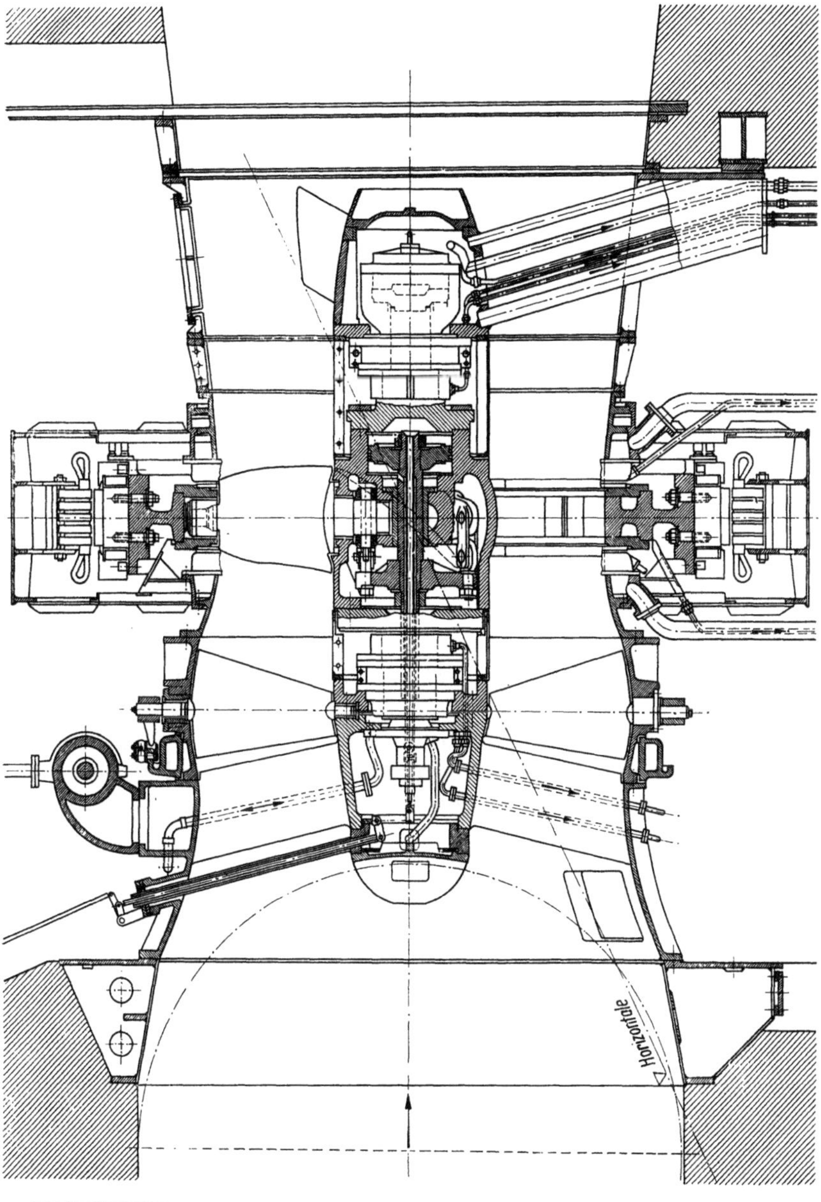

Abb. 115,1. Rohrturbine (axiale Leitschaufeln)
$H = 8{,}6$ m, $Q = 22{,}5$ m³/sek, $n = 214{,}3$ U/min, $N = 2030$ PS, $D = 1950$ mm ∅, $z = 5$ Propeller (Escher Wyss, Ravensburg)

[1] [*10*], S. 126.

Laufraddurchmesser D, weiter die zulässigen Austrittsenergien $c_2^2/2g$, mit denen sich die angegebenen Wirkungsgrade erreichen lassen.

Bei den sog. Rohrturbinen (Abb. 115,1) sind die Leitschaufeln so angeordnet, daß sie das Wasser sofort axial zum Laufrad führen. Der Außenkranz des Laufrades setzt das Strömungsrohr zwischen Leitrad und Saugrohr fort und trägt außen den umlaufenden Teil des Generators. Der Generatorraum ist mit Preßluft gefüllt, so daß deren Druck das Wasser abhält.

Ein Berechnungsbeispiel für ein Propellerrad nach der Tragflügeltheorie s. S. 185.

B. Dampfturbinen

1. Allgemeines: Fallhöhengeschwindigkeit. Laufzahl. Gütezahl

Als reine Rechnungsgröße führte man im Dampfturbinenbau außer der Kennzahl n_q mit $h_0 \cdot 427 = L_{ad}$ nach Gl. (12,2) die sog. Fallhöhengeschwindigkeit

$$C = \sqrt{2g \cdot L_{ad}} \qquad (116,1)$$

und die Laufzahl u/C ein. Nach S. 78 ist die im Laufrad umgesetzte Energie $h_0'' = \mathfrak{r} \cdot h_0$ und die in der Leitvorrichtung umgewandelte Energie $h_0' = h_0 - h_0'' = h_0 \cdot (1 - \mathfrak{r})$. Damit wird die theoretische absolute Austrittsgeschwindigkeit

$$c_0 = \sqrt{2 \cdot g \cdot 427 \cdot h_0'} = \sqrt{2 \cdot g \cdot 427 \cdot h_0 \cdot (1 - \mathfrak{r})} = C \cdot \sqrt{1 - \mathfrak{r}}. \qquad (116,2)$$

Sie wird durch die Strömungsverluste verringert auf $c_1 = \varphi \cdot c_0$.

Nimmt man zur Vereinfachung zunächst an, daß der Dampf axial, also mit $\alpha_2 = 90°$ und $c_{2u} = c_2 \cdot \cos\alpha_2 = 0$ das Laufrad verläßt, so wird nach der Eulerschen Gleichung [Gl. (49,2)] $g \cdot h_0 \cdot \eta_h \cdot 427 = u \cdot c_1 \cdot \cos\alpha_1$, nach Gl. (116,1) $L_{ad} = h_0 \cdot 427 = C^2/2g$ und somit nach Gl. (116,2)

$$u \cdot \varphi \cdot C \cdot \sqrt{1 - \mathfrak{r}} \cdot \cos\alpha_1 = \eta_h \cdot g \cdot \frac{C^2}{2g},$$

also
$$\frac{u}{C} = \frac{\eta_h}{\varphi \cdot \cos\alpha_1} \cdot \frac{1}{2} \cdot \frac{1}{\sqrt{1 - \mathfrak{r}}} \sim \frac{1}{2 \cdot \sqrt{1 - \mathfrak{r}}},$$

wenn bei $\eta_h = \eta_u = 0{,}75$ bis $0{,}9$, bei $\varphi = 0{,}93$ bis $0{,}99$ und für $\alpha_1 = 14$ bis $17°$ der Wert $\frac{\eta_h}{\varphi \cdot \cos\alpha_1} \approx 1$ gesetzt wird.

Da für reine Gleichdruckturbinen der Reaktionsgrad $\mathfrak{r} = 0$ ist, so ergibt obige Ableitung ebenfalls $\frac{u}{C} = \frac{1}{2} = 0{,}5$ wie S. 78.

Für Überdruckturbinen wird mit dem Reaktionsgrad $\mathfrak{r} = 0{,}5$ nach S. 78 die Laufzahl $\frac{u}{C} = \frac{1}{2 \cdot \sqrt{0{,}5}} = 0{,}707$.

Da nun aber nach Abb. 3,1 die Austrittswinkel α_2 mehr oder weniger stark von 90° abweichen, da weiter nach Gln. (94,3) und (96,1) die Vorgeschwindigkeit, mit der der Dampf aus der vorhergehenden Stufe zuströmt, noch von Einfluß ist, so schlägt PFLEIDERER[1] für druckgestufte Gleich- und Überdruckturbinen, also für Zoelly- und Parsonsturbinen, die Laufzahl

$$\frac{u}{C} = (0{,}38 \text{ bis } 0{,}47) \cdot (1 + 0{,}8 \cdot \mathfrak{r}) \qquad (117{,}1)$$

vor. Die größeren Werte gelten für große, die kleineren für kleine und mittlere Turbinen.

Bei den Lavalturbinen (1 Laufradkranz) und Curtisturbinen (mehrere Laufradkränze auf 1 Laufrad) stuft man nach S. 90 den Druck nicht. Man hat dann große Fallhöhen h_0 und somit bei diesen Gleichdruckturbinen große absolute Austrittsgeschwindigkeiten $c_1 = \varphi \cdot 91{,}53 \cdot \sqrt{h_0}$ [Gl. (89,1)] aus den Düsen. Sind diese überkritisch, so müssen nach S. 92 erweiterte Düsen angewendet werden. Doch muß man dann nach S. 90 auf hohe Wirkungsgrade η_u verzichten. SÖRENSEN (s. DUBBEL[2]) gibt an für

zweikränzige Curtisräder $n_q = 1{,}6$ bis $14 \quad \eta_u < 0{,}70$
dreikränzige Curtisräder $n_q = 0{,}6$ bis $5{,}5 \quad \eta_u < 0{,}65$
vierkränzige Curtisräder $n_q = 0{,}3$ bis $2{,}5 \quad \eta_u < 0{,}6$;

er nimmt allerdings z. B. für zweikränzige Curtisräder einen Düsenwinkel α_1 von nur 14° an. DIETZEL[3] schlägt folgende Winkel vor:

	C-Rad	2-C-Rad	3-C-Rad
Düsenwinkel α_1	15—16	16—19	19—22
1. Laufradkranz β_2	24—28	22—24	24—26
1. Umlenkkranz α_1'		29—32	28—30
2. Laufradkranz β_2'		38—45	33—44
2. Umlenkkranz α_1''			38—40
3. Laufradkranz β_2''			42—45

Durch die Reibung des Dampfes in der Radkammer an der Laufradscheibe und durch den Laufwiderstand der nicht beströmten Laufradschaufeln entsteht bei nicht voll beaufschlagten Gleichdruckturbinen ein sog. Radreibungs- und Ventilationsverlust N_{rv} PS bzw. h_{rv} kcal/kp,

[1] [*14a*], S. 47. [2] [*3*], Bd. II, S. 357. [3] [*2*], S. 96.

der zusammen mit dem meist geringen Spaltverlust h_{sp} kcal/kp das Arbeitsvermögen am Radumfang h_u kcal/kp auf das innere Arbeitsvermögen h_i kcal/kp und so den Umfangswirkungsgrad $\eta_u = h_u/h_0$ auf den inneren Wirkungsgrad $\eta_i = h_i/h_0$ herabsetzt. Um diesen möglichst günstig zu erhalten, empfiehlt DIETZEL[1],

2-C-Räder mit $u/c_1 = 0{,}15 \quad 0{,}20 \quad 0{,}25$ und $0{,}3$,
3-C-Räder mit $u/c_1 = 0{,}07 \quad 0{,}10 \quad 0{,}15$ und $0{,}20$

durchzurechnen, um das Verhältnis für u/c_1 zu ermitteln, welches das beste η_i hat. Ebenso ist es günstig, die Austrittswinkel β_2 kleiner als die Eintrittswinkel β_1 zu machen, wodurch allerdings die Schaufeln der Laufradkränze länger werden.

Die Anwendung der obengenannten Kennwerte für die Stufung der Überdruckturbinen möge das nachstehende Zahlenbeispiel zeigen.

Zahlenbeispiel 24. Im Entwurf einer druckgestuften Überdruckturbine nach Abb. 134,1 mit der Drehzahl 3000 U/min seien am Eintritt in den Hochdruckteil 625 mm, in der Mitte des Mitteldruckteils 775 mm und am Ende des Niederdruckteils 1250 mm mittlerer Durchmesser für die Laufradbeschaufelung angenommen worden. Welche adiabatischen Stufengefälle ergeben sich hieraus mit den oben angegebenen Laufzahlen?

Die entsprechenden Umfangsgeschwindigkeiten sind $u = 98$, $u = 121{,}5$ und $u = 196$ m/sek. Sei nach Vortext am Eintritt des Hochdruckteils $u/C = 0{,}38 \cdot (1 + 0{,}8 \cdot \mathfrak{r})$ und am Ende des Niederdruckteils $u/C = 0{,}47 \cdot (1 + 0{,}8 \cdot \mathfrak{r})$, so wird mit dem Reaktionsgrad $\mathfrak{r} = 0{,}5$ für Überdruckturbinen $u/C = 0{,}532$ bzw. $0{,}658$ und damit die Fallhöhengeschwindigkeit $C = \sqrt{2g \cdot h_0} = \frac{u}{u/C} = 184$ bzw. 298 m/sek. Die adiabatischen Stufengefälle $h_0 = (C/91{,}53)^2$ liegen somit bei dieser druckgestuften Überdruckturbine zwischen $h_0 = 4$ kcal/kp und $h_0 = 10{,}6$ kcal/kp.

Dadurch, daß nach Abb. 97,1 die inneren Verluste der vorhergehenden Stufe die Enthalpie des Dampfes beim Eintritt in die nächste Stufe erhöhen, wird die Summe der adiabatischen Wärmegefälle der einzelnen Stufen $\sum h_0 = h_{01} + h_{02} + h_{03}$ usf. (s. Abb. 119,1) größer als das adiabatische Gesamtgefälle H_0 der ganzen Turbine. Man setzt $\sum h_0 = m \cdot H_0$ und bezeichnet m als den Wärmerückgewinnungsfaktor. DIETZEL[2] gibt $m = 1{,}03$ bis $1{,}04$ bei mehr als 6 Stufen und $m = 1{,}05$ bis $1{,}08$ bei mehr als 12 Stufen an. Nach Zahlenbeispiel 24 würde für die druckgestufte Überdruckturbine Abb. 134,1 im Mittel ein adiabatisches Stufengefälle von $h_{0m} = 6$ kcal/kp in Frage kommen. Da für einen Frischdampfzustand von 40 atü und 450 °C vor dem Eintritt in das

---

[1] *[2]*, S. 96 u. 76. [2] *[2]*, S. 96 u. 76.

Hochdruckteil und 0,05 ata Kondensatordruck am Austritt aus dem Niederdruckteil das adiabatische Gesamtgefälle laut *is*-Diagramm $H_0 = 794 - 503 = 291$ kcal/kp ist, 35 bis 40% hiervon für die Regelstufe — nach Abb. 134,1 2-C-Rad — abgehen und nach S. 96 die Überdruckturbinen mehr Stufen als die Gleichdruckturbinen haben, so wird mit mehr als 12 Stufen laut Vortext die Stufenzahl

$$i = m \cdot H_0'/h_{0m}$$
$$= 1{,}06 \cdot 0{,}625 \cdot 291/6 = 32 \text{ Stufen}.$$

Tatsächlich ausgeführt nach Abb. 134,1 34 Stufen im Überdruckteil.

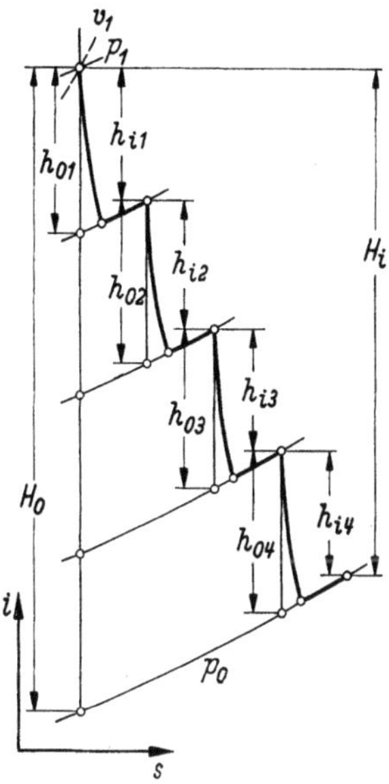

Abb. 119,1. Druckgestufte Gleichdruckturbine. Wärmerückgewinn

Berechnet man für jede dieser 34 Stufen das Quadrat der Umfangsgeschwindigkeit und bildet die Summe dieser Quadrate, so erhält man für Abb. 134,1 $\sum u^2 = 574000$. Man bezieht diesen Wert auf das verarbeitete adiabatische Wärmegefälle $H_0' = 0{,}625 \times H_0 = 182$ kcal/kp und nennt diese Größe die Parsonssche Kennzahl X oder die Gütezahl q. PFLEIDERER[1] gibt für reine druckgestufte Gleichdruckturbinen $q = 1200$ bis 1850 und für druckgestufte Überdruckturbinen $q = 2400$ bis 3700 an. Für die Parsonsturbine Abb. 134,1 ist demnach

$$q = \sum u^2/H_0' = 574000/182 = 3150 = X. \tag{119,1}$$

Setzt man in die Formel für die Kennzahl n_q der Dampfturbinen Gl. (61,3) nach S. 96 für druckgestufte Überdruckturbinen ein kleineres adiabatisches Stufengefälle h_0 ein als für druckgestufte Gleichdruckturbinen, so wird mit $L_{ad} = 427 \cdot h_0$ im Nenner von n_q die Kennzahl n_q für Parsonsturbinen größer als für Zoellyturbinen. SÖRENSEN (s. DUBBEL[2]) gibt daher ohne Austrittsverlust und ohne Kondensatbildung an für druckgestufte Gleichdruckturbinen $n_q = 10$ bis 27, $\eta_u = 0{,}75$ bis 0,88, für druckgestufte Überdruckturbinen $n_q = 31$ bis 64, $\eta_u = 0{,}78$ bis 0,9. Werte von n_q und η_u für Curtisturbinen s. S. 117.

Da Parsonsturbinen auch größere sekundliche Dampfmengen verarbeiten können als Zoellyturbinen, so ergibt sich in Übereinstimmung mit den übrigen Strömungsmaschinen, daß zu den größten sekundlichen Durchflußmengen, zu den größten Drehzahlen und zu den kleinsten Fall-

[1] [*14a*], S. 362. [2] [*3*], Bd. II, S. 357.

höhen H bzw. adiabatischen Stufengefällen h_0 oder Stufenförderhöhen h, also zu den größten Kennziffern n_q auch die besten Wirkungsgrade gehören.

2. Geschwindigkeitsgestufte Gleichdruckturbinen (Curtisturbinen)

Die Curtisturbine ist eine Axialturbine, d. h., die Hauptströmungsrichtung des Dampfes ist parallel zur Welle. Sie erhält erweiterte Düsen b und somit hohe absolute Austrittsgeschwindigkeiten c_1 aus den Düsen,

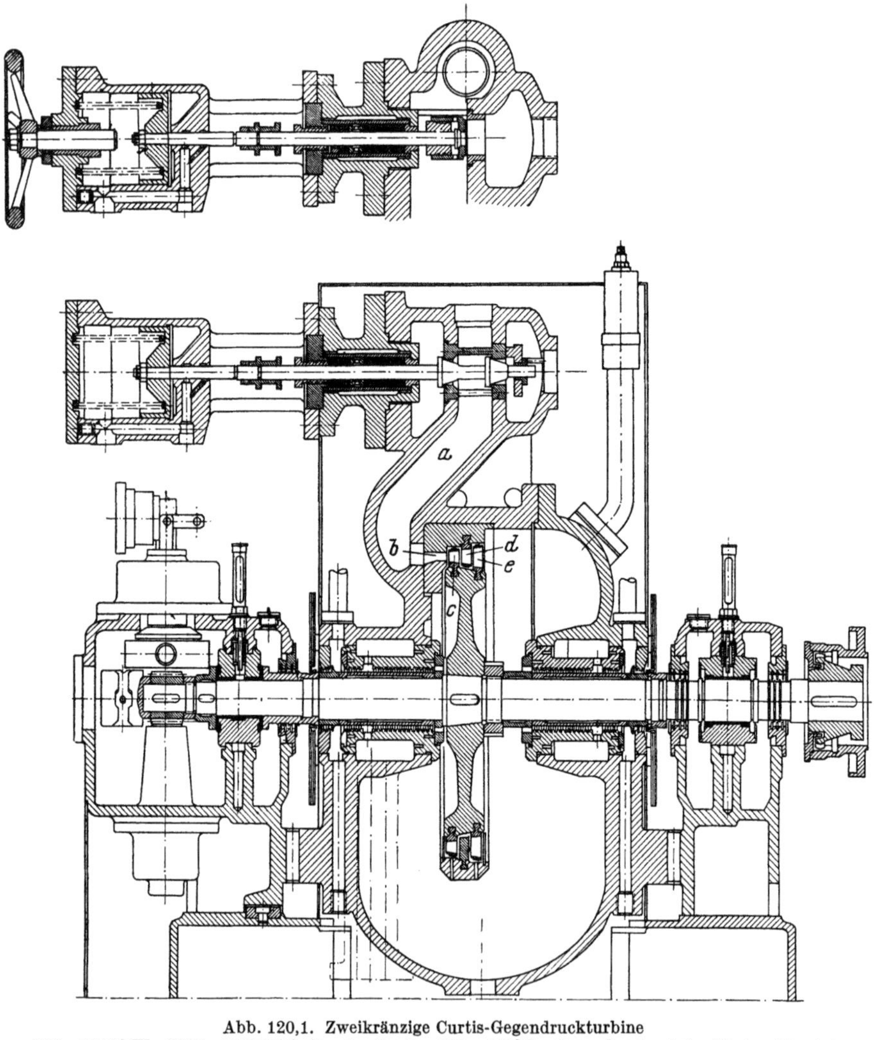

Abb. 120,1. Zweikränzige Curtis-Gegendruckturbine
300—1000 kW, 7000—11000 U/min, 8—40 atü, 250—420° C, Gegendruck: 1,2—10 ata (Borsig)

d. h. nach S. 118 hohe Umfangsgeschwindigkeiten u, also hohe Drehzahlen n der Turbinenwelle. Sie wird daher oft als Getriebeturbine gebaut oder wie Abb. 120,1 zum Antrieb von Pumpen und Gebläsen von 300 bis 1000 PS bei Drehzahlen von 3000 bis 8000 U/min verwendet. Sie dient also vorwiegend als Hilfsturbine, aber auch als vorgeschaltetes Regelrad für druckgestufte Hauptturbinen wie Abb. 134,1 und 125,1.

Durch die mehrfache Umlenkung in 2 bis 4 Laufradbeschaufelungen, die nach dem Amerikaner CURTIS auf einer Laufradscheibe untergebracht werden, und in den dazwischenliegenden Umlenkschaufeln entstehen große innere Verluste durch Strömungsreibung auf dem langen Strömungsweg, durch Ventilation, d. h. durch den Laufwiderstand der nicht beströmten Laufradschaufeln, und durch die sog. Radreibung, d. h. durch die Reibung des Dampfes an den sehr schnell umlaufenden Laufradscheiben. Dadurch ergibt sich zwar ein niedriger innerer Wirkungsgrad η_i (vgl. S. 117) der Turbine selbst; da aber diese inneren Verluste sich in Reibungswärme umsetzen, wird der Abdampf wärmer, und so haben sog. Gegendruckanlagen wie Abb. 120,1, bei denen der Abdampf in Speisewasservorwärmer o. ä. geschickt und dort durch Wärmeabgabe bei Kondensation voll ausgenutzt wird, die besten Wirkungsgrade.

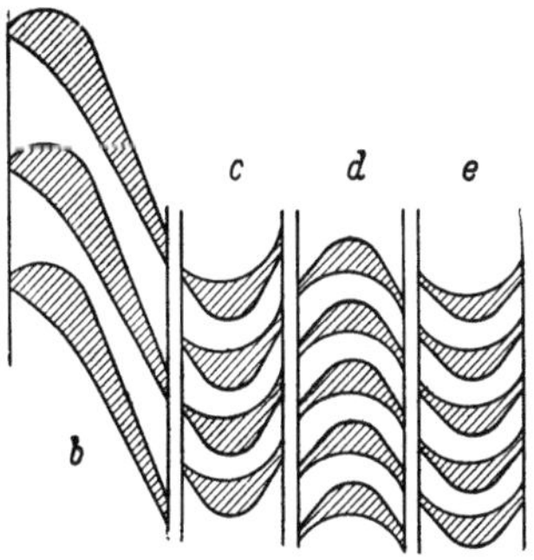

Abb. 121,1. Düsen und Schaufeln einer zweikränzigen Curtisturbine

Abb. 120,1 zeigt den Längsschnitt durch eine Curtisturbine mit dem Dampfeintritt a, den Düsen b, der ersten Laufradbeschaufelung c, der Umlenkbeschaufelung d und der zweiten Laufradbeschaufelung e. Abb. 121,1 ist ein tangential zum Laufrad geführter Schnitt. Die Düsen b sind erweitert, so daß in ihnen der Frischdampfdruck p_1 auf den Gegendruck $p_0 < p_k$ (vgl. S. 92) gesenkt werden kann. Die Laufradschaufeln c und e sind so profiliert (s. Berechnungsbeispiel S. 198), daß die überkritische absolute Geschwindigkeit c_1 hinter den Düsen b in den Laufradschaufeln c und e stufenweise, d. h. in c erst auf c_2 und in e dann auf c_2' heruntergearbeitet wird. Deshalb heißt die Curtisturbine auch geschwindigkeitsgestufte Turbine. Die Strömungsverluste in c bzw. e bewirken einen Abfall der Relativgeschwindigkeit von w_1 auf $w_2 = \psi_1 \cdot w_1$ bzw. von w_1'

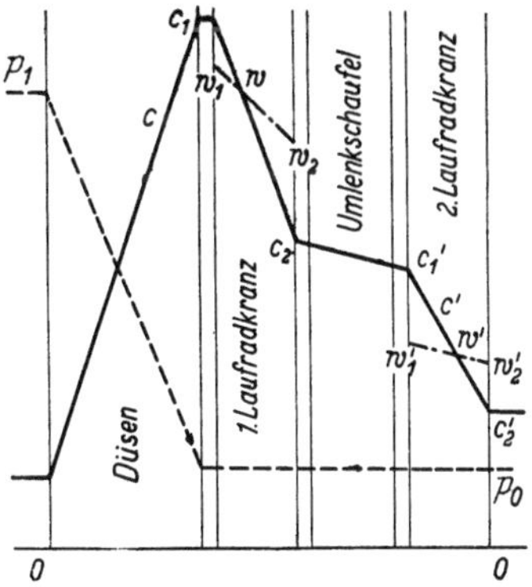

Abb. 121,2. Verhalten von p, c und w in einer zweikränzigen Curtisturbine

auf $w_2' = \psi_2 \cdot w_1'$. Ebenso wird in der Umlenkbeschaufelung d die absolute Geschwindigkeit c_2 auf $c_1' = \varphi_2 \cdot c_2$ gesenkt. Abb. 121,2 gibt eine Übersicht über die Vorgänge in b, c, d und e (s. a. Abb. 198,1).

Konstruktiv faßt man mehrere Düsen zu Gruppen und mehrere Gruppen zu Düsensegmenten zusammen. Unterhalb von 350 °C werden die Düsen aus Ge 22.91 gegossen. Die Stege zwischen den Kanälen macht man aus gußtechnischen Gründen etwa 2 bis 3 mm stark. Für hohe Drücke und für Temperaturen über 350 °C werden die Düsen aus einzelnen Teilen zusammengesetzt (s. Schraffur von b in Abb. 120,1) und gefräst. Für Temperaturen über 400 °C werden sie aus dem Vollen herausgearbeitet. Wird nur ein Teil des Umfangs mit Düsen besetzt, so sieht man sie bei niedrigen Frischdampfdrücken nur im Gehäuseoberteil vor (s. Abb. 120,1). Bei hohen Drücken und Temperaturen des Frischdampfs (s. Abb. 125,1) werden die Düsengruppen gleichmäßig über den Umfang verteilt, um die Wärmebeanspruchung des Gehäuses und der Laufradscheiben günstiger zu gestalten.

Als Werkstoff für die Laufradschaufeln kommen Chrom-Vanadium- oder anders legierte Stähle in Frage bei hohen Temperaturen, sonst Mangan- oder Kohlenstoffstähle und bei niedrigem Druck nichtrostender Stahl V11M. Die Schaufeln werden entweder allseitig gefräst oder aus kalt gezogenen Profilstangen durch Ausfräsen der Schaufelfüße hergestellt. Am Kopf wird ein kleiner Nietzapfen für das Deckband angearbeitet. Als Schaufelfuß wird das Hammerkopf- oder das Tannenbaumprofil verwendet, das letztere bei hohen Fliehkräften. Die Schaufeln werden durch eine Einfüllöffnung in die Nut des Laufradkranzes eingesetzt und bei der Montage fest zusammengepreßt. Schließlich wird die Einfüllöffnung mit einem Schlußstück gesichert verschlossen.

Außer den Laufradschaufeln sind die Laufräder die höchstbeanspruchten Teile der Dampfturbine. Sie werden daher oft als Körper gleicher Festigkeit — radiale und tangentiale Zugspannungen — aus SM- oder Sonderstahl hergestellt, u. U. sogar mit der Welle aus einem Stück herausgearbeitet (s. Abb. 125,1). Für Räder über 800 mm ⌀ werden Einzelscheiben benutzt, die mit Fest- oder Schrumpfsitz auf die Welle aufgebracht werden. Zu beachten ist, daß der Schwerpunkt des unsymmetrischen Laufradkranzquerschnitts in die Mittelebene der Laufradscheibe fallen muß und daß der Kranz beim Übergang in die Scheibe gut ausgerundet wird.

Statt mehrere Laufradkränze anzuordnen, kann, da es sich ja um eine Gleichdruckturbine handelt, auch ein Laufradkranz mehrfach beaufschlagt werden. Die Firma Kühnle, Kopp & Kausch führt solche Turbinen als Axial- und Radialturbinen aus. Abb. 123,1 und 123,2 zeigen die erstere Ausführung, gebaut als Getriebeturbine. Es handelt sich um eine geschwindigkeitsgestufte Gleichdruckturbine mit drei Beaufschlagungen. Da die sekundliche Dampfmenge V m³/sek nahezu dieselbe bleibt, die absoluten Geschwindigkeiten c aber nach Abb. 121,2 von Beaufschlagung zu Beaufschlagung abnehmen, so muß der Durchtritts-

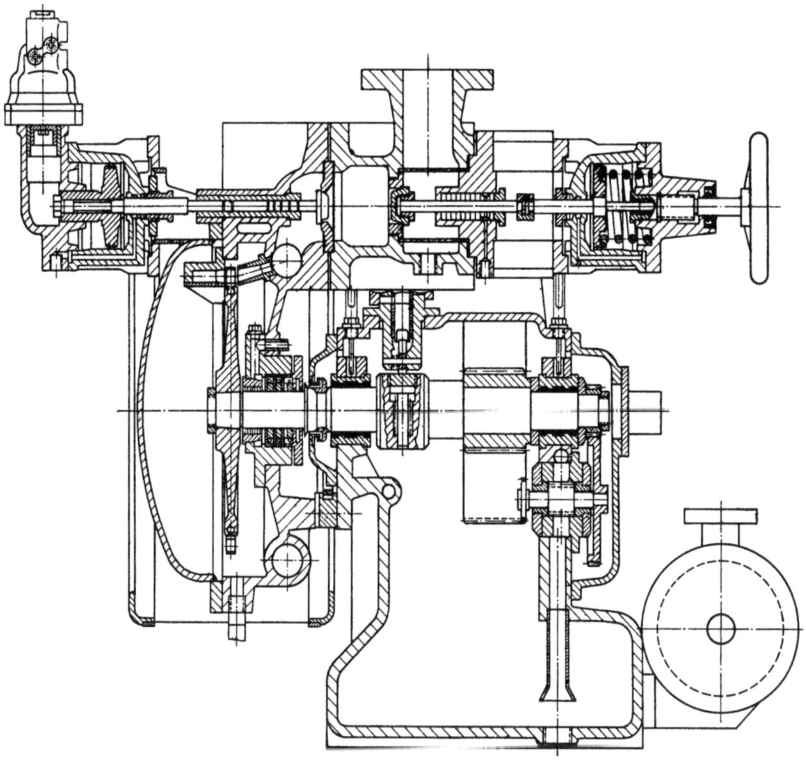

Abb. 123,1. Axial mehrfach beaufschlagte Curtisturbine
100—500 PS, 1450—5300 U/min, bis 100 atü, 510°C, 10 atü 320°C (Kühnle, Kopp & Kausch)

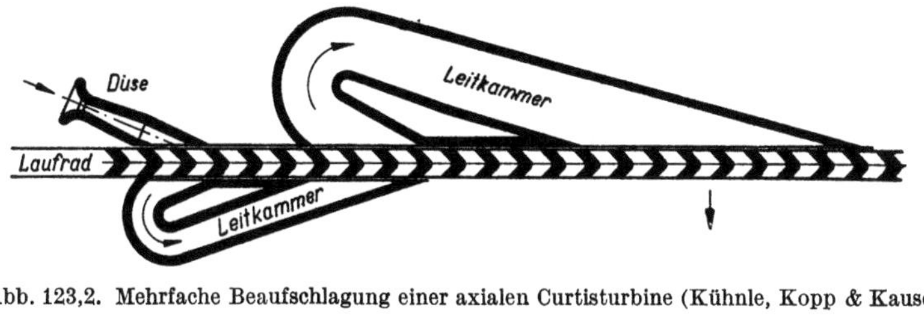

Abb. 123,2. Mehrfache Beaufschlagung einer axialen Curtisturbine (Kühnle, Kopp & Kausch)

querschnitt der Leitkammern und der Beaufschlagungsbogen der Laufräder von Beaufschlagung zu Beaufschlagung, wie Abb. 123,2 zeigt, zunehmen.

Der Radreibungs- und Ventilationsverlust h_{rv} kcal/kp ist neben dem Düsenverlust h_d, dem Verlust in der Umlenkbeschaufelung h_l', den Verlusten in den Laufradbeschaufelungen h_s und h_s' und dem Austrittsverlust $h_a = c_2'^2/(2g \cdot 427)$ (sämtlich erfaßt durch den Umfangswirkungsgrad η_u) der Hauptverlust in der Curtisturbine, der den inneren Wirkungsgrad η_i wesentlich bestimmt.

Die Laufradscheibe erfährt an dem sie umgebenden Dampf in der Radkammer Reibung, da dieser Dampf sich mit geringerer Winkelgeschwindigkeit dreht, weil er durch die Kammerwand festgehalten wird. Auch wird dieser Dampf durch die Fliehkraft nach außen geschleudert und bildet so am Kranz Wirbel. Diese Ursachen bewirken den Radreibungsverlust N_r PS. Bei den druckgestuften Gleichdruckturbinen tritt er an jeder Laufradscheibe, bei den druckgestuften Überdruckturbinen (s. Abb. 134,1) nur an den beiden Stirnseiten der Läufertrommel auf. Er macht daher bei letzteren wenig aus.

Ebenso entfällt der Ventilationsverlust bei den immer voll beaufschlagten Parsonsturbinen und bei den voll beaufschlagten Stufen der Zoellyturbinen. Dagegen entstehen bei den nicht voll beaufschlagten Stufen der druckgestuften Gleichdruckturbinen und bei den Curtisturbinen an den Einströmkanten der nicht beströmten Laufradschaufeln Wirbel, die der Drehung des Laufrades einen Widerstand entgegensetzen. Dieser sog. Ventilationsverlust N_v PS hängt also von dem Beaufschlagungsgrad ε ab (s. S. 94), da der nicht beströmte Bogen gleich $\pi \cdot D \cdot (1 - \varepsilon)$ ist.

Sind l_{s1}' und l_{s2}' cm die Eintrittslängen der beiden Laufradschaufelkränze eines Curtisrades, so kann man nach STODOLA die beiden Verluste durch Radreibung und Ventilation zusammenfassen zu

$$N_{rv} = K[1{,}46 \cdot D^2 + 0{,}83 \cdot D \cdot (l_{s1}'^{1,5} + l_{s2}'^{1,5}) \cdot (1 - \varepsilon)] \cdot \frac{u^3}{v \cdot 10^6} \text{ PS}. \qquad (124{,}1)$$

Hierin ist der Faktor $K = 0{,}5$ bis 1 für Heißdampf und Luft und $K = 1{,}0$ bis 1,3 für Naßdampf sowie v m³/kp das mittlere spezifische Volumen des Dampfes im Laufrad. Wird jedoch nach Abb. 120,1 an den nicht beaufschlagten Teil des Laufrades eine Umhüllung, ein sog. Ventilationsschutzring f, gelegt, so kann der mit vorstehender Formel berechnete Ventilationsverlust um 50 bis 75% kleiner angenommen werden. Berechnungsbeispiel S. 199.

Bezogen auf 1 kp Dampf ist der Radreibungs- und Ventilationsverlust h_{rv} kcal/kp zu errechnen aus

$$G_{\text{sek}} \cdot h_{rv} \cdot 427 = N_{rv} \cdot 75 \text{ kpm/sek}. \qquad (124{,}2)$$

3. Druckgestufte Gleichdruckturbinen (Zoellyturbinen)

Den Längsschnitt durch eine solche Turbine zeigt Abb. 125,1. In diesem Fall besteht die Welle mit den 20 Laufradscheiben l_1 bis l_{20} aus einem Stück, während die Laufradscheibe des vorgeschalteten Curtisrades *e* auf

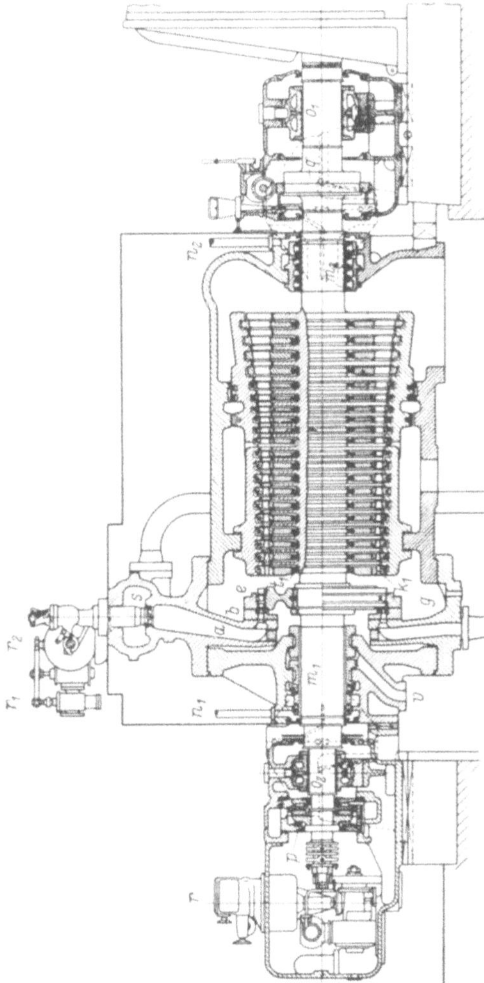

Abb. 125,1. Zoellyturbine. Gegendruckturbine: 31 400 kW, 3000 U/min, 90/110 atü, 490/510 °C, 5 ata (AEG)

die Welle aufgesetzt ist. Der Weg und die Arbeit des Frischdampfes entspricht von *a* bis *e* dem vorigen Abschnitt über das Curtisrad, Abb. 121,1 und 121,2, nur daß die Düsengruppen gleichmäßig über den Laufradumfang verteilt sind. Die Anordnung einer Radkammer *g* ermöglicht den Übergang von der Teilbeaufschlagung des Curtisrades auf die Vollbeaufschlagung der 20 Zoellystufen.

Die Hochdruckstopfbüchse m_1 und die Niederdruckstopfbüchse m_2 sorgen dafür, daß nur wenig Dampf nach außen entweicht. Dies wird durch die Kamine n_1 und n_2 kontrolliert, die an das Außenende der Stopfbüchsen anschließen. Die Turbine ist eine Gegendruckturbine, d. h. ihr Abdampf wird einem Wärmeverbraucher zugeführt. Ihm strömt auch der Leckdampf von m_1 durch das Rohr v zu. Das rechts von der Kupplung q angeordnete Traglager o_2 trägt mit o_1 — beide einstellbar — das Eigengewicht des Läufers.

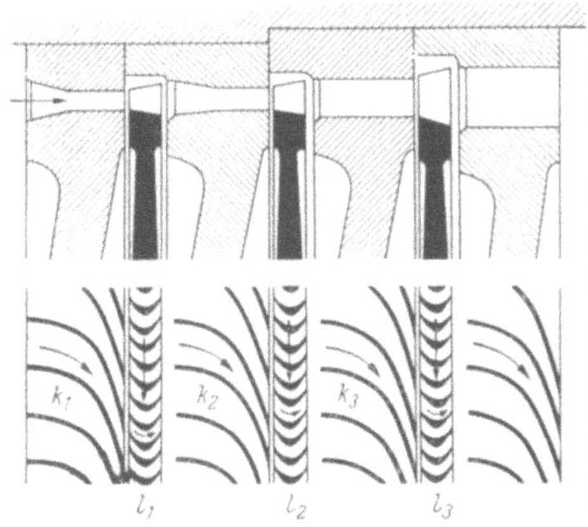

Abb. 126,1. Zoellyturbine. Aufbau als Kammerturbine

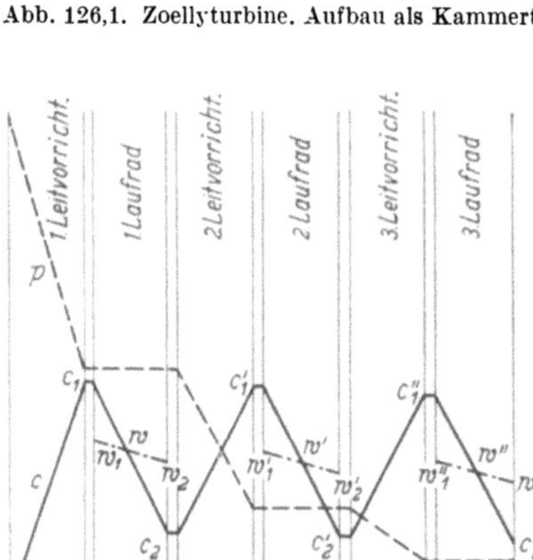

Abb. 126,2. Zoellyturbine. Verhalten von p, c und w

Bei Gleichdruckturbinen ist der Druck auf beiden Seiten der Laufradscheiben der gleiche. Daher tritt bei ihnen nur der geringe Axialschub auf, der bei der Umlenkung des Dampfes in den Laufradbeschaufelungen entsteht. Für die Aufnahme dieses Axialschubes genügt ein Einscheibendrucklager p, ein sog. Michell-Lager. Mehr- bzw. Minderbelastung der Turbine wirkt sich zunächst in einer geringen Ab- bzw. Zunahme der Drehzahl n der Turbine aus. Der Regler r wirkt auf eine Öldrucksteuerung r_1 ein. r_1 verstellt dann über einen Öldruckkolben das Hauptventil und über eine Welle mit gegeneinander versetzten Nokken r_2 die Ventile s vor den einzelnen Düsengruppen, so daß mehr oder weniger Düsen b mit Dampf versorgt werden.

Abb. 126,1 zeigt einen tangential zum Laufrad geführten Schnitt durch die drei ersten Stufen einer Zoellyturbine. Die Leitkanäle k_1, k_2 und k_3 sind sich nur verengende, also sog. einfache Düsen, weil der Druck p in ihnen nach Abb. 126,2 immer nur um geringe Beträge stufenweise abnimmt. Dadurch entstehen am Austritt aus den feststehenden

Leiträdern auch nur absolute Geschwindigkeiten von mittlerer Größe c_1, c_1' und c_1''. Diese können durch die Umlenkung in den folgenden Laufradbeschaufelungen l_1, l_2 und l_3 auf geringe absolute Austrittsgeschwindigkeiten c_2, c_2' und c_2'' heruntergearbeitet werden. Durch Strömungsreibung fällt dabei in l_1, l_2 und l_3 die Relativgeschwindigkeit w etwas ab. Da der Druck vor den Leitschaufeln k_1, k_2 und k_3 größer ist als dahinter, so müssen die Durchführungsstellen der Welle durch die Zwischenböden Dichtungen, sog. Labyrinthstopfbüchsen t_1, t_2 usf. in Abb. 127,1 erhalten, um die dort durchströmenden Dampfmengen, die Spaltverluste, gering zu halten. Bei der Zoellyturbine sind diese Spaltverluste gering, weil der Spalt am Zwischenboden nach Abb. 127,1 einen kleinen Umfang und damit eine kleine Durchtrittsfläche hat. Außerdem entsteht eine kleine Spaltgeschwindigkeit in ihm, weil er durch mehrere Labyrinthe abgedichtet wird (vgl. hierzu Abb. 142,1, die Verhältnisse an druckgestuften Überdruckturbinen). Die radialen Spalte s_1 und s_3 und die axialen Spalte s_2 an den Laufrädern können groß sein, da an der Laufradschaufel kein Druckunterschied abzudichten ist.

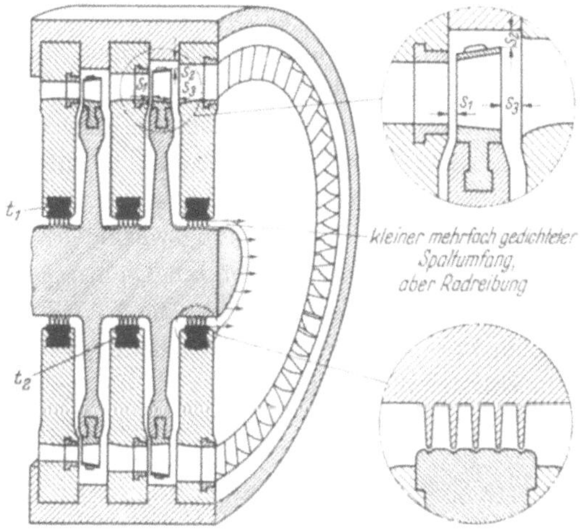

Abb. 127,1. Spalte und Spaltabdichtungen an Zoellyturbinen (Escher Wyss, Zürich)

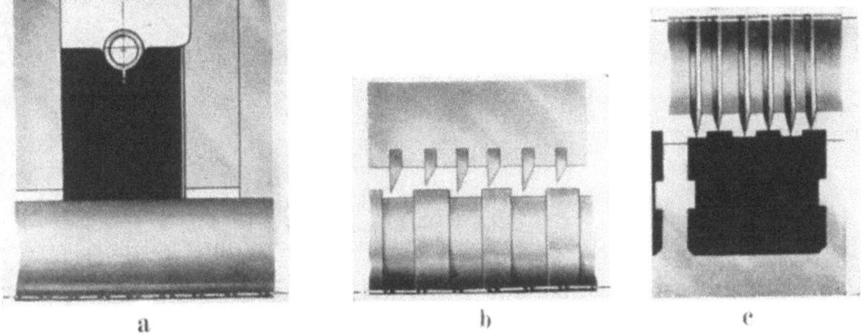

a b c

Abb. 127,2a–c. Dichtungen. a) Kohlering, b) Metallabyrinth, c) Kohlelabyrinth (Escher Wyss, Ravensburg)

Die Kohleringdichtung Abb. 127,2a hat Federn, die die Kohlesegmente zusammenhalten. Diese verlieren bei hohen Dampftemperaturen ihre Spannkraft; außerdem bewirken die auf der Welle gleitenden Kohleringe eine Abnützung und Erwärmung durch Reibung. Bei der einfachen Metallabyrinthdichtung Abb. 127,2b besteht die Gefahr, daß beim Anstreifen die Welle infolge der plötzlich entstehenden Reibungswärme gekrümmt wird. Beide Nachteile können entweder durch die Kohlenlabyrinthdichtung Abb. 127,2c oder durch die für höchste Temperaturen in Frage kommende mit Blattfedern ausgerüstete Metallabyrinthdichtung Abb. 128,1b vermieden werden; hierbei gestatten Blattfedern hoher Dauerstandfestigkeit beim Anstreifen der Welle das Ausweichen der Segmente, so daß die Reibungswärme gering bleibt. Abb. 128,1 zeigt die Verwendung der beiden letzten Dichtungen bei den Außenstopfbüchsen und bei den Zwischenböden. Nach Abb. 128,1a ergibt sich selbst bei tiefen Rillen in den Kohleringen nur ein geringer Spalt für den Dampfdurchtritt. Weiteres S. 133.

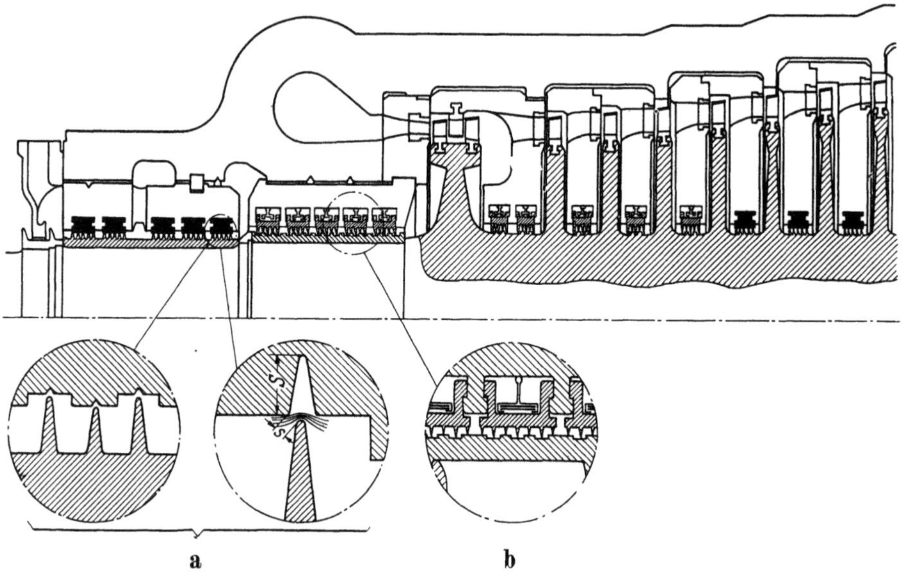

a b

Abb. 128,1a u. b. Dichtungen. a) Kohlelabyrinth, b) Metallabyrinth mit Blattfedern (Escher Wyss, Ravensburg)

Bei Temperaturen über 350 °C werden die Zwischenböden aus Kohlenstoffstahl, im Hochdruckteil sogar aus legiertem warmfestem Stahl hergestellt. In diesem Fall werden die Leitschaufeln aus gezogenen Profilstählen gefräst, allseitig bearbeitet und mit Hilfe der angefrästen Leisten nach Abb. 129,1 dampfdicht in die Zwischenböden eingesetzt. Letztere werden im Gehäuse durch eingelegte Federn zentriert und gesichert, erhalten aber gegenüber dem Gehäuse so viel Luft, daß sie sich bei ihrer Erwärmung axial und radial dehnen können. Unter 350 °C können die Zwischenböden aus Gußeisen hergestellt und die Leitschaufeln nach Abb. 129,2 in sie eingegossen werden. Die Zwischenböden werden wie die Gehäuse in der Mitte geteilt, damit man die Welle mit den Laufrädern einlegen kann. Da die Zwischenböden den Turbinenraum in Kammern aufteilen, so nennt man die Zoellyturbinen auch Kammerturbinen.

Über die Laufradschaufeln und ihre Werkstoffe sowie über die Beanspruchung und die Gestaltung der Laufradscheiben gilt das auf S. 122 im vorigen Abschnitt Gesagte.

Einen zweigehäusigen Kondensations-Turbosatz zeigt Abb. 130,1. Mit Rücksicht auf die großen Dampfvolumina im Niederdruckteil ist der letztere zweiflutig ausgeführt. Obwohl die Niederdruckschaufeln hierdurch kürzer werden, sind ihre Fliehkräfte doch noch so groß, daß sie mit dreifachem Fuß eingesetzt werden müssen. Durch die zweiflutige Ausführung werden außerdem die Axialkräfte am Niederdruckteil gegenseitig aufgehoben. Die Abströmung zum Abdampfstutzen wird durch Leitbleche gleichmäßig über den Querschnitt verteilt. Durch die rechts in der Abbildung sichtbare Drehvorrichtung wird der Läufer eine

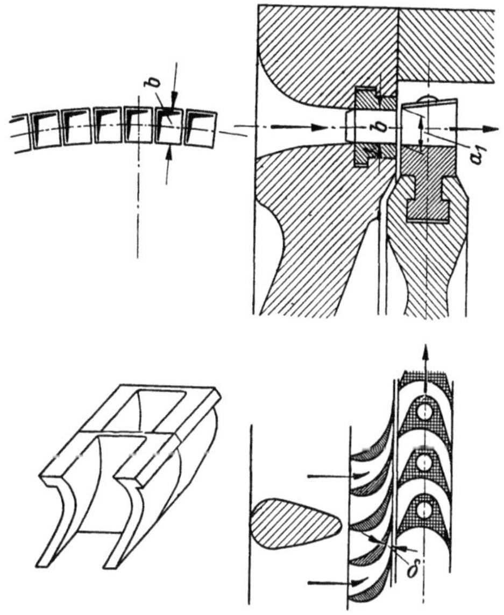

Abb. 129,1. Zoellyturbinen. Stahl-Zwischenböden, Leitschaufeln eingesetzt (Escher Wyss, Ravensburg)

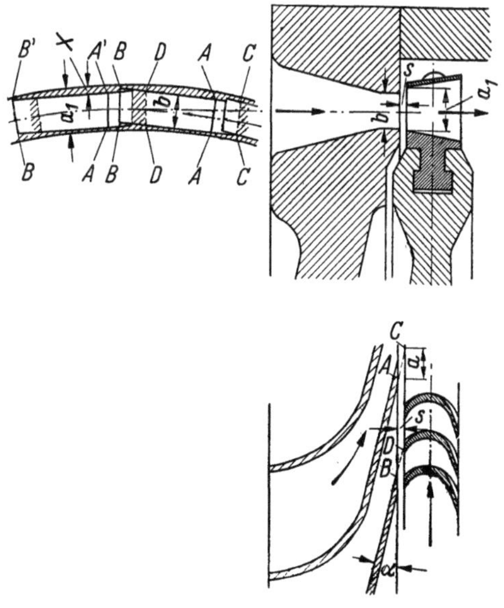

Abb. 129,2. Zoellyturbinen. Gußeiserne Zwischenböden, Leitschaufeln eingegossen (Escher Wyss, Ravensburg)

Stunde vor dem Anstellen und zwei Stunden nach dem Abstellen der Turbine langsam gedreht, um eine gleichmäßige Erwärmung bzw. Abkühlung des Läufers zu erreichen.

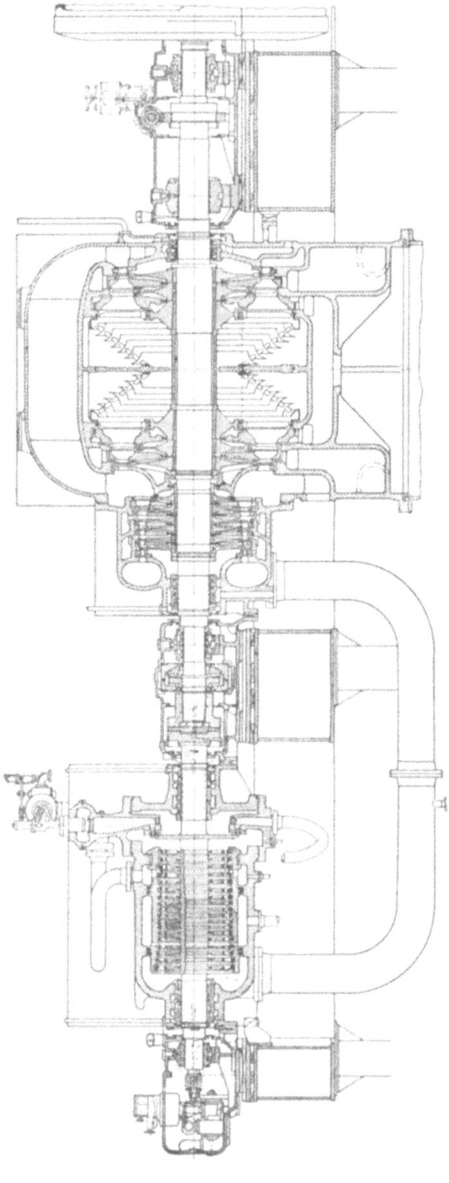

Abb. 130,1. Zoellyturbine. Zweigehäusige Kondensationsturbine. 50000 kW, 3000 U/min, 70/84 atü, 520/525 °C, Kühlwasser 22 °C (AEG)

Bei der Entnahme-Kondensationsturbine Abb. 131,1 wird nach den ersten fünf Zoellystufen ein Teil der Dampfmenge durch den Stutzen *a* aus der Turbine entnommen und einem Wärmeverbraucher zugeführt. Hierfür sind zwei Regelventile *b* und *c* nötig. Sie werden von einem kombinierten Geschwindigkeits-Druck-Regler gesteuert. Geringere Dampfentnahme bei *a* bewirkt ein Ansteigen des Druckes in der Kammer vor *a* und eine Änderung der Turbinendrehzahl durch die Änderung der Druckverteilung im Hoch- und Niederdruckteil der Turbine. Druck- und Geschwindigkeitsregler wirken dann so zusammen, daß Regelventil *b* dem Hochdruckteil weniger Dampf zuführt und daß von dieser Dampfmenge Regelventil *c* dem Niederdruckteil eine größere Dampfmenge zuteilt.

Der Stopfbüchsenverlust G_{stb} kp/sek wird nicht wie die anderen Verluste auf 1 kp Dampfverbrauch bezogen und in den inneren Wirkungsgrad eingerechnet, sondern er wird mit seinem sekundlichen Gewicht zum sekundlichen Dampfverbrauch der Turbine zugeschlagen. Die Zahl *z* der Dichtstellen kann bei einem

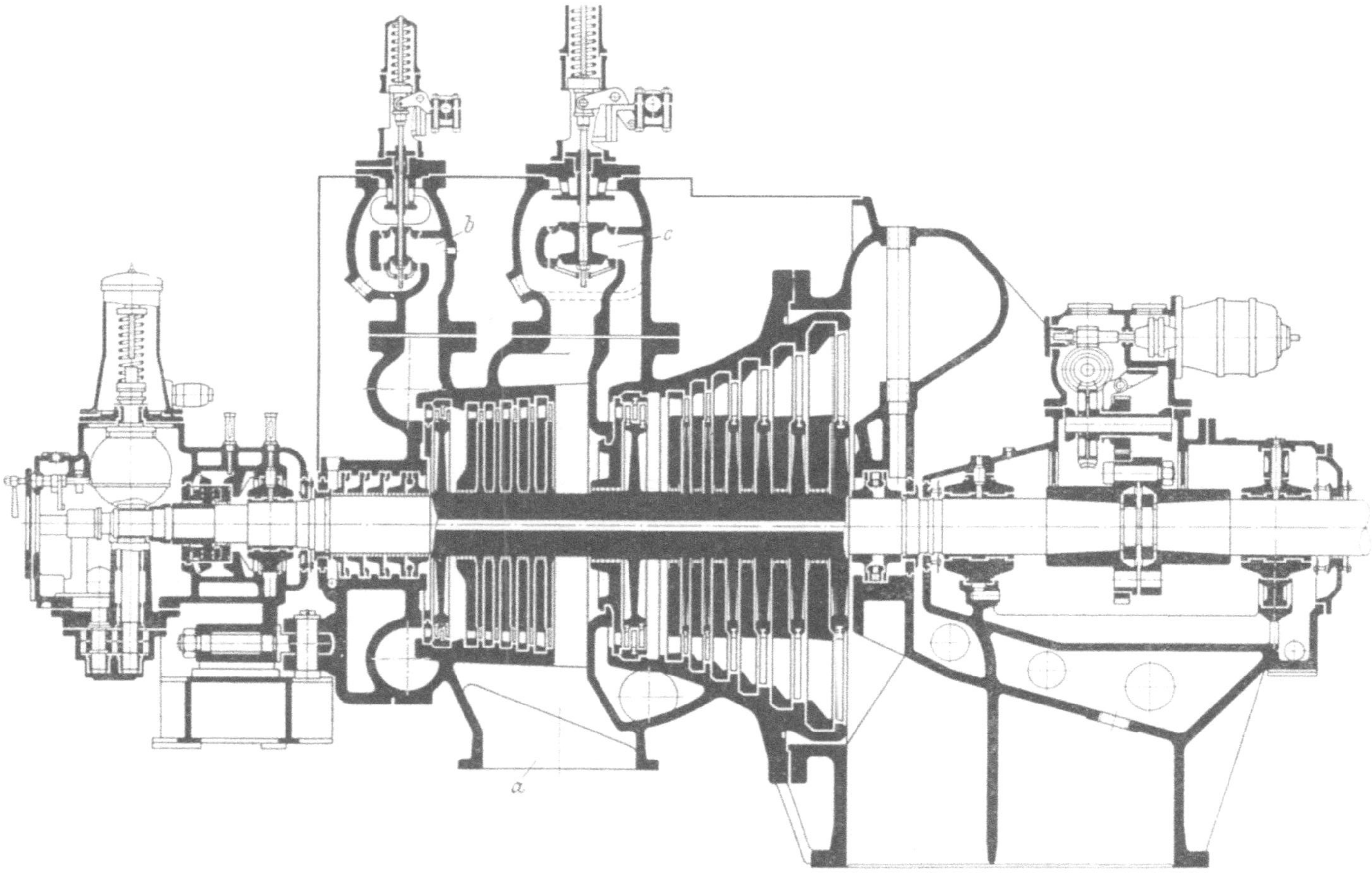

Abb. 131,1. Zoellyturbine. Entnahme-Kondensationsturbine. 16000 kW, 3000 U/min, 37 atü, 430°C, 3,7 atü, 180°C (Borsig)

Radialspalt $s_{sp} = 1$ bis $1{,}5^0/_{00}$ von d_{sp} so berechnet werden, daß $G_{stb} = 1$ bis $1{,}5\%$ von G_{sek} wird. Auch von diesem Verlust der Hochdruckstopfbüchse kann noch ein Teil nutzbringend als Sperrdampf für die Vakuumstopfbüchse verwendet werden, indem man die Hochdruckstopfbüchse dort anzapft, wo der Druck 1 atü, also 2 ata beträgt. Der Zustand dieses Dampfes entspricht der Drossellinie, d. h. einer Waagerechten, die im *is*-Diagramm vom Zustand *1* vor der Hochdruckstopfbüchse aus bis zur Kurve für 2 ata gezogen wird.

Bei der Berechnung ist nach S. 91 zunächst zu prüfen, ob der absolute Druck p_2 ata hinter der Stopfbüchse größer oder kleiner als der kritische Druck p_k ata ist. Dieser ist nach STODOLA

$$p_k = p_1 \cdot \frac{0{,}85}{\sqrt{z + 1{,}5}}, \qquad (132{,}1)$$

worin p_1 ata der absolute Druck vor der Stopfbüchse ist. Für p_2 größer als p_k ist mit

$$f_{sp} = \pi \cdot d_{sp} \cdot s_{sp} \qquad (132{,}2)$$

$$G_{stb} = \mu f_{sp} \cdot \sqrt{\frac{g \cdot (P_1^2 - P_2^2)}{z \cdot P_1 \cdot v_1}}. \qquad (132{,}3)$$

Ist dagegen p_2 kleiner als p_k, so wird

$$G_{stb} = \mu f_{sp} \cdot \sqrt{\frac{g}{z + 1{,}5} \cdot \left(\frac{P_1}{v_1}\right)} \, \frac{\text{kp}}{\text{sek}} \qquad \mu = 0{,}7 - 1. \qquad (132{,}4)$$

Ist laut Vortext eine bestimmte Verlustmenge G_{stb} im Verhältnis zum sekundlichen Dampfverbrauch G_{sek} der Turbine zugelassen, so kann die vorzusehende Zahl z der Dichtstellen aus obigen Gleichungen errechnet werden: z bis 50 bei Hochdruckstopfbüchsen, bis 30 bei Niederdruckstopfbüchsen, 2 bis 10 bei Zwischenböden innerhalb des Gehäuses. Abb. 132,1 zeigt eine Stopfbüchse mit radialem Spiel, Abb. 133,1 (nach DIETZEL[1]) Ausgleichkolbendichtungen von Überdruckturbinen mit axialem sowie axialem und radialem Spiel.

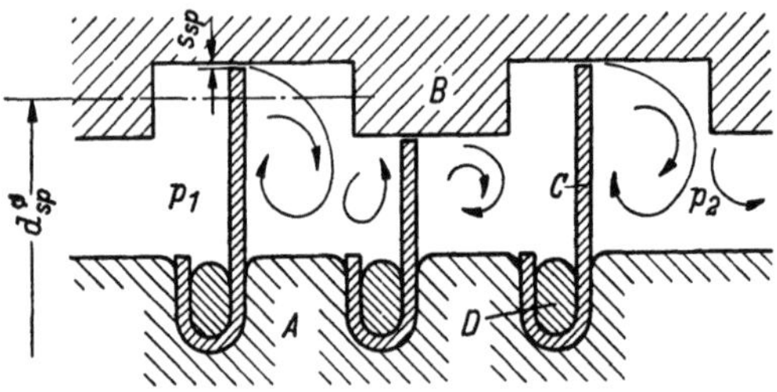

Abb. 132,1. Labyrinthdichtung (BBC)

[1] [2], S. 213.

Zahlenbeispiel 25. Eine Hochdruckstopfbüchse von 200 mm mittlerem Dichtungsdurchmesser und 0,3 mm Spiel in betriebswarmem Zustand soll Heißdampf von 24 ata und 380 °C gegen den mit 1 ata angenommenen Luftdruck abdichten. Wieviel Dichtstellen muß sie erhalten, wenn die Turbine einen Dampfdurchsatz von 6,7 kp/sek hat und der Verlust an der Stopfbüchse 1,5% nicht überschreiten soll?

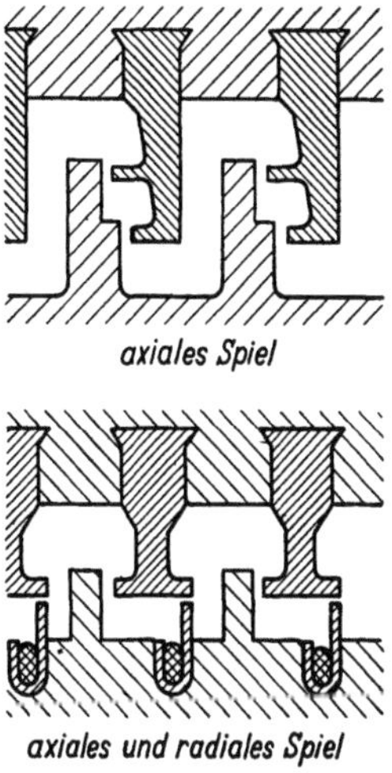

Abb. 133,1. Ausgleichkolbendichtungen

Unter dem Vorbehalt einer späteren Nachprüfung sei angenommen, daß $p_2 = 1$ ata kleiner als p_k ist. Dann muß mit Gl. (132,4) gerechnet werden. Laut *is*-Diagramm ist für $p_1 = 24$ ata und $t_1 = 380\,°\mathrm{C}$ das spezifische Volumen $v_1 = 0{,}124\ \mathrm{m^3/kp}$.

$$G_{stb} = 1{,}5 \cdot 6{,}7/100 = 0{,}1005\ \mathrm{kp/sek}.$$

$$f_{sp} = 0{,}03 \cdot 20 \cdot \pi = 1{,}88\ \mathrm{cm^2} = 1{,}88 \cdot 10^{-4}\ \mathrm{m^2}.$$

Nach Gl. 132,4 wird mit $\mu = 0{,}85$

$$\left(\frac{G_{stb}}{\mu \cdot f_{sp}}\right)^2 = \left(\frac{0{,}1005 \cdot 10000}{0{,}85 \cdot 1{,}88}\right)^2 = 628{,}5^2 = 396000 = \frac{g \cdot p_1 \cdot 10000}{(z + 1{,}5) \cdot v_1},$$

$$z + 1{,}5 = \frac{9{,}81 \cdot 240000}{0{,}124 \cdot 396000} = 47{,}9,$$

also $\underline{z = 47}$ Dichtungsstellen. Damit wird nach Gl. (132,1) der kritische Druck

$$p_k = p_1 \cdot \frac{0{,}85}{\sqrt{z + 1{,}5}} = \frac{24 \cdot 0{,}85}{\sqrt{48{,}5}} = 2{,}93\ \mathrm{ata}$$

und damit $p_2 = 1\ \mathrm{ata} < p_k$, so daß die Annahme stimmt.

4. Druckgestufte Überdruckturbinen axialer Bauart (Parsonsturbinen)

Wie alle druckgestuften Überdruckturbinen besteht die Kondensationsturbine Abb. 134,1 nicht nur aus Überdruckstufen, sondern auch aus einem vorgeschalteten Gleichdruckrad. Letzteres dient zur Regelung der Leistung. Nachdem der Dampf dieses zweistufige Curtisrad teilweise beaufschlagt durchströmt hat, verteilt er sich in der Radkammer g auf den vollen Umfang, denn die nachgeschalteten 34 Überdruckstufen müssen voll beaufschlagt durchströmt werden. Ihre Leitschaufeln k_1, k_2 usf. sind mit ihren Füßen direkt ins Turbinengehäuse eingesetzt. Die Laufradschaufeln l_1, l_2 usf. sitzen auf einer gemeinsamen Trommel, so daß die Parsonsturbinen auch Trommelturbinen genannt werden. Die mit dem Abdampfstutzen v verbundene Abdampfleitung führt den Abdampf in einen großen, von Kühlwasser führenden Rohren durch-

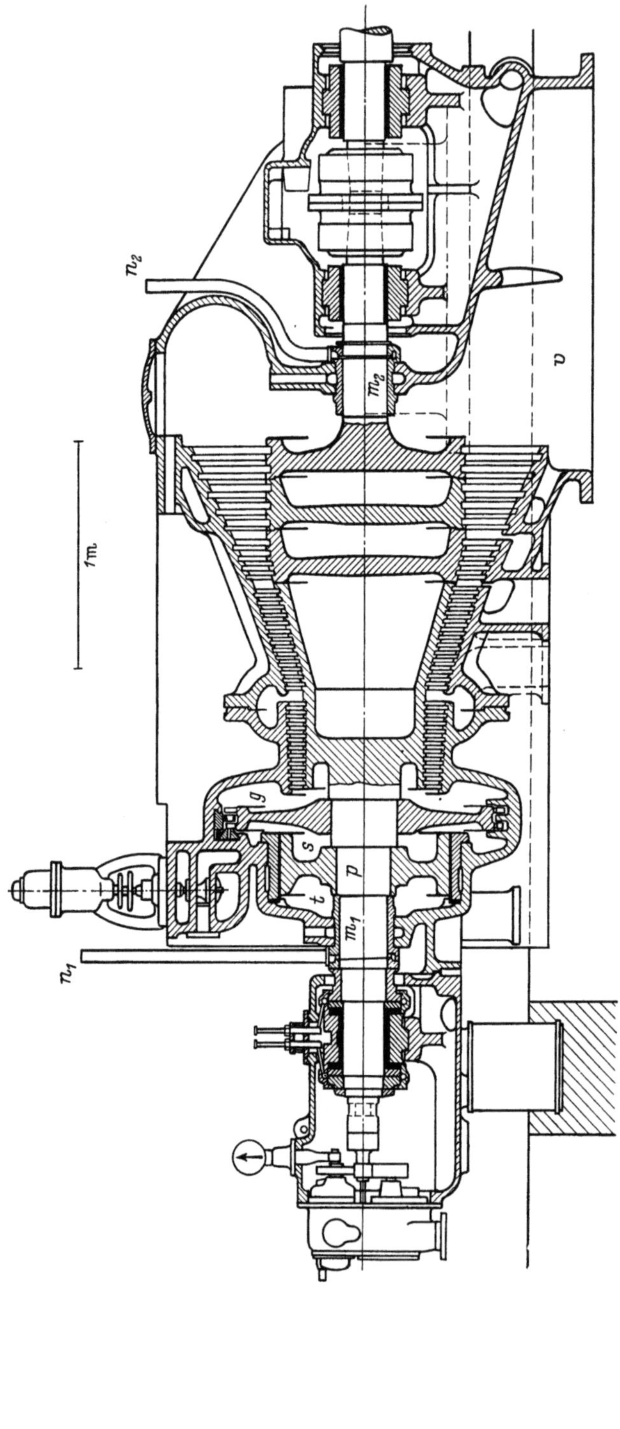

Abb. 134,1. Parsonsturbine. Kondensationsturbine. 8000 kW, 3000 U/min, 40 atü, 450 °C (BBC)

zogenen Behälter, zum sog. Kondensator. Das Kühlwasser entzieht dem Abdampf seine restliche Verdampfungswärme $x \cdot r_0$ kcal/kp — er darf mit Rücksicht auf die Lebensdauer der Niederdruckbeschaufelungen höchstens 10 bis 12% spezifische Dampfnässe, d. h. einen spezifischen Dampfgehalt von $x \geqq 0{,}90$ bis 0,88 kp Sattdampf/kp Naßdampf haben, sonst Zwischenüberhitzung erforderlich —, so daß er zu Wasser von der Verflüssigungstemperatur t_{s0} °C, zu sog. Kondensat wird. Hierbei entsteht ein sehr hohes Vakuum von im Mittel 96% bei Frischwasserkühlung und im Mittel 93% bei Verwendung von in Kühltürmen rückgekühltem Kühlwasser. Dies führt zu einer erheblichen Steigerung des adiabatischen Wärmegefälles H_0 kcal/kp und damit des Arbeitsvermögens von 1 kp Dampf, da dieser niedrige Druck von 0,04 bzw. 0,07 ata auch am Abdampfstutzen v der Turbine herrscht. Über die Aufgabe der Hochdruckstopfbüchse m_1 und der Niederdruckstopfbüchse m_2 und ihrer Kamine n_1 und n_2 sowie über die Verwendung des Leckdampfs von m_1 als Sperrdampf für m_2 wurde bereits S. 126 und 132 gesprochen. Da bei einer Überdruckturbine nach Abb. 135,1 der Druck p_2' ata größer ist als der Druck p_2 ata hinter der Laufradschaufel, so steht die Turbine Abb. 134,1 unter einem großen, von links nach rechts gerichteten Axial-

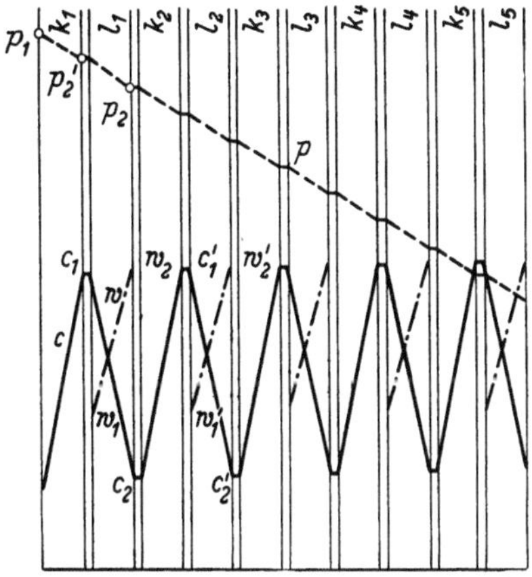

Abb. 135,1. Parsonsturbine. Verhalten von p, c und w

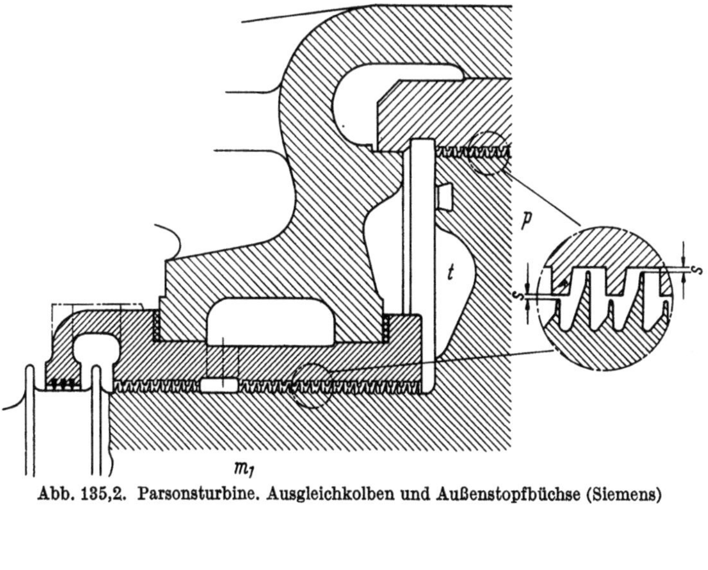

Abb. 135,2. Parsonsturbine. Ausgleichkolben und Außenstopfbüchse (Siemens)

schub. Dieser kann nicht durch ein Einscheibendrucklager wie bei Abb. 125,1 aufgenommen werden. Es mußte daher bei Abb. 134,1 ein sog. Ausgleichkolben p (Abb. 135,2) vorgesehen werden. Die Zylindermantelfläche von p ist mit einer Labyrinthdichtung versehen. Der Raum s rechts von p steht unter dem großen Radkammerdruck in g. Der Raum t links von p steht mit dem Raum v der Turbine in Verbindung. In t herrscht also der geringe Abdampfdruck. Der Unterschied dieser beiden Drücke übt auf den Ausgleichkolben p und damit auf den Läufer eine von rechts nach links gerichtete und so den Axialschub aufhebende Kraft aus. Die Regelung der Turbine erfolgt wie bei der Zoellyturbine durch den Geschwindigkeitsregler über ein Gestänge und über einen druckölgesteuerten Servomotor auf das Hauptventil und auf die Düsenventile des Curtisrades.

Nach S. 78 und 96 haben bei den Parsonsturbinen die Leit- und die Laufradschaufeln deshalb dasselbe Profil (s. a. Abb. 136,1), weil durch Anwendung des Reaktionsgrades $\mathfrak{r} = h_0''/h_0 = 0{,}5$ die in den Letischaufeln umgesetzte Wärmeenergie $h_0' = h_0 - h_0'' = 0{,}5 \cdot h_0$ gleich der in den Laufradschaufeln umgesetzten Wärmeenergie $h_0'' = 0{,}5 \times h_0$ ist. Da in den druckgestuften Gleichdruckturbinen nicht nur nach S. 96 das adiabatische Wärmegefälle je Stufe h_0 größer ist als bei druckgestuften Überdruckturbinen, sondern auch das gesamte h_0 in den Leitschaufeln in Strömungsenergie umgesetzt wird, so ist die absolute Eintrittsgeschwindigkeit vor dem Laufrad bei den Parsonsturbinen wesentlich kleiner als bei den Zoellyturbinen, d. h. die Umlenkung, um c_1 auf c_2 herunterzuarbeiten, ist bei den druckgestuften Überdruckturbinen wesentlich geringer als bei den druckgestuften Gleichdruckturbinen. Bei ersteren sind daher die Schaufeln der Laufräder erheblich flacher. Die Kanäle zwischen den Schaufeln verengen sich jedoch bei den Parsonsturbinen, da die Relativgeschwindigkeit ja durch den Umsatz von Wärmeenergie im Laufrad ansteigt.

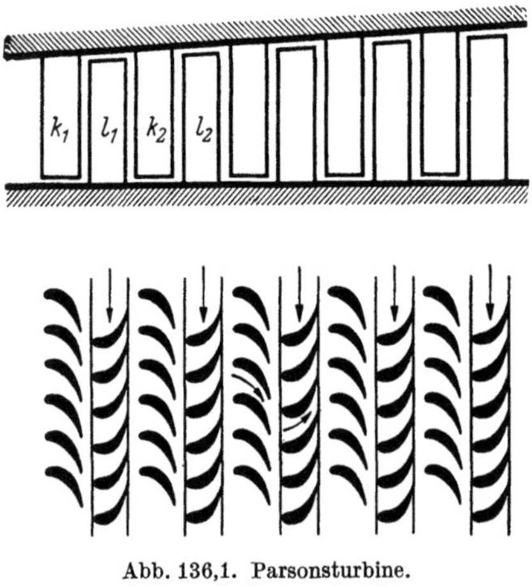

Abb. 136,1. Parsonsturbine. Aufbau als Trommelturbine

Daß im übrigen der Unterschied im Profil der früher scharfnasigen Gleichdruckschaufeln Abb. 137,1 und Überdruckschaufeln Abb. 137,2 und 137,3a heute nicht mehr gegeben ist, zeigt die von der Firma Siemens verwendete neuzeitliche Rundkopfprofilschaufel für Überdruckturbinen

Abb. 137,3 b. Sie mildert die Stoßverluste bei Änderung der Form des Geschwindigkeitsparallelogramms am Eintritt infolge Belastungsänderung und gibt hierdurch eine flachere Wirkungsgradkurve. Dies ist besonders durch die heutige Entwicklung der Elektrizitätswerke wichtig geworden, weil heute dauernd Neubauten in den E-Werken erstellt werden müssen und so die Turbinen, die eben

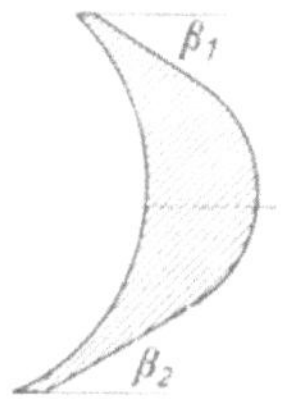

Abb. 137,1. Gleichdrucklaufradschaufel

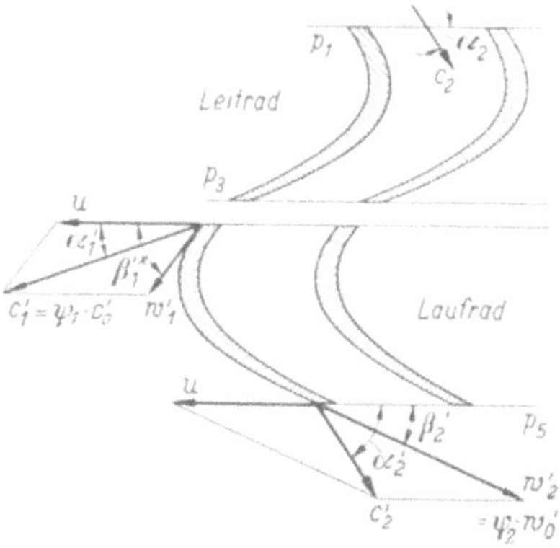

Abb. 137,2. Überdruckschaufeln

noch als neue Maschinen Grundlast fuhren, schon nach kurzer Zeit als ältere Maschinen Spitzenlast fahren müssen und trotzdem einen guten Wirkungsgrad haben sollen.

Eine mehrgehäusige Großturbine zeigt Abb. 138,1. Als Regelrad dient wieder ein zweikränziges Gleichdruckrad. Der Hochdruckteil links und der Mitteldruckteil haben entgegengesetzte Durchflußrichtung. Der Niederdruckteil ist zweiflutig ausgeführt. Durch beide Maßnahmen heben sich die Axialschübe in einem solchen Maß auf, daß man mit einem Druckausgleichkolben von kleinem Durchmesser und mit einem Michell-Einscheiben-Zwillingsdrucklager nach Abb. 139,1 auskommt.

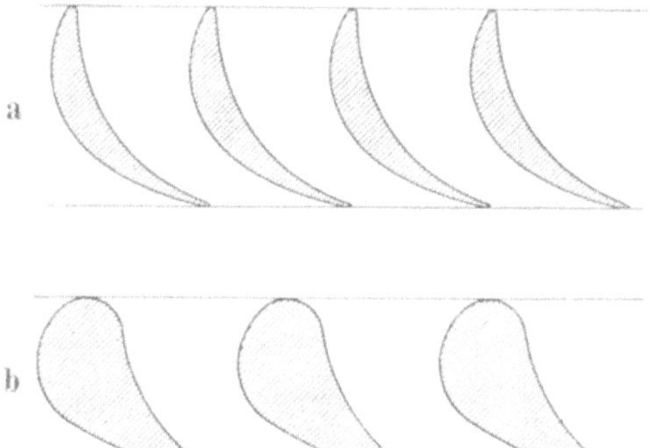

Abb. 137,3a u. b. Überdruckschaufeln.
a) scharfnasig, b) Rundkopfprofil (Siemens)

Die vom Hochdruckteil, von der Überströmleitung und vom Mitteldruckteil nach unten abführenden Leitungen E I bis IV sind ungesteuerte Anzapfungen der Turbine, deren Dampf in Oberflächen- oder Mischvorwärmern seine gesamte Wärme zur Speisewasservorwärmung abgibt. Durch dieses sog. Regenerativverfahren wird der Turbinenwirkungsgrad wesentlich erhöht.

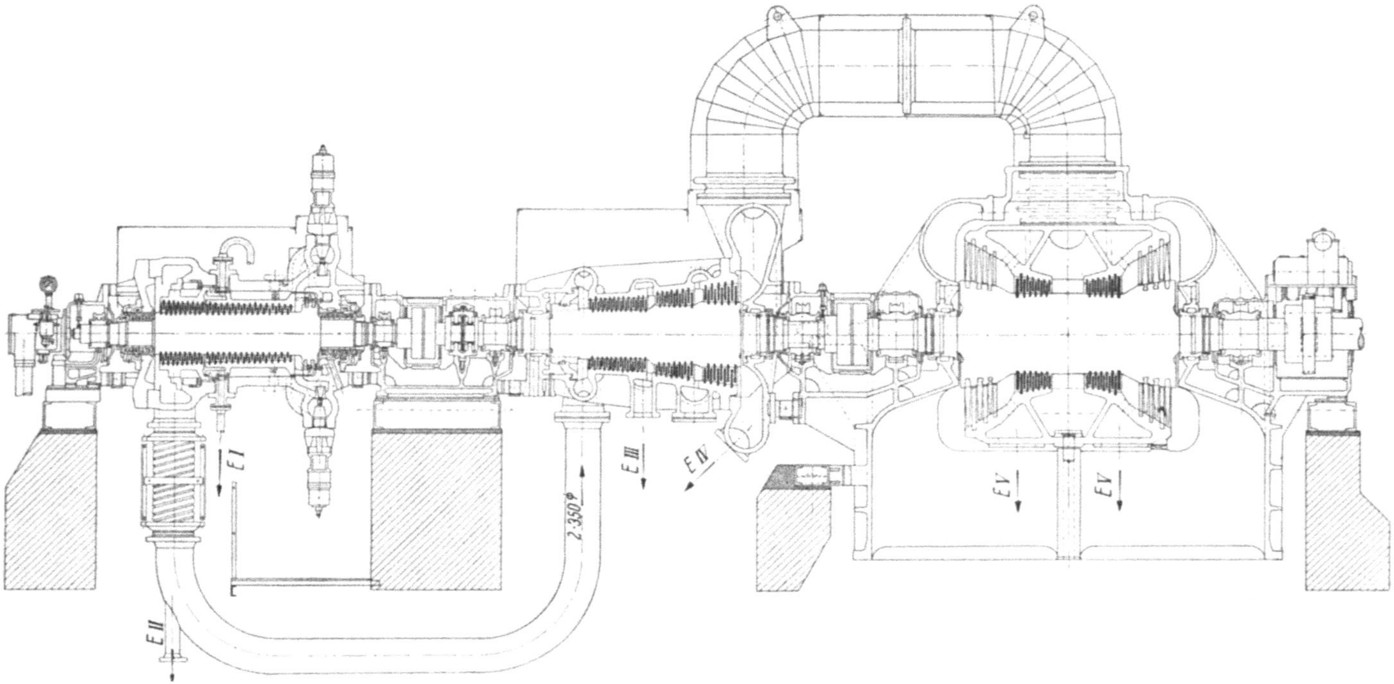

Abb. 138,1. Parsonsturbine. Mehrgehäusige Kondensationsturbine. $N = 60/75$ MW, $n = 3000$ U/min, 95/110 atü, 525/530 °C, Kühlwasser 21,7/29 °C (Siemens)

Je größer der Frischdampfdruck wird, um so größer werden die Kräfte, die die beiden Hälften des in der Mitte geteilten Gehäuses voneinander abzuheben versuchen. Starke Flanschen sind aber steifer als

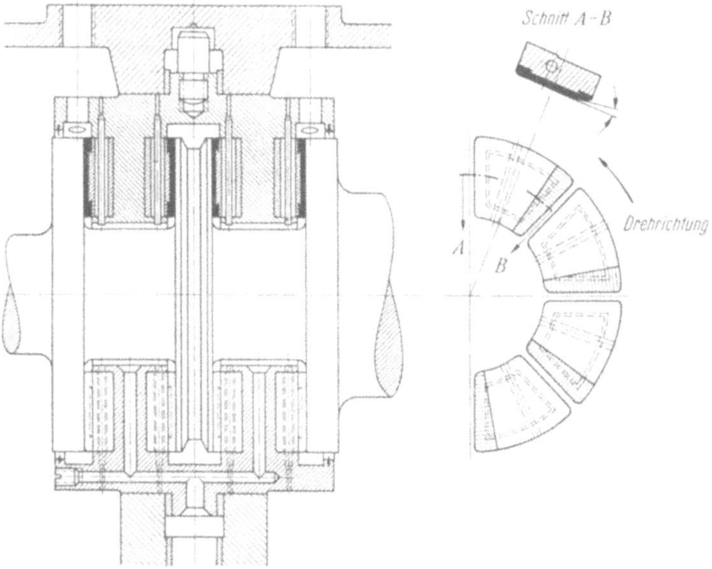

Abb. 139,1. Michell-Einscheiben-Zwillingsdrucklager (Siemens)

das Gehäuse. Erwärmen sich Flanschen und Gehäuse nicht gleichmäßig, so dehnt sich das Gehäuse nicht gleichmäßig nach allen Seiten aus. Bei der Konstruktion Abb. 139,2 sind erstens Heizkanäle vorgesehen, durch die Frischdampf strömt, um den Flansch gleichmäßig zu erwärmen. Außerdem sind nicht durchgehende, sondern eingeschraubte Bolzen verwendet, da sie die Wärme aus der unteren Flanschhälfte besser ableiten, so daß auch beim Anfahren nur geringe Temperaturdifferenzen zwischen beiden Flanschhälften entstehen.

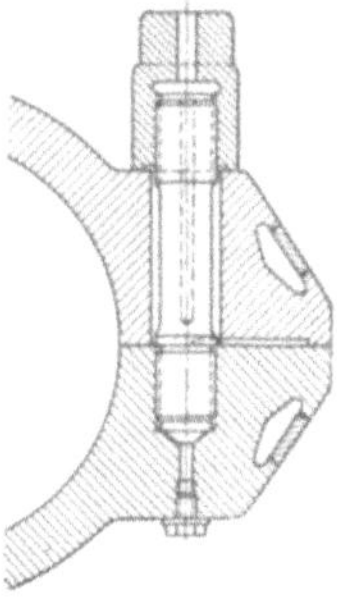

Abb. 139,2. Hochdruckflansch (Escher Wyss, Ravensburg)

Die Gegendruckturbine für hohe Eintrittsdrücke und -temperaturen, Abb. 140,1, der Firma Siemens vermeidet die axiale Teilfuge durch eine vertikale Teilung des Gehäuses am Abdampfende. Das Gehäuse neigt am wenigsten zum Verziehen und Unrundwerden, weil sein Querschnitt ein geometrisch reiner Kreisring ist, der nicht von Flanschen mit großen Materialanhäufungen durchbrochen wird. Der Leitschaufelträger ist zwar zweiteilig, aber ebenfalls von praktisch ungestörter Kreisform. Da er auch außen unter Dampfdruck steht, hat seine Schraubenverbindung nur geringe Kräfte aufzunehmen; sie kann daher schwach und ohne ausgeprägte Flanschen ausgeführt werden. Durch vier gleichmäßig

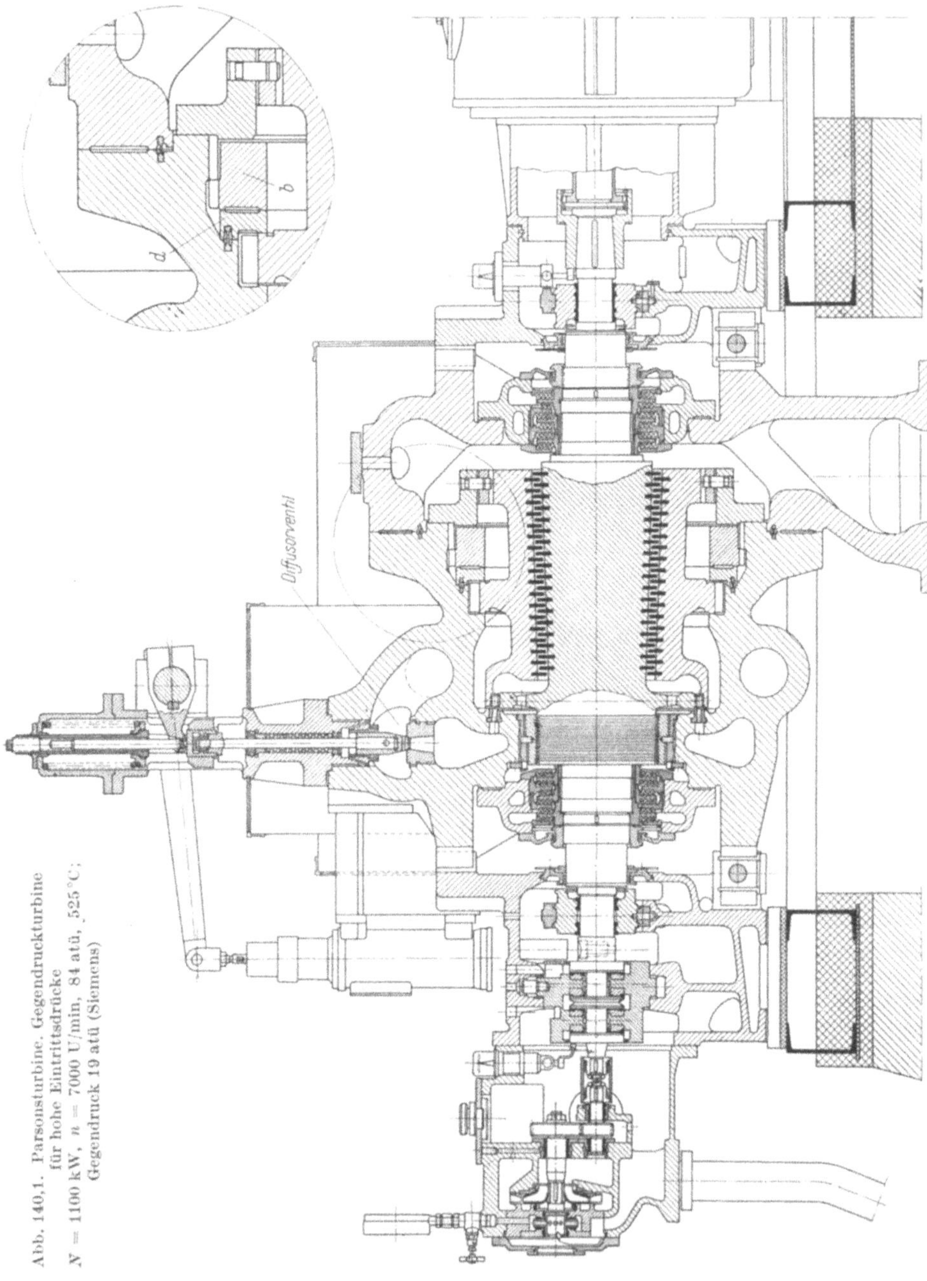

Abb. 140,1. Parsonsturbine. Gegendruckturbine für hohe Eintrittsdrücke $N = 1100$ kW, $n = 7000$ U/min, 84 atü, 525 °C; Gegendruck 19 atü (Siemens)

an seinem Umfang verteilte radial angeordnete prismatische Ansätze, die in entsprechende Nuten des Gehäuses eingreifen, kann sich der Leitschaufelträger radial und axial frei ausdehnen. Da links von ihm der größere Radkammerdruck, rechts von ihm der kleinere Gegendruck herrscht, so dichtet er sich über den Dichtungsring *d* an dem mit einem Bajonettverschluß festgehaltenen Ring *b* ab. Der radiale Spalt ist durch einen Quellring gesperrt, der aus einem Werkstoff mit großer Ausdehnungszahl besteht. Eine große Zahl von Dichtungsstellen läßt sich auf kurzer Baulänge unterbringen, wenn man die Dichtungsspitzen nach Abb. 140,1 und 141,1 radial auf einzelnen Ringen anordnet.

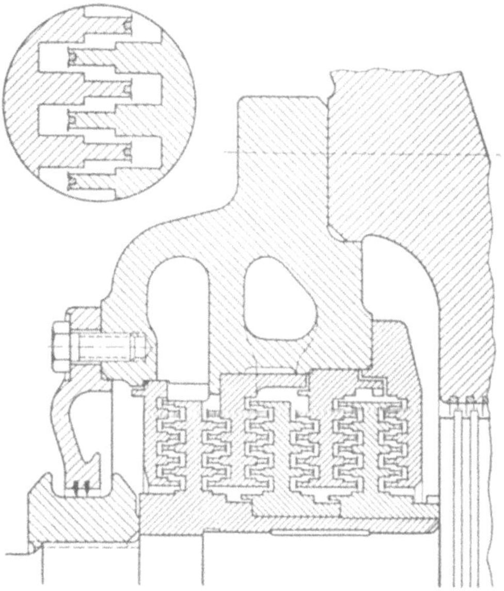

Abb. 141,1. Radialstopfbüchse (Siemens)

Der Spaltverlust h_{sp} kcal/kp ist außer den Verlusten h_l und h_s am Radumfang der wesentlichste Verlust der druckgestuften Überdruckturbinen, wenn man auch durch die oben geschilderte Gestaltung der Gehäuseflanschen und der Leitschaufelträger die Spiele geringer und so die Wirkungsgrade größer machen kann. Vergleicht man Abb. 142,1 mit Abb. 127,1, so sieht man, daß der Leitschaufelspalt s_1 eine größere Durchtrittsfläche hat, weil er auf einem größeren Durchmesser sitzt. Außerdem ist er nur mit einer Zacke abgedichtet, während die Labyrinthe an den Zwischenböden der Zoellyturbinen mit mehreren Zacken abgedichtet sind. Ebenso ergibt sich am Spalt s der Laufradschaufeln ein Spaltverlust, da bei Überdruckturbinen der Druck vor den Schaufeln größer ist als der Druck hinter den Schaufeln. Auch dieser Spalt hat aus dem gleichen Grund wie der Leitschaufelspalt eine große Durchtrittsfläche und ist nur mit einer Zacke abgedichtet. Dagegen haben die Überdruckturbinen keinen Ventilationsverlust an den eigentlichen Überdruckstufen, weil diese ja voll beaufschlagt sein müssen. Ebenso haben die Parsonsturbinen nur an den Stirnseiten der Trommel und am Regelrad einen Radreibungsverlust, während die Zoellyturbinen diesen Verlust an jeder Stufe haben.

Nach Versuchen von ANDERHUB ist der Spaltverlust je Überdruckstufe $h_{sp} = h_0 \cdot 1{,}72 \cdot s^{1,4}/l$ kcal/kp. Er ist damit um so größer, je größer die Druckdifferenz der Stufe, d. h. je größer das adiabatische Wärmegefälle h_0 der Stufe ist und je größer die radiale Spalthöhe s im Ver-

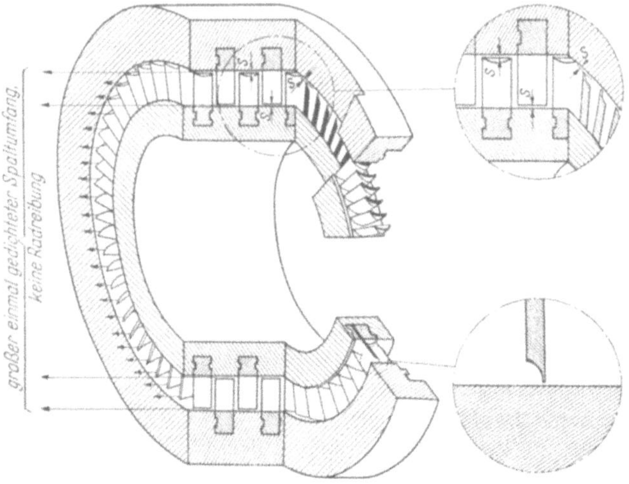

Abb. 142,1. Spalte und Spaltabdichtungen an Parsonsturbinen (Escher Wyss, Zürich)

hältnis zur Schaufellänge l ist. Da nun im Hochdruckteil die sekundlichen Volumina klein und daher die Schaufellängen kurz sind, so macht man im Hochdruckteil auch die adiabatischen Wärmegefälle kleiner (vgl. Zahlenbeispiel 24, S. 118).

Zahlenbeispiel 26. Eine Überdruckstufe von 1250 mm Laufraddurchmesser und 184 mm Schaufellänge verarbeitet ein adiabatisches Wärmegefälle von 15 kcal/kp. Wie groß ist ihr Spaltverlust?

Wird ein Spalt von $s = D/1000 = 1{,}25$ mm angenommen, so wird

$$h_{sp} = h_0 \cdot 1{,}72 \cdot s^{1,4}/l = 15 \cdot 1{,}72 \cdot 1{,}25^{1,4}/184 \text{ kcal/kp}, \qquad (142{,}1)$$

$$\underline{h_{sp}} = 15 \cdot 1{,}72 \cdot 1{,}365/184 = \underline{0{,}19 \text{ kcal/kp}}$$

und damit

$$0{,}19 \cdot 100/15 = \underline{1{,}27\% \text{ von } h_0.}$$

5. Druckgestufte Überdruckturbinen radialer Bauart (Ljungströmturbinen)

Bei den Radialturbinen ist die Hauptströmungsrichtung des Dampfes senkrecht zur Welle. Dadurch ergeben sich folgende Vorteile: Die Baulänge ist geringer, so daß auch die axialen Spiele geringer gehalten werden können. Läßt man den Dampf von innen nach außen strömen, so steht das Gehäuse nicht unter Überdruck. Man kann dann die Durchmesser der ersten Stufen klein ausführen, so daß sich selbst bei Hochdruckdampf schon in den ersten Stufen ausreichende Schaufellängen ergeben.

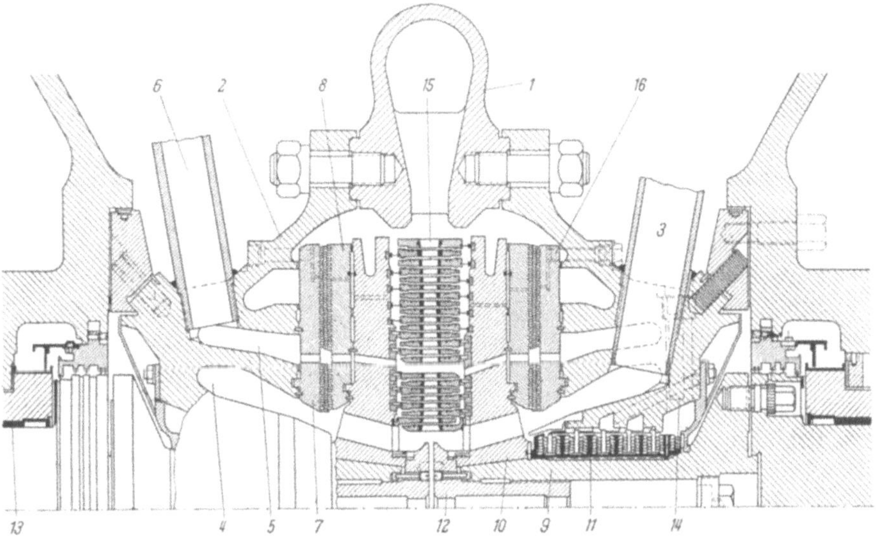

Abb. 143,1. Radiale Gegendruckturbine nach LJUNGSTRÖM (MAN)

Seitdem die Firma Siemens ihre Hochdruckteile nicht mehr radial, sondern in der axialen Topfform Abb. 139,1 ausführt, wird in Deutschland radial nur noch die sog. Ljungströmturbine von der MAN gebaut. Sie wird auch doppelte Radialturbine genannt, weil sie nach Abb. 143,1 zwei gegenläufige Turbinenwellen *9* hat, so daß jede dieser Wellen einen Generator halber Leistung antreibt. Jede Welle *9* trägt eine Laufradscheibe *10*. Auf den einander zugekehrten Stirnseiten tragen die Laufradscheiben *10* Ringe *15*, in deren Segmente die Laufradschaufeln nach Abb. 143,2 eingesetzt oder eingeschweißt sind. Die Laufradschaufeln verlaufen also hier axial und sind so angebracht, daß das Schaufelsystem des einen Laufrades *10* in dem Raum zwischen den Schaufeln des andern Laufrades laufen kann. So sind nach

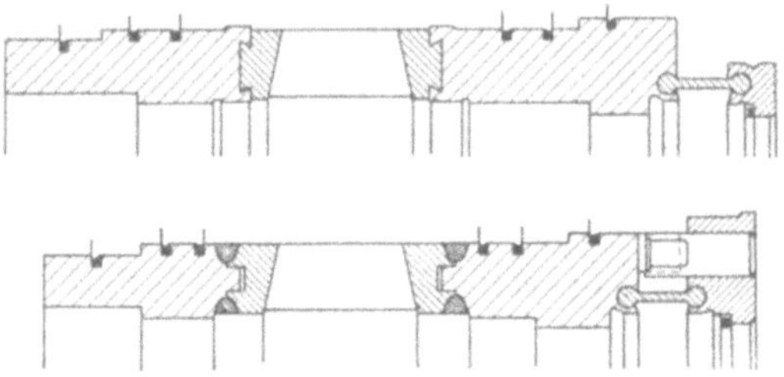

Abb. 143,2. Ringsegmente mit eingesetzten oder eingeschweißten Laufradschaufeln (MAN)

Abb. 144,1 die Schaufeln des einen Laufrades zugleich die Leitschaufeln des andern Laufrades. Diese Turbine ist also die einzige Strömungsmaschine, bei der sich auch die Leitvorrichtung dreht. Hierdurch und durch die Gegenläufigkeit verdoppelt sich die relative Winkelgeschwindigkeit gegenüber dem vorhergehenden Schaufelkranz. Daher ist das in zwei aufeinanderfolgenden Kränzen umgesetzte Gefälle viermal so groß wie bei ruhenden Leitschaufeln. Somit entfällt auf jeden Laufradkranz die doppelte Leistung, und das $\sum u^2$ der beiderseitigen Schaufelkränze ist zum Vergleich mit dem $\sum u^2$ (S. 119) der Axialmaschinen mit 2 zu multiplizieren. Da die Leitschaufeln ebenfalls Laufschaufeln sind, so ergibt sich das vierfache $\sum u^2$ für zwei Kränze gegenüber einer Stufe der Axialturbine. Somit kann die Radialturbine auch große Wärmegefälle verarbeiten. Sie kann daher nicht nur als Gegendruckturbine wie Abb. 143,1, sondern auch als Kondensationsturbine verwendet werden. Da letztere sehr große sekundliche Abdampfmengen haben, die Schaufel für radialen Durchlauf aber aus Festigkeitsgründen nicht so lang ausgeführt werden kann, so ist dann auf jeder Seite noch je eine Laufradscheibe eingebaut, die zwei Beschaufelungen für axialen Durchlauf trägt[1].

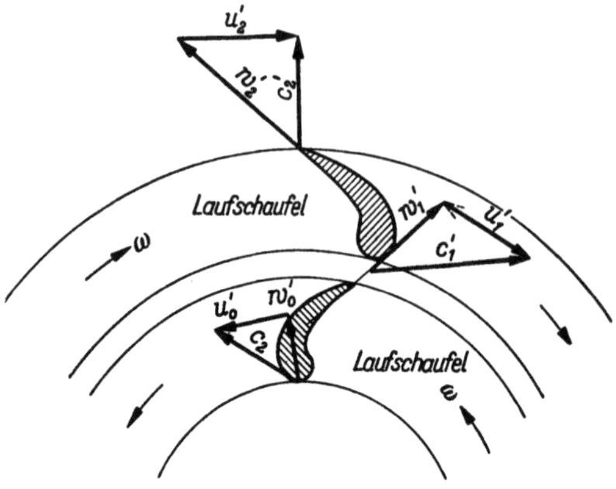

Abb. 144,1. Geschwindigkeitsverhältnisse an der Ljungström-Turbine

Das Rohr *3* führt den Frischdampf zum Frischdampfraum *4*, der die Verteilung auf den ganzen inneren Umfang der Laufräder übernimmt, bevor der Dampf durch die Beschaufelungen von *15* strömt. Die Abdichtung von *4* gegenüber der Dampfkammer *2*, die ja nur unter dem Gegendruck steht, besorgen die feste Labyrinthscheibe *7* und die umlaufende Labyrinthscheibe *8*. Diese Scheiben haben Durchbrüche, um bei Überlastung der Turbine zusätzlich Dampf durch *6* in den Überlastraum *5* und von dort in die Mitte der Laufräder führen zu können. Der Abdampf wird durch das Innengehäuse *1* gesammelt und einem Wärmeverbraucher zugeführt. Rohr *14* führt den Leckdampf der Stopfbüchsen ebenfalls einer Wärmeausnützung zu. *9*, *10* und *12* zeigen die Verbindung des Laufrades *10* mit dem Turbinenzapfen *9*, der rechts mit der eigentlichen Abtriebswelle gekuppelt ist.

[1] [*14a*], S. 387.

V. Übersicht über die Strömungs-Arbeitsmaschinen

A. Kreiselpumpen

1. Allgemeines: Grundbegriffe. Axialschubausgleich. Vorrichtungen für das Selbstansaugen

Über Nutzförderhöhe, Förderhöhe, Saugzahl und zulässige Saughöhe einer Kreiselpumpe s. S. 35. Statt des Begriffes manometrische Förderhöhe wurde die Bezeichnung Förderhöhe eingeführt, weil dieser Begriff nicht nur den Unterschied der Manometerdrücke am Druck- und Saugstutzen, sondern auch den Höhenunterschied dieser Meßstellen und den Unterschied der kinetischen Energien der Geschwindigkeiten c_d am Druckstutzen und c_s am Saugstutzen erfaßt. Auch die Begriffe statische und dynamische Druckhöhe und ihre Erzeugung, Spaltdruckhöhe oder Laufradgefälle H_p wurden bereits auf S. 27 behandelt.

Die Kreiselpumpen sind nach S. 82 entweder Radialpumpen, halbaxiale oder Axialpumpen, in jedem Fall aber Überdruckmaschinen, d. h., der größte Teil des Druckes wird nicht erst in den nachgeschalteten Leitvorrichtungen (s. S. 97 bis 105), sondern im Laufrad erzeugt, und damit ist der Druck hinter dem Laufrad höher als der Druck vor dem Laufrad.

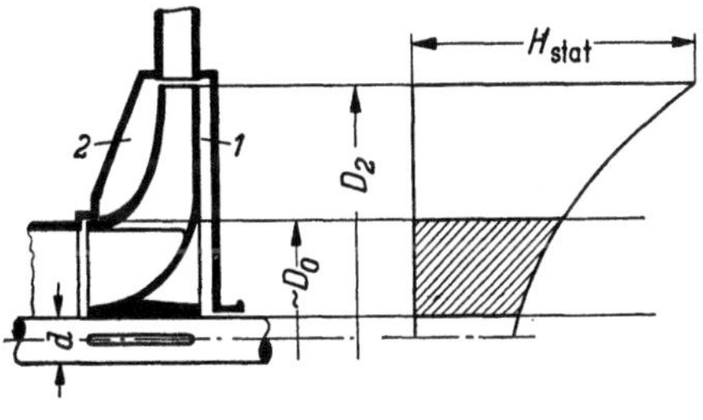

Abb. 145,1. Axialschub

Da das Wasser durch den Spalt zwischen Laufrad und Gehäuse dringt, so tritt nach Abb. 145,1 bei Laufrädern mit einseitigem Einlauf ein von rechts nach links wirkender Axialschub auf. Er wird dadurch hervorgerufen, daß links vom Laufrad auf der Fläche $(D_0^2 - d^2) \cdot \pi/4$ der Saugdruck der Stufe bzw. aller Stufen, rechts aber der um den statischen Druckunterschied höhere Austrittsdruck des Laufrades bzw. der Laufräder bei mehrstufigen Pumpen steht. Die schraffierte Fläche zeigt, daß er sich infolge des nach außen wachsenden Umfangs außen mehr auswirkt als innen. Da bei halbaxialen Pumpen nach Abb. 82,1 c die Stufenförderhöhe gering ist, so kann dort der Axialschub einfach durch ein Längslager, ein sog. Kugel-Rillenlager ausgeglichen werden (Abb. 153,1). Bei einstufigen Normalläufern nach Abb. 82,1 b mit mittlerer Förderhöhe genügt ein Ringschräglager auf der der Stopfbüchse abgewandten Seite und ein Rollenlager auf der Seite an der Stopfbüchse. Bei ausgesprochenen

Radialpumpen nach Abb. 82,1a mit großen Stufenförderhöhen, besonders bei mehrstufigen Ausführungen, genügt ein Kugel-Rillen- oder Schräglager allein nicht mehr zum Ausgleich des Axialschubes; die Laufräder müssen entweder nach Abb. 149,2 auf beiden Seiten Schleifränder und innen Druckausgleichlöcher in der Radscheibe erhalten, oder die Pumpe muß wie in Abb. 150,1 mit einer Entlastungsscheibe ausgerüstet werden. Abb. 146,1 (nach DUBBEL[1]) zeigt die Wirkung dieser Vorrichtung. An der Druckseite des Pumpengehäuses ist eine Kammer vorgesehen, die durch eine auf der Welle befestigte Scheibe S in die Räume A und B aufgeteilt wird. Da der Druck in B kleiner ist als rechts vom Laufrad, so tritt an der Scheibe S ein Druckunterschied auf, der die Scheibe mit der Welle nach rechts drückt und so dem Axialschub entgegenwirkt. Er öffnet den Spalt b, aber diese Kraftwirkung bleibt bestehen, da der Druck in A immer größer sein wird als der Druck in B. Um die axiale Verschiebung des Läufers und den Wasserverlust klein zu halten, wird vor dem Raum A ein langer Zylinderspalt a angeordnet. Der Ausgleich durch eine solche Entlastungsscheibe ist jedoch nur dann möglich, wenn die Welle axial frei beweglich ist, wenn also wie in Abb. 150,1 nur Rollenlager oder nur Ringschmierlager, also reine Querlager eingebaut sind. Ebenso muß das Wasser rein von Sand und Schlamm sein, damit die Spalte nicht zu stark verschleißen oder durch ihr Verstopfen der Betrieb gestört wird. Bei Heißwasserpumpen kann es infolge der Drucksenkung im Spalt zur Dampfbildung und hierdurch zu stärkerem Verschleiß kommen. Bei doppelseitigen Laufrädern nach Abb. 152,1 ist

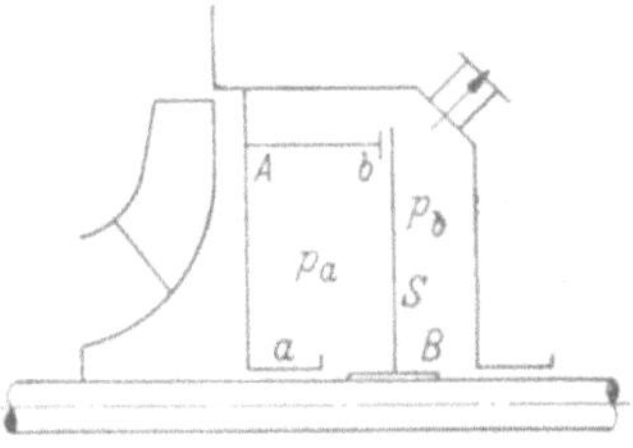

Abb. 146,1. Druckausgleichscheibe

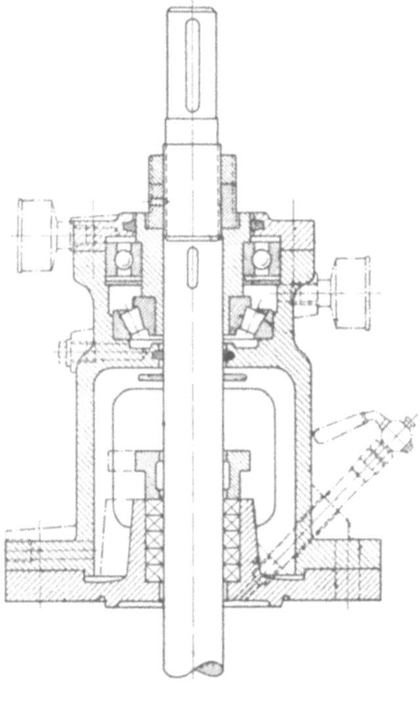
Abb. 146,2. Kegelrollenlager für Pumpen mit stehender Welle (KSB)

[1] [3], Bd. II, S. 399.

der Axialschub aufgehoben, so daß nur zur Sicherheit ein Kugel-Rillenlager angeordnet ist. Wegen der geringen Förderhöhe dienen bei Axialpumpen zur Aufnahme des Axialschubes im allgemeinen Wälzlager, bei senkrechter Welle kommt zum Axialschub noch das Gewicht der rotierenden Teile; der Auftrieb ist in Abzug zu bringen. Es kommen dann unter Umständen nach Abb. 146,2 Kegelrollenlager, bei großen Ausführungen Einscheiben-Michell-Drucklager in Frage.

Nach S. 27 wird der Hauptteil der Förderhöhe einer Kreiselpumpe durch die Zunahme der Umfangsgeschwindigkeit, also durch die Fliehkraft erzeugt. Da diese aber nach Gl. (20,2) von der Masse des Mediums abhängt, so ist die Kreiselpumpe nicht wie eine Kolbenpumpe, die ja auf der Volumenänderung beruht, in der Lage, durch das Absaugen der Luft aus der Saugleitung das Wasser in der Saugleitung hochzuziehen, da $\gamma_{\text{Luft}} = 1{,}29$ nur etwa $\frac{1}{770}$ von $\gamma_{\text{Wasser}} = 1000\ \frac{\text{kp}}{\text{m}^3}$ ist. Deshalb muß das Saugrohr und die Pumpe erst mit der Förderflüssigkeit gefüllt werden, bevor eine Kreiselpumpe in Betrieb gesetzt werden kann.

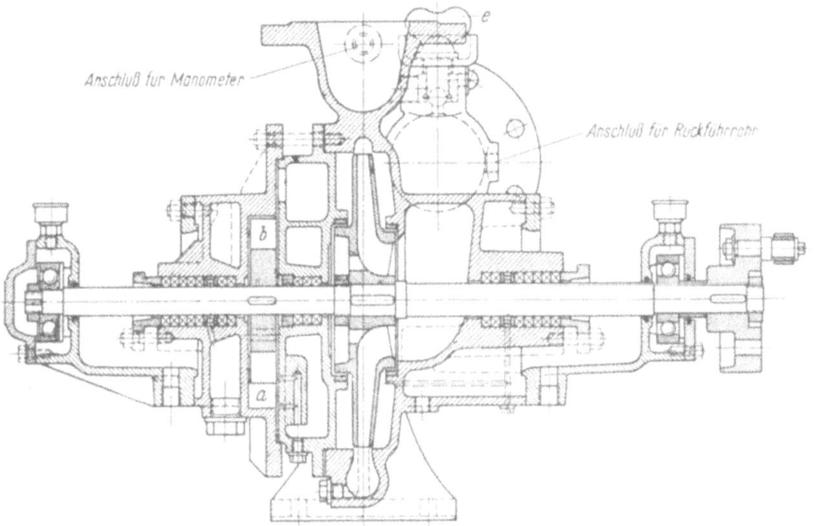

Abb. 147,1. Selbstansaugende Kreiselpumpe (KSB)

Selbstansaugende Pumpen sind z. B. die Wasserringpumpe der Firma KSB und die Sihipumpe der Firma Siemen & Hinsch. Weil sich an ihr auf kleinstem Raum das Prinzip darstellen läßt, sei die erstere in Abb. 147,1 und 148,1 behandelt. Die in diesem Fall einstufige Kreiselpumpe ist mit einem Gehäuseteil *a* ausgestattet, der exzentrisch zur Pumpenmitte ausgebohrt ist und mit dem über der Pumpenmitte angeordneten Saugstutzen verbunden werden kann. Hierdurch bleibt in *a* beim Abstellen der Pumpe stets eine gewisse Wassermenge zurück. Das auf der Welle sitzende Zellrad *b* in *a* treibt bei der Inbetriebsetzung der Pumpe den Wasserrest in *a* nach außen. Der so auftretende Wasserring bildet mit dem Zellrad eine Sichel, deren Zellen sich links vergrößern und rechts verkleinern. Hierdurch wird über den schwarz gezeichneten Saugschlitz *c* die Luft aus dem Saugrohr abgesaugt, auf dem Weg nach rechts verdichtet und bei entsprechender Stellung eines sog. Auspuffhahns auf „Ansaugen" ins Freie geführt. So steigt das Wasser in der Saugleitung und füllt schließlich die Pumpe, so daß Raum *a* abgeschaltet werden kann, weil die Kreiselpumpe nun fördert. Ist die Förderflüssigkeit ständig von Luft oder Gas erfüllt oder ist die Saugleitung undicht, so bleibt der Auspuffhahn auf „Ansaugen" stehen.

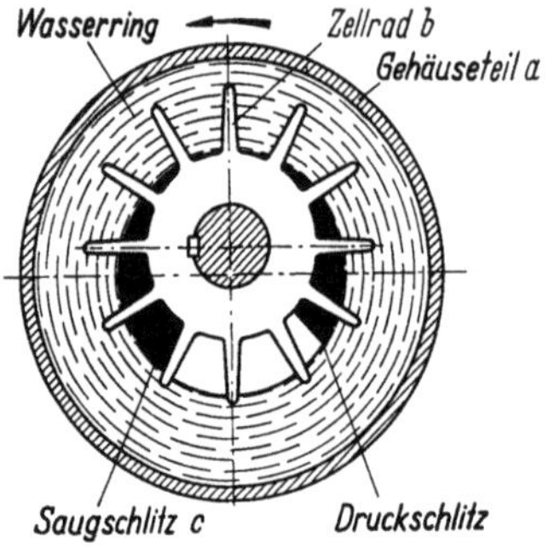

Abb. 148,1
Wirkung der Wasserringpumpe (KSB)

2. Bauarten

Wie schon im vorigen Abschnitt erwähnt wurde, kann leider mit Rücksicht auf den Umfang des vorliegenden Buches außer den selbstansaugenden Kreiselpumpen nicht auf Spezialpumpen eingegangen werden. Ebenso ist die Lagerung in Verbindung mit dem Ausgleich des Axialschubs im vorigen Abschnitt besprochen und begründet worden, so daß sie bei der Behandlung der folgenden Abbildungen nur erwähnt wird.

Die einstufige radiale Kreiselpumpe Abb. 149,1 wird für Fördermengen von 1 bis 250 m^3/h und für Drücke bis zu 6,5 atü gebaut. Zur Erleichterung der Einströmung ist das einflutige Laufrad fliegend angeordnet. Die Leitvorrichtung besteht aus einem Spiralgehäuse und einem diffusorartig erweiterten Druckstutzen. Da durch den Kanal *c* von der Druckseite der Pumpe Sperrwasser in die Kammer *a* geführt wird, wird verhindert, daß Luft durch die Stopfbüchse in die Pumpe gesaugt wird. Die Welle ist durch Ring-Rillenlager radial und axial geführt und für Dauerbetrieb in einem breiten Lagerstuhl gelagert. Gleitlager werden dann vorgesehen, wenn geräuschloser Lauf erforderlich ist.

Die mehrstufigen sog. Hochdruckpumpen Abb. 149,2 und 150,1 werden für Fördermengen bis zu 1500 m^3/h gebaut. Während die mit ausgeglichenen Laufrädern und auf der Druckseite mit Ring-Rillenlager ausgerüstete Ausführung Abb. 149,2 für Förderhöhen bis zu 150 m verwendet wird, kann die mit Druckausgleichscheibe versehene mehrstufige Pumpe Abb. 150,1 bis zu einem Pumpendruck von 40 atü gebraucht

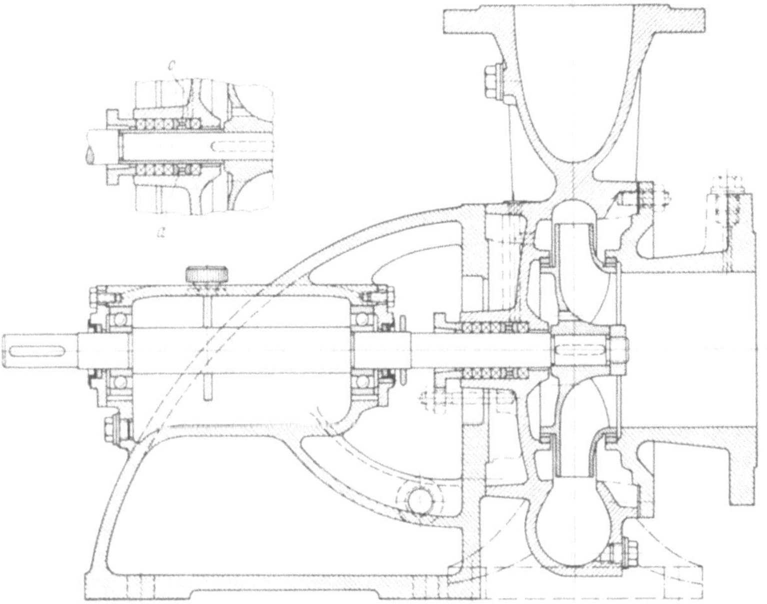

Abb. 149,1. Einstufige Radialpumpe (KSB)

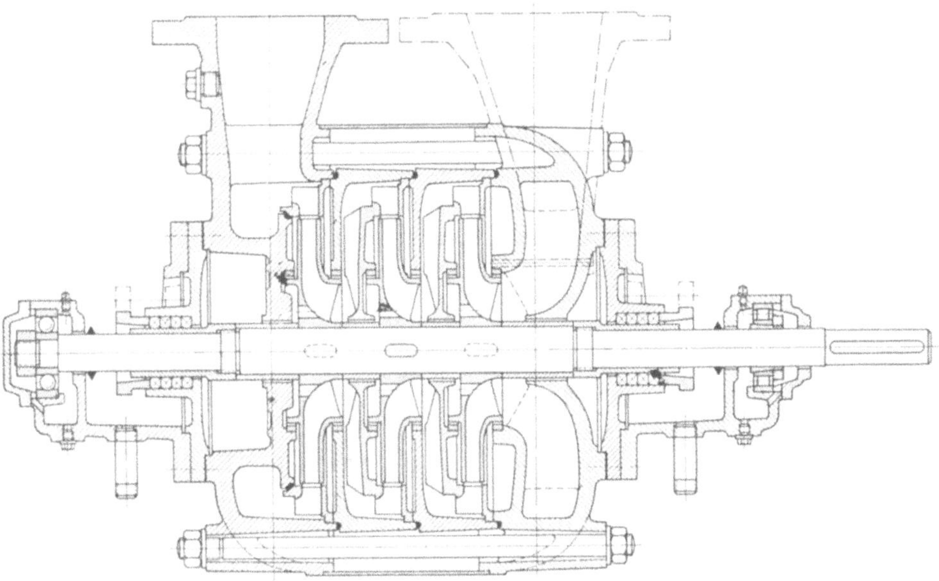

Abb. 149,2. Mehrstufige Radialpumpe mit entlasteten Laufrädern (KSB)

werden. Ist die Temperatur der Förderflüssigkeit höher als 105 °C, so werden Spezialheißwasserstopfbüchsen eingebaut. Der Saugstutzen wird axial angeordnet, wenn die Saughöhe sehr groß sein muß (Kondensatpumpen). Die Welle ist aus SM-Stahl gefertigt und wird mit einem Wellenüberzug aus Gußeisen versehen.

Eine Speisewasserpumpe für hohe Betriebstemperaturen zeigt Abb. 151,1. Die hohen Betriebsdrücke und Betriebstemperaturen erfordern nicht nur eine kräftige Ausführung der Bauteile und geschliffene Dichtungsflächen *e* zwischen den Gehäusegliedern *a*, sondern auch Sonder-

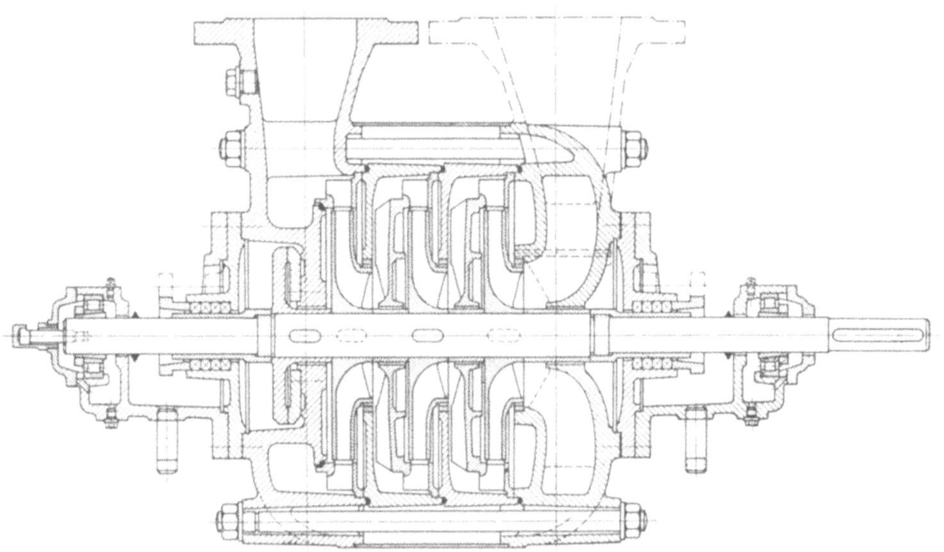

Abb. 150,1 Mehrstufige Radialpumpe mit Druckausgleichscheibe (KSB)

werkstoffe, wie durch Büchsen aus Chromnickelstahl geschützte Wellen aus St 60.11, hochprozentigen Chromstahlguß für die Laufräder, gekühlte Drosselstrecken zum Fernhalten hoher Temperaturen von den Stopfbüchsen, hochwertige Weichpackungen aus langfaserigem Asbest oder mechanische Stopfbüchsen, bei denen durch Federkraft ein feststehender Ring und ein rotierender Ring aus nichtrostendem Stahl mit ihren feingeschliffenen Planflächen aufeinandergedrückt werden, Gehäuse aus Stahlguß oder Schmiedestahl bei alkalischem Wasser und Chromstahlguß oder Chromstahl bei nicht alkalischem Kondensat. Das Anwärmen der Pumpe geschieht dadurch, daß man Heißwasser von der Zulaufseite durch die stillstehende Pumpe strömen läßt und aus der Druckseite in eine niedrigere Druckstufe des Speisewasserkreislaufs zurückführt. Um eine gleichmäßige Verteilung der Temperatur im Gehäuse

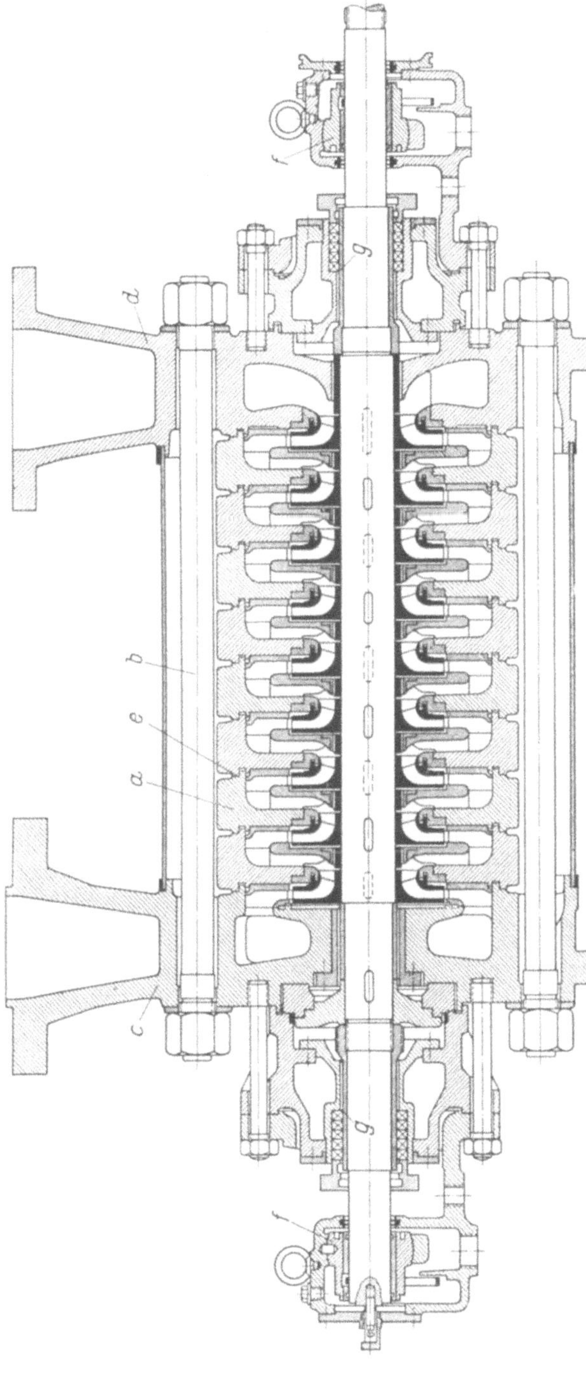

Abb. 151,1. Speisewasserpumpe für hohe Betriebstemperaturen (KSB)

zu erreichen — sonst kommt es zu Verwerfungen des Gehäuses und Absenkungen der Lager und so zu erheblichem Verschleiß zwischen Läufer

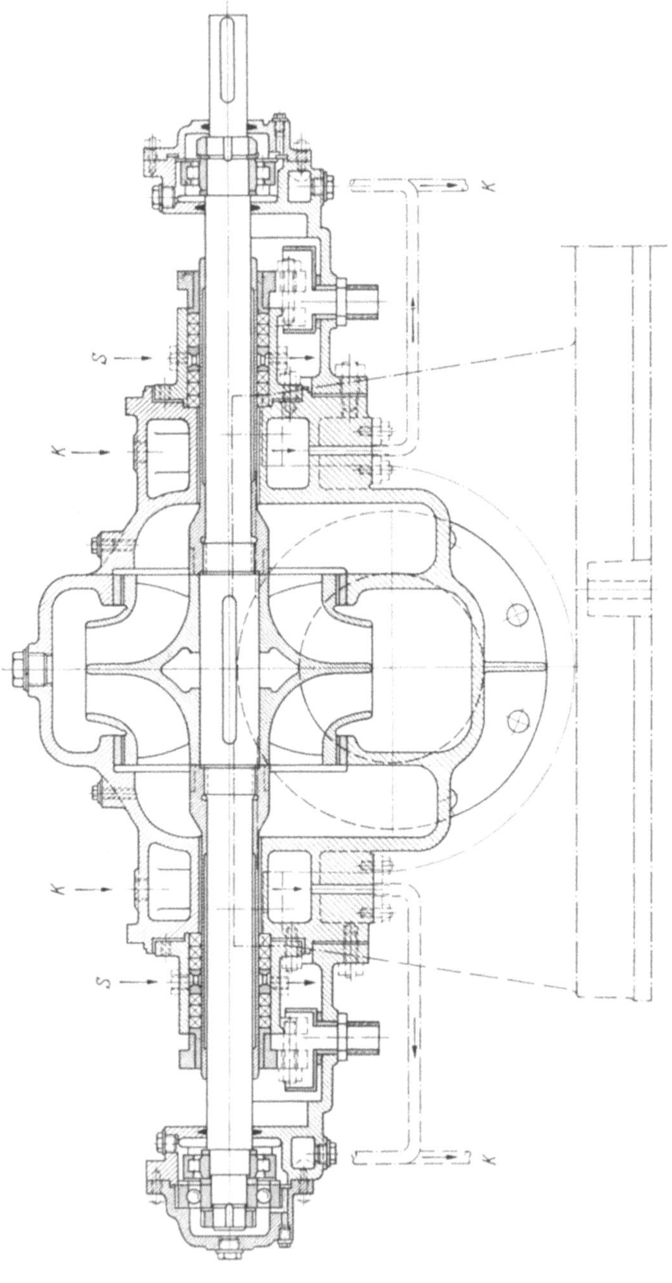

Abb. 152,1. Zweiflutige Umwälzpumpe für kalte und heiße Laugen (KSB)

und Gehäuse beim Anfahren — wird durch einen Hilfsantrieb die Pumpe beim Anwärmen mit 100 bis 200 U/min durchgedreht. Außerdem hat für besonders schwierige Verhältnisse Klein, Schanzlin & Becker eine Pumpe mit axial elastisch arbeitenden Gehäusegliedern entwickelt.

Auch die zweiflutige Umwälzpumpe Abb. 152,1 für große Fördermengen bis 1600 m^3/h und niedrige Förderhöhen von 7 bis 40 m für kalte und heiße Laugen (bis 180 °C) der Zellstoff-, Papier- und chemischen Industrie wird aus Spezialwerkstoffen gebaut. Die Anordnung der Saug-

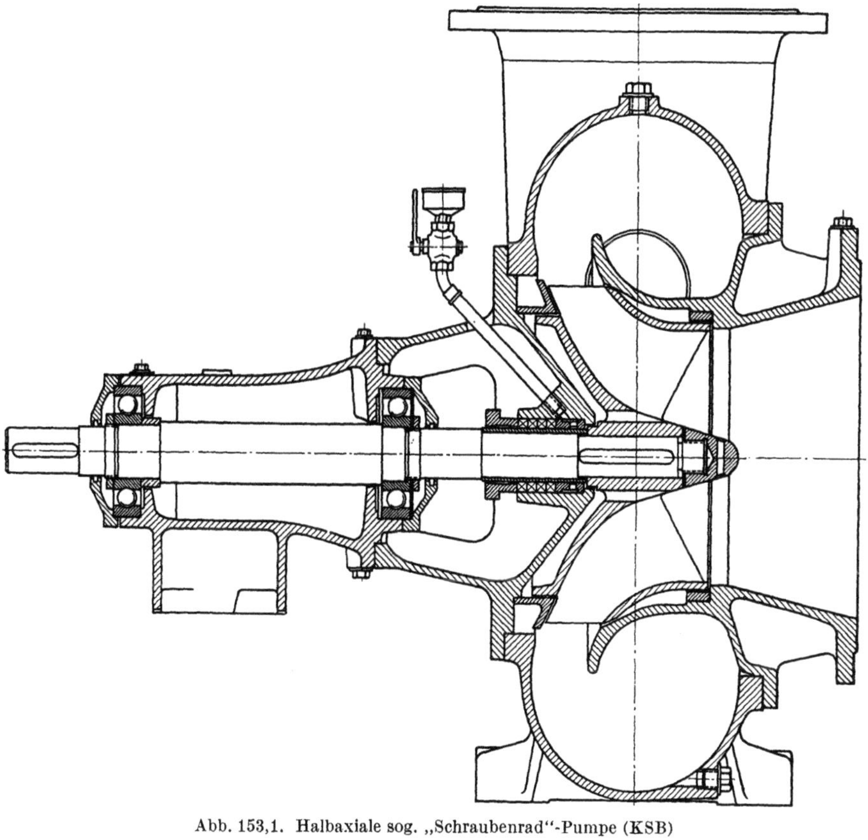

Abb. 153,1. Halbaxiale sog. „Schraubenrad"-Pumpe (KSB)

und Druckstutzen am unteren Teil des waagerecht geteilten Gehäuses ermöglicht den Ausbau des gesamten Läufers ohne Abnahme der Rohrleitungen.

Die halbaxiale, sog. „Schraubenrad-Pumpe" Abb. 153,1 hat ihren Namen von den räumlich gekrümmten schraubenförmigen Laufradschaufeln, die infolge geringer Schaufelzahl große Durchgangsquerschnitte schaffen und sich so zum Fördern von Flüssigkeiten mit Verunreinigungen oder Beimengungen sehr gut eignen. Sie wird serienmäßig für Fördermengen von 100 bis 5000 m^3/h und Förderhöhen von 3 bis 25 m in sämtlichen Einzelteilen nach ISA-Passung-Einheitsbohrung hergestellt, so daß Ersatzteile ohne Nacharbeit eingebaut werden können. In besonderen Fällen kann eine Entlüftungspumpe vorgesehen werden. Auch hier sind u. U. Sonderwerkstoffe wegen sandhaltigen Wassers oder aggressiver Flüssigkeiten nötig.

Senkrechte Bohrloch-Kreiselpumpen zeigen Abb. 154,1 und 154,2. Sie werden für Fördermengen bis etwa 1800 m^3/h gebaut. Durch die halb-

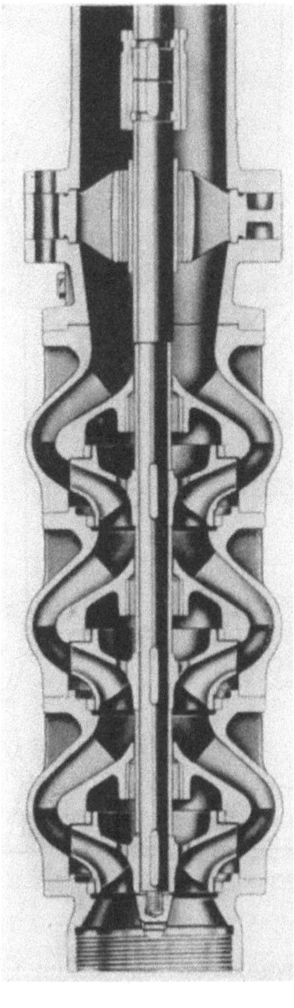

Abb. 154,1. Halbaxiale Bohrlochpumpe (KSB)

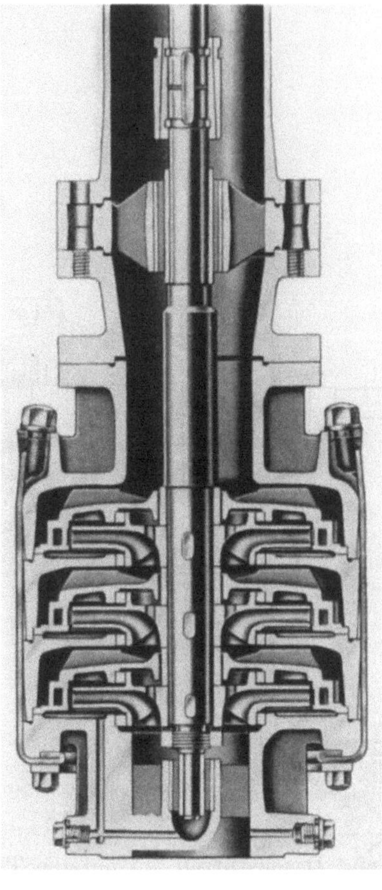

Abb. 154,2. Radiale Bohrlochpumpe (KSB)

axialen Laufräder hat die Pumpe Abb. 154,1 eine besonders gedrängte Bauart. Sie eignet sich aber nur für Förderhöhen bis 150 m, für Einbautiefen bis 120 m und Stufenzahlen bis zu 20 Stufen. Die Pumpen

Abb. 154,2 kommen, ihrer radialen Bauart entsprechend, nur für Rohrbrunnen von $\geqq$ 230 mm Nennweite in Frage. Sie erreichen eine Förderhöhe bis zu 250 m bei Einbautiefen bis 120 m und haben bis 16 Stufen. Die Bauart Abb. 154,2 ist vorzuziehen, da sie deshalb einen besseren Wirkungsgrad haben, weil sich die zylindrischen Leitschaufeln von Abb. 154,2 infolge der Verwendung getrennt eingebauter Leitschaufelringe nachträglich glätten lassen, während die räumlich gekrümmten Leitschaufeln von Abb. 154,1 mit dem Gehäuse ein Gußstück bilden und so schwer zugänglich für eine Nachbearbeitung sind. Bei sandhaltigem Wasser hat sich Weichgummi als Lagerwerkstoff bewährt. Dadurch, daß sich die Sandkörnchen in den Gummi eindrücken, üben sie keine Schleifwirkung aus. Sie werden durch das als Schmiermittel dienende Wasser durch schraubenförmig gewundene Nuten herausgespült. Auch im Stillstand muß das Gummilager stets von Wasser umgeben sein, weil durch die große Reibungsziffer und geringe Wärmeleitfähigkeit trockener Gummi beim Anfahren der Pumpe sofort zerstört werden würde. Ebenso muß die Welle durch eine Bronzebüchse geschützt werden, da der in den Gummi einvulkanisierte Schwefel sie angreift.

B. Kreiselverdichter

1. Allgemeines

Der Zustand der benötigten Luft bedingt die Ausführung der Kreiselverdichter als *Ventilator* (auch *Lüfter* genannt), *Gebläse* oder *Turbokompressor*. Alle drei Verdichterarten können Radial- oder Axialverdichter sein. Dies wird durch die Kennzahl sowie durch die Druckzahl und die Lieferzahl (s. S. 58—61 und S. 83—85) bedingt.

Zur Lüftung von Arbeits- und Versammlungsräumen, zur Belüftung von Bergwerken, Tunneln und Schiffen, zum Absaugen von Gasen, Abgasen und staubhaltiger Luft sowie zur Trocknung und Kühlung und für Klimaanlagen werden meist nur geringe Unter- oder Überdrücke, aber große sekundliche Luftmengen und daher auch große Luftgeschwindigkeiten gebraucht. Bei der Berechnung der *Ventilatoren* kann daher die Änderung des Volumens und der Temperatur unberücksichtigt bleiben. Jedoch muß die dynamische Druckhöhe $c^2/2g$ des mit der absoluten Geschwindigkeit c strömenden Gases zu der statischen Druckhöhe $\Delta P_{stat}/\gamma$ hinzugerechnet werden, so daß $\Delta P/\gamma$ gleich der Summe dieser beiden Werte ist (Gesamtdruck S. 26, Zahlenbeispiel 10). Ventilatoren haben meist einstufige Bauart und weder Leitvorrichtungen (Ausnahme Abb. 162,1 und 163,1, S. 219 und 222) noch Zwischen- oder Endkühler.

Stahlwerke und Hochöfen benötigen ebenfalls Luft. Für die Konverter und Birnen der Stahlwerke hat der Verdichter für die Blasluft einen

Druck zu schaffen, der dem Widerstand bei der Durchströmung der Rohrleitungen, des Düsenbodens und des flüssigen Eisens darüber entspricht. Es kommen Druckverhältnisse von 2,8 bis 4 und je t Stahl 2000 bis 2800 m^3/h an Luft in Frage. Der Druck, der zum Durchblasen der brennenden Schicht bis zur Gicht nötig ist, hängt von der Höhe des Hochofens und von der Beschaffenheit des Erzes ab. Wird der Widerstand vom Verdichter bis zum Hochofen und der Widerstand der Düsen einbezogen, so muß der Verdichter normal das Druckverhältnis 2 und kurzzeitig, um das „Hängen" des Hochofens zu beseitigen, das Druckverhältnis 2,5 bis 3 schaffen. Dabei braucht ein Hochofen, je nachdem ob er eine Tagesleistung von 200 oder 1200 t hat, sekundlich 17 oder 50 m^3 Luft. Kreiselverdichter für diese Verhältnisse heißen *Gebläse*. Da die S. 84 für rückwärts gekrümmte Schaufeln genannten Druckzahlen ψ für vorstehende Druckverhältnisse bei einstufiger Ausführung nicht ausreichen, so sind die Gebläse meist nicht einstufig, sondern mehrstufig und zur Vergrößerung ihres Wirkungsgrades nicht nur mit rückwärts gekrümmten Laufradschaufeln, sondern auch mit Leitvorrichtungen ausgerüstet. Die Volumenänderung muß bei ihrer Berechnung berücksichtigt werden, während die Temperaturerhöhung im Stahlwerks- und Hochofenbetrieb sogar erwünscht ist.

Die Preßluftversorgung der Bergwerke fordert jedoch Drücke von 6 bis 7 atü. Die damit verbundene große Temperatursteigerung erhöht den Leistungsbedarf für die Verdichtung und gefährdet die betriebliche Sicherheit, so daß man bei stationären Maschinen über 2 atü und bei Verdichtern in Flugzeugen über 4 atü Kühlung anwendet. Maschinen für diese hohen Drücke heißen *Turbokompressoren*. Sie werden mehrstufig ausgeführt, haben zur Erhöhung des Wirkungsgrades Leitvorrichtungen, Innenkühlung, Außenkühlung oder eine Verbindung beider Kühlungsarten bei sehr großen Luftmengen.

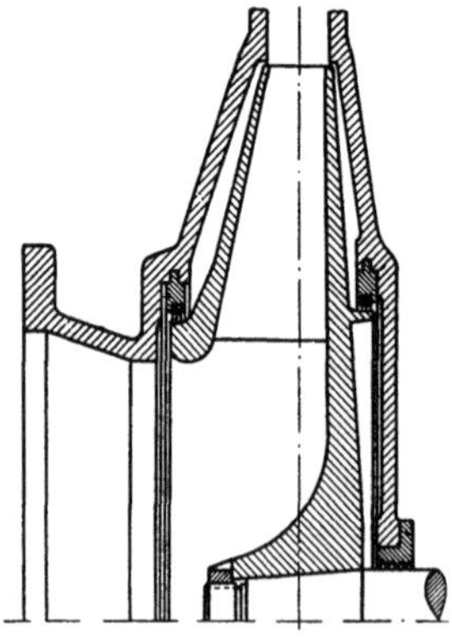

Abb. 156,1. Verdichterlaufrad

Da nach Gl. (58,2) die für eine bestimmte Drucksteigerung ΔP erforderliche Energie $\Delta P/\gamma = \psi \cdot \frac{u_2^2}{2g}$ ist, so verlangen die Kreiselverdichter für die gleiche Drucksteigerung eine erheblich größere Umfangsgeschwindigkeit u_2 als die Kreiselpumpen, weil die Wichte der Luft nur 1,2 kp/m^3 statt bei Wasser 1000 kp/m^3 ist. Deshalb müssen auch bei hohen Drucksteigerungen die Laufradscheiben der Kreiselverdichter nach Abb. 156,1 mit Rücksicht auf die hohen Fliehkräfte dem Körper gleicher Festigkeit angeglichen werden. Trotzdem treten bei 1250 mm ⌀ und 4600 U/min entsprechend 300 m/sek noch radiale Normalspannungen von 2000 kp/cm² und tangentiale Normalspannungen von 3000 kp/cm² in der eigentlichen Radscheibe und ebenso hohe Spannungen in der Deckscheibe auf.

Deshalb werden Laufradscheiben nach Abb. 157,1a und b (nach KLUGE[1]) unter Umständen aus legierten Stählen, z. B. aus Chrom-

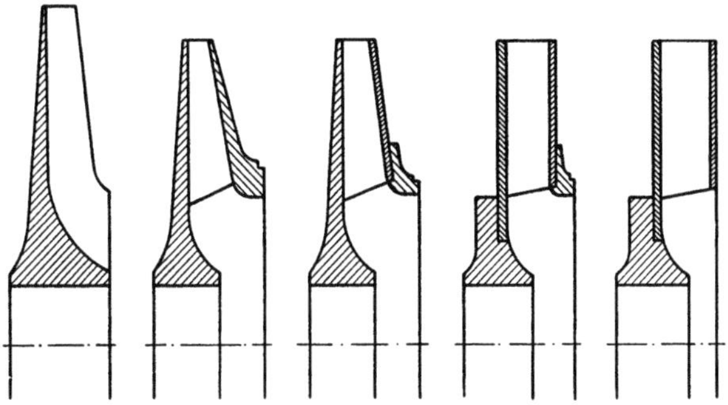

a b c d e

Abb. 157,1a–e. Laufradformen für Verdichter

Nickelstahl, angefertigt, so daß man mit ihnen Umfangsgeschwindigkeiten von 350 m/sek und mehr und bis 7000 m Förderhöhe, also 8400 mm WS Drucksteigerung erreichen kann, selbst wenn die Schaufeln angenietet sind. Abb. 157,1c bis e zeigen aus Stahlblech ausgeschnittene Seitenwände, die an die Nabe bzw. an einen Verstärkungsring angenietet sind. Solche Laufräder kann man für Umfangsgeschwindigkeiten von 150 bis 100 m/sek verwenden. Die Laufradschaufeln werden aus Stahlblech von 1 bis 2,5 mm Stärke hergestellt und nach Abb. 157,2c und d (nach KLUGE[2]) u- oder z-förmig gebogen mit versenkten Köpfen in den

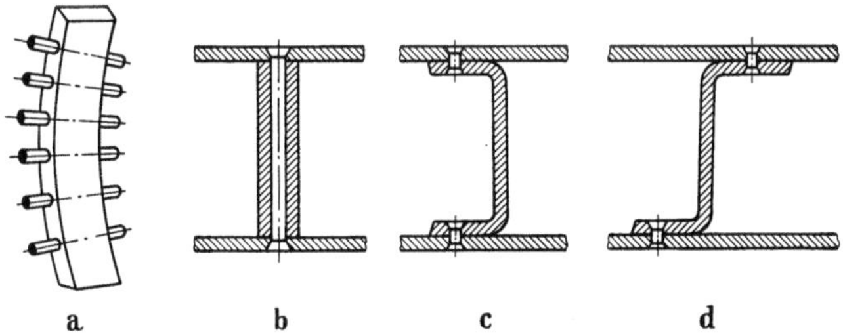

a b c d

Abb. 157,2a–d. Befestigung der Laufradschaufeln

Seitenwänden vernietet. Besser ist es, sie nach Abb. 157,2a und b mit größerer Wandstärke zu schmieden und die Nietbolzen beiderseits an die Schaufel anzufräsen oder sie durch Löcher im Schaufelwerkstoff zu

[1] [11], S. 225. [2] [11], S. 226.

stecken. Da hierdurch glatte Kanäle ohne Umbördelungen und Nietköpfe entstehen, so ist diese Ausführung besonders bei schmalen und parallelwandigen Kanälen vorzuziehen. Die Räder werden dadurch zwar schwerer, falls nicht Leichtmetall verwendet wird. Im Aufladegebläsebau lassen sich bis 450 m/sek Umfangsgeschwindigkeit mit Laufrädern erreichen, die mit vollkommen radialen Schaufeln aus Duraluminium gepreßt sind. Die in den axialen Einlauf hineinragenden Schaufelenden werden nach dem Pressen in Umfangsrichtung abgebogen, um einen stoßfreien Eintritt zu erreichen.

2. Bauarten

a) Ventilatoren (Lüfter). Sie kommen laut Vortext für kleine Druckänderungen bis 600 mm WS, aber u. U. für große sekundliche Durchflußmengen in Frage (s. Beispiele S. 212 bis 225). Außer der Kennzahl n_q sind speziell für die Berechnung der Ventilatoren die Druckzahl ψ [Gl. (58,2)], die Lieferzahl φ für Radiallüfter [Gl. (59,1)] und φ'' für

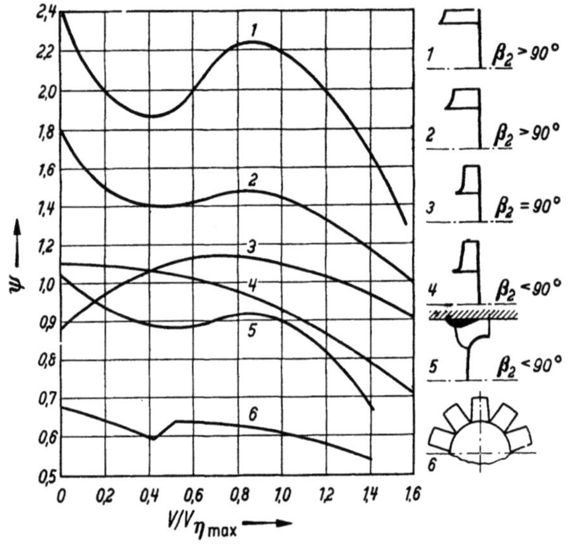

Abb. 158,1. Druckzahl bei veränderter sekundlicher Menge für verschiedene Laufradschaufelformen von Lüftern

Axiallüfter [Gl. (58,4)] sowie die Gebläsekennzahl σ [Gln. (59,4) und (60,1)] geschaffen worden. Auf S. 84 und 85 wurden bereits Richtwerte dafür angegeben, welche Bauarten von Ventilatoren für die verschiedenen Bereiche von ψ, φ bzw. φ'' und n_q in Frage kommen und welche Wirkungsgrade zu erwarten sind. Im Zusammenhang hiermit ist auch Abb. 158,1 (nach Eck[1]) zu beachten. Kurve *4* zeigt, daß Lüfter mit rückwärts gekrümmten Laufradschaufeln (Abb. 50,1a) zwar eine kleine Druckzahl ψ, aber dafür eine stabile Kennlinie (s. S. 67) haben. Bei radial endigenden Schaufeln (Kurve *3*) wird die Kennlinie bereits labil. Bei vorwärts gekrümmten Schaufeln (Kurve *1* und *2*) und besonders bei Trommelläufern (Kurve *1*, s. S. 84 und Abb. 160,1) bekommt die Kennlinie sogar einen Wendepunkt. In abgeschwächter Weise gilt dies auch für den sog. meridionalbeschleunigten Lüfter (Kurve *5*), während der Axiallüfter (Kurve *6*) eine im allgemeinen stabile, in einem kleinen Bereich aber unstetige Kennlinie aufweist (s. Abschnitt Betriebsverhalten). Schon auf S. 51 und 84 wurde darauf hingewiesen, daß die Trommelläufer zwar einen geringen Platzbedarf, aber einen niedrigen Wirkungsgrad von 0,55 bis 0,6 haben. Während nach S. 84 axiale Lüfter eine erheblich höhere Lieferzahl φ'' haben als radiale Ventilatoren, hat der Lüfter Abb. 158,1, Ausführung *5*, eine ebenso hohe Lieferzahl $\varphi = 0{,}25$ und eine hohe Druckzahl $\psi = 0{,}75$ bis $0{,}85$. Letztere ist darauf zurückzuführen, daß mit der stark zunehmenden Nabe des Laufrades, ermöglicht durch die wulstartige Gestaltung des Gehäuses am Eintritt, und durch die zylindrische Begrenzung des Gehäuses am Austritt sowohl eine Vergrößerung der c_u-Komponente [vgl. Gl. (84,1)] als auch eine Vergrößerung der Meridionalkomponente c_m verbunden ist (daher der Name meridionalbeschleunigter Lüfter). Beides führt zu einer Vergrößerung von $c^2/2g$ am Austritt des Laufrades, so daß bei diesen Lüftern die Gestaltung des Gehäuses als Diffusor (s. Abb. 98,1c) für den Erfolg mitbestimmend ist. Der ringförmige Wulst E der letzten Ausführung verkürzt gegenüber *a* und *b* die Nabe, führt die Strömung zusammengefaßt nach innen und gibt so die Möglichkeit, einen kegeligen Diffusor anzuschließen, dessen leichter zu beherrschende Strömung noch durch Kreuzbleche K verbessert wird. Die Zahl der Konstruktionsformen der Ventilatoren ist weitaus größer, als dies aus der obigen Betrachtung ersichtlich wird. Trotzdem ist dies nicht unwirtschaftlich, da nach S. 84 die nach Drehzahl n, sekundlichem Volumen V und Laufradarbeit $\Delta P/\gamma$ sich ergebende Kennzahl n_q die Bauart bestimmt, die für die vorliegenden Verhältnisse entweder den günstigsten Wirkungsgrad oder den billigsten Preis bzw. den kleinsten Platzbedarf hat.

Den einfachen Aufbau eines Niederdruckventilators zeigt Abb. 160,1. Da es in erster Linie auf geringen Platzbedarf und niedrige Anschaffungskosten ankam, so ist er mit vorwärts gekrümmten Laufradschaufeln ausgeführt. Durch ein düsenförmiges, oft auch konisches Einsatzstück wird die Luft von der Saugöffnung zum Laufrad geführt. Das Gehäuse hat meistens einen einfachen rechteckigen Querschnitt. Das Laufrad ist

[1] [*5*], S. 65.

fliegend auf einer in zwei Ringschmierlagern gelagerten Welle angeordnet. Auf eine Stopfbüchse wurde wegen des geringen Druckes ver-

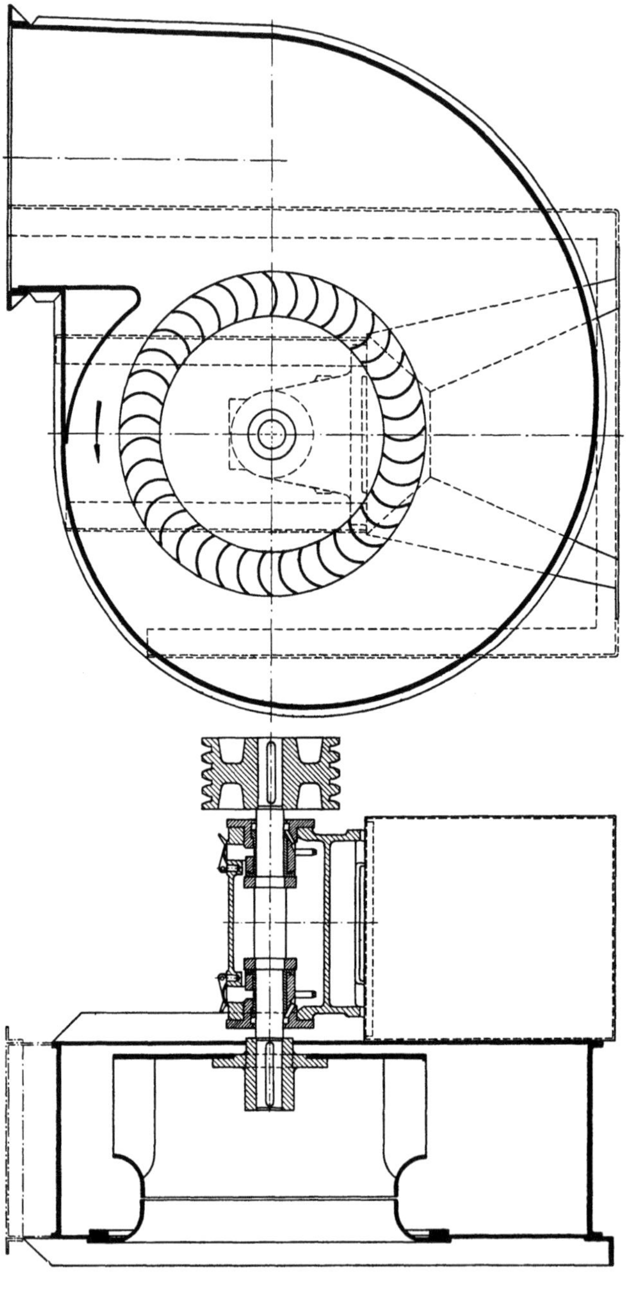

Abb. 160,1. Niederdruckventilator (Trommelläufer) (Sulzer). 8000 m³/h, 720 U/min, 50 mm WS, $D_2 = 500$ mm ∅

zichtet. Das Blechgehäuse ist durch Winkeleisen versteift. Berechnungsbeispiel S. 212.

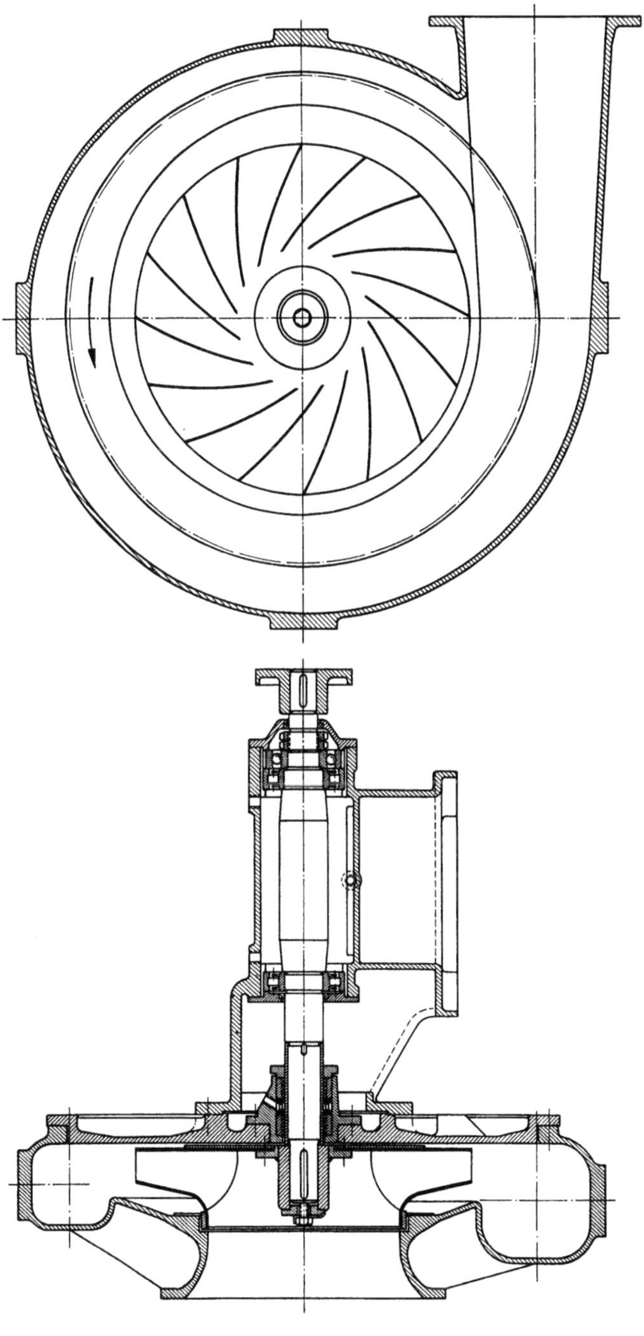

Abb. 161,1. Mitteldruckventilator (rückwärts gekrümmte Schaufeln) (Sulzer). 16000 m³/h, 2950 U/min, 700 mm WS, D_2 = 700 mm ∅

Der Mitteldruckventilator Abb. 161,1 hat dagegen ein gußeisernes Spiralgehäuse und ein Laufrad mit rückwärts gekrümmten Schaufeln, welches fliegend, aber mit einer Stopfbüchse versehen, auf einer in 2 Quer- und 1 Längslager gelagerten Welle sitzt. Berechnungsbeispiel S. 216.

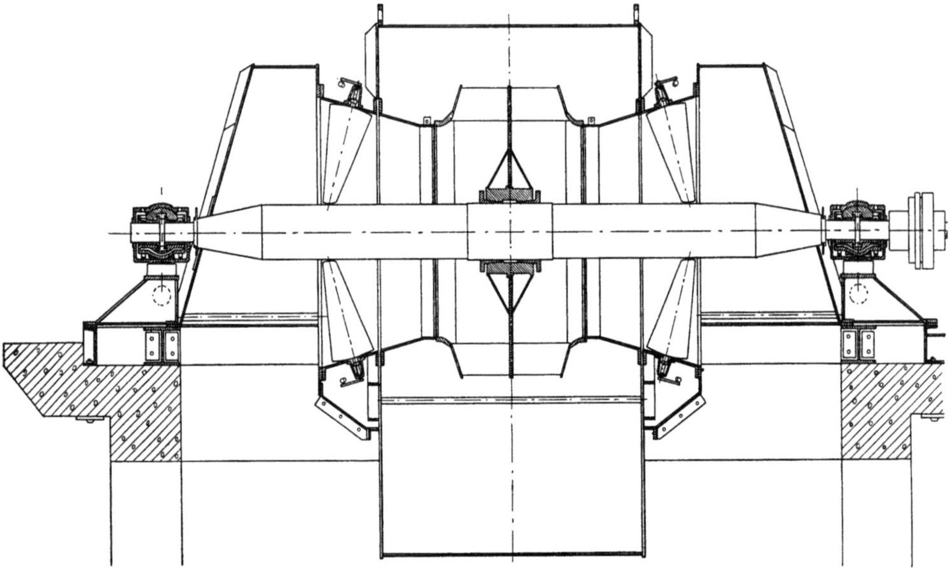

Abb. 162,1. Zweiflutiger Ventilator mit einstellbaren Leitschaufeln (Babcock)

Der zweiflutige Ventilator Abb. 162,1 hat als Besonderheit einstellbare Leitschaufeln, durch die auch bei veränderter sekundlicher Luftmenge die Stoßverluste beim Eintritt ins Laufrad vermindert werden können. Hierdurch und durch die profilierten Laufradschaufeln Abb. 162,2 können Wirkungsgrade bis zu 87% erreicht werden. Diese Bauart wird als Mühlenventilator, Erstluft- und Saugzugventilator verwendet.

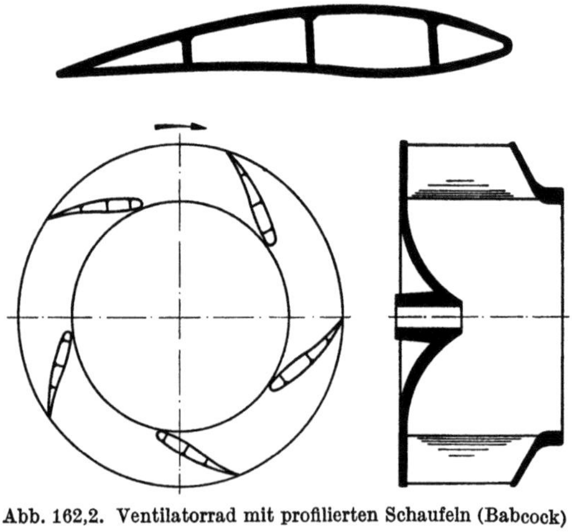

Abb. 162,2. Ventilatorrad mit profilierten Schaufeln (Babcock)

Auch das von der Firma Kühnle, Kopp & Kausch hergestellte sog. Schichtgebläse Abb. 163,1 hat einstellbare Leitschaufeln vor dem Laufrad. Es ist aber ein als Gleichdruckgebläse arbeitender meridionalbeschleunigter Ventilator ähnlich Ausführung *5* auf Abb. 158,1.

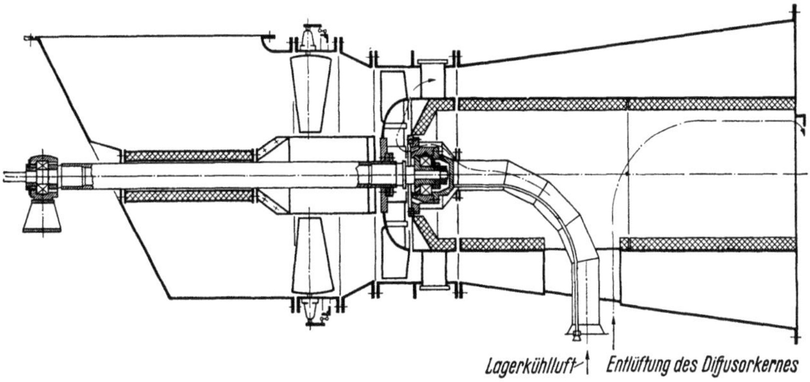

Abb. 163,1. Schichtgebläse (einstellbare Leitschaufeln, meridional beschleunigt) (KKK)

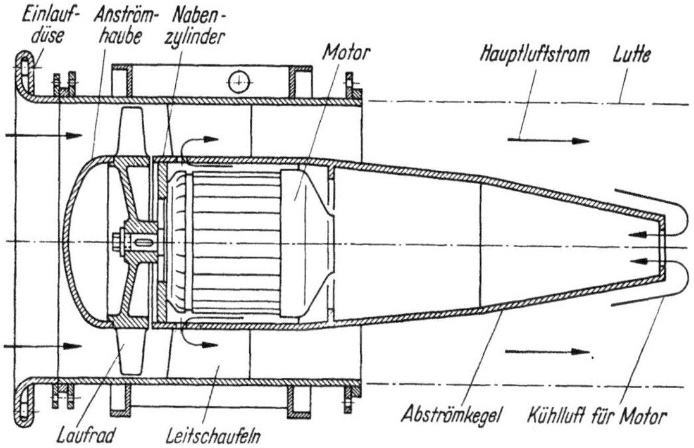

Abb. 163,2. Luttenventilator mit Motorkühlung (Siemens)

Bei dem zur Bewetterung im Bergbau verwendeten Luttenventilator Abb. 163,2 wird durch geeignete Abstimmung der Lauf- und Leitschaufelprofile und ihrer Anstellwinkel bei einer hohen Drehzahl von etwa 2900 U/min ebenfalls ein Wirkungsgrad bis zu 80% erreicht. Der schlagwettergeschützte Drehstrommotor sitzt im Nabenzylinder und wird durch einen Teilstrom des Lüfters gekühlt. Vor dem aus nicht funkendem Siluminguß hergestellten Laufrad mit 8 profilierten Flügeln sitzt zur Erleichterung der Strömung eine Anströmhaube. Im Gegensatz zum Berechnungsbeispiel S. 219 und 222 wird hier durch ein aus 7 Stahlblechschaufeln bestehendes Austrittsleitrad die Strömung so drallfrei gemacht, daß man nach Abnahme des Nabendiffusors mehrere Lüfter hintereinander anordnen kann.

b) Gebläse und Turbokompressoren. Mit Rücksicht auf die nach Abschn. 1 hohen Druckverhältnisse werden radiale Laufräder mit rückwärts gekrümmten Schaufeln ihrer hohen Druckzahlen ψ wegen (vgl. S. 84) bevorzugt. Abb. 164,1 zeigt ein einstufiges, aber der großen sekundlichen Durchflußmenge wegen zweiflutiges Gebläse, mit dem Drucksteigerungen bis etwa 4200 mm WS erzeugt werden können. Die Ringe, welche die Deckscheiben am inneren Durchmesser verstärken, dienen zur Aufnahme von Labyrinthdichtungen.

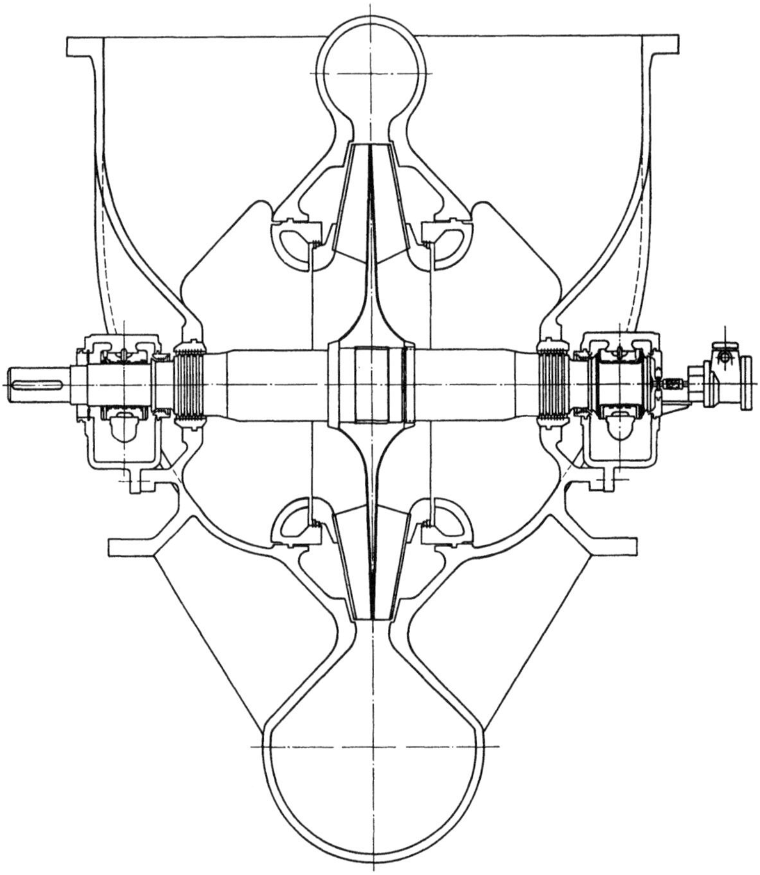

Abb. 164,1. Zweiflutiges Luftgebläse (Demag).
70000 m³/h, 4400 U/min, von 1,0 auf 1,42 ata, D_2 = 1100 mm ⌀

Das einstufige Gebläse Abb. 165,1 ist für noch höhere $\Delta P/\gamma$ verwendbar. Reichen die vorgesehenen Kohlestopfbüchsen nicht aus, so werden Flüssigkeitsstopfbüchsen angewendet.

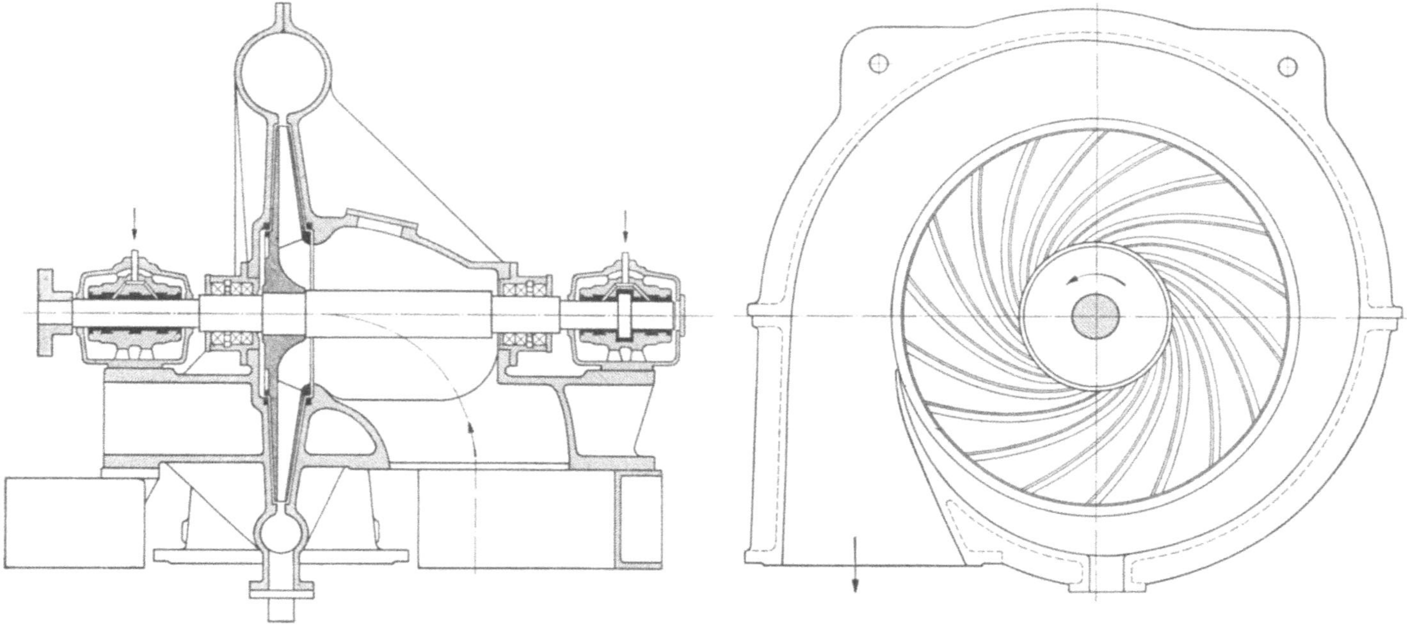

Abb. 165,1. Gasgebläse für hohes $\Delta P/\gamma$ (Demag). 10000 m³/h, 5000 U/min, von 1 auf 1,22 ata, $D_2 = 1100$ mm ⌀

Ein fünfstufiges Gebläse zeigt Abb. 166,1. Da es einflutig ausgeführt ist, mußte zum Ausgleich des Axialschubes ein Ausgleichkolben vor-

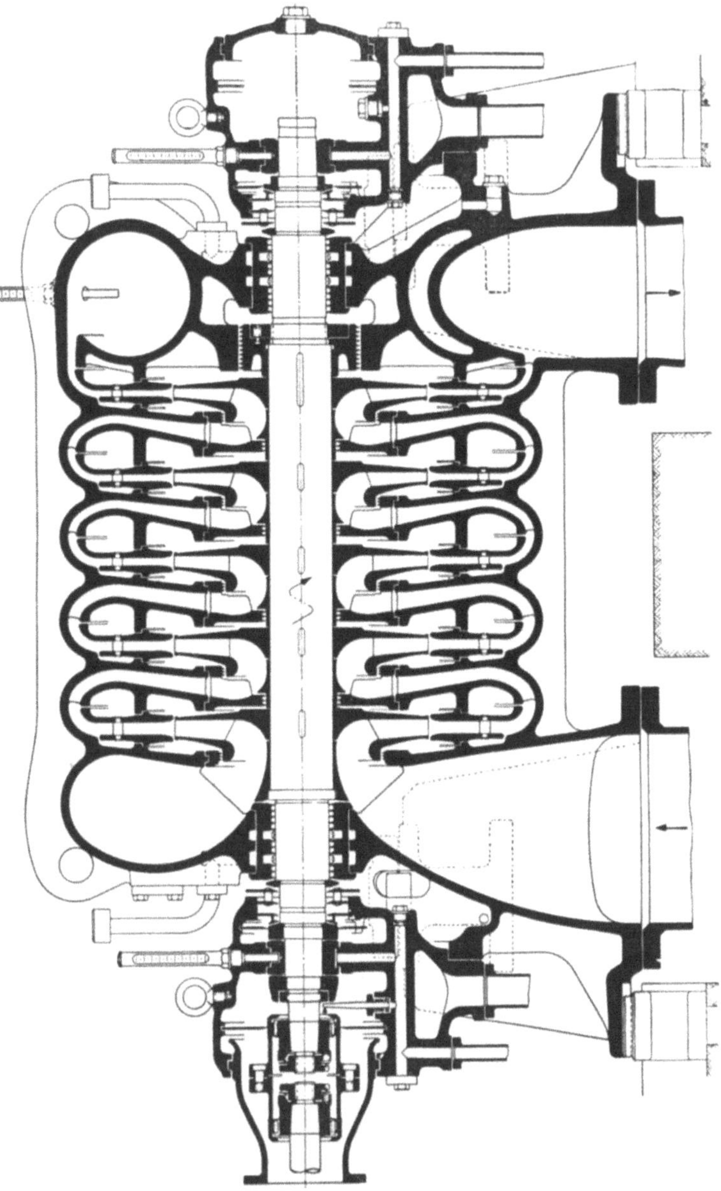

Abb. 166,1. Fünfstufiges Radialgebläse (Sulzer). 6000 m³/h, 15000 U/min, 3,3 atü, 355 mm ∅ außen

gesehen werden. Dies ist bei der zweiflutigen Ausführung eines dreistufigen Gebläses (Abb. 167,1) nicht nötig. Bei beiden Maschinen fällt die Anordnung schaufelloser Leitringe hinter den Laufrädern auf, die bei wechselnder sekundlicher Luftmenge Stoßverluste an den Eintrittskanten von Leitschaufeln vermeiden. Ebenso zeigen beide Gebläse eine sorgfältige Formgebung der Strömungsquerschnitte sowohl bei der Zu- und Abführung der Luft wie auch in den nichtbeschaufelten und beschaufelten Leit- und Rückführkanälen. Die Anwendung der schaufellosen Leitringe für Eintrittswinkel $\alpha_3 > 15°$ bringt eine Vergrößerung

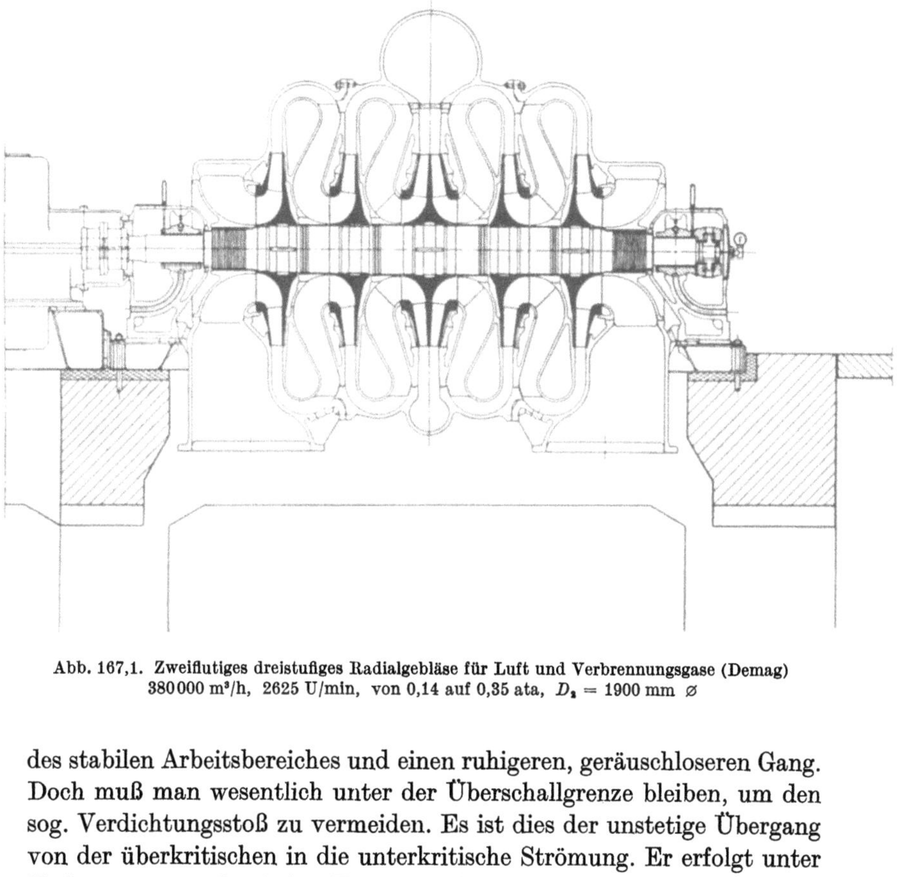

Abb. 167,1. Zweiflutiges dreistufiges Radialgebläse für Luft und Verbrennungsgase (Demag) 380000 m³/h, 2625 U/min, von 0,14 auf 0,35 ata, $D_2 = 1900$ mm ⌀

des stabilen Arbeitsbereiches und einen ruhigeren, geräuschloseren Gang. Doch muß man wesentlich unter der Überschallgrenze bleiben, um den sog. Verdichtungsstoß zu vermeiden. Es ist dies der unstetige Übergang von der überkritischen in die unterkritische Strömung. Er erfolgt unter Verlusten an mechanischer Energie und Umwandlung dieser Energie in Wärme. Dabei treten noch andere Energieverluste, wie Ablösung der Grenzschicht und instabile Vorgänge, auf.

Nach S. 156 werden Kreiselverdichter über 2 atü bis 9 atü, die sog. Turbokompressoren, mit Kühlung ausgeführt.

Heute wendet man mit Vorliebe die Außenkühlung an, weil wegen des Wegfallens der Kühlräume im Innern die Maschine in ihrem Aufbau wesentlich einfacher wird. In das waagerecht geteilte Gehäuse wer-

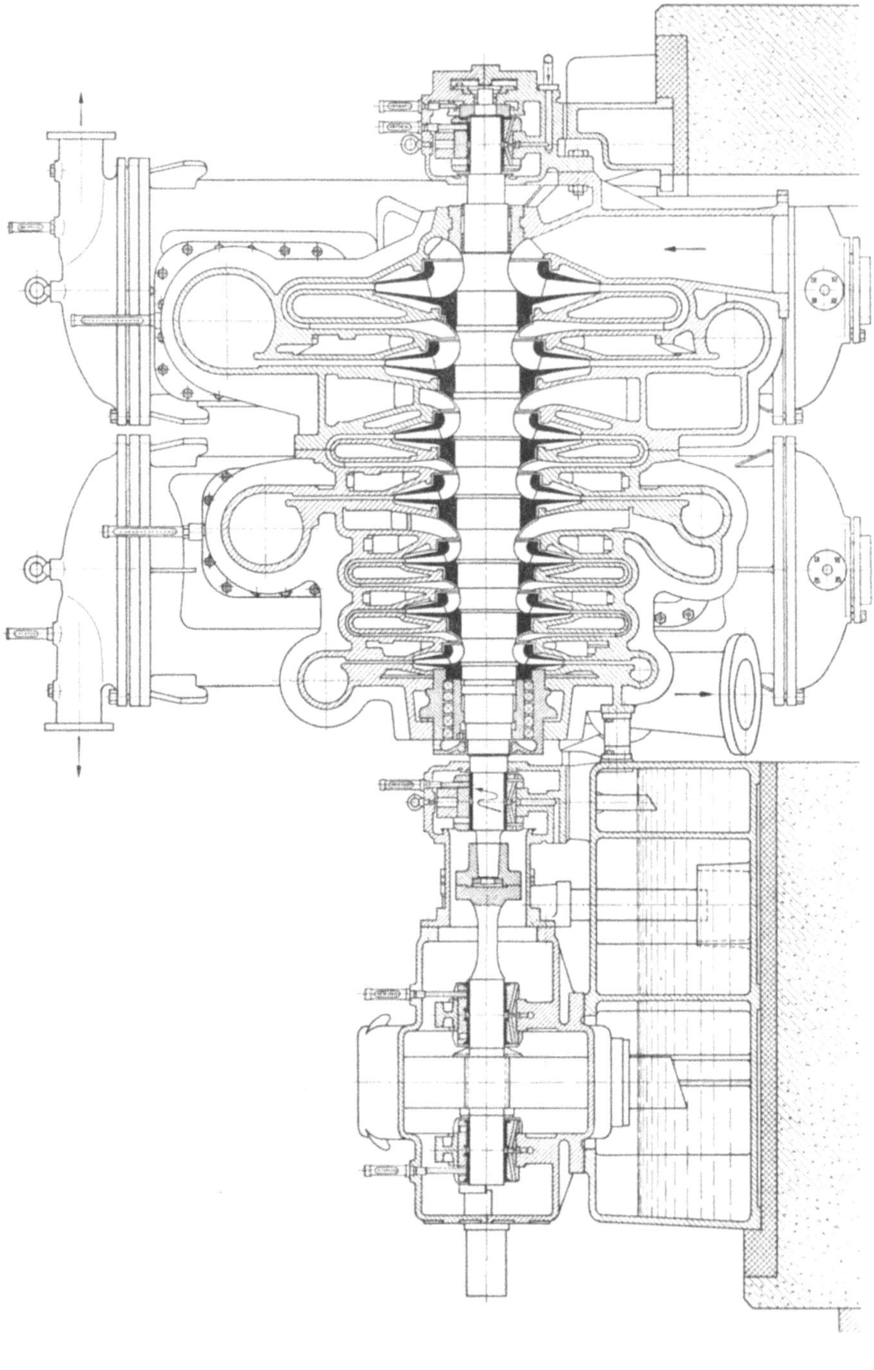

Abb. 168,1. Siebenstufiger Radialverdichter mit Außenkühlung. 42000 m^3/h, 6000 U/min, 6 atü, 920 mm ⌀ max. (Escher Wyss, Ravensburg)

den besondere Zwischenböden eingesetzt, deren Wände die Luftführungskanäle begrenzen. Die Zwischenböden tragen die Dichtungs-

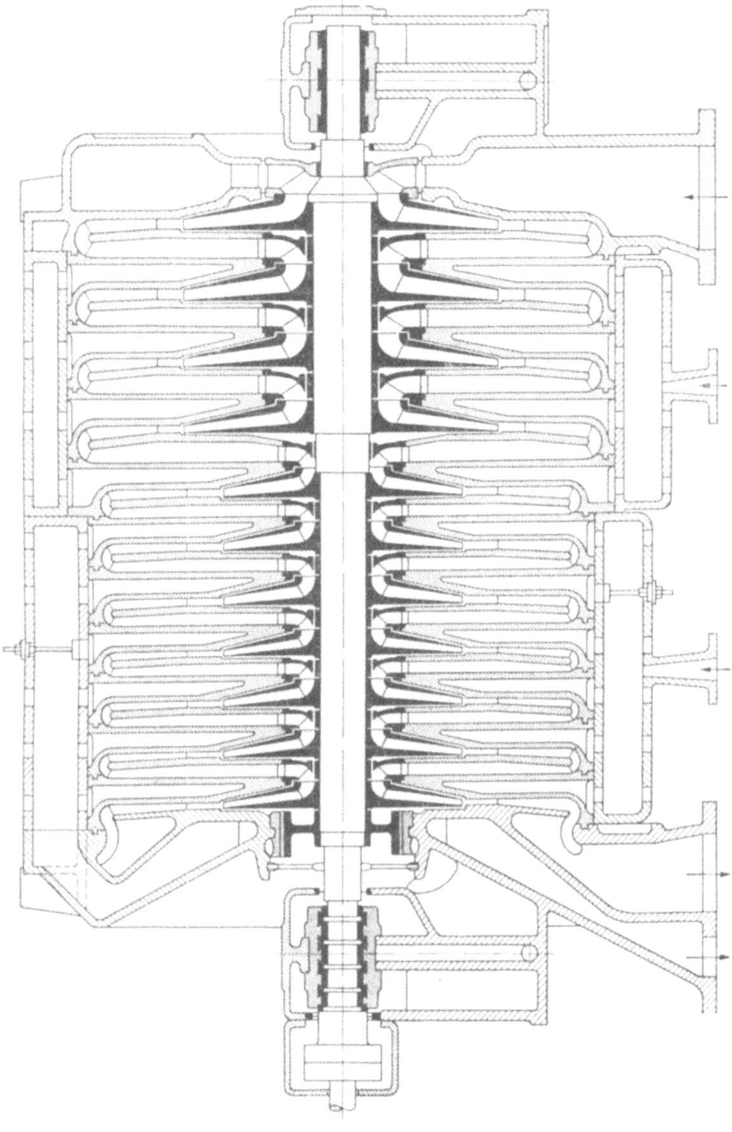

Abb. 169,1. Elfstufiger Radialkompressor mit Innenkühlung (Demag). 20000 m^3/h, 3900 U/min, 6 atü, $D_2 = 1000$ mm ⌀

einsätze, die zwischen dem feststehenden und dem umlaufenden Teil zur Abdichtung der einzelnen Stufen nötig sind. Die Zwischenkühler sind so dicht wie möglich am Gehäuse anzuordnen, da jeder unnötige

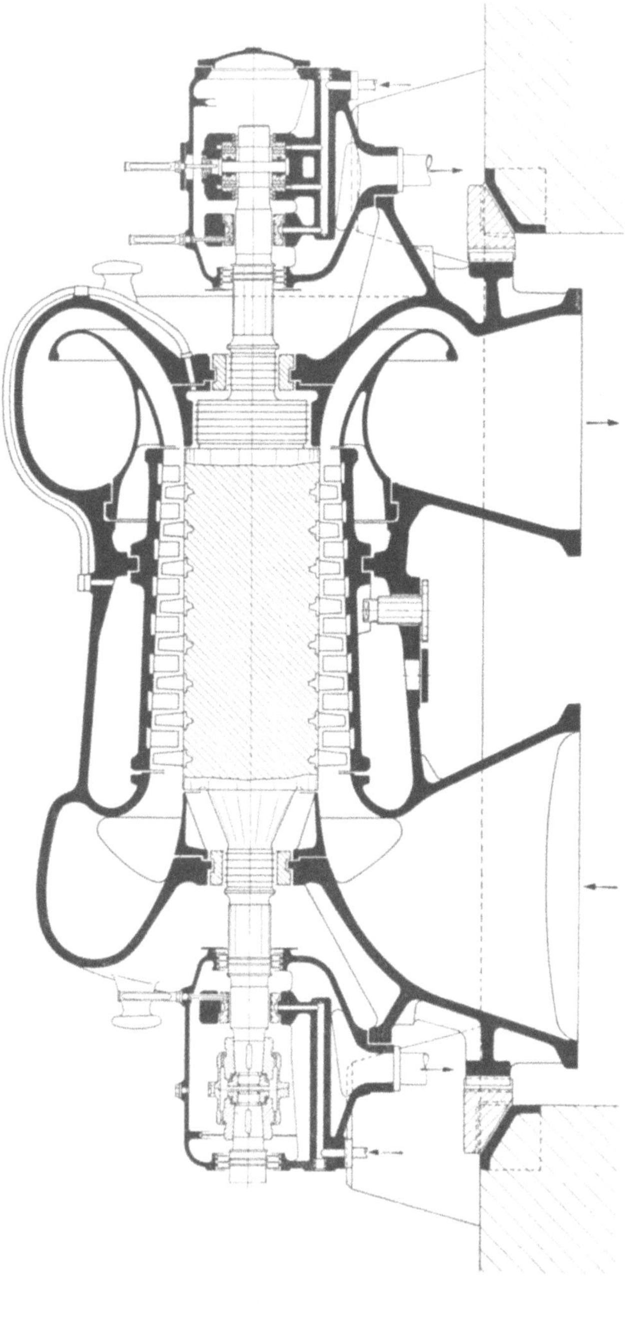

Abb. 170,1. Achtstufiger Axialverdichter (Sulzer). 100000 m^3/h, 6300 U/min, 1,5 atü, Nabe 450 mm ∅

Weg mit Verlusten verbunden ist. Die Zahl der Zwischenkühler richtet sich nach der Höhe der zu erzielenden Verdichtung. Der erreichbare Verdichterwirkungsgrad hängt von der Kühlerzahl und von dem Druckverlust in den Kühlern ab. Die Stufenzahl wird bedingt durch die Höhe der für die Laufräder angewendeten Umfangsgeschwindigkeiten. Für Verdichtungsverhältnisse zwischen 7 und 10 sind heute in Deutschland 9 bis 11 Stufen üblich. Abb. 168,1 zeigt einen siebenstufigen Verdichter mit Außenkühlung nach der 2. und 4. Stufe.

Der elfstufige Turbokompressor Abb. 169,1 besitzt Innenkühlung der Luft an den Wänden zwischen dem Austritt aus dem vorhergehenden und dem Eintritt in das nächste Laufrad. Sein Gehäuse ist infolge der

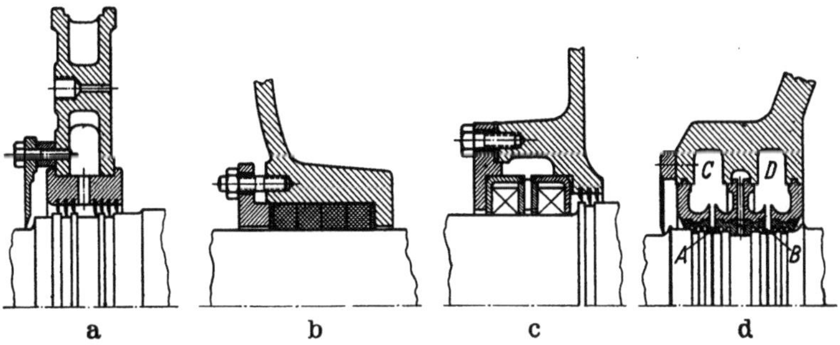

Abb. 171,1a–d. Dichtungen. a) Labyrinth, b) Asbestschnur, c) Kohleringe, d) Labyrinth- und Flüssigkeitsdichtung für Gasgebläse

Kühlräume, der Abdichtungen und der Reinigungsmöglichkeiten kompliziert und stellt hohe Anforderungen an die Gießereitechnik. Berechnungsbeispiel S. 225.

In der letzten Zeit hat man genügend Erfahrungen in der Ausbildung axialer Beschaufelungen gesammelt, so daß man mit Axialverdichtern Abb. 170,1 höhere Wirkungsgrade erreicht. Nach S. 84 haben sie kleinere Druckzahlen ψ, aber höhere Lieferzahlen φ''. Sie erlauben so auch einflutig die Förderung größerer sekundlicher Luftmengen, benötigen aber eine größere Stufenzahl.

Abb. 171,1 (nach KLUGE[1]) zeigt Dichtungen a) mit Labyrinthen für Luft, b) mit Asbestschnur, c) mit Kohleringen, d) mit Labyrinthen und Flüssigkeitsabdichtung für Gasgebläse mit geringem, mittlerem und hohem Druck.

---

[1] [*11*], S. 263.

VI. Berechnung der Hauptabmessungen der Strömungsmaschinen

A. Wasserturbinen

1. Berechnungsbeispiel für ein Peltonrad

In einer Turbine mit der Drehzahl 500 U/min sollen 0,25 m³/sek Wasser von 90 m Fallhöhe genutzt werden.

Bauart. Kennzahl nach Gl. (61,2)

$$n_q = \frac{n}{\sqrt{H}} \cdot \sqrt{\frac{Q}{\sqrt{H}}} = \frac{500}{9{,}48} \cdot \sqrt{\frac{0{,}25}{9{,}48}} = \underline{8{,}47}$$

mit $H = 90$ m, $Q = 0{,}25$ m³/sek und $n = 500$ U/min. Nach Abb. 107,2 kommt eine Freistrahlturbine in Frage, die für $n_q = 8{,}47$ den Wirkungsgrad $\eta = 0{,}79$ hat.

Leistung. Sie wird nach Gl. (64,3)

$$N_e = \frac{Q \cdot 1000 \cdot H \cdot \eta}{75} = \frac{0{,}25 \cdot 1000 \cdot 90 \cdot 0{,}79}{75} = \underline{237\ \mathrm{PS_e}} \text{ an der Welle.}$$

Düse. Die Kennzahl n_q ist 8,47, wenn die ganze Wassermenge durch eine Düse strömt. Nach S. 85 sei der Geschwindigkeitsbeiwert $\varphi = 0{,}97$ und der Freihang $H_f =$ höchstens 3 m angenommen. Dann wird nach Gl. (85,2) vorläufig die absolute Austrittsgeschwindigkeit aus der Düse

$$c_1' = \varphi \cdot \sqrt{2 \cdot g \cdot (H - H_f)} = 0{,}97 \cdot \sqrt{19{,}62 \cdot 87} = \underline{40{,}1\ \text{m/sek}}.$$

Strahlquerschnitt $f' = Q/c_1' = 0{,}25/40{,}1 = 0{,}00623$ m² $= \underline{62{,}3\ \text{cm}^2}$.
Strahldurchmesser $d' = 8{,}9$ cm $= \underline{89\ \text{mm}}$.

Laufrad. Mit $\eta_m = 0{,}88$ ergibt sich aus $\eta = \eta_h \cdot \eta_m$ ein hydraulischer Wirkungsgrad $\eta_h = 0{,}79/0{,}88 = 0{,}9$. Da nach Abb. 52,2 $\alpha_2 = 90°$ und $c_{1u}' \sim c_1'$, also $c_{2u}' = 0$ wird, so wird nach Gl. (49,1)

$$(H - H_f) \cdot \eta_h \cdot g = u \cdot c_1'$$

und somit

$$u = \frac{(H - H_f) \cdot \eta_h \cdot g}{c_1'} = \frac{87 \cdot 0{,}9 \cdot 9{,}81}{40{,}1} = \underline{19{,}2\ \text{m/sek}} = \frac{D \cdot \pi \cdot n}{60}.$$

Laufraddurchmesser $D = \frac{60 \cdot u}{\pi \cdot n} = \frac{60 \cdot 19{,}2}{\pi \cdot 500} = 0{,}735$ m $= \underline{735\ \text{mm}}$.
Becherteilung nach Abb. 107,2 etwa $t' = 2 \cdot d' = \underline{178\ \text{mm}}$.
Becherzahl $z' = \frac{D \cdot \pi}{t'} = \frac{735 \cdot \pi}{178} =$ etwa $\underline{13}$. Damit die Becher nicht

zu schwer werden, ist es nach Abb. 107,2 üblich, mehr als 15 Becher vorzusehen. Kleinere Becher erfordern auch kleinere Strahldurchmesser. Daher wird die *Rechnung für zwei Düsen* wiederholt.

Düsen. Je Düse $Q = 0{,}25/2 = \underline{0{,}125\ \text{m}^3/\text{sek}}$.
Strahlquerschnitt $f = Q/c_1 = 0{,}125/40{,}1 = 0{,}0031\ \text{m}^2 = \underline{31\ \text{cm}^2}$.
Strahldurchmesser $d = 6{,}3\ \text{cm} = \underline{63\ \text{mm}}$. Teilung etwa $t = \underline{126\ \text{mm}}$.
Becherzahl $z = D \cdot \pi/t = 735 \cdot \pi/126 = \text{etwa}\ \underline{18}$. Maße nach Abb. 52,2.
Kennzahl

$$n_q = \frac{n}{\sqrt{H}} \cdot \sqrt{\frac{Q}{\sqrt{H}}} = \frac{500}{9{,}48} \cdot \sqrt{\frac{0{,}125}{9{,}48}} = \underline{6{,}06}.$$

Laut Abb. 107,2 nun $\eta = \underline{0{,}83}$.

Leistung.

$$N_e = \frac{Q \cdot 1000 \cdot H \cdot \eta}{75} = \frac{0{,}25 \cdot 1000 \cdot 90 \cdot 0{,}83}{75} = \underline{249\ \text{PS}_e}.$$

Sonstiges. Die Befestigung der Becher ist für zwei ungünstige Fälle zu berechnen.

a) Der volle Strahl trifft das Laufrad im Stillstand. Dann strömt nach Abb. 52,2 erstens das Wasser mit c_1 m/sek an der Becherwand entlang, und zweitens wird es in Umfangsrichtung auf $c_{2u} = c_1 \cdot \cos\beta_2$ verzögert. Da c_{2u} die c_1 entgegengesetzte Richtung hat, also negativ wird, so ist nach dem Impulssatz Gl. (19,2) die am Becher auftretende Strahlkraft

$$P = G_{\text{sek}} \cdot [c_1 - (-c_{2u})]/g = 1000 \cdot Q/2 \cdot (c_1 + c_1 \cdot \cos\beta_2)\ \text{kp}.$$

Die Paßschrauben müssen so stark sein, daß sie diese Kraft stoßweise aufnehmen können.

b) Die Turbine geht durch. Dann kommt sie nach S. 235 auf die sog. Durchgangsdrehzahl n_d, die von ihrer Bauart abhängt und für Peltonturbinen $n_d = 1{,}8 \cdot n$ bis $1{,}9 \cdot n$ ist. Ist R_s m der Radius, auf dem der Schwerpunkt des Bechers vom Gewicht G liegt, so beansprucht die Fliehkraft $C_d = G \cdot R_s \cdot (1{,}9 \cdot \omega)^2/g$ die Befestigungsschrauben des Bechers auf Abscherung.

2. Berechnungsbeispiel für ein Francisrad

Für eine Fallhöhe von 43 m und eine größte sekundliche Wassermenge von 1,8 m³ ist das Laufrad einer Wasserturbine zu entwerfen. Die Turbine soll eine waagerechte Welle erhalten und mit einem Drehstromgenerator für 50 Hz möglichst hoher Drehzahl direkt gekuppelt werden. Sie soll 700 m über dem Meeresspiegel aufgestellt werden und mit Wasser von maximal 15 °C betrieben werden. Zwischen dem Unterwasserspiegel und dem höchsten lichten Punkt des Saugkrümmers ist eine Höhe von maximal 2 m vorgesehen.

Bauart und Drehzahl. Nach Abb. 97,2 kommt eine Propellerturbine nicht in Frage, da die Fallhöhe größer als 30 m ist. Nach Abb. 95,1 darf für 43 m Fallhöhe die Kennzahl n_q höchstens 90 betragen. Aus $n_{q\,\max} = 90$ folgt damit die höchste anzuwendende Drehzahl.

$$n_{\max} \text{ aus } n_{q\,\max} = \frac{n_{\max}}{\sqrt{H}} \cdot \frac{\sqrt{Q}}{\sqrt[4]{H}} = \frac{n_{\max}}{\sqrt{43}} \cdot \frac{\sqrt{1{,}8}}{\sqrt[4]{43}} = 90,$$

$$n_{\max} = \frac{90 \cdot 6{,}56 \cdot 2{,}56}{1{,}343} = 1125 \text{ U/min}.$$

Gewählt die nächste synchrone Drehzahl für 50 Hz $\underline{n = 1000 \text{ U/min}}$

$$\underline{n_q} = \frac{1000 \cdot 1{,}343}{6{,}56 \cdot 2{,}56} \underline{= 80 \text{ für max. } Q = 1{,}8 \text{ m}^3/\text{sek}}.$$

Hierfür wird nach S. 88 der Wirkungsgrad

$$\eta = 0{,}83 \text{ für max. } Q,$$
$$\eta' = 0{,}85 \text{ für die günstigste sekundliche Menge } Q'.$$

Die sog. spezifische Drehzahl [s. Gl. (62,2)] ist für max. Q

$$\underline{n_s} = 3{,}65 \cdot \sqrt{\eta} \cdot n_q = 3{,}65 \cdot \sqrt{0{,}83} \cdot 80 = \underline{266}.$$

Es wird sich also ein Laufrad ergeben, welches nach Abb. 79,1 zwischen einem Normalläufer und einem Schnelläufer liegt und etwa die Laufradform nach Abb. 79,1 b haben wird.

Höchstzulässige Saughöhe. In Anlehnung an S. 36 und 88 für Kreiselpumpen und Wasserturbinen genannten Formeln wird von Pfleiderer und Petermann neuerdings mit der Gl. (88,1) $H_{s\,\text{zul}} = h_a - h_t - \sigma \cdot H$, also mit einer Haltedruckhöhe $\Delta h = \sigma \cdot H$ gerechnet. Hierin nennt man $\sigma = \Delta h/H$ die Kavitationszahl.

Es ist für 700 m über NN der Luftdruck $h_a = 9{,}5$ m WS und für 15 °C der Dampfbildungsdruck $h_t = 0{,}18$ m WS[1]. Für $n_q = 80$ bezogen auf max. Q gibt Petermann nach S. 88 $\sigma = 0{,}17$ an. Damit wird bei Vermeidung der Kavitation $\underline{H_{s\,\text{zul}\,\max}} = 9{,}5 - 0{,}18 - 0{,}17 \cdot 43$ $\underline{= 2{,}01 \text{ m WS}}$. Die Aufstellungshöhe ist also eben noch zulässig, sollte aber etwas unterschritten werden.

[1] [*3*], Bd. II, S. 237.

Für den günstigsten Wirkungsgrad wird nach S. 88 von PETERMANN $Q' = 0{,}86 \cdot Q$ angegeben.

Effektive Leistung und Wellendurchmesser. Für Q wird nach Gl. (64,3) die Nutzleistung $\underline{N_e} = \frac{Q \cdot \gamma \cdot H \cdot \eta}{75} = \frac{1{,}8 \cdot 1000 \cdot 43 \cdot 0{,}83}{75}$ $= \underline{860\ \mathrm{PS}_e}$. Für St 50 und für $\tau_{t\,\mathrm{zul}} = 300\ \mathrm{kp/cm^2}$ wird nach S. 259 der Wellendurchmesser $\underline{d} = \sqrt[3]{\frac{5 \cdot 71620 \cdot N_e}{\tau_{t\,\mathrm{zul}} \cdot n}} = \sqrt[3]{\frac{5 \cdot 71620 \cdot 860}{300 \cdot 1000}} = \underline{100\ \mathrm{mm}\ \varnothing}$.

Austrittsdurchmesser des Laufrades. Die oben genannten Wirkungsgrade werden nur dann erreicht, wenn Kavitation vermieden wird und die Energie $\frac{c_2^2}{2g}$ in einem tragbaren Verhältnis zur Fallhöhe H steht. Der optimale Wirkungsgrad tritt bei Q' auf, weil dann $c_{2u} = 0$, d. h. $c_2' = c_{2m}'$ wird. Unter Einrechnung eines Sicherheitszuschlages von 3% wird $\underline{Q'} = 0{,}86 \cdot 1{,}03 \cdot 1{,}8 = \underline{1{,}6\ \mathrm{m^3/sek}}$. Bezogen auf Q soll nach Abb. 111,2 maximal $c_2^2 = 0{,}15 \cdot 2 \cdot g \cdot H$ werden. Rechnet man zur Sicherheit $c_2^2 = 0{,}13 \cdot 2 \cdot 9{,}81 \cdot 43 = 109$, so wird $c_2 = 10{,}45$ und für Q' dann $\underline{c_{2m}'} = 0{,}86 \cdot 1{,}03 \cdot 10{,}45 = \underline{9{,}22\ \mathrm{m/sek}}$. $D_{2a}^2 \cdot \pi/4 \cdot c_{2m}' = Q'$ ergibt $\underline{D_{2a}} = 0{,}468\ \mathrm{m} = \underline{468\ \mathrm{mm}}$.

Zur Vermeidung der gerade am äußersten Stromfaden $a_1 a_2$ eintretenden Kavitation empfiehlt PFLEIDERER[1], den Austrittsschaufelwinkel dort $\underline{\beta_{2a} \approx 21^\circ}$ zu machen.

Eintrittsdurchmesser und Leitschaufelhöhe. In seinen Richtwerten[2] für Francisturbinen schlägt PFLEIDERER als Mittelwert für die Eintrittskante $c_{1m}' = 0{,}91 \cdot c_2'$ vor, falls $n_s = 266$ bezogen auf Q ist. Ebendort wird als Eintrittswinkel innen $\underline{\beta_{1i} = 85^\circ}$ empfohlen.

$$\underline{c_{1m}'} = 0{,}91 \cdot 9{,}22 = \underline{8{,}4\ \mathrm{m/sek}}.$$

Für Q' lautet nach Gl. (49,1) für Wasserturbinen die Eulersche Gleichung $H \cdot \eta_h = u_1 \cdot c_{1u}/g$, da lt. Vortext $c_{2u} = 0$ wird.

Nach S. 79 ist für den Faden $i_1 i_2$

$$u_{1i} = \frac{c_{1m}'}{2 \cdot \tan\beta_{1i}} + \sqrt{\left(\frac{c_{1m}'}{2 \cdot \tan\beta_{1i}}\right)^2 + g \cdot H \cdot \eta_h}.$$

Mit $\eta = \eta_v \cdot \eta_h \cdot \eta_m$ und $\eta_v = 0{,}99$ sowie $\eta_m = 0{,}96$, $\eta = 0{,}83$ und $\eta_h = 0{,}87$ wird $\underline{u_{1i} = 19{,}52\ \mathrm{m/sek}} = D_{1i} \cdot \pi \cdot n/60$ und innen der Eintrittsdurchmesser $\underline{D_{1i}} = \frac{60 \cdot u_{1i}}{\pi \cdot 1000} = 0{,}374\ \mathrm{m} = \underline{374\ \mathrm{mm}}$.

[1] [*14a*], S. 83 u. 155.
[2] [*14a*], S. 153 u. 155.

Mit Rücksicht auf $n_s = 266$ wird nach Abb. 79,1 D_{1a} etwas kleiner als D_{2a} zu $D_{1a} = 460$ mm ∅ gewählt.

Mit $b_0 \cdot \pi \cdot D_{1a} \cdot c'_{1m} = Q'$ wird die Leitschaufelhöhe $b_0 = \frac{1,6}{\pi \cdot 0,46 \cdot 8,4}$ $= 0,132$ m $= 132$ mm. Damit wird $b_0/D_{2a} = 0,28$ und entspricht so etwa der Abb. 111,2.

Konstruktion des Radumrisses. Die Lage der Ein- und Austrittskanten richtet sich nach folgenden Gesichtspunkten: a) Die äußere Flußlinie $a_1 a_2$ darf gegenüber der inneren Flußlinie nicht zu kurz sein. b) Längs $a_1 a_2$ und $i_1 i_2$ soll sich die Relativgeschwindigkeit gleichsinnig ändern. c) Die im Schaufelaufriß zu erkennenden Winkel λ' zwischen Schaufelfläche und Seitenwand des Laufrades müssen möglichst steil werden. Zu a) schlägt die „Hütte"[1] für $n_s = 266$ $i_1 i_2/D_{1a} = 0,25$ und $a_1 a_2/D_{1a} = 0,13$ vor. Damit wird $i_1 i_2 = 0,25 \cdot 460 = 115$ mm und $a_1 a_2 = 0,13 \cdot 460 = 60$ mm. Die Aufzeichnung ergab ein Verhältnis 75/125 statt 60/115, so daß die äußere Flußlinie nicht zu kurz gewählt ist.

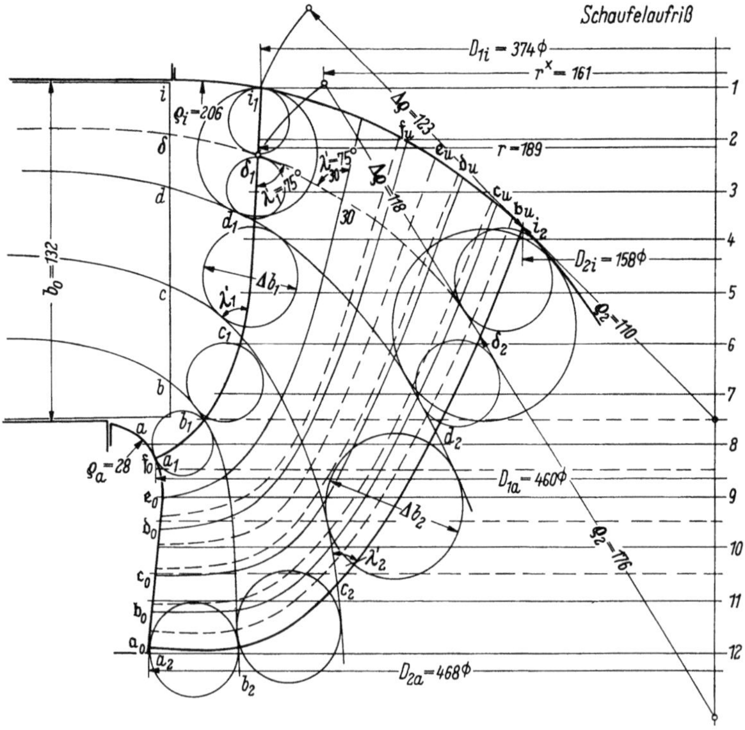

Abb. 176,1. Radumriß und Schaufelaufriß

[1] [9], S. 900.

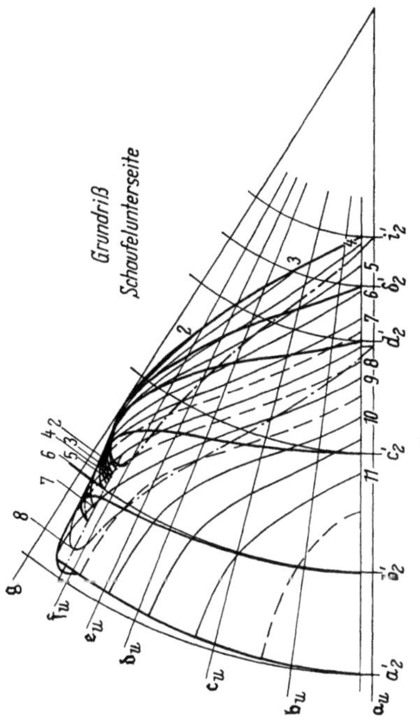

Abb. 177,2. Grundriß. Schaufelunterseite

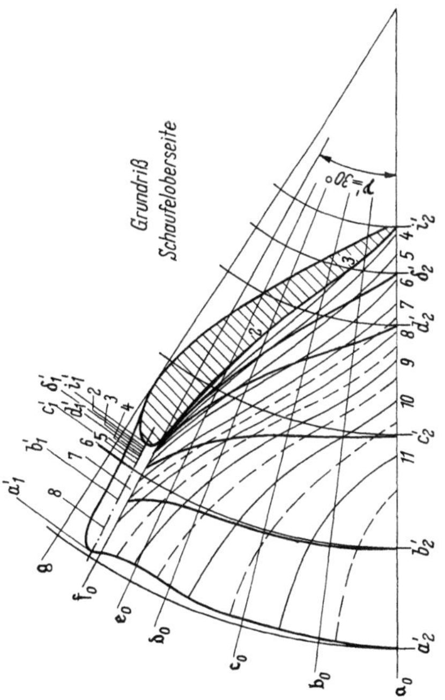

Abb. 177,1. Grundriß. Schaufeloberseite

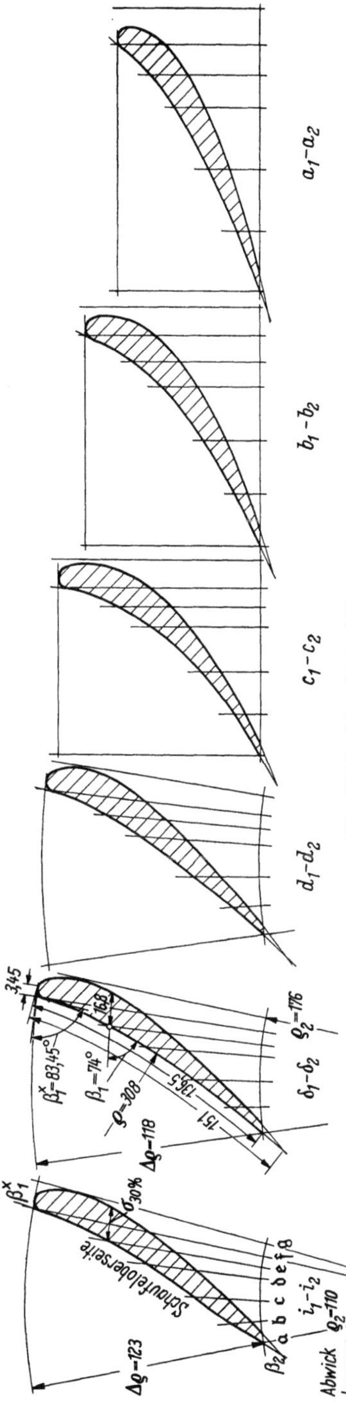

Abb. 177,3. Schaufelabwicklungen

Zu b) zeigen die Geschwindigkeitsdreiecke Abb. 181, daß die Relativgeschwindigkeiten längs der inneren und äußeren Flußlinien sich vergrößern. Die λ'-Werte gehen aus S. 182 und 184 hervor.

Aufteilung in Teilturbinen gleicher Schluckfähigkeit. Um die räumlich gekrümmte Schaufel konstruieren zu können, teilt man den Fluß durch die Leitvorrichtung und durch das Laufrad in Flutbahnen von der Breite Δb_0 auf dem Durchmesser D_0, Δb_1 an der Eintrittskante des Laufrades und Δb_2 an der Austrittskante des Laufrades auf.

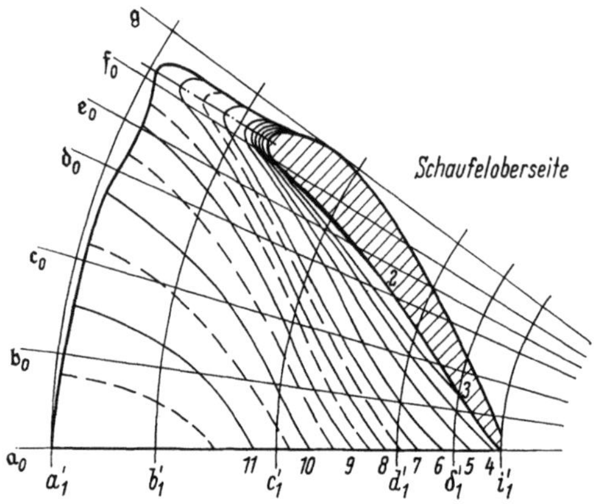

Abb. 178,1. Schreinerschnitte. Schaufeloberseite

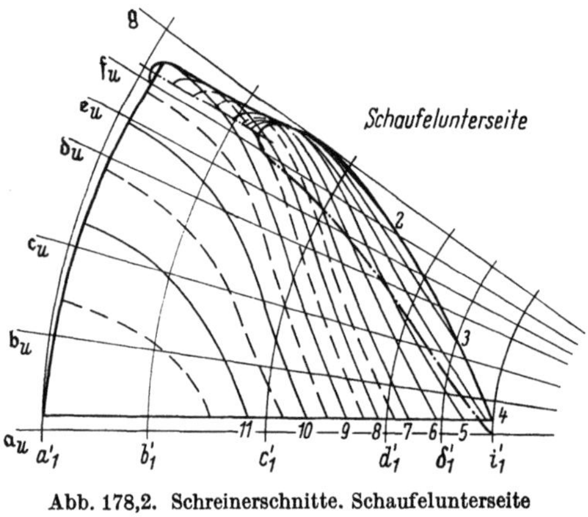

Abb. 178,2. Schreinerschnitte. Schaufelunterseite

Es werden 4 Teilturbinen gewählt, so daß jede von $Q'/4$ m³/sek durchströmt wird. Die der Nabe am nächsten liegende Teilturbine wird zu ihrer genaueren Erfassung noch einmal unterteilt.

Bei der Breite der Flutbahnen ist zu berücksichtigen, daß die Eintrittskante des Laufrades bereits in der Krümmungszone der Flutlinien liegt und daß daher c_{1m} bei a_1 größer ist als bei i_1. Von der Potentialströmung [s. Gl. (20,1)] ergeben sich aber Unterschiede, die durch ein Annäherungsverfahren erfaßt werden können. Hierfür schlägt PFLEIDERER[1] die Gleichung $\ln \frac{c_{1m}}{c_{1mi}} = \frac{y}{\mu \cdot \varrho_i}\left[\frac{y}{2 \cdot l}\left(\frac{\varrho_i}{\varrho_a} - 1\right) + 1\right]$ vor. Hierin ist c_{1mi} die Meridionalgeschwindigkeit bei i_1, c_{1m} die Meridionalgeschwindigkeit in der auf der Eintrittskante abgewickelten Entfernung y von i_1, ϱ_i und ϱ_a der innere bzw. äußere Krümmungshalbmesser der Seitenwände im Schaufelaufriß bei i_1 und a_1 und l die abgewickelte Länge der Eintritts-

[1] [*14a*], S. 133.

kante $i_1 a_1$. Durch den Faktor $\mu = 3$ bis 5 wird die Grenzschichtanhäufung und die Auseinanderstellung der Schaufeln berücksichtigt. Mit $\mu = 5$ sind die Werte von $\nu = c_{1m}/c_{1mi}$ errechnet, in Tab. 1 zusammengetragen und in Abb. 179,1 als Ordinaten über der abgewickelten Länge der Eintrittskante aufgetragen. Aus dem Entwurf des Radumrisses, d. h. dem Schaufelaufriß, wurden hierfür die Maße $l = 158$ mm, ϱ_i = Übergang von ∞ auf 206 mm und $\varrho_a = 28$ mm entnommen.

Tabelle 1

y	$\ln \frac{c_{1m}}{c_{1mi}}$	$\nu = \frac{c_{1m}}{c_{1mi}}$
0	0	1
30	0,047	1,048
60	0,128	1,136
90	0,245	1,276
120	0,397	1,485
150	0,572	1,770
158	0,640	1,895

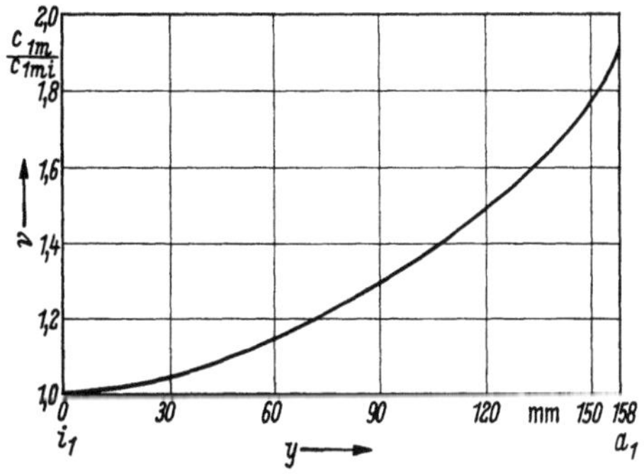

Abb. 179,1. Geschwindigkeitsverteilung an der abgewickelten Eintrittskante

Auf der Eintrittskante werden nun die Mitten der Flutbahnbreiten Δb_1 so angenommen, daß das Produkt $\Delta b_1 \cdot r_1 \cdot \nu$ für die einzelnen Teilturbinen gleich wird. Die Werte von r_1 und ν beziehen sich auf den Mittelpunkt der Kreise Δb_1 im Schaufelaufriß und können der Abb. 176,1 entnommen werden. So ergibt sich Tab. 2.

Tabelle 2

	r_1 m	Δb_1 m	ν	$r_1 \cdot \Delta b_1 \cdot \nu \cdot 10^{-2}$
ab	0,220	0,0245	1,71	0,921
bc	0,202	0,0315	1,44	0,917
cd	0,192	0,040	1,19	0,918
$d\delta$	0,190	0,023	1,055	0,461
δi	0,1885	0,024	1,01	0,458
$\Sigma r_1 \cdot \Delta b_1 \cdot \nu =$				$3{,}675 \cdot 10^{-2}$

Aus ihr wird der Wert $\sum r_1 \cdot \Delta b_1 \cdot \nu = 3{,}675 \cdot 10^{-2}$ entnommen. Es wird damit $c_{1mi} = \frac{Q'}{2 \cdot \pi \cdot 3{,}675} = \frac{1{,}6 \cdot 10^2}{2 \cdot \pi \cdot 3{,}675} = 6{,}9$ m/sek. Die Werte $c_{1m} = \nu \cdot c_{1mi}$ sind in Tab. 3 zusammengestellt.

Für den Austritt der Flutbahnen aus dem Laufrad kann man mit hin-

Tabelle 3

Faden	ν	c_{1m}
$a_1 a_2$	1,895	13,05
$b_1 b_2$	1,58	10,90
$c_1 c_2$	1,325	9,13
$d_1 d_2$	1,095	7,55
$\delta_1 \delta_2$	1,03	7,10
$i_1 i_2$	1,00	6,90

reichender Genauigkeit für alle Teilturbinen etwa gleiche Meridionalgeschwindigkeit $c_{2m} = c_2$, also radialen Austritt bei Q', annehmen. Damit werden die Produkte $r_2 \cdot \Delta b_2$ für alle Flutbahnen gleich. Sie sind in Tab. 4 zusammengestellt. Die dort aufgeführten Winkel λ_2' können dem Schaufelaufriß entnommen werden und sollen möglichst steil sein.

Tabelle 4

	$r_2 m$	$\Delta b_2 m$	λ_2'
ab	0,215	0,0340	90°
bc	0,176	0,0420	81°
cd	0,133	0,0555	49°
$d\delta$	0,106	0,0340	56°
δi	0,088	0,0410	59°

Berechnungen der Schaufelwinkel β_1 an der Eintrittskante. Die Punkte a_1 bis i_1 der Eintrittskante liegen im Schaufelaufriß auf verschiedenen Halbmessern $D_1/2$ und haben so verschiedene Umfangsgeschwindigkeiten u_1. Wird nach vorigem Abschnitt radialer Austritt für Q', also $c_{2u} = 0$, angenommen, so wird nach Gl. (49,1) für Wasserturbinen $u_1 \cdot c_{1u} = g \cdot H \cdot \eta_h = 9{,}81 \cdot 43 \cdot 0{,}87 = 367$, also $\underline{c_{1u} = 367/u_1}$. Da $\tan \beta_1 = \dfrac{c_1}{u_1 - c_{1u}}$ ist, so ergibt Tab. 5 die Schaufelwinkel β_1 an der Eintrittskante des Laufrades.

Tabelle 5

Faden	a_1a_2	b_1b_2	c_1c_2	d_1d_2	$\delta_1\delta_2$	i_1i_2	
$D_1/2$	0,230	0,211	0,196	0,190	0,189	0,187	m
u_1	24,02	22,05	20,45	19,84	19,70	19,52	m/sek
c_{1m}	13,05	10,90	9,13	7,55	7,10	6,90	m/sek
c_{1u}	15,26	16,64	17,93	18,47	18,74	18,90	m/sek
$u_1 - c_{1u}$	8,76	5,41	2,52	1,37	0,96	0,62	m/sek
$\tan \beta_1$	1,49	2,02	3,62	5,51	7,41	11,30	
β_1	56,2°	63,7°	74,6°	79,7°	82,3°	85,0°	grad

Berechnung der Schaufelwinkel β_2 an der Austrittskante. Die Flutbahn bildet mit der Schaufelfläche den Winkel λ_2 am Austritt aus dem Laufrad, während im Schaufelaufriß infolge der Projektion nur der Winkel λ_2' erscheint. Ist β_2 der Schaufelwinkel gegenüber der auf der Zeichenebene senkrecht stehenden Umfangsgeschwindigkeit, so besteht die Beziehung $\underline{\cot \lambda_2 = \cot \lambda_2' \cdot \cos \beta_2}$.

Im Vortext wurde die Berechnung des Austrittsdurchmessers D_{2a} mit $c_{2m}' = 9{,}22$ m/sek ohne Berücksichtigung der Verengung σ durch die Schaufelstärke s_2 durchgeführt. Ist $\underline{\tau_2 = (t_2 - \sigma_2)/t_2}$ der Verengungsfaktor, so ist $\underline{\sigma_2 = s_2/(\sin \lambda_2 \cdot \sin \beta_2)}$ und die wirkliche Austrittsgeschwindigkeit $\underline{c_{2m} = c_2 = c_{2m}'/\tau_2}$.

Damit wird bei drallfreiem Austritt $\underline{\tan \beta_2 = c_{2m}/u_2 = c_2/u_2}$. Legt man die Austrittskante in eine Axialebene (Meridionalebene), so erscheint sie im Aufriß in ihrer wahren Länge. Es lassen sich dann nach PFLEIDERER[1] obige Gleichungen zu der Beziehung $\tau_2 = \frac{t_2 - \sigma_2}{t_2} = 1 - \frac{s_2}{t_2} \cdot \sqrt{1 + \frac{\cot^2 \beta_2}{\sin^2 \lambda_2'}}$ zusammenfassen. Bei der Berechnung der Tab. 6 ist zunächst ein vorläufiger Verengungsfaktor $\tau_2' = 0{,}88$, ein vorläufiges $c_{2m} = c_{2m}'/\tau_2' = 9{,}22/0{,}88 = 10{,}48$ m/sek und ein vorläufiges $(u_2/c_2)^2 = \cot \beta_2'$ angenommen. Werden die Winkel λ_2' aus dem Aufriß entnommen und nach Abb. 111,2 für $n_q = 80$ weiter $\underline{z = 15}$ Laufradschaufeln angenommen, so läßt sich τ_2, das endgültige c_2 und der Schaufelwinkel β_2 an der Austrittskante nach obiger Formel berechnen. Die Radien r_2 für u_2 beziehen sich auf die Mitten der Flutbahnbreiten Δb_2. Die Teilungen sind $t_2 = 2 \cdot r_2 \cdot \pi/z$, und die Schaufelstärke am Austritt ist zu $\underline{s_2 = 3 \text{ mm}}$ angenommen. Der Wert m der Tab. 6 ist die oben genannte Wurzel. Durch eine ungerade und von der Zahl der Leitschaufeln abweichende Laufradschaufelzahl wird Resonanz vermieden.

Aufzeichnung der Geschwindigkeitsdreiecke für den Ein- und Austritt. Sie erfolgt mit den im Vortext und in Tab. 5 und 6 aufgeführten Werten und zeigt, daß die Relativgeschwindigkeiten sich in allen Flutbahnen gleichsinnig ändern, nämlich sich vergrößern.

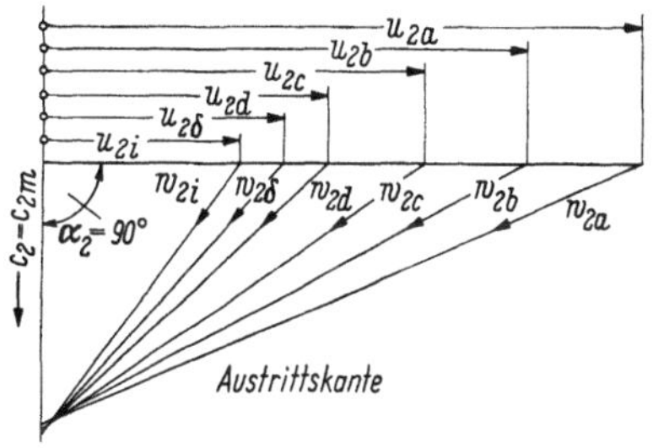

Abb. 181,1. Geschwindigkeitsdreiecke. Austrittskante

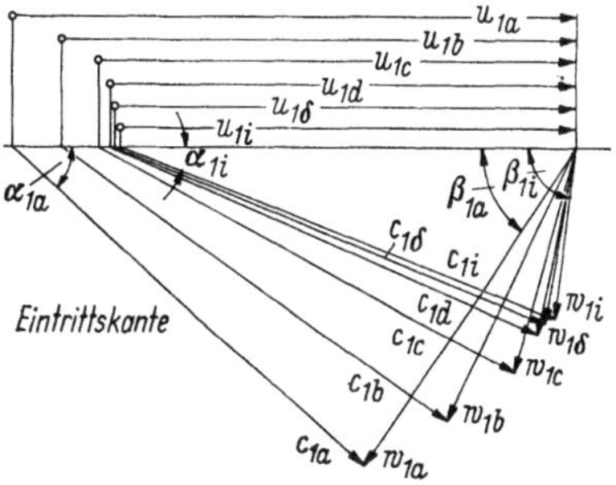

Abb. 181,2. Geschwindigkeitsdreiecke. Eintrittskante

Schaufelentwurf. Das Stromlinienbild wurde nach den oben genannten Regeln im Aufriß gezeichnet. Um die Flutlinien in den Grundriß übertragen zu können, müssen sie vorher auf Berührungskegel übertragen werden, die koaxial sind. Der Berührungskegel wird so gewählt, daß er die Flutlinie an der Austrittskante berührt. Die einzelnen Punkte der Stromlinie liegen im Aufriß auf dem Radius r. Wickelt man ihren Abstand vom Berührungspunkt auf die Mantellinie des Berührungskegels ab, so liegt der entsprechende Punkt nun auf dem Halbmesser $r^\times$. Die

[1] [*14a*], S. 123.

Tabelle 6

Faden	$r_2 m$	u_2 m/sek	c_2' m/sek	$\cot \beta_2'$ $\cot^2 \beta_2'$	λ_2'	$\sin \lambda_2'$ $\sin^2 \lambda_2'$	$\sqrt{\ }$
$a_1 a_2$	0,234	24,5	10,48	2,34	90	1	2,54
				5,49		1	
$b_1 b_2$	0,198	20,7	10,48	1,98	81	0,988	2,34
				3,91		0,875	
$c_1 c_2$	0,156	16,3	10,48	1,55	49	0,755	2,22
				2,42		0,570	
$d_1 d_2$	0,116	12,1	10,48	1,15	56	0,829	1,72
				1,34		0,686	
$\delta_1 \delta_2$	0,098	10,3	10,48	0,99	59	0,857	1,53
				0,98		0,784	
$i_1 i_2$	0,080	8,36	10,48	0,765	68	0,927	1,30
				0,588		0,858	

Flutlinien haben einen Strömungswinkel β. Dessen Ankathete wird durch die Abwicklung im Verhältnis $r^\times : r$ verkleinert. Dadurch vergrößert sich der Steigungswinkel von β auf $\beta^\times$. So gilt für den Eintritt der Stromlinie ins Laufrad $\tan \beta_1^\times = r \cdot \tan \beta_1 / r^\times$. Durch diese Korrektur kann man mit 1 Berührungskegel auskommen, während sonst u. U. 2 Berührungskegel erforderlich sind.

Die Schaufel wird als Kreisbogenschaufel gezeichnet. Der Krümmungsradius ist nach PFLEIDERER[1]

$$\varrho = \frac{\Delta\varrho \cdot \left(\varrho_2 + \frac{\Delta\varrho}{2}\right)}{\varrho_2 \cdot (\cos \beta_1^\times - \cos \beta_2) + \Delta\varrho \cdot \cos \beta_1^\times}.$$

So ist z. B. für die Flutlinie δ laut Aufriß $\varrho_2 = 176$ mm, $\Delta\varrho = 118$ mm, $r_1 = 189$ mm, $r_1^\times = 161$ mm, $\tan \beta_1 = \tan 82{,}3^\circ = 7{,}396$, $\tan \beta_1^\times = 189 \cdot 7{,}396/161 = 8{,}7$, $\beta_1^\times = 83{,}45^\circ$, $\beta_2 = 45^\circ$.

$$\varrho = \frac{118 \cdot (176 + 59)}{176 \cdot (0{,}114 - 0{,}707) + 118 \cdot 0{,}114} = 308 \text{ mm (s. Tab. 7)}.$$

Tabelle 7

	ϱ mm	r_1 mm	$r_1^\times$ mm	$\tan \beta_1^\times$	$\beta_1^{\times 0}$
i	433	187	168	12,55	85,45
δ	308	189	161	8,70	83,45
d	261	190	170	6,25	80,77
c	162	196	170	4,16	76,50
b	180	211	197	2,16	65,20
a	190	230	225	1,52	56,70

[1] [*14a*], S. 115.

Tabelle 6

t_2	$s_2/t_2 \cdot 10^{-2}$	m	$c_2' m/c_2$	c_2	$\tan \beta_2$	β_2
98	3,07	0,078	0,922	10,00	0,407	22,15
83	3,62	0,085	0,915	10,10	0,486	25,90
65,4	4,58	0,102	0,898	10,26	0,626	32,05
48,6	6,16	0,106	0,894	10,32	0,848	40,30
41,2	7,28	0,112	0,888	10,37	1,001	45,00
33,5	8,95	0,116	0,884	10,45	1,248	51,30

Das gewählte Profil entspricht etwa dem Profil 682[1]:

x	0	1,25	2,5	5,0	7,5	10	15	20
y_o	2,50	4,55	5,55	7,00	8,05	8,90	10,0	10,65
y_u	2,50	1,05	0,60	0,25	0,10	0,00	0,05	0,20

30	40	50	60	70	80	90	95	100
11,2	10,90	10,05	8,65	6,90	4,85	2,55	1,35	0,00
0,55	0,75	0,80	0,85	0,75	0,60	0,35	0,15	0,00

Es ist bei 30% der Flügeltiefe L am stärksten mit 11,2% von L. Es hat einen günstigen Auftriebsbeiwert c_a, und sein Widerstandsbeiwert c_w ist bei wachsendem c_a etwa konstant, was bei Teillast von Vorteil ist.

Die Punkte für 30% von L werden in den Aufriß übertragen, und so können dort die Winkel λ' abgelesen werden, während die Winkel β der nachfolgenden Formel aus der Schaufelabwicklung abgeschätzt werden. Die Schaufelstärke s erscheint in der Abwicklung wegen des schrägen Schnittes mit der Flutbahn vergrößert. Sie ist nach PFLEIDERER[2]

$$\sigma = s \cdot \sqrt{1 + \frac{\cot^2 \beta}{\sin^2 \lambda}}.$$

Sie ist durch Parallelkreis an der abgewickelten Schaufel abzutragen. Da die gegossene Schaufel veränderliche Wandstärken bekommt, so ist sowohl ihre Vorder- wie ihre Rückenfläche im Aufriß und Grundriß zeichnerisch darzustellen. Die Ergebnisse der Berechnung zeigt Tab. 8.

Als Beispiel sei die Flutbahn $\delta_1 \delta_2$ gewählt. Der Aufriß zeigt $\varrho_2 = 176$ mm, $\varrho_1 = 294$ mm, $\Delta\varrho = 118$ mm. Die Aufzeichnung im

[1] [*14a*], S. 300. [2] [*14a*], S. 126.

Schaufelplan mit dem Eintrittswinkel $\beta_1^\times = 83{,}45°$ zwischen dem äußeren Kreis mit ϱ_1 und der Tangente an den Krümmungskreis mit ϱ gibt statt der Profilsehne den Profilbogen $L = 136{,}5$ mm. Am Schaufeleintritt ist für $x = 0$ dann $s = y_o = y_u = 0{,}025 \cdot 136{,}5 = 3{,}41$ mm. Da die Schaufel am Austritt noch eine gewisse Stärke haben muß, so wird $L' = 151$ mm gewählt und so für $x = 0{,}30 \cdot 151 = 41$ mm dann $s = (0{,}112 - 0{,}0055) \cdot 151 = 16{,}1$ mm (s. a. Tab. 8). Wird x im Auf-

Tabelle 8

	x%	β_1^0	$\cot^2\beta_1$	λ_1'	$\sin^2\lambda_1'$	L mm	s mm	σ mm
i	0	85,0	0,00765	86	0,997	138	3,45	3,45
	30	77,5	0,049	84	0,985	41,4	16,3	16,7
δ	0	82,3	0,0183	75	0,933	136,5	3,41	3,45
	30	74,0	0,0822	75	0,933	41,0	16,1	16,8
d	0	79,7	0,0330	64	0,810	136	3,4	3,47
	30	68,0	0,1635	60	0,750	40,8	16,05	17,7
c	0	74,6	0,076	58	0,720	134	3,35	3,52
	30	62,0	0,283	52	0,620	40,2	15,8	19,1
b	0	63,7	0,244	72	0,903	137	3,43	3,86
	30	50,0	0,704	62	0,780	41,2	16,15	22,2
a	0	56,2	0,448	90	1,000	142	3,55	4,27
	30	34,0	2,2	85	0,991	42,5	16,75	30,1

riß auf der Flutbahn $\delta_1\delta_2$ von δ_1 aus im Aufriß abgewickelt, so zeigt die Flutbahn für $x = 41$ mm im Aufriß den Winkel $\lambda_1' = 75°$ wie auch für $x = 0$ mm nach Tab. 8. Damit wird

$$\underline{\sigma_0} = 3{,}41 \cdot \sqrt{1 + \frac{\cot^2 82{,}3°}{\sin^2 75°}} = 3{,}41 \cdot \sqrt{1 + (0{,}135/0{,}996)^2} = \underline{3{,}45};$$

$$\underline{\sigma_{30}} = 16{,}1 \cdot \sqrt{1 + \frac{\cot^2 74°}{\sin^2 75°}} = 16{,}1 \cdot \sqrt{1 + (0{,}287/0{,}966)^2} = \underline{16{,}8\,\text{mm}}.$$

In der zeichnerischen Darstellung ist der Krümmungsbogen L als Profilsehne gewählt. Es wäre besser gewesen, den Krümmungsbogen L als Mittellinie des Schaufelprofils anzunehmen, wie es in Abb. 185,1 unter Berücksichtigung des Maßes y_u der Profiltabelle geschehen ist. Hierdurch wird eine Winkelübertreibung um den halben Zuschärfungswinkel am Schaufelaustritt erreicht. Dies wirkt sich gerade bei der vorhandenen spezifischen Drehzahl vorteilhaft für die Schaufelarbeit aus. Weiteres s. PFLEIDERER[1].

Um die Schaufeloberseiten und Schaufelunterseiten in den Grundriß zu übertragen, ist zu beachten, daß der Winkel γ, den die Mantellinien in der Schaufelabwicklung bilden, in dem Verhältnis kleiner ist als der Winkel ihrer Projektionen im Grundriß, als $D/2$ kleiner ist als ϱ. Als Beispiel sei die Ermittlung der Endpunkte i_2' und i_1' der Schaufeloberseite

[1] [*14a*], S. 160.

im Grundriß angeführt. Da die Austrittskante des Laufrades in einem Axialschnitt liegt, so liegt i_2' senkrecht unter i_2. In der Schaufelabwicklung für die Flutlinie $i_1 i_2$ liegen die äußersten Punkte der Oberseite um den Winkel $\gamma = 21{,}5°$ auseinander. Die Mantellinie für i_2 hat im Aufriß die Länge $\varrho_2 = 110$ mm, während i_2 im Aufriß auf $D_{2i}/2 = 79$ mm liegt. Damit wird im Grundriß der Winkel zwischen i_2' und i_1' mit $\gamma' = 21{,}5 \cdot 110/79 = 30°$ erhalten. Der Punkt i_1' liegt also auf dem freien Schenkel von γ' und auf dem Kreis mit 158 mm ⌀ (Abb. 177,1).

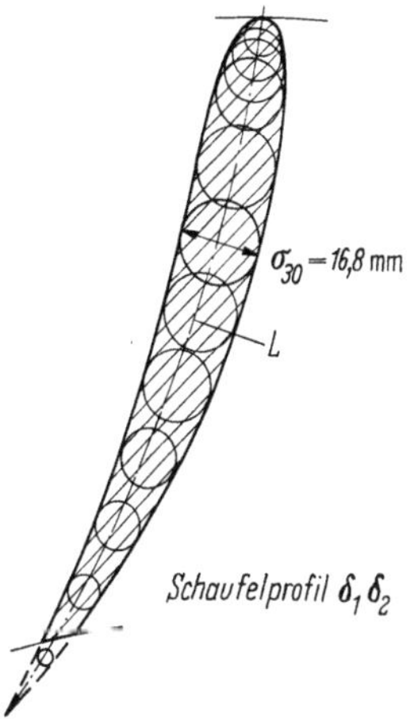

Abb. 185,1. Francislaufrad. Schaufelabwicklung $\delta_1 \delta_2$: Krümmungsbogen L als Mittellinie des Profils

Axialschnitte und Schreinerschnitte. Es wird ein Büschel von axialen Schnitten $\mathfrak{a}_o$ bis $\mathfrak{g}_o$ und $\mathfrak{a}_u$ bis $\mathfrak{g}_u$ gelegt. Diese Axialschnitte erscheinen im Grundriß als radiales Strahlenbündel. Das Aufzeichnen im Aufriß ist dadurch einfach, daß die Radien der Projektionen eines Punktes im Grundriß und Aufriß gleich sind. Ist der notwendige allmähliche Übergang zwischen den erhaltenen Schnittlinien nicht vorhanden, so sind die Projektionen der Flutbahnen entsprechend zu ändern.

Zur Herstellung der Modelle für die Schaufel leimt der Schreiner zugeschnittene Bretter gleicher Dicke, deren Ebenen senkrecht zur Achse sind, aufeinander. Zur Ermittlung der Begrenzungskurven dieser Bretter werden im Aufriß die sog. Schreinerschnitte *1* bis *11* senkrecht zur Welle gelegt und in den Grundriß übertragen. Sie ergeben mit ihren Kurven im Grundriß die Grundlagen für die räumliche Ausbreitung des Ober- und Unterteils der Gußform der Laufradschaufeln (Abb. 178,1 u. 178,2).

Schlußbemerkung. Modellversuche ergeben, inwieweit man das so gefundene Laufrad abändern muß, um wirklich die laut Aufgabe gewünschten Ergebnisse zu erzielen (s. auch den vorletzten Abschnitt des Schaufelentwurfs).

3. Berechnungsbeispiel für ein Propellerrad

Bei einer Fallhöhe von 11,5 m sollen 8,9 m³ sekundliche Wassermenge zum Antrieb eines Drehstromgenerators mit 7 Polpaaren, also mit 3000/7 = 428 U/min ausgenutzt werden.

Bauart. Kennzahl nach Gl. (61,2) $\underline{n_q} = \frac{n}{\sqrt{H}} \cdot \sqrt{\frac{Q}{\sqrt{H}}} = \frac{428}{\sqrt{11{,}5}} \cdot \sqrt{\frac{8{,}9}{\sqrt{11{,}5}}} = \underline{205}$. Nach Abb. 114,2 kommt demnach eine Propellerturbine in Frage, wenn mit etwa gleichbleibender Last gefahren werden kann.

Leistung. Nach Abb. 114,2 kann in diesem Fall mit einem Wirkungsgrad von 0,83 gerechnet werden. Damit wird nach Gl. (64,3) die zu erwartende Leistung an der Kupplung

$$\underline{N_e} = \frac{Q \cdot 1000\, H \cdot \eta}{75} = \frac{8{,}9 \cdot 1000 \cdot 11{,}5 \cdot 0{,}83}{75} = \underline{1132\ \text{PS}}.$$

Laufrad. Dieser Wirkungsgrad wird nach Abb. 114,2 nur erreicht, wenn der Innendurchmesser D_N etwa $0{,}4 \cdot D$ und das Verhältnis der kinetischen Austrittsenergie zur Fallhöhe etwa 29% ist. Aus $\frac{c_2^2}{2 \cdot g \cdot H} = 0{,}29$ wird $\underline{c_2} = \sqrt{2 \cdot 9{,}81 \cdot 11{,}5 \cdot 0{,}29} = \underline{8{,}09\ \text{m/sek}}$. $Q = c_2 \cdot \pi \cdot (D^2 - D_N^2)/4$ ergibt mit $D_N^2 = (0{,}4 \cdot D)^2 = 0{,}16 \cdot D^2$ $8{,}09 \cdot \pi \cdot 0{,}84 \cdot D^2/4 = 8{,}9$ und den Außendurchmesser des Laufrades $\underline{D = 1{,}3\ \text{m}}$ bzw. den Nabendurchmesser $\underline{D_N} = 0{,}4 \cdot 1{,}3 = \underline{0{,}52\ \text{m}}$.

Leitrad. Nach Abb. 114,2 macht man die axiale Länge der FINKschen Drehschaufeln etwa $b_0 = 0{,}35 \cdot D$ bis $0{,}4 \cdot D$. Angenommen $\underline{b_0} = 0{,}37 \cdot D = \underline{480\ \text{mm}}$.

Profilierung der Laufradschaufeln. Es werden zwei Schnitte auf $r = \underline{0{,}52\ \text{m}}$ und $r = \underline{0{,}39\ \text{m}}$ gelegt. Dazu kommen das äußere und das innere Schaufelende auf $r_a = \underline{0{,}65\ \text{m}}$ und $r_i = \underline{0{,}26\ \text{m}}$. Für jeden dieser vier Schnitte ist die Umfangsgeschwindigkeit

$$\underline{u} = \frac{r \cdot 2 \cdot \pi \cdot n}{60} = \frac{r \cdot 2 \cdot \pi \cdot 428}{60} = \underline{44{,}85 \cdot r\ \text{m/sek}}.$$

Nimmt man nach S. 89 und nach Abb. 81,1 an, daß bei der Beaufschlagung $\underline{\lambda_t = 0{,}85}$ ein optimaler Wirkungsgrad von $\underline{0{,}86}$ erreicht wird, so ist die Gestalt der Propeller für $\underline{Q_t} = \lambda_t \cdot Q = 0{,}85 \cdot 8{,}9 = \underline{7{,}57\ \text{m}^3/\text{sek}}$ und $c_m \cdot (D^2 - D_N^2) \cdot \pi/4 = Q_t$, also $\underline{c_m = 6{,}79\ \text{m/sek}}$ zu bemessen.

Mit $\eta_m = 0{,}95$ und $\eta = \eta_h \cdot \eta_m = 0{,}86$ wird $\underline{\eta_h = 0{,}9}$.

Da mit drallfreiem Austritt, d. h. mit $\underline{\alpha_2 = 90^\circ}$ und $\underline{c_{2u} = 0}$, nach Gl. (49,1) nun $u \cdot c_u = H \cdot \eta_h \cdot g$ ist, so wird für alle vier Schaufelschnitte

$$\underline{c_u} = \frac{H \cdot \eta_h \cdot g}{u} = \frac{11{,}5 \cdot 0{,}9 \cdot 9{,}81}{u} = \underline{101{,}6/u}.$$

Zeichnerisch kann jetzt aus u, c_m, c_u und $c_u/2$ das Geschwindigkeitsdreieck für den Ein- und Austritt sowie die mittlere Anströmgeschwindigkeit w_∞ und ihre Winkel β_∞ nach Abb. 54,1 gefunden werden.

Nach Gl. (56,3) ist für Wasserturbinen $c_a \cdot l \cdot w_\infty = \frac{4 \cdot \pi \cdot H \cdot \eta_h \cdot g}{z \cdot \omega}$. Mit $z = 4$ Propellern und $\omega = 2 \cdot \pi \cdot n/60 = 2 \cdot \pi \cdot 428/60 = 44{,}8$ wird für jeden Schaufelschnitt

$$c_a \cdot l = \frac{4 \cdot \pi \cdot H \cdot \eta_h \cdot g}{z \cdot \omega \cdot w_\infty} = \frac{4 \cdot \pi \cdot 11{,}5 \cdot 0{,}9 \cdot 9{,}81}{4 \cdot 44{,}8 \cdot w_\infty} = 7{,}12/w_\infty = 712/w_\infty,$$

wenn die Flügeltiefe l in cm eingesetzt wird.

Nach S. 88 unten ist die Kavitationsgefahr außen am größten. Um sie zu verringern, muß außen der Wert $c_a \cdot l$ klein gehalten werden. Nach Versuchen haben vorn stumpfe und hinten ausgeschärfte Profile einen Auftriebsbeiwert $c_a = \frac{a \cdot y_{\max}}{l} + b \cdot \delta_\infty$. Um $c_a \cdot l$ klein zu halten, muß also außen erstens $y_{\max}/l$ möglichst gering, d. h. das Profil möglichst flach sein, und zweitens muß außen das Verhältnis l/t kleiner angenommen werden als innen. Hierin ist δ_∞ nach Abb. 54,2 der eigentliche Anstellwinkel zwischen der Profilsehne und der mittleren Anströmgeschwindigkeit und $t = 2r \cdot \pi/z$ die Teilung auf dem betreffenden Schaufelschnitt.

Von der Göttinger Profilreihe[1] 428, 682, 364 und 480 mit

$$c_a = 4{,}8 \cdot y_{\max}/l + 0{,}092 \cdot \delta_\infty$$

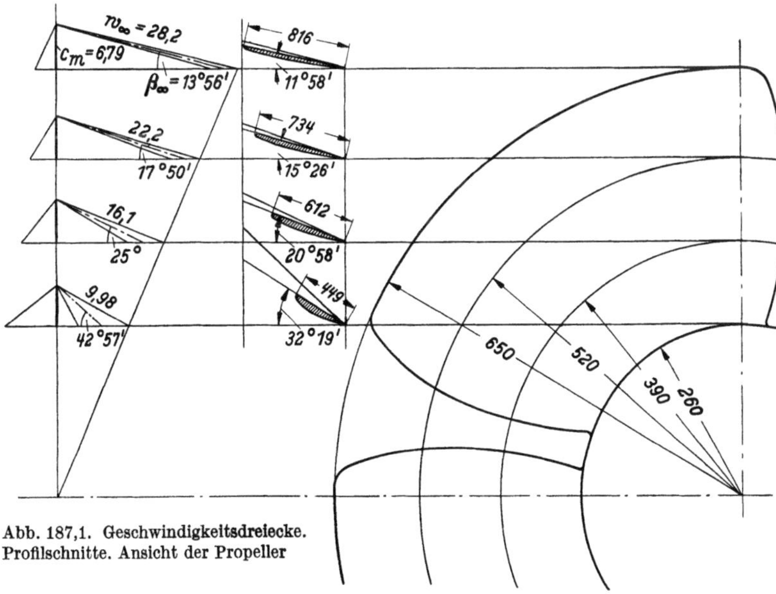

Abb. 187,1. Geschwindigkeitsdreiecke. Profilschnitte. Ansicht der Propeller

[1] Ergebnisse der Aerodynam. Versuchsanstalt Göttingen, 1.—4. Lieferung, München/Berlin 1921.

Tabelle 1. *Rechnungs-*

r m	u $\frac{\text{m}}{\text{sek}}$	c_u $\frac{\text{m}}{\text{sek}}$	w_∞ $\frac{\text{m}}{\text{sek}}$	$c_a \cdot l$ cm	t cm	l/t	l cm
0,65	29,1	3,49	28,2	25,3	102	0,8	81,6
0,52	23,3	4,36	22,2	32,1	81,6	0,9	73,4
0,39	17,5	5,81	16,1	44,2	61,2	1,0	61,2
0,26	11,7	8,71	9,98	71,4	40,8	1,1	44,9

Tabelle 2. *Höhen der Oberkante y_o und der Unterkante y_u*

x	0	1,25	2,5	5,0	7,5	10	15	20
y_o	1,25	2,75	3,50	4,80	6,05	6,5	7,55	8,20
y_u	1,25	0,30	0,20	0,10	0,00	0,0	0,05	0,15

hat das Profil 428 ein kleines $y_{\max}/l$ und wird deshalb gewählt. Außerdem wird es noch nach der folgenden Tab. 1 in den drei außen liegenden Blattquerschnitten mit dem Verdickungsverhältnis $v < 1$ (das bedeutet ein dünneres Blatt) verjüngt und mit $v > 1$ in dem inneren Blattquerschnitt verstärkt. Hierdurch ist gleichzeitig der Festigkeitsbeanspruchung Rechnung getragen, da der innere Teil des Flügels die Fliehkräfte der mittleren und äußeren Teile mit aufnehmen muß und daher zu verstärken ist. Sollte die Festigkeitsrechnung nachweisen, daß diese Verjüngungen bzw. Verstärkungen nicht genügen, so sind sie zu ändern, u. U. ist innen gar ein stärkeres Profil, z. B. Nr. 480, zu wählen.

So ist für den äußeren Schaufelschnitt mit $t = 1300 \cdot \pi/4 = 1020$ mm angenommen: $l/t = 0{,}8$ mit Profillänge $l = 0{,}8 \cdot t = 816\,\text{mm} = 81{,}6\,\text{cm}$. Nach der Tab. 2 ist für das Göttinger Profil Nr. 428 *normal und für* $l = 100$ $y_{\max} = 8{,}55$. Da aber nach der Tab. 1 außen $v = 0{,}315$ gewählt wurde, so wird

$$y_{\max} = 0{,}0855\,l \cdot v = 0{,}0855 \cdot 81{,}6 \cdot 0{,}315 = 2{,}2\text{ cm} = 22\text{ mm}$$

außen. Da nach der Tab. 1 außen $c_a \cdot l = 25{,}3$ ist, so wird außen $c_a = 25{,}3/81{,}6 = 0{,}31 = 4{,}8 \cdot y_{\max}/l + 0{,}092 \cdot \delta_\infty$.

$$0{,}092 \cdot \delta_\infty = c_a - 4{,}8 \cdot y_{\max}/l = 0{,}31 - 4{,}8 \cdot 2{,}2/81{,}6 = 0{,}1805.$$

Eigentlicher Anstellwinkel außen $\delta_\infty = 0{,}1805/0{,}092 = 1{,}96° = 1°58'$. Konstruktiver Anstellwinkel nach Abb. 54,1 außen $\beta = \beta_\infty - \delta_\infty = 13°56' - 1°58' = 11°58'$.

Geschwindigkeitsdreiecke, Profilschnitte und Propeller s. Abb. 187,1.

werte der Turbine

v	y_{max} cm	c_a	$\frac{4{,}8\,y_{max}}{l}$	$0{,}092 \cdot \delta_\infty$	δ_∞	β_∞	β
0,310	2,2	0,31	0,129	0,180	1° 58′	13° 56′	11° 58′
0,527	3,3	0,44	0,216	0,220	2° 24′	17° 50′	15° 26′
0,854	4,5	0,72	0,351	0,371	4° 2′	25°	20° 58′
1,490	5,7	1,59	0,612	0,978	10° 38′	42° 57′	32° 19′

im Abstand x von der Vorderkante. Profil 428

30	40	50	60	70	80	90	95	100
8,55	8,35	7,80	6,80	5,50	4,20	2,15	1,20	0,0
0,30	0,40	0,40	0,35	0,25	0,15	0,05	0,00	0,0

B. Dampfturbinen

1. Berechnungsbeispiel für eine zweikränzige Curtisturbine

(mit leichter Überdruckwirkung)

Zum Antrieb einer Kreiselpumpe oder eines Gebläses soll eine Gegendruck-Getriebe-Turbine — ähnlich Abb. 120,1 — für 600 PS_e Leistung und 7500 U/min an der Turbinenwelle für 45 atü und 450 °C Frischdampfzustand vor dem Regelventil und 4 atü Gegendruck gebaut werden. Der Schaufelplan ist zu entwerfen.

Bauart. Laut is-Diagramm ist für diesen Frischdampfzustand von $p = 46$ ata und $t = 450$ °C die Enthalpie $i = 792{,}5$ kcal/kp. Wird für die Drosselung im *Regelventil* (s. S. 18) ein *Druckabfall* von *2 at* angenommen, so ist laut is-Diagramm der Dampfzustand *vor den Düsen* $p_1 = p - 2 = 44$ ata bei $i_1 = i = 792{,}5$ kcal/kp, $s_1 = 1{,}645$ EE, $t_1 = 448$ °C und $v_1 = 0{,}0744$ m³/kp.

Ohne innere Verluste, wie Wärmeabfuhr nach außen oder Wärmezufuhr durch Strömungsreibung, würde die Expansion in der Turbine adiabatisch — nach S. 13 Lotrechte im is-Diagramm — verlaufen. Abb. 190,1 zeigt, daß diese vom Punkt *1* im is-Diagramm aus gezogene Lotrechte die Kurve für den *Gegendruck* $p_0 = 5$ ata bei $i_0 = 662{,}5$ kcal/kp schneidet. Ohne innere Verluste würde demnach nach Gl. (12,2) das *Arbeitsvermögen von 1 kp Dampf* im Wärmemaß $A \cdot L_{ad} = H_0 = i_1 - i_0 = 792{,}5 - 662{,}5 = 130$ kcal/kp sein.

Es sei zunächst angenommen, daß sich die Turbine als zweikränzige Curtisturbine bauen läßt; dann würde nach S. 117 ein Umfangswirkungsgrad $\eta_u < 0{,}7$ zugrunde gelegt werden können. Es wird zunächst $\eta_u = 0{,}66$ angenommen sowie der Radreibungs- und Ventilationsverlust bei Anwendung eines Ventilationsschutzringes zu 2% (s. S. 124) und der Spaltverlust (s. S. 142), da es sich nur um leichte Überdruckwirkung handelt, zu 1% geschätzt. Damit wird der S. 15 für die wirkliche polytropische Expansion eingeführte innere Wirkungsgrad η_i, der alle inneren Verluste erfaßt, $\underline{\eta_i} = 0{,}66 - 0{,}03 = \underline{0{,}63}$ und *das innere Arbeitsvermögen von 1 kp Dampf* im Wärmemaß nach Gl. (15,1) $H_i = A \cdot L_{pol} = \eta_i \cdot H_0 = 0{,}63 \cdot 130 = \underline{81{,}9 \text{ kcal/kp}}$. Deshalb wird der *Abdampf* beim Austreten aus der Turbine nach Abb. 15,1 und 190,1 bei $p_0 = 5$ ata Gegendruck etwa den *Zustand A* mit $\underline{i_A} = i_1 - H_i = 792{,}5 - 81{,}9 = \underline{710{,}6 \text{ kcal/kp}}$ und laut is-Diagramm $\underline{v_A = 0{,}4943 \text{ m}^3\text{/kp}}$ haben.

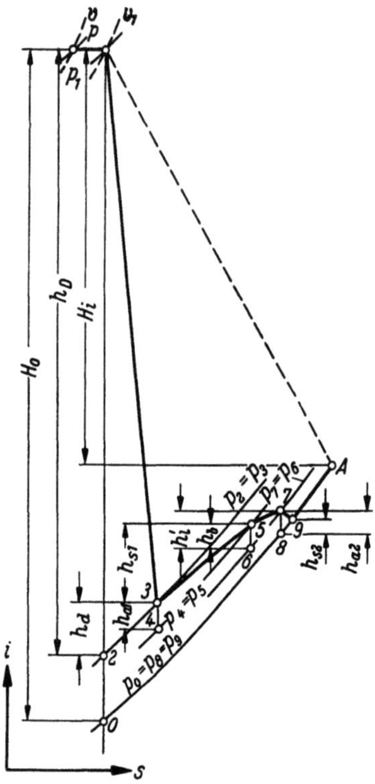

Abb. 190,1. Curtisturbine. Zustandsänderung im is-Diagramm

Die innere Leistung der Turbine muß um die Getriebeverluste, erfaßt durch den Getriebewirkungsgrad $\eta_G = 0{,}96$, und um die Verluste in den Lagern, erfaßt durch den mechanischen Wirkungsgrad $\eta_m = 0{,}97$, größer sein als die effektive Leistung an der Abtriebswelle des Getriebes. Damit wird die *erforderliche innere Leistung*

$$\underline{N_i} = \frac{N_e}{\eta_G \cdot \eta_m} = \frac{600}{0{,}96 \cdot 0{,}97} = \underline{645 \text{ PS}_i}.$$

Da nach Gl. (7,2) 1 PSh $\triangleq$ 632 kcal ist, so wird die stündliche innere Arbeit $G_h \cdot H_i = N_i \cdot 632$. Damit wird die *erforderliche sekundliche Dampfmenge*

$$\underline{G_{\text{sek}}} = G_h/3600 = \frac{N_i \cdot 632}{H_i \cdot 3600} = \frac{645 \cdot 632}{81{,}9 \cdot 3600} = \underline{1{,}383 \text{ kp/sek}}.$$

Diese hat in der Turbine im Mittel das spezifische Volumen

$$v = \frac{v_1 + v_A}{2} = \frac{0{,}0744 + 0{,}4943}{2} = 0{,}284$$

und somit *im Mittel das sekundliche Volumen* $\underline{V} = G_{\text{sek}} \cdot v = 1{,}383 \cdot 0{,}284$ $\underline{= 0{,}393 \text{ m}^3/\text{sek}}$.

Nach Gl. (61,3) — sie gilt für eine Stufe; es möge daher, da zwei Geschwindigkeitsstufen vorhanden sind, $L_{ad} = 427 \cdot H_0/2$ statt $427 \cdot H_0$ gesetzt werden — ist die Kennzahl

$$\underline{n_q} = \frac{n}{\sqrt{L_{ad}}} \cdot \sqrt{\frac{V_m}{\sqrt{L_{ad}}}} = \frac{7500}{\sqrt{427 \cdot 130/2}} \cdot \sqrt{\frac{0{,}393}{\sqrt{427 \cdot 130/2}}} = \frac{7500 \cdot 0{,}626}{166{,}7 \cdot 12{,}9} = \underline{2{,}18}.$$

Dieser Wert fällt in die Grenzen $n_q = 1{,}6$ bis 14 auf S. 117, aber mehr in die Nähe der dreikränzigen Curtisräder. Es war daher richtig, den Umfangswirkungsgrad η_u nahe 0,65 anzunehmen. Der niedrige Wirkungsgrad spielt in diesem Fall energiewirtschaftlich keine Rolle, da die größeren inneren Verluste die Abdampfwärme erhöhen und der Abdampf in diesem Fall ausgenutzt wird. Im übrigen wird im Laufe der Rechnung sowohl η_u wie η_i nachgeprüft werden. Die zweikränzige Ausführung aber ist in den Anlagekosten billiger als die dreikränzige Bauart.

Aufteilung des Wärmegefälles. Nach S. 32 ist die Strömung in sich verengenden Kanälen günstig, weil dadurch die Grenzschichtbildung und so auch die Wirbelbildung vermindert wird. Deshalb werden die Gleichdruckturbinen heute oft nicht nach dem reinen Gleichdruckprinzip, sondern mit leichter Überdruckwirkung gebaut. Daher mögen im vorliegenden Fall nicht 100% von H_0, sondern nur 88% von H_0 in den ersten Düsen in kinetische Energie umgesetzt werden. 12% von H_0 dagegen sollen in den restlichen 3 Beschaufelungen (2 Laufradkränze, 1 Umlenkbeschaufelung) zum Energieumsatz gelangen. Da es sich nur um zwei Stufen handelt, so ist nach S. 118 auch nur mit einem niedrigen Wärmerückgewinnungsfaktor $\underline{m = 1{,}02}$ zu rechnen. Damit kann ein *gesamtes Wärmegefälle* $\underline{m \cdot H_0} = 1{,}02 \cdot 130 = \underline{132{,}5 \text{ kcal/kp}}$ erwartet werden. Da *in den ersten Düsen* $\underline{h_D} = 0{,}88 \cdot H_0 = 0{,}88 \cdot 130 = \underline{114{,}5 \text{ kcal/kp}}$ adiabatisch umgesetzt werden sollen, so verbleiben für die drei Beschaufelungen $132{,}5 - 114{,}5 =$ etwa 18 kcal/kp. Es werden ihnen daher nach Abb. 190,1 zunächst die adiabatischen Wärmegefälle $\underline{h_{a1}, h_b}$ und $\underline{h_{a2} = 6 \text{ kcal/kp}}$ zugeteilt.

Wahl des Laufraddurchmessers. Nach S. 118 müßten nun mehrere Laufraddurchmesser angenommen werden, um durch den Vergleich der Rechnungen zu ermitteln, bei welchem Durchmesser das beste η_i auftritt. Mit Rücksicht auf den Umfang dieses Buches und weil es ja laut Vortext bei einer Gegendruckanlage nicht so sehr auf den besten inneren Wirkungsgrad ankommt, wird nach S. 118 $u/c_1 = 0{,}25$ angenommen. Nach der entsprechend geänderten Gl. (89,1) wird die *absolute Austritts-*

geschwindigkeit aus den Düsen ohne Strömungsreibung $\underline{c_0} = 91{,}53 \cdot \sqrt{h_D}$ $= 91{,}53 \cdot \sqrt{114{,}5} = \underline{980 \text{ m/sek}}$. Nach S. 89 kann für allseitig sauber gefräste Düsen der *Beiwert für die Strömungsreibung* $\underline{\varphi = 0{,}96}$ angenommen werden. Damit wird die *wirkliche absolute Austrittsgeschwindigkeit aus den Düsen* $\underline{c_1} = \varphi \cdot c_0 = 0{,}96 \cdot 980 = \underline{940 \text{ m/sek}}$ und mit $u/c_1 = 0{,}25$ die zu wählende *Umfangsgeschwindigkeit* $\underline{u} = 0{,}25 \cdot c_1 = 0{,}25 \cdot 940$ $= \underline{235{,}5 \text{ m/sek}}$. Aus $u = \frac{D \cdot \pi \cdot n}{60}$ wird dann der vorzusehende *Laufraddurchmesser*

$$\underline{D} = \frac{60 \cdot u}{\pi \cdot n} = \frac{60 \cdot 235{,}5}{\pi \cdot 7500} = 0{,}6 \text{ m} = \underline{600 \text{ mm } \varnothing}.$$

Wahl der Profilwinkel und Verluste am Radumfang. Geht man nach Abb. 190,1 vom Zustand vor Eintritt in die Düsen, also vom Punkt *1* des *is*-Diagramms, um h_D lotrecht nach unten, so erhält man im Punkt *2* mit $i_2 = i_1 - h_D = 792{,}5 - 114{,}5 = 678$ kcal/kp und $s_2 = s_1 = 1{,}645$ EE den *absoluten Druck hinter den Düsen* $\underline{p_2 = 6{,}9 \text{ ata}}$. *Der Düsenverlust* ist nach Gl. (93,2) $h_d = (c_0^2 - c_1^2)/2 \cdot g \cdot 427 = \frac{980^2 - 940^2}{2 \cdot 9{,}81 \cdot 427} = \underline{8{,}9 \text{ kcal/kp}}$. Er setzt sich in Reibungswärme um, so daß der *Dampf hinter den Düsen* nicht i_2, sondern $\underline{i_3} = i_2 + h_d = 678 + 8{,}9 = \underline{686{,}9 \text{ kcal/kp}}$, $\underline{p_3} = \underline{p_2}$ $= \underline{6{,}9 \text{ ata}}$ und laut *is*-Diagramm $\underline{v_3 = 0{,}323 \text{ m}^3/\text{kp}}$ hat.

Um die von SÖRENSEN kleiner angegebenen Umfangswirkungsgrade zu erreichen, können nach S. 118 die Düsenwinkel und ebenso die Profilwinkel der Schaufeln etwas kleiner angenommen werden als von DIETZEL vorgeschlagen. So der *Düsen-Austrittswinkel* mit $\underline{\alpha_1 = 14°}$ statt mit 16 bis 19°. Da in der weiteren Berechnung der Endquerschnitt der Düsen entsprechend c_1, G_{sek} und v_3 bemessen werden wird, so ist nach S. 93 nicht mit einer Strahlablenkung nach Abb. 93,1 zu rechnen.

Es kann nun das *Geschwindigkeitsdreieck für den Eintritt in den 1. Laufradkranz* Abb. 46,1 aufgezeichnet werden. Es ergibt die *relative Eintrittsgeschwindigkeit* $\underline{w_1 = 714 \text{ m/sek}}$ unter $\underline{\beta_1^* = 18°47'}$, mit $\tan \beta_1^*$ $= 0{,}34$ und nach Abb. 1,1 $\underline{c_{1m} = 229{,}2 \text{ m/sek}}$. Da bei Regelung der Leistung G_{sek}, und damit auch V_{sek}, d. h. w_1 und die Gestalt des Geschwindigkeitsparallelogramms, sich ändert, so tritt Stoß auf. Da besonders der Stoß auf die erhabene Seite der Schaufel, auf den sog. Schaufelrücken, bremsend wirkt, so vermeidet man ihn in einem gewissen Regelbereich, indem man den Profilwinkel der Laufradschaufel am Eintritt $\beta_1 > \beta_1^*$ macht: $\underline{\beta_1 = 20°}$ gewählt (vgl. Abb. 198,1).

Auch der Austrittswinkel des 1. Laufradkranzes wird laut Vortext kleiner, als auf S. 117 von DIETZEL angegeben, zu $\underline{\beta_2 = 18°}$ mit $\tan \beta_2$

$= 0{,}325$ angenommen. Damit wird nach Abb. 137,1 der Umlenkungswinkel $\Delta\beta = 180 - (\beta_1^* + \beta_2) = 143{,}2°$ und nach Abb. 95,1 der Beiwert $\psi_1 = 0{,}795$. Da es sich um leichte Überdruckwirkung handelt, so ist nach Gl. (96,2) *ohne Strömungsreibung*

$$\frac{w_0^2}{2 \cdot g \cdot 427} = \frac{w_1^2}{2 \cdot g \cdot 427} + h_{a1} = 60{,}9 + 6 = 66{,}9 \text{ kcal/kp}$$

und

$$w_0 = 91{,}53 \cdot \sqrt{66{,}9} = 748{,}5 \text{ m/sek},$$

aber *infolge Strömungsreibung* die *relative Austrittsgeschwindigkeit* nur $w_2 = \psi_1 \cdot w_0 = 0{,}795 \cdot 748{,}5 = 595$ m/sek. Entsprechend Gl. (95,3) ist der *Verlust in der Beschaufelung des 1. Laufradkranzes*

$$h_{s1} = \frac{w_0^2 - w_2^2}{2 \cdot g \cdot 427} = \frac{w_0^2 \cdot (1 - \psi_1^2)}{2 \cdot g \cdot 247} = 66{,}9 \cdot (1 - 0{,}795^2) = 24{,}6 \text{ kcal/kp}.$$

Nach Abb. 190,1 ergibt der Punkt *4* im *is*-Diagramm mit $s_4 = s_3$ EE und $i_4 = i_3 - h_{a1} = 686{,}9 - 6 = 680{,}9$ kcal/kp den *absoluten Druck hinter dem 1. Laufradkranz* $p_4 = 6{,}14$ ata. Da die Reibungswärme dem Dampf zugute kommt, so hat er aber *beim Austritt aus dem 1. Laufradkranz die Enthalpie* $i_5 = i_4 + h_{s1} = 680{,}9 + 24{,}6 = 707{,}5$ kcal/kp bei $p_5 = p_4$ ata und bei dem spezifischen Volumen $v_5 = 0{,}393$ m³/kp nach dem *is*-Diagramm. Das Geschwindigkeitsdreieck für den Austritt liefert mit $\tan\alpha_2^* = 0{,}553$ dann $\alpha_2^* = 28°57'$, $c_2 = 378$ m/sek und $c_{2m} = 182{,}4$ m/sek (Abb. 1,1).

Auch für die *Umlenkbeschaufelung* macht man nach S. 192 den Profilwinkel am Eintritt $\alpha_2 > \alpha_2^*$. Gewählt sei $\alpha_2 = 30°$ (vgl. Abb. 198,1) *am Eintritt und* $\alpha_1' = 25°$ *für den Austritt.* Damit wird der Umlenkungswinkel $\Delta\alpha = 180 - (\alpha_2^* + \alpha_1') = 126°$ und nach Abb. 95,1 der Beiwert $\psi_2 = 0{,}85$. Infolge leichter Überdruckwirkung wird auch hier nach Gl. (96,1) *ohne Strömungsreibung* $\frac{c_0'^2}{2 \cdot g \cdot 427} = \frac{c_2^2}{2 \cdot g \cdot 427} + h_b = 17{,}07 + 6 = 23{,}07$ kcal/kp und $c_0' = 91{,}53 \cdot \sqrt{23{,}07} = 439$ m/sek, aber *infolge der Strömungsverluste die absolute Austrittsgeschwindigkeit aus der Umlenkbeschaufelung* nur $c_1' = \psi_2 \cdot c_0' = 0{,}85 \cdot 439 = 373{,}5$ m/sek und der *Verlust in der Umlenkbeschaufelung* nach Gl. (95,1) nun

$$h_l' = \frac{c_0'^2 - c_1'^2}{2 \cdot g \cdot 427} = \frac{c_0'^2 \cdot (1 - \psi_2^2)}{2 \cdot g \cdot 427} = 23{,}07 \cdot (1 - 0{,}723) = 6{,}38 \text{ kcal/kp}.$$

Nach Abb. 190,1 ergibt im *is*-Diagramm der Punkt *6* mit $s_6 = s_5$ EE und $i_6 = i_5 - h_b = 705{,}5 - 6 = 699{,}5$ kcal/kp den *absoluten Druck hinter der Umlenkbeschaufelung* mit $\underline{p_6 = p_7 = 5{,}5 \text{ ata}}$ und Punkt 7 mit $\underline{i_7} = i_6 + h_l' = 699{,}5 + 6{,}38 = \underline{705{,}9 \text{ kcal/kp}}$ und dem spezifischen Volumen $\underline{v_7 = 0{,}438 \text{ m}^3\text{/kp}}$ den weiteren Zustand des Dampfes hinter der Umlenkbeschaufelung (vgl. Abb. 190,1).

Das Geschwindigkeitsdreieck beim *Eintritt in den 2. Laufradkranz* liefert mit u, α_1' und c_1' nun $\underline{c_{1m}' = 159 \text{ m/sek}}$ und die *relative Eintrittsgeschwindigkeit* $\underline{w_1' = 189{,}7 \text{ m/sek}}$ mit $\tan \beta_1'^* = 1{,}546$, also $\underline{\beta_1'^* = 57°\,8'}$. Aus den obengenannten Gründen wird der *Profilwinkel der Laufradschaufel am Eintritt* $\underline{\beta_1' = 59°}$, also $\beta_1' > \beta_1'^*$, und *am Austritt* $\underline{\beta_2' = 36°}$ mit $\tan \beta_2' = 0{,}726$ gewählt, so daß der Umlenkungswinkel $\Delta\beta' = 180 - (\beta_1'^* + \beta_2') = 180 - 93{,}1 = 86{,}9°$ und damit nach Abb. 95,1 der Beiwert $\underline{\psi_3 = 0{,}915}$ wird. Da der *Austrittsdruck* $p_8 = p_9$ gleich dem Gegendruck p_0 der Turbine $= \underline{5 \text{ ata}}$ ist, so liefert nach Abb. 190,1 das is-Diagramm mit seiner lotrechten Höhe des Punktes 7 über der p_0-Kurve *die in dem 2. Laufradkranz umgesetzte Wärmeenergie* $\underline{h_{a2}} = i_7 - i_8 = 705{,}9 - 700{,}5 = \underline{5{,}4 \text{ kcal/kp}}$, so daß die insgesamt ohne Verluste verfügbare Wärmeenergie in der Turbine $h_D + h_{a1} + h_b + h_{a2} = 114{,}5 + 6 + 6 + 5{,}4 = 131{,}9$ und damit der *Wärmerückgewinnungsfaktor* nur $131{,}9/H_0 = 131{,}9/130 = \underline{1{,}015}$ statt, wie S. 191 angenommen, 1,02 geworden ist. Im 2. Laufradkranz wird deshalb nach Gl. (96,2) *ohne Strömungsreibung* $\frac{w_0'^2}{2 \cdot g \cdot 427} = \frac{w_1'^2}{2 \cdot g \cdot 427} + h_{a2} = 4{,}3 + 5{,}4 = 9{,}7$ kcal/kp und $\underline{w_0'} = 91{,}53 \cdot \sqrt{9{,}7} = \underline{285 \text{ m/sek}}$, *infolge Strömungsreibung* aber die *relative Austrittsgeschwindigkeit* $\underline{w_2'} = \psi_3 \cdot w_0' = 0{,}915 \cdot 285 = \underline{261 \text{ m/sek}}$ und damit *der Verlust im 2. Laufradkranz* $\underline{h_{s2}} = \frac{w_0'^2 - w_2'^2}{2 \cdot g \cdot 427} = \frac{w_0'^2 \cdot (1 - \psi_3^2)}{2 \cdot g \cdot 427} = 9{,}7 \cdot (1 - 0{,}838) = \underline{1{,}58 \text{ kcal/kp}}$. Für den *Austritt aus der Turbine* ergeben sich somit aus dem is-Diagramm Abb. 190,1 der absolute Druck $\underline{p_9 = 5 \text{ ata}}$, die Enthalpie $\underline{i_9} = i_7 - h_{a2} + h_{s2} = 705{,}9 - 5{,}4 + 1{,}58 = \underline{702{,}1 \text{ kcal/kp}}$ und $\underline{v_9 = 0{,}476 \text{ m}^3\text{/kp}}$ sowie durch Aufzeichnung des Geschwindigkeitsdreiecks für den Austritt mit u, β_2' und w_2' noch die *absolute Austrittsgeschwindigkeit* $c_2' = 156$ m/sek mit ihrer Komponente $\underline{c_{2m}' = 153{,}7 \text{ m/sek}}$ und $\tan \alpha_2' = -6{,}32$ mit $\underline{\alpha_2' = 99°}$. Somit wird der *Austrittsverlust* $\underline{h_a} = \frac{c_2'^2}{2 \cdot g \cdot 427} = \frac{156^2}{19{,}62 \cdot 427} = \underline{2{,}9 \text{ kcal/kp}}$.

Zusammenstellung der Verluste am Radumfang. Am Radumfang treten auf: der Düsenverlust $h_d = 8{,}9$ kcal/kp, die Schaufelverluste im 1. und 2. Laufradkranz $h_{s1} = 24{,}6$ und $h_{s2} = 1{,}58$ kcal/kp, der Umlenkverlust $h_l' = 6{,}38$ kcal/kp und der Austrittsverlust $h_a = 2{,}9$ kcal/kp, insgesamt an Verlusten 44,36 kcal/kp. Zieht man sie von dem adiabatischen

Wärmegefälle $m \cdot H_0 = 131{,}9$ kcal/kp ab, so erhält man das *Arbeitsvermögen von 1 kp Dampf am Radumfang* $H_u = 131{,}9 - 44{,}36 = 87{,}54$ kcal/kp und damit den *Umfangswirkungsgrad*

$$\eta_u = 87{,}54/131{,}9 = 0{,}662.$$

Der auf S. 190 angenommene Wert 0,66 wurde also erreicht. In der Erwartung, daß auch die Höhe des Radreibungs-, des Ventilations- und des Spaltverlustes richtig getroffen wurde, wird daher mit der auf S. 190 berechneten sekundlichen Dampfmenge von $G_{\text{sek}} = 1{,}383$ kp/sek weitergerechnet.

Art und Abmessungen der Düsen. Nach Gl. (91,1) ist für einen absoluten Eintrittsdruck von $p_1 = 44$ ata der *kritische Druck* $p_k = 0{,}546 \cdot p_1 = 0{,}546 \cdot 44 = 24$ ata für Heißdampf. Somit liegt *der absolute Druck hinter den Düsen* $p_2 = 6{,}9$ ata *unter dem kritischen Druck*. Nach S. 92 sind deshalb *„erweiterte Düsen"* anzuwenden (s. Abb. 92,1). Damit wird nach Gl. (93,1) *der engste Düsenquerschnitt*

$$F_{\min} = \frac{G_{\text{sek}} \cdot \sqrt{v_1}}{209 \cdot \sqrt{p_1}} = \frac{1{,}383 \cdot \sqrt{0{,}0744}}{209 \cdot \sqrt{44}} = 0{,}000270 \text{ m}^2 = 270 \text{ mm}^2$$

und nach Gl. (93,3) der *Austrittsquerschnitt*

$$F = V_3/c_1 = G_{\text{sek}} \cdot v_3/c_1 = \frac{1{,}383 \cdot 0{,}323}{940} = 0{,}000480 \text{ m}^2 = 480 \text{ mm}^2.$$

Wählt man, um möglichst wenig Randströmung und somit möglichst wenig Strömungsreibung zu erhalten, den *Austrittsquerschnitt f der einzelnen Düsen quadratisch*, so kommt man bei Wahl von $z_d = 3$ Düsen auf $f = F/z_d = 480/3 = 160$ mm² und damit auf eine Kanalweite von $\sqrt{160} = 12{,}65$, also größer als der auf S. 93 angegebene Mindestwert von 9 bis 11 mm. Die *radiale Düsenhöhe* werde für $f_{\min}$ wie auch für f zu $a = 12{,}5$ mm angenommen. Dann wird die *Düsenbreite für den Austritt* $b = f/a = 160/12{,}5 = 12{,}8$ mm und *für den engsten Querschnitt* $b_{\min} = b \cdot F_{\min}/F = \frac{12{,}8 \cdot 270}{480} = 7{,}2$ mm (vgl. Abb. 92,1). Da man nach S. 93 den *Düsenerweiterungswinkel* γ meist 10° macht, so wird nach S. 93 die *Länge des erweiterten Düsenteils*

$$l = \frac{b - b_{\min}}{2 \cdot \tan(\gamma/2)} = \frac{12{,}8 - 7{,}2}{2 \cdot \tan 5^\circ} = \frac{5{,}6}{2 \cdot 0{,}0837} = 32 \text{ mm}.$$

Wird die *Düsenwandstärke am Austritt* $s_d = 2$ mm gewählt, so wird nach Abb. 92,1 die *Düsenteilung* $t_d = \frac{b + s_d}{\sin \alpha_1} = \frac{14{,}8}{0{,}242} = 61{,}2$ mm und *der be-*

aufschlagte Bogen $\underline{L = t_d \cdot z_d = 3 \cdot 61{,}2 = 183{,}6\ \text{mm}}$ sowie der *Beaufschlagungsgrad* $\underline{\varepsilon} = \frac{L}{\pi \cdot D} = \frac{183{,}6}{\pi \cdot 600} = \underline{0{,}0974}$. Da nach Abb. 92,1 die Teilung t_d um das Maß $s_d/\sin\alpha_1 = 2/0{,}242 = 8{,}27$ mm verengt wird, so ist der *Verengungsfaktor am Düsenaustritt*

$$\underline{\tau_d} = \left(t_d - \frac{s_d}{\sin\alpha_1}\right) \Big/ t_d = \frac{61{,}2 - 8{,}27}{61{,}2} = \underline{0{,}864}$$

(vgl. Abb. 198,1).

Abmessungen der Schaufeln des 1. Laufradkranzes. Nach Abb. 53,1 wird ihre *Profilbreite* B zu $\underline{B = 16\ \text{mm}}$ angenommen. Mit einem parallelwandigen Teil von $0{,}1 \cdot B$ wird dann nach Abb. 53,1

$$0{,}1 \cdot B + r_1 \cdot (\cos\beta_1 + \cos\beta_2) = B$$

und somit der *Krümmungsradius*

$$\underline{r_1} = \frac{0{,}9 \cdot B}{(\cos\beta_1 + \cos\beta_2)} = \frac{0{,}9 \cdot 16}{0{,}9397 + 0{,}9511} = \underline{7{,}62\ \text{mm}}.$$

Das Schaufelmaß d_1 ergibt sich nach Abb. 53,1 zu $\underline{d_1} = r_1 \cdot (\sin\beta_1 - \sin\beta_2) = 7{,}62 \cdot (0{,}342 - 0{,}309) = \underline{0{,}25\ \text{mm}}$. Wird die *Schaufelstärke am Austritt* $\underline{s_1 = 0{,}5\ \text{mm}}$ und die *Kanalweite* $\underline{e_1} = r_1/2 = \underline{3{,}81\ \text{mm}}$ angenommen, so wird nach Abb. 53,1 die vorläufige Schaufelteilung

$$t'_{s1} = (e_1 + s_1)/\sin\beta_2 = \frac{r_1 + 2 \cdot s_1}{2 \cdot \sin\beta_2} = \frac{8{,}62}{2 \cdot 0{,}309} = 13{,}94\ \text{mm}$$

und die vorläufige Zahl der Laufradschaufeln $z'_1 = \frac{\pi \cdot D}{t'_{s1}} = \pi \cdot 600/13{,}94 = 135{,}2$. Es sei gewählt die *Schaufelzahl* $\underline{z_1 = 135}$ und die *Teilung* $\underline{t_{s1}} = \pi \cdot D/z_1 = \pi \cdot 600/135 = \underline{13{,}96\ \text{mm}}$. Damit wird nach Abb. 53,1 der *Verengungsfaktor am Austritt*

$$\underline{\tau_{s1}} = \frac{t_{s1} - \dfrac{s_1}{\sin\beta_2}}{t_{s1}} = \frac{13{,}96 - 0{,}5/0{,}309}{13{,}96} = \underline{0{,}885}.$$

Nach Abb. 198,1 macht man die *Schaufellänge am Eintritt* l'_{s1} etwas größer als die radiale Höhe a der Düsen. Gewählt $\underline{l'_{s1}} = a + 1{,}5 = 12{,}5 + 1{,}5 = \underline{14\ \text{mm}}$. Da am Austritt des 1. Laufradkranzes der Zustand *5* von Abb. 190,1 und senkrecht zum Umfangsquerschnitt die Meridionalgeschwindigkeit c_{2m} besteht, während am Austritt aus den Düsen der Zustand *3* und c_{1m} auftritt, so muß die *Laufradschaufellänge am Austritt* l''_{s1} im Verhältnis zur radialen Düsenhöhe a in dem Maß größer werden, in welchem sich v_5 gegenüber v_3 vergrößert und c_{1m} auf c_{2m} absinkt, wobei die Verengung am Düsenaustritt τ_d und am Laufradaustritt τ_{s1} zu berücksichtigen ist; denn durch beide Querschnitte strömt das gleiche sekundliche Dampfgewicht $G_{\text{sek}} = V/v$. Damit wird

$$\frac{\tau_{s1} \cdot l''_{s1}}{\tau_d \cdot a} = \frac{c_{1m} \cdot v_5}{c_{2m} \cdot v_3}$$

und

$$\underline{l''_{s1}} = \frac{a \cdot \tau_d \cdot c_{1m} \cdot v_5}{\tau_{s1} \cdot c_{2m} \cdot v_3} = \frac{12{,}5 \cdot 0{,}864 \cdot 229{,}2 \cdot 0{,}393}{0{,}885 \cdot 182{,}4 \cdot 0{,}323} = \underline{18{,}7 \text{ mm}}$$

(vgl. Abb. 198,1).

Abmessungen der Umlenkschaufeln. Mit der *Profilbreite* $\underline{B = 20 \text{ mm}}$ wird entsprechend dem vorigen Abschnitt der *Krümmungsradius* $\underline{r} = \frac{0{,}9 \cdot B}{\cos\alpha_2 + \cos\alpha'_1} = \frac{18}{0{,}886 + 0{,}906} = \frac{18}{1{,}772} = \underline{10{,}16 \text{ mm}}$ und ebenso das Schaufelmaß

$$\underline{d} = r \cdot (\sin\alpha_2 - \sin\alpha'_1) = 10{,}16 \cdot (0{,}5 - 0{,}4226) = 10{,}16 \cdot 0{,}0774$$
$$= \underline{0{,}79 \text{ mm}}.$$

Mit der *Schaufelstärke am Austritt* $\underline{s = 0{,}5 \text{ mm}}$ und der *Kanalweite* $\underline{e = r/2 = 5{,}08 \text{ mm}}$ wird laut Vortext die *Schaufelteilung*

$$\underline{t} = \frac{r + 2s}{2 \cdot \sin\alpha'_1} = \frac{11{,}16}{2 \cdot 0{,}4226} = \underline{13{,}21 \text{ mm}}$$

und der *Verengungsfaktor am Austritt*

$$\underline{\tau} = \left(t - \frac{s}{\sin\alpha'_1}\right)\Big/ t = \frac{13{,}21 - 1{,}18}{13{,}21} = \underline{0{,}91}.$$

Mit Zustand *5* und c_{2m} am Austritt des 1. Laufradkranzes und Zustand *7* und c'_{1m} am Austritt aus der Umlenkbeschaufelung sowie mit den Verengungsfaktoren τ_{s1} bzw. τ wird laut Vortext die *Schaufellänge am Austritt*

$$\underline{l''} = \frac{l''_{s1} \cdot \tau_{s1} \cdot c_{2m} \cdot v_7}{\tau \cdot c'_{1m} \cdot v_5} = \frac{18{,}7 \cdot 0{,}904 \cdot 182{,}4 \cdot 0{,}4383}{0{,}910 \cdot 159 \cdot 0{,}3933} = \underline{23{,}2 \text{ mm}}$$

(vgl. Abb. 198,1).

Abmessungen der Schaufeln des 2. Laufradkranzes. Nach dem vorletzten Abschnitt ergibt sich mit der *Profilbreite* $\underline{B = 20 \text{ mm}}$ der *Krümmungsradius* $\underline{r_2} = \frac{0{,}9 \cdot B}{\cos\beta'_1 + \cos\beta'_2} = \frac{18}{0{,}515 + 0{,}809} = \underline{13{,}6 \text{ mm}}$, das Maß $\underline{d_2} = r_2 \cdot (\sin\beta'_1 - \sin\beta'_2) = 13{,}6 \cdot (0{,}8572 - 0{,}5878) = \underline{3{,}66 \text{ mm}}$,

Schaufelstärke $s_2 = 0{,}5$ mm, *Kanalweite* $e_2 = r_2/2 = 6{,}8$ mm, vorläufige Schaufelteilung $t'_{s2} = (r_2 + 2s_2)/2 \sin\beta'_2 = \frac{14{,}6}{2 \cdot 0{,}5878} = 12{,}8$ mm, vorläufige Schaufelzahl $z'_2 = \frac{\pi \cdot D}{t'_{s2}} = \pi \cdot 600/12{,}8 = 147{,}3$, *endgültige Schaufelzahl* $z_2 = 147$, *endgültige Schaufelteilung* $t_{s2} = \pi \cdot D/z_2 = \pi \cdot 600/147 = 12{,}83$ mm, *Verengungsfaktor am Austritt* $\tau_{s2} = \left(t_{s2} - \frac{s_2}{\sin\beta'_2}\right) \Big/ t_{s2} = \frac{12{,}83 - 0{,}85}{12{,}83} = 0{,}934$ und *Schaufellänge am Austritt*

$$l''_{s2} = \frac{l'' \cdot \tau \cdot c'_{1m} \cdot v_9}{\tau_{s2} \cdot c'_{2m} \cdot v_7} = \frac{23{,}2 \cdot 0{,}91 \cdot 159 \cdot 0{,}4761}{0{,}934 \cdot 153{,}7 \cdot 0{,}4383} = 25{,}4 \text{ mm}$$

(vgl. Abb. 198,1).

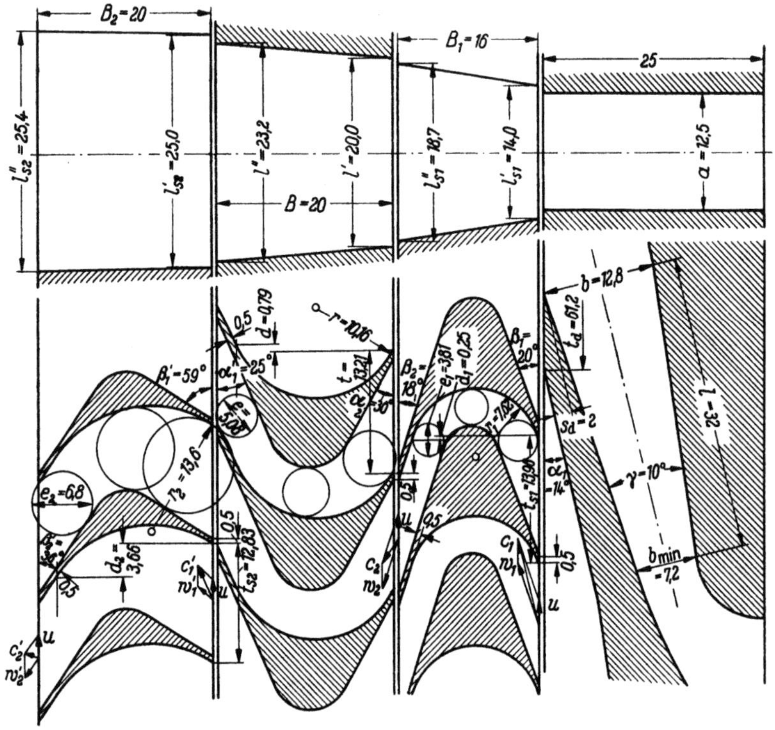

Abb. 198,1. Curtisturbine. Düsen und Schaufelplan

Nachprüfung des Radreibungs- und Ventilationsverlustes. Da nur eine Laufradscheibe, aber zwei Laufradkränze vorhanden sind, so tritt der Radreibungsverlust nur einmal, der Ventilationsverlust aber zweimal auf. Nach Gl. (124,1) ist für Heißdampf mit $K = 0{,}5$ sowie für

$1{,}5 \cdot \lg l'_{s1} = 1{,}5 \cdot \lg 1{,}4 = 1{,}5 \cdot 0{,}146 = 0{,}219$ und für $1{,}5 \cdot \lg l'_{s2} = 1{,}5 \cdot \lg 2{,}5 = 1{,}5 \cdot 0{,}398 = 0{,}597$ mit $l'^{1,5}_{s1} = 1{,}656$ und $l'^{1,5}_{s2} = 3{,}955$

$$\text{bei } v_m = \frac{v_3 + v_9}{2} = \frac{0{,}3226 + 0{,}4761}{2} = 0{,}3993 \text{ m}^3/\text{kp}$$

$$\underline{N'_{rv}} = K[1{,}46 \cdot D^2 + 0{,}83 \cdot D \cdot (l'^{1,5}_{s1} + l'^{1,5}_{s2}) \cdot (1 - \varepsilon)] \cdot \frac{u^3}{v_m \cdot 10^6} \text{ PS}$$

$$= 0{,}5 \cdot [1{,}46 \cdot 0{,}6^2 + 0{,}83 \cdot 0{,}6 \cdot (1{,}656 + 3{,}955) \cdot (1 - 0{,}0974)] \cdot \frac{235{,}5^3}{0{,}3993 \cdot 10^6}$$

$$= \frac{0{,}5 \cdot (0{,}526 + 2{,}52) \cdot 13}{0{,}3993} = \underline{49{,}8 \text{ PS}}$$

ohne Ventilationsschutzring. Da ein solcher vorgesehen wird, so kann nach S. 124 mit einem 50 bis 75% kleinerem Verlust gerechnet werden. Somit wird $\underline{N_{rv}} = 0{,}25 \cdot N'_{rv}$ bis $0{,}5 \cdot N'_{rv} = \underline{12{,}45 \text{ bis } 24{,}9 \text{ PS}}$. Nach Gl. (124,2) ist dieser Verlust im Wärmemaß

$$\underline{h_{rv}} = \frac{N_{rv} \cdot 75}{G_{\text{sek}} \cdot 427} = (12{,}45 \text{ bis } 24{,}9) \cdot \frac{75}{1{,}383 \cdot 427} = \underline{1{,}58 \text{ bis } 3{,}16 \text{ kcal/kp}}.$$

Setzt man ihn ins Verhältnis zum verfügbaren adiabatischen Wärmegefälle $m \cdot H_0 = 131{,}9$ (s. S. 195), so entspricht der Verlust durch Radreibung und Ventilation mit $\frac{(1{,}58 \text{ bis } 3{,}16) \cdot 100}{131{,}9} = 1{,}2\%$ bis $2{,}4\%$ dem S. 190 angenommenen Wert von 2%. Wegen der kleinen Druckunterschiede an den drei Beschaufelungen dürfte auch der Spaltverlust h_{sp} nicht größer als 1% sein, wie auf S. 190 angenommen wurde, da er bei Gleichdruckturbinen gegenüber dem Radreibungs- und Ventilationsverlust zurücktritt.

Abb. 198,1 zeigt den Schaufelplan. In ihm sind auch die Geschwindigkeitsparallelogramme eingetragen, um die Bezeichnung der Geschwindigkeiten noch einmal übersichtlich zusammenzustellen.

2. Berechnungsbeispiel für eine Stufe einer Parsonsturbine

Die Aufteilung des Wärmegefälles einer Kondensations-Überdruckturbine mit vorgeschalteter Regel-Gleichdruckstufe für die Betriebsdrehzahl 3000 U/min nach den auf S. 119 entwickelten Gesichtspunkten ergibt für eine Stufe des Niederdruckteils die Laufraddurchmesser 780 bzw. 800 mm ∅ am Austritt des Leit- bzw. Laufrades, 0,75 ata und $x = 0{,}99$ kp Sattdampf/kp Naßdampf am Eintritt in die Leitschaufeln, 0,6 ata am Austritt aus den Laufradschaufeln und einen sekundlichen Dampfdurchsatz (ausschließlich des Verlustes am Ausgleichkolben) von 6,25 kp/sek. Die Durchrechnung der vorhergehenden Stufe ergibt eine absolute Austrittsgeschwindigkeit von 85 m/sek unter 52°. Für die durchzurechnende Stufe sollen die Profilwinkel zu 22° bzw. 58°, der Spalt zu $D/1000$, der Spaltverlust zu 1,5% und die Verengung zu 13% angenommen werden. Unter diesen Bedingungen sind die auftretenden Geschwindigkeiten, die Verluste, die Schaufellängen und die innere Leistung nach Nachprüfung des Spaltverlustes zu berechnen.

Bauart. Sie ist bei dieser Aufgabe durch den Aufbau der ganzen Maschine entsprechend Abb. 134,1 vorgeschrieben. Ihre Nachprüfung auf Grund der Kennzahl n_q nach S. 119 wird am Schluß der Berechnung erfolgen. Ebenso geht die Aufteilung des Gesamtgefälles einer vielstufigen Turbine über den Rahmen dieses Buches hinaus; sie kann aber in der im Anhang angegebenen Literatur über Dampfturbinen nachgelesen werden. Da die Berechnung mit Ausnahme der Leitschaufeln sich eng an die Berechnung des vorigen Beispiels anschließt, so wird sie nur ohne verbindenden Text wiedergegeben.

Feststellung des in der Stufe, im Laufrad und im Leitrad ohne innere Verluste verfügbaren Wärmegefälles. Das *is*-Diagramm zeigt nach Abb. 97,2

vor dem Leitrad $\underline{p_1 = 0{,}75 \text{ ata}}$, $\underline{x_1 = 0{,}99}$, $\underline{i_1 = 630 \text{ kcal/kp}}$, $\underline{v_1 = 2{,}26 \text{ m}^3\text{/kp}}$;

hinter dem Laufrad ohne innere Verluste, d. h. bei $s_0 = s_1$ EE, $\underline{p_0 = 0{,}6 \text{ ata}}$, $i_0 = 621$ kcal/kp;

adiabatisches Stufengefälle $\underline{h_0} = i_1 - i_0 = \underline{9 \text{ kcal/kp}}$;

Reaktionsgrad nach S. 78 $\underline{\mathfrak{r}} = h_0''/h_0 = \underline{0{,}5}$;

adiabatischer Wärmeumsatz im Laufrad $\underline{h_0''} = \mathfrak{r} \cdot h_0 = \underline{4{,}5 \text{ kcal/kp}}$;

adiabatischer Wärmeumsatz im Leitrad $\underline{h_0'} = h_0 - h_0'' = \underline{4{,}5 \text{ kcal/kp}}$.

Geschwindigkeitsparallelogramme und Verluste am Radumfang. *Umlenkungswinkel in der Leitschaufel.* Am Eintritt laut Aufgabe $\alpha_2^* = 52°$, am Austritt $\alpha_1' = 22°$, $\underline{\Delta\alpha} = 180 - (\alpha_2^* + \alpha_1') = 180 - 74 = \underline{106°}$.

Verlustbeiwert nach Abb. 95,1 $\underline{\psi_1 = 0{,}927}$.

Absolute Eintrittsgeschwindigkeit $\underline{c_2 = 85 \text{ m/sek}}$.

Nach Gl. (96,1) ist für den Austritt

$$\frac{c_0'^2}{2 \cdot g \cdot 427} = \frac{c_2^2}{2 \cdot g \cdot 427} + h_0' = \frac{85^2}{19{,}62 \cdot 427} + 4{,}5 = 0{,}862 + 4{,}5$$

$$= 5{,}362. \quad c_0' = 91{,}53 \cdot \sqrt{5{,}362} = 212 \text{ m/sek}.$$

Absolute Austrittsgeschwindigkeit aus der Leitschaufel $\underline{c_1'} = \psi_1 \cdot c_0' = 0{,}927 \cdot 212 = \underline{196{,}5 \text{ m/sek}}$. *Leitschaufelverlust*

$$\underline{h_l} = \frac{c_0'^2 - c_1'^2}{2 \cdot g \cdot 427} = \frac{c_0'^2 \cdot (1 - \psi_1^2)}{2 \cdot g \cdot 427} = 5{,}362 \cdot (1 - 0{,}86) = \underline{0{,}75 \text{ kcal/kp}}.$$

Mit $u_1 = \pi \cdot D' \cdot n/60 = \pi \cdot 0{,}78 \cdot 3000/60 = 122{,}5$ m/sek, $\alpha_1' = 22°$ und c_1' liefert die Aufzeichnung des Geschwindigkeitsdreiecks die *relative Eintrittsgeschwindigkeit ins Laufrad* $w_1' = 95$ m/sek unter $\beta_1'^* = 51°$. Profilwinkel $\beta_1' > \beta_1'^*$ mit $\beta_1' = 58°$. $c_{1m}' = 74$ m/sek. Mit $s_2 = s_1$ EE und $i_2 = i_1 - h_0' = 625{,}5$ kcal/kp liefert das is-Diagramm nach Abb. 97,2 den *absoluten Druck hinter dem Leitrad* $p_2 = p_3 = 0{,}67$ ata und mit $i_3 = i_2 + h_l = 625{,}5 + 0{,}75 = 626{,}25$ kcal/kp *das spezifische Volumen hinter dem Leitrad* $v_3 = 2{,}5\,\text{m}^3/\text{kp}$, den spezifischen Dampfgehalt $x_3 = 0{,}985$ bzw. die spezifische Dampfnässe $f_3 = 0{,}015$. Nach Gl. (96,2) ist im Laufrad $\frac{w_0'^2}{2 \cdot g \cdot 427} = \frac{w_1'^2}{2 \cdot g \cdot 427} + h_0'' = \frac{95^2}{2 \cdot 9{,}81 \cdot 427} + 4{,}5 = 1{,}078 + 4{,}5 = 5{,}578$ und die *relative Austrittsgeschwindigkeit aus dem Laufrad* $w_0' = 91{,}53 \cdot \sqrt{5{,}578} = 216{,}2$ m/sek theoretisch und $w_2' = \psi_2 \cdot w_0' = 0{,}927 \cdot 216{,}2 = 200{,}5$ m/sek wirklich, da aus dem *Umlenkungswinkel* $\Delta\beta = 180 - (\beta_1'^* + \beta_2') = 180 - (51 + 22) = 107°$ nach Abb. 95,1 der *Verlustbeiwert* $\psi_2 = 0{,}927$ folgt. *Laufradschaufelverlust*

$$h_s = \frac{w_0'^2 - w_2'^2}{2 \cdot g \cdot 427} = \frac{w_0'^2 \cdot (1 - \psi_2^2)}{2 \cdot g \cdot 427} = 5{,}578 \cdot (1 - 0{,}86) = 0{,}78 \text{ kcal/kp}.$$

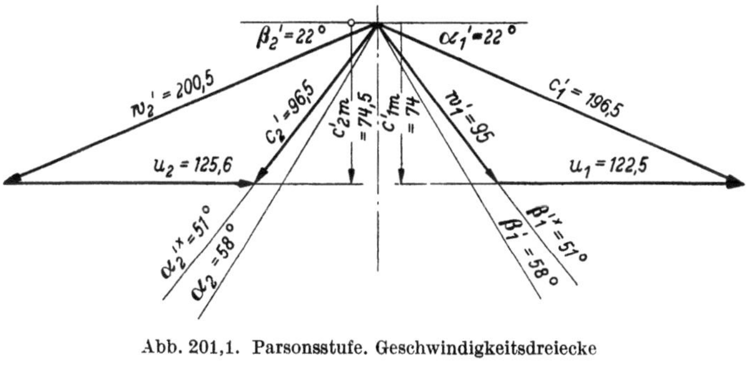

Abb. 201,1. Parsonsstufe. Geschwindigkeitsdreiecke

Mit $u_2 = \pi \cdot D'' \cdot n/60 = \pi \cdot 0{,}8 \cdot 3000/60 = 125{,}6$ m/sek, $\beta_2' = 22°$ und w_2' liefert das Geschwindigkeitsdreieck *für den Austritt aus dem Laufrad* die *absolute Austrittsgeschwindigkeit* $c_2' = 96{,}5$ m/sek unter dem Winkel $\alpha_2' = 51°$ und mit der *axialen Komponente* $c_{2m}' = 74{,}5$ m/sek. Aus dem is-Diagramm erhält man mit

$$i_4 = i_3 - h_0'' = 626{,}25 - 4{,}5 = 621{,}75 \text{ kcal/kp}$$

den *Zustand hinter dem Laufrad* zu $i_5 = i_4 + h_s = 621{,}75 + 0{,}78 = 622{,}53$ kcal/kp, $p_5 = 0{,}6$ ata, $v_5 = 2{,}735\,\text{m}^3/\text{kp}$, $x_5 = 0{,}981$ und $f_5 = 1 - x_5 = 0{,}019$.

Damit wird mit $\underline{h_u} = h_0 - (h_l + h_s) = 9{,}00 - 1{,}53 = \underline{7{,}47 \text{ kcal/kp}}$ der *Umfangswirkungsgrad* $\underline{\eta_u} = h_u \cdot 100/h_0 = 747/9 = \underline{83\%}$.

Schaufellängen. Da die *Spaltmenge* G_{sp} *von 1,5%* nicht durch die Schaufeln strömt, so sind die *Leitschaufeln* für *das sekundliche Volumen* $\underline{V_3} = (G_{\text{sek}} - G_{sp}) \cdot v_3 = 0{,}985 \cdot 6{,}25 \cdot 2{,}5 = \underline{15{,}38 \text{ m}^3\text{/sek}}$ und die *Laufradschaufeln* für $\underline{V_5} = 0{,}985 \cdot G_{\text{sek}} \cdot v_5 = 0{,}985 \cdot 6{,}25 \cdot 2{,}735 = \underline{16{,}85 \text{ m}^3\text{/sek}}$ zu berechnen. Da die Verengung laut Aufgabe 13% betragen soll, so wird mit $V_3 = \pi \cdot D' \cdot \tau' \cdot c'_{1m} \cdot l'$ die *Leitschaufellänge am Austritt*,

$$\underline{l'} = \frac{V_3}{\pi \cdot D' \cdot \tau' \cdot c'_{1m}} = \frac{15{,}83}{\pi \cdot 0{,}78 \cdot 0{,}87 \cdot 74} = \underline{97{,}5 \text{ mm}}$$

und entsprechend die *Länge der Laufradschaufeln am Austritt*

$$\underline{l''} = \frac{V_5}{\pi \cdot D'' \cdot \tau'' \cdot c'_{m}} = \frac{16{,}85}{\pi \cdot 0{,}8 \cdot 0{,}87 \cdot 74{,}5} = \underline{103{,}5 \text{ mm}}.$$

Spaltverlust, innerer Wirkungsgrad, innere Leistung. Nach Gl. (142,1) ist der *Spaltverlust einer Überdruckstufe* $h_{sp} = h_0 \cdot 1{,}72 \cdot s^{1,4}/l$ kcal/kg, wenn $\underline{s} = D/1000 = 800/1000 = \underline{0{,}8 \text{ mm}}$ *der radiale Spalt* und

$$\underline{l} = \frac{l' + l''}{2} = \frac{97{,}5 + 103{,}5}{2} = \underline{100{,}5 \text{ mm}}$$

die Schaufellänge ist. Mit $\lg(s^{1,4}) = 1{,}4 \cdot \lg s = 1{,}4 \cdot \lg 0{,}8 = 1{,}4 \cdot (0{,}903 - 1) = 1{,}264 - 1{,}4 = 0{,}864 - 1$ wird

$$s^{1,4} = 0{,}731 \quad \text{und} \quad \underline{h_{sp}} = 9 \cdot 1{,}72 \cdot 0{,}731/100{,}5 = \underline{0{,}113 \text{ kcal/kp}}.$$

Da h_{sp} sich auf G_{sek} bezieht und G_{sp} kp/sek die Arbeit h_0 hätten leisten können, so ist $G_{sp} \cdot h_0 = G_{\text{sek}} \cdot h_{sp}$ und damit

$$\underline{G_{sp}} = G_{\text{sek}} \cdot \frac{h_{sp}}{h_0} = \frac{0{,}113}{9} \cdot G_{\text{sek}} = 0{,}0126 \cdot G_{\text{sek}} = \underline{1{,}26\%}$$

von G_{sek} = *rund 1,5% von* G_{sek}, so daß also der in der Aufgabe angegebene Wert den Verhältnissen der Niederdruckstufe, kleine Druckdifferenzen von Stufe zu Stufe, dazu gegenüber dem radialen Spalt große Schaufellängen, entspricht.

Damit wird das *innere Wärmegefälle* $\underline{h_i} = h_u - h_{sp} = 7{,}47 - 0{,}113 = \underline{7{,}357 \text{ kcal/kp}}$ und der *innere Wirkungsgrad* $\underline{\eta_i} = h_i \cdot 100/h_0 = 735{,}7/9 = \underline{81{,}7\%}$.

Die innere Leistung $\underline{N_i}$ PS ergibt sich aus Gl. (7,2) mit 1 PSh = 632 kcal und mit $N_i \cdot 632 = G_{\text{sek}} \cdot 3600 \cdot h_i$ kcal/h *für die durch-*

gerechnete Stufe zu

$$\underline{N_i} = \frac{6{,}25 \cdot 3600 \cdot 7{,}357}{632} = \underline{262\ \mathrm{PS_i}}.$$

Laufzahl u/C und Kennzahl n_q. Die *Fallhöhengeschwindigkeit* C ist nach Gl. (116,1)

$$\underline{C} = \sqrt{2 \cdot g \cdot h_0 \cdot 427} = \sqrt{19{,}62 \cdot 9 \cdot 427} = \sqrt{75300} = \underline{274{,}5\ \mathrm{m/sek}},$$

die Umfangsgeschwindigkeit im Mittel $u = 124$ m/sek und somit die *Laufzahl* $\underline{u/C} = 124/274{,}5 = \underline{0{,}452}$. Nach Gl. (117,1) schlägt Pfleiderer für kleine und mittlere Turbinen $u/C = 0{,}38 \cdot (1 + 0{,}8 \cdot \mathfrak{r}) = 0{,}38 \cdot 1{,}4 = 0{,}532$ vor. Daß hier $u/C < 0{,}532$ ist, ist damit zu begründen, daß in den Stufen des Niederdruckteils mit Rücksicht auf das sehr angewachsene Volumen, um die Baumaße erträglich zu machen, größere Geschwindigkeiten und damit größere adiabatische Wärmegefälle h_0 angewendet werden.

Mit $v_1 = 2{,}26\ \mathrm{m^3/kp}$ und $v_5 = 2{,}735\ \mathrm{m^3/kp}$ wird das mittlere spezifische Volumen $v_m = \frac{2{,}26 + 2{,}735}{2} = 2{,}497\ \mathrm{m^3/kp}$ und damit das *mittlere sekundliche Volumen* $\underline{V_m} = G_{\mathrm{sek}} \cdot v_m = 6{,}25 \cdot 2{,}497 = \underline{15{,}6\ \mathrm{m^3/sek}}$. Nach Gl. (61,3) ist die Kennzahl

$$\underline{n_q} = \frac{n}{\sqrt{L_{ad}}} \cdot \sqrt{\frac{V_m}{\sqrt{L_{ad}}}} = \frac{n}{\sqrt{h_0 \cdot 427}} \cdot \sqrt{\frac{V_m}{\sqrt{h_0 \cdot 427}}} = \frac{3000}{\sqrt{9 \cdot 427}} \cdot \sqrt{\frac{15{,}6}{\sqrt{9 \cdot 427}}}$$

$$= \frac{3000 \cdot 3{,}95}{61{,}9 \cdot 7{,}85} = \underline{24{,}3},$$

während nach S. 119 für Überdruckstufen $n_q = 31$ bis 64 und $\eta_u = 0{,}78$ bis $0{,}9$ ist. Die niedrige Kennzahl ist in derselben Weise zu begründen wie die Laufzahl. Wenn trotzdem ein hoher Umfangswirkungsgrad $\eta_u = 0{,}83$ auftritt, so hängt das damit zusammen, daß die Niederdruckschaufeln flacher sind als die Hochdruckschaufeln.

C. Kreiselpumpen

1. Berechnungsbeispiel für eine mehrstufige Radialpumpe

Stufenzahl und Laufradabmessungen einer Kreiselpumpe für 130 m³/h geförderte Wassermenge, 100 m Förderhöhe und 1450 U/min Betriebsdrehzahl sollen berechnet werden. Aus der Nutzförderhöhe sind bereits auf S. 38 in Zahlenbeispiel 17 die erforderliche Förderhöhe und die höchstzulässige Saughöhe sowie auf S. 22 unter Zahlenbeispiel 8 die ungefähre kritische Drehzahl bestimmt worden.

Bauart. *Sekundliche Fördermenge* $Q = 130/3600 = 0{,}0361\ \mathrm{m^3/sek}$. *Kennzahl* bei *einstufiger* Bauart nach Gl. (61,4)

$$n_q = \frac{n}{\sqrt{H}} \cdot \sqrt{\frac{Q}{\sqrt{H}}} = \frac{1450}{\sqrt{100}} \cdot \sqrt{\frac{0{,}0361}{\sqrt{100}}} = 8{,}7 .$$

Nach Abb. 82,3 haben Kreiselpumpen hierfür einen zu niedrigen Wirkungsgrad. Es ist daher *mehrstufige Bauart* vorzusehen, damit bei i *Stufen* $h = H/i$ statt H in Gl. (61,4) eingesetzt werden kann und so n_q und somit auch der Wirkungsgrad η größer werden.

Antriebsleistung. Es sei für die Mengenverluste in den Stopfbüchsen und am Laufradspalt ein *Liefergrad* von 95%, ein vorläufiger *hydraulischer Wirkungsgrad* von 85% und ein *mechanischer Wirkungsgrad* von 92% angenommen. Dann wird vorläufig der *Pumpenwirkungsgrad* $\eta' = \eta_v \cdot \eta_h' \cdot \eta_m = 0{,}95 \cdot 0{,}85 \cdot 0{,}92 = 0{,}745$ und die *Antriebsleistung* nach Gl. (64,5)

$$N_a = \frac{Q \cdot 1000 \cdot H}{75 \cdot \eta'} = \frac{0{,}0361 \cdot 1000 \cdot 100}{75 \cdot 0{,}745} = 64{,}7\ \mathrm{PS}.$$

Wellendurchmesser. Da die Welle verhältnismäßig kurz ist, so sei trotz kleinem N_a/n mit der Verdrehungsfestigkeit gerechnet, aber, um eine sog. „steife Welle" zu erhalten, nach S. 21 eine niedrige *Verdrehungsbeanspruchung* $\tau_{t\,\mathrm{zul}} = 200\ \mathrm{kp/cm^2}$ gewählt. Vorläufiger Wellendurchmesser

$$d' = \sqrt[3]{\frac{5 \cdot 71620 \cdot N_a}{\tau_{t\,\mathrm{zul}} \cdot n}} = \sqrt[3]{\frac{5 \cdot 71620 \cdot 64{,}7}{200 \cdot 1450}} = \sqrt[3]{79{,}9} = 4{,}3\ \mathrm{cm}.$$

Mit Rücksicht auf die Schwächung durch die Keilnuten *Wellendurchmesser* $d = 50$ mm gewählt. *Nabendurchmesser* $d_n = 1{,}4 \cdot d = 70$ mm.

Laufradmund- und vorläufiger Ein- und Austrittsdurchmesser. Nach Gl. (63,4) ist mit Rücksicht auf den Spaltverlust die *sek. Menge im Laufrad* $Q_L = Q/\eta_v = 0{,}0361/0{,}95 = 0{,}038\ \mathrm{m^3/sek}$. Wird für Radialpumpen die *Zulaufgeschwindigkeit radial* und mit $c_0 = 3$ m/sek angenommen, so ist mit Rücksicht auf die Verengung des Querschnitts durch die Nabe der freie Querschnitt

$$\frac{Q_L}{c_0} = \frac{D_0^2 \cdot \pi}{4} - \frac{d_n^2 \cdot \pi}{4} = \frac{D_0^2 \cdot \pi}{4} - 0{,}00385 = \frac{0{,}038}{3} = 0{,}01267$$

und somit der *Laufradmunddurchmesser* $D_0 = 0{,}145\ \mathrm{m} = 145$ mm. Um einfache, d. h. zylindrische Laufradschaufeln zu erhalten, seien *achsparallele Saugkanten* nach Abb. 51,2b aus Bearbeitungsrücksichten mit dem *vorläufigen Eintrittsdurchmesser* $\underline{D_1'} = D_0 + 5 = \underline{150\,\text{mm}}$ sowie $D_2'/D_1' = 2{,}2$ angenommen, da es sich um größere Stufenförderhöhen h, also um die Laufradform Abb. 82,1a handeln wird. Damit wird der *vorläufige Austrittsdurchmesser* $\underline{D_2'} = 2{,}2 \cdot 150 = \underline{330\,\text{mm}}$.

Stufenzahl, endgültiger hydraulischer Wirkungsgrad, endgültige Laufraddurchmesser. Bei der mittleren Leistung sei zur Erzielung eines guten Wirkungsgrades ein *beschaufeltes Leitrad* mit dem vorläufigen Eintrittswinkel $\alpha_2' = 12°$ und ein Laufrad mit $\underline{z = 7}$ unter $\underline{\beta_2 = 25°}$ nach S. 51 rückwärts gekrümmten Schaufeln angenommen. Nach Abb. 47,1 liefert das Austrittsparallelogramm mit $\underline{u_2'} = \pi \cdot D_2' \cdot n/60 = \pi \cdot 0{,}33 \cdot 1450/60 = \underline{25{,}0\,\text{m/sek}}$, α_2' und β_2 *ohne Relativwirbel* die Umfangskomponente $\underline{c_{2u}' = 17{,}2\,\text{m/sek}}$ und meridional $c_{2m}' = \underline{3{,}65\,\text{m/sek}}$. Nach S. 48 sei der *Beiwert* $\underline{\psi'} = 0{,}65 + 0{,}6 \cdot \sin\beta_2 = 0{,}65 + 0{,}6 \cdot 0{,}422 = \underline{0{,}903}$ gewählt. Dann wird der *Arbeitsminderungsfaktor für den Relativwirbel* nach Gl. (48,1) $k = \dfrac{1}{1+p}$ mit

$$p = \frac{2 \cdot \psi' \cdot R_2'^2}{z \cdot (R_2'^2 - R_1'^2)} = \frac{2 \cdot 0{,}903 \cdot 0{,}0272}{7 \cdot (0{,}0272 - 0{,}0056)} = 0{,}325$$

und

$$\underline{k} = 1/1{,}325 = \underline{0{,}755}.$$

Nach der Eulerschen Gleichung [Gl. (49,3)] wird die *vorläufige Stufenförderhöhe* $\underline{h'} = k \cdot \eta_h' \cdot u_2' \cdot c_{2u}'/g = 0{,}755 \cdot 0{,}85 \cdot 25 \cdot 17{,}2/9{,}81 = \underline{28{,}2\,\text{m}}$. Damit wird die vorläufige Stufenzahl $i = H/h' = 100/28{,}2 = \underline{3{,}55}$. Gewählt $\underline{i = 4\ \text{Stufen}}$. Damit wird die *Stufenförderhöhe* $\underline{h} = H/i = 100/4 = \underline{25\,\text{m}}$ und die Kennzahl

$$\underline{n_q} = \frac{n}{\sqrt{h}} \cdot \sqrt{\frac{Q}{\sqrt{h}}} = \frac{1450}{5} \cdot \sqrt{\frac{0{,}0361}{5}} = \underline{24{,}6}.$$

Nach Abb. 82,3 wird dann $\underline{\eta = 0{,}765}$ und $\underline{\eta_h} = \dfrac{\eta}{\eta_v \cdot \eta_m} = \dfrac{0{,}765}{0{,}95 \cdot 0{,}92} = \underline{0{,}875}$. Für die gleiche Gestalt des Geschwindigkeitsparallelogramms, d. h. für die gleichen Winkel, wird nach Gl. (58,1) h um so kleiner, je kleiner u_2^2 wird. Außerdem kann u_2 kleiner werden, weil $\eta_h > \eta_h'$ ist. Damit wird

$$u_2^2 = \frac{u_2'^2 \cdot h \cdot \eta_h'}{h' \cdot \eta_h} = \frac{25 \cdot 25 \cdot 25 \cdot 0{,}85}{28{,}2 \cdot 0{,}875} = 539$$

und die *endgültige Umfangsgeschwindigkeit* $\underline{u_2} = \sqrt{539} = \underline{23{,}2\,\text{m/sek}}$, die *endgültigen Laufraddurchmesser* $\underline{D_2} = u_2 \cdot D_2'/u_2' = 23{,}2 \cdot 330/25 = \underline{307\,\text{mm}}$ und $\underline{D_1} = D_2/2{,}2 = \underline{140\,\text{mm}}$, d. h. leicht in den Laufradmund eingezogen – nach Abb. 99,1 –, so daß noch zylindrische Laufradschaufeln angewendet werden können. Da $R_2/R_1 = R_2'/R_1'$ gemacht wurde, bleibt k dasselbe. Damit ändert sich c_{3u} und c_{2m} im gleichen Verhältnis wie u. Mit $u_2/u_2' = 23{,}2/25 = 0{,}928$ wird $c_{2u} = 0{,}928 \cdot c_{2u}' = 0{,}928 \cdot 17{,}2 = 15{,}95$ m/sek, $c_{2m} = 0{,}928 \cdot c_{2m}' = 0{,}928 \cdot 3{,}65 = 3{,}38$ m/sek, $c_{3u} = k \cdot c_{2u} = 0{,}755 \cdot 15{,}95 = 12{,}04$ m/sek und $\tan\alpha_3 = c_{3m}/c_{3u} = 3{,}38/12{,}04 = 0{,}2805$, so daß der *wirkliche Strömungswinkel kurz vor dem Laufradaustritt* $\alpha_3 = 15°40'$ wird.

Probe:

$$h = \frac{k \cdot \eta_h \cdot u_2 \cdot c_{2u}}{g} = \frac{0{,}755 \cdot 0{,}875 \cdot 23{,}2 \cdot 15{,}95}{9{,}81} = 25 \text{ m}.$$

Eintrittswinkel und Eintrittsbreite des Laufrades. Mit $\alpha_1 = 90°$ wird nach Abb. 46,2 $\tan\beta_1 = c_1/u_1$. Mit $c_1 = c_0 = 3$ m/sek und $u_1 = \pi \cdot D_1 \cdot n/60 = \pi \cdot 0{,}140 \cdot 1450/60 = 10{,}6$ m/sek wird $\tan\beta_1 = 3/10{,}6 = 0{,}283$ und der *Eintrittswinkel der Laufradschaufel* $\beta_1 = 15°48'$. Die *Schaufelteilung* ist $t_1 = \pi \cdot D_1/z = \pi \cdot 140/7 = 62{,}8$ mm. Mit $s = 3$ mm Schaufelstärke ist die Verengung $s/\sin\beta_1 = 3/0{,}272 = 11$ mm und der *Verengungsfaktor* $\tau_1 = \frac{62{,}8 - 11}{62{,}8} = 51{,}8/62{,}8 = 0{,}825$. Da $\pi \cdot D_1 \cdot b_1 \cdot \tau_1 \cdot c_{1m} = Q_L$ ist, wird die *Eintrittsbreite*

$$b_1 = \frac{Q_L}{\pi \cdot D_1 \cdot \tau_1 \cdot c_{1m}} = \frac{0{,}038}{\pi \cdot 0{,}140 \cdot 0{,}825 \cdot 3} = 0{,}035 \text{ m} = 35 \text{ mm}.$$

Austrittsbreite des Laufrades. Wegen der Ausschärfung der Laufradschaufeln außen kann der *Verengungsfaktor* $\tau_2 = 1$ gesetzt werden. Mit $\pi \cdot D_2 \cdot \tau_2 \cdot c_{2m} = Q_L$ wird die *Austrittsbreite des Laufrades*

$$b_2 = \frac{Q_L}{\pi \cdot D_2 \cdot \tau_2 \cdot c_{2m}} = \frac{0{,}038}{\pi \cdot 0{,}307 \cdot 3{,}38} = 0{,}012 \text{ m} = 12 \text{ mm}.$$

Eintrittsbreite und Eintrittswinkel des beschaufelten Leitrades. Für sicheren Eintritt sei die *Eintrittsbreite* $b_4 > b_2$ zu $b_4 = 13$ mm gewählt. Mit Rücksicht auf die Zahl der Anker, welche die Stufen zusammenhalten, sei die *Zahl der Leitschaufeln* zu $z_0 = 8$ angenommen. Durch ihre Kanäle strömt nicht mehr der Spaltverlust, sondern nur noch die Fördermenge Q m³/sek. Da ein Laufspiel vorhanden sein muß, sei der *Eintrittsdurchmesser des Leitrades* $D_4 = 310$ mm. Aus den S. 100 genannten Gründen muß der *Eintrittswinkel* $\alpha_4 > \alpha_3$ gemacht werden. Mit der *Erweiterungsziffer* $\mu = 1{,}15$ und dem vorläufigen *Verengungsfaktor* $\tau_4 = 0{,}92$ wird nach Gl. (100,3) $\tan\alpha_4/\tan\alpha_3 = \mu/\tau_4 = 1{,}15/0{,}92 = 1{,}25$ und

$\tan\alpha_4 = 1{,}25 \cdot 0{,}2805 = 0{,}351$ sowie der Eintrittswinkel des Leitrades $\alpha_4 = 19°20'$. Mit der *Schaufelstärke* $s_0 = 3$ mm wird nach S. 100 die *Teilung* $t_4 = \frac{D_4 \cdot \pi}{z_0} = 0{,}31 \cdot \pi/8 = 0{,}1217$ m $= 121{,}7$ mm um $s_0/\sin\alpha_4 = 3/0{,}331 = 9{,}0$ mm auf $121{,}7 - 9{,}0 = 112{,}7$ mm verengt, so daß $\tau_4 = 112{,}7/121{,}7 = 0{,}925 =$ etwa 0,92 wird. Aufzeichnung der Leitschaufeln nach Abb. 105,1 oder nach genauerer Berechnung zusammen mit den Rückführschaufeln nach S. 100 bis 103.

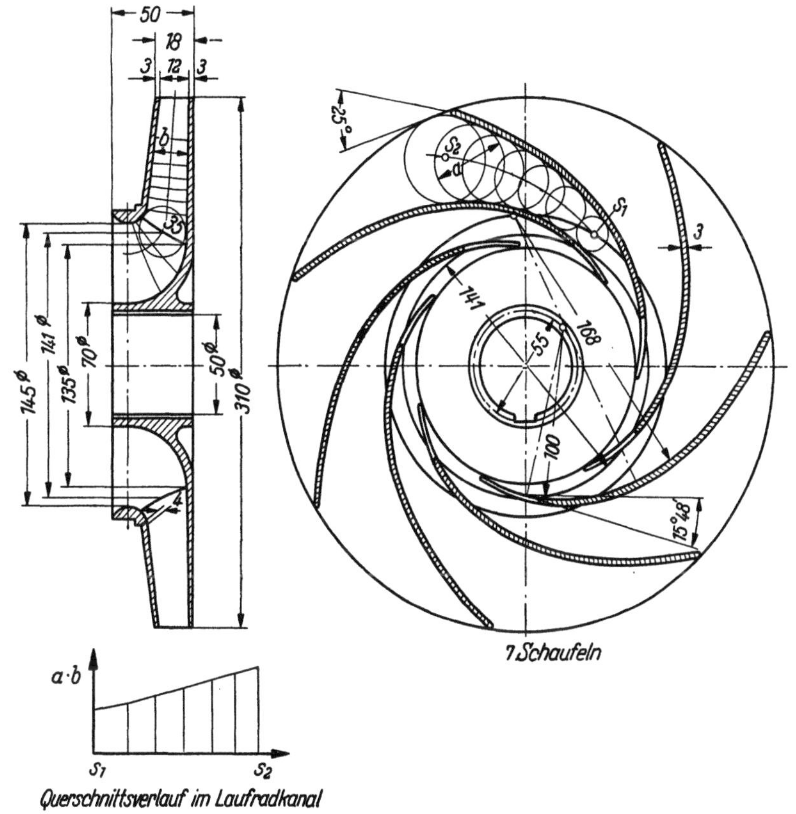

Abb. 207,1. Radialpumpe. Erfassung der Laufradkanäle

Aufzeichnung der verschiedenen Kanäle. Sie möge an Hand von Abb. 207,1 gezeigt werden. Man wickelt die Mittellinie $s_1 s_2$ als Abszisse ab und trägt über ihr als Ordinate das jeweilige Produkt $a \cdot b$ auf. Diese Querschnittskurve soll beim Laufrad und beim Leitrad stetig zunehmen, weil nach der Aufgabe dieser beiden Hauptteile der Stufe die Relativgeschwindigkeit im Laufrad und die absolute Geschwindigkeit im Leitrad abnehmen soll.

Kritische Drehzahl. Angenäherte Berechnung für vorstehende Pumpe: S. 22.

Höchstzulässige Saughöhe. Berechnung für vorstehende Pumpe: S. 38.

2. Berechnungsbeispiel einer einstufigen Propellerpumpe

Für eine Propellerpumpe von 3500 m³/h Fördermenge und 3 m Förderhöhe sind die Profile und Abmessungen der Propeller und der Leitschaufeln sowie die Drehzahl für den Antrieb durch einen Drehstrommotor zu berechnen.

Kennzahl und Drehzahl. Nach Abb. 82,1 kommt für eine Axialpumpe eine *Kennzahl* $\underline{n_q = 300}$ in Frage. Mit $\underline{Q} = 3500/3600 = \underline{0{,}972\ \text{m}^3/\text{sek}}$ ergibt sich die Drehzahl n aus $n_q = \frac{n}{\sqrt{H}} \cdot \sqrt{\frac{Q}{\sqrt{H}}}$ zu $n = \frac{n_q \sqrt{H} \cdot \sqrt[4]{H}}{\sqrt{Q}}$ $= \frac{300 \cdot \sqrt{3} \cdot \sqrt[4]{3}}{\sqrt{0{,}972}} = 695$. Bei 50frequentigem Drehstrom und 4 Polpaaren ergibt sich die synchrone Drehzahl $50 \cdot 60/4 = 750$ und die asynchrone *Drehzahl* $\underline{n = 730\ \text{U/min}}$.

Antriebsleistung. Nach Abb. 82,3 ist für schnelläufige Pumpen ein Wirkungsgrad $\underline{\eta = 0{,}84}$ und damit bei Annahme eines *Liefergrades* von $\underline{0{,}96}$ und eines *mechanischen Wirkungsgrades* von $\underline{0{,}97}$ der ***hydraulische Wirkungsgrad***

$$\underline{\eta_h} = \frac{\eta}{\eta_v \cdot \eta_m} = \frac{0{,}84}{0{,}96 \cdot 0{,}97} = \underline{0{,}90}.$$

Nach Gl. (64,5) ist die erforderliche *Antriebsleistung*

$$\underline{N_a} = \frac{Q \cdot 1000 \cdot H}{75 \cdot \eta} = \frac{0{,}972 \cdot 1000 \cdot 3}{75 \cdot 0{,}84} = \underline{46{,}4\ \text{PS}}.$$

Berechnung des Laufrades. Bei der geringeren Ablenkung in Axialpumpen kann eine größere Durchflußgeschwindigkeit — von 4 bis 5 m/sek — angenommen werden als bei Radialpumpen. $c_{1m} = c_{2m}$

Tabelle 1. *Rechnungs-*

D m	u $\frac{\text{m}}{\text{sek}}$	c_u $\frac{\text{m}}{\text{sek}}$	w_∞ $\frac{\text{m}}{\text{sek}}$	t cm	l/t	l cm	$c_a \cdot l$ cm
0,230	8,78	3,72	8,32	24,3	0,80	19,20	21,80
0,345	13,18	2,48	12,82	36,1	0,65	23,40	14,16
0,460	17,57	1,86	17,27	48,1	0,61	29,35	10,50
0,575	21,97	1,49	21,72	60,2	0,59	35,50	8,36

$= \underline{c_m = 4{,}5 \text{ m/sek}}$. Um trotz der vermehrten Randströmung in der Nähe der Nabe auch dort die Förderhöhe zu erzielen, darf der Nabendurchmesser eine gewisse Größe nicht unterschreiten. Daher sei, wie nach Abb. 114,2, bei den Wasserturbinen auch hier $\underline{D_i = 0{,}4 \cdot D_a}$ angenommen. Mit $\underline{Q_L} = Q/\eta_v = 0{,}972/0{,}96 = \underline{1{,}013 \text{ m}^3/\text{sek}}$ wird

$$\left[\frac{D_a^2 \cdot \pi}{4} - \frac{D_i^2 \cdot \pi}{4}\right] \cdot c_m = (1 - 0{,}4^2) \cdot \frac{D_a^2 \cdot \pi}{4} \cdot c_m = Q_L .$$

$$\frac{D_a^2 \cdot \pi}{4} = \frac{Q_L}{0{,}84 \cdot c_m} = \frac{1{,}013}{0{,}84 \cdot 4{,}5} = 0{,}268 .$$

Laufradaußendurchmesser $\underline{D_a = 575 \text{ mm } \varnothing}$ mit $D_a^2 \cdot \pi/4 = 0{,}26 \text{ m}^2$ und *Nabendurchmesser* $\underline{D_i = 230 \text{ mm } \varnothing}$ mit $D_i^2 \cdot \pi/4 = 0{,}0415 \text{ m}^2$ angenommen.

$$\underline{c_m} = Q_L/(0{,}2600 - 0{,}0415) = 1{,}013/0{,}2185 = \underline{4{,}63 \text{ m/sek}} .$$

Durch die Propeller werden auf $\underline{D_i = 230 \text{ mm } \varnothing}$, auf $\underline{D_1 = 345 \text{ mm } \varnothing}$, auf $\underline{D_2 = 460 \text{ mm } \varnothing}$ und $\underline{D_a = 575 \text{ mm } \varnothing}$ *Schnitte* gelegt. Damit wird für jeden dieser Schnitte die *Umfangsgeschwindigkeit* $\underline{u} = \frac{D \cdot \pi \cdot n}{60}$ $= D \cdot \pi \cdot 730/60 = \underline{D \cdot 38{,}2}$. Mit $\underline{z = 3 \text{ Propellern}}$ wird mit der allen Schnitten gemeinsamen *Winkelgeschwindigkeit*

$$\underline{\omega} = 2\pi n/60 = 2 \cdot \pi \cdot 730/60 = \underline{76{,}4 \text{ sek}^{-1}}$$

nach Gl. (57,3) der Rechnungswert

$$\underline{m} = \frac{4 \cdot \pi \cdot H \cdot g}{z \cdot \omega \cdot \eta_h} = \frac{4 \cdot \pi \cdot 3 \cdot 9{,}81}{3 \cdot 76{,}4 \cdot 0{,}9} = \underline{1{,}814} .$$

Da der Einfluß des Relativwirbels in den Auftriebsbeiwert einbezogen ist, wird nach Gl. (49,3) für jeden Schnitt $u \cdot c_u = H \cdot g/\eta_h = 3 \cdot 9{,}81/0{,}9$ $= 32{,}7$ und damit $\underline{c_u = 32{,}7/u}$.

werte der Pumpe

c_a	v	y_{max} mm	δ	β_∞	β	Profil Nr.
1,135	1,00	38,4	4°41′	33°44′	38°25′	625
0,604	0,80	30,0	1° 3′	21°12′	22°15′	624
0,358	1,05	24,6	14′	15°33′	15°47′	622
0,235	0,70	19,9	7′	12°18′	12°25′	622

Tabelle 2. *Höhen y_o der Oberkante und y_u der*

				Profil 622				
x	0	1,25	2,5	5,0	7,5	10,0	15,0	20,0
y_o	2,4	3,75	4,5	5,45	6,15	6,60	7,30	7,70
y_u	2,4	1,45	1,05	0,60	0,35	0,25	0,15	0,05
				Profil 624				
y_o	4,0	7,15	8,50	10,4	11,7	12,8	14,3	15,3
y_u	4,0	2,25	1,65	0,95	0,60	0,40	0,15	0,05
				Profil 625				
y_o	5,5	9,00	10,8	13,3	14,9	16,3	18,2	19,3
y_u	5,5	3,30	2,35	1,25	0,75	0,40	0,15	0,10

Nach Abb. 210,1 ist für jeden Schnitt besonders $\tan\beta_\infty = \dfrac{c_m}{u - c_u/2}$ und die *mittlere Anströmgeschwindigkeit* $w_\infty = \sqrt{c_m^2 + (u - c_u/2)^2}$. Nach S. 187 macht man, um die Kavitationsgefahr zu verringern, *außen* $c_a \cdot l$ *und* deshalb auch l/t *kleiner* als innen. Mit der *Teilung* $t = \pi \cdot D/z = \pi \cdot D/3 = 1{,}047 \cdot D$ erhält man für jeden Schnitt nach Annahme von l/t die *Flügeltiefe* l (Abb. 54,2). Aus Festigkeitsgründen wird man innen ein stärkeres Profil — nach Tab. 1 Profil 625 —, außen ein dünneres Profil — nach Tab. 1 Profil 622 — wählen. Die normale Stärke $y_{\max}$ dieser Profile wird man so verstärken — Verdickungsverhältnis $v > 1$ — bzw. schwächer halten — Verdickungsverhältnis $v < 1$ —, daß die Anstellwinkel δ zur Erreichung geringen Widerstandes zwischen 0 und 5° liegen und daß die *Schaufelstärken*

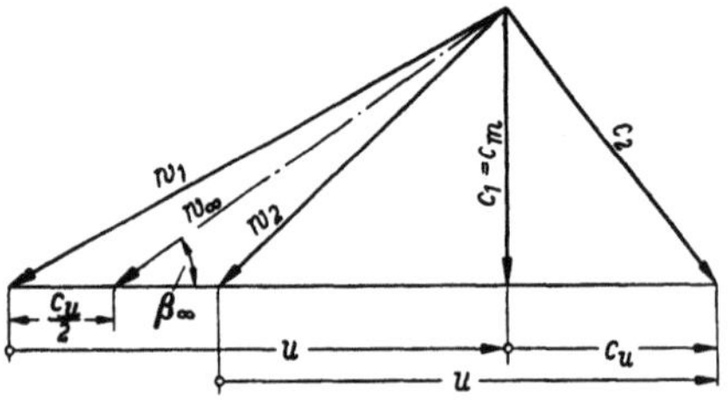

Abb. 210,1. Propellerpumpe mit nachgeschalteten Leitschaufeln. Geschwindigkeitsdreiecke

$$y_{\max} = \left(\frac{y_{\max}}{l}\right)_{\text{norm}} \cdot v \cdot l$$

von außen nach innen stetig zunehmen.

Nach dem Vortext und nach Gl. (57,3) wird für jeden der vier Schnitte $c_a \cdot l = m/w_\infty$ und der *Auftriebsbeiwert* $c_a = \dfrac{m}{l \cdot w_\infty}$. Nun ist[1] für Profil *622*

[1] Ergebnisse der Aerodynam. Versuchsanstalt Göttingen, 1.—4. Lieferung, München/Berlin: Oldenbourg 1935.

Unterkante im Abstand x von der Vorderkante

Profil 622

30,0	40,0	50,0	60,0	70,0	80,0	90,0	95,0	100
8,00	7,80	7,10	6,15	5,00	3,55	1,95	1,15	0,20
0,00	0,00	0,00	0,00	0,00	0,00	0,00	0,00	0,00

Profil 624

16,0	15,4	14,0	12,0	9,50	6,60	3,55	2,00	0,50
0,00	0,00	0,00	0,00	0,00	0,00	0,00	0,00	0,00

Profil 625

20,0	19,0	17,3	15,0	12,1	8,60	4,75	2,75	0,65
0,00	0,00	0,00	0,00	0,00	0,00	0,00	0,00	0,00

$4 \cdot \frac{y_{\max}}{l} + 0{,}092 \cdot \delta = c_a$, für Profil *624* $4 \cdot \frac{y_{\max}}{l} + 0{,}088 \cdot \delta = c_a$ und für Profil *625* $3{,}8 \cdot \frac{y_{\max}}{l} + 0{,}08 \cdot \delta = c_a$.

Aus diesen Gleichungen erhält man mit l, $y_{\max}$ und c_a den *eigentlichen Anstellwinkel* δ und nach S. 57 für Pumpen den *konstruktiven Anstellwinkel* $\beta = \beta_\infty + \delta$.

Tab. 2 ist die Profiltabelle, Tab. 1 gibt die Rechnungswerte für die vier Schnitte. In Abb. 211,1 sind in Abhängigkeit vom Durchmesser die Werte von l/t, c_a, $y_{\max}$ und β wiedergegeben.

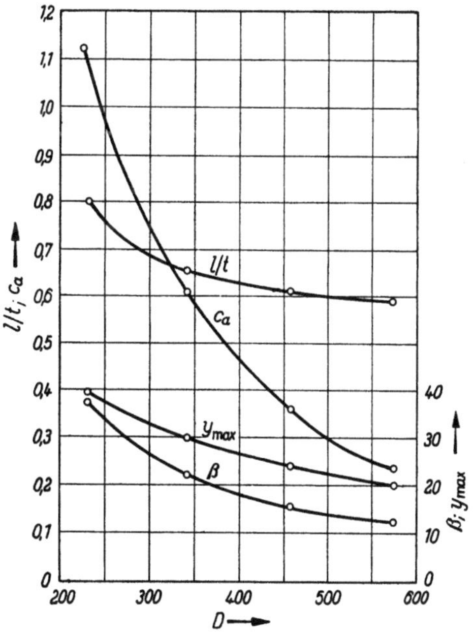

Abb. 211,1. Änderung der Rechnungswerte von innen nach außen

Abb. 212,1 zeigt die vier Schnitte mit ihren Profilen, mit ihren Flügeltiefen, ihren Maximalstärken und ihren konstruktiven Anstellwinkeln maßstäblich.

Berechnung der Leitschaufeln. Da die Strömung im Leitrad verzögert und damit ungünstig ist, so wählt man die Zahl der Leitschaufeln groß. $z_0 \geqq 2 \cdot z$. Der aus $\tan \alpha_2 = c_m/c_u$ für jeden Schnitt erhaltene *Austrittswinkel* α_2 *der Strömung aus dem Laufrad* ist *für jeden Schnitt verschieden*. Die *axiale Geschwindigkeit* c_{ml} *im Leitrad* ist $\underline{c_m/\tau_l}$ und ebenfalls *für jeden Schnitt verschieden*. Nach Annahme von τ_l für jeden Schnitt erhält man mit $\tan\alpha_3 = \tan\alpha_2/\tau_l = c_{ml}/c_u$ den *Eintrittswinkel für jeden Schnitt der Leitschaufel*. Nach dem vorigen Beispiel ist τ_l so lange zu ändern, bis $\tau_l = \frac{t_l - s_0/\sin\alpha_3}{t_l}$ wird. Somit ist die Leitschaufel auf der Eintrittsseite räumlich gekrümmt, während sie auf der Austrittsseite als ebene Schaufel ausgeführt werden kann. Ähnlich wie in Abb. 99,1 α_{11S} (s. Berechnung eines Turbokompressors S. 234) wird man zur Erzwingung einer axialen Strömung auch den Austrittswinkel der Leitschaufel $\alpha_4 > 90°$, z. B. 100°, für alle Schnitte ausführen (sog. „Winkelübertreibung").

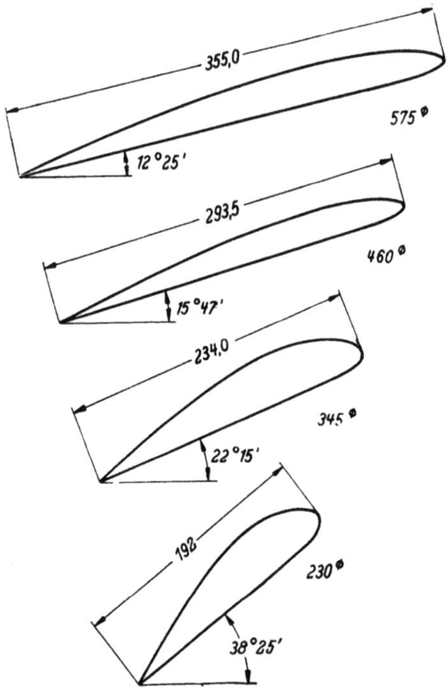

Abb. 212,1. Propellerpumpe. Profilschnitte

Ansaugverhältnisse. Berechnet man nach Gl. (36,3) mit der *Saugzahl* $\underline{2{,}47}$ für Axialpumpen mit wenigen Schaufeln und mit

$$\underline{k} = 1 - \left(\frac{D_N}{D}\right)^2 = 1 - 0{,}4^2 = \underline{0{,}84}$$

die *erforderliche Haltedruckhöhe*

$$\underline{\Delta h} = \left[\left(\frac{n}{100}\right)^2 \cdot \frac{Q}{k \cdot S}\right]^{2/3} = \left(7{,}3^2 \cdot \frac{0{,}972}{0{,}84 \cdot 2{,}47}\right)^{2/3} = \sqrt[3]{24{,}67^2}$$

$$= \sqrt[3]{607} = \underline{8{,}47\ \text{m}}\,,$$

so sieht man, daß die Pumpe eine negative zulässige Saughöhe $H_{s\,\text{zul}}$ bekommen würde, daß also das Wasser der Pumpe zulaufen muß. Die Pumpe muß also tiefer als der Spiegel des Saugraums angeordnet werden.

D. Kreiselverdichter

1. Berechnungsbeispiel für einen Niederdruckventilator (Abb. 160,1)

2,6 m³ Luft von 1 ata und 20 °C sollen sekundlich gegen einen Gesamtdruck von 80 mm WS gefördert werden. Der Lüfter soll billig und mit möglichst geringem Platzbedarf ausgeführt werden.

Bauart. Aus diesem Grund wird nach S. 50 ein *Laufrad mit vorwärts gekrümmten Schaufeln* nach Abb. 50,1c und 51,1c (ein sog. Trommel- oder Sirokkoläufer, Abb. 160,1) gewählt.

Kennwerte und Drehzahl. Neben der allgemeinen *Kennzahl* n_q besteht nach S. 59 für Ventilatoren eine besondere *Gebläsekennzahl* $\sigma = \varphi^{1/2}/\psi^{3/4} = n_q/158$ [s. Gln. (59,4) und (61,7)]. Wählt man die vorwärts gekrümmten Schaufeln so, daß nach Abb. 50,1c $c_{2u} = 2 \cdot u_2$ wird, und nimmt man nach S. 84 für Trommelläufer den *Wirkungsgrad* $\eta = 0{,}55$ an, so wird nach Gl. (84,1) die *Druckzahl* $\psi = 2 \cdot k \cdot \eta_h \cdot c_{2u}/u_2 = 4 \cdot k \cdot \eta_h$. Da nach S. 84 für Trommelläufer $D_1/D_2 = 0{,}85$ ist, so ist für die Schaufeln außen viel Platz. Es ist also eine *große Schaufelzahl* z und somit nach Gl. (48,1) ein hoher *Arbeitsminderungsfaktor* k zu erwarten. Wird $k = 0{,}9$ nach S. 76 und mit $\eta_m = 0{,}96$ der *hydraulische Wirkungsgrad* $\eta_h = \eta/\eta_m = 0{,}55/0{,}96 = 0{,}575$ angenommen — die Mengenverluste können wegen des geringen Druckunterschiedes vernachlässigt werden —, so wird $\psi = 4 \cdot k \cdot \eta_h = 4 \cdot 0{,}9 \cdot 0{,}575 = 2{,}06$ (vgl. S. 84). Um nach Gl. (59,1) kleine Außendurchmesser D_2 zu bekommen, sei nach S. 84 die *Lieferzahl* φ zunächst groß zu $\varphi' = 0{,}6$ gewählt. *Gebläsekennzahl* $\sigma = \varphi^{1/2}/\psi^{3/4} = 0{,}6^{1/2}/2{,}06^{3/4} = \sqrt{0{,}6}/\sqrt[4]{2{,}06^3} = 0{,}775/\sqrt{2{,}955} = 0{,}451$. *Kennzahl* $n_q' = 158 \cdot \sigma = 158 \cdot 0{,}451 = 71{,}2$. Mit der *Wichte der Luft*

$$\gamma = 1/v = \frac{P}{R \cdot T} = \frac{10000}{29{,}27 \cdot 293} = 1{,}167 \text{ kp/m}^3$$

nach Gl. (6,2) ergibt sich aus Gl. (61,6) für Ventilatoren

$$n_q = \frac{n}{\sqrt{\Delta P/\gamma}} \cdot \sqrt{\frac{V}{\sqrt{\Delta P/\gamma}}}$$

die vorläufige Drehzahl

$$n' = \frac{n_q \cdot (\Delta P/\gamma)^{3/4}}{\sqrt{V}} = 71{,}2 \cdot \sqrt[4]{(80/1{,}167)^3}/\sqrt{2{,}6} = \frac{71{,}2 \cdot \sqrt{568}}{1{,}613} = 1052.$$

Gewählt die nächste asynchrone *Drehzahl* $n = 980$. Da σ linear mit n abnimmt, σ aber proportional $\sqrt{\varphi}$ ist, so wird $\sqrt{\varphi}/\sqrt{\varphi'} = 980/1052 = 0{,}932$ und die *endgültige Lieferzahl* $\varphi = 0{,}932^2 \cdot \varphi' = 0{,}87 \cdot 0{,}6 = 0{,}523$.

Berechnung der Laufradabmessungen. Nach Gl. (58,2) wird

$$\frac{\psi \cdot u_2^2}{2 \cdot g} = \frac{\Delta P}{\gamma} \quad \text{und} \quad u_2^2 = \frac{\Delta P \cdot 2 \cdot g}{\gamma \cdot \psi} = \frac{80 \cdot 19{,}62}{1{,}167 \cdot 2{,}06} = 653,$$

$$u_2 = \sqrt{653} = 25{,}55.$$

Äußerer Laufraddurchmesser

$$\underline{D_2} = \frac{60 \cdot u_2}{\pi \cdot n} = \frac{60 \cdot 25{,}55}{\pi \cdot 980} = \underline{0{,}498\ \text{m}}.$$

Gewählt $\underline{D_2 = 500\ \text{mm}\ \varnothing}$.

Probe: Nach Gl. (59,1) ist $\varphi \cdot u_2 \cdot D_2^2 \cdot \pi/4 = V$ und mit $D_2^2 \cdot \pi/4 = 0{,}194$ dann $\varphi = \dfrac{2{,}6}{25{,}5 \cdot 0{,}194} = 0{,}525$ wie oben.

Innerer Laufraddurchmesser $\underline{D_1} = 0{,}85 \cdot D_2 = \underline{425\ \text{mm}}\ \varnothing$.

Werden nicht Profil-, sondern Blechschaufeln gewählt, so tritt bei Umlenkung um mehr als 90° Ablösung auf der erhabenen Schaufelseite ein. Daher macht man den Umlenkungswinkel $180 - (\beta_1 + \beta_2) = 90°$, also $\underline{\beta_1 + \beta_2 = 90°}$ und bei Trommelläufern $\underline{b_1 = b_2 = b}$ sowie $\underline{w_1 = w_2 = w}$, da bei der Kürze des Schaufelkanals eine Verzögerung von w_1 auf w_2 nicht anzunehmen ist. Da nach Abb. 50,1 c $c_{2m} = w \cdot \sin\beta_2$ und analog $c_{1m} = w \cdot \sin\beta_1$ ist, so wird mit $V = \pi \cdot D_1 \cdot b \cdot c_{1m} = \pi \cdot D_2 \cdot b \cdot c_{2m}$ hier $D_1 \cdot \sin\beta_1 = D_2 \cdot \sin\beta_2$ und $\sin\beta_1/\sin\beta_2 = \sin\beta_1/\cos\beta_1 = \tan\beta_1 = D_2/D_1 = 1/0{,}85 = 1{,}176$ mit $\underline{\beta_1 = 49°37'}$ und $\underline{\beta_2} = 90 - \beta_1 = \underline{40°23'}$ sowie laut Abb. 214,1 der *Krümmungsradius* $\underline{r} = (R_2 - R_1)/\sqrt{2} = \underline{26{,}5\ \text{mm}}$. Zum Anliegen der Strömung trotz meist zu geringer Ausrundung am Laufradmund wird nach Gl. (74,1) die *lichte Breite des Laufrades* $\underline{b} = D_1/4{,}8 = \underline{88{,}5\ \text{mm}}$ gemacht.

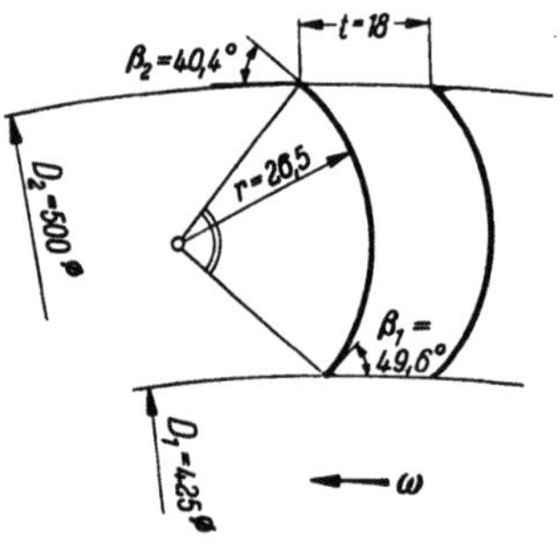

Abb. 214,1. Niederdruckventilator. Schaufelmaße

Schaufelzahl nach Gl. (48,2)

$$\underline{z} = 10 \cdot \frac{D_2 + D_1}{D_2 - D_1} \cdot \sin\frac{\beta_1 + \beta_2}{2} = \frac{10 \cdot 925 \cdot 0{,}707}{75} = \underline{87}.$$

Arbeitsminderungsfaktor nach Gl. (48,1) mit

$$\psi' = 0{,}66 + 0{,}6 \cdot \sin\beta_2 = 0{,}66 + 0{,}6 \cdot 0{,}47 = 0{,}94$$

und

$$p = \frac{2 \cdot \psi'}{z \cdot (1 - R_1^2/R_2^2)} = \frac{2 \cdot 0{,}94}{87 \cdot (1 - 0{,}85^2)} = 0{,}077,$$

$$p' = (0{,}4 + 1{,}2\ R_1/R_2) \cdot p = (0{,}4 + 1{,}2 \cdot 0{,}85) \cdot 0{,}077 = 0{,}11$$

zu $\underline{k} = \dfrac{1}{1 + p'} = \dfrac{1}{1{,}11} = \underline{0{,}9}$ wie angenommen.

Erforderliche Antriebsleistung. Nach Gl. (64,7) wird

$$\underline{N_a} = \frac{V \cdot \Delta P}{75 \cdot \eta} = \frac{2{,}6 \cdot 80}{75 \cdot 0{,}55} = \underline{5{,}05\ \mathrm{PS}}.$$

2. Berechnungsbeispiel für einen Mitteldruckventilator

(radial endigende Schaufeln)

1,4 m³ Luft von 1 ata und 20 °C sollen sekundlich bei einer Drehzahl von 1450 U/min gegen einen Gesamtdruck von 120 mm WS gefördert werden.

Bauart. Da nach dem vorigen Beispiel die Wichte $\gamma = 1{,}167$ kp/m³ ist, so wird $\Delta P/\gamma = 120/1{,}167 = 102{,}8$ kpm/kp und nach Gl. (61,6) die *Kennzahl*

$$\underline{n_q} = \frac{n}{\sqrt{\Delta P/\gamma}} \cdot \sqrt{\frac{V}{\sqrt{\Delta P/\gamma}}} = \frac{1450}{\sqrt{102{,}8}} \cdot \sqrt{\frac{1{,}4}{\sqrt{102{,}8}}} = \underline{53{,}1}.$$

Nach S. 84 kommt wieder ein verhältnismäßig großes Verhältnis D_1/D_2 in Frage. Da nach Größe von V und ΔP keine große Antriebsleistung zu erwarten ist und damit nicht wegen eines hohen Wirkungsgrades rückwärts gekrümmte Schaufeln gewählt werden müssen, so werden nach Abb. 50,1 b und Abb. 51,1 b *radial endigende Schaufeln* mit $\underline{\beta_2 = 90°}$ und $\underline{c_{2u} = u_2}$ angenommen. Da hierfür $\eta > 0{,}55$ ist, sei $\underline{\eta = 0{,}65}$ gesetzt.

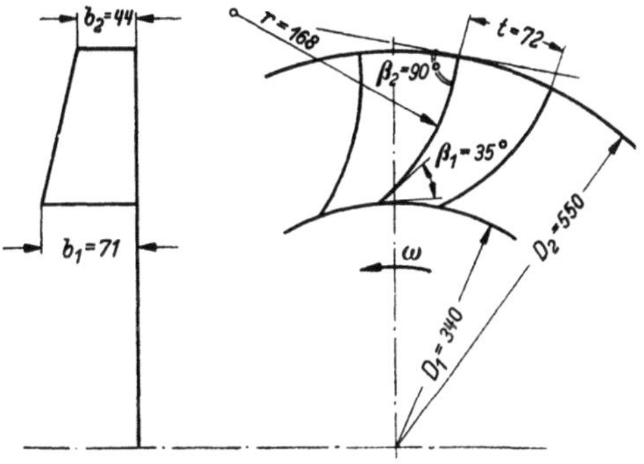

Abb. 215,1. Mitteldruckventilator. Schaufelmaße

Erforderliche Antriebsleistung. Nach Gl. (64,7) wird

$$\underline{N_a} = \frac{V \cdot \Delta P}{75 \cdot \eta} = \frac{1{,}4 \cdot 120}{75 \cdot 0{,}65} = \underline{3{,}44\ \mathrm{PS}}.$$

Berechnung der Laufradabmessungen. Nach Gl. (84,1) wird mit dem *hydraulischen Wirkungsgrad* $\eta_h = \eta/\eta_m = 0{,}65/0{,}96 = \underline{0{,}677}$ bei Annahme eines *Arbeitsminderungsfaktors* $\underline{k = 0{,}85}$ die *Druckzahl*

$$\underline{\psi} = 2 \cdot k \cdot \eta_h \cdot c_{2u}/u_2 = 2 \cdot 0{,}85 \cdot 0{,}677 \cdot 1 = \underline{1{,}15} \quad \text{mit} \quad c_{2u} = u_2.$$

Nach S. 84 werden die Verluste im Laufrad nach Eck am geringsten, wenn der Eintrittswinkel $\beta_1 = 35°$ und $D_1/D_2 = 1{,}194 \cdot \sqrt[3]{\varphi}$ gewählt wird. Mit $\frac{u_2^2 \cdot \psi}{2 \cdot g} = \frac{\Delta P}{\gamma}$ nach Gl. (58,2) wird

$$u_2^2 = \frac{\Delta P \cdot 2 \cdot g}{\gamma \cdot \psi} = \frac{120 \cdot 2 \cdot 9{,}81}{1{,}167 \cdot 1{,}15} = 1757 \quad \text{und} \quad u_2 = \sqrt{1757} = 41{,}9\,\text{m/sek},$$

$$D_2 = \frac{60 \cdot u_2}{\pi \cdot n} = \frac{60 \cdot 41{,}9}{\pi \cdot 1450} = 0{,}552\,\text{m}.$$

Mit $\varphi \cdot u_2 \cdot D_2^2 \cdot \pi/4 = V$ nach Gl. (59,1) wird die *Lieferzahl*

$$\underline{\varphi} = \frac{V \cdot 4}{u_2 \cdot D_2^2 \cdot \pi} = \frac{1{,}4}{41{,}9 \cdot 0{,}239} = \underline{0{,}14},$$

$$\underline{D_1/D_2} = 1{,}194 \cdot \sqrt[3]{\varphi} = 1{,}194 \cdot \sqrt[3]{0{,}14} = 1{,}194 \cdot 0{,}519 = \underline{0{,}62}$$

und

$$D_1 = 0{,}62 \cdot D_2 = 0{,}62 \cdot 0{,}552 = 0{,}342\,\text{m}.$$

Schaufelzahl nach Gl. (48,2)

$$\underline{z} = K \cdot \frac{D_1 + D_2}{D_2 - D_1} \cdot \sin \frac{\beta_1 + \beta_2}{2} = 6{,}5 \cdot \frac{894}{210} \cdot \sin 62{,}5° = \underline{24}.$$

Nach S. 48 *Beiwert*

$$\underline{\psi'} = 0{,}55 + 0{,}6 \cdot \sin \beta_2 = 0{,}55 + 0{,}6 = \underline{1{,}15},$$

$$\underline{p} = \frac{2 \cdot \psi'}{z \cdot (1 - R_1^2/R_2^2)} = \frac{2 \cdot 1{,}15}{24 \cdot (1 - 0{,}62^2)} = \underline{0{,}155},$$

$$\underline{p'} = p\,(0{,}4 + 1{,}2 \cdot R_1/R_2) = 0{,}155\,(0{,}4 + 1{,}2 \cdot 0{,}62) = \underline{0{,}177}$$

und

$$\underline{k} = \frac{1}{1 + p'} = 1/1{,}177 = \underline{0{,}85},$$

wie angenommen. Damit sei endgültig $\underline{D_2 = 550\,\text{mm}}$, $\underline{D_1 = 340\,\text{mm}}$, $\underline{z = 24}$ und nach Gl. (74,1) die *Eintrittsbreite*

$$\underline{b_1} = D_1/4{,}8 = \frac{340}{4{,}8} = \underline{71\,\text{mm}}$$

gewählt. Nimmt man $\underline{c_{2m} = c_{1m}}$ an, so wird aus $V = \pi \cdot D_1 \cdot b_1 \cdot c_{1m} = \pi \cdot D_2 \cdot b_2 \cdot c_{2m}$ hierfür $b_1 \cdot D_1 = b_2 \cdot D_2$ und die *Austrittsbreite* $\underline{b_2} = b_1 \cdot D_1/D_2 = 71 \cdot 340/550 = \underline{44\,\text{mm}}$.

3. Berechnungsbeispiel für einen Großventilator

(rückwärts gekrümmte Schaufeln)

90 m³/sek Luft von 1 ata und 20 °C sollen bei einer Drehzahl von 480 U/min gegen einen Gesamtdruck von 600 mm WS gefördert werden.

Erforderliche Antriebsleistung. Nach Fördermenge und Gesamtdruck handelt es sich um einen Ventilator großer Antriebsleistung. Um einen hohen Wirkungsgrad — angenommen $\underline{\eta = 0{,}78}$ — zu erreichen, werden rückwärts gekrümmte Laufradschaufeln gewählt und $\underline{\beta_2 = 40°}$ vorgesehen. Nach Gl. (64,7)

$$\underline{N_a} = \frac{V \cdot \Delta P}{75 \cdot \eta} = \frac{90 \cdot 600}{75 \cdot 0{,}78} = \underline{924\ \text{PS}}.$$

Bauart und Laufradabmessungen.

$$\underline{\Delta P/\gamma} = 600/1{,}167 = \underline{514\ \text{kpm/kp}} = L_{ad}.$$

Kennzahl

$$\underline{n_q} = \frac{n}{\sqrt{L_{ad}}} \cdot \sqrt{\frac{V}{\sqrt{L_{ad}}}} = \frac{480}{\sqrt{514}} \cdot \sqrt{\frac{90}{\sqrt{514}}} = \underline{42{,}1}$$

nach Gl. (61,6). Nach S. 84 wird hierfür vorläufig $D_1'/D_2' = 0{,}45$ gewählt. Bei der großen Fördermenge wird die Eintrittsgeschwindigkeit c_0 nach S. 73 auf Grund der *Einlaufzahl* ε angenommen. Nach Gl. (73,2) $\underline{\varepsilon} = 0{,}46 \cdot (n_q/100)^{2/3} = 0{,}46 \cdot 0{,}562 = \underline{0{,}258}$. *Absolute Geschwindigkeit im Laufradmund* nach Gl. (73,1)

$$\underline{c_0} = \varepsilon \cdot \sqrt{2 \cdot g \cdot L_{ad}} = 0{,}258 \cdot \sqrt{19{,}62 \cdot 514} = \underline{26\ \text{m/sek}}.$$

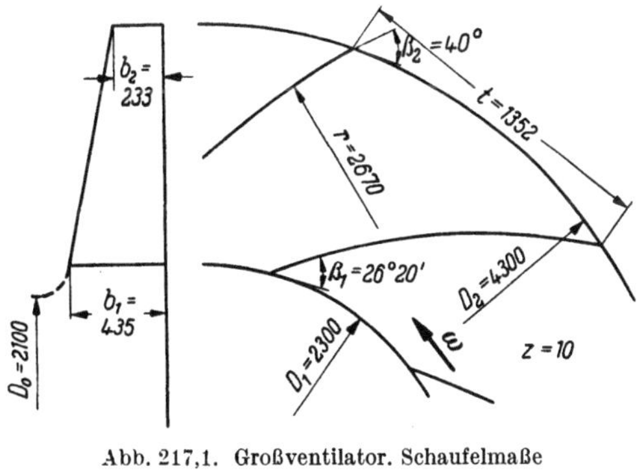

Abb. 217,1. Großventilator. Schaufelmaße

Da bei den zu erwartenden großen Laufradabmessungen Platz für eine gewisse Abrundung am Laufradeintritt vorgesehen werden kann, so kann die Vergrößerung der Eintrittsgeschwindigkeit von 20% (s. S. 74) auf 10% herabgesetzt und nach Eck auch der Eintrittswinkel $\beta_1 < 35°$ (vgl. S. 84) gewählt werden. Bei frei fliegender Anordnung des Laufrades ist $\frac{D_0^2 \cdot \pi}{4} = \frac{V}{c_0} = \frac{90}{26} = 3{,}46\ \text{m}^2$ und der *Laufradmunddurchmesser* $\underline{D_0 = 2{,}1\ \text{m}}$. *Eintrittsdurchmesser der Beschaufelung* $\underline{D_1 = 2{,}3\ \text{m}}$ angenommen. *Absolute Eintrittsgeschwindigkeit radial* $\underline{c_1 = c_{1m}} = 1{,}1 \cdot c_0 = 1{,}1 \cdot 26 = \underline{28{,}6\ \text{m/sek}}$. $\underline{u_1} = \pi \cdot D_1 \cdot n/60 = \pi \cdot 2{,}3 \cdot 480/60 = \underline{57{,}8\ \text{m/sek}}$. *Eintrittswinkel* mit $\tan \beta_1 = c_{1m}/u_1$

$= 28{,}6/57{,}8 = 0{,}495$. $\underline{\beta_1 = 26^\circ 20'}$. Vorläufiger Austrittsdurchmesser $\underline{D_2'} = D_1/0{,}45 = \underline{5{,}11\ \text{m}}$. Nach Gl. (48,2) *Schaufelzahl*

$$z = K \cdot \frac{D_2' + D_1}{D_2' - D_1} \cdot \sin \frac{\beta_1 + \beta_2}{2} = 6{,}5 \cdot \frac{7{,}41}{2{,}81} \cdot \sin 33^\circ 10' = 9{,}37$$

gewählt $\underline{z = 10}$.

Nach Gl. (48,1) *Beiwert* $\underline{\psi'} = 0{,}68 + 0{,}6 \cdot \sin\beta_2 = 0{,}68 + 0{,}6 \cdot 0{,}6425 = \underline{1{,}065}$ für weite Kanäle und beim Fehlen von Leiträdern. Mit

$$\underline{p} = \frac{2 \cdot \psi'}{z \cdot (1 - R_1^2/R_2'^2)} = \frac{2 \cdot 1{,}065}{10 \cdot (1 - 0{,}45^2)} = \underline{0{,}267}$$

wird der *Arbeitsminderungsfaktor für den Relativwirbel* $\underline{k} = \frac{1}{1+p} = 1/1{,}267 = \underline{0{,}789}$ und nach Gl. (49,4) die mit den vorläufigen Abmessungen erzielbare Gesamtdruckenergie $\frac{\Delta P}{\gamma} = \frac{k \cdot \eta_h \cdot u_2' \cdot c_{2u}'}{g}$. Mit $\underline{c_{2m}} = c_{1m} = \underline{28{,}6\ \text{m/sek}}$, $\underline{\beta_2 = 40^\circ}$ und $u_2' = \frac{D_2' \cdot \pi \cdot n}{60} = \frac{5{,}11 \cdot \pi \cdot 480}{60} = 128{,}4\ \text{m/sek}$ ergibt die Aufzeichnung des Geschwindigkeitsparallelogramms für den Austritt $c_{2u}' = 94\ \text{m/sek}$. Erreichbares $\frac{\Delta P}{\gamma}$ mit $\underline{\eta_h} = \eta/\eta_m = 0{,}78/0{,}95 = \underline{0{,}82}$ $\frac{\Delta P}{\gamma} = \frac{0{,}82 \cdot 0{,}789 \cdot 128{,}4 \cdot 94}{9{,}81} = 794$ statt 514. Setzt man $\underline{D_2 = 4{,}3\ \text{m}}$, $\underline{u_2} = \pi \cdot D_2 \cdot n/60 = \pi \cdot 4{,}3 \cdot 480/60 = \underline{108\ \text{m/sek}}$, so wird laut Aufzeichnung mit u_2, β_2 und c_{2m} $\underline{c_{2u} = 74\ \text{m/sek}}$, $R_1/R_2 = 0{,}535$, $p = 0{,}298$, $k = 0{,}77$ und $\underline{\frac{\Delta P}{\gamma}} = \frac{0{,}77 \cdot 0{,}82 \cdot 108 \cdot 74}{9{,}81} = \underline{515} =$ etwa 514.

Aus $V = \pi \cdot D_1 \cdot b_1 \cdot c_{1m} = \pi \cdot D_2 \cdot b_2 \cdot c_{2m}$ wird die *Eintrittsbreite*

$$\underline{b_1} = \frac{V}{\pi \cdot D_1 \cdot c_{1m}} = \frac{90}{\pi \cdot 2{,}3 \cdot 28{,}6} = 0{,}435\ \text{m} = \underline{435\ \text{mm}}$$

und die *Austrittsbreite*

$$\underline{b_2} = \frac{90}{\pi \cdot 4{,}3 \cdot 28{,}6} = 0{,}233\ \text{m} = \underline{233\ \text{mm}}.$$

Teilung außen

$$\underline{t} = \pi \cdot D_2/z = \pi \cdot 4{,}3/10 = 1{,}352\ \text{m} = \underline{1352\ \text{mm}}.$$

Krümmungsradius

$$\underline{r} = \frac{R_2^2 - R_1^2}{2 \cdot (R_2 \cdot \cos\beta_2 - R_1 \cdot \cos\beta_1)} = \frac{4{,}615 - 1{,}320}{2(2{,}15 \cdot 0{,}766 - 1{,}15 \cdot 0{,}896)} = \underline{2{,}67\ \text{m}}.$$

4. Berechnungsbeispiel für einen Axiallüfter mit profilierten Schaufeln

Das Laufrad soll sekundlich 4 m³ Luft von 1 ata und 12 °C bei einer Drehzahl von 3000 U/min um 30 mm WS im Druck erhöhen. Die Luft soll ihm nach Abb. 4,4 durch ein vorgeschaltetes Leitrad mit c_1, also unter Gegendrall, so zugeführt werden, daß sie axial unter c_2 aus dem Laufrad abströmt.

Bauart. Nach Gl. (6,2) ist die *Wichte*

$$\underline{\gamma} = \frac{P}{R \cdot T} = \frac{10000}{29{,}27 \cdot 285} = \underline{1{,}2\ \text{kp/m}^3}$$

und

$$\underline{L_{ad}} = \Delta P/\gamma = 30/1{,}2 = \underline{25\ \text{kpm/kp}}.$$

Kennzahl

$$\underline{n_q} = \frac{n}{\sqrt{L_{ad}}} \cdot \sqrt{\frac{V}{\sqrt{L_{ad}}}} = \frac{3000}{5} \cdot \sqrt{\frac{4}{5}} = \underline{536}.$$

Nach S. 84 kommt ein *Axiallüfter mit wenigen langen Propellern* in Frage. *Gebläsekennzahl* $\underline{\sigma} = n_q/158 = \underline{3{,}4}$. Sind die *Propeller profiliert*, so kann nach S. 85 die *Gleitzahl* $\underline{\varepsilon = 0{,}04}$ und der *Wirkungsgrad* entsprechend σ zu $\eta = 0{,}75$ angenommen werden.

Erforderliche Antriebsleistung. Nach Gl. (64,7)

$$\underline{N_a} = \frac{V \cdot \Delta P}{75 \cdot \eta} = \frac{4 \cdot 30}{75 \cdot 0{,}75} = \underline{2{,}2\ \text{PS}}.$$

Wahl der Außen- und Innendurchmesser. Nach Abb. 84,1 und Gl. (84,2) ist der obige Wirkungsgrad η für die Gebläsekennzahl $\sigma = 3{,}4$ am besten, wenn die Druckzahl $\psi' = 0{,}062$ und das Nabenverhältnis

$$\nu' = \frac{D_i}{D_a} \geqq \sqrt{0{,}8 \cdot \psi'} = \sqrt{0{,}8 \cdot 0{,}062} = 0{,}223$$

gewählt wird.

Damit wird nach Gl. (58,2)

$$u_a'^2 = \frac{\Delta P \cdot 2 \cdot g}{\gamma \cdot \psi'} = \frac{30 \cdot 19{,}62}{1{,}2 \cdot 0{,}062} = 7910,$$

$$u_a' = 89\ \text{m/sek},$$

$$D_a' = \frac{60 \cdot u_a'}{\pi \cdot n} = \frac{60 \cdot 89}{\pi \cdot 3000} = 0{,}567\ \text{m},$$

$$D_i' = \nu' \cdot D_a' \geqq 0{,}223 \cdot 0{,}567 \geqq 0{,}126\ \text{m}.$$

Da der Motor in die Nabe eingebaut werden soll, wird $\underline{D_i = 200\text{ mm}\,\varnothing}$ und $\underline{D_a = 600\text{ mm}\,\varnothing}$, also $\underline{\nu} = D_i/D_a = \underline{0{,}33}$ und $\underline{1 - \nu^2} = 1 - 0{,}33^2 = \underline{0{,}889}$ gewählt.

$$\underline{u_a} = \frac{0{,}6 \cdot \pi \cdot 3000}{60} = \underline{94{,}2\text{ m/sek}}.$$

Aus $c_m(D_a^2 - D_i^2) \cdot \pi/4 = V$ wird die *Meridionalgeschwindigkeit*

$$\underline{c_m} = \frac{4}{0{,}889 \cdot 0{,}6^2\pi/4} = \frac{4}{0{,}889 \cdot 0{,}283} = \underline{15{,}9\text{ m/sek}}$$

und die *Lieferzahl für Axialgebläse* nach Gl. (58,4)

$$\underline{\varphi''} = c_m/u_a = 15{,}9/94{,}2 = \underline{0{,}169}.$$

Probe: Mit der endgültigen *Druckzahl*

$$\underline{\psi} = \frac{\Delta P \cdot 2 \cdot g}{\gamma \cdot u_a^2} = \frac{30 \cdot 19{,}62}{1{,}2 \cdot 8888} = \underline{0{,}055}$$

wird die *Gebläsekennzahl* σ nach Gl. (60,1)

$$\underline{\sigma} = \frac{\sqrt{1-\nu^2} \cdot \sqrt{\varphi''}}{\sqrt[4]{\psi^3}} = \frac{\sqrt{0{,}889} \cdot \sqrt{0{,}169}}{\sqrt[4]{0{,}055^3}} = \frac{0{,}943 \cdot 0{,}412}{0{,}113} = \underline{3{,}42}$$

wie oben.

Profilabmessungen und Anstellwinkel. Mit $\underline{z = 4}$ Propellern, der *Winkelgeschwindigkeit* $\underline{\omega} = 2 \cdot \pi \cdot n/60 = 2 \cdot \pi \cdot 3000/60 = \underline{314\text{ sek}^{-1}}$ und dem *hydraulischen Wirkungsgrad* $\underline{\eta_h = \eta}$, weil das Laufrad direkt auf der Motorwelle sitzen soll, wird nach Gl. (57,4)

$$\underline{c_a \cdot l \cdot w_\infty} = \frac{4 \cdot \pi \cdot \Delta P \cdot g}{z \cdot \omega \cdot \gamma \cdot \eta_h} = \frac{4 \cdot \pi \cdot 30 \cdot 9{,}81}{4 \cdot 314 \cdot 1{,}2 \cdot 0{,}75} = \underline{3{,}265 = m}.$$

Nach Gl. (49,4) wird mit $\frac{\eta_h \cdot u \cdot c_u}{g} = \frac{\Delta P}{\gamma}$ für jeden Propellerquerschnitt

$$\underline{c_u} = \frac{\Delta P \cdot g}{\gamma \cdot \eta_h \cdot u} = \frac{30 \cdot 9{,}81}{1{,}2 \cdot 0{,}75 \cdot u} = \underline{\frac{326{,}5}{u}}.$$

Nach Abb. 4,4 ist $w_\infty^2 = c_m^2 + \left(u + \frac{c_u}{2}\right)^2$ und $\tan \beta_\infty = \frac{c_m}{u + c_u/2}$ sowie laut Gl. (57,4) $c_a \cdot l = m/w_\infty$. Um innen die kleinere Umfangsgeschwindigkeit auszugleichen, wird zur Erzielung des gleichen Gesamtdruckes innen der Auftriebsbeiwert c_a größer gewählt als außen. Da hierbei auch bei Annahme nur eines *Profils Nr. 564* die Werte l/t innen größer ausfallen als außen und die eigentlichen Anstellwinkel δ in ein für dieses Profil günstiges Gebiet fallen, so kann innen und außen das gleiche Profil ohne Verschwächung beibehalten werden, falls dies aus Festigkeitsgründen zulässig ist. Sonst muß nach S. 210 verfahren werden.

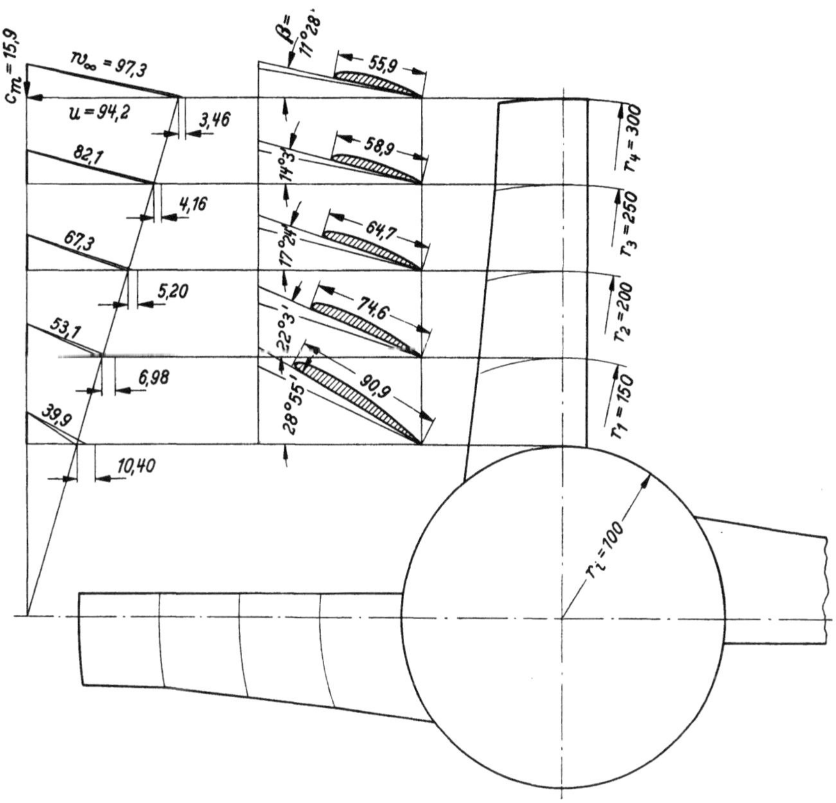

Abb. 221,1. Propellerlüfter. Geschwindigkeitsdreiecke, Profilschnitte, Ansicht der Propeller

Für obiges Profil[1] ist $\underline{c_a} = 5{,}1 \cdot y_{\max}/l + 0{,}089 \cdot \delta = \underline{0{,}418 + 0{,}089 \cdot \delta}$. Nach Abb. 4,4 ist *der konstruktiv vorzusehende Anstellwinkel* $\underline{\beta = \beta_\infty + \delta}$.

Tab. 1 zeigt die Rechnungswerte für die fünf Propellerquerschnitte, Tab. 2 die verhältnismäßigen Abmessungen des Profils Nr. 564 und Abb. 221,1 die Geschwindigkeitsdreiecke, die Profilschnitte und eine Ansicht des Propellerrades. Die Geschwindigkeitsdreiecke und die Profilschnitte sind um 90° in die Blattebene geklappt.

[1] Ergebnisse der Aerodynam. Versuchsanstalt Göttingen. 1.—4. Lieferung, München: Oldenbourg; oder N.A.C.A. Rep. No. 460.

Tabelle 1

r mm	u m/sek	c_u m/sek	w_∞ m/sek	$c_a \cdot l$ cm	c_a
300	94,2	3,46	97,3	3,35	0,60
250	78,5	4,16	82,1	3,98	0,675
200	62,8	5,20	67,3	4,85	0,75
150	47,1	6,98	53,1	6,15	0,825
100	31,4	10,4	39,9	8,18	0,90

Tabelle 2

x	0	1,25	2,5	5,0	7,5	10	15	20
y_o	2,30	3,90	4,60	5,65	6,30	6,85	7,50	7,85
y_u	2,30	1,10	0,70	0,25	0,05	0,00	0,00	0,00

5. Berechnungsbeispiel für einen Axiallüfter mit Blechschaufeln

Das Laufrad soll sekundlich 10 m³ Luft von 1 ata und 12 °C bei einer Drehzahl von 4000 U/min auf 500 mm WS Gesamtdruck bringen.

Bauart. Mit der gleichen *Wichte* $\underline{\gamma = 1{,}2 \text{ kp/m}^3}$ wie im vorigen Beispiel wird $\underline{\Delta P/\gamma} = 500/1{,}2 = \underline{416{,}7 \text{ kpm/kp}}$. Nach Gl. (61,6) *Kennzahl*

$$\underline{n_q} = \frac{4000}{\sqrt{416{,}7}} \cdot \sqrt{\frac{10}{\sqrt{416{,}7}}} = \underline{137{,}3}.$$

Nach Gl. (61,7) *Gebläsekennzahl* $\underline{\sigma} = n_q/158 = 137{,}3/158 = \underline{0{,}87}$. Nach S. 84 kommt daher ein *Laufrad mit vielen kurzen Schaufeln* in Frage. Werden die Schaufeln aus Blech hergestellt, so ist nach S. 85 mit einer größeren *Gleitzahl*, z. B. $\underline{\varepsilon = 0{,}05}$, und mit einem *Zuschlag von* z. B. 5% *zur Druckzahl* ψ zu rechnen. Macht man das Durchmesserverhältnis $\nu = D_i/D_a \geqq \sqrt{0{,}8 \cdot \psi}$, so ist nach Abb. 84,1 die beste Druckzahl bei $\sigma = 0{,}87$ ohne Zuschlag $\psi = 0{,}455$, also hier $\psi = 1{,}05 \cdot 0{,}455 = 0{,}477$. Nach S. 85 kann für $\sigma = 0{,}87$ und Blechschaufeln der *Wirkungsgrad* $\underline{\eta = 0{,}83}$ und *der hydraulische Wirkungsgrad* $\underline{\eta_h} = \eta/\eta_m = 0{,}83/0{,}96 = \underline{0{,}865}$ angenommen werden.

r mm	u m/sek	c_u m/sek	w_∞ m/sek	$c_a \cdot l$ cm	c_a
300	125,7	37,6	151,6	4,51	0,6
250	104,6	45,2	142,0	5,00	0,7
200	83,7	56,4	128,7	5,52	0,8

Tabelle 1

l cm	t cm	l/t	β_∞	δ	β
5,59	47,1	0,12	9°25′	2° 3′	11°28′
5,89	39,2	0,15	11°10′	2°53′	14° 3′
6,47	31,4	0,21	13°40′	3°44′	17°24′
7,46	23,5	0,32	17°28′	4°35′	22° 3′
9,09	15,7	0,58	23°30′	5°25′	28°55′

Tabelle 2

30	40	50	60	70	80	90	95	100
8,20	8,10	7,60	6,70	5,60	4,05	2,25	1,20	0,00
0,00	0,00	0,00	0,00	0,00	0,00	0,00	0,00	0,00

Erforderliche Antriebsleistung.

$$\underline{N_a} = \frac{V \cdot \Delta P}{75 \cdot \eta} = \frac{10 \cdot 500}{75 \cdot 0{,}83} = \underline{80{,}4 \text{ PS}}$$

nach Gl. (64,7).

Wahl der Außen- und Innendurchmesser. Nach Gl. (60,1)

$$\varphi''^{1/2} = \frac{\sigma \cdot \psi^{3/4}}{(1-\nu^2)^{1/2}} = \frac{0{,}87 \cdot \sqrt[4]{0{,}477^3}}{\sqrt{(1-0{,}382)}} = 0{,}635$$

mit $\underline{\nu} \geqq \sqrt{0{,}8 \cdot 0{,}477} = \underline{0{,}618}$ und der Lieferzahl $\varphi'' = 0{,}403$. Nach Gl. (58,3)

$$u_a^2 = \frac{\Delta P \cdot 2 \cdot g}{\gamma \cdot \psi} = \frac{416{,}7 \cdot 19{,}62}{0{,}477} = 17\,130,$$

$$u_a = \sqrt{17\,130} = 131 \text{ m/sek},$$

$$D_a = \frac{60 \cdot u_a}{\pi \cdot n} = \frac{60 \cdot 131}{\pi \cdot 4000} = 0{,}626 \text{ m},$$

$D_i = 0{,}618 \cdot D_a$ mindestens. Gewählt $\underline{D_a = 600 \text{ mm}, \quad D_i = 400 \text{ mm},}$ $\underline{D_i/D_a = 0{,}667} > 0{,}618$.

$$\underline{u_a} = \pi \cdot D_a \cdot n/60 = \pi \cdot 0{,}6 \cdot 4000/60 = \underline{125{,}7 \text{ m/sek}}.$$

l cm	t cm	l/t	β_∞	δ	β
7,51	9,42	0,80	23°43′	−1°46′	21°57′
7,14	7,85	0,91	26°32′	−1° 8′	25°24′
6,90	6,28	1,10	29°26′	− 29′	29° 7′

Druckzahl

$$\underline{\psi} = \frac{\Delta P \cdot 2 \cdot g}{\gamma \cdot u_a^2} = \frac{416{,}7 \cdot 19{,}62}{15750} = \underline{0{,}518} < 1{,}05 \cdot 0{,}5 \quad \text{nach S. 85.}$$

Lieferzahl

$$\underline{\varphi''} = \frac{V \cdot 4}{(1-\nu^2) \cdot u \cdot \pi \cdot D_a^2} = \frac{10}{0{,}556 \cdot 125{,}7 \cdot 0{,}283} = \underline{0{,}505}.$$

Gebläsekennzahl $\underline{\sigma} = \dfrac{\sqrt{0{,}505}\,\sqrt{0{,}556}}{\sqrt[4]{0{,}518^3}} = \underline{0{,}868}$ wie oben.

Mit $\varphi'' = c_m/u_a$ wird $\underline{c_m} = \varphi'' \cdot u_a = 0{,}505 \cdot 125{,}7 = \underline{63{,}5 \text{ m/sek}}$.

Profilabmessungen und Anstellwinkel. Mit $\underline{z = 20}$ Schaufeln wird

$$\underline{\omega} = 2 \cdot \pi \cdot n/60 = 2 \cdot \pi \cdot 4000/60 = \underline{418{,}5 \text{ sek}^{-1}}$$

und nach Gl. (57,4)

$$\underline{c_a \cdot l \cdot w_\infty = m} = \frac{4 \cdot \pi \cdot \Delta P \cdot g}{z \cdot \omega \cdot \gamma \cdot \eta_h} = \frac{4 \cdot \pi \cdot 416{,}7 \cdot 9{,}81}{20 \cdot 418{,}5 \cdot 0{,}865} = \underline{7{,}1}.$$

Nach Gl. (49,4) $u \cdot c_u = \dfrac{\Delta P \cdot g}{\gamma \cdot \eta_h} = 4725$ und $\underline{c_u = 4725/u}$. Formeln für w_∞, $\tan \beta_\infty$, $c_a \cdot l$ und β wie im vorigen Beispiel. Nach den Ergebnissen der Aerodynamischen Versuchsanstalt Göttingen ist für Kreisbogenschaufeln vom Verhältnis $\dfrac{f}{l} = \dfrac{\text{Bogenhöhe}}{\text{Profilsehne}} = 0{,}1$ das Gebiet der günstig-

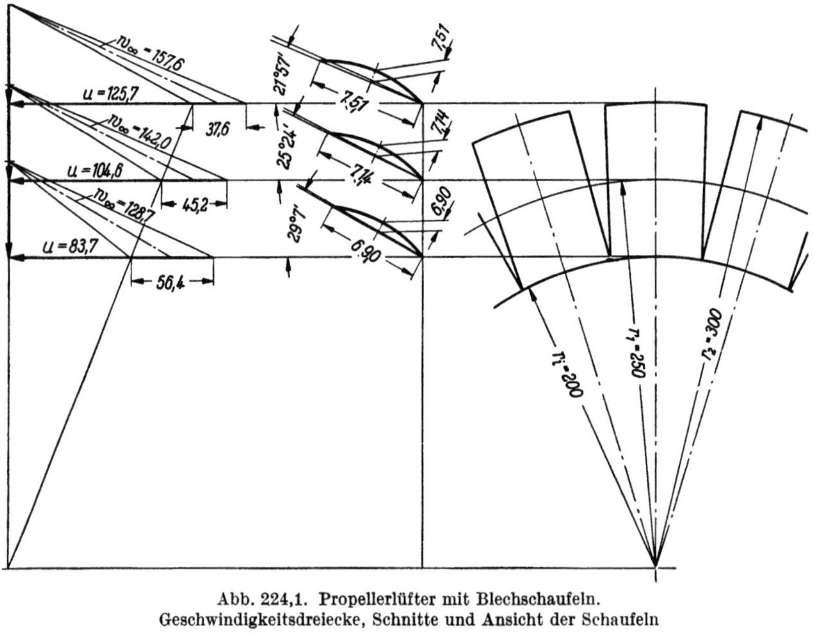

Abb. 224,1. Propellerlüfter mit Blechschaufeln.
Geschwindigkeitsdreiecke, Schnitte und Ansicht der Schaufeln

sten Anstellwinkel $\delta = 0°$ bis $-4°$ und in diesem Gebiet annähernd $c_a = 0{,}1555 \cdot \delta + 0{,}876$. Die dem vorigen Beispiel entsprechende Rechnung ergibt obenstehende Werte.

Abb. 224,1 zeigt links die Geschwindigkeitsdreiecke und die Schnitte durch die Blechschaufeln, beide um 90° in die Blattebene gedreht, und rechts eine Ansicht des Propellerrades.

6. Berechnungsbeispiel für einen Turbokompressor

(Übersicht über die Gesamtberechnung und Durchrechnung der 1. Stufe)

Ein Turbokompressor soll sekundlich 2,5 Nm³ Luft von 700 mm QS absolutem Druck und 15 °C am Saugstutzen auf 7 ata verdichten. Das verfügbare Kühlwasser hat 15 °C. Der Antrieb soll durch eine Dampfturbine erfolgen, so daß die Drehzahl frei wählbar ist, nur soll mit Rücksicht auf die Festigkeit die Umfangsgeschwindigkeit von 230 m/sek nicht überschritten werden.

Bauart. Nach S. 156 kommt ein vielstufiger Kreiselverdichter mit Außenkühlung in Frage. Die durch die Zwischenkühlung sich ergebenden Stufengruppen sollen abnehmende Laufraddurchmesser erhalten, die nach Abb. 168,1 für Stufen derselben Gruppe gleich sind.

Erforderliche Antriebsleistung. Da die Verdichtung mit Zwischenkühlung nach Abb. 17,1 angenähert isothermisch ist, so wird nach S. 17 der sog. isothermische Kupplungswirkungsgrad η_{is-k} zugrunde gelegt, um einen ersten Anhalt für die Antriebsleistung zu erhalten. Bei der vorliegenden sekundlichen Fördermenge und bei 7 ata Enddruck kann nach dem Taschenbuch „Hütte“[1] $\eta_{is-k} = 0{,}57$ angenommen werden. Nach S. 6, Zahlenbeispiel 1, war für obige Verhältnisse *das sekundliche Luftgewicht* $G_s = 3{,}23$ kp/sek und *am Saugstutzen* $p_1 = 0{,}952$ ata sowie $\gamma_1 = 1{,}13$ kp/m³. Nach S. 12, Zahlenbeispiel 2, errechnete sich hiermit das gesamte Druckverhältnis zu $7/0{,}952 = 7{,}35$, die isotherme Arbeit $L_{is} = 16\,850$ kpm/kp und die *isotherme Antriebsleistung* $N_{is} = 726$ PS. Hiermit wurde nach S. 17, Zahlenbeispiel 5, die *wirkliche Antriebsleistung an der Kupplung vorläufig* $N_a' = 726/0{,}57 = 1275$ PS.

Annahme der Wellendurchmesser. Da die Drehzahl des Verdichters noch nicht feststeht, so kann aus dieser Antriebsleistung der Wellendurchmesser in der Mitte nur geschätzt werden. Die Welle möge in der Mitte mit 75 bis 80 mm ⌀ angenommen und als Körper gleicher Festig-

[1] [*9*], S. 858.

keit ausgeführt werden. Dementsprechend seien die *Nabendurchmesser* für die *1. Stufe 120 mm*, für die *2. Stufe 135 mm*, für die *3. Stufe 150 mm* und für die *4. Stufe 155 mm* geschätzt.

Luftzustand im Laufradmund der ersten Stufe. Die Zuströmgeschwindigkeit zum Laufradmund wird, um die Einströmungsverluste gering zu halten, unter Zugrundelegung der Einlaufziffer ε gewählt. Diese hängt nach Gl. (73,2) von der *Kennzahl* n_q ab. Nach S. 83 kann für die ersten Stufen radialer Verdichter $\underline{n_q = 30}$ angenommen werden. Mit den S. 84 genannten hohen hydraulischen Wirkungsgraden für Turbokompressoren von 0,88, abfallend auf 0,84 in den letzten Stufen, kann man nach Gl. (84,1) die *Druckzahl* $\underline{\psi = 1{,}2}$ setzen. Damit wird *für die 1. Stufe* nach Gl. (58,1)

$$\underline{L_{ad}} = \frac{u_2^2 \cdot \psi}{2 \cdot g} = \frac{230^2 \cdot 1{,}2}{2 \cdot 9{,}81} = \underline{3240 \text{ kpm/kp}},$$

nach Gl. (73,2) die Einlaufzahl

$$\underline{\varepsilon} = 0{,}64 \cdot (n_q/100)^{2/3} = 0{,}64 \cdot 0{,}3^{2/3} = 0{,}64 \cdot \sqrt[3]{0{,}090} = \underline{0{,}287}$$

und die *Eintrittsgeschwindigkeit in den Laufradmund* nach Gl. (73,1) schließlich $\underline{c_0} = \varepsilon \cdot \sqrt{2 \cdot g \cdot L_{ad}} = 0{,}287 \cdot \sqrt{19{,}62 \cdot 3240} = \underline{72{,}5 \text{ m/sek}}$.

Wird nach S. 27 die Geschwindigkeit am Saugstutzen zu 40 m/sek angenommen, so verändert sich durch die Beschleunigung sowie durch die Strömungsreibung auf dem Wege vom Saugstutzen zum Laufradmund der Luftzustand; es senkt sich der Druck von p_1 auf p_s und die Temperatur von t_1 auf t_s°C. Nach Zahlenbeispiel 13 auf S. 27 wird $\underline{p_s = 0{,}926 \text{ ata}}$ und $\underline{t_s = 13{,}24\,°\text{C}}$ *vor dem Laufradmund.*

Durchmesser des Laufrades. Drehzahl. Nach Gl. (6,2) wird *das sekundlich anzusaugende Volumen*

$$\underline{V_s} = \frac{G_s \cdot R \cdot T_s}{P_s} = \frac{3{,}23 \cdot 29{,}27 \cdot 286{,}24}{9260} = \underline{2{,}93 \text{ m}^3\text{/sek}}.$$

Nimmt man an, daß die Spaltverluste mit dem zunehmenden Druckunterschied von 4% in der 1. Stufe auf 10% in der letzten Stufe ansteigen, so wird *die sekundliche Luftmenge im Laufradmund der 1. Stufe* $\underline{V_0 = 1{,}04 \cdot V_s = 3{,}04 \text{ m}^3\text{/sek}}$. Damit wird entsprechend S. 204 $D_0^2 \cdot \pi/4 = V_0/c_0 + d_n^2 \cdot \pi/4 = 3{,}04/72{,}5 + 0{,}12^2 \cdot \pi/4 = 0{,}0420 + 0{,}0113 = 0{,}0533 \text{ m}^2$ und der *Laufradmunddurchmesser* $\underline{D_0 = 260 \text{ mm}}$.

Macht man nach Abb. 99,1 $D_0 \approx D_1$, so wird der *Laufradeintrittsdurchmesser* $\underline{D_1 = 266 \text{ mm}}$. Entsprechend $n_q = 30$ empfiehlt es sich, nach Abb. 83,2 den *Laufradaustrittsdurchmesser* $\underline{D_2} = 2{,}1 \cdot D_1 = 2{,}1 \cdot 266 = \underline{558 \text{ mm}}$ zu machen.

Aus $u_2 = \frac{D_2 \cdot \pi \cdot n}{60}$ folgt damit die *Drehzahl* $\underline{n} = \frac{60 \cdot u_2}{\pi \cdot D_2} = \frac{60 \cdot 230}{0{,}558 \cdot \pi}$ $= \underline{7875\ \text{U/min}}$. Hiermit kann die Annahme des Wellendurchmessers nachgeprüft werden. Laut Taschenbuch führt man die Turbokompressoren mit „weichen Wellen" (s. S. 21) aus, damit man kleine Wellendurchmesser und damit keine allzu großen Ein- und Austrittsdurchmesser bekommt. Deshalb sei auch hier die zulässige Verdrehungsbeanspruchung hoch zu $\tau_{t\,\text{zul}} = 200\ \text{kp/cm}^2$ angenommen. Damit wird nach S. 204

$$d' = \sqrt[3]{\frac{5 \cdot 71620 \cdot N_a}{\tau_{t\,\text{zul}} \cdot n}} = \sqrt[3]{\frac{5 \cdot 71620 \cdot 1275}{200 \cdot 7875}} = \sqrt[3]{289{,}5} = 6{,}7\ \text{cm}$$

ohne Keilzuschlag, so daß 75 bis 80 mm mit Keilzuschlag wohl richtig angenommen sind. Erst wenn am Schluß der Berechnung die Laufradgewichte, die Wellenlänge von Lager zu Lager und die Verteilung der Laufradgewichte und der Wellengewichte über diese Wellenlänge festliegen, kann nach dem bekannten MOHRschen Verfahren durch Belastung der Welle mit den verzerrten M/I-Flächen die größte Durchbiegung f cm und damit nach S. 21 die kritische Drehzahl $n_k = 300/\sqrt{f}$ ermittelt werden. Sie muß zur Sicherheit 30 bis 40% unter der Betriebsdrehzahl n liegen. Bei der Anlaufkurve der Dampfturbine, welche den Kompressor antreibt, muß sie schnell durchfahren werden.

Austrittswinkel und Schaufelzahl des Laufrades. Nach S. 51 und 84 werden die Laufradschaufelwinkel am Ein- und Austritt zunächst zu $\beta_1' = 35°$ und $\beta_2' = 50°$ angenommen. Da die Laufraddurchmesser nicht groß sind, sei nach Gl. (48,2) die *Zahl der Laufradschaufeln*

$$\underline{z} = 9 \cdot \frac{D_2 + D_1}{D_2 - D_1} \cdot \sin \frac{\beta_1' + \beta_2'}{2} = \frac{9 \cdot 824}{292} \cdot \sin 42{,}5° = \underline{18}$$

gewählt. Wegen der hohen Drehzahl sei nach S. 48 der *Beiwert* $\underline{\psi'} = 0{,}68 + 0{,}6 \cdot \sin \beta_2' = 0{,}68 + 0{,}6 \cdot 0{,}762 = \underline{1{,}15}$ gesetzt. Dann wird nach Gl. (48,1) der Faktor $p = \frac{2 \cdot \psi' \cdot R_2^2}{z \cdot (R_2^2 - R_1^2)} = \frac{2 \cdot 1{,}15 \cdot 0{,}0788}{18 \cdot (0{,}0788 - 0{,}0177)} = 0{,}166$ und der *Arbeitsminderungsfaktor* $\underline{k} = \frac{1}{1 + p} = 1/1{,}166 = \underline{0{,}858}$. Um die angesetzte Druckzahl $\psi = 1{,}2$ zu erreichen, müßte man nach Gl. (84,1) $\underline{c_{2u}} = \frac{\psi \cdot u_2}{2 \cdot \eta_h \cdot k} = \frac{1{,}2 \cdot 230}{2 \cdot 0{,}88 \cdot 0{,}858} = \underline{183\ \text{m/sek}}$ machen. Nach PFLEIDERER macht man bei Verdichtern mit kleinem n_q $c_{2m} < c_{1m}$. Durch Wahl von $\underline{c_{2m}} = 0{,}8 \cdot c_{1m} = 0{,}8 \cdot 68{,}1 = \underline{54{,}5\ \text{m/sek}}$ wird nach Abb. 47,1 nun $\tan \beta_2 = \frac{c_{2m}}{u_2 - c_{2u}} = \frac{54{,}5}{230 - 183} = 54{,}5/47 = 1/0{,}86$ und damit der *Laufradaustrittswinkel* $\underline{\beta_2} = 90° - 40°45' = \underline{49°15'} = \text{rund } 50°$, wie oben angenommen.

Druckverhältnis und Temperaturerhöhung der ersten Stufe. Wird nach dem Vortext bei einem Eintrittszustand von 0,926 ata und 13,24 °C eine Arbeit von 3240 kpm/kp adiabatisch umgesetzt, so wird nach S. 14, Zahlenbeispiel 3, ein Druckverhältnis 1,45, ein Enddruck $p = 1{,}45 \cdot p_s = 1{,}45 \cdot 0{,}926 = 1{,}345$ ata und eine Endtemperatur $t' = 45\,°C$ erreicht.

Da aber nach S. 84 infolge der Strömungsreibung die Verdichtung mit einem inneren Wirkungsgrad $\eta_i = 0{,}8$ polytropisch erfolgt, so wird nach S. 16, Zahlenbeispiel 4, die technische *Verdichtungsarbeit* $L_i = L_{ad}/\eta_i = 3240/0{,}80 = 4050$ kpm/kp, die *Endtemperatur* $t = 53\,°C$, die *Wichte* $\gamma = 1{,}415$ kp/m³ und *das sekundliche Volumen* nach Abzug der Spaltverluste $V = G_s/\gamma = 3{,}23/1{,}415 = 2{,}28$ m³/sek *hinter der 1. Stufe*. Dagegen ist *das Volumen, welches in das 2. Laufrad eintritt*, um 4,5% Spaltverluste in der 2. Stufe größer und somit $V_s = 1{,}045 \cdot V = 1{,}045 \cdot 2{,}28 = 2{,}38$ m³/sek.

Kühlung. Durchmesserstufung. Bei der Durchrechnung der 2. Stufe ist folgendes zu beachten: Nach S. 84 nimmt η_h und somit nach Gl. (84,1) auch die Druckzahl ψ, d. h. bei gleichem Laufraddurchmesser nach Gl. (58,2) auch L_{ad} ab. Damit verringert sich nach Gl. (13,2) auch das Druckverhältnis. Dagegen kann die polytropische Temperaturerhöhung gleich hoch angenommen werden, da die geringere Druckerhöhung durch den niedrigeren inneren Wirkungsgrad, d. h. durch die größere Strömungsreibung, ausgeglichen wird. Bei Annahme von $\psi = 1{,}19$ statt 1,2 kommt man auf $L_{ad} = 3210$ statt 3240, auf $p/p_s = 1{,}38$ statt 1,45, so daß die Luft mit $p = 1{,}38 \cdot p_s = 1{,}38 \cdot 1{,}345 = 1{,}86$ ata und $t = t_s + 39{,}7 = 53 + 39{,}7 = 92{,}7\,°C$ die 2. Stufe verläßt.

Die Luft wird nun einem Zwischenkühler zugeführt. Seine Querschnitte für Luft und Kühlwasser werden so bemessen, daß bei der angenommenen Kühlfläche die Wärmedurchgangszahl $k \frac{\text{kcal}}{\text{m}^2 \cdot \text{h} \cdot \text{gr}}$ bei der verfügbaren Kühlwasserzuflußtemperatur von 15 °C ausreicht, um die vorgepreßte Luft bei einem Druckverlust von 0,06 at entsprechend 600 kp/m² auf 30 °C zu kühlen, so daß sie mit $p_s = 1{,}86 - 0{,}06 = 1{,}8$ ata und 30 °C *in die 3. Stufe* eintritt. Nach S. 17, Zahlenbeispiel 5, hat die Kühlfläche dann 175000 kcal/h abzuführen.

Wie nach Abb. 82,3 bei den Kreiselpumpen, so ist auch bei den Kreiselverdichtern der Wirkungsgrad geringer, wenn die Kennzahl $n_q = \frac{n}{\sqrt{L_{ad}}} \cdot \sqrt{\frac{V}{\sqrt{L_{ad}}}}$ kleiner ist. Im Gegensatz zu den Flüssigkeiten nimmt aber bei den Gasen das sekundliche Volumen V mit fortschreitender Verdichtung ab. Deshalb muß man, um einen allzu großen Abfall von η

zu vermeiden, L_{ad}, d. h. nach Gl. (58,2) u_2, und damit den Laufraddurchmesser D_2 mit fortschreitender Verdichtung kleiner machen. *In der II. Stufengruppe* sei $D_2 = 500$ mm statt 558 mm gewählt. $u_2 = D_2 \cdot \pi \cdot n/60 = 206$ m/sek statt 230 m/sek. Mit nach S. 84 fallendem η_h fällt in der II. Gruppe ψ auf 1,18 bis 1,16 und damit L_{ad} auf 2555 bis 2515; dadurch auch die *Druckverhältnisse* 1,315 bis 1,253 und die *Temperatursteigerungen* auf 32 bis 32,3 °C. Deshalb führt man die Luft erst hinter der 5. Stufe zum 2. Außenkühler, so daß die *II. Gruppe* nicht 2, sondern *3 Stufen* hat.

Bei der damit eintretenden Volumenabnahme wird die Geschwindigkeit im 2. Kühler geringer. Da sie den Druckabfall mit ihrem Quadrat beeinflußt, während er nur von der ersten Potenz der Wichte abhängt, so kann *im 2. Kühler der Druckabfall* zu nur 300 kp/m² statt 600 kp/m² angenommen werden.

Damit tritt die Luft mit $p_s = 3{,}8 - 0{,}03 = 3{,}77$ ata und $t_s = 30$ °C *in die 1. Stufe der III. Stufengruppe* ein.

Da hinter der III. Stufengruppe der absolute Enddruck $p = 7$ ata erreicht werden soll, so ist nach Gl. (13,2) die technische Arbeit der III. Gruppe

$$L_{ad\,\mathrm{III}} = \frac{\varkappa}{\varkappa - 1} \cdot R \cdot T_s \cdot [(p/p_s)^{\varkappa-1/\varkappa} - 1] = \frac{1{,}4}{0{,}4} \cdot 29{,}27 \cdot 303 \cdot \left[\left(\frac{7}{3{,}77}\right)^{0{,}286} - 1\right]$$

$$= 3{,}5 \cdot 29{,}27 \cdot 303 \cdot (1{,}193 - 1) = 6000 \text{ kpm/kp}.$$

Da in der II. Gruppe L_{ad} im Mittel 2535 kpm/kp war und laut Vortext L_{ad} in der III. Gruppe kleiner gewählt werden muß, so muß auch die *III. Gruppe 3 Stufen* erhalten. Entsprechend $\psi = 1{,}15$ bis 1,13 wird $u_2 = 186$ m/sek und $D_2 = 450$ mm gewählt. Da hiermit die Werte von L_{ad} und von η_i der 8 Stufen bekannt sind, so kann man nach Gl. (64,6) mit η_i statt η_e die inneren Leistungen der 8 Stufen einzeln errechnen und aus ihrer Summe N_i mit einem mechanischen Wirkungsgrad η_m nach Gl. (64,2) die *Antriebsleistung* N_a nochmals nachprüfen. Mit $\eta_m = 0{,}95$ würde sie sich zu 1187 PS statt 1275 PS laut Vortext ergeben, so daß der *Kupplungswirkungsgrad* $\eta_{is-k} = \frac{0{,}57 \cdot 1275}{1187} = 0{,}61$ statt wie angenommen 0,57 ist und die Wellen nicht zu knapp bemessen sind. Nun evtl. Nachprüfung der kritischen Drehzahl.

Eintrittswinkel und Eintrittsbreiten des Laufrades der 1. Stufe. Für jede der 3 Stufengruppen wird die gleiche Eintrittsgeschwindigkeit c_0 angenommen und nach Gl. (73,1) aus dem L_{ad} der ersten Stufe errechnet. Mit den oben angegebenen Zuschlägen für den Spaltverlust ergeben sich dann die Laufradmunddurchmesser D_0 der 8 Laufräder. Wird nach

Abb. 99,1 der Eintrittsdurchmesser $D_1 \approx D_0$ angenommen und die Eintrittskante nur wenig in den Laufradmund hineingezogen, so kann man ebene Laufradschaufeln verwenden. Die Laufradbreite b_1 am Eintritt wird nach S. 74 zur Vermeidung einer Ablösung bei der Umlenkung in die radiale Strömung so gewählt, daß die Strömung um etwa 2% beschleunigt wird. Läßt man die *Schaufelstärken* von *$s = 2{,}5$ mm in der I. Gruppe* auf *1,5 mm in der III. Gruppe* abfallen, so kann der *Verengungsfaktor am Eintritt* zu $\underline{\tau_1 = 0{,}9 \text{ bis } 0{,}91}$ angenommen werden.

Damit wird *für die 1. Stufe*

$$\underline{c_1 = c_{1m}} = c_0/0{,}98 = 72{,}5/0{,}98 = \underline{73{,}5 \text{ m/sek}},$$

$$\underline{u_1} = \pi \cdot D_1 \cdot n/60 = \pi \cdot 0{,}266 \cdot 7875/60 = \underline{109{,}6 \text{ m/sek}},$$

$$\tan \beta_1 = c_1/u_1 = 73{,}5/109{,}6 = 0{,}67, \quad \textit{Eintrittswinkel} \ \underline{\beta_1 = 33°49'},$$

$$t_1 = \pi \cdot D_1/z = \pi \cdot 266/18 = 46{,}4 \text{ mm},$$

$$\text{Verengung } s/\sin \beta_1 = 2{,}5/0{,}556 = 4{,}5 \text{ mm},$$

$$\text{Verengungsfaktor} \quad \tau_1 = \frac{46{,}4 - 4{,}5}{46{,}4} = 0{,}9.$$

Nach S. 226 ist mit $F_0 = V_0/c_0 = 0{,}042 \text{ m}^2$ und $F_1 = 0{,}98 \cdot F_0$ die *lichte Eintrittsbreite* $\underline{b_1} = \dfrac{F_1}{\pi \cdot D_1 \cdot \tau_1} = \dfrac{0{,}98 \cdot 0{,}042}{\pi \cdot 0{,}266 \cdot 0{,}9} = 0{,}055 \text{ m} = \underline{55 \text{ mm}}.$

Spaltdruck und Austrittsbreite des Laufrades der 1. Stufe. Berücksichtigt man die Arbeitsminderung durch den Relativwirbel, so ist nach S. 27 die Spaltdruckhöhe H_p, d. h. die statische Druckhöhe einschließlich der Verluste V_u im Laufrad $H_p = H_{stat} + V_u = \dfrac{u_2^2 - u_1^2}{2 \cdot g} + \dfrac{w_1^2 - w_3^2}{2 \cdot g}$. Setzt man hierin $w_1^2 = w_{1u}^2 + w_{1m}^2$ und $u_3^2 = u_{3u}^2 + u_{3m}^2$, so wird für radialen Eintritt $w_{1u} = u_1$, $w_{1m} = c_1 = 1{,}03 \cdot c_0$, $w_{3m} = c_{2m} = 0{,}8 \cdot c_0$ und somit

$$\underline{H_p = H_{stat} + V_u} = (u_2^2 - u_1^2 + u_1^2 + 1{,}03 \cdot c_0^2 - u_{3u}^2 - 0{,}64 \cdot c_0^2)\,\frac{1}{2g}$$

$$= \underline{\frac{u_2^2 - w_{3u}^2 + 0{,}39 \cdot c_0^2}{2 \cdot g}}.$$

Wird angenommen, daß die Druckverluste im Laufrad etwa $\underline{V_u} = (1 - \eta_h)/2 = (1 - 0{,}88)/2 = \underline{0{,}06 \text{ von } H_{stat}}$ sind, so wird für die erste Stufe $k = 0{,}858$, $c_{2u} = 183$ m/sek, $c_{3u} = k \cdot c_{2u} = 0{,}858 \cdot 183 = 157$/m/sek, nach Abb. 47,1 $\underline{w_{3u}} = u_2 - c_{3u} = 230 - 157 = \underline{73 \text{ m/sek}}$ und $H_p = 1{,}06 \cdot H_{stat} = (230^2 - 73^2 + 0{,}39 \cdot 72{,}5^2)/19{,}62 = 2530$ $\underline{\text{kpm/kp}}$. Damit wird die *statische Druckhöhe* $\underline{H_{stat}} = 2530/1{,}06 = \underline{2380 \text{ kpm/kp}}$. Der *Reaktionsgrad der 1. Stufe* beträgt somit $\underline{\mathfrak{r}} = H_{stat}/L_{ad} = 2380/3240$

$= \underline{0{,}73}$. Nach Gl. (13,2) ist *das im Laufrad der 1. Stufe erzielte Druckverhältnis*

$$\underline{p_{sp}/p_s} = \left[\frac{H_{stat}\cdot(\varkappa-1)}{\varkappa\cdot R\cdot T_s}+1\right]^{3,5} = \left[\frac{2380\cdot 0{,}4}{1{,}4\cdot 29{,}27\cdot 286{,}24}+1\right]^{3,5}$$

$$= 1{,}081^{3,5} = \underline{1{,}316}$$

und somit der *Spaltdruck* $\underline{p_{sp}} = 1{,}316\cdot p_s = 1{,}316\cdot 0{,}926 = \underline{1{,}22}$ ata. Die *Temperaturerhöhung im Laufrad* wird durch die Verdichtung und durch die Strömungsreibung bewirkt und ist nach Gl. (15,3)

$$\underline{\Delta t_u} = (H_{stat} + V_u)/102{,}6 = 2520/102{,}6 = \underline{24{,}6\,^\circ\mathrm{C}},$$

so daß die *Temperatur hinter dem Laufrad* $\underline{t_{sp}} = t_s + \Delta t_u = 13{,}24 + 24{,}6 \approx \underline{37{,}8\,^\circ\mathrm{C}}$ wird.

Mit $T_{sp} = 310{,}8\,^\circ\mathrm{K}$ wird *das sekundliche Volumen kurz vor dem Laufradaustritt* $V_{sp} = \frac{G_s\cdot 1{,}04\cdot 29{,}27\cdot 310{,}8}{12200}$ mit $G_s = 3{,}23$ kp/sek $\underline{V_{sp} = 2{,}51\ \mathrm{m^3/sek}}$. Mit $t_2 = \pi\cdot D_2/z = \pi\cdot 558/18 = 97{,}3$ mm und der Verengung $s/\sin\beta_2 = 2{,}5/\sin 50^\circ = 3{,}26$ mm wird der Verengungsfaktor $\tau_2 = (97{,}3 - 3{,}26)/97{,}3 = 0{,}966$ und die *lichte Austrittsbreite*

$$\underline{b_2} = \frac{V_{sp}}{\pi\cdot D_2\cdot\tau_2\cdot c_{2m}} = \frac{2{,}5}{\pi\cdot 0{,}558\cdot 0{,}966\cdot 54{,}5} = 0{,}027\ \mathrm{m} = \underline{27\ \mathrm{mm}}.$$

Schaufelloser Leitring. Da in ihm keine Verengung besteht und vor ihm der Mengenverlust im Spalt sich von der Fördermenge trennt, so ist der *Abströmungswinkel der Luft* nach S. 99 α_4 mit $\tan\alpha_4 = c_{4m}/c_{3u}$ und $c_{4m} = \frac{c_{2m}\cdot\tau_2}{1{,}04} = \frac{58\cdot 0{,}966}{1{,}04} = 53{,}8$ m/sek. $\tan\alpha_4 = 53{,}8/157 = 0{,}343$. $\underline{\alpha_4 = 18^\circ 56'}$.

Macht man den *Austrittsdurchmesser des schaufellosen Leitrings* nach Abb. 99,1 $\underline{D_5} = D_\varepsilon = 1{,}2\cdot D_2 = 1{,}2\cdot 558 = \underline{670\ \mathrm{mm}}$, so tritt nach dem erweiterten Flächensatz Gl. (99,2) auf dem radialen Weg $\underline{R_5 - R_4} = 335 - 279 = \underline{56\ \mathrm{mm}}$ durch die Strömungsreibung eine Verkürzung der Geschwindigkeitskomponente von $c_{4u} = c_{3u}$ auf c_{5u} und damit eine Aufrichtung der Strömung auf $\alpha_5 > \alpha_4$ ein. Nach Gl. (99,2) wird mit der *Leitringbreite* $\underline{b} = b_2 = \underline{0{,}027\ \mathrm{m}}$, $\tan\alpha_5 - \tan\alpha_4 = \frac{\lambda\cdot(R_5 - R_4)}{4\cdot b} = \frac{0{,}04\cdot 56}{4\cdot 27} = 0{,}027$ und $\tan\alpha_5 = \tan\alpha_4 + 0{,}027 = 0{,}343 + 0{,}027 = 0{,}37$ mit $\underline{\alpha_5 = 20^\circ 18'}$ *vor Eintritt in den beschaufelten Leitring*. Mit

$$\underline{c_{5m}} = \frac{V_{sp}}{\pi\cdot D_5\cdot b\cdot 1{,}04} = \frac{2{,}5}{\pi\cdot 0{,}67\cdot 0{,}027\cdot 1{,}04} = \underline{42{,}2\ \mathrm{m/sek}}$$

wird $\underline{c_{5u}} = c_{5m}/\tan\alpha_5 = 42{,}2/0{,}37 = \underline{114\,\text{m/sek}}$ statt $c_{3u} = 157$ m/sek am Austritt des Laufrades.

Am Eintritt in den beschaufelten Leitring ist somit das *Geschwindigkeitsmoment* oder der *Drall* $\underline{R_5 \cdot c_{5u}} = 0{,}335 \cdot 114 = 38{,}2$.

Bestimmung der Schaufelwinkel für den beschaufelten Leitring. Aus den S. 100 angegebenen Gründen macht man seinen *Eintrittswinkel* $\underline{\alpha_6} > \alpha_5$. Ist mit $\underline{z_0 = 34 \text{ Leitradschaufeln}}$ — auf den größeren Umfängen lassen sich mehr Schaufeln anordnen — $t_6 = \pi \cdot D_6/z_0 = \pi \cdot 670/34 = 61{,}9$ mm, die Verengung mit $\underline{s_0 = 1{,}5\text{ mm}}$ *Leitschaufelstärke* $s/\sin\alpha_6$ = etwa $1{,}5/0{,}45 = 3{,}35$ mm und der Verengungsfaktor $\tau_6 = (61{,}9 - 3{,}35)/61{,}9 = 0{,}94$, so wird nach Gl. (100,3) $\tan\alpha_6 = \mu \cdot \tan\alpha_5/\tau_6 = 1{,}15 \cdot 0{,}37/0{,}94 = 0{,}453$ und der *Eintrittswinkel* $\underline{\alpha_6 = 24^\circ 22'}$.

Nachdem der *Außendurchmesser* $\underline{D_7} = 1{,}2 \cdot D_6 = 1{,}2 \cdot 670 = \underline{800\text{ mm}}$ angenommen ist, können die Leitradschaufeln bei nicht zu stark sich erweiterndem Verlauf aufgezeichnet werden. So erhält man den *konstruktiven Austrittswinkel der Leitschaufel am Austritt* $\underline{\alpha_{7S} = 27^\circ 30'}$. Damit wird $t_7 = \pi \cdot D_7/z_0 = \pi \cdot 800/34 = 73{,}9$ mm, die Verengung $s/\sin\alpha_{7S} = 1{,}5/0{,}463 = 3{,}2$ mm, der Verengungsfaktor

$$\tau_7 = (73{,}9 - 3{,}2)/73{,}9 = 0{,}96,$$

$$\underline{c_{7m}} = \frac{V_{sp}}{1{,}04 \cdot \pi \cdot D_7 \cdot b \cdot \tau_7} = \frac{2{,}5}{1{,}04 \cdot \pi \cdot 0{,}8 \cdot 0{,}027 \cdot 0{,}96} = \underline{36{,}8\text{ m/sek}}$$

und *theoretisch*

$$\underline{c'_{7u}} = c_{7m}/\tan\alpha_{7S} = 36{,}8/0{,}52 = \underline{70{,}5\text{ m/sek}},$$

so daß bei unendlicher Schaufelzahl $\Delta(R \cdot c_u)_\infty = R_5 \cdot c_{5u} - R_7 \cdot c'_{7u} = 38{,}2 - 0{,}4 \cdot 70{,}5 = 10{,}0$ sein würde. Nach S. 101 macht aber die Strömung infolge der endlichen Schaufelzahl die Umlenkung von α_6 auf α_{7S} nicht ganz mit. Sie tritt vielmehr unter einem Winkel $\alpha_7 < \alpha_{7S}$ aus und hat daher auch ein größeres c_{7u} entsprechend $\Delta(R \cdot c_u) = R_5 \cdot c_{5u} - R_7 \cdot c_{7u} = k \cdot \Delta(R \cdot c_u)_\infty$. $\psi' = 0{,}6 + 0{,}6 \cdot \sin\alpha_{7S} = 0{,}6 + 0{,}6 \cdot 0{,}463 = 0{,}878$, $p = \dfrac{2 \cdot \psi' \cdot R_7^2}{z_0 \cdot (R_7^2 - R_5^2)} = \dfrac{2 \cdot 0{,}878 \cdot 0{,}16}{34 \cdot 0{,}048} = 0{,}172$, $\underline{k} = \dfrac{1}{1+p} = 1/1{,}172 = \underline{0{,}853}$. $R_7 \cdot c_{7u} = R_5 \cdot c_{5u} - \Delta(R \cdot c_u)_\infty \cdot k = 38{,}2 - 0{,}853 \cdot 12{,}9 = 29{,}67$. $\underline{c_{7u}} = 29{,}67/0{,}4 = \underline{74{,}2\text{ m/sek}}$, $\tan\alpha_7 = c_{7m}/c_{7u} = 36{,}8/74{,}2 = 0{,}495$, $\underline{\alpha_7 = 26^\circ 20'}$ statt des Schaufelwinkels $\alpha_{7S} = 27^\circ 30'$.

Strömungswinkel im schaufellosen Umlenkungsraum $D-E$ (Abb. 99,1). Setzt man nach S. 101 den durch die Aufzeichnung bestimmten Bogen $\widehat{DE} = 135$ statt l, so entspricht die Berechnung dem schaufellosen Leitring. *Eintritt:* Durch Fortfall der Verengung $\underline{c_{8m}} = \tau_7 \cdot c_{7m}$

$= 0{,}96 \cdot 36{,}8 = \underline{35{,}3 \text{ m/sek}}$, $\tan \alpha_8 = c_{8m}/c_{7u} = 35{,}3/74{,}2 = 0{,}475$. *Strömungswinkel* $\underline{\alpha_8 = 25^\circ 25'}$.

Nach S. 101 wird $\tan \alpha_9 - \tan \alpha_8 = \dfrac{0{,}04 \cdot 135}{4 \cdot 27} = 0{,}05$, $\tan \alpha_9 = 0{,}475 + 0{,}05$. *Austritt: Strömungswinkel* $\underline{\alpha_9 = 27^\circ 42'}$ aus $\tan \alpha_9 = 0{,}525$.

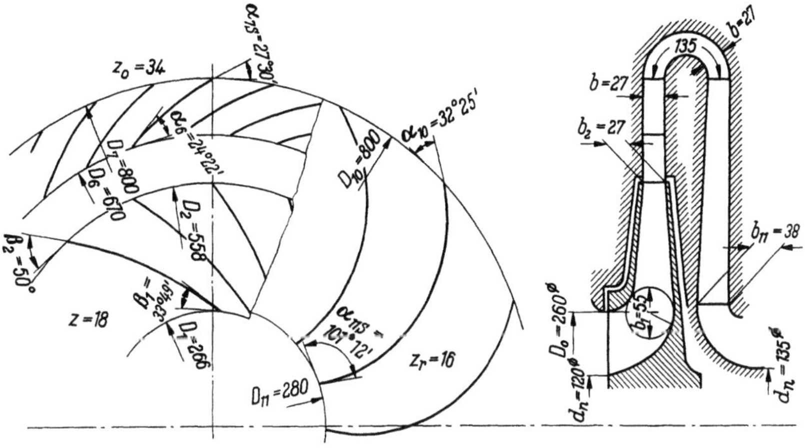

Abb. 233,1. Turbokompressorstufe. Laufrad und Leitvorrichtungen

Berechnung der Schaufelwinkel der Rückführschaufeln. *Schaufelstärke* $\underline{s_r = 4 \text{ mm}}$. *Schaufelzahl* $\underline{z_r}$ = etwa $z = \underline{16}$ nach S. 102. *Eintritt:* Die Berechnung entspricht dem beschaufelten Leitring. Nach Abb. 99,1 sei $\underline{D_{10} = D_7}$. $t_{10} = \pi \cdot D_9/z_r = \pi \cdot 800/16 = \underline{157 \text{ mm}}$. Verengung etwa $s_r/\sin \alpha_9 = 4/0{,}465 = 8{,}6$. Verengungsfaktor $\tau_{10} = (157 - 8{,}6)/157 = 0{,}95$. Nach S. 102 $\tan \alpha_{10} = \dfrac{\mu \cdot \tan \alpha_9}{\tau_{10}} = \dfrac{1{,}15 \cdot 0{,}525}{0{,}95} = 0{,}635$. *Schaufelwinkel* $\underline{\alpha_{10} = 32^\circ 25'}$. *Austritt:* Nach S. 102 mit Rücksicht auf die folgende Ausrundung $\underline{D_{11} = 280 \text{ mm}} > D_1$ gewählt. Mit Rücksicht auf die Trägheit der Luft und radialen Eintritt ins nächste Laufrad nach S. 102 Winkelübertreibung $\underline{\alpha_{11S} > 90^\circ}$ entsprechend $\tan \alpha_{11S} = c_{11m}/c'_{11u}$ und $\Delta(R \cdot c_u)_\infty = R_{10} \cdot c_{10u} - R_{11} \cdot c'_{11u} = \Delta(R \cdot c_u)/k = (R_{10} \cdot c_{10u} - R_{11} \cdot c_{11u})/k$ mit $\alpha_{11} = 90^\circ$, also $c_{11u} = c_{11} \cdot \cos 90^\circ = 0$. Nach S. 102

$$\psi' = 0{,}6 \;.\; p = \frac{2 \cdot \psi' \cdot R_{10}^2}{z_r \cdot (R_{10}^2 - R_{11}^2)} = \frac{2 \cdot 0{,}6 \cdot 0{,}16}{16 \cdot (0{,}16 - 0{,}04)} = 0{,}0845.$$

Minderungsfaktor $\underline{k} = 1/1{,}0845 = \underline{0{,}922}$.

$$\underline{c_{10m}} = \frac{V_{sp}}{1{,}04 \cdot \pi \cdot D_{10} \cdot \tau_{10} \cdot b} = \frac{2{,}5}{1{,}04 \cdot \pi \cdot 0{,}8 \cdot 0{,}95 \cdot 0{,}027} = \underline{37{,}2 \text{ m/sek}}.$$

$$\underline{c_{10u}} = c_{10m}/\tan \alpha_{10} = 37{,}2/0{,}635 = \underline{58{,}7 \text{ m/sek}}.$$

$$\Delta(R \cdot c_u)/k = R_{10} \cdot c_{10u}/k = 0{,}4 \cdot 58{,}7/0{,}922 = 25{,}4$$
$$= R_{10} \cdot c_{10u} - R_{11} \cdot c'_{11u}.$$
$$R_{11} \cdot c'_{11u} = 0{,}4 \cdot 58{,}7 - 25{,}4 = 23{,}4 - 25{,}4 = -2{,}0$$
$$\underline{c'_{11u}} = -2/R_{11} = -2/0{,}14 = \underline{-14{,}38 \text{ m/sek}}.$$

Da laut Vortext für alle Stufen einer Gruppe c_0 gleich sein soll, so wird mit $c_{11m} = c_0 = 72{,}5$ $\tan \alpha_{11S} = c_{11m}/c'_{11u} = 72{,}5/-14{,}38 = -1/0{,}198$ und der *Austrittswinkel der Rückführschaufeln* $\underline{\alpha_{11S}} = 180 - (90 - 11°12')$ $= \underline{101°12'}$.

Würde man die 2. Stufe berechnen, so würde sich für sie der freie Laufradmund zu $F_0 = 0{,}0328 \text{ m}^2$ bei 4,5% Spaltverlust ergeben. $t_{11} = \pi \cdot D_{11}/z_r = \pi \cdot 280/16 = 54{,}9$ mm, Verengung $s_r/\sin \alpha_{11S} = 4$ mm, Verengungsfaktor $\tau_{11} = (54{,}9 - 4)/54{,}9 = 0{,}928$. *Austrittsbreite der Rückführschaufeln*

$$\underline{b_{11}} = \frac{F_0}{1{,}045 \cdot \pi \cdot D_{11} \cdot \tau_{11}} = \frac{0{,}0328}{1{,}045 \cdot \pi \cdot 0{,}28 \cdot 0{,}928} = 0{,}038 \text{ m} = \underline{38 \text{ mm}}.$$

Berechnung des Spiralgehäuses. Aus den auf S. 103 angeführten Gründen sei zwischen dem Laufrad der 2. Stufe und dem Spiralgehäuse, welches die Luft vor ihrer Zuleitung zum 1. Zwischenkühler aufnehmen soll, nur ein schaufelloser Leitring von 800 mm ⌀ außen und 558 mm ⌀ innen angeordnet. Wird er ebenso wie der schaufellose Leitring der 1. Stufe durchgerechnet, so ergibt sich für den *Eintritt ins Spiralgehäuse* $\underline{V_l} = \underline{V_{sp}/1{,}045 = 1{,}970 \text{ m}^3/\text{sek}}$, $\underline{R_5 = 0{,}4 \text{ m}}$, $\underline{\alpha_5 = 20°43'}$, $\underline{c_{5m} = 35{,}1 \text{ m/sek}}$, $\underline{c_{5u} = 92{,}8 \text{ m/sek}}$, $\underline{b = 22 \text{ mm}}$ und $\underline{K = R_5 \cdot c_{5u}}$ $\underline{= 0{,}4 \cdot 92{,}8 = 37{,}1}$. Mit diesen Werten kann die auf S. 104 und auf Abb. 104,1 beschriebene halb zeichnerische, halb rechnerische Bestimmung der Querschnitte des Spiralgehäuses erfolgen.

VII. Betriebsverhalten und Regelung

A. Wasserturbinen

1. Sonderverhältnisse

a) Das Anfahrmoment. Für Francisturbinen liegt bei der Drehzahl Null das größte vorkommende Drehmoment. Es ist das 1,6- bis 1,8fache des Betriebsmomentes $M_t = 716{,}2 \cdot N_e/n$ der ausgelegten Leistung. Das gleiche trifft nach S. 173 auch für Peltonturbinen zu. Bei Kaplanturbinen ist $M_{\max}$ nur etwa $1{,}05 \cdot M_{\text{norm}}$ bei 0,25facher normaler Drehzahl.

b) Verminderung des zufließenden Wasserstroms. Für den Fall, daß weniger Wasser zufließt, als zur Herstellung der eben verlangten Leistung erforderlich ist, wird der Regler mit einer sog. Eröffnungsbegrenzung versehen. Letztere wird entweder durch eine Spindel mit Handrad eingestellt oder durch einen Schwimmer auf dem Oberwasserspiegel mit Seilzug oder Druckluftübertragung (Firma Voith) automatisch verstellt. Sie läßt die Öffnung der Düse oder der Leitvorrichtung nur in einem solchen Maß zu, daß das zufließende Wasser ohne Absenkung des Oberwasserspiegels ausgenutzt wird.

c) Durchgehen der Turbinen. Nach S. 71 gehen die Wasserturbinen zwar nicht durch, wenn durch Abschalten eines angetriebenen Generators vom elektrischen Leitungsnetz das Lastmoment wegfällt, aber es erhöht sich die Betriebsdrehzahl n immerhin sehr wesentlich auf die sog. Durchgangsdrehzahl n_d. Es ist $n_d/n = 1{,}8$ bis $1{,}9$ für Peltonturbinen, 1,6 für Francislangsamläufer bis 2,1 für Francisschnelläufer und 2,2 bis 2,8 für Kaplanturbinen. Der Turbinenläufer, die Läufer des Generators und ihre Wicklungsbefestigungen müssen n_d auch bei größtmöglichem Gefälle aushalten.

2. Die Aufgabe der Regelung

Sie soll die Drehzahl der Turbine trotz veränderter Belastung (Veränderung des widerstehenden Drehmoments der angetriebenen Maschine) und trotz veränderter Wasserverhältnisse (Fallhöhe H und sekundlicher Wassermenge Q) auf gleicher Höhe halten. Nach der Art des Antriebes der Regeleinrichtung (verstellbare Düsennadel bei Peltonturbinen, FINKsche Drehschaufeln bei Überdruckturbinen) unterscheidet man *direkte Regelung* durch Spindel und Handrad und *indirekte Regelung* durch empfindliche Drehzahlmesser (Fliehkraft- oder Federpendel), Steuerkolben und Arbeitskolben für Drucköl (sog. Servomotoren). Maßgebend sind drei Zeiten, T_s, T_a und T_r.

Die zulässige Drehzahlschwankung $n_{\max} - n_{\min}$ wird durch die *Reglerschlußzeit* T_s bestimmt. Je kleiner T_s ist, um so kleiner wird auch $n_{\max} - n_{\min}$.

Die Drehzahländerung ist natürlich auch kleiner, wenn das Massenträgheitsmoment I, das Gewicht G und der Trägheitshalbmesser $i = D/2 = \sqrt{I/m}$ der umlaufenden Massen größer sind. Man sieht deshalb, wenn die Schwungmassen nicht ausreichen, zusätzlich ein Schwungrad vor. Durch das Schwungmoment $GD^2 = 4 \cdot g \cdot I$ sind die vorstehenden Größen miteinander verbunden. Die *Anlaufzeit* T_a, in der der Maschinensatz aus dem Stillstand auf die volle Drehzahl n und auf die Leistung $N_{\max}$ beschleunigt wird, entspricht der Energiegleichung:

Zeit mal mittlere Leistung = Beschleunigungsarbeit. Mit $N_{\max}$ PS $= N_{\max} \cdot 75$ kpm/sek, mit $I = \frac{GD^2}{4 \cdot g}$ und mit $\omega = 2 \cdot \pi \cdot n/60$ wird aus $T_a \cdot N_{\max} \cdot 75/2 = I \cdot \omega^2/2$ die Anlaufzeit

$$T_a = \frac{G \cdot D^2 \cdot n^2}{268000 \cdot N_{\max}}. \qquad (236,1)$$

Damit die Drehzahländerungen und die Schwungmassen nicht zu groß werden, macht man $T_s = 0{,}25 \cdot T_a$ bis $0{,}75 \cdot T_a$ und geht mit T_s bis auf 1,5 bis 2 Sekunden herunter.

Soll die in einem Rohrleitungsabschnitt von l m Länge und f m² Querschnitt eingeschlossene Wassermasse $m = f \cdot l \cdot \gamma/g$ in der *Anlaufzeit der Rohrleitung* T_r die Beschleunigung $b = v_{\max}/T_r$ erhalten, so ist die erforderliche Beschleunigungskraft $P = f \cdot p = f \cdot H \cdot \gamma = m \cdot b = (f \cdot l \cdot \gamma/g) \cdot v_{\max}/T_r$ und somit für alle Rohrabschnitte (einschließlich des Spiralgehäuses und des Saugrohrs bei Überdruckturbinen)

$$T_r = \frac{\Sigma(l \cdot v_{\max})}{g \cdot H}. \qquad (236,2)$$

Je länger also die Rohrleitungen und die in ihnen vorkommenden größten Geschwindigkeiten im Verhältnis zu der für die Beschleunigung verfügbaren Energie, d. h. zur Fallhöhe H, sind, um so größer muß T_s und damit auch GD^2 gewählt werden, damit die Druckschwankungen in der Rohrleitung und die Drehzahländerungen bei Regelvorgängen in bestimmten Grenzen bleiben. Da man aber auch dann zu große Schwungmassen anwenden müßte, um mit der Schlußzeit T_s allein die Druckschwankungen zu begrenzen, so sieht man bei Francisspiralturbinen einen Nebenauslauf am Spiralgehäuse (sog. Druckregler) und bei Peltonturbinen einen Strahlablenker vor.

Als Beispiel für einen indirekten Regler zeigt Abb. 237,1 eine sog. Doppelregelung (selbsttätige Verstellung des Ablenkers und der Düsennadel) mit Rückführung (sog. Isodromeinrichtung) für eine Peltonturbine in ihrer Stellung beim Beharrungszustand. Bei Entlastung der Turbine erhöht sich n. Die damit wachsenden Fliehkräfte ziehen die Muffe des Reglers *110* nach oben. Der an ihr angebrachte Hebel dreht sich um seinen linken Punkt und nimmt den Ablenker-Steuerkolben *111* mit nach oben. Im oberen und unteren Teil des Zylinders von *111* befinden sich Schlitze für das Abströmen des Steueröls. So kann das Steueröl aus *102* abfließen und die Ablenker-Schließfeder *101* den Ablenker-Arbeitskolben *100* nach rechts bewegen. Die Rechtsdrehung von *103* wirkt nun über *26* auf den Ablenker *20* und über *104* auf die Steuerscheibe *27*. Dadurch, daß sich der Ablenker *20* in den Strahl *2* eindrückt, leitet er einen Teil der Wassermenge nach unten ab. Die auf die Becher *3* des Laufrades wirkende sekundliche Wassermasse, d. h. die Umfangskraft und damit das treibende Moment am Laufrad, wird kleiner und erreicht den Betrag des widerstehenden Moments, so daß innerhalb der Schlußzeit T_s die Drehzahl n wieder auf die normale Drehzahl zurückfällt. Da aber die Rechtsdrehung von *103* über *104* und *107* die Steuerscheibe *27* um *106* nach links dreht, so gibt der Nadel-Steuerkolben *24* durch seinen Weg nach links das Abströmen des Steueröls von *108*

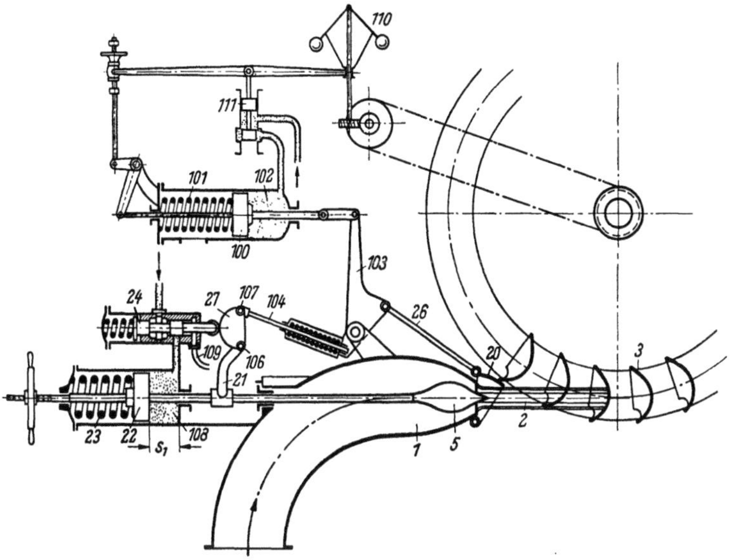

Abb. 237,1. Doppelregelung einer Peltonturbine. Stellung im Beharrungszustand (Escher Wyss, Ravensburg)

nach *109* frei, und die Nadel-Schließfeder *23* kann den Nadel-Arbeitskolben *22* und damit die Düsennadel *5* selbst nach rechts drücken. Hierdurch wird die Durchtrittsfläche zwischen Düse *1* und Nadel *5* vermindert und so ein kleinerer Durchmesser des Strahles *2* eingestellt. Der Ablenker *20* kommt eben außer Eingriff. Da der Rückführhebel *21* die Rechtsbewegung der Nadel mitmacht, so dreht er die Steuerscheibe *27* um *107*. Die Feder links von *24* drückt den Nadel-Steuerkolben *24* wieder in die Mittellage, so daß *24* den Ölabfluß von *108* nach *109* verschließt und so die Schließbewegung von *5* beendet. Die mit der Drehzahl n heruntergehende Muffe des Reglers *110* hat auf die gleiche Weise durch die Verschiebung des Ablenker-Steuerkolbens *111* in seine Mittellage die Bewegung des Ablenkers *20* zum Stillstand gebracht.

Da sich bei großen Turbinen Schließfedern nicht mehr verwenden lassen, so wird dann der Nadel-Arbeitskolben *22* beiderseits durch Drucköl gesteuert, während dem Ablenker-Arbeitskolben links gereinigtes Druckwasser aus der Rohrleitung zugeführt wird, so daß er unter einer konstanten Schlußkraft steht.

Ähnlich arbeiten auch die indirekten Regler zur Verstellung der FINKschen Drehschaufeln der Überdruckturbinen. Bei den Kaplanturbinen ist in die Hohlwelle (Abb. 113,1) noch ein Arbeitskolben für die Verstellung der Laufradpropeller eingebaut.

Durch diese indirekten Regler lassen sich Belastungsänderungen von 25% mit 2 bis 3% Drehzahlschwankung und Belastungsänderungen von 100% mit 10 bis 18% Drehzahlschwankung einstellen.

B. Dampfturbinen

Für das Anfahren, den Betrieb und das Abstellen von Dampfturbinenanlagen geben die Lieferfirmen Richtlinien heraus, die sorgfältig einzuhalten sind, wenn Betriebsschäden verhütet werden sollen.

1. Das Anfahren der Turbine

Zunächst werden die Absperrmittel der Abdampfleitungen, dann die der Frischdampfleitungen geöffnet. Sie werden zuerst ins Freie entwässert. Nach Beendigung der Wasserbildung wird nach Schließung der Freientwässerung auf die Kondenstöpfe umgeschaltet.

Ebenso öffnet man zuerst den Ablauf und dann den Zulauf des Kühlwassers für die Kondensation.

Kann das Öl vorgewärmt werden, so geschieht dies zunächst, und es wird erst dann Kühlwasser zum Ölkühler geleitet, wenn das Öl hinter dem Kühler 45 °C hat. Vor dem Anfahren der Turbine ist der Ölstand im Ölbehälter zu prüfen und gegebenenfalls abgesetztes Wasser aus dem Öl abzulassen.

Um ein Verziehen des Läufers und hierdurch ein Ankommen des Läufers am Gehäuse durch ungleichmäßige Erwärmung zu vermeiden, wird die Turbine nicht im Stillstand, sondern durch Betätigung einer Drehvorrichtung (s. S. 129) angewärmt.

Das Vakuum im Kondensator wird durch Wasser- oder Dampfstrahler hergestellt, ohne daß zunächst Stopfbüchsdampf (vgl. S. 132) gegeben wird.

Das Anfahren der Turbine beginnt erst, wenn durch alle Lager Öl fließt, wenn die Kondensation einwandfrei arbeitet und wenn die Frischdampfleitung entwässert ist. Durch Öffnen des Hauptventils und meist nur der ersten Düsengruppe läuft die Turbine in Drehzahlstufen an. Das Verweilen auf diesen Stufen hängt von den Spielen in der Turbine ab und wird deshalb von der Lieferfirma vorgeschrieben. Auch kommt es darauf an, ob die Turbine nur bis zu einem Tag gestanden hat oder ob aus dem kalten Zustand angefahren wird. Im ersten Fall sind längere Laufzeiten in den niederen Drehzahlstufen nötig, um Krümmungen des Läufers zu beseitigen.

Nach einer gewissen Zeit wird Stopfbüchsdampf gegeben und die Hilfsölpumpe in dem Maße entlastet, in welchem die Hauptölpumpe die Versorgung übernimmt. Die Reglerbüchse *g* des Drehzahlreglers *f* (s. Abb. 242,1) wird auf die unterste Drehzahl gestellt und beobachtet, ob sich die Düsenventile bei Erreichung dieser Drehzahl schließen, weil nun der Regler eingreift. Damit ist gewährleistet, daß die Steuerung und die Düsenventile einwandfrei arbeiten (kein Klemmen oder Hängen durch Ölkrusten). Durch Verstellen der Reglerbüchse auf normale Drehzahl wird die Turbine auf diese Drehzahl gebracht und eine Schnellschlußprobe (s. S. 243) durch Handauslösung, nach längerem Stillstand oder nach Reparaturen auch auf Überdrehzahl (vgl. S. 243) vorgenommen. Dann kann die Turbine belastet werden.

2. Die Regelung der Turbine

Nach Gl. (64,4) ist die Kupplungsleistung einer Dampfturbine $N_e = G_{\text{sek}} \cdot H_0 \cdot \eta_e \cdot 427/75$ PS_e. Sie läßt sich also vermindern, indem man entweder das adiabatische Wärmegefälle (Drosselregelung) oder das sekundliche Dampfgewicht (Mengenregelung) oder beide (vereinigte Drossel- und Mengenregelung) verkleinert.

Bei der *Drosselregelung* setzt das Regelventil vor der Turbine durch Veränderung seines Querschnitts und damit seines Widerstandes den Frischdampfdruck vom höchsten Druck bei Vollast auf den niedrigsten Druck bei Leerlauf herab. Da nach Abb. 18,1 diese sog. Drosselung im *is*-Diagramm als Waagerechte erscheint, so wird die Lotrechte zwischen dieser Waagerechten und der Kurve des etwa konstanten Abdampfdruckes, das Arbeitsvermögen H_0 kcal von 1 kp Dampf, durch die Drosselung kleiner. Deshalb vergrößert sich natürlich der spezifische Dampfverbrauch D_e kp/kWh (s. Abb. 240,2). Daher wird die Drosselregelung nur bei Kleinstturbinen und im niedrigen Lastbereich von Großturbinen (vgl. S. 240) angewendet.

Bei der *Mengenregelung* wird in einem großen Lastbereich (s. Abb. 240,1) das Hauptventil *D V* durch den Regler so weit geöffnet, daß der Dampf ungedrosselt hindurchströmt. Die untere Düsengruppe ist stets offen. Bei Überschreitung, z. B. der $^1/_2$ Last, öffnet der Regler zunächst das Düsenventil *I*, bei Steigerung der Last über $^5/_8$, $^3/_4$, $^7/_8$ und $^1/_1$ Last dann nacheinander auch die Düsenventile *II* bis *V*. Nach Abb. 240,2 ist bei Mengenregelung der spezifische Dampfverbrauch D_e kp/kWh erheblich günstiger als bei Drosselregelung, obwohl beim Übergang von einer Laststufe zur andern eine gewisse Drosselung eintritt, weil das betreffende Düsenventil bei dieser Last erst zu öffnen beginnt.

Abb. 240,1 ist insofern eine *vereinigte Drossel- und Düsenregelung*, als unter $^1/_2$ Last, wie oben erwähnt, das Hauptventil DV weniger weit geöffnet ist, so daß der Frischdampfdruck vor der jetzt nur offenen unteren Düsengruppe etwas gedrosselt wird.

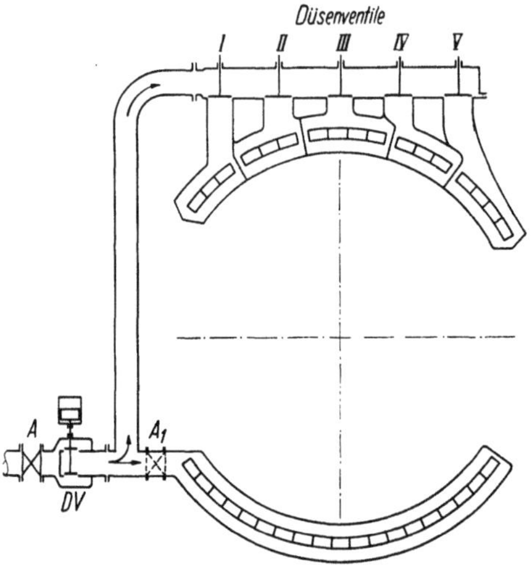

Abb. 240,1. Mengenregelung einer Dampfturbine

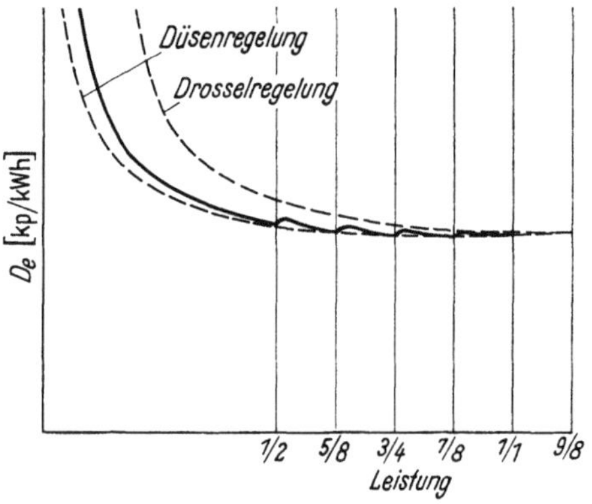

Abb. 240,2. Spezifischer Dampfverbrauch bei obiger Regelung

Nur die 1. Stufe aller mehrstufigen Dampfturbinen ist als sog. Regelstufe teilbeaufschlagt. Die weiteren Stufen sind bei Parsonsturbinen stets, bei Zoellyturbinen in den meisten Fällen voll beaufschlagt. Bei Teillast werden sie von einem geringeren sekundlichen Dampfvolumen durchströmt. Der Dampf hat mehr Platz, staut sich weniger und expandiert deshalb in den Leitvorrichtungen der ersten Stufen stärker. Da aber der Kondensatordruck nahezu derselbe bleibt — genaugenommen senkt er sich durch die kleinere Last etwas —, so ergibt sich für die letzten Stufen ein geringeres Druckgefälle (s. Abb. 241,1[1]). Durch die größere Drucksenkung in den ersten Stufen sind in diesen die absoluten Dampfgeschwindigkeiten hinter den Leitschaufeln größer. Für die letzten Stufen gilt das Umgekehrte, während in den mittleren Stufen die Geschwindigkeitsverhältnisse bei Teillast etwa dieselben sind wie bei Vollast. Die höheren inneren Verluste durch Stoß und Wirbelbildung im Hoch- und Niederdruckteil treten daher in den mittleren Stufen nicht auf, so daß der effektive Wirkungsgrad η_e bei mittleren und großen

[1] [*18*], S. 293.

Kondensationsturbinen sich von 82% bei optimaler Last nur auf 78% bei größter Überlast und auf 70% bei $^1/_3$ Last verändert.

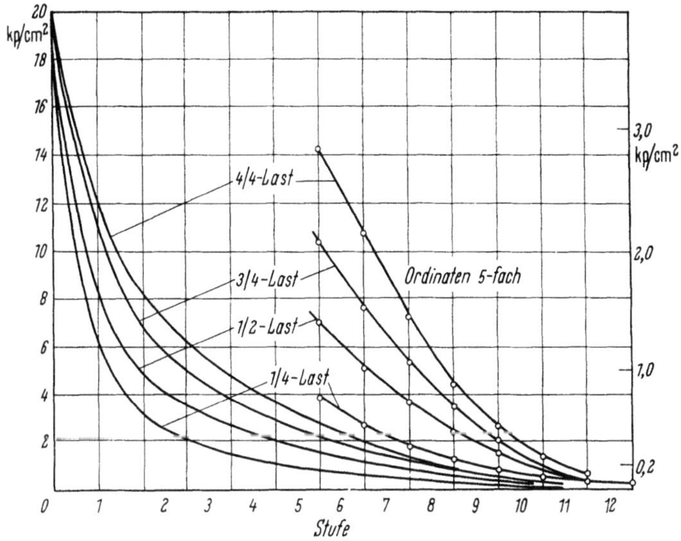

Abb. 241,1. Druckänderung in den Stufen einer Dampfturbine bei Belastungsänderung

Da die Dampfquerschnitte der auf die Regelstufe folgenden Stufen nicht erweiterte Düsen sind, so sind nach Gl. (90,1) bei konstantem Anfangsdruck p die sekundlich sie durchströmenden Dampfgewichte G_{sek} so von dem Gegendruck p_g abhängig, daß sie über p_g aufgetragen eine Viertelellipse ergeben. Bei entsprechender Wahl der Maßstäbe für p_g und G_{sek} wird daraus ein Viertelkreis. Ebenso entspricht bei konstantem Gegendruck p_g die Abhängigkeit des sekundlichen Dampfgewichts G_{sek} vom Anfangsdruck p einer Hyperbel. Die Endpunkte G der Strecken für G_{sek} liegen daher auf einer Kegelmantelfläche (s. Abb. 241,2). Das Gesetz für die Berechnung der sekundlichen Dampfgewichte G_{sek} einer Dampfturbine bei Teillast wurde daher schon von STODOLA (1859 bis 1942) das Gesetz vom Kegel der Dampfgewichte genannt. Es hat sich nach PFLEIDERER[1] in der Praxis sowohl bei Kondensations- wie auch bei Gegendruckturbinen sogar dann als zu-

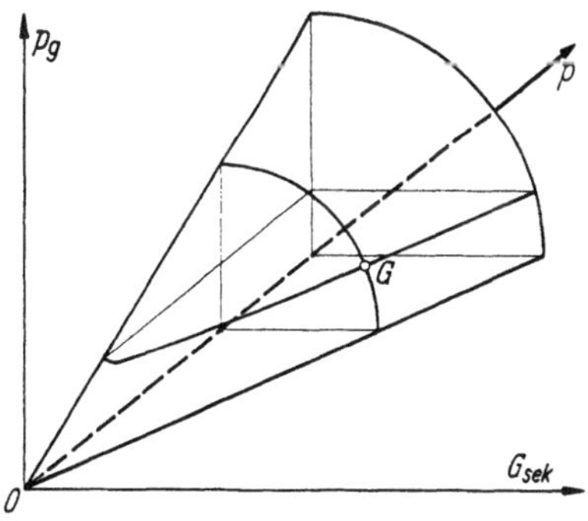

Abb. 241,2. Kegel der Dampfgewichte

[1] [*14a*].

treffend erwiesen, wenn in den letzten Stufen von großen Kondensationsturbinen überkritische Geschwindigkeiten angewendet werden.

Die hydraulische Regelung (Abb. 242,1) einer Kondensationsturbine diene als Beispiel für die fast stets indirekte Regelung und für die er-

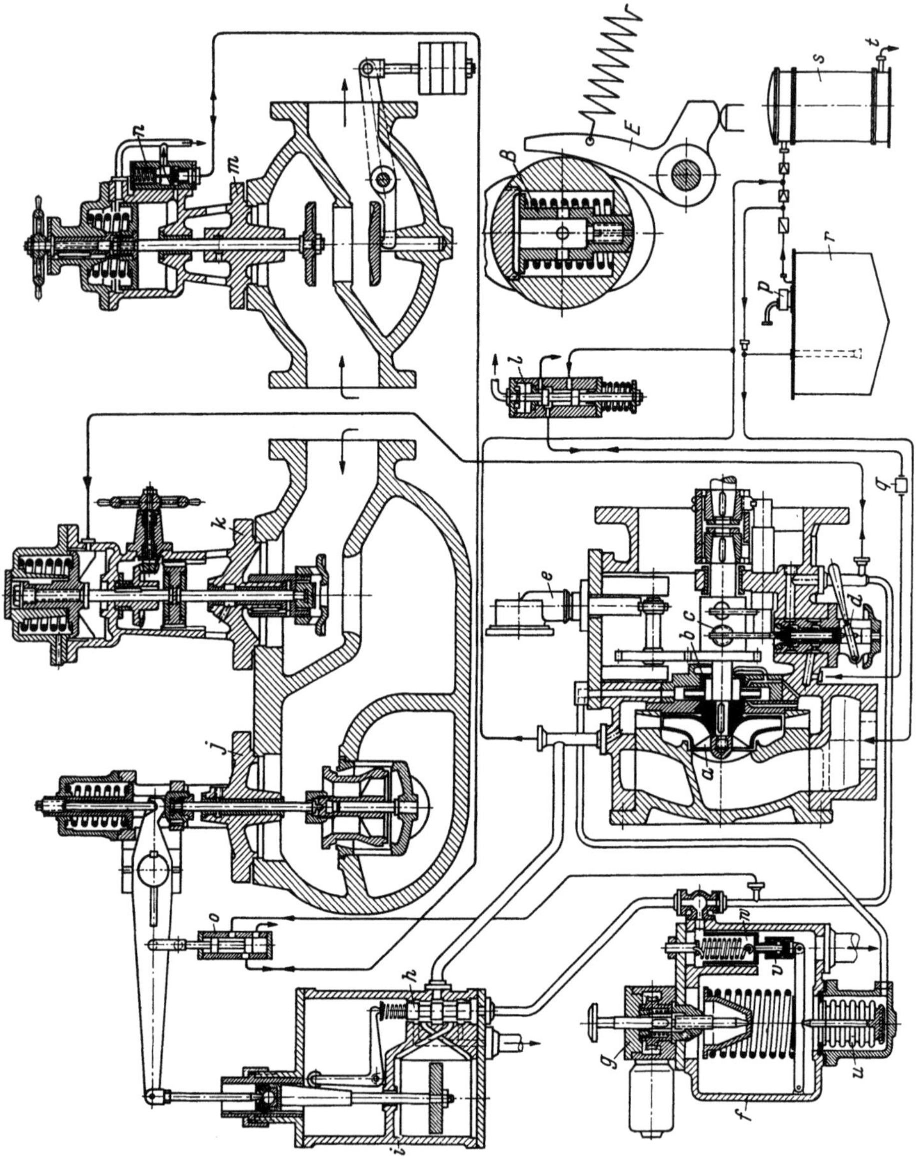

Abb. 242,1. Hydraulische Regelung einer Kondensationsturbine (Siemens)

forderlichen Sicherheitseinrichtungen der Dampfturbinenanlagen. Als Regelimpuls wird hier die Druckänderung benutzt, welche die Regelölpumpe *b* bei einer durch das Tachometer *e* angezeigten Drehzahländerung der Turbine liefert. Der von *b* erzeugte Öldruck im *primären Regelölkreis bub* wirkt auf einen Metallfaltenbalgen *u*. So fällt bei steigender Belastung und damit sinkender Drehzahl der Öldruck in *bub*. Die Feder im Drehzahlregler *f* drückt den Hebel nach unten, da *u* nachgibt, und verengt damit für den *sekundären Regelölkreis wh* den Abflußquerschnitt, der durch die Steuerkanten der Hülse *v* und des Folgekolbens *w* gebildet wird. Somit steigt der Steueröldruck im Sekundärkreislauf *wh*. Der Steuerschieber *h* bewegt sich gegen den Widerstand der über ihm liegenden Feder nach oben und gibt dem von der Hauptölpumpe *a* kommenden Drucköl den Weg über den Kraftkolben des Kraftzylinders *i* frei. Hierdurch öffnet das Düsenventil *j* weiter als vorher. Die vermehrte Dampfzufuhr erzeugt die verlangte größere Leistung und hebt so die Drehzahlverminderung auf. Deshalb bewirkt der Konus an der Stange des Kolbens von *i* beim Senken dieses Gestänges über den anliegenden Winkelhebel eine Rückführung des Steuerschiebers *h* in seine Mittellage und ebenso eine Steigerung des Öldrucks im Primärkreis *bub* eine Verstellung des Hebels in *f* und so eine Wiederherstellung des Abflußquerschnitts in *v* und eine Senkung des Öldrucks im sekundären Regelkreis *wh*. Damit ist der Regelvorgang beendet.

Durch Verdrehung der Kolbenstange von *i*, deren Konus in seinen Mantellinien verschiedene Steigungen hat, kann die Ungleichförmigkeit des Reglers in den Grenzen von 3 bis 6%, bezogen auf den Bereich von Leerlauf bis Vollast, verstellt werden.

Ebenso kann durch Spannen der Feder im Drehzahlregler *f* die Drehzahl der Turbine im Alleinbetrieb oder ihre Leistung im Parallelbetrieb erhöht werden. Der angebaute Motor und sein Schneckengetriebe ermöglichen dies durch Fernverstellung. Regelbereich dieser Drehzahlverstellung von +7% im Leerlauf bis −25% bei jeder Leistung in der normalen Ausführung.

Das Schnellschlußventil *k* erhält sein Steueröl von der Hauptölpumpe *a* über den Schieber der Schnellschlußvorrichtung zwischen *c* und *d*. Fällt der Öldruck oder drückt im Gefahrenfall der Maschinenwärter den Schnellschlußhebel *h* nach unten, so wird der Ölzufluß nach *k* abgesperrt und ein Ablauf zum Ölbehälter geöffnet. Durch das rasche Abfallen des Öldrucks drückt die Feder von *k* das Schnellschlußventil *k*, die sog. Hauptabschließung, und damit auch die Versorgung der stets offenen Düsengruppe zu. Gleichzeitig sinkt der Steuerschieber *h*, und damit schließt auch das Düsenventil *j*.

Zum Abschalten bei Überdrehzahl dient der Sicherheitsregler *c*. In einer Bohrung der Turbinenwelle liegt ein Schlagbolzen mit einem aus der Wellenmitte verlegten Schwerpunkt. Er wird durch eine gegen die Fliehkraft wirkende Feder bis zu einer einstellbaren Drehzahl von 10 bis 12% über der Normaldrehzahl in Ruhestellung gehalten. Wird diese überschritten, so überwindet die Fliehkraft die Federkraft. Der Bolzen schlägt hierdurch gegen einen Hebel E, der den über d liegenden Schnellschlußkolben betätigt und den Schnellschluß bewirkt.

Besitzt die Turbine eine Dampfentnahme, so hat das kombinierte Entnahmeschnellschluß-Rückschlagventil m die Aufgabe, die Dampfzufuhr zur Turbine aus dem Entnahmenetz zu unterbinden, wenn die Zufuhr des Frischdampfes zur Turbine abgesperrt wird. Hierzu wird beim Absinken der Last und kleinem Ventilhub über den Hilfsschieber o der Umschaltschieber n betätigt und so der Ölkraftkolben von m in Schließstellung gebracht, so daß m bereits zu Beginn einer Drehzahlerhöhung geschlossen wird.

Der Kondensatorschutz l öffnet beim Druckanstieg im Kondensator den Steuerölkreis zum Ölbehälter r, so daß der Steueröldruck sinkt und hierdurch die Ventile j schließen.

Weiter sind zu sehen die Hilfsölpumpe p, das Ölfilter q, der Ölkühler s und die Ölleitung t zu den Lagern.

3. Das Abstellen der Turbine

Die Turbine wird entlastet. Dann wird sie durch Betätigung der Schnellschlußeinrichtung stillgesetzt, während alle ihre Hilfsmaschinen in Betrieb bleiben. In regelmäßigen Zeitabständen wird hierbei die Auslaufzeit gemessen. Trägt man die während dieser Zeit ermittelten Drehzahlen als Ordinaten über der Zeit auf, so gibt diese Kurve Aufschluß über den Zustand der Lager unter der Voraussetzung, daß durch Drosselung des Wasserzuflusses zum Ölkühler die Öltemperatur und damit auch die Zähigkeit des Öls auf Betriebshöhe gehalten wird.

Noch während des Auslaufs wird der Hauptabsperrschieber A in der Frischdampfleitung geschlossen. Kurz vor oder beim Stillstand wird der Stopfbüchsdampf und anschließend die Kondensation abgestellt. Dabei bleiben die Kühlwasserrohre des Kondensators gefüllt.

Die Hilfsölpumpe wird in Betrieb genommen, um den Öldruck zu halten. Sie bleibt auch nach dem Stillstand der Turbine um so länger in Betrieb, je höher die Frischdampftemperatur ist. Die Drehvorrichtung der Turbine (s. S. 129) wird für die vorgeschriebene Zeit in Betrieb gesetzt.

Schließlich werden alle Entwässerungen und Entlüftungen der Dampfleitungen und des Gehäuses geöffnet, damit keine Schwadendämpfe in das Innere der Turbine dringen und so auf den Laufradschaufeln Rost bilden.

Für längere Stillstandszeiten gelten besondere Konservierungsvorschriften.

C. Pumpen und Verdichter

1. Der Betriebspunkt

Nach Abb. 65,1 stellt die Kennlinie einer Pumpe oder eines Ventilators die Förderhöhe oder Druckhöhe als Ordinate über der Abszisse der zugehörigen Fördermenge dar. Der Betriebspunkt des Ventilators ist nun der Punkt der Kennlinie, auf dem der Ventilator arbeiten wird, wenn er an ein Leitungsnetz angeschlossen wird. Offenbar muß dann die vom Ventilator geförderte Luftmenge ebenso groß sein wie die durch das Leitungsnetz gedrückte Menge, und weiter muß die vom Ventilator aufgebrachte Druckhöhe ebenso groß sein wie der Widerstand des Leitungsnetzes.

Man hat also die Kennlinie des Ventilators $\bar{a}$ von der Kennlinie des Leitungsnetzes a zu unterscheiden. Letztere ergibt sich aus der Art des

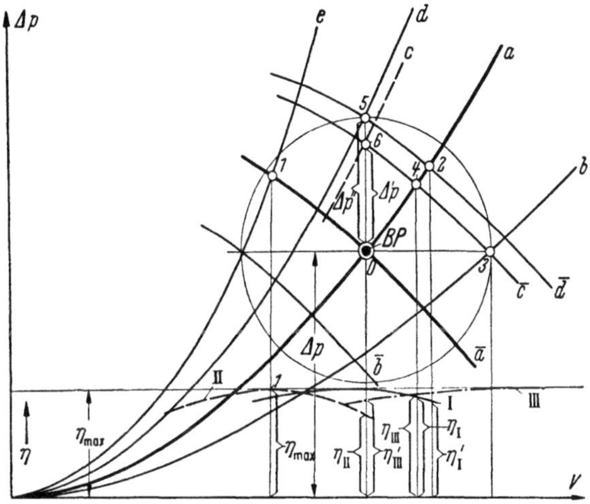

Abb. 245,1. Ventilator. $\bar{a}$ Kennlinie des Ventilators, a Kennlinie der Leitung

Widerstandes. a ist eine Waagerechte bei statischem Widerstand, z. B. beim Durchblasen eines Flüssigkeitsbades mit Luft, während dagegen a beim Durchblasen von Luft durch ein Filter eine ansteigende Gerade durch den Nullpunkt ist, weil bei den kleinen Geschwindigkeiten die Strömung laminar ist. Wird Luft durch eine Rohrleitung geführt, so ist die Strömung im allgemeinen turbulent; die bei Ventilatoren meistens vorkommende Kennlinie a ist daher eine Parabel durch den Nullpunkt (Abb. 245,1). Da eine Kreiselpumpe außer der dynamischen Förderhöhe der Rohrleitungen noch die statische Förderhöhe des Höhenunterschiedes zwischen dem Ober- und Unterwasserspiegel bzw. der Druckhöhe zwischen dem geschlossenen Saugbehälter und dem Druckkessel zu überwinden hat, so ist die Kennlinie a einer Kreiselpumpe eine Parabel, die nicht durch den Nullpunkt geht (Abb. 246,1).

Da nur im Schnittpunkt BP der Kennlinie $\bar{a}$ des Ventilators bzw. der Pumpe mit der Kennlinie a des Leitungsnetzes, der sog. Drossellinie, die geförderte Menge mit der abgegebenen und die hergestellte Druckhöhe mit der erforderlichen übereinstimmt, so ist BP der Betriebspunkt, auf dem die Strömungsmaschine arbeitet.

2. Der Auslegungspunkt und der Betriebspunkt

Nach Abb. 65,1[1] hat die Pumpe bzw. der Ventilator im sog. Auslegungspunkt D deshalb ihren besten hydraulischen Wirkungsgrad, weil bei dieser sekundlichen Fördermenge das Medium tangential zu den Laufradschaufeln und damit ohne Stoß einströmt. Die Anlage würde deshalb dann mit dem besten Gesamtwirkungsgrad arbeiten, wenn a) der Betriebspunkt BP mit dem Auslegungspunkt D zusammenfallen und b) auch die Antriebsmaschine bei diesen Verhältnissen ihren besten Wirkungsgrad haben würde.

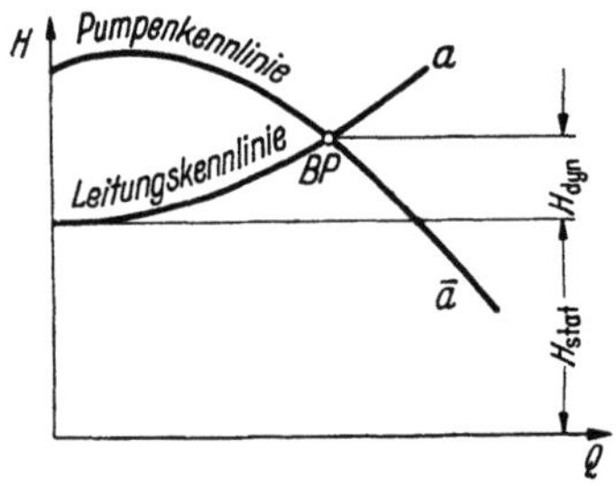

Abb. 246,1. Kreiselpumpe. Kennlinien

Dies würde sich nur dann erreichen lassen, wenn zwei Voraussetzungen gemacht werden könnten. Es müßten erstens die Strömungsverhältnisse und die Verluste in der Strömungsmaschine so gut bekannt sein, daß die berechnete Kennlinie mit der Kennlinie $\bar{a}$ beim Versuch an der ausgeführten Maschine sich deckt. Außerdem müßten der wirkliche Verbrauch und der wirkliche Widerstand der Leitung mit den angenommenen Werten übereinstimmen, so daß auch die wirkliche Kennlinie a gleich der angenommenen ist. Da besonders a nicht genau bekannt ist, so macht der auslegende Ingenieur gewisse „Sicherheitszuschläge", deren Auswirkungen im folgenden Abschnitt untersucht werden.

3. Drehzahlregelung und Drosselregelung. Der Antrieb

Eck[1] unterscheidet an Hand von Abb. 245,1 folgende Fälle:

1. Der Auslegungspunkt *1* liegt auf der richtigen Ventilatorkennlinie $\bar{a}$, insofern als $\bar{a}$ die Drossellinie a im gewünschten Betriebspunkt BP

---

[1] [5], S. 340.

schneidet. Der Ventilator ist aber insofern falsch ausgelegt, als er dort nicht mit $\eta_{\max}$, sondern nur mit η_{II} der η-Kurve *II* arbeiten wird, weil sich der Auslegungspunkt *1* nicht mit *BP* deckt.

2. Der Auslegungspunkt *2* liegt zwar auf der Drossellinie a, aber außerhalb von *BP*. Erlaubt die Antriebsmaschine eine Drehzahlverminderung so, daß der Ventilator die Kennlinie $\bar{a}$ statt $\bar{d}$ bekommt, so kann nach Abb. 67,2 der Ventilator ohne Wirkungsgradeinbuße in dem verlangten Betriebspunkt *BP* arbeiten, obwohl er an sich ebenfalls falsch ausgelegt ist.

3. Bei der Wahl des Auslegungspunktes *3* ist zwar der Druck Δp richtig, aber das Volumen V zu groß angenommen. Ohne Drehzahländerung würde der Ventilator auf der Kennlinie $\bar{c}$ und damit mit dem Betriebspunkt *4* arbeiten. Er würde dann ein größeres Volumen und einen größeren Druck liefern als in *BP*. Wird seine Kennlinie durch Drehzahlverminderung von $\bar{c}$ nach $\bar{a}$ geändert, so arbeitet er in *BP*, aber nicht mit $\eta_{\max}$, sondern nur mit η_{III} der Kurve *III*. Weiteres unter 5.

4. Beim Auslegungspunkt *5* ist das Volumen V richtig, aber der Druck zu hoch angenommen. Da der Ventilator entsprechend seiner Kennlinie $\bar{d}$ mit dem Betriebspunkt *2* arbeitet, so liefert er auch hier einen zu großen Druck und eine zu große Menge. Durch entsprechende Drehzahlminderung arbeitet er zwar in *BP*, aber nicht mit $\eta_{\max}$, sondern nur mit η_I' der Kurve *I*.

5. Die Korrekturen in Fall 2 bis 4 waren nur dadurch möglich, daß die Antriebsmaschine eine Drehzahlveränderung gestattet. Ist dies nicht der Fall, so muß die Korrektur durch Drosseln erzwungen werden. Durch Schließen des Druckschiebers kann z. B. in Fall 3 die Menge auf das zu *BP* gehörige Volumen V verringert werden. Entsprechend der Kennlinie $\bar{c}$ arbeitet aber nun der Ventilator auf Punkt *6*, weil sich die Leitungskennlinie durch den mit der Drosselung verbundenen größeren Widerstand von a auf c angehoben hat und weil nur das Volumen V entsprechend *BP* benötigt wird. Der Leistungsbedarf entspricht beim Zusammenfallen des Auslegungspunktes mit *BP* dem Wert $V \cdot \Delta p/\eta_{\max}$, im Fall obiger Drosselung aber dem Wert $V \cdot (\Delta p + \Delta p')/\eta_{III}'$, so daß er sich im Verhältnis $\dfrac{(\Delta p + \Delta p')\eta_{\max}}{\Delta p \cdot \eta_{III}'}$ erhöht hat. Die Drosselregelung ist also wohl in der Ausführung einfacher und billiger, aber in den Betriebskosten teurer als die Drehzahlregelung.

Der Auslegungsingenieur geht demnach am sichersten, wenn er vorher die Leitungskennlinie und die Pumpen- bzw. Verdichterkennlinie möglichst genau ermittelt.

Für den Anlauf gelten die sog. Affinitätsgesetze $V_2/V_1 = n_2/n_1$, entsprechend Gl. (58,2) $\Delta p_2/\Delta p_1 = (n_2/n_1)^2$ und für die Leistungen mit

$$L = V \cdot \Delta p \text{ noch } L_2/L_1 = (n_2/n_1)^3 = \frac{M_2 \cdot n_2}{M_1 \cdot n_1}, \text{ also } M_2/M_1 = (n_2/n_1)^2.$$

Die Strömungsarbeitsmaschinen benötigen also ein gegen das Ende der Anlaufperiode stetig ansteigendes Drehmoment, während das Anzugsmoment für $n = 0$ klein sein kann. Besteht nicht die Notwendigkeit der Drehzahlregelung, so ist z. B. für ein Gebläse der Asynchronmotor mit Kurzschlußläufer der normale Antrieb. Durch Einführung der Keilstab-, Hochstab- und Doppelnutläufer ist er wesentlich verbessert worden, so daß z. B. für einen Keilstabläufer das Verhältnis M/M_n für $n = 0$ bei 1,1, für $n = 20$ bis 40% bei 1 liegt, um dann stetig auf 2 bei $n = 100\%$ anzusteigen. Er liegt im Wirkungsgrad höher und im Preis niedriger als die regelbaren Motoren. Die Drehzahlregulierung wird insbesondere mit Asynchron-Schleifringläufermotoren durchgeführt. Sie werden durch Regelanlasser in der Drehzahl geregelt. Mit polumschaltbaren Asynchronmotoren läßt sich die Drehzahl nur in 2 bis 4 starren Stufen verändern, z. B. 1500/1000/750/500 U/min. Für Ventilatoren bis 20 kW und für Kleinstlüfter bis 20 W gibt es Sondermotoren. Bei Gebläsen werden über 1000 kW Synchronmotoren bevorzugt, da ihr Wirkungsgrad besser ist und da sie außerdem durch Rückgabe von Blind-

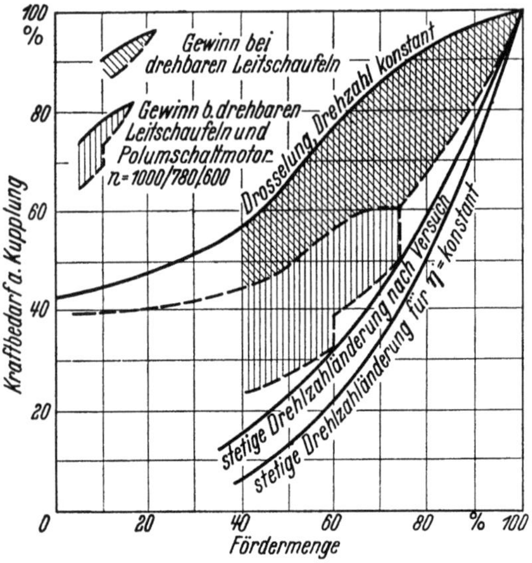

Abb. 248,1. Saugzuggebläse. Kraftbedarf bei veränderter Fördermenge. Drossel- und Drehzahlregelung, verstellbare Leitschaufeln

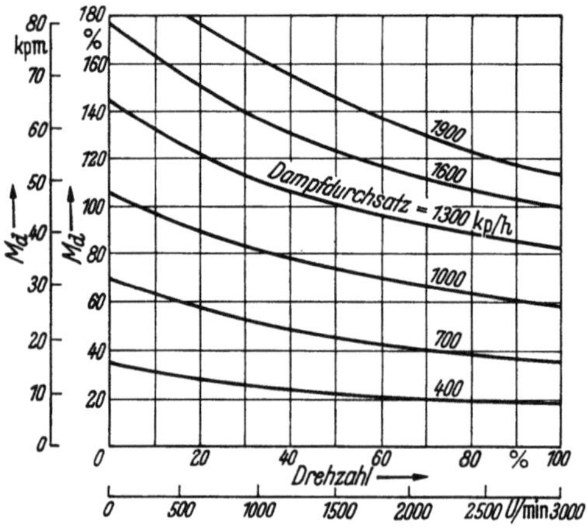

Abb. 248,2. Änderung von n und M_d bei Gleichdruck-Dampfturbinen (starre Welle) bei verschiedenem Dampfdurchsatz

leistung an das Netz den Gesamtleistungsfaktor $\cos\varphi$ des Netzes verbessern. Auch durch verstellbare Leitschaufeln vor oder hinter dem Laufrad lassen sich bei Änderung der sekundlichen Menge V die Stoßverluste beim Eintritt ins Laufrad bzw. ins Leitrad vermindern. Abb. 248,1[1] zeigt einen Vergleich der erzielbaren Gewinne bei verschiedenen Regelungsarten und Antrieben für ein Büttner-Eck-Saugzuggebläse mit verstellbaren Leitschaufeln vor dem Laufrad.

Dampfturbinen mit starrer Welle können ihre Drehzahl in weiten Grenzen verändern. Abb. 248,2[2] zeigt für Gleichdruck-Dampfturbinen die Veränderung des Drehmoments mit dem Dampfdurchsatz und mit der Drehzahl.

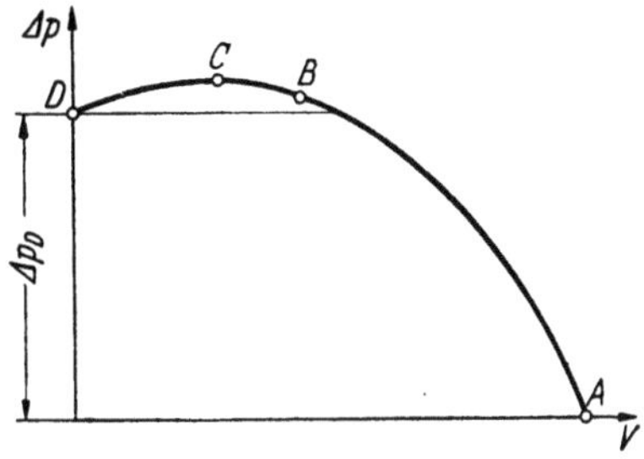

Abb. 249,1. Pumpen und Verdichter
C Pumpgrenze, $A-C$ stabiler, $C-D$ labiler Arbeitsbereich

4. Stabiler und labiler Arbeitsbereich. Das „Pumpen"

Ein Gebläse fördere in einen Druckluftkessel. Dann steigt der Druck im Kessel so lange an, wie das Gebläse mehr Luft fördert, als aus dem Kessel entnommen wird. Dies sei in Punkt B von Abb. 249,1 der Fall. Wird nun dem Kessel plötzlich eine größere Menge entnommen, so sinkt der Druck. Infolge der Eigenart seiner Kennlinie fördert aber das Gebläse auf dem Ast AC bei kleinerem Druck auch eine größere Luftmenge. Es paßt sich also in diesem Arbeitsbereich den Anforderungen des Betriebes an.

Im allgemeinen ist es aber so, daß beim Schließen des Druckschiebers bei gleichbleibender Drehzahl der Druck nur bis zu einer maximalen Höhe Punkt C steigt, um bei weiterer Drosselung auf den Leerlaufdruck Δp_D (Punkt D) abzufallen.

Arbeitet das Gebläse nun links von Punkt C und wird jetzt plötzlich mehr Luft aus dem Kessel entnommen, so sinkt der Druck im Kessel, aber das Gebläse kann sich dem sinkenden Druck nur dann anpassen, wenn es weniger fördert. So wird schließlich der Punkt D erreicht. Das Gebläse fördert nicht mehr. Der Kessel entleert sich weiter, bis der Kesseldruck unter den Leerlaufdruck Δp_D sinkt. Nun beginnt das Gebläse auf dem Stück AB, also mit großer Fördermenge, zu arbeiten. Der Kessel füllt sich wieder, so daß der Druck im Kessel steigt und schließlich der Punkt C erreicht wird. Nun wiederholt sich der ganze

[1] [5], 3. Aufl., S. 159.
[2] [8], S. 190.

Pendelvorgang. Mittel zur Änderung der Kennlinie und besonders zur Vermeidung des labilen Zweiges DC s. S. 66 und 67.

Bei höheren Enddrücken, also bei einstufigen und mehrstufigen Gebläsen und Turbokompressoren, kann dieses Pendeln zu unangenehmen Geräuschen und zu gefährlichen Schlägen führen, die man dort als „Pumpen" bezeichnet. „Pumpgrenze" nennt man die bestimmte geringe Fördermenge, bei der die bis dahin gleichmäßige Strömung der Luft

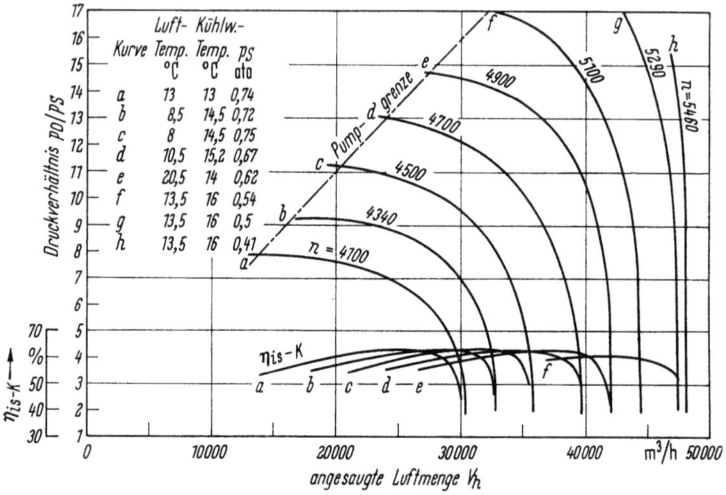

Abb. 250,1. Neunstufiger Turbokompressor mit dreifacher Zwischenkühlung. Wirtschaftliche Regelung der angesaugten Luftmenge durch Drehzahländerung

in eine unstetige Strömung übergeht. Die Häufigkeit (Frequenz) dieser periodischen Druckschwankungen richtet sich nach der Größe des Druckluftnetzes. Ist es groß, so ist die Dauer einer Druckschwankung lang, die Frequenz also gering, der Pumpstoß weich und umgekehrt. Bei mehrstufigen Maschinen beginnt diese Erscheinung in der letzten Stufe und schlägt dann bald auf die mittleren Stufen bis zur ersten Stufe über. Um die Pumpgrenze stark herabzusetzen, werden, wenn auch nicht nach jeder Stufe, so doch nach einer Reihe von Stufen, drehbare Leitschaufeln angeordnet, die das Ablösen und Zurückschlagen der Strömung durch Beseitigung des Eintrittsstoßes verhindern sollen. Da aber weder hierdurch noch durch schaufellose Leitringe eine restlose Unterdrückung des Pumpens erreicht werden kann, so muß angenommen werden, daß die in Abb. 74,2 behandelten Loslösungserscheinungen am Eintritt in die Laufräder bei verminderter Fördermenge so wirksam sein können, daß sie bei bestimmten kleinen Fördermengen sogar zum Zurückschlagen der Strömung bis an den Eintritt der Laufräder führen können.

Ähnlich wie bei den Dampfturbinen, so verändert sich auch bei den mehrstufigen Gebläsen und Turbokompressoren beim Betrieb mit wesentlich anderen Fördermengen und Förderdrücken, als sie der Auslegung entsprechen, der Arbeitsbereich der einzelnen Stufen, so daß z. B. schon bei gleichem Ansaugvolumen, aber herabgesetztem Förderdruck die letzten Stufen ein wesentlich größeres Volumen zu verarbeiten haben und in ihnen daher wesentlich höhere Geschwindigkeiten auftreten. Wie bei den Dampfturbinen gleichen sich aber die Stufen in ihrem Wirkungsgrad gegenseitig aus, so daß, wie Abb. 250,1[1] für einen neunstufigen Kreiselverdichter mit drei Zwischenkühlern für 34000 m³/h Luft normal und $p_D/p_S = 11$ zeigt, in einem großen Arbeitsbereich stabil und mit gleichbleibendem isothermischen Kupplungswirkungsgrad gearbeitet werden kann.

5. Das Zusammenarbeiten mehrerer Arbeitsmaschinen

a) Parallelschaltung. Arbeiten zwei Pumpen, die etwa die gleiche Art und Lage der Pumpenkennlinie haben, über eine gemeinsame Druckleitung in einen Druckkessel, so wird nach Abb. 251,1 die gemeinsame Pumpenkennlinie — stark ausgezogen — dadurch erhalten, daß man für gleiche Förderhöhe die Fördermengen addiert. Sie stimmt von *D* bis *C* mit der Kennlinie der Pumpe *1* überein. Arbeiten die Pumpen im Bereich *DC*, so drückt die größere Förderhöhe von *1* das Rückschlagventil der Pumpe *2* zu, weil diese infolge ihrer tiefer liegenden Kennlinie nicht in der Lage ist, die Förderhöhe von *1* zu erreichen. Pumpe *2* arbeitet so lange im Leerlauf, bis die Absenkung der Förderhöhe in das Gebiet rechts von *C* führt. Der Betriebspunkt beider Pumpen ist der Schnitt *B* der gemeinsamen Pumpenkennlinie mit der Leitungskennlinie. Da der Widerstand der gemeinsamen Leitung bei gemeinsamer Förderung und damit größerer Durchflußgeschwindigkeit größer ist als bei getrennten Leitungen, so ist Q kleiner als $Q_1 + Q_2$ bei getrennten Arbeiten der Pumpen auf den Druckkessel.

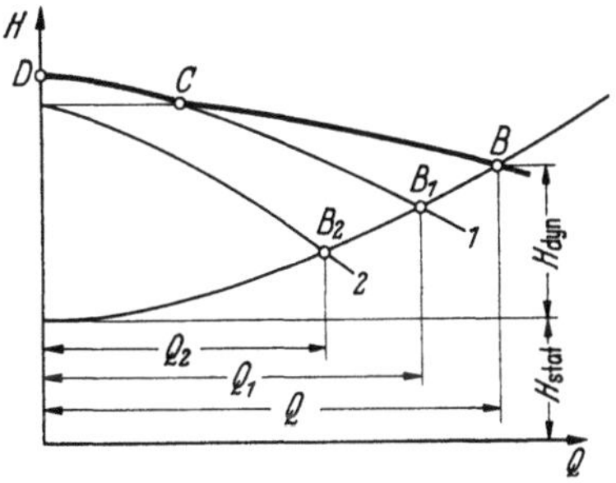

Abb. 251,1. Parallelbetrieb von Pumpen bei gleicher Art der Kennlinie

Sollen zwei Gebläse *I* und *II* von ungleicher Art der Kennlinie und von verschiedener Größe im Parallelbetrieb zusammen arbeiten, so muß man die Kennlinie des kleineren Gebläses *II* (eines Trommelläufers) nach Abb. 252,1[2] um m nach rechts verschieben. Wird die Fördermenge

[1] [*11*], S. 162. [2] [*5*], 3. Aufl., S. 166.

kleiner als in A, so wird der Druck des größeren Gebläses I größer als der des kleineren bei dessen Fördermenge Null. Da die Fördermenge von II nun gewissermaßen negativ ist, so wird Luft durch das Gebläse II zurückgeblasen. Das Gebläse II wirkt also nicht fördernd,

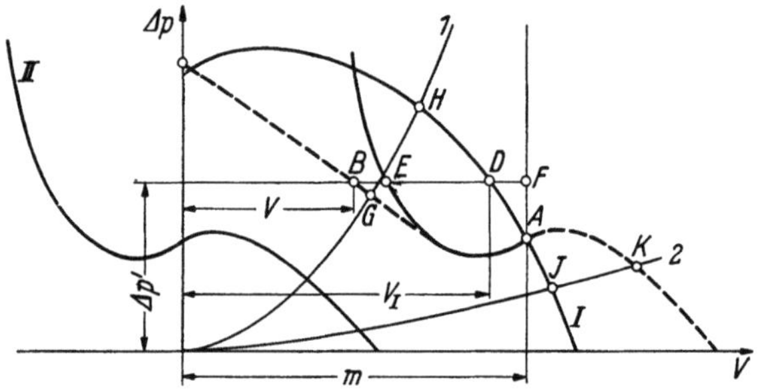

Abb. 252,1. **Parallelbetrieb von Gebläsen bei ungleicher Art der Kennlinie** *I* **erstes Gebläse,** *II* **zweites Gebläse, --- gemeinsame Kennlinie**

sondern als Strömungswiderstand. So fördert bei dem Druck $\Delta p'$ das Gebläse I entsprechend Punkt D die Fördermenge V_I. Hiervon wird aber die Fördermenge EF durch das Gebläse II zurückgeblasen, und so bleibt die Gesamtfördermenge $V = V_I - EF$ übrig. Punkt B wird ein Punkt der gemeinsamen gestrichelten Kennlinie beider Gebläse, die übrigens die Fördermenge Null bei einem größeren Druck anschneidet als I und II.

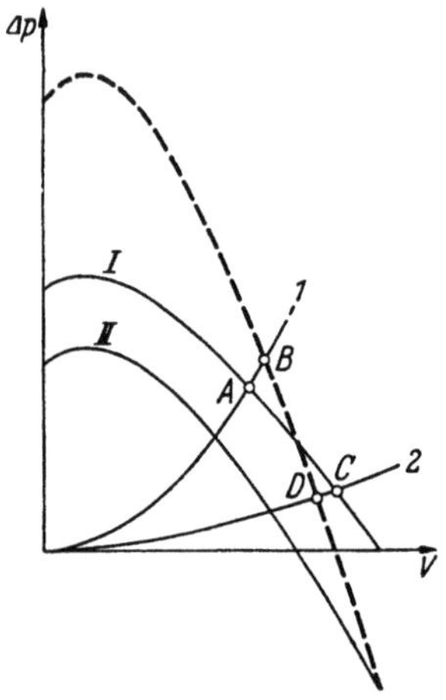

Abb. 252,2 **Hintereinander geschaltete Gebläse**

Arbeiten beide Gebläse auf zwei verschiedenen Leitungskennlinien *1* und *2*, so ergibt sich für *1* eine Verringerung der Fördermenge von H auf G, für *2* aber eine Vergrößerung der Fördermenge von J auf K.

b) Hintereinanderschaltung. Hierbei muß die durch die Gebläse geförderte Luftmenge gleich sein; die Drücke der Punkte von gleichem V werden einfach addiert. Sind die Gebläse ungleich, so muß nach Abb. 252,2[1] für das kleinere Gebläse II die Fortsetzung der Kennlinie für solche Fördermengen bekannt sein, bei denen nicht ein Druckanstieg, sondern ein Druckabfall im Gebläse II nötig ist, um größere Mengen zu fördern. Auch hier kann je nach der Lage der Leitungskennlinien *1* und *2* die Fördermenge durch die Hintereinanderschaltung der Gebläse vergrößert (von A nach B bei *1*) oder verringert werden (von C nach D bei *2*).

[1] [*5*], 3. Aufl., S. 167.

6. Regelungsarten der Kreiselverdichter

Um die Verdichter den verschiedenen Betriebsanforderungen anzupassen und um sie auch unterhalb der Pumpgrenze verwenden zu können, hat man verschiedene Regelungsarten geschaffen.

a) Regelung im stabilen Bereich. *α) Regelung auf konstanten Enddruck* kommt für Hochofengebläse, die auf eine Sammelleitung arbeiten, und für Zechenbetriebe in Frage. Ist die Drehzahl nicht regelbar, so ist es möglich, durch Drosselung in der Druck- oder Saugleitung auch Punkte unterhalb der Kennlinie zu fahren (vgl. Abb. 245,1).

Da in Abb. 253,1[1] der Antrieb des Verdichters *h* durch eine Dampfturbine *g* erfolgt, so war eine *Drehzahlregelung bei konstantem Enddruck des Verdichters* möglich. Die Druckleitung von *h* gibt bei *c* den Impuls an den Druckregler *f*. Sinkt z. B. der Netzdruck p_n infolge wachsenden Luftverbrauchs, so krümmt sich die Röhrenfeder *f*. Das Strahlrohr *b* geht nach unten und schickt Drucköl unter den Steuerkolben *i*. *i* drückt den Hebel *d* nach oben und hebt damit den Steuerschieber *a*. Dadurch tritt Steueröl unter den Kraftkolben *k*. Das Regelventil *e* der Dampfturbine *g* wird weiter geöffnet. Hierdurch hebt sich die Drehzahl von *g*. Der Verdichter *h* liefert eine größere Luftmenge und stellt den konstant zu haltenden Netzdruck p_n wieder her. Durch das steigende *n* geht die Reglermuffe nach oben. Durch das steigende p_n weitet sich *f* und führt das Strahlrohr *b* in die Mittellage. Beide Bewegungen wirken sich am Rückführhebel so aus, daß auch der Steuerschieber *a* in die Mittellage kommt. Der Regelvorgang ist hiermit beendet.

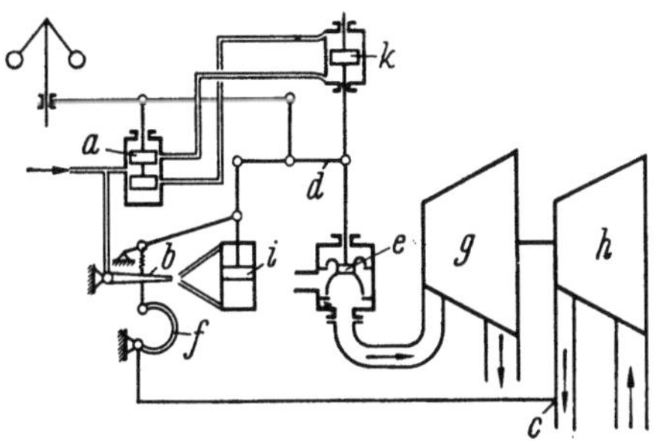

Abb. 253,1. Drehzahlregelung auf konstanten Enddruck

β) Regelung auf gleichbleibendes Ansaugegewicht ist erforderlich für chemische Apparate, die trotz veränderlichem Widerstand einen gleichbleibenden Luft- oder Gasdurchsatz verlangen, und für Hochofengebläse, die direkt auf den Hochofen arbeiten. Auch sie kann durch Drehzahl- oder Drosselregelung erfolgen. Da in Abb. 254,1[2] infolge des Antriebs durch einen Drehstrommotor eine Drehzahlregelung nicht möglich ist, ist eine *Drosselregelung für konstantes Ansaugegewicht* vorgesehen. Ist die Drosselklappe *e* in der Saugleitung des Verdichters *d* voll geöffnet, so

[1] [*11*], S. 207. [2] [*11*], S. 209.

möge bei Lieferung der Ansaugemenge V_{SA} am Saugstutzen von *d* der absolute Druck p_{SA} herrschen. Dann ist $G_A = \frac{V_{SA} \cdot P_{SA}}{R \cdot T_s}$. Fördert *d* infolge nachlassenden Widerstandes ein zu großes *G*, so steigt infolge der damit auftretenden größeren Geschwindigkeit in der Blende *a* der Druckunterschied. Die ihn aufnehmende Membran *f* wird nach rechts gedrückt und nimmt das Strahlrohr *b* mit. Das nun links vom Kolben *c* zuströmende Steueröl drückt *c* nach rechts. Der sich im Uhrzeigersinn drehende Winkelhebel verengt den Querschnitt der Drosselklappe *e*. Damit senkt sich der Druck am Saugstutzen von *d* auf p_{SB}. Entsprechend senkt sich auch der Enddruck p_D von *d*. Gemäß seiner Kennlinie fördert *d* nun eine größere Ansaugemenge V_{SB} derart, daß

$$\frac{P_{SB} \cdot V_{SB}}{R \cdot T_s} = \frac{P_{SA} \cdot V_{SA}}{R \cdot T_s}$$

wird und damit $G_B = G_A$ bleibt. Damit wird auch die Strömungsgeschwindigkeit in der Blende *a* wieder dieselbe. *F* und *b* gehen in die Mittellage zurück; der Regelvorgang ist beendet.

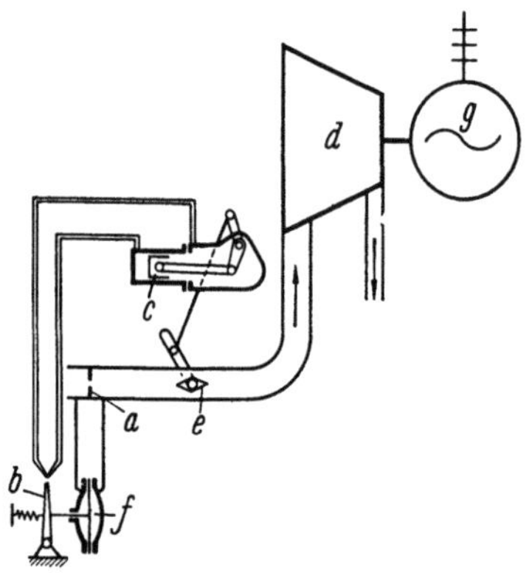

Abb. 254,1. Drosselregelung für konstantes Ansaugegewicht

γ) Regelung auf gleichbleibenden Druck an einer Entnahmestelle des Netzes ähnelt der Regelung α.

δ) Regelung auf gleichbleibende Leistungsaufnahme findet sich bei Vakuum-Kreiselpumpen, um den Motor bei der Evakuierung größerer Behälter möglichst gleichbleibend zu belasten und ihn damit nicht unnötig groß zu bemessen.

b) Regelung im instabilen Bereich. Wird während des Regelvorgangs die Pumpgrenze berührt oder durchfahren, so werden Pumpverhütungsvorrichtungen notwendig, die vor Auftreten des ersten Pumpstoßes wirksam werden.

α) Abblaseregelung. Bei einem unter der Pumpgrenze liegenden Luftbedarf *V* arbeitet der Verdichter mit der der Pumpgrenze entsprechenden Luftmenge $V_{\min}$ weiter. Der überschüssige Betrag $V_{\min} - V$ wird durch ein Abblaseventil abgeblasen. Da bei den heutigen Verdichtern $V_{\min}/V_{\text{normal}}$ sehr klein ist, so spielt der durch das Abblasen entstehende Energieverlust keine bedeutende Rolle.

β) Umblaseregelung. Werden hochwertige oder giftige Gase gefördert, so bläst man sie nicht ins Freie ab, sondern man führt sie in den Saugstutzen des Verdichters zurück. Sollen größere Mengen umgeblasen werden, so müssen sie über einen Rückkühler gehen, um zu hohe Eintrittstemperaturen im Verdichter zu vermeiden.

γ) Umblaseregelung mit Entspannungsturbine wird dann angewendet, wenn größere Luft- oder Gasmengen nicht kurzzeitig, sondern während einer längeren Zeit ab- oder umgeblasen werden sollen. Bei ihrer Entspannung auf den Eintrittszustand erzeugen sie Energie, die die Entspannungsturbine entweder zur Entlastung der Antriebsmaschine des Verdichters an die Hauptwelle abgibt oder zum Antrieb eines Stromerzeugers oder des Kondensationspumpensatzes der Dampfturbine verwendet. Letzterer wird dann abwechselnd von der Entspannungsturbine und von einem Elektromotor angetrieben.

δ) Aussetzerregelung. Das Druckluftnetz ist ein Energiespeicher von ganz erheblicher Größe, so daß es möglich ist, aus ihm eine gewisse Zeit Druckluft zu entnehmen, ohne während dieser Zeit Druckluft ins Netz zu fördern. Druckschwankungen um einige Zehntel Atmosphären sind ohne weiteres zulässig, wenn man auch aus betrieblichen Gründen meist Wert auf die Unveränderlichkeit des Netzdruckes legt.

Veranlassung zum aussetzenden Betrieb des Verdichters besteht, wenn seine Förderung auf die Fördermenge $V_{\min}$ der Pumpgrenze herabgesunken ist. Solange der Luftbedarf V_n des Netzes größer als $V_{\min}$ ist, wird von Hand oder automatisch die jeweilige Fördermenge V des Verdichters dem Verbrauch angepaßt, so daß der Netzdruck erhalten bleibt (*AB* und *HI* in Abb. 255,1[1]). Ist im Punkt *B* der Bedarf V_n auf $V_{\min}$ herabgesunken, so wird der Verdichter vom Preßluftnetz abgeschaltet, um das Pumpen zu verhüten. Da der Luftbedarf nun aus dem Netz gedeckt wird, so sinkt der Druck im Netz unter p_n (von B' bis C'). Ist er auf das zulässige Maß gefallen, so wird der Verdichter wieder auf das

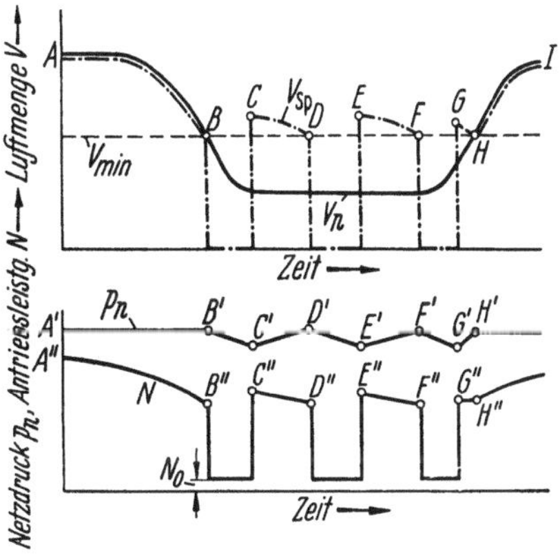

Abb. 255,1. Aussetzerregelung zur Vermeidung des „Pumpens"

Netz geschaltet. Da er entsprechend seiner Kennlinie bei dem niedrigeren Druck eine größere Fördermenge liefert, so arbeitet er nun oberhalb des $V_{\min}$ der Pumpgrenze, also im stabilen Bereich. Er kann mit der größeren Fördermenge V_{sp} das Netz wieder auffüllen, so daß sich der Druck im Netz auf p_n hebt (Strecke C' bis D'). Wenn er in *D* die Pumpgrenze erreicht, wird er wieder abgeschaltet, und das Spiel wiederholt sich. Damit in den Zeiten B' bis C', D' bis E' usf., d. h. bei Leerlauf,

[1] [*11*], S. 214.

das Auftreten zu hoher Temperaturen im Verdichter vermieden wird, wird die Regelklappe in der Saugleitung nicht völlig geschlossen, so daß der Verdichter eine kleine Luftmenge fördert, die durch ein Abblaseventil abgeblasen wird. Da hierfür nur etwa 15% der Pumpgrenzleistung aufzubringen sind, so übertrifft die Aussetzerregelung an Wirtschaftlichkeit die Abblase- und Umblaseregelung, auch wenn diese mit Entspannungsturbine betrieben werden.

Teil B. Umstellung auf das MKSAK-System

Die Bezifferung der Gleichungen ab Abschn. II ist dieselbe wie im Teil A. Das hinzugefügte Sternchen besagt, daß sie für das MKS-System gelten.

I. Allgemeine Einführung

1. Das internationale MKS-System

Es hat die *Grundeinheiten* 1 m für die Länge, 1 kg für die Masse und 1 sek für die Zeit.

Abgeleitet und zugleich *abgestimmt* (*kohärent*) *sind die Einheiten* 1 m^2 für die Fläche, 1 m^3 für das Volumen und für Widerstandsmomente, 1 m^4 für Flächenträgheitsmomente, 1 kg/m^3 für die Dichte, 1 kgm^2 für Massenträgheitsmomente, 1 m/sek für die Geschwindigkeit, 1 m/sek^2 für die Beschleunigung, 1 U/sek für die Drehzahl, 1 Periode/sek für die Frequenz, 1 kgm/sek^2 = 1 N (Newton) für Kräfte überhaupt und für das Gewicht, 1 N/m^3 für die Wichte, 1 kgm/sek für den Impuls und für die Bewegungsgröße, 1 N/m^2 für den Druck und für Spannungen sowie für den Elastizitäts- und den Gleitmodul, 1 Nm = 1 J (Joule) = 1 Wsek für die Energie überhaupt wie auch für das Drehmoment und die mechanische Arbeit und 1 Nm/sek = 1 J/sek = 1 W (Watt) für die Leistung.

2. Erweiterung zum MKSAKC-System

Durch weitere 3 Grundeinheiten — 1 A (Ampere) für die Elektrotechnik, 1 °K (Kelvingrad) für die Thermodynamik und 1 cd (Candela) für die Optik — sind weitere Gebiete der Physik und der Technik durch gemeinsame Grundeinheiten verbunden.

3. Größengleichungen

a) Größe. Dimension. Einheit. Zahlenwert. Jede physikalische Größe ist von einer bestimmten Art (Dimension). Die Einheit beschreibt die Art der Größe, während der Zahlenwert ihre Ausdehnung angibt.

Beispiel: Dimension einer Kraft $P = 8\,\text{N}$. Hierin ist N die Einheit und 8 der Zahlenwert im MKS-System.

b) Allgemeine Größengleichungen. Sie enthalten außer den Formelzeichen für die Größen keine Einheiten und so auch keine Umrechnungszahlen für die Einheiten, sondern nur solche Zahlenwerte, die durch mathematische oder empirische (z. B. aus Versuchswerten gewonnene) Ableitungen entstanden sind.

Beispiel: Leistungsgleichung

$$N = P \cdot v = P \cdot 2\pi \cdot r \cdot n = M_t \cdot 2 \cdot \pi \cdot n. \qquad (258,1)$$

Hierin ist 2π der Vollwinkel im Bogenmaß. Dieser Zahlenwert deutet an, daß es sich um mechanische Drehenergie handelt.

Da die allgemeine Größengleichung keine Einheiten enthält, so bringt sie das vorliegende Naturgesetz am klarsten zum Ausdruck und ist außerdem vom Einheitensystem unabhängig. Sie erleichtert weiterhin einmal im gleichen System den Übergang von einer Einheit zu einer anderen und außerdem den Übergang von einem System zu einem anderen System.

Die allgemeine Größengleichung sollte daher stets so lange beibehalten werden, bis die praktische Rechnung zur Wahl von Einheiten zwingt.

c) Zugeschnittene Größengleichungen. Sie sollten nur dann angewendet werden, wenn es nötig ist, sich auf bestimmte Einheiten festzulegen, die nicht kohärent sind.

So hat das Technische Maßsystem — im Nachtext kurz TM genannt — zwar die Grundeinheit 1 sek. Da die Drehzahl n aber im allgemeinen auf 1 min bezogen wird, so entsteht die zugeschnittene Größengleichung

$$N = M_t \cdot 2\pi n/60 = M \cdot \omega. \qquad (258,2)$$

Sie läßt den physikalischen Zusammenhang noch erkennen.

4. Zahlenwertgleichungen

Sie haben zwar den Vorteil, daß sie schnell den Zahlenwert der zu errechnenden Größe ergeben, aber den stark wiegenden Nachteil, daß sie physikalisch so undurchsichtig sind, daß die zu verwendenden Einheiten durch besondere Zusätze erläutert werden müssen.

Beispiel: In der bisherigen technischen Praxis bezog man die Drehzahl auf 1 min, die Leistung aber auf 1 sek und auf kpm, während jedoch das Drehmoment in kpcm und die Spannungen in kp/cm^2 ausgedrückt wurden. Es kam noch hinzu, daß man als technische Leistungseinheit nicht eine Zehnerpotenz, sondern 1 PS = 75 kpm/sek einführte. Aus der allgemeinen Größengleichung $M_t \cdot 2 \cdot \pi \cdot n = N$ wurde so durch Erweiterung mit 60 sek/min, 100 cm/m und 75 kpm/PS · sek die Zahlenwertgleichung

$$\frac{M_t}{100} \cdot 2\pi \frac{n}{60} \frac{\text{kpcm} \cdot \text{m} \cdot \text{min}}{\text{cm} \cdot \text{min sek}} = 75\, N \frac{\text{kpm} \cdot \text{PS}}{\text{sek PS}} \quad \text{oder} \quad \frac{\text{kpm}}{\text{sek}} = \frac{\text{kpm}}{\text{sek}},$$

also

$$M_t = \frac{75 \cdot 100 \cdot 60 \cdot N}{2 \cdot \pi\, n} = 71620 \cdot N/n,$$

wenn M_t in kpcm, N in PS und n in U/min eingesetzt werden.

Bei den Zahlenbeispielen S. 311 und 325 wird sich zeigen, daß man solche Zahlenwertgleichungen leicht vermeiden kann.

5. Umrechnung vom Technischen Maßsystem ins MKS-System

Während einer gewissen Übergangszeit wird man auf das Technische Maßsystem und seine Einheiten nicht verzichten können. Man wird aber im TM die Krafteinheit mit 1 kp bezeichnen müssen, um sie von der Masseneinheit 1 kg deutlich zu unterscheiden.

Während dieser Übergangszeit sollte man sich daran gewöhnen, die Einheiten des einen Systems in die des andern umzurechnen, damit man sich mit dem MKS-System vertraut macht. Deshalb sind auch die kleineren Zahlenbeispiele der Abschnitte II bis V in den Einheiten des TM gegeben und in die des MKS-Systems umgerechnet, während bei den größeren Aufgaben des Abschn. VI die Größen von vornherein in den Zahlenwerten und Einheiten des MKS-Systems gegeben sind.

Die Umrechnungen werden am einfachsten, wenn man von den kohärenten Einheiten ausgeht.

1 kp ist im TM die Kraft, die der Masse von 1 kg die Normfallbeschleunigung $g_n = 9{,}81$ m/sek² erteilt.

Die Krafteinheit 1 N des MKS-Systems gibt aber der Masse von 1 kg nur die Beschleunigung 1 m/sek².

1 kp entspricht also $g_n \cdot N = 9{,}81\, N$.

Dieselbe Umrechnungszahl $g_n = 9{,}81$ *haben alle Größen des TM, die von 1 kp abgeleitet sind,* wie die Masse m, die Dichte ϱ, das Massenträgheitsmoment J_d, die Wichte γ, der Impuls, die Bewegungsgröße, der Druck p, die Spannungen, der Elastizitätsmodul E, der Gleitmodul G, die Energie L, das Drehmoment M_t, die Leistung N.

Alle übrigen im Abschn. I 1 des Teils B aufgeführten Größen haben die Umrechnungszahl 1, wenn es sich um kohärente Einheiten handelt.

II. Grundlagen der Gas-, Wärme- und Strömungslehre

Als Haupttext gilt der Text im Teil A, soweit nicht eine Ergänzung nötig ist.

A. Gas- und Wärmelehre

1. Luftdruck. Absoluter Gasdruck. Normalzustand

Im MKS-System ist die *kohärente Einheit des Druckes 1* N/m^2, *die technische Einheit 1 bar* $= 10^5\ N/m^2$.

$$1\ \text{kp/m}^2 = 1\ \text{mm WS} \triangleq 9{,}81\ \text{N/m}^2,$$
$$1\ \text{at} = 1\ \text{kp/cm}^2 = 10000\ \text{kp/m}^2 = 735{,}5\ \text{mm QS}$$
$$\triangleq 98100\ \text{N/m}^2 = 0{,}981\ \text{bar},$$
$$1\ \text{bar} \triangleq 750\ \text{mm QS} \triangleq 1{,}02\ \text{at}.$$

Bestehen bleibt

$$b = b_t - b_t \cdot 0{,}00018 \cdot t, \tag{*5,1}$$

dagegen

$$p_a = b/750\ \text{bar}. \tag{*5,2}$$

Hiermit

$$p = p_a + \text{Überdruck} \tag{*5,3a}$$

oder

$$p = p_a - \text{Unterdruck} \tag{*5,3b}$$

für den absoluten Druck in bar.

$$\mathfrak{v}\%\ \text{Vakuum aus}\ \mathfrak{v}/100 = \frac{\text{Unterdruck}}{\text{Luftdruck}}, \tag{*5,5}$$

Normaldruck $\underline{p_0} \triangleq 760\ \text{mm QS} = \frac{760}{750} = \underline{1{,}013\ \text{bar}}.$

Kohärent für Luft $\gamma_0 = 1{,}293 \cdot 9{,}81$,

bei p_0 und 0 °C

$$\underline{\gamma_0 = 12{,}68\ \text{N/m}^3.}$$

Diese Umrechnungen fallen fort, sobald das MKS-System erst einmal in allen Taschenbüchern eingeführt ist.

Dagegen wird die Dichte

$$\underline{\varrho_0 = 1{,}293\ \text{kg/m}^3}$$

für Luft bei Normalzustand, da $\underline{1{,}293\ \text{kp}}$ *im TM* $\underline{1{,}293\ \text{kg}}$ *im MKS* entsprechen.

2. Thermische Zustandsgleichung der Gase

Mit

$$T = 273 + t \qquad (*6,1)$$

und

$$R = 29{,}27 \cdot 1 \cdot 9{,}81 \, \frac{\text{kpm} \cdot \text{kp} \cdot \text{N}}{\text{kp} \cdot \text{gr} \cdot \text{kg} \cdot \text{kp}},$$

also

$$R = 286{,}9 \, \frac{\text{Nm}}{\text{kg} \cdot \text{gr}}$$

für das MKS-System, wird

$$P \cdot V = m \cdot R \cdot T \quad \text{für die Masse } m, \qquad (*6,2\text{a})$$

$$P \cdot v = R \cdot T \quad \text{für die Masse 1 kg}. \qquad (*6,2\text{b})$$

Da das spez. Volumen der Masseneinheit $v = 1/\varrho$ ist, so wird

$$P/\varrho = R \cdot T. \qquad (*6,2\text{c})$$

Zahlenbeispiel 1 auf S. 6. Turbokompressor. Fördermenge 2,5 Nm^3/sek Luft von 700 mm QS abs. Druck und 15 °C am Saugstutzen. Wie groß sind absoluter Druck, absolute Temperatur und Dichte am Saugstutzen sowie die sekundliche Luftmasse, bezogen auf das MKS-System?

Nach S. 259 wird *zunächst auf die kohärenten Einheiten umgerechnet.*

$$\underline{P} = \frac{700}{750} \cdot 10^5 \, \frac{\text{mm QS} \cdot \text{bar} \cdot \text{N/m}^2}{\text{mm QS} \cdot \text{bar}} = \underline{9{,}33 \cdot 10^4 \, \text{N/m}^2} \text{ nach S. 260},$$

$$\underline{T} = 273 + 15 = \underline{288\,°\text{K}} \text{ nach Gl. } (*6,1),$$

$$\underline{\varrho} = \frac{P}{R \cdot T} = \frac{9{,}33 \cdot 10^4}{2{,}869 \cdot 2{,}88 \cdot 10^4} = \underline{1{,}13 \, \frac{\text{kg}}{\text{m}^3}} \text{ nach Gl. } (*6,2\text{c}),$$

$$m_{\text{sek}} = V_0 \cdot \varrho_0 \, \frac{\text{Nm}^3 \cdot \text{kg}}{\text{sek} \cdot \text{Nm}^3} = 2{,}5 \cdot 1{,}293 = \underline{3{,}23 \text{ kg/sek}}$$

(s. Berechnung einer Verdichterstufe ab S. 225).

3. Wärmezufuhr. Innere Energie. Äußere Arbeit. Enthalpie

Alle Energien und so auch die Wärmemenge werden in den Einheiten der Elektrotechnik gemessen. Kohärente Einheit im MKS-System: 1 Nm = 1 J (Joule) = 1 Wsek (Wattsekunde). *Technische Einheit:* 1 kJ = 10^3 J.

Nach S. 7 sind 860 kcal = 1 kWh. Also ergibt sich, daß

$$1\ \text{kcal} \mathrel{\hat{=}} \frac{1 \cdot 1000 \cdot 3600}{860} \frac{\text{kWh} \cdot \text{W} \cdot \text{sek}}{\text{kW} \cdot \text{h}},$$

$$\underline{1\ \text{kcal im TM} \mathrel{\hat{=}} \approx 4190\ \text{J im MKS}.} \qquad (*7{,}2)$$

Nach S. 7 wird dann für Luft bei ≈ 1 bar und 0 °C

$$\underline{c_p} = 0{,}24 \cdot 1 \cdot 4190 \frac{\text{kcal} \cdot \text{kp} \cdot \text{J}}{\text{kp} \cdot \text{gr} \cdot \text{kg} \cdot \text{kcal}} = \underline{1005 \frac{\text{J}}{\text{kg} \cdot \text{gr}}}$$

und

$$\underline{c_v} = c_p/\varkappa = 1005/1{,}4 = \underline{718{,}1 \frac{\text{J}}{\text{kg} \cdot \text{gr}}}.$$

Bestehen bleibt

$$n = \frac{c_p - c}{c_v - c}. \qquad (*7{,}1)$$

Da Wärmemengen und alle übrigen Energien in einer Einheit gemessen werden, so fällt die Umrechnungszahl A (das sog. mechanische Wärmeäquivalent) fort, und es wird im MKS-System

$$c_p - c_v = R. \qquad (*7{,}3)$$

Mit der äußeren Arbeit $P \cdot dv$ lautet der I. Hauptsatz der Wärmelehre

$$dq = du + P \cdot dv = c \cdot dT. \qquad (*7{,}4)$$

Vergleicht man Gln. (*7,3) und (*7,4) mit Gln. (7,3) und (7,4), so sieht man, daß die Gleichungen im MKS-System einfacher sind als im TM.

Die Enthalpie (früher Wärmeinhalt genannt) wird

$$i = c_{pm} \cdot t \frac{\text{J}}{\text{kg}}. \qquad (*7{,}5)$$

4. Zustandsänderungen und Diagramme

a) Das Pv-Diagramm. Abb. 8,1 hat im MKS-System als Abszisse das spez. Volumen v in m³/kg und als Ordinate den absoluten Druck P in N/m². Die spezifische äußere Arbeit $L = \int_1^2 P \cdot dv \frac{\text{Nm}}{\text{kg}} = \frac{\text{J}}{\text{kg}}$ erscheint auch hier als Fläche zwischen der Zustandskurve *1—2* und der v-Achse.

b) Das Ts-Diagramm. Abb. 8,2 hat im MKS-System als Ordinate die absolute Temperatur T und als Abszisse die Entropie s in $\frac{\text{J}}{\text{kg} \cdot \text{gr}}$.

Da auch hier als Fläche zwischen der Zustandskurve *1—2* und der s-Achse die spezifische Wärmezufuhr $q\,\frac{\mathrm{J}}{\mathrm{kg}}$ gewählt ist, so wird

$$dq = T \cdot ds \qquad (*8{,}1)$$

auch im MKS-System.

Für den praktischen Gebrauch wird man allerdings für s die technische Einheit kJ/kg · gr anwenden.

c) Das is-Diagramm. Siehe S. 315. Kohärent hat die Enthalpie i die Einheit J/kg. Praktisch wird die technische Einheit kJ/kg angewendet.

5. Die Dampfarten und ihre Kennwerte

a) Trocken gesättigter Dampf (Sattdampf).

$$r = T_s(s'' - s')\,\frac{\mathrm{J}}{\mathrm{kg}}, \quad i'' = i' + r\,\frac{\mathrm{J}}{\mathrm{kg}} \qquad (*9{,}1)$$

im is-Diagramm für Wasserdampf[1] auf Kurve $x = 1$, im is-Diagramm allerdings in kJ/kg aufgezeichnet.

b) Überhitzter Dampf (Heißdampf).

$i\,\frac{\mathrm{kJ}}{\mathrm{kg}}$ und $v\,\frac{\mathrm{m^3}}{\mathrm{kg}}$ für p bar absolut und t °C im is-Diagramm[1] über der Kurve $x = 1$ oder in Dampftabellen. Lauten die Dampftabellen aber auf $\frac{\mathrm{kcal}}{\mathrm{kg}}$, so sind ihre Werte nach Gl. (*7,2) mit 4,19 zu multiplizieren, um i in $\frac{\mathrm{kJ}}{\mathrm{kg}}$ zu erhalten.

c) Naßdampf.

Spez. Dampfgehalt $x\,\frac{\text{kg Sattdampf}}{\text{kg Naßdampf}}$ und spez. Dampfnässe $f = 1 - x\,\frac{\text{kg sied. Flüss.}}{\text{kg Naßdampf}}$.

$$i = i' + x \cdot r\,\frac{\mathrm{kJ}}{\mathrm{kg}},$$

$$s = s' + x \cdot (s'' - s')\,\frac{\mathrm{kJ}}{\mathrm{kg}},$$

$$v \approx x \cdot v''\,\frac{\mathrm{m^3}}{\mathrm{kg}}$$

im is-Diagramm[1] unter der Kurve $x = 1$ für p bar abs. und $x\,\frac{\mathrm{kg}}{\mathrm{kg}}$. Bemerkung wie Abschn. b. $t = t_s$ bei p bar abs. auf der Kurve für $x = 1$.

[1] [*4*].

6. Die technische Arbeit bei isothermischer, adiabatischer und polytropischer Zustandsänderung

$$L_t = P_1 \cdot v + \int_1^2 P \cdot dv - P_2 \cdot v_2 = -\int_1^2 v \cdot dP \, \frac{\mathrm{J}}{\mathrm{kg}} \qquad (*10,1)$$

für die spezifische technische Arbeit. Über das Formelzeichen Y bzw. y statt L s. Abschn. b und c.

Nach S .10 ist mit n nach Gl. (*7,1)

$$P_1 \cdot v_1^n = P_2 \cdot v_2^n = P \cdot v^n, \qquad (*10,2)$$

$$v_1/v_2 = (p_2/p_1)^{1/n}$$

und

$$T_2/T_1 = (v_1/v_2)^{n-1} = (p_2/p_1)^{\frac{n-1}{n}}. \qquad (*10,3)$$

a) Die isothermische Zustandsänderung. Da $n = 1$ ist, wird

$$P_2 \cdot v_2 = P_1 \cdot v_1 = P \cdot v,$$

$$P = P_1 \cdot v_1/v \quad \text{und} \quad L_t = L = L_{is}, \qquad (*11,1)$$

$$L_{is} = 2{,}303 \cdot P_1 \cdot v_1 \cdot \lg(p_1/p_2), \qquad (*11,2)$$

$q = L_{is}$, da im MKS-System Wärme und Arbeit die gleichen Einheiten haben.

Gl. (*11,2) gilt für isothermische Ausdehnung. Für isothermische Verdichtung ist der spezifische Arbeitsbedarf

$$L_{is} = 2{,}303 \cdot P_1 \cdot v_1 \cdot \lg(p_2/p_1) \qquad (*11,4)$$

und die abzuführende spezifische Wärmemenge $q = L_{is}$, während bei isothermischer Expansion Wärme zugeführt werden muß.

Zahlenbeispiel 2 auf S. 12. Wie groß sind die theoretische, d. h. die bei isothermischer Verdichtung erforderliche Antriebsleistung und die je h abzuführende Wärmemenge für den Turbokompressor des Zahlenbeispiels 1 S. 261 bei 7 ata Enddruck?

Es erfolgt zunächst die Umrechnung auf kohärente Einheiten.

Nach S. 260 entsprechen $p_2 \mathrel{\hat{=}} 7$ ata $= 7 \cdot 98100 = 687000\ \mathrm{N/m^2}$, $p_1 = 93300\ \mathrm{N/m^2}$ und $v_1 = 1/\varrho_1 = 0{,}885\ \frac{\mathrm{m^3}}{\mathrm{kg}}$ sowie $m_{\mathrm{sek}} = 3{,}23$ kg/sek nach S. 261.

$$\underline{N_{is}} = m_{\text{sek}} \cdot L_{is} \frac{\text{kg} \cdot \text{J}}{\text{sek} \cdot \text{kg}} \text{ oder } \frac{\text{kg} \cdot \text{W} \cdot \text{sek}}{\text{sek} \cdot \text{kg}}$$

$$= 3{,}23 \cdot 2{,}303 \cdot 93300 \cdot 0{,}885 \cdot \lg \frac{687\,000}{93\,300}$$

$$= 3{,}23 \cdot 2{,}303 \cdot 9{,}33 \cdot 0{,}885 \cdot 0{,}867 \cdot 10^4$$

$$= \underline{531\,000 \text{ W} \triangleq 531 \text{ kW}}.$$

Bei isothermischer Verdichtung sind nach S. 264 in 1 h

$$\underline{Q_{is}} = m_{\text{sek}} \cdot L_{is} = \underline{531 \text{ kWh}}$$

an Wärme im Kühlwasser abzuführen.

b) Die adiabatische oder isentropische Zustandsänderung. Bestehen bleiben

$$ds = 0, \quad n = \varkappa, \quad L = \varkappa \cdot L_0$$

sowie

$$P_1 \cdot v_1^\varkappa = P_2 \cdot v_2^\varkappa = P \cdot v^\varkappa, \qquad (*12{,}1)$$

dagegen wird

$$dL = -du$$

und

$$L_t = L_{ad} = i_1 - i_2 \qquad (*12{,}2)$$

für die technische Arbeit.

Diese Arbeit wurde im TM mit L_t bezeichnet, wenn sie in kpm/kp berechnet wurde, und H_0 genannt, wenn sie in kcal/kp aus dem *is*-Diagramm entnommen wurde. Sie möge im MKS-System, da sie im *is*-Diagramm als Höhe auftritt, mit Y_{ad} bzw. y_{ad} bezeichnet werden, je nachdem, ob sie sich auf die Ausdehnung oder Verdichtung in der ganzen Maschine bzw. nur in einer Stufe der Maschine bezieht.

Nur im TM entspricht $L_t \frac{\text{kpm}}{\text{kp}} = \text{m}$ der Fallhöhe H der Wasserturbinen. Im MKS-System ist es besser, durch die Verschiedenheit der Formelzeichen Y und L_t die Verschiedenheit der Einheit

$$\left(\frac{\text{J}}{\text{kg}} = \frac{\text{Nm}}{\text{kg}} = \frac{\text{kg m m}}{\text{sek}^2 \text{ kg}} = \frac{\text{m}^2}{\text{sek}^2} \text{ statt m}\right)$$

zum Ausdruck zu bringen.

$$Y_{ad} = \varkappa \int_1^2 P \cdot dv = \frac{\varkappa}{\varkappa - 1} (P_1 v_1 - P_2 \cdot v_2)$$

$$= \frac{\varkappa \cdot R}{\varkappa - 1} (T_1 - T_2) = \frac{\varkappa \cdot R \cdot T_1}{\varkappa - 1} \left[1 - (p_2/p_1)^{\frac{\varkappa - 1}{\varkappa}}\right] \qquad (*13{,}1)$$

für adiabatische Expansion als frei werdende spezifische technische Arbeit.

Der spezifische Arbeitsbedarf bei adiabatischer Verdichtung ist

$$Y_{ad} = \frac{\varkappa}{\varkappa - 1} (P_2 \cdot v_2 - P_1 v_1) = c_{pm} \cdot (T_2 - T_1)$$

$$= i_2 - i_1 = \frac{\varkappa \cdot R \cdot T_1}{\varkappa - 1} \left[(p_2/p_1)^{\frac{\varkappa-1}{\varkappa}} - 1 \right]. \qquad (*13{,}2)$$

Da nach S. 262 im MKS-System $c_{pm} = 1005 \frac{\text{J}}{\text{kg} \cdot \text{gr}}$, $\varkappa = 1{,}4$ und $\frac{\varkappa}{\varkappa - 1} = 3{,}5$ ist, so wird für Luft

$$Y_{ad} = c_{pm} \cdot \Delta T_{ad} = 1005 \cdot \Delta t_{ad} \qquad (*13{,}3\,\text{a})$$

und

$$p_2/p_1 = \left[\frac{Y_{ad} \cdot (\varkappa - 1)}{\varkappa \cdot R \cdot T_1} + 1 \right]^{3,5}.$$

Die Endtemperatur kann für Luft aus

$$T_2/T_1 = (p_2/p_1)^{\frac{\varkappa-1}{\varkappa}} = (p_2/p_1)^{0,286} \qquad (*13{,}3\,\text{b})$$

errechnet werden.

Zahlenbeispiel 3 auf S. 14. Erste Stufe des in Beispiel 1 und 2 behandelten Turbokompressors. Im Laufradmund 0,926 ata und 13,24 °C. Das Laufrad führt eine adiabatische spezifische technische Arbeit von 3240 kpm/kp zu. Enddruck und Endtemperatur für verlustfreie, d. h. adiabatische Verdichtung sind zu berechnen.

Zunächst Umrechnung in kohärente Einheiten. Nach S. 260 sind

$$\underline{p_1} = 0{,}926 \cdot 98100 = \underline{90\,800\ \text{N/m}^2},$$

$$\underline{T_1} = 273 + 13{,}24 = \underline{286{,}24\,°\text{K}},$$

$$\underline{y_{ad}} = 3240 \cdot 9{,}81 \cdot 1 \frac{\text{kpm} \cdot \text{N} \cdot \text{kp}}{\text{kp} \cdot \text{kp} \cdot \text{kg}} = \underline{31\,800 \frac{\text{Nm}}{\text{kg}}} = \frac{\text{J}}{\text{kg}} \text{ je Stufe}.$$

Nach Gl. (*13,3 a) ist

$$\underline{p_2/p_1} = \left[\frac{y_{ad} \cdot (\varkappa - 1)}{\varkappa \cdot R \cdot T_1} + 1 \right]^{3,5} = \left[\frac{31\,800 \cdot 0{,}4}{1{,}4 \cdot 286{,}9 \cdot 286{,}24} + 1 \right]^{3,5}$$

$$= 1{,}11^{3,5} = \underline{1{,}45},$$

$$\underline{p_2} = p_1 \cdot 1{,}45 = 1{,}45 \cdot 90\,800 = \underline{132\,000 \frac{\text{N}}{\text{m}^2}}.$$

Nach Gl. (13,3 a) ist $y_{ad} = 1005 \cdot \Delta t_{ad}$, $\Delta t_{ad} = 31\,800/1005 = 31{,}6\,°\text{C}$, $\underline{t_2} = t_1 + \Delta t_{ad} = 13{,}24 + 31{,}6 \approx \underline{45\,°\text{C}}$.

c) Die polytropische Zustandsänderung. Bezogen auf Abb. 15,1 ist für polytropische Expansion die frei werdende spezifische technische Arbeit

$$Y_i = \eta_i \cdot Y_{ad} = i_1 - i_3 = \frac{n}{n-1}(P_1 v_1 - P_2 \cdot v_3)$$

$$= \frac{n \cdot R}{n-1}(T_1 - T_3) = \frac{n \cdot R \cdot T_1}{n-1}[1 - (p_2/p_1)^{n-1/n}] \qquad (*13{,}1\,\mathrm{a})$$

und für Luft $Y_i = 1005 \cdot \Delta t_{pol}$. Bezogen auf Abb. 15,2 und 15,3 ist für polytropische Verdichtung der spezifische Bedarf an technischer Arbeit

$$Y_i = Y_{pol} = Y_{ad}/\eta_i = i_3 - i_1 \qquad (*15{,}2)$$

$$= \frac{n}{n-1}(P_2 \cdot v_3 - P_1 \cdot v_1)$$

$$= \frac{n \cdot R \cdot T_1}{n-1}[(p_2/p_1)^{n-1/n} - 1] \quad \text{nach Gl. } (*13{,}2)$$

und für Luft

$$Y_i = 1005 \cdot \Delta t_{pol}.$$

Für Gase gilt

$$\eta_i = \Delta t_{ad}/\Delta t_{pol}. \qquad (*15{,}2)$$

Zahlenbeispiel 4 auf S. 16. In der 1. Stufe des Turbokompressors des Beispiels 3 treten 20% innere Verluste auf. Wie groß sind dann die spezifische technische Arbeit, die Endtemperatur, das Endvolumen und die Dichte beim Austritt aus der Stufe? $m_{\mathrm{sek}} = 3{,}23$ kg/sek nach S. 261.

$$\underline{y_i} = y_{ad}/\eta_i = 31\,800/0{,}8 = \underline{39\,900\,\frac{\mathrm{J}}{\mathrm{kg}}}.$$

$$1005 \cdot \Delta t_{pol} = y_i,$$

$$\Delta t_{pol} = 39\,900/1005 = 39{,}7\,^\circ\mathrm{C},$$

$$t_3 = t_1 + \Delta t_{pol} = 13{,}24 + 39{,}7,$$

$$\underline{t_3 \approx 53\,^\circ\mathrm{C}}, \quad \underline{T_3 \approx 326\,^\circ\mathrm{K}}.$$

Nach Gl. (*6,2c) ist

$$\underline{\varrho_3} = \frac{P_2}{R \cdot T_3} = \frac{132\,000}{286{,}9 \cdot 326} = \underline{1{,}41\,\frac{\mathrm{kg}}{\mathrm{m}^3}}.$$

Nach S. 261 ist

$$v_3 = 1/\varrho_3 = 1/1{,}41 = 0{,}709\,\frac{\mathrm{m}^3}{\mathrm{kg}},$$

$$\underline{V_3} = m_{\mathrm{sek}} \cdot v_3 = 3{,}23 \cdot 0{,}709 = \underline{2{,}28\,\mathrm{m}^3/\mathrm{sek}}.$$

Verdichtung mit Zwischenkühlung.

$$\eta_{is-k} = N_{is}/N_a, \tag{*17,1}$$

$$Q = m_h \cdot 1005 \cdot (t'_{k1} - t''_{k1}) = F \cdot k \cdot \vartheta_m = m_w \cdot 1 \cdot \Delta t_w \frac{\text{J}}{\text{h}}.$$

Zahlenbeispiel 5 auf S. 17. Laut Beispiel 2 S. 264 ist für einen Turbokompressor $m_{\text{sek}} = 3{,}23$ kg/sek. $\eta_{is-k} = 0{,}57$, angenommen Kühlung hinter der 2. Stufe von 92,7 auf 30 °C. Nach S. 265

$$N_{is} = 531 \text{ kW},$$

$$\underline{N_a} = N_{is}/\eta_{is-k} = 531/0{,}57 = \underline{932 \text{ kW}}.$$

$$\underline{Q} = m_{\text{sek}} \cdot 1005 \cdot (t'_{k1} - t''_{k1}) = 3{,}23 \cdot 1005 \cdot 62{,}5$$

$$= 20{,}4 \cdot 10^4 \frac{\text{kg} \cdot \text{Wsek} \cdot \text{gr}}{\text{sek} \cdot \text{kg} \cdot \text{gr}} = \underline{204 \text{ kW}}$$

sind an Wärme abzuführen.

d) Die Drosselung. Entsprechend S. 18, Zahlenbeispiel S. 313 und Abb. 315,1.

B. Strömungslehre

1. Dynamische (absolute) Zähigkeit. Dichte. Kinematische Zähigkeit

Nach der Beziehung $\eta = \frac{S \cdot y}{F \cdot \Delta w}$ hat die *absolute Zähigkeit im MKS-System* die Einheit $\frac{\text{N} \cdot \text{m} \cdot \text{sek}}{\text{m}^2 \cdot \text{m}} = \frac{\text{N} \cdot \text{sek}}{\text{m}^2}$. Nach S. 259 ist also ihr *Zahlenwert* im MKS-System *9,81 mal so groß wie im TM* (s. Zahlenbeispiel 14: $\eta = 132 \cdot 10^{-6}$ kp·sek/m² im TM S. 30 und $\eta = 1290 \cdot 10^{-6}$ N·sek/m² im MKS S. 276 für Wasser von +10 °C). Die Dichte ϱ im MKS-System ist zum Beispiel für flüssiges Wasser von +4 °C = 1000 kg/m³, im TM aber $\varrho = \gamma/g = 1000/9{,}81 = 102$ kp · sek²/m. Also ist, worauf schon auf S. 259 hingewiesen wurde, *der Zahlenwert der Dichte ϱ im MKS-System* ebenfalls *9,81mal so groß wie im TM.*

Da die *kinematische Zähigkeit* $\nu = \eta/\varrho$ ist, so muß ihr *Zahlenwert in beiden Systemen der gleiche* sein (s. Zahlenbeispiel 14: $\nu = 1{,}3 \cdot 10^{-6}$ m²/sek auf S. 30 und $\nu = 1{,}3 \cdot 10^{-6}$ m²/sek auf S. 276 für Wasser von +10 °C).

Dies ist bei der Benutzung von Tabellen, z. B. DUBBEL[1], zu beachten.

[1] [*3*], Bd. I, S. 818.

2. Impulssatz. Flächensatz. Satz vom Drall oder Potentialwirbel

Umfangskraft

$$P = m_{\text{sek}} \cdot (c_{1u} - c_{2u}) \quad \text{in N}, \tag{*19,2}$$

Flächensatz

$$M = m_{\text{sek}} \cdot (r_2 \cdot c_{2u} - r_1 \cdot c_{1u}) \quad \text{in Nm}. \tag{*19,4}$$

Satz vom Drall $r \cdot c_u =$ konstant.

Laut Vortext fallen also auch die Zahlenwerte von P und M im MKS-System 9,81mal so groß aus wie im TM.

3. Fliehkraft. Eigenschwingungszahl des Läufers. Kritische Drehzahl

$$C = m \cdot r \cdot \omega^2 \quad \text{in N}, \tag{*20,2}$$

also im MKS-System ebenfalls 9,81mal so große Zahlenwerte wie im TM. Beitrag der Fliehkraft zur Laufradarbeit je kg Masse

$$y_f = \frac{u_2^2 - u_1^2}{2} \, \frac{\text{Nm}}{\text{kg}} = \frac{\text{J}}{\text{kg}}, \tag{*20,3}$$

da in der Ableitung S. 20 für 1 kg Masse nach Gl. (*20,2) $C = r \cdot \omega^2$ wird und so g herausfällt.

Gl. (21,1) ist eine Zahlenwertgleichung. Sie wurde entwickelt aus der Gleichung $\omega_k = \sqrt{\frac{c}{m}}$ für die Kreisfrequenz ω der Eigenschwingung, s. DUBBEL[1]. Hierin ist c die Kraft, die die Auslenkung 1 hervorruft und m die Masse des schwingenden Körpers. Da die Schwerkraft $G = m \cdot g_n$ die Durchbiegung f bewirkt und nach DUBBEL[2] f proportional G (dort P) ist, so wird mit $\omega_k = 2\pi n_k$ nach Vortext

$$n_k = \frac{1}{2\pi}\sqrt{\frac{9{,}81}{f}}, \tag{*21,1}$$

wenn mit kohärenten Einheiten gerechnet wird.

Zahlenbeispiel 6 auf S. 21. Kreiselpumpenlaufrad: Beschaufelung innen auf 150 mm ⌀ beginnend, außen auf 310 mm ⌀ endend. Welche Energie wird ohne Verluste durch die Fliehkraft bei 1450 U/min auf 1 kg Wasser übertragen?

---

[1] [*3*], Bd. I, S. 266. [2] [*3*], Bd. I, S. 367, 13.

$$D_1 = 0{,}15\ \mathrm{m}, \qquad u_1 = \frac{D_1 \cdot \pi \cdot n}{60} = \frac{0{,}15 \cdot \pi \cdot 1450}{60} = 11{,}38\ \mathrm{m/sek},$$

$$D_2 = 0{,}31\ \mathrm{m}, \qquad u_2 = \frac{D_2 \cdot \pi \cdot n}{60} = \frac{0{,}31 \cdot \pi \cdot 1450}{60} = 23{,}5\ \mathrm{m/sek},$$

$$\underline{y_f} = \frac{u_2^2 - u_1^2}{2} = \underline{212\ \mathrm{J/kg}}.$$

Zahlenbeispiel 7 auf S. 22. Dampfturbinenschaufel von 6 kp Gewicht auf 1,6 m mittlerem Beschaufelungsdurchmesser. Fliehkraft bei 3000 U/min?

$$\underline{\omega = 314{,}1\ \mathrm{sek}^{-1}}, \qquad \underline{m = 6\ \mathrm{kg}} \quad \text{nach S. 260},$$

$$\underline{C} = m \cdot r \cdot \omega^2 = 6 \cdot 0{,}8 \cdot 314{,}1^2 = 6 \cdot 0{,}8 \cdot 9{,}85 \cdot 10^4$$

$$= 47{,}3 \cdot 10^4 = \underline{473\,000\ \mathrm{N}}.$$

Zahlenbeispiel 8 auf S. 22. Kreiselpumpe: Elastizitätsmodul des Wellenstahls 2200000 kp/cm², 50 mm ∅, 1000 mm von Lager zu Lager, Läufergewicht $16 + 4 \cdot 23 = 108$ kp. Wie groß sind Durchbiegung und kritische Drehzahl?

$$\underline{I} = \pi \cdot d^4/64 = \pi \cdot 0{,}05^4/64 = \underline{3{,}07 \cdot 10^{-7}\ \mathrm{m}^4},$$

$$\underline{G} = 108 \cdot 9{,}81\ \frac{\mathrm{kp} \cdot \mathrm{N}}{\mathrm{kp}} = \underline{1060\ \mathrm{N}},$$

$$\underline{E} = 2{,}2 \cdot 10^6 \cdot 9{,}81 \cdot 10^4\ \frac{\mathrm{kp} \cdot \mathrm{N} \cdot \mathrm{cm}^2}{\mathrm{cm}^2 \cdot \mathrm{kp} \cdot \mathrm{m}^2} = \underline{2{,}16 \cdot 10^{11}\ \mathrm{N/m}^2}.$$

Wird das Gewicht nicht nur der Welle, sondern auch der Laufräder als gleichmäßig verteilte Last angenommen, also überschläglich gerechnet, so wird nach DUBBEL[1] mit $l = 1$ m die Durchbiegung $f = \frac{5 \cdot G \cdot l^3}{384 \cdot EI}$ m in der Mitte

$$\underline{f} = \frac{5 \cdot 1060 \cdot 1^3 \cdot 10^7}{384 \cdot 2{,}16 \cdot 10^{11} \cdot 3{,}07} = \underline{2{,}08 \cdot 10^{-4}\ \mathrm{m}}.$$

$$\underline{n_k} = \frac{1}{2\pi} \cdot \sqrt{\frac{9{,}81 \cdot 10^4}{2{,}08}} = \frac{100}{6{,}28} \cdot \sqrt{4{,}72} = 34{,}7\ \frac{\mathrm{U}}{\mathrm{sek}},$$

also $\underline{2080\ \mathrm{U/min}}$.

[1] [3], Bd. I, S. 367, 13.

4. Kontinuitäts-(Stetigkeits-)Gleichung. Potentielle Energie. Druckenergie. Kinetische Energie. Bernoullische Energiegleichung

Die sekundliche Masse des strömenden Mediums ist mit dem spezifischen Volumen v m³/kg im MKS-System

$$m_{\text{sek}} = V_1/v_1 = V_2/v_2 = V_3/v_3 = V_4/v_4 \frac{\text{kg}}{\text{sek}} \qquad (*23,1)$$

für stetige Strömung eines kompressiblen Mediums.

Für inkompressible Medien, also für $v_1 = v_2 = v_3 = v_4$ wird, da $V = F \cdot w$ ist,

$$F_1 \cdot w_1 = F_2 \cdot w_2 = F_3 \cdot w_3 = Q \text{ m}^3/\text{sek}. \qquad (*23,2)$$

a) Potentielle oder Lagenenergie. Da 1 kg Masse beim Durchfallen von h m Höhe mit Normalfallbeschleunigung g_n die Arbeit $m \cdot g \cdot h = 1 \cdot 9{,}81 \cdot h$ Nm leisten würde, so ist in 1 kg Masse in h m Höhe die potentielle oder Lagenenergie

$$g \cdot h \text{ Nm/kg} = \text{J/kg} \qquad (*23,3)$$

gespeichert.

b) Druckenergie. Bei kompressiblen Medien ist nach Gl. (10,1) und Abb. 8,1 die spezifische technische Arbeit, die bei Drucksenkung von p auf 0 frei wird, $L_t = -\int_0^p v\,dP$ gleich der Fläche zwischen der Kurve der Zustandsänderung und der P-Achse. Da nach Abb. 23,2 bei inkompressiblen Medien v konstant bleibt, so ist für sie die in 1 kg Masse gespeicherte Druckenergie gleich der schraffierten Fläche gleich

$$p \cdot v = p/\varrho \; \frac{\text{Nm}}{\text{kg}} = \frac{\text{J}}{\text{kg}} \qquad (*23,4)$$

c) Kinetische Energie. Um m kg Masse auf die Geschwindigkeit w m/sek zu bringen, ist nach den Gesetzen der Mechanik die Energie $m \cdot w^2/2$ erforderlich. Also ist in 1 kg Masse, welche die Geschwindigkeit w m/sek hat, die kinetische Energie

$$\frac{w^2}{2} \frac{\text{Nm}}{\text{kg}} = \frac{\text{J}}{\text{kg}} \qquad (*24,1)$$

gespeichert.

d) Bernoullische Energiegleichung. Für eine stationäre Strömung nach Abb. 23,1 ist ohne Energieverluste durch Strömungsreibung und Umlenkung $\sum Y_v$ und ohne Energieentnahme oder Energiezufuhr Y_m

durch eine Kraft- oder Arbeitsmaschine nach dem Gesetz von der Erhaltung der Energie im MKS-System je kg Masse

$$\begin{aligned} & g_n \cdot h_1 + p_1/\varrho + w_1^2/2 \\ &= g_n \cdot h_2 + p_2/\varrho + w_2^2/2 \\ &= g_n \cdot h_3 + p_3/\varrho + w_3^2/2 \\ &= g_n \cdot h_4 + p_4/\varrho + w_4^2/2 \end{aligned} \tag{*24,2}$$

in $\frac{\mathrm{Nm}}{\mathrm{kg}} = \frac{\mathrm{J}}{\mathrm{kg}}$.

Infolge von Energieverlusten und Energieentnahme — letztere zwischen den Punkten *2* und *3* der Strömung — wird nach Bernoulli

$$\begin{aligned} & g_n \cdot h_1 + p_1/\varrho + w_1^2/2 \\ &= g_n \cdot h_2 + p_2/\varrho + w_2^2/2 + Y_{v12} \\ &= g_n \cdot h_3 + p_3/\varrho + w_3^2/2 + Y_{v12} + Y_{v23} + Y_m \\ &= g_n \cdot h_4 + p_4/\varrho + w_4^2/2 + Y_{v12} + Y_{v23} + Y_m + Y_{v34} \; \frac{\mathrm{J}}{\mathrm{kg}}. \end{aligned} \tag{*24,3}$$

für eine Turbine. Für eine Arbeitsmaschine muß Y_m mit negativem Vorzeichen eingesetzt werden.

Bei Gasen und Dämpfen kann die potentielle Energie gegenüber den anderen Beträgen vernachlässigt werden, so daß statt Gl. (*24,2) infolge Gln. (*12,2 sowie (*10,1)

$$i_1 + \frac{w_1^2}{2} = i_2 + \frac{w_2^2}{2} \; \frac{\mathrm{J}}{\mathrm{kg}} \tag{*25,1}$$

für reibungslose (adiabatische) Strömung und statt Gl. (*24,3) für mit Reibung behaftete (polytropische) Strömung

$$i_1 + \frac{w_1^2}{2} = i_2 + Y_{v12} + \frac{w_2^2}{2} = i_3 + \frac{w_2^2}{2} \; \frac{\mathrm{J}}{\mathrm{kg}} \tag{*25,2}$$

(über i_1, i_2 und i_3 s. Abb. 15,1 und 315,1) wird.

Zahlenbeispiel 9 auf S. 25. Welchen Überdruck in N/m² ruft ein Höhenunterschied von 4,5 m bei Wasser von der Wichte $\gamma = 1000 \, \frac{\mathrm{kp}}{\mathrm{m}^3}$ hervor?

Nach Abschn. B 1 entspricht $\gamma = 1000$ kp/m³ und $\varrho = \gamma/g_n = 102 \, \frac{\mathrm{kp\,sek}^2}{\mathrm{m}^3\,\mathrm{m}} = \frac{\mathrm{kp\,sek}^2}{\mathrm{m}^4}$ im TM die Dichte $\underline{\varrho = 1000 \text{ kg/m}^3}$ im MKS-System. Nach

Gl. (*24,2) wird für die ruhende Flüssigkeit nach Abb. 25,1

$$g_n h_2 + \frac{p_a + p}{\varrho} = g_n \cdot h_1 + \frac{p_a}{\varrho},$$

$$\frac{p}{\varrho} = g_n (h_1 - h_2) = 9{,}81 \cdot 4{,}5,$$

Überdruck $\underline{p} = 9{,}81 \cdot 4{,}5 \cdot 1000 = \underline{44\,100\ \mathrm{N/m^2}}$.

Zahlenbeispiel 10 auf S. 26. Ventilator von 395 mm ∅ im Laufradmund fördert sekundlich 2,6 m³ Luft von 1 ata und 20 °C bezogen auf den Saugstutzen gegen 80 mm WS Gesamtdruck. Für reibungsfreie Strömung sind Eintrittsgeschwindigkeit und abs. Druck am Laufradmund zu berechnen.

Es wird zunächst auf kohärente Einheiten des MKS umgerechnet. Nach Abschn. II A 1 S. 260 sind $\underline{p_1} = 10000 \cdot 9{,}81 = \underline{98100\ \mathrm{N/m^2}\ \mathrm{abs}}$, $\underline{T_1} = 273 + 20 = \underline{293\,°\mathrm{K}}$, während der *Gesamtdruck* 80 mm WS $= 80\ \mathrm{kp/m^2}$ im TM *im MKS-System* $80 \cdot 9{,}81 = \underline{784\ \mathrm{N/m^2}}$ beträgt. Nach Gl. (*6,2) ist $R \cdot T_1 = P_1 \cdot v_1 = P_1/\varrho_1$, also im MKS-System die Dichte $\underline{\varrho_1} = \frac{P_1}{R \cdot T_1} = \frac{98100}{286{,}9 \cdot 293} = \underline{1{,}166\ \frac{\mathrm{kg}}{\mathrm{m^3}}}$. Bei den zu erwartenden geringen Druck- und Temperatursenkungen kann $v_1 = v_2 = v$ und $\varrho_1 = \varrho_2 = \varrho$ angenommen werden. Also ohne Reibung nach Gl. (*24,2) $\frac{p_2}{\varrho} + \frac{w_2^2}{2} = \frac{p_1}{\varrho} + 0$, da waagerechte Zuleitung, $\frac{p_1 - p_2}{\varrho} = \frac{w_2^2}{2}$ mit $\underline{w_2} = \frac{V}{f_2} = \frac{2{,}6 \cdot 4}{0{,}395^2 \pi} = \frac{2{,}6}{0{,}123} = \underline{21{,}25\ \mathrm{m/sek}}$, $\underline{p_1 - p_2} = \varrho \cdot w_2^2/2 = 1{,}166 \cdot 452/2 = \underline{263\ \mathrm{N/m^2}}$.

Druck am Laufradmund

$$p_1 - (p_1 - p_2) = 98100 - 263 = \underline{97\,837\ \mathrm{N/m^2}\ \mathrm{abs}}.$$

Bei reibungsfreier Strömung würde der Ventilator durch diesen Aufwand an Beschleunigungsarbeit nur *gegen eine Druckdifferenz von* $784 - 263 = \underline{521\ \mathrm{N/m^2}}$ arbeiten können. Werden die Druckverluste *durch Strömungsreibung* im TM mit 13 mm WS $= 13\ \mathrm{kp/m^2}$, also im MKS mit $13 \cdot 9{,}81 \approx 127\ \mathrm{N/m^2}$ angenommen, so würde der Ventilator *nur gegen eine Druckdifferenz* von $521 - 127 = \underline{394\ \mathrm{N/m^2}}$ arbeiten können. (Weiteres S. 328.)

Zahlenbeispiel 11 auf S. 26. Im Kreiselpumpenlaufrad aus Zahlenbeispiels 6 auf S. 260 vermindert sich die Relativgeschwindigkeit von 11,7 auf 8,2 m/sek. Welche Energie wird hierdurch je kg Wasser rei? Welche Druckerhöhung stellt sich durch diese Verzögerung nd durch die Fliehkraftwirkung im Laufrad ohne Energieverluste ein?

Nach Gl. (*24,1) ist

$$y_w = \frac{w_1^2 - w_2^2}{2} = \frac{11{,}7^2 - 8{,}2^2}{2} = 34{,}7 \frac{\mathrm{J}}{\mathrm{kg}}.$$

Da nach S. 270 $y_f = 212 \frac{\mathrm{J}}{\mathrm{kg}}$ ist, so ist ohne Verluste $y_p = 246{,}7 \frac{\mathrm{J}}{\mathrm{kg}} = \frac{\Delta p}{\varrho}$, $\underline{\Delta p} = 246{,}7 \cdot 1000 = \underline{246700\ \mathrm{N/m^2}} = \underline{2{,}467\ \mathrm{bar}}$ = *Drucksteigerung im Laufrad ohne Energieverluste.*

Zahlenbeispiel 12 auf S. 27. Bei den in den Zahlenbeispielen 6 und 11 gegebenen Verhältnissen wird die wirkliche (absolute) Geschwindigkeit des Wassers von 3 auf 16,4 m/sek erhöht. Welche Energie ist hierfür erforderlich bei reibungsfreier Strömung?

$$y_c = \frac{c_2^2 - c_1^2}{2} = \frac{16{,}4^2 - 3^2}{2} \quad \text{nach Gl. (*24,1)},$$

$$\underline{y_c = 129{,}75 \frac{\mathrm{J}}{\mathrm{kg}} = y_{dyn}}.$$

Die Summe der im Laufrad theoretisch (d. h. ohne Strömungsverluste) bei ∞ großer Schaufelzahl (d. h. bei guter Führung) je Laufrad und je kg Masse übertragenen Energien heißt *theoretische spezifische Stutzenarbeit bei ∞ großer Schaufelzahl.*

$$\underline{y_{th\infty} = y_p + y_{dyn} = y_f + y_w + y_c}$$

$$= \frac{u_2^2 - u_1^2}{2} + \frac{w_1^2 - w_2^2}{2} + \frac{c_2^2 - c_1^2}{2} = 212 + 34{,}7 + 129{,}75 \approx \underline{376 \frac{\mathrm{J}}{\mathrm{kg}}}.$$

Sie wird durch die Strömungsreibung und die endliche Schaufelzahl auf die spezifische Stutzenarbeit y der Stufe vermindert.

Zahlenbeispiel 13 auf S. 27. Auf dem Wege vom Saugstutzen zum Laufradmund der 1. Stufe des auf S. 335 behandelten Turbokompressors erhöht die Luft ihre Geschwindigkeit von 40 auf 72,5 m/sek. Welche Senkung des Druckes und der Temperatur erfährt die Luft hierdurch a) bei reibungsfreier (adiabatischer) und b) bei mit Reibung behafteter (polytropischer) Strömung, wenn 30% Energieverlust durch Strömungsreibung angenommen werden?

Nach Zahlenbeispiel 1 S. 261 sind

$$\underline{P_1 = 9{,}33 \cdot 10^4\ \mathrm{N/m^2\ abs}, \quad T_1 = 288\,^\circ\mathrm{K}}.$$

Nach Gl. (*24,1) wird

$$\frac{c_s^2 - c_0^2}{2} = \frac{72{,}5^2 - 40^2}{2} = \frac{5260 - 1600}{2} = y_c = 1830 \frac{\mathrm{J}}{\mathrm{kg}} = y_{ad}.$$

a) Drucksenkung bei reibungsfreier Strömung

$$\underline{\Delta p_{ad}} = y_{ad} \cdot \varrho = 1830 \cdot 1{,}13 = \underline{2070\ \mathrm{N/m^2}}.$$

30% Energieverlust

$$y_v = 0{,}3 \cdot 1830 = 549{,}0\ \frac{\mathrm{J}}{\mathrm{kg}},$$

$$\underline{y_{\mathrm{ges}} = 1830 + 549 = 2379\ \frac{\mathrm{J}}{\mathrm{kg}}} = \frac{\Delta P}{\varrho},$$

$$\varrho = 1{,}13\ \mathrm{kg/m^3}$$

nach S. 261.

b) Drucksenkung bei polytropischer Strömung

$$\underline{\Delta P} = y_{\mathrm{ges}} \cdot \varrho = 2379 \cdot 1{,}13 = \underline{2690\ \mathrm{N/m^2}},$$

$$\underline{p_s} = p_1 - \Delta p = 93\,300 - 2690 = \underline{90\,610\ \frac{\mathrm{N}}{\mathrm{m^2}}}\ \mathrm{abs} \approx 90\,800\ \mathrm{N/m^2}$$

wie S. 266.

Nach Gl. (*13,3a) und S. 28 ist die Temperatursenkung nur Δt_{ad}, und

$$1005 \cdot \Delta t_{ad} = y_{ad} = 1830,$$

$$\Delta t_{ad} = 1830/1005 = 1{,}8\,^\circ\mathrm{C},$$

$$\underline{t_s} = 15 - 1{,}8 = 13{,}2\,^\circ\mathrm{C} \approx \underline{13{,}24\,^\circ\mathrm{C}}$$

wie S. 266 und 335.

5. Reynoldssche Zahl. Grenzschicht. Druckverlust in geraden Rohren und in Umlenkungen. Widerstandshöhe

Definitionsgleichung für die Reynoldssche Zahl

$$Re = w \cdot d/\nu. \qquad (*28{,}1)$$

Zahlenwert im TM und MKS gleich, da w, d und ν in beiden Systemen die gleichen kohärenten Einheiten haben.

a) Laminare Strömung im glatten Rohr. Energieverlust durch Strömungsreibung · $Y_v = \Delta p/\varrho\ \frac{\mathrm{J}}{\mathrm{kg}}$ im MKS-System, Druckverlust

$$\Delta p = \frac{\varrho \cdot \lambda_0 \cdot l \cdot w^2}{d \cdot 2}\ \mathrm{N/m^2}. \qquad (*29{,}1)$$

Zahlenbeispiel 14 auf S. 29. In der Apparatur Abb. 29,2 sind $d = 0{,}4$ mm $\varnothing$, $l = 200$ mm, $w_m = 0{,}91$ m/sek und $\Delta h_r = 4800$ mm WS. Wie groß sind die Widerstandszahl λ_0, die absolute Zähigkeit η, die Dichte, die kinematische Zähigkeit ν und die Reynoldssche Zahl Re bezogen auf das MKS-System?

Nach S. 260 entsprechen 4800 kp/m²

$$\Delta p = 4800 \cdot 9{,}81 \frac{\text{kp} \cdot \text{N}}{\text{m}^2 \cdot \text{kp}} = 47100 \text{ N/m}^2,$$

$$\underline{\lambda_0} = \frac{\Delta p \cdot d \cdot 2}{\varrho \cdot l \cdot w^2} = \frac{47100 \cdot 0{,}4 \cdot 10^{-3} \cdot 2}{1000 \cdot 0{,}2 \cdot 0{,}828} = \underline{0{,}227}.$$

Nach S. 29 ist

$$\frac{32 \cdot \eta \cdot l \cdot w_m}{d^2} = \Delta p,$$

$$\underline{\eta} = \frac{\Delta p \cdot d^2}{32 \cdot l \cdot w_m} = \frac{47100 \cdot 0{,}16 \cdot 10^{-6}}{32 \cdot 0{,}2 \cdot 0{,}91} \frac{\text{N} \cdot \text{m}^2 \cdot \text{sek}}{\text{m}^2 \cdot \text{m} \cdot \text{m}} = \underline{1290 \cdot 10^{-6} \text{ N} \cdot \text{sek/m}^2}$$

(s. S. 268).

1 m³ Wasser von 10 °C hat die Masse 1000 kg, so daß die Dichte

$$\underline{\varrho = 1000 \text{ kg/m}^3}$$

ist.

$$\underline{\nu} = \eta/\varrho = 1290 \cdot 10^{-6}/1000 \frac{\text{N} \cdot \text{sek} \cdot \text{m}^3}{\text{m}^2 \cdot \text{kg}} = 1{,}29 \cdot 10^{-6}$$

$$\approx \underline{1{,}3 \cdot 10^{-6} \frac{\text{kg} \cdot \text{m} \cdot \text{sek} \cdot \text{m}^3}{\text{sek}^2 \cdot \text{m}^2 \cdot \text{kg}} = \frac{\text{m}^2}{\text{sek}}}$$

wie S. 268.

$$\underline{Re} = w \cdot d/\nu = 0{,}91 \cdot 0{,}4 \cdot 10^{-3}/1{,}3 \cdot 10^{-6} = 0{,}28 \cdot 10^3 = \underline{280}.$$

Probe: $\underline{\lambda_0} = 64/Re = 64/280 = \underline{0{,}228}$.

b) Turbulente Strömung im glatten Rohr. Bis $Re = 10^5$ ist $\lambda_0 = 0{,}316/Re^{0,25}$. Da die Zahlenwerte von Re in beiden Maßsystemen übereinstimmen, so sind auch die Widerstandszahlen λ_0 die gleichen.

Zahlenbeispiel 15 auf S. 30. Die Einheiten für d, w und ν sind in beiden Maßsystemen gleich. Also können die Re-Werte von S. 31 übernommen werden. Das angenommene Gesetz $I = \frac{\Delta h}{l} = C \cdot w_m^n/d^m$ zeigt auch im MKS-System links das Druckliniengefälle mit dem gleichen Zahlenwert. Da w_m und d lt. Vortext die gleichen Einheiten haben, so müssen sich auch im MKS-System die gleichen Werte für C, n und m ergeben.

Probe: Versuch 2 mit $w_2 = 1{,}73$ m/sek, $d_2 = 0{,}03$ m, $l_2 = 1{,}2$ m und $Re_2 = 39700$ muß

$$\Delta h = 137 \text{ mm WS} \quad \text{oder} \quad \Delta p = 137 \cdot 9{,}81 \frac{\text{kp} \cdot \text{N}}{\text{m}^2 \cdot \text{kp}} = 1340 \text{ N/m}^2$$

ergeben.

$$\underline{\lambda_0} = 0{,}316/\sqrt[4]{Re} = 0{,}316/\sqrt[4]{39700} = 0{,}316/14{,}1 = \underline{0{,}0224}.$$

$$\underline{\Delta p} = \frac{\varrho \cdot \lambda_0 \cdot l \cdot w^2}{d \cdot 2} = \frac{1000 \cdot 0{,}0224 \cdot 1{,}2 \cdot 1{,}73^2}{0{,}03 \cdot 2} = \underline{1340 \text{ N/m}^2}.$$

c) Strömung in rauhen Rohren. Im MKS-System wie im TM.

d) Unrunde Querschnitte. Hydraulischer Radius. Da F, U, w und ν in beiden Maßsystemen die gleichen Einheiten haben, gilt im MKS-System dasselbe wie im TM.

e) Umlenkungen.
Druckverlust

$$\Delta p = \varrho \cdot \zeta \cdot w_m^2/2 \frac{\text{N}}{\text{m}^2}. \tag{*32,1}$$

Spezifischer Energieverlust je kg Masse

$$Y_v = \frac{\Delta p}{\varrho} \frac{\text{J}}{\text{kg}}.$$

f) Zusammenfassung. Widerstandshöhe. Spezifischer Energieverlust je kg Masse

$$Y_v = \sum \Delta p/\varrho = \left[\lambda \cdot \frac{l}{d} + z_1 \cdot \zeta_1 + z_2 \cdot \zeta_2\right] \cdot w_m^2/2 \frac{\text{J}}{\text{kg}}. \tag{*33,1 a}$$

Gesamter Druckverlust

$$\sum \Delta p = \varrho \cdot Y_v \frac{\text{kg} \cdot \text{Nm}}{\text{m}^3 \, \text{kg}} = \frac{\text{N}}{\text{m}^2}.$$

Widerstandshöhe

$$h_v = \frac{Y_v \cdot 1}{9{,}81} = \frac{\text{Nm} \cdot \text{kp} \cdot \text{kg}}{\text{kg} \cdot \text{N} \cdot \text{kp}} = m = Y_v/9{,}81 \quad \text{in m}. \tag{*33,1 b}$$

6. Zuleitungswiderstand und spezifische Stutzenarbeit einer Wasserturbine

Entsprechend Gl. (*24,3) ist die spezifische Stutzenarbeit der Turbine

$$Y = g \cdot h + \frac{c_a^2 - c_e^2}{2} - Y_{va} \frac{\text{J}}{\text{kg}}, \tag{*34,1}$$

wenn h m die lotrechte Höhe des OW über UW, c_a m/sek die Geschwindigkeit im Oberwasserkanal und c_e m/sek die Geschwindigkeit im Unterwasserkanal ist und zwischen beiden Kanälen eine geschlossene Wasserführung besteht. $Y_{va}\,\frac{\mathrm{J}}{\mathrm{kg}}$ sind die Energieverluste je kg Masse außerhalb der Maschine.

Die spezifische Stutzenarbeit Y — der Ausdruck ist neuerdings von PETERMANN[1] eingeführt — ist die Energiedifferenz zwischen dem Druck- und Saugstutzen der Maschine je kg Medium in $\frac{\mathrm{J}}{\mathrm{kg}} = \frac{\mathrm{Nm}}{\mathrm{kg}} = \frac{\mathrm{kg\cdot m\cdot m}}{\mathrm{sek^2\cdot kg}} = \frac{\mathrm{m^2}}{\mathrm{sek^2}} = \frac{\mathrm{Wsek}}{\mathrm{kg}}$. Weiteres S. 290.

Vergleicht man Gl. (*34,1) mit Gln. (24,2) und (34,1), so zeigt sich der Vorteil des MKS-Systems: Nur das erste Glied beruht auf der Wirkung der Schwerkraft und weist daher die Fallbeschleunigung g auf.

Zahlenbeispiel 16 auf S. 34. Bei einer Peltonturbine muß h vom OW bis Düsenaustritt gemessen werden, da die Höhe h_f von der Düse bis UW nicht nutzbar gemacht werden kann. $h = 150$ m, $l_1 = 80$ m von $d_1 = 600$ mm $\varnothing$, $l_2 = 135$ m von $d_2 = 500$ mm $\varnothing$, $k' = 4$, in l_1 $z_1 = 1$ mit $\zeta_1 = 0{,}2$ und $z_2 = 2$ mit $\zeta_2 = 0{,}1$ (offen), in l_2 $z_3 = 4$ mit $\zeta_3 = 0{,}15$, Düse: $d_0 = 180$ mm $\varnothing$, davor $z_4 = 1$ Verengung mit $\zeta_4 = 0{,}05$. c_0, Y und Q sind zu berechnen.

Aus S. 34 können übernommen werden: $f_0 = 0{,}0254\,\mathrm{m^2}$, $f_1 = 0{,}283\,\mathrm{m^2}$, $c_1 = 0{,}09\cdot c_0$, $f_2 = 0{,}196\,\mathrm{m^2}$, $c_2 = 0{,}1296\cdot c_0$, $\lambda = 0{,}0187$.

Weiter wird nach Gl. (*24,1)

$$Y_{v1} = 0{,}0234\cdot c_0^2/2\,\frac{\mathrm{J}}{\mathrm{kg}},$$

$$Y_{v2} = 0{,}0948\cdot c_0^2/2\,\frac{\mathrm{J}}{\mathrm{kg}},$$

$$Y_{v3} = 0{,}05\cdot c_0^2/2\,\frac{\mathrm{J}}{\mathrm{kg}},$$

$$Y_{va} = Y_{v1} + Y_{v2} + Y_{v3} = 0{,}168\cdot c_0^2/2\,\frac{\mathrm{J}}{\mathrm{kg}}.$$

Nach Gl. (*34,1) ist, da c_a und c_e in ihrem Einfluß vernachlässigt werden sollen, die spezifische Stutzenarbeit

$$\underline{Y} = g\cdot h - Y_{va} = 9{,}81\cdot 150 - 0{,}168\cdot c_0^2/2 = \underline{1470 - 0{,}168\cdot c_0^2/2\,\frac{\mathrm{J}}{\mathrm{kg}}}.$$

Nach Gl. (*24,1) ist $c_0^2/2 = Y$, also $c_0^2/2 = 1470 - 0{,}168\cdot c_0^2/2$, $1{,}168\cdot c_0^2 = 1470\cdot 2 = 2940$, $\underline{c_0} = \sqrt{2940/1{,}168} = \underline{50{,}2\ \mathrm{m/sek}}$, $\underline{Y} = c_0^2/2 = 2520/2 = \underline{1260\,\frac{\mathrm{J}}{\mathrm{kg}}}$. Dies entspricht im TM der Fallhöhe

$$\underline{H} = \frac{1260\cdot 1}{9{,}81}\,\frac{\mathrm{Nm\cdot kp\cdot kg}}{\mathrm{kg\cdot N\cdot kp}} = \underline{128{,}5\ \mathrm{m}}. \qquad Q = 1{,}275\ \mathrm{m^3/sek}$$

wie S. 35.

Über zulässige Saughöhe der Wasserturbinen s. S. 298.

[1] [*14b*], S. 10.

7. Nutzförderhöhe, Förderhöhe, spezifische Stutzenarbeit, Saugzahl und zulässige Saughöhe einer Kreiselpumpe

Nutzförderhöhe $H_n = H_s + H_d \,\mathrm{m} = \frac{\mathrm{kpm}}{\mathrm{kp}}$ bei offenem Brunnen und Hochbehälter, sonst wie S. 35. Um zum Ausdruck zu bringen, daß diese Nutzförderhöhe eine spezifische Arbeit zur Überwindung der Schwerkraft ist, setzt man *an ihre Stelle* im MKS-System *besser* den Ausdruck

$$Y_e = g \cdot (e_s + e_d + e_p) \,\frac{\mathrm{J}}{\mathrm{kg}}, \qquad (*35{,}1)$$

worin e_s m die Höhe des Saugstutzens über dem Brunnenspiegel, e_d m die Höhe des Behälterspiegels über dem Druckstutzen und e_p die Höhe des Druckstutzens über dem Saugstutzen sind. Steht der untere Spiegel unter dem Unterdruck p_u N/m² und der obere Spiegel unter dem Überdruck $p_ü$ N/m², so ist Y_e um den Betrag $(p_ü + p_u)/\varrho$ größer als in Gl. (*35,1). *An die Stelle der Förderhöhe H in m des TM* tritt im MKS-System *die spezifische Stutzenarbeit* $Y \,\frac{\mathrm{J}}{\mathrm{kg}}$. Bei einer Arbeitsmaschine ist $Y \,\frac{\mathrm{J}}{\mathrm{kg}}$ die 1 kg Medium nutzbar zugeführte Energie, also in Gl. (*24,3) $Y_m - Y_{v23} = Y$, allgemein $Y_m - Y_{vi} = Y$, wenn Y_m die am Laufrad aufgewendete Energie und Y_{vi} die in der Maschine durch Strömungsreibung und Umlenkung verlorengehende Energie ist. Y kann aus Gl. (*24,3) lt. Vortext berechnet werden (s. das folgende Zahlenbeispiel).

Der absolute Druck p_s *N/m² am Saugstutzen* ist nach Gl. (*24,3) zu berechnen aus dem Luftdruck p_a N/m² abs.

$$g \cdot e_s + \frac{p_s}{\varrho} + \frac{w_s^2}{2} + Y_{vs} = \frac{p_a}{\varrho}, \qquad (*36{,}1)$$

wenn die Pumpe aus dem offenen Brunnen ansaugt.

Um das Ansaugen zu gewährleisten, muß die absolute Druckenergie p_s/ϱ am Saugstutzen um die sog. Haltedruckenergie ΔY höher sein als die Energie Y_t, die dem Dampfbildungsdruck bei der Temperatur t °C des Wassers entspricht.

$$\Delta Y = \Delta h \cdot 9{,}81 \cdot 1 \,\frac{\mathrm{kpm} \cdot \mathrm{N} \cdot \mathrm{kp}}{\mathrm{kp} \cdot \mathrm{kp} \cdot \mathrm{kg}} = \frac{\mathrm{J}}{\mathrm{kg}}. \qquad (*36{,}3)$$

$Y_s = \frac{p_s}{\varrho} \geqq Y_t + \Delta Y$. Damit wird nach Gl. (*36,1) die maximal zulässige Saughöhe

$$e_{s\,\max} = \frac{1}{g}\left(\frac{p_a}{\varrho} - \frac{w_s^2}{2} - Y_{vs} - Y_t - \Delta Y\right). \qquad (*36{,}2)$$

Anwendung s. nächstes Zahlenbeispiel.

Zahlenbeispiel 17 auf S. 36. Kreiselpumpe: $n = 1450$ U/min. 130 m³/h Wasser von maximal 30 °C. $e_s = 5{,}5$ m, $e_d = 85{,}5$ m, $d_n = 70$ mm ⌀, $D_0 = 145$ mm ⌀. Zylindrische Laufradschaufeln mit achsparalleler Einströmkante: Saugzahl $S = 2{,}40$ nach S. 36. Aufstellung 200 m über NN mit $10100 \cdot 9{,}81 = 99000$ N/m² mittl. Luftdruck entspricht 9,5 m WS nach DUBBEL[1]. Niedrigster Luftdruck um $20/750 = 0{,}0267$ bar $= 0{,}0267 \cdot 10^5 = 2670$ N/m² niedriger, also $\underline{p_a = 96330 \text{ N/m}^2 \text{ abs}}$. In $l_s = 15$ m von $d_s = 0{,}2$ m ⌀ $z_1 = 1$ von $\zeta_1 = 1{,}6$, $z_2 = 1$ von $\zeta_2 = 3$ und $z_3 = 3$ von $\zeta_3 = 0{,}5$. In $l_d = 120$ m von $d_d = 0{,}150$ m ⌀ $z_4 = 1$ von $\zeta_4 = 5$, $z_5 = 4$ von $\zeta_5 = 0{,}5$. Die vorstehenden Leitungsdurchmesser sind nach S. 37 angenommen. Mit $Q = 0{,}0362$ m³/sek, $c_s = 1{,}15$ m/sek, $c_d = 2{,}05$ m/sek, $\lambda_s = 0{,}03$ und $\lambda_d = 0{,}033$ wird nach Gl. (*33,1 a)

$$\underline{Y_{vs}} = (\lambda_s \cdot l_s/d_s + \zeta_1 + \zeta_2 + 3 \cdot \zeta_3) \cdot c_s^2/2 = \underline{5{,}54 \frac{\text{J}}{\text{kg}}}$$

nach S. 277.

$$\underline{Y_{vd}} = (\lambda_d \cdot l_d/d_d + \zeta_4 + 4 \cdot \zeta_5) c_d^2/2 = \underline{71 \frac{\text{J}}{\text{kg}}}.$$

$h_t = 0{,}43$ m WS nach DUBBEL[2] für $t = 30$ °C entsprechen im MKS-System $\underline{Y_t} = 0{,}43 \cdot 9{,}81 \cdot 1 \frac{\text{kpm} \cdot \text{N} \cdot \text{kp}}{\text{kp} \cdot \text{kp} \cdot \text{kg}} = \underline{4{,}2 \frac{\text{J}}{\text{kg}}}$. Mit $\Delta h = 2{,}6$ m WS nach S. 38 $\underline{\Delta Y} = \Delta h \cdot 9{,}81 = 2{,}6 \cdot 9{,}81 = \underline{25{,}5 \frac{\text{J}}{\text{kg}}}$. Höchstzulässige Saughöhe nach Gl. (*36,2)

$$e_{s\max} = \frac{1}{g}\left(\frac{p_a}{\varrho} - \frac{c_s^2}{2} - Y_{vs} - Y_t - \Delta Y\right)$$
$$= \left(96{,}33 - \frac{1{,}15^2}{2} - 5{,}54 - 4{,}2 - 25{,}5\right)\Big/9{,}81$$

mit $\varrho = 1000$ kg/m³ für Wasser,

$$\underline{e_{s\max}} = 60{,}43/9{,}81 = \underline{6{,}16 \text{ m}} > e_s = 5{,}5 \text{ m}.$$

Absoluter Druck am Saugstutzen aus Gl. (*36,1)

$$\frac{p_s}{\varrho} = \frac{p_a}{\varrho} - g \cdot e_s - \frac{c_s^2}{2} - Y_{vs} = 96{,}33 - 9{,}81 \cdot 5{,}5 - 0{,}66 - 5{,}54,$$

$$\underline{p_s} = 36{,}23 \cdot 1000 = \underline{36230 \text{ N/m}^2 \text{ abs}} = \underline{0{,}3623 \text{ bar}}.$$

Nach Gl. (*24,3) und Vortext ist mit dem Index 1 für den Brunnenspiegel, 2 für den Saugstutzen, 3 für den Druckstutzen und 4 für den Hoch-

[1] [*3*], Bd. II, S. 237. [2] [*3*], Bd. II, S. 237.

behälter $h_1 = 0$ m, $p_1/\varrho = p_a/\varrho$, und $w_1 \approx 0$ m/sek. $h_2 = e_s = 5{,}5$ m, $p_2/\varrho = p_s/\varrho$, $w_2 = c_s$ m/sek. $h_3 = e_s = 5{,}5$ m, $p_3/\varrho = p_d/\varrho$, $w_3 = c_d$ m/sek. $Y_m - Y_{v23} = Y$, $Y_{v12} = Y_{vs}$. $h_4 = e_s + e_d = 5{,}5 + 85{,}5 = 91$ m, $p_4/\varrho = p_a/\varrho$, $w_4 = 0$ m/sek und $Y_{v34} = Y_{vd}$.

$$g_n \cdot h_3 + p_d/\varrho + c_d^2/2 + Y_{vs} - Y = p_a/\varrho, \tag{III}$$

$$g_n \cdot h_4 + p_a/\varrho + 0 + Y_{vs} - Y + Y_{vd} = p_a/\varrho. \tag{IV}$$

Spez. Stutzenarbeit: Aus (IV):

$$Y = 9{,}81 \cdot 91 + Y_{vs} + Y_{vd} = 9{,}81 \cdot H_n + Y_{vs} + Y_{vd} = g \cdot H_n + Y_{va}.$$

Aus dieser Gleichung geht hervor, daß die spezifische Stutzenarbeit um die Energieverluste außerhalb der Pumpe größer sein muß als die Arbeit zur Überwindung der Schwerkraft.

$$\underline{Y} = 9{,}81 \cdot 91 + 5{,}54 + 71 \approx \underline{969 \frac{\text{J}}{\text{kg}}} \quad \text{statt} \quad 9{,}81 \cdot 91 = 892 \frac{\text{J}}{\text{kg}},$$

wie es der sog. Nutzförderhöhe entsprechen würde. Aus (III):

$$\frac{p_d}{\varrho} = \frac{p_a}{\varrho} + Y - g_n \cdot h_3 - c_d^2/2 - Y_{vs}$$
$$= 96{,}33 + 969 - 9{,}81 \cdot 5{,}5 - 2{,}05^2/2 - 5{,}54,$$

$$\underline{p_d} = 1002{,}69 \cdot 1000 \approx \underline{10{,}03 \cdot 10^5 \text{ N/m}^2 \text{ abs}} = \underline{10{,}03 \text{ bar abs}}.$$

Die spezifische Stutzenarbeit Y entspricht im TM einer Förderhöhe von

$$\underline{H} = Y/9{,}81 \cdot 1 \frac{\text{Nm} \cdot \text{kp} \cdot \text{kg}}{\text{kg} \cdot \text{N} \cdot \text{kp}} = 969/9{,}81 \frac{\text{kpm}}{\text{kp}} = \underline{99 \text{ m}}.$$

8. Nicht stationäre Bewegung

Bernoullische Gleichung hierfür im MKS-System

$$g \cdot h_1 + \frac{p_1}{\varrho} + \frac{w_1^2}{2} + \int_0^{s_1} \frac{\partial w}{\partial t} \cdot ds = g \cdot h_2 + \frac{p_2}{\varrho} + \frac{w_2^2}{2} + \int_0^{s_2} \frac{\partial w}{\partial t} \cdot ds. \tag{*39,1}$$

Zahlenbeispiel 18 auf S. 39. Leitung: 2,5 km lang, 250 mm ⌀ licht. 1,5 m/sek mittlere Geschwindigkeit des Wassers. Mittlerer Druck: 4,2 atü. Schließzeit 10 sek. Welche Druckerhöhung tritt auf?

Zunächst Umrechnung auf kohärente Einheiten:

$$\varrho \approx 1000 \text{ kg/m}^3, \qquad f = 0{,}25^2\pi/4 = 0{,}0492 \text{ m}^2, \qquad l = 2500 \text{ m},$$

$$\underline{m} = \varrho \cdot f \cdot l = 10^3 \cdot 4{,}92 \cdot 10^{-2} \cdot 2{,}5 \cdot 10^3 = 12{,}3 \cdot 10^4 = \underline{123000 \text{ kg}}.$$

Verzögerung

$$\underline{b} = \frac{\Delta w}{t} = \frac{1{,}5}{10} = \underline{0{,}15\,\frac{\text{m}}{\text{sek}^2}}\,.$$

Freiwerdende Kraft

$$\underline{P} = m \cdot b = 123000 \cdot 0{,}15 = \underline{18450\ \text{N}}\,.$$

Entstehender Zusatzdruck

$$\underline{\Delta p} = P/f = 18450/0{,}0492 = 374000\ \text{N/m}^2 = \underline{3{,}74\ \text{bar}}\,,$$

so daß der Überdruck auf

$$4{,}2/1{,}02 + 3{,}74 = 4{,}12 + 3{,}74 = 7{,}86\ \text{bar}$$

statt vorher 4,12 bar steigt.

9. Druck- und Geschwindigkeitsmessung

Staudruck

$$q = \varrho \cdot w_m^2/2\ \frac{\text{kg} \cdot \text{m}^2}{\text{m}^3 \cdot \text{sek}^2} = \frac{\text{kg} \cdot \text{m}}{\text{m}^2 \cdot \text{sek}^2} = \frac{\text{N}}{\text{m}^2}\,, \qquad (*40{,}2\,\text{a})$$

Da h mm WS $= h$ kp/m² sind, so wird

$$q = h \cdot 9{,}81\ \frac{\text{kp} \cdot \text{N}}{\text{m}^2\,\text{kp}} = \frac{\text{N}}{\text{m}^2}$$

und

$$q = p_{\text{ges}} - p_{stat}$$

oder

$$\varrho \cdot w_m^2/2 = 9{,}81 \cdot h\ \frac{\text{kg} \cdot \text{m}^2}{\text{m}^3 \cdot \text{sek}^2} = \frac{\text{kgm}}{\text{m}^2 \cdot \text{sek}^2} = \frac{\text{N}}{\text{m}^2}\,. \qquad (*40{,}2\,\text{b})$$

10. Überfallmessungen

Im Wasserbau ist es praktisch, mit h m WS zu rechnen, weil die Überfallmessung auf der Schwerkraft beruht. Da nach Gl. (*23,3) die potentielle Energie $g \cdot h\,\frac{\text{J}}{\text{kg}}$ sich in die kinetische Energie $w_{\text{max}}^2/2\,\frac{\text{J}}{\text{kg}}$ umwandelt, so ist auch im MKS-System

$$w_{\text{max}} = \sqrt{2\,g\,h}$$

und

$$Q = \frac{2}{3} \cdot \mu \cdot h \cdot b \cdot \sqrt{2\,g\,h}\ \text{m}^3/\text{sek}\,. \qquad (*41{,}1)$$

Zahlenbeispiel 19 auf S. 41. Berechnung wie dort.

11. Messungen in Leitungen

Die betreffenden Gleichungen werden im MKS-System auf die sekundlich strömende Masse bezogen und heißen daher

$$m_{\text{sek}} = \alpha \cdot f \cdot \sqrt{2 \cdot \Delta P \cdot \varrho} \quad \text{m}^2 \cdot \sqrt{\frac{\text{kg} \cdot \text{m} \cdot \text{kg}}{\text{m}^2 \cdot \text{sek}^2 \cdot \text{m}^3}} = \frac{\text{kg}}{\text{sek}}, \qquad (*42,1)$$

$$m_{\text{sek}} = \alpha \cdot \varepsilon \cdot f \cdot \sqrt{2 \cdot \Delta P \cdot \varrho}. \qquad (*43,1)$$

Zahlenbeispiel 20 auf S. 43. Niederdruckventilator: 2,6 m^3/sek Luft von 1 ata und 20 °C. Saugleitung. $D = 500$ mm $\varnothing$. An der Düse sollen maximal 20 mm WS Druckverlust auftreten. Anwendbarkeit von Düsen ist zu prüfen, Düsendurchmesser d und Wirkdruck ΔP zu berechnen.

Zunächst Umrechnung auf die kohärenten Einheiten des MKS-Systems.

$$\underline{P} = 10000 \cdot 9{,}81 \frac{\text{kp} \cdot \text{N}}{\text{m}^2 \cdot \text{kp}} = \underline{98100 \frac{\text{N}}{\text{m}^2} \text{abs}},$$

$$\underline{\varrho} = \frac{P}{R \cdot T} = \frac{98100}{286{,}9 \cdot 293} = \underline{1{,}166 \text{ kg/m}^3},$$

$$\underline{\text{vorl. } \Delta P'} = 20 \cdot 9{,}81 \frac{\text{kp} \cdot \text{N}}{\text{m}^2 \cdot \text{kp}} = \underline{196{,}2 \frac{\text{N}}{\text{m}^2}}.$$

Nach Gl. (*24,2) $\quad w_2'^2 - w_1^2 = 2 \cdot \Delta P'/\varrho$

$$F_1 = \frac{D_1^2 \pi}{4} = 0{,}5^2 \pi/4 = 0{,}196 \text{ m}^2,$$

$$\underline{w_1} = V/F_1 = 2{,}6/0{,}196 = \underline{13{,}27 \text{ m/sek}},$$

$$Re_D = w_1 \cdot D_1/\nu = \frac{13{,}27 \cdot 0{,}5 \cdot 10^6}{15{,}1} = 0{,}439 \cdot 10^6 = 439000 > 70000$$

und > 200000, so daß nach S. 42 Düsen anwendbar sind.

$$\nu = 15{,}1 \cdot 10^{-6} \text{ m}^2/\text{sek}$$

nach DUBBEL[1] für Luft von 760 mm QS und 20 °C.

$$w_2'^2 = 2 \cdot 196{,}2/1{,}166 + 13{,}27^2 = 333{,}7 + 176{,}3 = 510,$$

$$\underline{w_2' = \sqrt{510} = 22{,}6 \text{ m/sek}}.$$

Bei den geringen Druckunterschieden kann $v_1 = v_2'$, also $V_2' = 2{,}6$ m^3/sek angenommen werden. Düsenquerschnitt $f' = V_2'/w_2' = 0{,}115$ m^2. Düsen-

[1] [3], Bd. I, S. 818.

durchmesser $d' = 0{,}383$ m. Gewählt $d = 400$ mm $\varnothing$ mit $f = 0{,}126\ \mathrm{m}^2$. Öffnungsverhältnis $m = f/F_1 = 0{,}126/0{,}196$, $m = 0{,}643$. Nach S. 43 wird dann für Düsen die *Durchflußzahl* $\alpha = 1{,}177$ und nach Gl. (*42,1)

$$\sqrt{2\Delta P \cdot \varrho} = \frac{m_{\mathrm{sek}}}{\alpha \cdot f} = \frac{V \cdot \varrho}{\alpha \cdot f} = \frac{2{,}6 \cdot 1{,}166}{1{,}177 \cdot 0{,}126},$$

$$2\Delta P \cdot \varrho = 20{,}45^2 = 418.$$

$$\textit{Wirkdruck}\ \Delta P = \frac{418}{2 \cdot 1{,}166} = 179\ \mathrm{N/m^2}$$

entsprechend

$$\frac{179}{9{,}81}\,\frac{\mathrm{N \cdot kp}}{\mathrm{m^2\,N}} = 18{,}3\ \mathrm{mm\ WS} < 20\ \mathrm{mm\ WS}.$$

12. Widerstand von Körpern

Mit $q = \varrho \cdot w^2/2$ wird im MKS-System die Widerstandskraft

$$W = c \cdot F \cdot q \quad \text{in N} \qquad (*45{,}1\,\mathrm{a})$$

und das Moment der Luftkräfte

$$M = c_m \cdot l \cdot q \cdot F\ \text{Nm oder J}. \qquad (*45{,}1\,\mathrm{b})$$

III. Der Energieumsatz in den Strömungsmaschinen

A. Die Hauptgleichung (Eulersche Gleichung) der Strömungsmaschinen

1. Spezifische theoretische Laufradarbeit $Y_{th\infty}$ bei unendlich großer Schaufelzahl

Nach Gl. (*19,2) ist die Kraft am Laufradumfang einer axialen Gleichdruckkraftmaschine $P = m_{\mathrm{sek}}(c_{1u} - c_{2u})$ in N. Teilt man ihre Umfangsleistung $P \cdot u\,\frac{\mathrm{Nm}}{\mathrm{sek}}$ durch m_{sek} kg/sek, so erhält man die ohne Strömungsverluste und bei gut geführter Strömung (d. h. bei ∞ großer Schaufelzahl) von 1 kg Medium geleistete spezifische theoretische Laufradarbeit

$$Y_{th\infty} = u_1 \cdot c_{1u} - u_2 \cdot c_{2u} \quad \text{in } \frac{\mathrm{J}}{\mathrm{kg}}, \qquad (*46{,}1)$$

da $\frac{\mathrm{Nm}}{\mathrm{kg}} = \frac{\mathrm{kg \cdot m \cdot m}}{\mathrm{kg \cdot sek^2}} = \frac{\mathrm{m^2}}{\mathrm{sek^2}} = \frac{\mathrm{J}}{\mathrm{kg}}$ sind.

In einer radialen Überdruckarbeitsmaschine wird nach Abb. 46,2 das Medium im Laufrad beschleunigt. Hierzu ist nach dem Flächensatz Gl. (*19,4) ein Drehmoment $M = m_{\text{sek}}(r_2 \cdot c_{2u} - r_1 \cdot c_{1u})$ in Nm erforderlich. Nach S. 258 gehört hierzu die Leistung $M \cdot \omega = m_{\text{sek}}(u_2 \cdot c_{2u} - u_1 \cdot c_{1u})$ in $\frac{\text{Nm}}{\text{sek}}$, so daß die auf 1 kg Medium ohne Verluste durch Strömungsreibung und Umlenkung und bei guter Führung (d. h. bei ∞ großer Schaufelzahl) übertragene spezifische theoretische Laufradarbeit

$$Y_{th\infty} = M \cdot \omega / m_{\text{sek}} = u_2 \cdot c_{2u} - u_1 \cdot c_{1u} \ \frac{\text{J}}{\text{kg}} \tag{*46,2}$$

wird.

Vergleicht man die Abb. 46,1 und 46,2, so sieht man, daß das erste Glied der Gln. (*46,1) und (*46,2) sich jeweils auf die Druckkante, das zweite sich auf die Saugkante bezieht.

Diese beiden Gleichungen sind also für alle Strömungsmaschinen (ob Kraft- oder Arbeitsmaschinen, ob Axial- oder Radialmaschinen, ob Gleichdruck- oder Überdruckmaschinen) gleich. Man nennt sie daher die Hauptgleichung.

2. Spezifische theoretische Laufradarbeit Y_{th} bei endlich großer Schaufelzahl

Nach S. 47 haben Kraftmaschinen entweder gleichweit bleibende oder sich verengende Laufradkanäle, so daß die Führung auch bei endlicher Schaufelzahl gut und $Y_{th} = Y_{th\infty}$ ist. Bei $\alpha_2 = 90°$ wird dann für Turbinen

$$Y_{th} = Y_{th\infty} = u_1 \cdot c_{1u} \quad \text{in } \frac{\text{J}}{\text{kg}}. \tag{*47,1}$$

Bei Arbeitsmaschinen erfolgt, da nach Abb. 2,1 und 46,2 die Relativgeschwindigkeit w durch Vergrößerung der Kanalquerschnitte im Laufrad vermindert wird, eine schlechtere Führung und so eine Arbeitsminderung durch einen Relativwirbel (Abb. 75,2). Nach S. 47 und 48 ist der Arbeitsminderungsfaktor nur von β_2, z und R_1/R_2 abhängig und so in beiden Maßsystemen gleich. Für $\alpha_1 = 90°$ wird für einstufige Arbeitsmaschinen

$$Y_{th} = k \cdot Y_{th\infty} = k \cdot u_2 \cdot c_{2u} \quad \text{in } \frac{\text{J}}{\text{kg}}. \tag{*48,3}$$

3. Berücksichtigung der Strömungsverluste. Eulersche Gleichung

Bei den Kraftmaschinen (Turbinen) ist die spezifische Stutzenarbeit die in 1 kg Medium der Maschine zur Verfügung gestellte, also die aufgewendete Energie. Die am Laufrad nutzbare Energie Y_{th} muß um die inneren Verluste in der Maschine — erfaßt durch den hydraulischen Wirkungsgrad η_h bei Wasserturbinen — kleiner sein. Also lautet die Eulersche Gleichung für *Wasserturbinen*

$$Y \cdot \eta_h = Y_{th} = u_1 \cdot c_{1u} - u_2 \cdot c_{2u} \frac{\mathrm{J}}{\mathrm{kg}}. \qquad (*49{,}1)$$

Bei Dampfturbinen ist die adiabatische Strömung die Strömung ohne Verluste durch Strömungsreibung und Umlenkung am Laufradumfang. Letztere werden durch den Umfangswirkungsgrad η_u erfaßt, so daß analog dem Vortext für *eine Stufe einer Dampfturbine* die Eulersche Gleichung

$$y_{ad} \cdot \eta_u = u(c_{1u} - c_{2u}) \frac{\mathrm{J}}{\mathrm{kg}} \qquad (*49{,}2)$$

lautet. Denn Dampfturbinen sind im allgemeinen Axialmaschinen, so daß $u_1 = u_2 = u$ wird. Die spezifische Stutzenarbeit einer Dampfturbine ist also $\underline{y = y_{ad}}$.

Bei Arbeitsmaschinen muß man zwischen ein- und mehrstufigen Maschinen und zwischen Pumpen für inkompressible Medien und Verdichtern für kompressible Medien unterscheiden.

Ist Y J/kg die spezifische Stutzenarbeit einer Kreiselpumpe mit i Stufen, so ist im allgemeinen die *spezifische Stutzenarbeit je Stufe* $\underline{y = Y/i}$. Sie ist ja die nutzbar auf 1 kg Medium übertragene Energie. Daher ist sie kleiner als y_{th}. Daher lautet die Eulersche Gleichung für eine *Kreiselpumpenstufe*

$$y = y_{th} \cdot \eta_h = \eta_h \cdot u_2 \cdot k \cdot c_{2u} \quad \text{in } \frac{\mathrm{J}}{\mathrm{kg}}. \qquad (*49{,}3)$$

Bei einstufigen Ventilatoren faßt nach S. 26 der sog. Gesamtdruck ΔP in seiner Energie $\Delta P/\varrho$ die Energieverluste vor der Maschine, die Beschleunigungsarbeit und die Energie für die Drucksteigerung im Laufrad je kg Masse zusammen, so daß $\Delta P/\varrho$ an die Stelle der spezifischen Stutzenarbeit tritt. Damit lautet für *einstufige Ventilatoren* die Eulersche Gleichung

$$Y = \Delta P/\varrho = \eta_h \cdot u_2 \cdot k \cdot c_{2u} \frac{\mathrm{J}}{\mathrm{kg}}. \qquad (*49{,}4)$$

Bei mehrstufigen Kreiselverdichtern wird je Stufe $y = y_{ad} = -\int_{p_1}^{p_2} v \cdot dP$ statt $\Delta P/\varrho = v \cdot \Delta P$. Damit lautet die Eulersche Gleichung für eine *Turbokompressorstufe*

$$y = y_{ad} = \eta_h \cdot u_2 \cdot k \cdot c_{2u} \frac{\mathrm{J}}{\mathrm{kg}}. \qquad (*50{,}1)$$

B. Die Laufradschaufelformen der Strömungsmaschinen

Für das MKS-System ist nichts Besonderes zu bemerken.

C. Die Tragflügeltheorie

Staudruck

$$q = \varrho \cdot w_\infty^2/2 \quad \text{in N/m}^2, \tag{*54,1}$$

Auftriebskraft

$$A = c_a \cdot F \cdot q \quad \text{in N}, \tag{*54,2a}$$

Widerstandskraft

$$W = c_w \cdot F \cdot q \quad \text{in N}, \tag{*54,2b}$$

Moment der Resultierenden

$$M = c_m \cdot l \cdot F \cdot q \quad \text{in Nm oder J}, \tag{*55,2}$$

Gleitzahl

$$\varepsilon = W/A = c_w/c_a. \tag{*55,1}$$

Für eine Wasserturbine axialer Bauart mit $\alpha_2 = 90°$:

$$c_2 = c_{2m} = c_m, \qquad c_{1u} - c_{2u} = c_{1u} = c_u = \Delta c_u, \tag{*55,3}$$

$$w_\infty^2 = c_m^2 + \left(u - \frac{\Delta c_u}{2}\right)^2 \quad \text{und} \quad \tan\beta_\infty = \frac{c_m}{u - \frac{\Delta c_u}{2}}, \tag{*55,4}$$

Umfangskraft

$$T = A \cdot \sin\beta_\infty = m_{\text{sek}} \cdot \Delta c_u \quad \text{in N}, \tag{*56,1}$$

sekundlich strömende Masse

$$m_{\text{sek}} = \varrho \cdot Q = \varrho \cdot t \cdot b \cdot c_m \quad \text{in kg/sek}. \tag{*56,2}$$

Nach Gl. (*49,1) ist

$$Y \cdot \eta_h = u \cdot \Delta c_u \quad \text{in } \frac{\text{J}}{\text{kg}}, \qquad T = A \cdot \sin\beta_\infty = m_{\text{sek}} \cdot u \cdot \Delta c_u/u$$

und so analog S. 56

$$c_a \cdot l \cdot w_\infty = \frac{4 \cdot \pi \cdot Y \cdot \eta_h}{z \cdot \omega} = m \tag{*56,3}$$

für die stets einstufigen Wasserturbinen.

Für Arbeitsmaschinen axialer Bauart nach Abb. 4,4 und 221,1, also bei vorgeschaltetem Leitrad,

$$w_\infty^2 = c_m^2 + \left(u + \frac{\Delta c_u}{2}\right)^2 \quad \text{und} \quad \tan\beta_\infty = \frac{c_m}{u + \frac{\Delta c_u}{2}}. \tag{*57,1}$$

Der Arbeitsminderungsfaktor wird durch die Versuche am Schaufelgitter erfaßt, die den Auftriebsbeiwert feststellen. Damit wird für eine Pumpenstufe

$$u \cdot \Delta c_u = \frac{y}{\eta_h} \frac{\mathrm{J}}{\mathrm{kg}} \tag{*57,2a}$$

und für Ventilatoren

$$u \cdot \Delta c_u = \frac{\Delta P}{\eta_h \cdot \varrho} \frac{\mathrm{J}}{\mathrm{kg}}. \tag{*57,2b}$$

$$c_a \cdot l \cdot w_\infty = \frac{4\pi \cdot y}{z \cdot \omega \cdot \eta_h} = m \tag{*57,3}$$

für eine axiale Pumpenstufe,

$$c_a \cdot l \cdot w_\infty = \frac{4 \cdot \pi \cdot \Delta P}{z \cdot \omega \cdot \varrho \cdot \eta_h} = m \tag{*57,4}$$

für einstufige Ventilatoren axialer Bauart. Konstruktiver Anstellwinkel für axiale Turbinen $\beta = \beta_\infty - \delta$ (Abb. 54,1), für axiale Pumpen und Verdichter $\beta = \beta_\infty + \delta$ (Abb. 4,4).

D. Ähnlichkeitsgesetze und Kennziffern für Strömungsmaschinen

1. Die Druckzahl ψ

Definitionsgleichungen für eine *Pumpenstufe*:

$$\psi \cdot u_2^2/2 = y \quad \text{bei radialer Bauart} \tag{*58,1a}$$

und

$$\psi \cdot u_a^2/2 = Y \quad \text{bei einstufiger axialer Bauart,} \tag{*58,1b}$$

für einen einstufigen Ventilator:

$$\psi \cdot u_2^2/2 = \Delta P/\varrho \quad \text{bei radialer} \tag{*58,2}$$

und

$$\psi \cdot u_a^2/2 = \Delta P/\varrho \quad \text{bei axialer Bauart.} \tag{*58,3}$$

Für eine Kreiselverdichterstufe tritt y_{ad} an die Stelle von $\Delta P/\varrho$.

Anwendung s. Zahlenbeispiel S. 293.

2. Die Lieferzahl φ und φ''

Da Längen, Volumina und Geschwindigkeiten im TM und im MKS-System die gleichen kohärenten Einheiten haben, so gelten für ν, φ und φ'' dieselben Gleichungen wie S. 58/59.

Anwendung s. Zahlenbeispiel S. 292.

3. Die dimensionslose Kennzahl n_0

Da nach S. 59 und 284 die Laufradarbeit je Masseneinheit im TM und im MKS-System die gleiche Einheit m^2/sek^2 haben, so gilt für die dimensionslose Kennzahl n_0 in beiden Systemen dieselbe Gleichung

$$n_0 = \frac{n}{\sqrt{\Delta P/\varrho}} \cdot \sqrt{\frac{V}{\sqrt{\Delta P/\varrho}}} = \frac{n}{\sqrt{Y}} \sqrt{\frac{V}{\sqrt{Y}}}, \qquad (*59,2)$$

es ist in der Praxis eine zugeschnittene Größengleichung insofern, als n nicht in der kohärenten Einheit U/sek, sondern in U/min eingesetzt wird.

Zahlenbeispiel: Ein Niederdruckventilator (s. auch Zahlenbeispiel 10 S. 273 und 20 S. 283) fördert sekundlich 2,6 m³ Luft von 1 ata und 20 °C gegen einen Gesamtdruck von 80 mm WS bei 980 U/min. Wie groß ist seine dimensionslose Kennzahl n_0 bezogen auf U/min?

$$n_0 = \frac{n}{\sqrt{Y}} \sqrt{\frac{V}{\sqrt{Y}}} = \frac{n}{\sqrt{\Delta P/\varrho}} \cdot \sqrt{\frac{V}{\sqrt{\Delta P/\varrho}}},$$

$$n = 980 \text{ U/min},$$

$$V = 2{,}6 \text{ m}^3/\text{sek},$$

$$\Delta P = 785 \text{ N/m}^2 \quad \text{nach S. 273},$$

$$\varrho = 1{,}166 \text{ kg/m}^3 \quad \text{nach S. 273},$$

spezifische Stutzenarbeit

$$Y = \Delta P/\varrho = 785/1{,}166 = 673 \frac{\text{J}}{\text{kg}} \quad \text{wie S. 328.}$$

$$\underline{n_0} = \frac{n}{\sqrt{Y}} \sqrt{\frac{V}{\sqrt{Y}}} = \frac{980}{\sqrt{673}} \cdot \frac{\sqrt{2{,}6}}{\sqrt[4]{673}} = \frac{980 \cdot 1{,}61}{25{,}9 \cdot 5{,}09} = \underline{12}.$$

4. Die Gebläsekennzahl σ

Da $\Delta P/\varrho$ im TM und MKS dieselbe Einheit m^2/sek^2 hat, so ist die Ableitung auf S. 59 für beide Maßsysteme dieselbe. Also gilt auch für das MKS-System

$$n_0 = 28{,}5 \cdot \sigma, \qquad (*59,3)$$

$$\sigma = \varphi^{1/2}/\psi^{3/4} \quad \text{für Radialgebläse}, \qquad (*59,4)$$

$$\sigma = (1 - \nu^2)^{1/2} \cdot \varphi''^{1/2}/\psi^{3/4} \quad \text{für Axialgebläse} \qquad (*60,1)$$

mit $\nu = D_i/D_a$ wie S. 58.

Anwendung s. Zahlenbeispiel S. 293.

5. Die Kennzahl n_q aller Strömungsmaschinen
(auch Radformkennzahl genannt)

Nach Zahlenbeispiel 16 S. 278 besteht zwischen der Fallhöhe H m im TM und der spezifischen Stutzenarbeit Y im MKS-System die Beziehung

$$H = Y/9{,}81 \cdot 1\,\frac{\text{kpm}}{\text{kp}} = \frac{\text{Nm} \cdot \text{kp} \cdot \text{kg}}{\text{kg} \cdot \text{N} \cdot \text{kp}}, \qquad H = Y/9{,}81.$$

Demnach wird nach Gl. (60,2) die Einheitsdrehzahl

$$n_1' = n \cdot D_1 \cdot \sqrt{g}\,/\sqrt{Y}, \tag{*60,2}$$

die Einheitsmenge nach Gl. (61,1)

$$Q_1' = \frac{Q \cdot \sqrt{g}}{\sqrt{Y} \cdot D_1^2} \tag{*61,1}$$

und die *Kennzahl für Wasserturbinen* nach Gl. (61,2)

$$\underline{n_q} = n_1' \cdot \sqrt{Q_1'} = \frac{n \cdot \sqrt{g}}{\sqrt{Y}} \cdot \sqrt{\frac{Q}{\sqrt{Y}}} \cdot \sqrt[4]{g} = 5{,}55 \cdot n_0 \tag{*61,2a}$$

$$= 5{,}55 \cdot 28{,}5 \cdot \sigma = \underline{158 \cdot \sigma}.$$

$$\underline{n_q = \frac{n}{\sqrt{H}} \cdot \sqrt{\frac{Q}{\sqrt{H}}}}, \tag{*61,2b}$$

da nach Petermann der Wasserturbinenbau weiter mit H arbeitet.

Setzt man aber kohärent *n in U/sek* ein, so wird

$$n_q = 5{,}55 \cdot 60 \cdot n_0 = 333 \cdot \frac{n}{\sqrt{Y}} \cdot \sqrt{\frac{Q}{\sqrt{Y}}}, \tag{*61,2}$$

wenn n_q weiter *auf U/min* bezogen wird.

Petermann[1] nennt n_q die Radformkennzahl — der Grund ist aus Abb. 79,1 und 82,1 ersichtlich —, aber leider auch spezifische Drehzahl. Hierzu s. S. 63.

Die *Kennzahl für eine Dampfturbinenstufe* ist

$$n_q = 333 \cdot \frac{n}{\sqrt{y_{ad}}} \cdot \sqrt{\frac{V_m}{\sqrt{y_{ad}}}}, \tag{*61,3}$$

wenn n in U/sek eingesetzt wird, aber n_q auf U/min lautet. $y_{ad} = i_1 - i_2\,\frac{\text{J}}{\text{kg}}$ nach S. 265.

---

[1] [*14b*], S. 71.

Die *Kennzahl für eine Kreiselpumpenstufe* ist mit n in U/sek

$$n_q = 333 \cdot \frac{n}{\sqrt{y}} \sqrt{\frac{Q}{\sqrt{y}}}, \tag{*61,4}$$

wenn n_q auf U/min bezogen wird. $y = Y/i$ nach S. 49.

Für eine Turbokompressorstufe ist die Kennzahl

$$n_q = 333 \cdot \frac{n}{\sqrt{y_{ad}}} \sqrt{\frac{V_m}{\sqrt{y_{ad}}}}, \tag{*61,5}$$

wenn n in U/sek eingesetzt wird, n_q auf U/min bezogen ist.

Die Kennzahl für *einstufige Ventilatoren* ist mit n in U/sek

$$n_q = 333 \cdot \frac{n}{\sqrt{Y}} \sqrt{\frac{V}{\sqrt{Y}}}, \tag{*61,6}$$

wenn n_q auf U/min bezogen ist und $Y = \Delta P/\varrho$ ist.

Anwendung s. Zahlenbeispiel S. 293.

6. Die spezifische Drehzahl n_s der Wasserturbinen

Die Einheitsleistung $N_1' = \dfrac{N}{\sqrt{H} \cdot D_1^2 \cdot H}$ im TM nach S. 62 findet nach PETERMANN[1] im Wasserturbinenbau auch heute noch Anwendung. Mit $\dfrac{Y}{9{,}81} = H$ wird $N_1' = \dfrac{9{,}81 \cdot \sqrt{9{,}81} \cdot N}{Y \cdot \sqrt{Y} \cdot D_1^2} = \dfrac{30{,}7 \cdot N}{Y \cdot \sqrt{Y} \cdot D_1^2}$. Mit $\sqrt{N} = \sqrt{\dfrac{Q \cdot 1000 \cdot Y \cdot \eta}{75 \cdot 9{,}81}}$ wird nach S. 62 die spezifische Drehzahl mit Gl. (*60,2)

$$n_s = n_1' \cdot \sqrt{N_1'} = \frac{n \cdot D_1 \cdot \sqrt{g}}{\sqrt{Y}} \cdot \frac{\sqrt{30{,}7} \cdot \sqrt{Q} \cdot \sqrt{1000} \cdot \sqrt{Y} \cdot \sqrt{\eta}}{\sqrt{75} \cdot \sqrt{g} \cdot \sqrt{Y} \cdot \sqrt[4]{Y} \cdot D_1}$$

$$= \frac{\sqrt{30{,}7} \cdot \sqrt{1000}}{\sqrt{75}} \cdot \sqrt{\eta} \cdot n_0 = 20{,}2 \cdot \sqrt{\eta} \cdot n_0,$$

wenn n und n_s auf sek bezogen sind.

Wird n in U/sek eingesetzt, aber n_s auf U/min bezogen, so wird nach Abschn. 5 die spezifische Drehzahl

$$n_s \approx 1200 \cdot \sqrt{\eta} \cdot \frac{n}{\sqrt{Y}} \sqrt{\frac{Q}{\sqrt{Y}}} \quad \text{für Turbinen,} \tag{*62,2}$$

$$n_s \approx 1200 \cdot \frac{n}{\sqrt{y}} \sqrt{\frac{Q}{\sqrt{y}}} \quad \text{für eine Kreiselpumpenstufe,} \tag{*62,3}$$

[1] [*14b*], S. 237.

$$n_s \approx 1200 \cdot \frac{n}{\sqrt{y_{ad}}} \sqrt{\frac{V}{\sqrt{y_{ad}}}} \quad \text{für eine Turbokompressorstufe,} \qquad (*62,4\,\text{a})$$

weil dort die Leistung auf das Medium bezogen wird. Für letztere wird nach S. 62 mit $n_s = 3{,}65 \cdot n_q$ und Gl. (*61,2a)

$$n_s = 3{,}65 \cdot n_q = 3{,}65 \cdot 158 \cdot \sigma = 578 \cdot \sigma, \qquad (*62,4\,\text{b})$$

wenn n_s auf U/min bezogen ist.

Zahlenbeispiel: Ein Axiallüfter (s. S. 219) fördert 4 m³/sek Luft gegen einen Gesamtdruck von 30 mm WS bei 1 ata, 12 °C, 3000 U/min, 600 mm äußerem und 200 mm innerem Durchmesser. Wie groß sind Lieferzahl φ'', Druckzahl ψ, dimensionslose Kennzahl n_0, Gebläsekennzahl σ, Kennzahl n_q und spezifische Drehzahl n_s?

$$\varphi'' = c_m/u_a \quad \text{nach Gl. (58,4) für Axialmaschinen,}$$

$$\underline{\nu} = \frac{D_i}{D_a} = 200/600 = \underline{0{,}33}, \quad 1 - \nu^2 = 0{,}891,$$

$$(D_a^2\pi/4 - D_i^2\pi/4) \cdot c_m = V = c_m \cdot D_a^2\pi/4\,(1 - \nu^2),$$

$$D_a^2\pi/4 = 0{,}6^2\pi/4 = 0{,}282,$$

$$\underline{c_m} = \frac{4}{0{,}282 \cdot 0{,}891} = \underline{15{,}9\ \text{m/sek}},$$

$$u_a = D_a \cdot \pi \cdot n/60 = 0{,}60 \cdot \pi \cdot 3000/60 = \underline{94{,}2\ \text{m/sek}},$$

also *Lieferzahl*

$$\underline{\varphi''} = c_m/u_a = 15{,}9/94{,}2 = \underline{0{,}169}.$$

$$\psi \cdot \frac{u_a^2}{2} = \frac{\Delta P}{\varrho} = Y \quad \text{nach Gl. (*58,3) für Axialmaschinen,}$$

$$\text{Gesamtdruck} \quad \underline{\Delta P} = 30 \cdot 9{,}81\ \frac{\text{kp} \cdot \text{N}}{\text{m}^2 \cdot \text{kp}} = \underline{294\ \text{N/m}^2},$$

$$\underline{P} = 10000 \cdot 9{,}81\ \frac{\text{kp} \cdot \text{N}}{\text{m}^2 \cdot \text{kp}} = \underline{98100\ \text{N/m}^2},$$

$$\underline{T} = 273 + t = \underline{285\,^\circ\text{K}},$$

$$R \cdot T = P \cdot v = P/\varrho \quad \text{nach Gl. (*6,2c),}$$

$$\varrho = \frac{P}{R \cdot T} = \frac{98100}{286{,}9 \cdot 285} = 1{,}2\ \text{kg/m}^3,$$

spezifische Stutzenarbeit nach Gl. (*49,4) für einstufige Ventilatoren

$$Y = \frac{\Delta P}{\varrho} = 294/1{,}2 = 245\ \frac{\text{J}}{\text{kg}},$$

Druckzahl $\underline{\psi} = \frac{2\,Y}{u_a^2} = 490/8860 = \underline{0{,}055}$.

$$n_0 = \frac{n}{\sqrt{Y}}\sqrt{\frac{V}{\sqrt{Y}}} \quad \text{nach Gl. (*59,2)}$$

$$n_0 = \frac{3000\sqrt{4}}{\sqrt{245}\cdot\sqrt[4]{245}} = \frac{3000\cdot 2}{15{,}65\cdot 3{,}96},$$

Dimensionslose Kennzahl $\underline{n_0 = 96{,}8}$.

$$\sigma = \varphi''^{1/2}\cdot(1-\nu^2)^{1/2}/\psi^{3/4} \quad \text{nach Gl. (*60,1)},$$

für Axialmaschinen:

$$\sigma = \frac{\sqrt{0{,}169}\cdot\sqrt{0{,}891}}{\sqrt{0{,}055}\cdot\sqrt[4]{0{,}055}} = \frac{0{,}411\cdot 0{,}943}{0{,}234\cdot 0{,}484},$$

Gebläsekennzahl $\underline{\sigma = 3{,}42}$.

Probe: $n_0 = 28{,}5\cdot\sigma = 28{,}5\cdot 3{,}42 = 97{,}5 \approx 96{,}8$ nach Gl. (*59,3).

$$n_q = 333\cdot\frac{n}{\sqrt{Y}}\cdot\sqrt{\frac{V}{\sqrt{Y}}} \quad \text{bezogen auf U/min nach Gl. (*61,2)},$$

wenn n in U/sek.

$$\underline{n} = 3000/60 = \underline{50\ \text{U/sek}}.$$

Laut Vortext

$$\underline{n_q} = 333\cdot\frac{50\cdot 2}{15{,}65\cdot 3{,}96} = \underline{538}.$$

Probe: $n_q = 158\cdot\sigma$ nach Gl. (*61,2a).

Kennzahl $\underline{n_q} = 158\cdot 3{,}42 = 540 \approx \underline{538}$.

$$n_s \approx 1200\cdot\frac{n}{\sqrt{Y}}\sqrt{\frac{V}{\sqrt{Y}}} \quad \text{nach Gl. (*62,4a), bezogen auf U/min,}$$

wenn n in U/sek

$$n_s \approx 1200\cdot\frac{50\cdot 2}{15{,}65\cdot 3{,}96} \quad \text{lt. Vortext.}$$

Spezifische Drehzahl $\underline{n_s = 1940}$.

Probe: $n_s = 575\cdot\sigma = 575\cdot 3{,}42 = 1965 \approx 1940$ nach Gl. (*62,4b).

7. Weitere Kennzahlen

Parsonssche Kennzahl S. 306. Laufzahl S. 305. Einlaufzahl S. 297.

E. Die Verluste in Strömungsmaschinen allgemein

1. Übersicht

Die Gleichungen S. 63 für η und η_e sind im MKS-System die gleichen.

$\eta = \lambda_v \cdot \eta_h \cdot \eta_m$ für Wasserturbinen und Kreiselpumpen (*63,1)

$\eta_e = \eta_i \cdot \eta_m$ für Dampfturbinen und Turbokompressoren, (*63,2)

$\eta = \eta_h \cdot \eta_m$ für Ventilatoren. (*63,3)

a) Die Mengenverluste. Die sekundliche Menge im Laufrad ist

für Wasserturbinen $Q_L = Q \cdot \lambda_v$, (*63,4 a)

für Arbeitsmaschinen $Q_L = Q/\lambda_v$. (*63,4 b)

b) Die Strömungsverluste in der Strömungsmaschine s. S. 64.

c) Die Energieverluste durch mechanische Reibung. Für Kraftmaschinen $N_e = N_i \cdot \eta_m$, (*64,1)

für Arbeitsmaschinen $N_a = N_i/\eta_m$. (*64,2)

d) Leistungsformeln. Da 1 J = 1 Wsek ist, so ist mit $\varrho = 1000$ kg/m³ für *Wasserturbinen*

$$\underline{N_e = Q \cdot 1000 \cdot Y \cdot \eta \quad \text{in W}}. \qquad (*64,3)$$

Ist Y_{ad} kJ/kg das adiabatische Wärmegefälle im *is*-Diagramm[1], so wird für *Dampfturbinen*

$$\underline{N_e = m_{\text{sek}} \cdot Y_{ad} \cdot \eta_e \,\text{kW}}, \qquad (*64,4)$$

für Kreiselpumpen mit $Y = i \cdot y$ und $\varrho = 1000 \frac{\text{kg}}{\text{m}^3}$

$$\underline{N_a = Q \cdot 1000 \cdot Y/\eta \quad \text{in W}}, \qquad (*64,5)$$

für Turbokompressoren

$$\underline{N_a = m_{\text{sek}} \cdot Y_{ad}/\eta_e \quad \text{in W}}, \qquad (*64,6)$$

für Ventilatoren mit $Y = \Delta P/\varrho$ in Wsek/kg

$$\underline{N_a} = m_{\text{sek}} \cdot Y/\eta = \frac{V \cdot \varrho \cdot \Delta P}{\varrho \cdot \eta} = \underline{V \cdot \Delta P/\eta \quad \text{in W}}. \qquad (*64,7)$$

[1] [4].

2. Die Strömungsverluste bei sich ändernder sekundlicher Menge. Kennlinie einer Kreiselpumpe

Da die kohärenten Einheiten m, m/sek und m³/sek im TM und MKS-System die gleichen sind, so ist nach S. 65 auch für das letztere $c_{2u} = u_2 - \dfrac{Q \cdot \cot\beta_2}{\pi \cdot D_2 \cdot b_2}$ und somit nach Gl. (*48,3) S. 285

$$Y_{th\infty} = u_2 \cdot c_{2u} = u_2 \left(u_2 - \frac{Q \cdot \cot\beta_2}{\pi \cdot b_2 \cdot D_2}\right) = u_2^2 \quad \text{für} \quad Q = 0\,.$$

Im übrigen ist $Y_{th} = k \cdot Y_{th\infty}$ statt H_{th} und Y statt H zu setzen im Text S. 65 wie in Abb. 65,1, 67,1 und 67,2. Der Stoßkomponente w_t m/sek entspricht im MKS eine spezifische Energie $w_t^2/2$ J/kg.

3. Stoßverluste bei sich ändernder sekundlicher Menge

a) Stoßverluste bei einer Kraftmaschine, z. B. bei einer Wasserturbine. Im MKS-System gilt

$$\varphi \cdot w_t^2/2 = 0{,}7 \cdot w_t^2/2\,. \tag{*69,1}$$

Zahlenbeispiel 21 auf S. 70. Bremsversuch an einer Francisturbine (Abb. 110,1): $n = 628$ U/min, $l = 0{,}5$ m, $P = 13{,}2$ kp, $Q = 0{,}121$ m³/sek, $H = 5{,}97$ m, $D_1 = 0{,}3$ m. Wie groß sind N_e, η, n_1' und Q_1'?

Zunächst ist eine Umrechnung in kohärente Einheiten erforderlich.

$$\underline{P} = 13{,}2 \cdot 9{,}81 \, \frac{\text{kp} \cdot \text{N}}{\text{kp}} = \underline{129{,}3\ \text{N}}\,,$$

$$\underline{\omega} = 2 \cdot \pi \cdot n/60 = 2 \cdot \pi \cdot 628/60 = \underline{65{,}7\ \text{sek}^{-1}}\,,$$

$$\underline{Y} = H \cdot 9{,}81 \cdot 1 \, \frac{\text{kpm} \cdot \text{N} \cdot \text{kp}}{\text{kp} \cdot \text{kp} \cdot \text{kg}} = 5{,}97 \cdot 9{,}81 = \underline{58{,}6 \, \frac{\text{J}}{\text{kg}}} = \frac{\text{Wsek}}{\text{kg}}\,.$$

Nach S. 258 ist die Kupplungsleistung

$$N_e = M_t \cdot \omega = P \cdot l \cdot \omega = 129{,}3 \cdot 0{,}5 \cdot 65{,}7\ \text{Nm/sek} = \text{W}\,,$$

$$\underline{N_e = 4240\ \text{W}} = Q \cdot 1000 \cdot Y \cdot \eta \quad \text{nach Gl. (*64,3).}$$

Aufgewendete Leistung

$$\underline{N_a} = m_{\text{sek}} \cdot Y \, \frac{\text{kg} \cdot \text{Wsek}}{\text{sek} \cdot \text{kg}} = Q \cdot \varrho \cdot Y = 0{,}121 \cdot 1000 \cdot 58{,}6 = \underline{7090\ \text{W}}\,.$$

$$\underline{\eta} = N_e/N_a = 4240/7090 = \underline{0{,}6}\,.$$

Nach Gl. (*60,2) ist die Einheitsdrehzahl

$$\underline{n_1'} = n \cdot D_1 \cdot \sqrt{g}/\sqrt{Y} = 628 \cdot 0{,}3 \cdot 3{,}13/7{,}67 = \underline{77}$$

wie S. 70. Nach Gl. (*61,1) ist die Einheitsmenge

$$\underline{Q_1'} = \frac{Q \cdot \sqrt{g}}{\sqrt{Y} \cdot D_1^2} = \frac{0{,}121 \cdot 3{,}13}{7{,}67 \cdot 0{,}09} = \underline{0{,}55}$$

wie S. 70. Das Muscheldiagramm Abb. 71,1 bleibt also für beide Maßsysteme unverändert.

Zahlenbeispiel 22 auf S. 72. Wasseraufkommen einer Turbine: normal 8,5 m³/sek bei $H = 4$ m, Hochwasser 14,5 m³/sek bei $H = 3{,}2$ m, Niedrigwasser 5 m³/sek bei $H = 4{,}5$ m. Ist die Bauart, die zum Muscheldiagramm Abb. 71,1 gehört, verwendbar? Eintrittsdurchmesser und Leistungen in den oben genannten Fällen sind zu berechnen.

Bestpunkt $n_1' = 89$ und $Q_1' = 1{,}33$ nach Abb. 71,1 Punkt C für normale Verhältnisse. Da Q_1' und n_1' lt. vorigem Beispiel im TM und MKS-System die gleichen Zahlenwerte haben, kann $\underline{D_1 = 1{,}79 \text{ m}}$, $\underline{n = 100 \text{ U/min}}$ von S. 72 übernommen werden. Nach Gl. (*61,2a) ist für C $\underline{n_q} = n_1' \cdot \sqrt{Q_1'} = 89 \cdot \sqrt{1{,}33} = \underline{102{,}7}$.

Nach Abb. 107,2, 111,2 und 114,2 handelt es sich um die Francisbauart, die nach Abb. 111,2 bei $n_q = 102{,}8$ bis $H_{\max} = 35$ m gebaut wird, also hier verwendbar ist.

Die Werte $\eta = 0{,}88$ normal, $\eta = 0{,}71$ für Niedrigwasser und $\eta = 0{,}75$ bei $Q = 9{,}91$ m³/sek für Hochwasser können lt. Vortext von S. 72/73 übernommen werden. Damit werden mit Gl. (*64,3) die Kupplungsleistungen normal

$$N_e = Q \cdot 1000 \cdot Y \cdot \eta \quad \text{mit} \quad Y = 4 \cdot 9{,}81 \text{ J/kg} = \text{Wsek/kg},$$

$$\underline{N_e} = 8{,}5 \cdot 1000 \cdot 4 \cdot 9{,}81 \cdot 0{,}88 = 294000 \text{ W} = \underline{294 \text{ kW}},$$

bei Niedrigwasser mit $Y = 4{,}5 \cdot 9{,}81$ und $Q = 5$ m³/sek

$$\underline{N_e} = 5 \cdot 1000 \cdot 4{,}5 \cdot 9{,}81 \cdot 0{,}71 = 156500 \text{ W} = \underline{156{,}5 \text{ kW}}$$

und bei Hochwasser mit $Y = 3{,}2 \cdot 9{,}81$ und $Q = 9{,}91$ m³/sek

$$\underline{N_e} = 9{,}91 \cdot 1000 \cdot 3{,}2 \cdot 9{,}81 \cdot 0{,}75 = 233000 \text{ W} = \underline{233 \text{ kW}}.$$

b) Stoßverluste bei einer Arbeitsmaschine, z. B. bei einem Ventilator. Axiale Zulaufgeschwindigkeit im Laufradmund bei Radialmaschinen

$$c_0 = \varepsilon \cdot \sqrt{2 \cdot y} \quad \text{bei Pumpen} \qquad (*73{,}1)$$

und

$$c_0 = \varepsilon \sqrt{2 \cdot y_{ad}} \quad \text{bei Verdichtern.}$$

Einlaufzahl $\varepsilon = (0{,}28 \text{ bis } 0{,}64)\,(n_q/100)^{2/3}$ für $n_q > 30$ bzw. 40. Vermeidung der Ablösung bei Ventilatoren durch $b_1 = D_1/4{,}8$ entsprechend

$$\pi \cdot D_1 \cdot b_1 \cdot 1{,}2 \cdot c_0 = \pi \cdot D_1^2 \cdot c_0/4. \qquad (*74{,}1)$$

Theoretische übertragene Laufradarbeit $Y_{th} = Y_{th\infty} \cdot k \, \frac{\text{J}}{\text{kg}}$ nach Gl. (*48,3).

F. Die Laufradform für den günstigsten Energieumsatz im Laufrad

1. Dampfturbinen

a) Gleichdruckturbinen. Für Abb. 77,1 ist $c_{1u} - c_{2u} = 2 \cdot (c_1 \cdot \cos\alpha_1 - u)$ nach S. 77. Nach S. 284 und 285 ist

$$y_{th} = u\,(c_{1u} - c_{2u}) = 2\,(u \cdot c_1 \cdot \cos\alpha_1 - u^2).$$

$$dy_{th}/du = c_1 \cdot \cos\alpha_1 - 2u = 0 \quad \text{für} \quad \underline{y_{th\,\text{max}}}.$$

Also bei $\underline{\alpha_1 = 0}$ für $\underline{u = c_1/2}$.

b) Überdruckturbinen. Für Abb. 78,1 ist $c_{1u} - c_{2u} = 2c_1 \cdot \cos\alpha_1 - u$ nach S. 78. Nach S. 284 und 285 ist

$$y_{th} = u\,(c_{1u} - c_{2u}) = 2 \cdot u \cdot c_1 \cdot \cos\alpha_1 - u^2.$$

$$dy_{th}/du = 2 \cdot c_1 \cdot \cos\alpha_1 - 2u = 0 \quad \text{für} \quad \underline{y_{th\,\text{max}}}.$$

Also bei $\underline{\alpha_1 = 0 \text{ für } u = c_1}$.

Folgerungen hieraus s. S. 298 u. 301.

2. Wasserturbinen

Da nach S. 278 $Y = 9{,}81 \cdot H$ ist, so wird nach S. 79 für $\alpha_2 = 90°$

$$u_1 = \frac{c_{1m}}{2 \cdot \tan\beta_1} \pm \sqrt{\left(\frac{c_{1m}}{2 \cdot \tan\beta_1}\right)^2 - Y \cdot \eta_h}, \qquad (*79{,}1)$$

wenn statt der Fallhöhe die spezifische Stutzenarbeit Y eingesetzt wird.

Anwendung bei der Berechnung eines Francisrades s. S. 311 u. 175.

3. Kreiselpumpen

Wie S. 81 bis 83.

4. Kreiselverdichter

Für Ventilatoren wird nach Gln. (*49,4) und (*58,2) $Y_{ad} = \Delta P/\varrho = \psi \cdot u_2^2/2 = k \cdot \eta_h \cdot u_2 \cdot c_{2u}$, also

$$\psi = 2k \cdot \eta_h \cdot c_{2u}/u_2. \qquad (*84,1)$$

$$a/t = 2{,}5 \cdot \sin^2 \beta_2 (\cot \beta_1 - \cot \beta_2) \quad \text{wie S. 85.} \qquad (*85,1)$$

G. Die Leitvorrichtungen

1. Die Leitvorrichtungen der Turbinen

a) Wasserturbinen. *α) Gleichdruckturbinen.* Austrittsgeschwindigkeit aus der Düse

$$c_1 = \varphi \sqrt{Y - Y_f} \quad \text{mit} \quad Y = g \cdot H \quad \text{und} \quad Y_f = g \cdot H_f. \quad (*85,2)$$

β) Überdruckturbinen. Wie S. 87 u. f. Prozentualer Austrittsverlust $\frac{c_2^2 \cdot 100}{2 \cdot Y}$ vermindert auf $\frac{c_4^2 \cdot 100}{2\,Y} + 10\%$ der im Saugrohr umgesetzten Energie $\frac{c_3^2 - c_4^2}{2}$. Also wird im Laufrad je kg Masse $(c_3^2 - c_4^2)\,(0{,}8$ bis $0{,}9)/2$ in J an Energie zurückgewonnen und in Druckenergie umgesetzt.

Größte zulässige Saughöhe $e_{s\,\max}$ m mit Rücksicht auf die auf S. 88 geschilderte Kavitation mit dem Luftdruck p_a N/m², dem Dampfbildungsdruck p_t N/m² und der Kavitationszahl σ

$$e_{s\,\max} = \frac{1}{g}\left(\frac{p_a - p_t}{\varrho} - \sigma \cdot Y\right) \text{m}. \qquad (*88,1)$$

Bei Anwendung dieser Gleichung ist der Saugrohrverlust in dem Wert $\sigma \cdot Y$ enthalten. Werte für σ S. 88/89.

Anwendung bei der Berechnung des Francisrades s. S. 311.

b) Dampfturbinen. *α) Gleichdruckturbinen.* Für $u = 300$ m/sek und $\varphi = 0{,}95$ dürfte c_0 nicht größer sein als 632 m/sek. Dies würde nach S. 89 mit $c_0^2/2 = y_{ad} = i_1 - i_2 = 632^2/2$ eine adiabatische spezifische technische Arbeit von maximal 200000 J/kg = 200 kJ/kg ergeben. Die adiabatischen Gefälle in dem auf kJ/kg aufgebauten Enthalpie-Entropie-Diagramm[1] Y_{ad} für die ganze Turbine zwischen dem Druck

[1] [*4*].

p bar vor und p_0 bar hinter der Turbine sind aber wesentlich größer, so daß man, um hohe η-Werte zu erhalten, den Druck in mehreren Leitvorrichtungen stufenweise senken muß, damit je Stufe $y_{ad} \leqq 200$ kJ/kg wird (sog. Druckstufung).

Die Düsenarten. Mit $c_0^2/2 = y_{ad}$ wird nach Gl. (*13,1)

$$c_0^2/2 = y_{ad} = \frac{\varkappa}{\varkappa - 1} \cdot P_1 \cdot v_1 \left[1 - (p_2/p_1)^{\frac{\varkappa-1}{\varkappa}}\right].$$

Damit wird nach S. 90

$$m_{\text{sek}} = F \cdot \sqrt{2 \cdot \frac{\varkappa}{\varkappa - 1} \frac{P_1}{v_1} \left[(p_2/p_1)^{2/\varkappa} - (p_2/p_1)^{\frac{\varkappa+1}{\varkappa}}\right]}. \qquad (*90,1)$$

Für $m_{\text{sek}\max}$ ergibt sich hieraus mit $\varkappa = 1{,}3$

$$\lambda_k = \left(\frac{2}{\varkappa + 1}\right)^{\frac{\varkappa}{\varkappa - 1}} = p_k/p_1 = 0{,}546 \quad \text{für Heißdampf.} \qquad (*91,1)$$

$$m_{\text{sek}} = F_{\min} \sqrt{2 \cdot 1{,}3\,(0{,}546^{2/1,3} - 0{,}546^{2,3/1,3})} \cdot \sqrt{P_1/v_1}$$
$$= 0{,}672 \cdot F_{\min} \sqrt{P_1/v_1} \qquad (*93,1)$$

mit dem Austrittsquerschnitt F m² und dem engsten Querschnitt $F_{\min}$ m² bei kohärenten Einheiten.

Gesamtquerschnitt am Austritt

$$F = V_3/c_1. \qquad (*93,3)$$

Düsenverlust

$$y_d = \frac{c_0^2 - c_1^2}{2} = \frac{c_0^2}{2}(1 - \varphi^2)\,\frac{\text{J}}{\text{kg}}. \qquad (*95,1)$$

Die Gl. (94,1) für die Strahlablenkung bleibt dieselbe wie auch der Beaufschlagungsgrad $\varepsilon = z_d \cdot t_d/\pi D$ mit

$$t_d = \frac{b}{\sin\alpha_1} + \frac{s_d}{\sin\alpha_1}. \qquad (*94,2)$$

$$\frac{c_0'^2}{2} = \frac{0{,}8 \cdot c_2^2}{2} + y_{ad}\,\frac{\text{J}}{\text{kg}}, \qquad (*94,3)$$

$$c_1' = \varphi \cdot c_0' \text{ m/sek}, \qquad (*94,4)$$

$$y_l = \frac{c_0'^2 - c_1'^2}{2}\,\frac{\text{J}}{\text{kg}} \qquad (*95,1)$$

für druckgestufte Gleichdruckturbinen. Enthalpie des Dampfes hinter der Leitvorrichtung $i_3 = i_1 - y_{ad} + y_l\,\frac{\text{J}}{\text{kg}}$. Das Geschwindigkeitsdreieck aus c_1', α_1' und u_1 gibt die Relativgeschwindigkeit w_1' mit $\beta_1'^{\times}$ am Eintritt in die Laufradbeschaufelung. Der Umlenkungswinkel $\Delta\beta = 180 - (\beta_1'^{\times} + \beta_2)$ nach Abb. 95,1 gibt nach Kurventafel Abb. 95,1 den Beiwert ψ, der die Strömungsreibung erfaßt.

$$w_2' = \psi \cdot w_1'. \qquad (*95,2)$$

Der Energieverlust in der Laufradbeschaufelung ist

$$y_s = \frac{w_1'^2 - w_2'^2}{2} = \frac{w_1^2}{2}(1 - \psi^2)\,\frac{\mathrm{J}}{\mathrm{kg}} \qquad (*95,3)$$

und die Enthalpie des Dampfes beim Austritt aus der Laufradbeschaufelung $i_4 = i_3 + y_s$ J/kg.

Zahlenbeispiel 23 auf S. 91. Einfache Düse: Luft soll unter 1,033 ata und 20 °C mit kritischer Geschwindigkeit austreten. Eintrittsdruck, Eintrittstemperatur und spezifisches Volumen am Eintritt sowie die kritische Geschwindigkeit sind zu berechnen.

Es wird zunächst auf kohärente Einheiten umgerechnet.

$$\lambda_k = 0{,}525 \text{ von S. 91},$$

$$\underline{P_2} = p_k = 10330 \cdot 9{,}81\,\frac{\mathrm{kp}\cdot\mathrm{N}}{\mathrm{m}^2\cdot\mathrm{kp}} = \underline{101\,000\,\frac{\mathrm{N}}{\mathrm{m}^2}},$$

$$\underline{P_1} = 101\,000/0{,}525 = \underline{192\,500\ \mathrm{N/m^2}},$$

$$\underline{T_2} = 273 + 20 = \underline{293\,^\circ\mathrm{K}}.$$

Nach Gl. (*6,2b) ist

$$P_2 \cdot v_2 = R \cdot T_2,$$

also

$$\underline{v_2} = \frac{R \cdot T_2}{P_2} = 286{,}9 \cdot 293/101\,000 = \underline{0{,}833\ \mathrm{m^3/kg}},$$

$$v_2/v_1 = (p_1/p_2)^{1/\varkappa} = 1{,}905^{0{,}714},$$

nach Gl. (*12,1) ist

$$v_2/v_1 = 1{,}585,$$

$$\underline{v_1} = v_2/1{,}585 = 0{,}833/1{,}585 = \underline{0{,}526\ \mathrm{m^3/kg}},$$

$$\underline{T_1} = P_1 \cdot v_1/R = 192\,500 \cdot 0{,}526/286{,}9 = \underline{353\,^\circ\mathrm{K}},$$

$$\underline{t_1 = 80\,^\circ\mathrm{C}}.$$

Nach Gl. (*13,2) ist

$$\underline{Y_{ad}} = c_p(T_1 - T_2) = 1005 \cdot 60 = \underline{60300 \frac{\mathrm{J}}{\mathrm{kg}}},$$

$$\underline{c_0} = \sqrt{2 \cdot Y_{ad}} = \sqrt{120600} = \underline{347\ \mathrm{m/sek}} \approx 344{,}55\ \mathrm{m/sek}$$

(nach DUBBEL[1]) Schallgeschwindigkeit in trockener Luft bei 760 mm QS abs und 20 °C.

β) Überdruckturbinen. Da nun in der Leitbeschaufelung nur

$$y_{ad} - y_{ad} \cdot \mathfrak{r} = y'_{ad} = y_{ad}(1 - 0{,}5) = y_{ad}/2$$

umgesetzt wird, so wird $c_0'^2/2 = y_{ad}/2$ und $c_0' = \sqrt{y_{ad}}$. Mit $c_1' = u$ nach S. 297 und $\psi = 0{,}89$ sowie $u = 300$ m/sek wird

$$\underline{y_{ad\,\max}} = c_0'^2 = (300/0{,}89)^2 = 113500\ \mathrm{J/kg} = \underline{113{,}5\ \mathrm{kJ/kg}},$$

also weniger als 200 kJ/kg bei Gleichdruckturbinen im vorigen Abschnitt. Deshalb werden Überdruckturbinen ebenfalls druckgestuft mit einer größeren Stufenzahl als Gleichdruckturbinen. Austritt aus der Leitbeschaufelung mit $c_1' = \psi_1 \cdot c_0'$ (Abb. 137,2),

$$c_0'^2/2 = c_2^2/2 + y_{ad}/2, \qquad (*96{,}1)$$

Umlenkung $\Delta\alpha = 180 - (\alpha_2 + \alpha_1')$ gibt ψ_1 nach Abb. 95,1, Relativgeschwindigkeit beim Austritt aus der Laufradbeschaufelung (Abb. 137,2)

$$w_2' = \psi_2 \cdot w_0',$$

$$w_0'^2/2 = w_1'^2/2 + y_{ad}/2, \qquad (*96{,}2)$$

Umlenkung $\Delta\beta = 180 - (\beta_1'^{\times} + \beta_2')$ gibt ψ_2 nach Abb. 95,1, Geschwindigkeitsdreieck aus u, c_1' und α_1' gibt w_1' und $\beta_1'^{\times}$, Geschwindigkeitsdreieck aus w_2', β_2' und u gibt c_2' und α_2', Energieverlust in der Leitbeschaufelung

$$y_l = \frac{c_0'^2 - c_1'^2}{2} \frac{\mathrm{J}}{\mathrm{kg}}, \qquad (*95{,}1\,a)$$

Energieverlust in der Laufradbeschaufelung

$$y_s = \frac{w_0'^2 - w_1'^2}{2} \frac{\mathrm{J}}{\mathrm{kg}}, \qquad (*95{,}3\,a)$$

Enthalpie des Dampfes hinter der Leitbeschaufelung

$$i_3 = i_1 - y_{ad}/2 + y_l, \qquad (*95{,}1\,b)$$

[1] [*3*], Bd. I, S. 853.

hinter der Laufradbeschaufelung

$$i_5 = i_3 - y_{ad}/2 + y_s \qquad (*95{,}3\,\text{b})$$

(s. Abb. 97,2).

2. Die Leitvorrichtungen der Arbeitsmaschinen

Bei unendlich großer Schaufelzahl ist ohne Verluste die spezifische Energie zur Erzeugung des Unterschiedes der statischen Drücke p_1 vor und p_2' hinter dem Laufrad nach S. 274

$$y_p = \frac{p_2' - p_1}{\varrho} = \frac{u_2^2 - u_1^2}{2} + \frac{w_1^2 - w_2^2}{2}$$

$$= y_f + y_w \, \frac{\mathrm{J}}{\mathrm{kg}}.$$

y_p entspricht im MKS der statischen Druckhöhe H_p im TM.

Die Leitvorrichtungen haben die Aufgabe, die spezifische Energie

$$y_{dyn} = \frac{c_2^2 - c_1^2}{2} = y_c \, \frac{\mathrm{J}}{\mathrm{kg}},$$

die sich nach S. 47 auf $\frac{c_3^2 - c_1^2}{2}$ vermindert, in die Druckenergie $\frac{p_2 - p_2'}{\varrho}$ umzuwandeln.

y_{dyn} im MKS-System entspricht der dynamischen Druckhöhe H_{dyn} im TM.

Im weiteren Text S. 98 im MKS-System für axiale Ventilatoren

$$\Delta P/\varrho = Y = \eta_h \cdot u \cdot (c_{1u} - c_{2u}),$$

da nach S. 288 k bereits durch den c_a-Wert erfaßt ist.

a) Kreiselverdichter (Abb. 99,1). *α) Schaufelloser Leitring BC.* Wie S. 98.

$$c_{4u} = c_{3u}, \qquad c_{4m} = \tau_2 \cdot c_{2m}/1{,}04,$$

$$\tan \alpha_4 = c_{4m}/c_{3u}, \qquad (*99{,}1)$$

$$\tan \alpha_5 - \tan \alpha_4 = \lambda \cdot (R_5 - R_4)/4b \quad \text{mit} \quad \lambda = 0{,}04, \qquad (*99{,}2)$$

$c_{5m} = \frac{V_l}{1{,}04 \cdot \pi \cdot D_5 \cdot b_5}$ und $\tan \alpha_5 = c_{5m}/c_{5u}$. Daraus c_{5u} und $R_5 \cdot c_{5u}$.

β) Beschaufeltes Leitrad CD. $z_0 \neq 2z$,

$$\tan \alpha_6/\tan \alpha_5 = \mu/\tau_6 \qquad (*100{,}3)$$

wie S. 100 mit $\mu = 1{,}15 - 1{,}5$ und $t_6 = \pi \cdot D_6/z_0$,

$$\tau_6 = \frac{t_6 - \dfrac{s_0}{\sin\alpha_6}}{t_6}, \qquad D_7 \approx 1{,}2 D_6. \qquad (*100{,}4)$$

Durch Aufzeichnung α_{7S} gefunden.

$$t_7 = \pi \cdot D_7/z_0, \quad \tau_7 = \left(t_7 - \frac{s_0}{\sin\alpha_{7S}}\right)\Big/ t_7,$$

$$c_{7m} = \frac{V_l}{1{,}04 \cdot D_7 \cdot \pi \cdot b \cdot \tau_7}, \qquad (*101{,}1)$$

$$c'_{7u} \text{ aus } \tan\alpha_{7S} = c_{7m}/c'_{7u} \quad \text{bei} \quad z_0 = \infty. \qquad (*101{,}2)$$

Dann

$$R_5 \cdot c_{5u} - R_7 \cdot c'_{7u} = \Delta(R \cdot c_u)_\infty. \qquad (*101{,}3)$$

$\Delta(R c_u) = \dfrac{\Delta(R \cdot c_u)_\infty}{1+p}$ mit $\psi' = 0{,}6 + 0{,}6 \sin\alpha_{7S}$ und

$$p = \frac{2\psi' \cdot R_7^2}{z_0 \cdot (R_7^2 - R_5^2)} \qquad (*101{,}4)$$

bei endlichem z_0. Daraus $\Delta(R \cdot c_u)$ und c_u sowie α_7 aus $\tan\alpha_7 = c_{7m}/c_{7u}$.

γ) *Schaufelloser Umlenkungsraum DE.* Nach Gl. (99,1) α_8 aus $c_{8m} = \tau_7 \cdot c_{7m}$ und $\tan\alpha_8 = c_{8m}/c_{7u}$. Entsprechend Gl. (*99,2)

$$\tan\alpha_9 - \tan\alpha_8 = \lambda \cdot \widehat{DE}/4b \quad \text{mit} \quad \lambda = 0{,}04. \qquad (*101{,}5)$$

δ) *Rückführbeschaufelung EF.* $z_r < z_0 \mp z$, $\tau_{10} \approx \dfrac{t_{10} - \dfrac{s_r}{\sin\alpha_9}}{t_{10}}$ mit $t_{10} = \pi \cdot D_9/z_r$,

$$\tan\alpha_{10}/\tan\alpha_9 = \mu/\tau_{10}, \qquad (*102{,}1)$$

$\alpha_{11} = 90°$, also $c_{11u} = 0$ und

$$\Delta(R \cdot c_u) = R_{10} \cdot c_{10u}. \qquad (*102{,}2)$$

Gesucht $\Delta(R \cdot c_u)_\infty$, damit daraus c_{11u} und

$$\tan\alpha_{11S} = c_{11m}/c'_{11u} \qquad (*102{,}3)$$

berechnet werden kann.

$$\psi' = 0{,}6, \quad p = \frac{2 \cdot \psi' \cdot R_{10}^2}{z_r \cdot (R_{10}^2 - R_{11}^2)},$$

$$\Delta(R \cdot c_u)_\infty = R_{10} \cdot c_{10u} - R_{11} \cdot c'_{11u} = (1+p) \cdot R_{10} \cdot c_{10u}, \qquad (*102{,}4)$$

$$t_{11} = \pi \cdot D_{11}/z_r, \quad \tau_{11} = \frac{t_{11} - s_r}{t_{11}},$$

$$b_{11} = \frac{F_0}{1{,}045 \cdot \pi \cdot D_{11} \cdot \tau_{11}} \qquad (*103{,}1)$$

mit dem freien Querschnitt F_0 des Laufradmundes.

ε) Spiralgehäuse G. Nach S. 269 $R_i \cdot c_{iu} = K$ für die Zunge. Für den Winkel φ ist

$$Q_\varphi = \frac{\varphi \cdot V_l}{360 \cdot 1{,}045}. \qquad (*104{,}1)$$

Nach Abb. 103,1 ist $\Delta Q_\varphi = b \cdot \Delta R \cdot c_u$ und

$$Q_\varphi = K \int_{R_i}^{R} b \cdot dR/R \quad \text{mit} \quad c_u = K/R. \qquad (*104{,}2)$$

Weiteres nach S. 104 mit Q_φ = der schraffierten Fläche der Abb. 104,1.

b) Kreiselpumpen. Wie S. 104 und 105 mit

$$(\alpha_6 + s_0)/\sin\alpha_6 = D_6 \cdot \pi/z_0 \quad \text{und} \quad t_6 = D_6 \cdot \pi/z_0. \qquad (*105{,}1)$$

IV. Übersicht über die Turbinen

A. Wasserturbinen

Die Kurventafeln bleiben dieselben, da nach PETERMANN[1] der Wasserturbinenbau weiter mit der Fallhöhe H kpm/kp arbeitet.

B. Dampfturbinen

1. Allgemeines: Fallhöhengeschwindigkeit. Laufzahl. Gütezahl

Die Geschwindigkeit

$$c_y = \sqrt{2 y_{ad}} \qquad (*116{,}1\,a)$$

— im TM Fallhöhengeschwindigkeit C genannt — ist die Geschwindigkeit, die bei vollständiger und verlustloser Umsetzung der spezifischen Stutzenarbeit y_{ad} der Stufe in Geschwindigkeitsenergie entstehen würde. Sie hat denselben Zahlenwert wie C.

[1] [*14b*].

Mit Gl. (*58,1 b) wird $\psi \cdot u^2/2 = y_{ad} = c_y^2/2$ und somit die Druckzahl

$$\psi = (c_y/u)^2. \tag{*116,1 b}$$

Nach S. 78 mit dem Reaktionsgrad $\mathfrak{r}$

$$c_0 = 2 \cdot \sqrt{2 \cdot y_{ad}(1 - \mathfrak{r})} = c_y \sqrt{1 - \mathfrak{r}}, \tag{*116,2}$$

verringert auf $c_1 = \varphi \cdot c_0$ durch die Energieverluste durch Strömungsreibung. Für $\alpha_2 = 90°$ wird nach der Eulerschen Gleichung Gl. (*49,2) $y_{ad} \cdot \eta_h = u \cdot \varphi \cdot c_0 \cdot \cos\alpha_1$ und mit Gl. (*116,1 a) sowie nach dem Vortext

$$u \cdot \varphi \cdot c_y \cdot \sqrt{1 - \mathfrak{r}} \cdot \cos\alpha_1 = \eta_h \cdot \frac{c_y^2}{2}, \quad \text{also}$$

$$\frac{u}{c_y} = \frac{\eta_h}{\varphi \cdot \cos\alpha_1} \cdot \frac{1}{2} \cdot \frac{1}{\sqrt{1 - \mathfrak{r}}} \approx \frac{1}{2 \cdot \sqrt{1 - \mathfrak{r}}},$$

wenn bei $\eta_h = \eta_u = 0{,}75$ bis $0{,}9$, bei $\varphi = 0{,}93$ bis $0{,}99$ und für $\alpha_1 = 14°$ bis $17°$ der Wert $\varphi \cdot \cos\alpha_1/\eta_h \approx 1$ gesetzt wird. Für reine Gleichdruckturbinen ist $\mathfrak{r} = 0$ und die Laufzahl $u/c_y = 0{,}5$ (wie S. 297). Für Überdruckturbinen ist $\mathfrak{r} = 0{,}5$ und die Laufzahl $u/c_y = \frac{1}{2\sqrt{0{,}5}} = 0{,}707$.

Da $\alpha_2 \neq 90°$ und infolge der Vorgeschwindigkeit empfiehlt PFLEIDERER[1],

$$u/c_y = (0{,}38 \text{ bis } 0{,}47) \cdot (1 + 0{,}8 \cdot \mathfrak{r}) \tag{*117,1}$$

anzunehmen.

Da die nach Gl. (*61,3) für das MKS-System berechneten Zahlenwerte für n_q die gleichen sind wie im TM, gelten die Tabellen S. 100 für Curtisturbinen auch hier.

Zahlenbeispiel 24 auf S. 118. Druckgestufte Überdruckturbine: 3000 U/min. Übernommen von S. 118: 98 m/sek im HD, 121,5 m/sek im MD und 196 m/sek im ND als Umfangsgeschwindigkeiten. HD-Eintritt $c_y = 184$ m/sek, ND-Ende $c_y = 298$ m/sek. Damit nach Gl. (*116,1 a) $y_{ad} = c_y^2/2 = 16900 \frac{\text{J}}{\text{kg}}$ für HD-Eintritt und $y_{ad} = c_y^2/2 = 44400 \frac{\text{J}}{\text{kg}}$ für ND-Austritt. Es sei daher mit $y_{adm} = 25000 \frac{\text{J}}{\text{kg}}$ gerechnet.

Zwischen $\underline{p_1 = 41 \cdot 1{,}02 = 41{,}8 \text{ bar}}$ und $\underline{t_1 = 450\,°\text{C}}$ beim Eintritt und $\underline{p_0 = 0{,}05 \cdot 1{,}02 = 0{,}051 \text{ bar}}$ am Austritt zeigt das Enthalpie-Entropie-Diagramm für Wasserdampf[2] als Lotrechte

$$\underline{Y_{ad}} = 3330 - 2110 = 1220 \text{ kJ/kg} = \underline{1220000 \text{ J/kg}}.$$

[1] [*14a*], S. 47. [2] [*4*].

Werden nach S. 118 ein Wärmerückgewinnungsfaktor $m = 1{,}06$ und 35 bis 40% für die Regelstufe angenommen, so wird die Stufenzahl

$$\approx 1{,}06 \cdot 0{,}625 \cdot 1220000/25000 = \underline{32 \text{ bis } 33 \text{ Stufen}}.$$

Die Parsonssche Kennzahl oder Gütezahl q gibt den Wert $\sum u^2$ bezogen auf 1 kcal/kp an. Da nach Gl. (*7,2) 1 kcal im TM 4190 J im MKS entspricht, so ist statt $q = \frac{\Sigma u^2}{H_0'}$ im TM

$$q = \frac{\Sigma u^2 \cdot 4190 \cdot 1}{Y'_{ad}} \frac{\text{m}^2 \cdot \text{kg} \cdot \text{J} \cdot \text{kp}}{\text{sek}^2 \cdot \text{J} \cdot \text{kcal} \cdot \text{kg}} = \frac{\text{m}^2/\text{sek}^2}{\text{kcal/kp}} \tag{*119,1}$$

im MKS zu setzen. Im vorliegenden Fall ist mit $\sum u^2 = 574000$ nach S. 119 die Gütezahl

$$\underline{q} = \frac{574000 \cdot 4190}{1220000 \cdot 0{,}625} = \frac{5{,}74 \cdot 10^5 \cdot 4{,}19 \cdot 10^3}{1{,}22 \cdot 10^6 \cdot 6{,}25 \cdot 10^{-1}} = \underline{3{,}16 \cdot 10^3 = 3160},$$

wenn für Y'_{ad} das Gesamtgefälle der Überdruckstufen — also abzüglich der Regelstufe — eingesetzt wird.

Weiteres s. S. 119.

q wird neuerdings durch die Druckzahl ψ ersetzt[1].

2. Geschwindigkeitsgestufte Gleichdruckturbinen (Curtisturbinen)

Der Radreibungs- und Ventilationsverlust. Da D und u im TM und MKS-System die gleichen kohärenten Einheiten haben, ε eine Verhältniszahl ist und v m³/kp denselben Zahlenwert wie v m³/kg hat, so wird mit 0,736 kW/PS

$$N_{rv} = 0{,}736 \cdot K[1{,}46 D^2 + 0{,}83 D \cdot (l_{s_1}'^{1,5} + l_{s_2}'^{1,5})(1 - \varepsilon)] \frac{u^3}{v \cdot 10^6} \text{ in kW} \tag{*124,1}$$

mit $K = 0{,}5$ bis 1 für Heißdampf, wenn l in cm eingesetzt wird.

Der spezifische Radreibungs- und Ventilationsverlust y_{rv} J/kg ergibt sich aus

$$m_{\text{sek}} \cdot y_{rv} = N_{rv} \cdot 1000 \frac{\text{kg} \cdot \text{J}}{\text{sek} \cdot \text{kg}} = \frac{\text{kW} \cdot \text{W}}{\text{kW}} = \text{W}. \tag{*124,2}$$

3. Druckgestufte Gleichdruckturbinen (Zoellyturbinen)

Der Stopfbüchsenverlust m_{stb} kg/sek wird zum Dampfverbrauch kg/sek der Turbine hinzugeschlagen.

---

[1] [*14a*], S. 55 u. 395.

Wie das nachfolgende Beispiel zeigt, können die Gleichungen

$$p_k = p_1 \cdot 0{,}85/\sqrt{z + 1{,}5} \qquad (*132{,}1)$$

für

$$m_{stb} = \mu \cdot f_{sp}\sqrt{(P_1^2 - P_2^2)/z \cdot P_1 \cdot v_1} \qquad (*132{,}1)$$

und $p_2 > p_k$ sowie mit $\mu = 0{,}7$ bis 1

$$m_{stb} = \mu \cdot f_{sp}\sqrt{\frac{1}{z + 1{,}5}\left(\frac{P_1}{v_1}\right)}\ \frac{\text{kg}}{\text{sek}} \qquad (*132{,}4)$$

für $p_2 < p_k$ beibehalten werden.

$$f_{sp} = \pi \cdot d_{sp} \cdot s_{sp}. \qquad (*132{,}2)$$

Zahlenbeispiel 25 auf S. 133. Hochdruckstopfbüchse: 200 mm lichter ∅, 0,3 mm Spiel, Heißdampf von 24 ata und 380 °C abzudichten gegen 1 ata. Wieviel Dichtungsstellen sind vorzusehen, wenn $m_{stb} \leqq 1{,}5\%$ von $m_{\text{sek}} = 6{,}7$ kg/sek bleiben soll?

Zunächst sei angenommen, daß $p_2 < p_k$ wird. Lt. Enthalpie-Entropie-Diagramm für Wasserdampf[1] ist für $p_1 = 240000 \cdot 9{,}81 = 2355000$ N/m² abs $= 23{,}5$ bar und $t_1 = 380$ °C $v_1 = 0{,}1235$ m³/kg.

$$m_{stb} = 1{,}5 \cdot 6{,}7/100 = 10{,}05/100 = 0{,}1005 \text{ kg/sek},$$

$$f_{sp} = 1{,}88 \text{ cm}^2 = 1{,}88 \cdot 10^{-4} \text{ m}^2 \quad \text{wie S. 133},$$

$$\left(\frac{m_{stb}}{\mu \cdot f_{sp}}\right)^2 = \left(\frac{0{,}1005 \cdot 10^4}{0{,}85 \cdot 1{,}88}\right)^2 = 628{,}5^2 = 396000 = \frac{P_1}{(z + 1{,}5) \cdot v_1}$$

mit $\mu = 0{,}85$ nach Gl. (*132,4),

$$z + 1{,}5 = \frac{2355000}{396000 \cdot 0{,}1235} = 48{,}2, \qquad \underline{z = 47 \text{ Dichtungsstellen.}}$$

$$p_k = p_1 \cdot 0{,}85/\sqrt{z + 1{,}5} = 2{,}355 \cdot 10^6 \cdot 0{,}85/6{,}94$$
$$= 0{,}288 \cdot 10^6 \text{ N/m}^2 = 2{,}88 \text{ bar},$$

$$p_2 = 1 \cdot 735{,}5/750 = 0{,}98 \text{ bar} < p_k.$$

4. Druckgestufte Überdruckturbinen axialer Bauart (Parsonsturbinen)

Reaktionsgrad $\mathfrak{r} = y''_{ad}/y_{ad} = 0{,}5$, daher im Leitrad $y'_{ad} =$ im Laufrad y''_{ad} umgesetzte Energie.

[1] [*4*].

Der Spaltverlust ist

$$y_{sp} = y_{ad} \cdot 1{,}72 \cdot s^{1,4}/l, \qquad (*142{,}1)$$

wenn y_{ad} in J/kg, s in mm und l in mm eingesetzt werden.

Zahlenbeispiel 26 auf S. 142. Überdruckstufe: 1250 mm mittlerer Durchmesser der Beschaufelung, Schaufellänge 184 mm, Wärmegefälle $h_0 = 15$ kcal/kp im TM. Spezifische Stufenarbeit ohne Verluste

$$y_{ad} = 15 \cdot 4190 = 62\,800 \text{ J/kg nach Gl. (*7,2)}.$$

$$s = D/1000 = 1{,}25 \text{ mm angenommen.}$$

$$\underline{y_{sp}} = y_{ad} \cdot 1{,}72 \cdot s^{1,4}/l = 62\,800 \cdot 1{,}72 \cdot 1{,}25^{1,4}/184$$

$$= 62\,800 \cdot 1{,}72 \cdot 1{,}366/184 = \underline{800 \frac{\text{J}}{\text{kg}}}$$

$$= \frac{800 \cdot 100}{62\,800} = \underline{1{,}27\% \text{ von } y_{ad}}.$$

5. Druckgestufte Überdruckturbinen radialer Bauart (Ljungströmturbinen)

Wie S. 142.

V. Übersicht über die Strömungs-Arbeitsmaschinen

Nichts Besonderes zu bemerken.

VI. Berechnung der Hauptabmessungen der Strömungsmaschinen

A. Wasserturbinen

1. Berechnungsbeispiel für ein Peltonrad

Es sollen bei 500 U/min 0,25 m³/sek Wasser bei 90 m Fallhöhe genutzt werden.

Bauart. Spezifische Stutzenarbeit nach S. 278

$$\underline{Y} = H \cdot 9{,}81 \cdot 1 \frac{\text{kpm} \cdot \text{N} \cdot \text{kp}}{\text{kp} \cdot \text{kp} \cdot \text{kg}} = 90 \cdot 9{,}81 = \underline{882 \frac{\text{J}}{\text{kg}}}.$$

Nach Gl. (*61,2) wird mit

$$\underline{n} = \frac{500 \text{ U} \cdot \text{min}}{60 \text{ min} \cdot \text{sek}} = \underline{8{,}33 \text{ U/sek}}$$

die Kennzahl

$$n_q = 333 \frac{n \cdot \sqrt{Q}}{\sqrt{Y} \cdot \sqrt[4]{Y}}, \quad \underline{n_q'} = \frac{333 \cdot 8{,}33 \cdot \sqrt{0{,}25}}{\sqrt{882} \cdot \sqrt{29{,}7}} = \frac{333 \cdot 8{,}33 \cdot 0{,}5}{29{,}7 \cdot 5{,}45} = \underline{8{,}57}$$

bezogen auf U/min vorläufig, *wenn zunächst 1 Düse angenommen wird.*

Nach Abb. 107,2, 111,2 und 114,2 kommt nur eine Freistrahlturbine in Frage, die nach Abb. 107,2 bei $n_q' = 8{,}57$ den Wirkungsgrad $\eta' = 0{,}79$ haben würde. Kupplungsleistung nach Gl. (*64,3)

$$\underline{N_e'} = Q \cdot 1000 \cdot Y \cdot \eta = 0{,}25 \cdot 1000 \cdot 882 \cdot 0{,}79$$

$$= 174 \cdot 10^3 \text{ W} = \underline{174 \text{ kW}} \text{ vorläufig.}$$

Düse. Geschwindigkeitsbeiwert $\varphi = 0{,}97$, Freihang $H_f = 3$ m angenommen. Austrittsgeschwindigkeit nach Gl. (*85,2)

$$c_1 = \varphi \cdot \sqrt{2(Y - Y_f)} \quad \text{mit} \quad Y_f = 3 \cdot 9{,}81 = 29{,}4 \frac{\text{J}}{\text{kg}},$$

$$\underline{c_1} = 0{,}97 \cdot \sqrt{2 \cdot 852{,}6} = \underline{40 \text{ m/sek}}.$$

Strahlquerschnitt

$$f' = Q/c_1 = 0{,}25/40 = 0{,}00625 \text{ m}^2 = 62{,}5 \text{ cm}^2 \text{ vorläufig.}$$

Strahldurchmesser

$$d' = 8{,}9 \text{ cm} = 89 \text{ mm vorläufig.}$$

Laufrad. $\eta_m = 0{,}88$ angenommen, $\eta_h = \eta'/\eta_m = 0{,}79/0{,}88 = 0{,}9$ vorläufig. Nach Abb. 52,2 $c_{1u} \approx c_1$ und $c_{2u} = 0$. $(Y - Y_f) \cdot \eta_h = u \cdot c_1$ nach Gl. (*49,1), $u' = (Y - Y_f) \cdot \eta_h/c_1 = 852{,}6 \cdot 0{,}9/40 = 19{,}2$ m/sek. Aus $D' \pi n/60 = u'$

Laufraddurchmesser

$$D' = \frac{60 \cdot u'}{\pi \cdot n} = \frac{60 \cdot 19{,}2}{\pi \cdot 500} = 0{,}735 \text{ m} = 735 \text{ mm} \varnothing \text{ vorläufig,}$$

vorläufige Becherteilung

$$t' = 2 \cdot d' = 178 \text{ mm nach Abb. 107,2,}$$

vorläufige Becherzahl

$$z' = D' \cdot \pi/t' = 735 \cdot \pi/178 = 13.$$

Nach Abb. 107,2 mindestens 16 Becher für $n_q' = 8{,}57$. Daher *endgültig 2 Düsen gewählt.*

Nun wird

$$\underline{n_q} = \frac{333 \cdot n \cdot \sqrt{Q/2}}{\sqrt{Y} \cdot \sqrt[4]{Y}} = \frac{333 \cdot 8{,}33 \cdot \sqrt{0{,}125}}{\sqrt{882} \cdot \sqrt{29{,}7}} = \frac{333 \cdot 8{,}33 \cdot 0{,}353}{29{,}7 \cdot 5{,}45} = \underline{6{,}05}.$$

Hierfür $\underline{\eta = 0{,}83}$ nach Abb. 107,2

$$\underline{N_e} = Q \cdot Y \cdot \eta = 0{,}25 \cdot 882 \cdot 0{,}83 = \underline{183\ \mathrm{kW}}.$$

Strahlquerschnitt $f = Q/2 \cdot c_1 = 0{,}00313\ \mathrm{m}^2 = 31{,}25\ \mathrm{cm}^2$.
Strahldurchmesser $\underline{d = 63\ \mathrm{mm}}$.
Teilung $t' \approx 2d = 126$ mm vorläufig,

$$\underline{\eta_h} = \eta/\eta_m = 0{,}83/0{,}88 = \underline{0{,}94},$$

$$\underline{u} = (Y - Y_f) \cdot \eta_h/c_1 = 852{,}6 \cdot 0{,}94/40 = \underline{20\ \mathrm{m/sek}}.$$

$$\underline{D} = \frac{60 \cdot u}{\pi \cdot n} = \frac{60 \cdot 20}{\pi \cdot 500} = 0{,}765\ \mathrm{m} = \underline{765\ \mathrm{mm}\ \varnothing}.$$

Becherzahl $\underline{z} = \frac{\pi \cdot D}{t} = \frac{\pi \cdot 765}{126} = \underline{19}$.
Endgültige Teilung $\pi \cdot 765/19 = \underline{126{,}4\ \mathrm{mm}}$.

2. Berechnungsbeispiel für ein Francisrad

Fallhöhe 43 m. Sekundliche Wassermenge 1,8 m³/sek. Drehstrom von 50 Hz. Aufstellung 700 m über NN. Wassertemperatur 15 °C. Für die Lage des höchsten Punktes des Saugkrümmers bis UW sind maximal 2 m vorgesehen. Die Drehzahl ist möglichst hoch zu wählen. Höchstzulässige Saughöhe, Leistung an der Kupplung, Wellendurchmesser, Laufradform und Schaufelwinkel sowie Schreinerschnitte sind rechnerisch bzw. zeichnerisch zu ermitteln.

Bauart und Drehzahl. Umrechnung auf kohärente Einheiten: Spezifische Stutzenarbeit

$$\underline{Y} = H \cdot 9{,}81 \cdot 1\,\frac{\mathrm{kpm} \cdot \mathrm{N} \cdot \mathrm{kp}}{\mathrm{kp} \cdot \mathrm{kp\,kg}} = 43 \cdot 9{,}81\,\frac{\mathrm{Nm}}{\mathrm{kg}} = \underline{422\,\frac{\mathrm{J}}{\mathrm{kg}}}.$$

Für 43 m Fallhöhe kommt nach Abb. 111,2 eine größte Kennzahl $n_q' = 90$ und *Francis-Bauart* in Frage. Dann wird nach Gl. (*61,2) die höchste anwendbare Drehzahl n' nach

$$\frac{333 \cdot n' \cdot \sqrt{Q}}{\sqrt{Y} \cdot \sqrt[4]{Y}} = n_q' = 90,$$

$$n' = \frac{90 \cdot \sqrt{422} \cdot \sqrt[4]{422}}{333 \cdot \sqrt{1{,}8}} = \frac{90 \cdot 20{,}55 \cdot 4{,}53}{333 \cdot 1{,}34} = 18{,}75\ \mathrm{U/sek} = 1125\ \mathrm{U/min}.$$

Gewählt die nächstniedere synchrone Drehzahl für Drehstrom von 50 Hz: $\underline{n = 1000 \text{ U/min}}$, *Kennzahl* $\underline{n_q} = \frac{333 \cdot 16{,}67 \cdot 1{,}34}{20{,}55 \cdot 4{,}53} = \underline{80}$ bezogen auf U/min mit $n = 1000/60 = 16{,}67$ U/sek.

Höchstzulässige Saughöhe. Nach Gl. (*88,1) und S. 88 ist

$$e_{s\,\max} = \frac{1}{g}\left(\frac{p_a - p_t}{\varrho} - \sigma \cdot Y\right),$$

$$\sigma = 0{,}17 \text{ als Kavitationszahl,}$$

$$\underline{p_a} = 9500 \cdot 9{,}81 \frac{\text{kp} \cdot \text{N}}{\text{m}^2 \cdot \text{kp}} = \underline{93100 \frac{\text{N}}{\text{m}^2}\text{abs}} \text{ in 700 mm Höhe,}$$

$$p_t = 180 \cdot 9{,}81 \frac{\text{kp} \cdot \text{N}}{\text{m}^2 \cdot \text{kp}} = 1764 \frac{\text{N}}{\text{m}^2} \text{ für 15 °C Wassertemperatur,}$$

$$\underline{e_{s\,\max}} = (93{,}1 - 1{,}764 - 0{,}17 \cdot 422)/9{,}81$$

$$= 19{,}635/9{,}81 = \underline{2 \text{ m}} \quad \text{mit} \quad \varrho = 1000 \frac{\text{kg}}{\text{m}^3}.$$

Kupplungsleistung und Wellendurchmesser. Nach Gl. (*64,3) und $\eta = 0{,}85$ nach Abb. 111,2 ist

$$\underline{N_e} = Q \cdot \varrho \cdot Y \cdot \eta = 1{,}8 \cdot 1000 \cdot 422 \cdot 0{,}85 = 645000 \text{ W} = \underline{645 \text{ kW}}.$$

Nach S. 258 ist das Drehmoment M_t mit $M_t \cdot 2 \cdot \pi \cdot n = N_e$ und $n = 16{,}67$ U/sek

$$M_t = \frac{N_e}{2 \cdot \pi \cdot n} = \frac{645000}{2 \cdot \pi \cdot 16{,}67} = 6160 \text{ Nm}$$

$$= 616000 \text{ Ncm} = W_p \cdot \tau_{t\,\text{zul}} = \tau_{t\,\text{zul}} \pi d^3/16,$$

$$\tau_{t\,\text{zul}} = 300 \cdot 9{,}81 \frac{\text{kp} \cdot \text{N}}{\text{cm}^2 \cdot \text{kp}} = 2940 \text{ N/cm}^2,$$

$$d^3 = \frac{M_t \cdot 16}{\tau_{t\,\text{zul}} \cdot \pi} = \frac{616000 \cdot 16}{2940 \cdot \pi} \frac{\text{Ncm} \cdot \text{cm}^2}{\text{N}} = 1067 \text{ cm}^3,$$

$$\underline{d} \approx 10 \text{ cm} = \underline{100 \text{ mm } \varnothing} \quad \text{gewählt.}$$

Die folgenden Abschnitte entsprechen zahlenmäßig S. 175 u. f., da entweder im Wasserturbinenbau mit H gerechnet wird oder $g \cdot H$ durch Y ersetzt werden kann oder Längen, Geschwindigkeiten und sekundliche Volumina in beiden Systemen die gleichen kohärenten Einheiten haben.

3. Berechnungsbeispiel für ein Propellerrad

Fallhöhe 11,5 m. Sekundlich 8,9 m³ Wasser. Drehzahl 428 U/min (entsprechend $f = 50$ Hz und $p = 7$ Polpaaren $n = 50 \cdot 60/7$). Für 4 Propeller sind die spezifische Stutzenarbeit, die Kupplungsleistung, die Laufraddurchmesser, die Leitschaufelhöhe und die Verwindung der Propeller zu berechnen.

Bauart. *Spezifische Stutzenarbeit*

$$\underline{Y} = H \cdot 9{,}81 \cdot 1 \, \frac{\text{kpm} \cdot \text{N} \cdot \text{kp}}{\text{kp} \cdot \text{kp} \cdot \text{kg}} = 11{,}5 \cdot 9{,}81 \, \frac{\text{Nm}}{\text{kg}}$$

$$= \underline{113 \text{ J/kg oder Wsek/kg}}.$$

Mit $\underline{n} = 428/60 = \underline{7{,}13 \text{ U/sek}}$ ist nach Gl. (*61,2) die *Kennzahl* $\underline{n_q} = \frac{333 \cdot n\sqrt{Q}}{\sqrt{Y}\,\sqrt[4]{Y}} = \frac{333 \cdot \sqrt{8{,}9} \cdot 7{,}13}{\sqrt{113} \cdot \sqrt[4]{113}} = \frac{333 \cdot 2{,}98 \cdot 7{,}13}{10{,}64 \cdot 3{,}26} = \underline{204}$ bezogen auf U/min. Für diese hohe Kennzahl kommt nach Abb. 107,2, 111,2 und 114,2 nur eine Propellerturbine in Frage, falls es sich um ein Grundlastkraftwerk handelt, so daß mit gleichbleibender Last bei $\underline{\eta = 0{,}84}$ nach Abb. 114,2 gefahren werden kann.

Kupplungsleistung. Nach Gl. (*64,3)

$$\underline{N_e} = Q \cdot \varrho \cdot Y \cdot \eta = 8{,}9 \cdot 1000 \cdot 113 \cdot 0{,}84 \, \frac{\text{m}^3 \cdot \text{kg} \cdot \text{Wsek}}{\text{sek} \cdot \text{m}^3 \cdot \text{kg}}$$

$$= \underline{845 \cdot 10^3 \text{ W} = 845 \text{ kW}}.$$

Laufrad. Nach Abb. 114,2 läßt sich $\eta = 0{,}84$ mit $D_i/D_a \approx 0{,}4$ und $c_2^2/2gH = c_2^2/2Y = 29\%$ erreichen.

$$\underline{c_2} = \sqrt{0{,}58 \cdot Y} = \sqrt{0{,}58 \cdot 113} = \sqrt{65{,}5} = \underline{8{,}09 \text{ m/sek}}.$$

Weitere Berechnung wie S. 186 u. f. mit der Begründung der vorigen Aufgabe.

B. Dampfturbinen

1. Berechnungsbeispiel für eine zweikränzige Curtisturbine
(mit leichter Überdruckwirkung)

Für eine Gegendruck-Getriebeturbine ähnlich Abb. 120,1 für 440 kW effektive Leistung und 7500 U/min ≙ 125 U/sek Drehzahl an der Turbinenwelle sind für 45 bar absolut und 450 °C Frischdampfzustand und 4,9 bar absolut Gegendruck Laufrad- und Düsenabmessungen sowie der Schaufelplan und der Dampfverbrauch zu bestimmen.

Bauart. Lt. Enthalpie-Entropie-Diagramm[1] ist für $p = 45$ bar und $t = 450\,°C$ die Enthalpie $\underline{i = 3325 \text{ kJ/kg}}$. Druckabfall im Regelventil $\underline{\Delta p = 2 \text{ bar}}$ angenommen. Lt. Abschn. Drosselung ist hinter dem Regelventil, also vor den ersten Düsen der Turbine, $\underline{i_1 = i = 3325 \text{ kJ/kg}}$ und $\underline{p_1} = p - \Delta p = \underline{43 \text{ bar absolut}}$ sowie lt. Enthalpie-Entropie-Diagramm[1] $\underline{s_1 = 6{,}897 \text{ kJ/kg} \cdot \text{gr}}$, $\underline{t_1 = 448{,}5\,°C}$ und $\underline{v_1 = 0{,}075 \text{ m}^3/\text{kg}}$. Bei Expansion ohne innere Verluste — Adiabate — bis auf $p_0 = 4{,}9$ bar absolut wird für $s_0 = s_1$ kJ/kg · gr die Enthalpie $\underline{i_0 = 2775 \text{ kJ/kg}}$ lt. Enthalpie-Entropie-Diagramm[1]. Damit wird nach Gl. (*12,2) S. 265 die spezifische Stutzenarbeit der ganzen Turbine

$$\underline{Y_{ad}} = i_1 - i_0 = 3325 - 2775 = 550 \text{ kJ/kg} = \underline{550000 \text{ J/kg}}$$

ohne innere Verluste.

Nach S. 117 zunächst angenommen: Bauart als zweikränzige Curtisturbine, $\eta_u < 0{,}7$ zu $\eta_u = 0{,}66$, Radreibungs- und Ventilationsverlust zu 2%, Spaltverlust infolge leichter Überdruckwirkung zu 1%, also $\eta_i' = 66 - 3 = 63\%$ geschätzt. Inneres Arbeitsvermögen von 1 kg Dampf also

$$\underline{Y_i'} = Y_{ad} \cdot \eta_i' = 550000 \cdot 0{,}63$$

$$= \underline{346000 \text{ J/kg} \mathrel{\hat{=}} 346 \text{ kJ/kg} = \text{Wsek/kg}}.$$

Also hat der Abdampf beim Austritt aus der Turbine schätzungsweise die Enthalpie

$$\underline{i_A} = i_1 - Y_i = 3325 - 346 = \underline{2979 \text{ kJ/kg}}$$

bei $p_0 = 4{,}9$ bar absolut. Hierfür zeigt das Enthalpie-Entropie-Diagramm[1] $\underline{v_A = 0{,}495 \text{ m}^3/\text{kg}}$.

Die innere Leistung ist $N_i = \dfrac{N_e}{\eta_G \cdot \eta_m} = \dfrac{440}{0{,}96 \cdot 0{,}97} = 475$ kW nach S. 294. Mit Gl. (*64,4) ist die *sekundlich erforderliche Dampfmasse* aus

$$m_{\text{sek}} \cdot Y_i = N_i \frac{\text{kg} \cdot \text{Wsek}}{\text{kg} \cdot \text{sek}} = \text{W}$$

$$\underline{m_{\text{sek}}} = N_i/Y_i = 475000/346000 = \underline{1{,}38 \text{ kg/sek}}$$

zu erwarten.

[1] [4].

Mit $\underline{v_m} = (v_1 + v_A)/2 = (0{,}075 + 0{,}495)/2 = \underline{0{,}285\ \mathrm{m^3/kg}}$ wird das *sekundliche Dampfvolumen im Mittel*

$$\underline{V_m} = m_{\text{sek}} \cdot v_m = 1{,}38 \cdot 0{,}285 = \underline{0{,}392\ \mathrm{m^3/sek}}.$$

Da *2 Stufen* zunächst angenommen sind, wird die spezifische Stutzenarbeit je Stufe überschläglich $\underline{y_{ad}} = Y_{ad}/2 = \underline{275000\ \mathrm{J/kg}}$. Damit wird die *Kennzahl*

$$n_q = \frac{333 \cdot n}{\sqrt{y_{ad}}} \sqrt{\frac{V_m}{\sqrt{y_{ad}}}} \text{ nach Gl. (*61,3)},$$

$$\underline{n_q} = \frac{333 \cdot 125 \cdot \sqrt{0{,}392}}{\sqrt{275000} \cdot \sqrt{\sqrt{275000}}} = \frac{333 \cdot 125 \cdot 0{,}627}{524 \cdot 22{,}9} = \underline{2{,}18}.$$

Dieser Wert fällt zwischen 1,6 und 14 auf S. 117, aber in der Nähe der dreikränzigen Curtisräder, so daß es richtig war, η_u niedrig anzunehmen. Nachprüfung von η_u und η_i am Schluß.

Aufteilung des Wärmegefälles. Mit Wärmerückgewinnungsfaktor $m' = 1{,}02$ nach S. 191 wird

$$m' \cdot Y_{ad} = 1{,}02 \cdot 550000 = 561000\ \mathrm{J/kg}.$$

Da leichte Überdruckwirkung gewählt werden soll, werden für den Energieumsatz *in den Düsen* nur $y_D = 0{,}88 \cdot 561000\ \mathrm{J/kg}$ angenommen und $0{,}12 \cdot 561000\ \mathrm{J/kg}$ auf die 3 Beschaufelungen verteilt.

$$\underline{y_D} = 494000\ \mathrm{J/kg} = \underline{494\ \mathrm{kJ/kg}},$$

$$\underline{y_{a1} = y_b = y'_{a2}} = (561 - 494)/3 \approx \underline{22\ \mathrm{kJ/kg}}.$$

Wahl des Laufraddurchmessers. Nach S. 118 wird $u/c_1 = 0{,}25$ angenommen. *Austritt aus den Düsen* nach S. 298

$$c_0 = \sqrt{2 y_D} = \sqrt{2 \cdot 49{,}4 \cdot 10^4} = 994\ \mathrm{m/sek}.$$

Nach S. 192

$$\varphi = 0{,}96,$$

$$\underline{c_1} = \varphi \cdot c_0 = 0{,}96 \cdot 994 = \underline{954\ \mathrm{m/sek}},$$

$$\underline{u'} = 0{,}25 \cdot c_1 = 0{,}25 \cdot 954 = \underline{238\ \mathrm{m/sek}} = \frac{D' \pi n}{60},$$

$$D' = \frac{60 \cdot u'}{\pi \cdot n} = \frac{60 \cdot 238}{\pi \cdot 7500} = 0{,}605\ \mathrm{m}.$$

Gewählt $\underline{D = 600 \text{ mm } \varnothing}$.

$$\underline{u} = \frac{D\pi n}{60} = \frac{0{,}6 \cdot \pi \cdot 7500}{60} = \underline{235{,}5 \text{ m/sek}}.$$

Wahl der Profilwinkel und Verluste am Radumfang. Abb. 315,1 zeigt das Enthalpie-Entropie-Diagramm[1] mit den einzelnen Abschnitten der Expansion.

Punkt 1: vor den Düsen $p_1 = 43$ bar, $t_1 = 448{,}5\,°\text{C}$, $v_1 = 0{,}075$ m³/kg, $i_1 = 3325$ kJ/kg, $s_1 = 6{,}897$ kJ/kg · gr.

Punkt 2: hinter den Düsen nach adiabatischer Expansion $s_2 = s_1 = 6{,}897$ kJ/kg · gr, $i_2 = i_1 - y_D = 3325 - 494 = 2831$ kJ/kg, $p_2 = 6{,}4$ bar lt. *is*-Diagramm.

Punkt 3: hinter den Düsen nach polytropischer Expansion $p_3 = p_2 = 6{,}4$ bar.

Düsenverlust

$$\underline{y_d} = \frac{c_0^2 - c_1^2}{2} = \frac{994^2 - 954^2}{2}$$

$$= \underline{39000 \text{ J/kg} = 39 \text{ kJ/kg}}.$$

$$i_3 = i_2 + y_d = 2831 + 39$$

$$= 2870 \text{ kJ/kg}.$$

$\underline{v_3 = 0{,}338 \text{ m}^3/\text{kg}}$ lt. *is*-Diagramm.

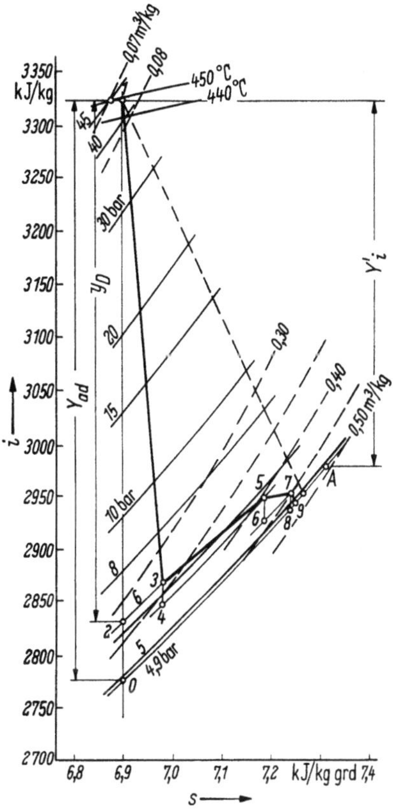

Abb. 315,1. Curtisturbine. Zustandsänderung im *is*-Diagramm

Geschwindigkeitsdreieck für den Eintritt ins Laufrad mit Düsenaustrittswinkel $\underline{\alpha_1 = 14°}$, $u = 235{,}5$ m/sek und $c_1 = 954$ m/sek gibt nach S. 192 die relative Eintrittsgeschwindigkeit $w_1 = 726$ m/sek unter $\beta_1^* = 18°47'$ und $\underline{c_{1m} = 234 \text{ m/sek}}$. Deshalb nach S. 192 *Profilwinkel am Eintritt der ersten Laufradbeschaufelung* $\underline{\beta_1 = 20°}$ gewählt (s. Abb. 198,1).

Geschwindigkeitsdreieck am Austritt des 1. Laufradkranzes: Profilwinkel $\underline{\beta_2 = 18°}$ gewählt nach S. 192, ebenso $\psi_1 = 0{,}80$ nach Abb. 95,1

[1] [4].

mit $\Delta\beta = 180 - (\beta_1^* + \beta_2)$ und relative Austrittsgeschwindigkeit $w_2 = \psi_1 \cdot w_0$ mit $w_0^2/2 = w_1^2/2 + y_{a1}$ entsprechend Gl. (*96,2), da leichte Überdruckwirkung.

$$w_0^2/2 = 726^2/2 + 22000 = 285000 \text{ J/kg},$$

$$w_0 = \sqrt{570000} = 755 \text{ m/sek},$$

$$w_2 = \psi \cdot w_0 = 0{,}8 \cdot 755 = 604 \text{ m/sek}.$$

Energieverlust in der 1. Laufradbekränzung

$$\underline{y_{s1}} = (w_0^2 - w_2^2)/2 = (755^2 - 604^2)/2 = 205000/2$$

$$= \underline{102500 \text{ J/kg} = 102{,}5 \text{ kJ/kg}}.$$

Mit β_2, w_2 und u gibt das Geschwindigkeitsdreieck $c_2 = 386$ m/sek unter $\underline{\alpha_2^* = 28°57'}$ und $\underline{c_{2m} = 186{,}5 \text{ m/sek}}$.

Enthalpie-Entropie-Diagramm Abb. 315,1.

Punkt 4: Austritt aus dem 1. Laufradkranz nach adiabatischer Expansion: $s_4 = s_3$ kJ/kg·gr.

$$i_4 = i_3 - y_{a1} = 2870 - 22 = 2848 \text{ kJ/kg}.$$

$\underline{p_4 = 5{,}75 \text{ bar}}$ lt. *is*-Diagramm.

Punkt 5: Austritt aus dem 1. Laufradkranz nach polytropischer Expansion: $p_5 = p_4$ bar.

$$i_5 = i_4 + y_{s1} = 2848 + 102{,}5 = 2950{,}5 \text{ kJ/kg}.$$

$\underline{v_5 = 0{,}408 \text{ m}^3/\text{kg}}$ lt. *is*-Diagramm.

Umlenkbeschaufelung. Nach S. 192 und 117 *Profilwinkel* $\underline{\alpha_2 = 30°} > \alpha_2^*$ *am Eintritt,* $\underline{\alpha_1' = 25°}$ *für den Austritt* s. Abb. 198,1. Nach Abb. 95,1 für $\Delta\alpha = 180 - (\alpha_2^* + \alpha_1')$, $\psi_2 = 0{,}86$. Ohne Strömungsreibung c_0' am Austritt der Umlenkbeschaufelung entsprechend Gl. (*96,1) aus $c_0'^2/2 = c_2^2/2 + y_b$ $= 386^2/2 + 22000 = 74400 + 22000$,

$$c_0' = \sqrt{2 \cdot 96400} = 438 \text{ m/sek},$$

$$\underline{c_1'} = \psi_2 \cdot c_0' = 0{,}86 \cdot 438 = \underline{376 \text{ m/sek}}.$$

Energieverlust in der Umlenkbeschaufelung

$$\underline{y_{vb}} = (c_0'^2 - c_1'^2)/2 = (438^2 - 376^2)/2 = 25800 \text{ J/kg} = \underline{25{,}8 \text{ kJ/kg}}.$$

Enthalpie-Entropie-Diagramm Abb. 315,1.

Punkt 6: Austritt aus den Umlenkkanälen nach adiabatischer Expansion: $s_6 = s_5$ kJ/kg · gr, $i_6 = i_5 - y_b = 2950{,}5 - 22 = 2928{,}5$ kJ/kg, $p_6 = 5{,}2$ bar lt. is-Diagramm.

Punkt 7: Austritt aus den Umlenkkanälen nach polytropischer Expansion: $p_7 = p_6 = 5{,}2$ bar, $i_7 = i_6 + y_{vb} = 2928{,}5 + 25{,}8 = 2954{,}3$ kJ/kg, $v_7 = 0{,}45\ \mathrm{m^3/kg}$ lt. is-Diagramm.

2. Laufradbekränzung. Das Geschwindigkeitsdreieck am Eintritt mit α_1', c_1' und u ergibt $c_{1m}' = 155$ m/sek und $w_1' = 188$ m/sek unter $\beta_1'^* = 56°$. Wie S. 194. *Profilwinkel:* $\beta_1' = 59°$ *am Eintritt.* $\beta_2' = 36°$ *am Austritt.* Mit $\Delta\beta = 180 - (\beta_1'^* + \beta_2') = 88°$ wird nach Abb. 95,1 $\psi_3 = 0{,}93$.

Das Enthalpie-Entropie-Diagramm Abb. 315,1 zeigt von Punkt 7 bis zum Austrittsdruck $p_8 = p_0 = 4{,}9$ bar abs eine restliche Lotrechte von $y_{a2} = 14{,}3$ kJ/kg, da

Punkt 8 am Austritt aus der 2. Laufradbekränzung nach adiabatischer Expansion bei $s_8 = s_7$ und $p_8 = 4{,}9$ bar $= p_0$ auf $i_8 = 2940$ kJ/kg liegt. $y_{a2} = i_7 - i_8 = 2954{,}3 - 2940 = 14{,}3$ kJ/kg. Ohne Strömungsreibung wird die relative Austrittsgeschwindigkeit w_0' entsprechend Gl. (*96,2) aus

$$w_0'^2/2 = w_1'^2/2 + y_{a2} = 188^2/2 + 14300 = 17700 + 14300 = 32000,$$

$$w_0' = \sqrt{2 \cdot 32000} = 253 \text{ m/sek},$$

$$w_2' = \psi_3 \cdot w_0' = 0{,}93 \cdot 253 = 235 \text{ m/sek}.$$

Energieverlust in der 2. Laufradbekränzung

$$y_{s2} = (w_0'^2 - w_2'^2)/2 = (253^2 - 235^2)/2 = 4400 \text{ J/kg} = 4{,}4 \text{ kJ/kg}.$$

Enthalpie-Entropie-Diagramm Abb. 315,1.

Punkt 9: Austritt aus dem 2. Laufradkranz.

$p_9 = p_8 = p_0 = 4{,}9$ bar,

$i_9 = i_8 + y_{s2} = 2940 + 4{,}4 = 2944{,}4$ kJ/kg lt. is-Diagramm.

$v_9 = 0{,}478\ \mathrm{m^3/kg}$.

Das Geschwindigkeitsdreieck am Austritt des 2. Laufradkranzes gibt mit β_2', w_2' und u *die absolute Austrittsgeschwindigkeit* $c_2' = 146$ m/sek unter $\alpha_2' = 108°$ mit $\underline{c_{2m}' = 138{,}5\,\text{m/sek}}$, so daß der *Austrittsverlust* $\underline{y_{va}} = c_2'^2/2 = 146^2/2 = 10650\,\text{J/kg} = \underline{10{,}65\,\text{kJ/kg}}$ wird.

Zusammenstellung der Verluste am Radumfang. Umfangswirkungsgrad.

Düsenverlust	$y_d =$	39,0	kJ/kg
Schaufelverlust im 1. Laufradkranz	$y_{s1} =$	102,5	,,
Umlenkverlust	$y_{vb} =$	25,8	,,
Schaufelverlust im 2. Laufradkranz	$y_{s2} =$	4,4	,,
Austrittsverlust	$y_{va} =$	10,65	,,
Verluste am Radumfang	$Y_{vu} =$	182,35	kJ/kg

Spezifische Arbeit am Radumfang

$$Y_u = m \cdot Y_{ad} - Y_{vu},$$

$$\underline{m \cdot Y_{ad}} = y_D + y_{a2} + y_b + y_{a2}$$

$$= 494 + 22 + 22 + 14{,}3 = \underline{552{,}3\,\text{kJ/kg}},$$

also ist der Wärmerückgewinnungsfaktor nur

$$\underline{m} = m \cdot Y_{ad}/Y_{ad} = 552{,}3/550 = \underline{1{,}005},$$

$$Y_u = 552{,}3 - 182{,}3 = 370\,\text{kJ/kg}.$$

Umfangswirkungsgrad

$$\underline{\eta_u} = Y_u/m \cdot Y_{ad} = 370/552{,}3 = \underline{0{,}67} \approx 0{,}66 \text{ wie angenommen.}$$

Da zu erwarten ist, daß dann auch $\eta_i = 0{,}63$ sein wird, kann $\underline{m_{\text{sek}} = 1{,}38\,\text{kg/sek}}$ beibehalten werden.

Art und Abmessungen der Düsen. $p_1 = 43$ bar, $p_3 = 6{,}4$ bar, also $< p_k = 0{,}546 \cdot p_1 = 23{,}5$ bar. Daher *erweiterte Düsen* nach S. 92. *Engster Düsenquerschnitt* $F_{\min}$ nach Gl. (*93,1) aus

$$0{,}672 \cdot F_{\min} \sqrt{P_1/v_1} = \text{m}_{\text{sek}}$$

$$\underline{F_{\min}} = \frac{m_{\text{sek}} \cdot \sqrt{v_1}}{0{,}672 \cdot \sqrt{P_1}} = \frac{1{,}38 \cdot \sqrt{0{,}075}}{0{,}672 \cdot \sqrt{43 \cdot 10^5}} = \frac{1{,}38 \cdot 0{,}274}{0{,}672 \cdot 2{,}07 \cdot 10^3} = 0{,}272 \cdot 10^{-3}\,\text{m}^2$$

$$= 272 \cdot 10^{-6}\,\text{m}^2 \triangleq \underline{272\,\text{mm}^2}.$$

Austrittsquerschnitt F nach Gl. (*93,3)

$$\underline{F} = V_3/c_1 = m_{\text{sek}} \cdot v_3/c_1 = 1{,}38 \cdot 0{,}338/954$$

$$= 0{,}488 \cdot 10^{-3} = 488 \cdot 10^{-6}\,\text{m}^2 = \underline{488\,\text{mm}^2}.$$

3 Düsen mit etwa quadratischem Austritt gewählt, ergibt $f = F/z_d = 488/3 \approx 163\ \text{mm}^2$. Nach S. 195 *radiale Höhe* $a \approx \sqrt{163} = \underline{12{,}5\ \text{mm}}$. *Breite am Austritt* $b = f/a = 162{,}6/12{,}5 = \underline{13\ \text{mm}}$ (s. Abb. 198,1, dort $b = 12{,}8$).

Kleinste Breite $\underline{b_{\min}} = F_{\min}/z \cdot a = 272/37{,}5 = \underline{7{,}2\ \text{mm}}$.

Über Düsenlänge, Beaufschlagungsgrad und Verengungsfaktor s. S. 195.

$$l = 32{,}6\ \text{mm}, \quad \varepsilon = 0{,}0987, \quad \tau_d = 0{,}867.$$

Abmessungen der Schaufeln des 1. Laufradkranzes. Krümmungsradius $r = 7{,}62$ mm für $B = 16$ mm, $d = 0{,}25$ mm, $e_1 = 3{,}81$ mm, $t_s = 13{,}96$ mm bei $z_1 = 135$ Schaufeln, $\tau_{s1} = 0{,}885$ wie S. 196.
Länge am Austritt:

$$\underline{l''_{s1}} = \frac{a \cdot \tau_d \cdot c_{1m} \cdot v_5}{\tau_{s1} \cdot c_{2m} \cdot v_3} = \frac{12{,}5 \cdot 0{,}867 \cdot 234 \cdot 0{,}408}{0{,}885 \cdot 186{,}5 \cdot 0{,}338} = \underline{18{,}5\ \text{mm}}$$ (in Abb. 198,1 18,7 mm).

Abmessungen der Umlenkschaufeln. $B = 20$ mm, $r = 10{,}16$ mm, $d = 0{,}79$ mm, $s = 0{,}5$ mm, $e = 5{,}08$ mm, $t = 13{,}21$ mm, $\tau = 0{,}91$.
Länge am Austritt:

$$\underline{l''} = \frac{l''_{s1} \cdot \tau_{s1} \cdot c_{2m} \cdot v_7}{\tau \cdot c'_{1m} \cdot v_5} = \frac{18{,}5 \cdot 0{,}885 \cdot 186{,}5 \cdot 0{,}45}{0{,}91 \cdot 155 \cdot 0{,}408} = \underline{24\ \text{mm}}$$ (in Abb. 198,1 23,2 mm).

Abmessungen der Schaufeln des 2. Laufradkranzes. $B = 20$ mm, $r = 13{,}6$ mm, $d = 3{,}66$ mm, $s = 0{,}5$ mm, $e = 6{,}8$ mm, $t = 12{,}83$ mm bei $z = 147$ Schaufeln, $\tau_{s2} = 0{,}934$ wie S. 197.

Länge am Austritt:

$$\underline{l''_{s2}} = \frac{l'' \cdot \tau \cdot c'_{1m} \cdot v_9}{\tau_{s2} \cdot c'_{2m} \cdot v_7} = \frac{24 \cdot 0{,}91 \cdot 155 \cdot 0{,}478}{0{,}934 \cdot 138{,}5 \cdot 0{,}45} = 27{,}8\ \text{mm}$$ (in Abb. 198,1 25,4 mm).

Nachprüfung des Radreibungs- und Ventilationsverlustes. $K = 0{,}5$ für Heißdampf, $v_m = (v_3 + v_9)/2 = 0{,}408\ \frac{\text{m}^3}{\text{kg}}$, $l'^{1,5}_{s1} + l'^{1,5}_{s2} = 1{,}4^{1,5} + 2{,}5^{1,5} = 1{,}656 + 3{,}955 = 5{,}611$, worin l'_{s1} und l'_{s2} die Eintrittslängen der beiden Laufradschaufeln nach Abb. 198,1 in cm sind. Dann ist nach

Gl. (*124,1) zunächst

$$\underline{N'_{rv}} = 0{,}736 \cdot K[1{,}46 \cdot D^2 + 0{,}83 \cdot D(l'^{1,5}_{s1} + l'^{1,5}_{s2}) \cdot (1 - \varepsilon)] \frac{u^3}{v_m \cdot 10^6} \text{ kW}$$

$$= 0{,}736 \cdot 0{,}5[1{,}46 \cdot 0{,}36 + 0{,}83 \cdot 0{,}6 \cdot 5{,}611 \cdot 0{,}9013] \frac{13 \cdot 10^6}{0{,}408 \cdot 10^6}$$

$$= 0{,}368 \cdot 3{,}04 \cdot 13/0{,}408 = \underline{35{,}6 \text{ kW}}.$$

Infolge Ventilationsschutzring nach S. 124 N_{rv} nur (0,25 bis 0,5) $\cdot N'_{rv}$, also

$$\underline{N_{rv} = 8{,}9 \text{ bis } 17{,}8 \text{ kW}}.$$

$$m_{\text{sek}} \cdot y_{rv} = 1000 \cdot N_{rv} \frac{\text{kg} \cdot \text{Wsek}}{\text{sek} \cdot \text{kg}} = \frac{\text{W} \cdot \text{kW}}{\text{kW}}.$$

Spezifischer Energieverlust nach Gl. (*124,2)

$$\underline{y_{rv}} = \frac{1000 \cdot N_{rv}}{m_{\text{sek}}} = \frac{1000 \cdot (8{,}9 \text{ bis } 17{,}8)}{1{,}38} = \underline{6450 \text{ bis } 12900 \text{ J/kg}}.$$

Dies entspricht

$$\frac{y_{rv} \cdot 100}{m \cdot Y_{ad}} = \frac{(6450 \text{ bis } 12900) \cdot 100}{552300} = \underline{1{,}17 \text{ bis } 2{,}34\%}$$

von der spezifischen Stutzenarbeit der Turbine. Die Annahme von 2% ist also richtig.

Zusammenfassung. Die Verschiedenheit der Abmessungen in Abb. 198,1 ist nur gering und wohl auf die verschiedenen v-Werte bei der Benutzung von 2 is-Diagrammen zurückzuführen.

2. Berechnungsbeispiel für eine Stufe einer Parsonsturbine

Betriebsdrehzahl 3000 U/min = 50 U/sek. Laufrad: 780 mm ⌀ bzw. 800 mm ⌀ am Austritt der Leit- bzw. Trommelbeschaufelung, vor dem Leitrad 0,735 bar abs und 0,99 kg Sattdampf/kg Naßdampf, hinter der Trommelbeschaufelung 0,59 bar abs, sekundliche Dampfmasse 6,25 kg/sek, Zustrom von der vorhergehenden Stufe mit 85 m/sek unter 52°, Profilwinkel der zu berechnenden Stufe 22° bzw. 58°, Spalt $D/1000$, Spaltverlust vorläufig 1,5% anzunehmen wie S. 199. Schaufelplan, Schaufellängen und innere Leistung sind unter Annahme von 13% Verengung und unter Nachprüfung des Spaltverlustes zu berechnen.

Bauart. Durch Vortext vorgeschrieben. Nachprüfung am Schluß durch Ermittlung der Kennzahl n_q.

Feststellung der in der Stufe verfügbaren Stutzenarbeit. Das is-Diagramm[1] zeigt nach Abb. 97,2 *vor dem Leitrad für* $p_1 = 0{,}735$ bar abs und $x_1 = 0{,}99$ kg/kg $\underline{i_1 = 2638 \text{ kJ/kg}}$ und $\underline{v_1 = 2{,}275 \text{ m}^3/\text{kg}}$, *hinter dem Laufrad* nach Expansion ohne Verluste am Radumfang (Adiabate) bei $s_0 = s_1$ und $p_0 = 0{,}59$ bar abs $\underline{i_0 = 2601 \text{ kJ/kg}}$.
Spezifische Stutzenarbeit der Stufe

$$\underline{y_{ad}} = i_1 - i_0 = 2638 - 2601 = \underline{37 \text{ kJ/kg}} = \underline{37000 \text{ J/kg}}.$$

Reaktionsgrad $\mathfrak{r} = 0{,}5 = y''_{ad}/y_{ad}$; verlustlos im Laufrad umgesetzt $\underline{y''_{ad}} = \mathfrak{r} \cdot y_{ad} = 0{,}5 \cdot 37000 = \underline{18500 \text{ J/kg}}$, verlustlos im Leitrad verfügbar $\underline{y'_{ad}} = y_{ad} - y''_{ad} = \underline{18500 \text{ J/kg}}$.

Geschwindigkeitsparallelogramme und Verluste am Radumfang. Mit $\Delta\alpha = 180 - (\alpha_2 + \alpha'_1) = 180 - (52 + 22) = 106°$ nach Abb. 95,1, $\psi_1 = 0{,}915$ mit Gl. (*96,1)

$$c'^2_0/2 = c^2_2/2 + y'_{ad} = 85^2/2 + 18500 = 3615 + 18500$$
$$= 22115,$$
$$\underline{c'_0} = \sqrt{44230} = \underline{211 \text{ m/sek}},$$
$$\underline{c'_1} = \psi_1 \cdot c'_0 = 0{,}915 \cdot 211 = \underline{193{,}5 \text{ m/sek}},$$
$$\underline{u_1} = \frac{D \cdot \pi \cdot n}{60} = \frac{0{,}78 \cdot \pi \cdot 3000}{60} = \underline{122{,}5 \text{ m/sek}}.$$

Mit c'_1, u_1 und $\alpha'_1 = 22°$ liefert das Geschwindigkeitsdreieck für den Eintritt ins Laufrad $\underline{w'_1 = 94 \text{ m/sek unter } \beta'^*_1 = 51°}$ und $\underline{c'_{1m} = 73{,}6 \text{ m/sek}}$ (s. auch Abb. 201,1). Gewählt $\underline{\beta'_1 = 58°}$ und $\beta'_2 = 22°$. Mit $\Delta\beta = 180 - (\beta'^*_1 + \beta'_2) = 180 - (51 + 22) = 107°$ wird nach Abb. 95,1 $\psi_2 = 0{,}915$ und nach Gl. (*96,2)

$$w'^2_0/2 = w'^2_1/2 + y''_{ad} = 94^2/2 + 18500 = 4420 + 18500$$
$$= 22920,$$
$$\underline{w'_0 = \sqrt{45840} = 214 \text{ m/sek}},$$
$$\underline{w'_2} = \psi_2 \cdot w'_0 = 0{,}915 \cdot 214 = \underline{197 \text{ m/sek}}.$$

Das Geschwindigkeitsdreieck für den Austritt aus dem Laufrad liefert mit w'_2, β'_2 und $u_2 = \frac{D_2 \cdot \pi \cdot n}{60} = \frac{0{,}8 \cdot \pi \cdot 3000}{60} = 125{,}6$ m/sek, $c'_{2m} = 74{,}4$ m/sek, $c'_2 = 95{,}2$ m/sek unter $\alpha'_2 = 51°$ (s. Abb. 201,1).

[1] [4].

Energieverlust im Leitrad

$$\underline{y_l} = c_0'^2/2\,(1 - \psi_1^2) = 22115\,(1 - 0{,}837)$$
$$= 3600\ \mathrm{J/kg} = \underline{3{,}6\ \mathrm{kJ/kg}}.$$

Energieverlust in der Trommelbeschaufelung

$$\underline{y_s} = w_0'^2/2\,(1 - \psi_2^2) = 22920\,(1 - 0{,}837)$$
$$= 3730\ \mathrm{J/kg} = \underline{3{,}73\ \mathrm{kJ/kg}}.$$

Enthalpie-Entropie-Diagramm[1].

Punkt 1: vor dem Leitrad lt. Vortext

$$p_1 = 0{,}735\ \text{bar abs}, \qquad x_1 = 0{,}99\ \mathrm{kg/kg},$$
$$\underline{v_1 = 2{,}275\ \mathrm{m^3/kg}}, \qquad i_1 = 2638\ \mathrm{kJ/kg}.$$

Punkt 2: vor dem Laufrad nach adiabatischer Expansion, also bei $s_2 = s_1$ kJ/kggr lt. is-Diagramm $p_2 = 0{,}651$ bar bei $i_2 = i_1 - y'_{ad} = 2638 - 18{,}5 = 2619{,}5$ kJ/kg.

Punkt 3: vor dem Laufrad nach polytropischer Expansion auf $p_3 = p_2 = 0{,}651$ bar abs und $i_3 = i_2 + y_l = 2619{,}5 + 3{,}6 = 2623{,}1$ kJ/kg lt. is-Diagramm[1] $\underline{v_3 = 2{,}5\ \mathrm{m^3/kg}}$ und $x_3 = 0{,}985$ kg/kg.

Punkt 4: hinter dem Laufrad nach adiabatischer Expansion bei $s_4 = s_3$ auf $i_4 = i_3 - y''_{ad} = 2623{,}1 - 18{,}5 = 2604{,}6$ kJ/kg ergibt $p_4 = p_0 = 0{,}59$ bar abs.

Punkt 5: hinter dem Laufrad nach polytropischer Expansion auf $p_5 = p_4 = 0{,}59$ bar abs und $i_5 = i_4 + y_s = 2604{,}6 + 3{,}7 = 2608{,}3$ kJ/kg lt. is-Diagramm[1] $\underline{v_5 = 2{,}76\ \mathrm{m^3/kg}}$ und $x_5 = 0{,}981$ kg/kg.

Spezifische Arbeit am Radumfang

$$\underline{y_u} = y_{ad} - y_l - y_s = 37 - 3{,}6 - 3{,}73 = 37 - 7{,}33 = \underline{29{,}67\ \mathrm{kJ/kg}}.$$

Umfangswirkungsgrad

$$\underline{\eta_u} = y_u/y_{ad} = 29{,}67/37 = \underline{0{,}803}.$$

Schaufellängen. Spaltverlust nach S. 320 vorläufig mit 1,5% angenommen.

$$\underline{V_3} = 0{,}985 \cdot m_{\mathrm{sek}} \cdot v_3 = 0{,}985 \cdot 6{,}25 \cdot 2{,}5 = \underline{15{,}4\ \mathrm{m^3/sek}}$$

---

[1] [*4*].

am Leitradaustritt. Da nach S. 320 13% Verengung anzunehmen sind, wird $\tau = 0{,}87$.

$$\pi \cdot D_1 \cdot \tau \cdot c'_{1m} \cdot l' = V_3.$$

Leitschaufellänge am Austritt

$$\underline{l'} = \frac{V_3}{\pi \cdot D_1 \cdot \tau \cdot c_{1m}'} = \frac{15{,}4}{\pi \cdot 0{,}78 \cdot 0{,}87 \cdot 73{,}6} = 0{,}098 \text{ m} = \underline{98 \text{ mm}}.$$

$$\pi \cdot D_2 \cdot \tau \cdot c'_{2m} \cdot l'' = V_5$$

mit

$$\underline{V_5} = 0{,}985 \cdot m_{\text{sek}} \cdot v_5 = 0{,}985 \cdot 6{,}25 \cdot 2{,}76 = \underline{17 \text{ m}^3/\text{sek}}.$$

Trommelschaufellänge am Austritt

$$\underline{l''} = \frac{V_5}{\pi \cdot D_2 \cdot \tau \cdot c'_{2m}} = \frac{17}{\pi \cdot 0{,}8 \cdot 0{,}87 \cdot 74{,}4} = 0{,}104 \text{ m} = \underline{104 \text{ mm}}.$$

Spaltverlust. Innerer Wirkungsgrad. Innere Leistung. Nach Gl. (*142,1) ist $s = D/1000 = 800/1000 = 0{,}8$ mm Spiel und $l = \frac{l' + l''}{2} = 101$ mm sowie $s^{1,4} = 0{,}8^{1,4} = 0{,}732$ und

$$\underline{y_{sp}} = 1{,}72 \cdot y_{ad} \cdot s^{1,4}/l = 1{,}72 \cdot 37000 \cdot 0{,}732/101 = \underline{461 \text{ J/kg}}.$$

Da $m_{sp} \cdot y_{ad} = m_{\text{sek}} \cdot y_{sp}$ die sekundlich durch den Spalt verlorene Arbeit ist, so wird $m_{sp} = m_{\text{sek}} \cdot y_{sp}/y_{ad} = m_{\text{sek}} \cdot 461/37000 = 0{,}0125 \cdot m_{\text{sek}}$, also 1,25% statt 1,5% wie angenommen.

Innere spezifische Arbeit je Stufe

$$\underline{y_i} = y_u - y_{sp} = 29{,}67 - 0{,}46 = \underline{29{,}21 \text{ kJ/kg}}.$$

Innerer Wirkungsgrad der Stufe

$$\underline{\eta_i} = y_i/y_{ad} = 29{,}21/37 = \underline{0{,}79}.$$

Innere Leistung der Stufe entsprechend Gl. (*64,4)

$$\underline{N_i} = m_{\text{sek}} \cdot y_{ad} \cdot \eta_i = 6{,}25 \cdot 37000 \cdot 0{,}79 = 183000 \text{ W} = \underline{183 \text{ kW}}.$$

Laufzahl und Kennzahl. Nach Gl. (*116,1a) ist $\underline{c_y} = \sqrt{2 \cdot y_{ad}} = \sqrt{74000} = \underline{272 \text{ m/sek}}$ und mit $u = (u_1 + u_2)/2 = 124$ m/sek die *Laufzahl* $u/c_y = 124/272 = 0{,}456$, während Pfleiderer nach Gl. (*117,1) für kleine und mittlere Turbinen $u/c_y = 0{,}38(1 + 0{,}8\mathfrak{r}) = 0{,}38 \cdot 1{,}4 = 0{,}53$ vorschlägt. Begründung s. S. 203.

Mit $v_1 = 2{,}275\ \mathrm{m^3/kg}$ und $v_5 = 2{,}76\ \mathrm{m^3/kg}$ wird $\underline{v_m} = (v_1 + v_5)/2 = \underline{2{,}517\ \mathrm{m^3/kg}}$ und $\underline{V_m} = m_{\text{sek}} \cdot v_m = 6{,}25 \cdot 2{,}517 = \underline{15{,}73\ \mathrm{kg/sek}}$. Damit wird nach Gl. (*61,3) mit $n = 50$ U/sek

$$\underline{n_q} = \frac{333 \cdot n \cdot \sqrt{V_m}}{\sqrt{y_{ad}} \cdot \sqrt[4]{y_{ad}}} = \frac{333 \cdot 50 \cdot \sqrt{15{,}73}}{\sqrt{37\,000} \cdot \sqrt{192{,}4}}$$

$$= \frac{333 \cdot 50 \cdot 3{,}965}{192{,}4 \cdot 13{,}87} = \underline{24{,}7} \text{ bezogen auf U/min.}$$

Begründung s. S. 203.

Zusammenfassung. Sie entspricht S. 320.

C. Kreiselpumpen

1. Berechnungsbeispiel für eine mehrstufige Radialpumpe

Kreiselpumpe für $130\ \mathrm{m^3/h}$ Fördermenge, 100 m Förderhöhe und 1450 U/min. Stufenzahl und Laufradabmessungen sind zu berechnen. Aus der Nutzförderhöhe sind auf S. 281 die Förderhöhe und auf S. 280 die höchstzulässige Saughöhe sowie ferner aus den Läuferabmessungen auf S. 270 die ungefähre kritische Drehzahl ermittelt worden.

Bauart. Zunächst Umrechnung auf kohärente Größen und Einheiten

$$\underline{Q} = 130/3600\ \frac{\mathrm{m^3\,h}}{\mathrm{h\,sek}} = \underline{0{,}0361\ \mathrm{m^3/sek}},$$

$$\underline{n} = 1450/60\ \frac{\mathrm{U \cdot min}}{\mathrm{min \cdot sek}} = \underline{24{,}2\ \mathrm{U/sek}},$$

spezifische Stutzenarbeit der Pumpe

$$\underline{Y} = H \cdot 9{,}81 \cdot 1 = \frac{\mathrm{kpm \cdot N \cdot kp}}{\mathrm{kp \cdot kp \cdot kg}} = \underline{981}\ \frac{\mathrm{Nm}}{\mathrm{kg}} = \frac{\mathrm{Wsek}}{\mathrm{kg}},$$

Kennzahl bei einstufiger Ausführung nach Gl. (*61,4)

$$\underline{n_q} = \frac{333 \cdot n \cdot \sqrt{Q}}{\sqrt[4]{Y} \cdot \sqrt{Y}} = \frac{333 \cdot 24{,}2 \cdot \sqrt{0{,}0361}}{\sqrt{981} \cdot \sqrt{31{,}3}} = \frac{333 \cdot 24{,}2 \cdot 0{,}19}{31{,}3 \cdot 5{,}59} = \underline{8{,}75}$$

bezogen auf U/min. Da hierbei nach Abb. 82,3 der Wirkungsgrad η zu klein werden würde, muß die Pumpe mit i Stufen ausgeführt werden.

Antriebsleistung. Wie S. 204 $\lambda_v = 0{,}95$, vorläufig $\eta_h' = 0{,}85$ und $\eta_m = 0{,}92$, also $\underline{\eta'} = 0{,}95 \cdot 0{,}85 \cdot 0{,}92 = \underline{0{,}745}$. Nach Gl. (*64,5) wird die Antriebsleistung

$$\underline{N_a} = Q \cdot \varrho \cdot Y/\eta' \frac{\mathrm{m^3 \cdot kg \cdot Wsek}}{\mathrm{sek \cdot m^3 \cdot kg}} = 0{,}0361 \cdot 1000 \cdot 981/0{,}745 = 47\,500\ \mathrm{W}$$

$$= \underline{47{,}5\ \mathrm{kW}}.$$

Wellendurchmesser. Nach S. 258 ist das auftretende Drehmoment

$$\underline{M_t} = \frac{N_a}{2\pi n} \frac{\mathrm{W \cdot sek}}{1} = \frac{47\,500}{2 \cdot \pi \cdot 24{,}2} \mathrm{J} = 312\ \mathrm{Nm} = \underline{31\,200\ \mathrm{N \cdot cm}}.$$

Angenommen

$$\underline{\tau_{t\mathrm{zul}}} = 200 \cdot 9{,}81 \frac{\mathrm{kp \cdot N}}{\mathrm{cm^2 \cdot kp}} = \underline{1962\ \mathrm{N/cm^2}},$$

$$W_p \cdot \tau_{t\mathrm{zul}} = \frac{\pi d'^3}{16} \cdot \tau_{t\mathrm{zul}} = M_t,$$

$$d'^3 = \frac{16 \cdot M_t}{\pi \cdot \tau_{t\mathrm{zul}}} = \frac{16 \cdot 31\,200}{\pi \cdot 1962} = 81\ \mathrm{cm^3},$$

$$d' = \sqrt[3]{81} = 4{,}3\ \mathrm{cm}\ \varnothing \quad \text{vorläufig},$$

mit Keilzuschlag $\underline{d = 50\ \mathrm{mm}\ \varnothing}$ gewählt.

Laufradmund- und vorläufige Ein- und Austrittsdurchmesser des Laufrades. Sekundliche Menge im Laufrad $\underline{Q_L} = Q/\lambda_v = \underline{0{,}038\ \mathrm{m^3/sek}}$. Zulaufgeschwindigkeit $c_0 = 3$ m/sek gewählt. $\left[\frac{D_0^2\pi}{4} - \frac{d_n^2\pi}{4}\right] \cdot c_0 = Q_L$ mit $d_n = 70$ mm $\varnothing$ der Nabe und D_0 Laufradmunddurchmesser.

$$D_0^2\pi/4 = Q_L/c_0 + d_n^2\pi/4 = 0{,}038/3 + 7^2\pi/4 \cdot 10^{-4} = 0{,}0165\ \mathrm{m^2},$$

$$\underline{D_0 = 145\ \mathrm{mm}\ \varnothing}, \quad D_1' = 150\ \mathrm{mm}, \quad D_2' = 2{,}2 \cdot 150 = 330\ \mathrm{mm}\ \varnothing$$

vorläufig wie S. 205.

Stufenzahl, endgültiger hydraulischer Wirkungsgrad und endgültige Laufraddurchmesser. Da die kohärenten Einheiten für Längen und Geschwindigkeiten im TM und MKS-System dieselben sind, kann von S. 205 übernommen werden: $\alpha_2' = 12°$, $z = 7$, $\beta_2 = 25°$, $u_2' = 25$ m/sek $c_{2u}' = 17{,}2$ m/sek, $c_{2m}' = 3{,}65$ m/sek, $\psi' = 0{,}903$, $k = 0{,}755$, falls bei der endgültigen Ausführung $\alpha_2 = \alpha_2'$, $\beta_2' = \beta_2$ und $R_1/R_2 = R_1'/R_2'$ bleiben. Nach Gl. (*49,3) $y' = k \cdot \eta_h' \cdot u_2' \cdot c_{2u}' = 0{,}755 \cdot 0{,}85 \cdot 25 \cdot 17{,}2 = 276$ J/kg vorläufig je Stufe. Nach S. 294 vorläufige Stufenzahl $i' = Y/y' = 981/276 = 3{,}55$. Gewählt $\underline{i = 4}$ Stufen.

Endgültige spezifische Stutzenarbeit je Stufe

$$\underline{y} = Y/i = 981/4 = \underline{245\ \mathrm{J/kg}}.$$

Kennzahl hierfür mit $n = 24{,}2$ U/sek nach Gl. (*61,4)

$$\underline{n_q} = \frac{333 \cdot n \cdot \sqrt{Q}}{\sqrt{y} \cdot \sqrt[4]{y}} = \frac{333 \cdot 24{,}2 \cdot 0{,}19}{\sqrt{245} \cdot \sqrt{15{,}65}}$$

$$= \frac{333 \cdot 24{,}2 \cdot 0{,}19}{15{,}65 \cdot 3{,}95} = \underline{24{,}8} \text{ bezogen auf U/min.}$$

Hierfür ist nach Abb. 82,3 der *endgültige Wirkungsgrad* $\underline{\eta = 0{,}765}$ und der *endgültige hydraulische Wirkungsgrad* $\underline{\eta_h} = \eta/\lambda_v \cdot \eta_m = 0{,}765/0{,}95 \cdot 0{,}92 = \underline{0{,}875}$, so daß entsprechend S. 205

$$u_2^2 = \frac{u_2'^2 \cdot y \cdot \eta_h'}{y' \cdot \eta_h} = \frac{625 \cdot 245 \cdot 0{,}85}{276 \cdot 0{,}875} = 539$$

wie S. 205 wird. Damit wie dort $\underline{u_2 = 23{,}2 \text{ m/sek}}$, $\underline{D_2 = 307 \text{ mm } \varnothing}$, $\underline{D_1 = 140 \text{ mm } \varnothing}$, $\underline{c_{2u} = 15{,}95 \text{ m/sek}}$, $\underline{c_{2m} = 3{,}38 \text{ m/sek}}$, $\underline{c_{3u} = 12{,}04 \text{ m/sek}}$, $\underline{\alpha_3 = 15^\circ 40'}$.

Probe: $\underline{y} = \eta_h \cdot u_2 \cdot c_{3u} = 0{,}875 \cdot 23{,}2 \cdot 12{,}04 = \underline{245 \text{ J/kg}}$.

Eintrittswinkel und Eintrittsbreite des Laufrades bis *Aufzeichnung der verschiedenen Kanäle* mit der am Anfang des vorigen Abschnitts gegebenen Begründung wie S. 206 bis 207.

Berechnung der kritischen Drehzahl für diese Pumpe angenähert S. 270.

Berechnung der höchstzulässigen Saughöhe für vorstehende Pumpe S. 280.

2. Berechnungsbeispiel einer einstufigen Propellerpumpe

Für möglichst hochtourigen Antrieb durch einen Drehstrom-Asynchronmotor sind für 3500 m³/h Fördermenge und 3 m Förderhöhe die Profile und Abmessungen der Propeller und der Leitschaufeln sowie die höchstzulässige Saughöhe zu berechnen.

Kennzahl und Drehzahl. Nach Abb. 82,1d $n_q = 300$ angenommen.

$$\underline{Q} = \frac{3500}{3600} \frac{\text{m}^3 \cdot \text{h}}{\text{h} \cdot \text{sek}} = \underline{0{,}972 \text{ m}^3/\text{sek}}.$$

Einstufige Ausführung angenommen, da nach Abb. 82,1d $H < 5$ m. Spezifische Stutzenarbeit

$$\underline{Y} = 9{,}81 \cdot 1 \cdot H \frac{\text{N} \cdot \text{kp} \cdot \text{kpm}}{\text{kp} \cdot \text{kg} \cdot \text{kp}} = 9{,}81 \cdot 3 = \underline{29{,}4 \frac{\text{J}}{\text{kg}}}.$$

$$\frac{333 \cdot n \cdot \sqrt{Q}}{\sqrt{Y} \cdot \sqrt[4]{Y}} = n_q, \quad \text{also} \quad n = \frac{300 \cdot \sqrt{29{,}4} \cdot \sqrt{5{,}42}}{333 \cdot \sqrt{0{,}972}}$$

$$= \frac{300 \cdot 5{,}42 \cdot 2{,}33}{333 \cdot 0{,}985} = 11{,}55 \text{ U/sek} = 694 \text{ U/min}.$$

Gewählt die nächste asynchrone Drehzahl für 50frequentigen Drehstrom $\underline{n = 730 \text{ U/min}}$. Nach Abb. 82,3 $\underline{\eta = 0{,}84}$ für $n_q > 50$.

Antriebsleistung. Nach Gl. (*64,5)

$$\underline{N_a} = Q \cdot \varrho \cdot Y/\eta = 0{,}972 \cdot 1000 \cdot 29{,}4/0{,}84 = 34000 \text{ W} = \underline{34 \text{ kW}}.$$

Berechnung des Laufrades. Da Längen, sekundliches Volumen und Geschwindigkeiten im TM und MKS-System dieselben kohärenten Einheiten haben, so können folgende Größen von S. 208 u. f. übernommen werden: $\lambda_v = 0{,}96$, $\eta_m = 0{,}97$, $\eta_h = 0{,}90$, $c'_m = 4{,}5$ m/sek vorläufig, $Q_L = 1{,}013 \text{ m}^3/\text{sek}$, $D_a = 575$ mm ⌀, $D_i = 230$ mm ⌀, $c_m = 4{,}63$ m/sek endgültig, $u = 38{,}2 \cdot D$, $z = 3$, $\omega = 76{,}4 \text{ sek}^{-1}$. Damit wird nach Gl. (*57,3)

$$m = \frac{4 \cdot \pi \cdot Y}{z \cdot \omega \cdot \eta_h} = \frac{4 \cdot \pi \cdot 29{,}4}{3 \cdot 76{,}4 \cdot 0{,}90}, \quad \underline{c_a \cdot l \cdot w_\infty = m = 1{,}8}.$$

Da der Einfluß des Relativwirbels im Auftriebsbeiwert c_a eingeschlossen ist, so wird nach Gl. (*49,3) für jeden Propellerschnitt $u \cdot c_u = Y/\eta_h = 29{,}4/0{,}9$, also $\underline{c_u = 32{,}7/u}$. Weiter ist für jeden Schnitt nach Abb. 210,1

$$\underline{\tan \beta_\infty = c_m/(u - c_u/2)} \quad \text{und} \quad \underline{w_\infty^2 = c_m^2 + (u - c_u/2)^2}.$$

Aus den im Anfang dieses Abschnitts dargelegten Gründen kann die weitere Berechnung von S. 210 u. f. übernommen werden. Dasselbe gilt für den Abschnitt *Berechnung der Leitschaufeln*.

Ansaugverhältnisse. Nach Gl. (*36,2) ist die höchstzulässige Saughöhe $e_{s\max} = \frac{1}{g}\left(\frac{p_a}{\varrho} - \frac{c_s^2}{2} - Y_{vs} - Y_t - \Delta Y\right)$ in m, wenn die Glieder der Klammer in J/kg und g in m/sek² ausgedrückt werden.

Da sich Gl. (36,3) für $\Delta h = \left[\left(\frac{n}{100}\right)^2 \cdot \frac{Q}{k \cdot S}\right]^{2/3}$ auf das TM bezieht, so ist im MKS-System

$$\Delta Y = 9{,}81 \cdot 1 \cdot \Delta h \frac{\text{N} \cdot \text{kp} \cdot \text{kpm}}{\text{kp} \cdot \text{kg} \cdot \text{kp}} = 9{,}81 \cdot \left[7{,}3^2 \cdot \frac{0{,}972}{0{,}84 \cdot 2{,}47}\right]^{2/3} \text{Nm/kg} = \text{J/kg}$$

mit dem Verengungsfaktor $k = 1 - (D_i/D_a)^2 = 1 - 0{,}4^2$ und der Saugzahl $S = 2{,}47$ für Axialräder nach S. 212. Die spezifische Haltedruckenergie würde also, um Kavitation zu vermeiden, $\underline{\Delta Y = 9{,}81 \cdot 8{,}47 = 83 \text{ J/kg}}$ sein müssen.

Mit den Werten von Zahlenbeispiel 17 S. 280 würde $p_a/\varrho = 96{,}33$ J/kg, $c_s^2/2 = 0{,}66$ J/kg, $Y_{vs} = 5{,}54$ J/kg, $Y_t = 4{,}2$ J/kg, also

$$\underline{e_{s\,\max}} = (96{,}33 - 93{,}4)/9{,}81 = 2{,}93/9{,}81 = \underline{0{,}3\ \mathrm{m}}.$$

Das heißt, die Pumpe dürfte höchstens 0,3 m über dem Brunnenspiegel aufgestellt werden. Am besten würde das Wasser der Pumpe zulaufen oder Y_{vs} durch weite, möglichst kurze Saugleitungen mit wenig Krümmern verkleinert werden.

D. Kreiselverdichter

1. Berechnungsbeispiel für einen Niederdruckventilator (Abb. 160,1)

Billig und mit möglichst geringem Platzbedarf ist ein Ventilator für 2,6 m³/sek Luft von 0,98 bar abs und 20 °C für einen Gesamtdruck von 80 mm WS auszuführen.

Bauart. Sogenannter Trommelläufer mit vorwärts gekrümmten Schaufeln (s. Abb. 50,1 c).

Kennzahlen und Drehzahl. Gesamtdruck $\underline{\Delta P} = 80 \cdot 9{,}81 \dfrac{\mathrm{kp \cdot N}}{\mathrm{m^2 \cdot kp}} = \underline{784 \dfrac{\mathrm{N}}{\mathrm{m^2}}}$. Von S. 213 können übernommen werden: $\underline{c_{2u} = 2u_2}$, $\underline{\eta = 0{,}55,\ D_1/D_2 = 0{,}85,\ k = 0{,}9,\ \eta_m = 0{,}96,\ \eta_h = 0{,}575}$. Dann ist nach Gl. (*84,1) die *Druckzahl* $\underline{\psi} = 4k \cdot \eta_h = 4 \cdot 0{,}9 \cdot 0{,}575 = \underline{2{,}06}$, vorläufige Lieferzahl $\varphi' = 0{,}6$ gewählt, vorläufige Gebläsekennzahl $\sigma' = \varphi'^{1/2}/\psi^{3/4} = 0{,}451$ wie S. 213 nach Gl. (*59,4). Nach Gl. (*61,2a) vorläufige Kennzahl $n_q' = 158 \cdot \sigma' = 71{,}2$ wie S. 213. Da γ im TM und ϱ im MKS-System zahlenmäßig übereinstimmen, $\varrho = 1{,}167$ kg/m³ wie S. 213. Spezifische Stutzenarbeit Y und Drehzahl n in U/sek nach Gl. (*61,6).

$$\underline{Y = \Delta P/\varrho = 784/1{,}167 = 672\ \mathrm{J/kg}.}$$

Aus $\dfrac{333 \cdot n' \cdot \sqrt{V}}{\sqrt{Y} \cdot \sqrt[4]{Y}} = n_q'$ vorläufig

$$n' = \frac{71{,}2 \cdot \sqrt{672} \cdot \sqrt{25{,}9}}{333 \cdot \sqrt{2{,}6}} = \frac{71{,}2 \cdot 25{,}9 \cdot 5{,}09}{333 \cdot 1{,}613} = 17{,}5\ \mathrm{U/sek} = 1048\ \mathrm{U/min}.$$

Gewählt $\underline{n = 980\ \mathrm{U/min} = 16{,}33\ \mathrm{U/sek}}$ als nächste asynchrone Drehzahl für 50frequentigen Drehstrom.

$$\underline{n_q} = \frac{333 \cdot n \cdot \sqrt{V}}{\sqrt{Y} \cdot \sqrt[4]{Y}} = \frac{333 \cdot 16{,}33 \cdot 1{,}613}{25{,}9 \cdot 5{,}09} = \underline{66{,}6}$$

bezogen auf U/min.

$$\underline{\sigma} = n_q/158 = 66{,}6/158 = \underline{0{,}422} = \varphi^{1/2}/\psi^{3/4}.$$

$$\underline{\varphi} = (0{,}422 \cdot \psi^{3/4})^2 = (0{,}422 \cdot \sqrt{2{,}06} \cdot \sqrt{1{,}433})^2$$

$$= (0{,}422 \cdot 1{,}433 \cdot 1{,}198)^2 = \underline{0{,}525} \quad \text{wie S. 213.}$$

Aus den im vorigen Berechnungsbeispiel angegebenen Gründen können im Abschnitt *Berechnung der Laufradabmessungen* von S. 213 übernommen werden: $\underline{u_2 = 25{,}55\ \text{m/sek}}$, $\underline{D_2 = 500\ \text{mm}\ \varnothing}$, $\underline{D_1 = 425\ \text{mm}\ \varnothing}$, $\underline{\beta_1 = 49°37'}$, $\underline{\beta_2 = 40°23'}$, $\underline{r = 26{,}5\ \text{mm}}$, $\underline{b = 88{,}5\ \text{mm}}$, $\underline{z = 87}$.

Erforderliche Antriebsleistung. Nach Gl. (*64,7) ist

$$\underline{N_a} = \frac{V \cdot \varDelta P}{\eta} \frac{\text{m}^3 \cdot \text{N}}{\text{sek} \cdot \text{m}^2} = \frac{\text{Nm}}{\text{sek}} = \frac{\text{J}}{\text{sek}} = \frac{\text{Wsek}}{\text{sek}}$$

$$= 2{,}6 \cdot 784/0{,}55 = \underline{3710\ \text{W} = 3{,}71\ \text{kW}}.$$

Skizze s. Abb. 214,1.

2. Berechnungsbeispiel für einen Mitteldruckventilator

(radial endigende Schaufeln)

Bauart, Antriebsleistung und Laufradabmessungen sind für einen Ventilator zu bestimmen, der 1,4 m³/sek Luft von 0,98 bar und 20 °C bei 1450 U/min gegen einen Gesamtdruck von 120 mm WS fördern soll.

Bauart. Nach dem vorigen Beispiel ist die Dichte $\underline{\varrho = 1{,}167\ \text{kg/m}^3}$ und der Gesamtdruck $\underline{\varDelta P} = 120 \cdot 9{,}81 \frac{\text{kp} \cdot \text{N}}{\text{m}^2 \cdot \text{kp}} = \underline{1176\ \text{N/m}^2}$. Nach Gl. (*61,6) ist die spezifische Stutzenarbeit

$$\underline{Y} = \varDelta P/\varrho = 1176/1{,}167 = \underline{1008\ \text{J/kg} = \text{Wsek/kg}},$$

$$\underline{n} = 1450/60 = \underline{24{,}2\ \text{U/sek}}.$$

Nach Gl. (*61,6)

$$n_q = \frac{333 \cdot n \cdot \sqrt{V}}{\sqrt{Y} \cdot \sqrt[4]{Y}} = \frac{333 \cdot 24{,}2 \cdot \sqrt{1{,}4}}{\sqrt{1008} \cdot \sqrt{31{,}7}} = \frac{333 \cdot 24{,}2 \cdot 1{,}184}{31{,}7 \cdot 5{,}63} = 53{,}5$$

bezogen auf U/min.

Für radial endigende Schaufeln nach Abb. 50,1b $\underline{\beta_2 = 90°,\ c_{2u} = u_2}$ und $\eta > 0{,}55$. Angenommen $\underline{\eta = 0{,}65}$.

Erforderliche Antriebsleistung. Nach Gl. (*64,7)

$$\underline{N_a} = V \cdot \Delta P/\eta \; \frac{\mathrm{m^3 \cdot N}}{\mathrm{sek \cdot m^2}} = \frac{\mathrm{Nm}}{\mathrm{sek}} = \frac{\mathrm{J}}{\mathrm{sek}} = \frac{\mathrm{Wsek}}{\mathrm{sek}}$$

$$= 1{,}4 \cdot 1176/0{,}65 = \underline{2540 \text{ W} = 2{,}54 \text{ kW}}.$$

Berechnung der Laufradabmessungen. Von S. 215 können übernommen werden $\eta_h = 0{,}677$ und $k = 0{,}85$, so daß nach Gl. (*84,1)

$$\underline{\psi} = 2 \cdot k \cdot \eta_h \cdot c_{2u}/u_2 = 2 \cdot k \cdot \eta_h = 2 \cdot 0{,}85 \cdot 0{,}677 = \underline{1{,}15}$$

wird. Wird nach S. 84 $\beta_1 = 35°$ und $D_1/D_2 = 1{,}194 \cdot \sqrt[3]{\varphi}$ gewählt, so wird nach Gl. (*58,1 a)

$$\psi \cdot u_2^2/2 = Y.$$

$$u_2 = \sqrt{2\,Y/\psi} = \sqrt{2 \cdot 1008/1{,}15} = 41{,}9 \text{ m/sek}$$

wie S. 216, so daß $\underline{D_2 = 0{,}550 \text{ m}}$, die Lieferzahl $\varphi = 0{,}14$, $D_1/D_2 = 0{,}62$, $\underline{D_1 = 0{,}340 \text{ m}}$, $\underline{z = 24}$, $\psi' = 1{,}28$, $p = 0{,}173$, $k = 0{,}853 \approx 0{,}85$, $\underline{b_1 = 71 \text{ mm}}$ und $\underline{b_2 = 44 \text{ mm}}$ von S. 216 übernommen werden können. Skizze s. Abb. 215,1.

3. Berechnungsbeispiel für einen Großventilator

(rückwärts gekrümmte Schaufeln)

Erforderliche Antriebsleistung, Bauart und Laufradabmessungen sind für einen Ventilator zu berechnen, der 90 m³/sek Luft von 0,98 bar abs und 20 °C bei 480 U/min gegen einen Gesamtdruck von 600 mm WS fördern soll.

Erforderliche Antriebsleistung. Um bei der zu erwartenden hohen Antriebsleistung einen hohen Wirkungsgrad — $\underline{\eta = 0{,}78}$ angenommen — zu erreichen, werden rückwärts gekrümmte Schaufeln — nach Abb. 50,1 a $\underline{\beta_2 = 40°}$ — gewählt. Nach Gl. (*64,7)

$$N_a = V \cdot \Delta P/\eta \quad \text{mit} \quad \underline{\Delta P} = 600 \cdot 9{,}81 \; \frac{\mathrm{kp \cdot N}}{\mathrm{m^2 \cdot kp}} = \underline{5880 \; \frac{\mathrm{N}}{\mathrm{m^2}}},$$

$$\underline{N_a} = 90 \cdot 5880/0{,}78 \; \frac{\mathrm{m^3 \cdot N}}{\mathrm{sek \cdot m^2}} = \frac{\mathrm{Nm}}{\mathrm{sek}} = \frac{\mathrm{J}}{\mathrm{sek}} = \frac{\mathrm{Wsek}}{\mathrm{sek}}$$

$$= \underline{678\,000 \text{ W} = 678 \text{ kW}}.$$

Bauart und Laufradabmessungen. Spezifische Stutzenarbeit mit $\varrho = 1{,}167\ \text{kg/m}^3$ wie bei den vorigen Beispielen

$$\underline{Y} = \Delta P/\varrho = 5880/1{,}167 = \underline{5040\ \text{J/kg}},$$

$$\underline{n} = 480/60 = \underline{8\ \text{U/sek}}.$$

Nach Gl. (*61,6)

$$\underline{n_q} = \frac{333 \cdot n \cdot \sqrt{V}}{\sqrt{Y} \cdot \sqrt[4]{Y}} = \frac{333 \cdot 8 \cdot \sqrt{90}}{\sqrt{5040} \cdot \sqrt{71}} = \frac{333 \cdot 8 \cdot 9{,}48}{71 \cdot 8{,}42} = \underline{42{,}1}$$

bezogen auf U/min wie S. 217.

Deshalb können von dort übernommen werden: $D_1'/D_2' = 0{,}45$, die Einlaufzahl $\varepsilon = 0{,}258$, $c_0 = 26$ m/sek, $D_0 = 2{,}1$ m, $D_1 = 2{,}3$ m, $c_1 = 28{,}6$ m/sek, $\beta_1 = 26°30'$, $z = 10$, $D_2' = 5{,}11$ m, $u_2' = 128{,}4$ m/sek, $k = 0{,}789$, $c_{2u}' = 94$ m/sek, $\eta_m = 0{,}95$, $\eta_h = 0{,}82$. Nach Gl. (*49,4) ist dann die vorläufig erreichbare spezifische Stutzenarbeit

$$Y' = \eta_h \cdot u_2' \cdot k \cdot c_{2u}' = 0{,}82 \cdot 128{,}4 \cdot 0{,}789 \cdot 94 = 7800\ \text{J/kg}$$

statt $Y = 5040$ J/kg wie erforderlich.

Übernimmt man aus den vorstehend genannten Gründen von S. 218 $\underline{D_2 = 4{,}3\ \text{m},\quad u_2 = 108\ \text{m/sek},\quad \beta_2 = 40°,\quad c_{2m} = c_{1m} = 28{,}6\ \text{m/sek}},$ $\underline{c_{2u} = 74\ \text{m/sek}}$ und $\underline{k = 0{,}77}$, so wird $Y = \eta_h \cdot u_2 \cdot k \cdot c_{2u}$ nach Gl. (*49,4) $\underline{Y} = 0{,}82 \cdot 108 \cdot 0{,}77 \cdot 74 = \underline{5040\ \text{J/kg}}$ wie erforderlich. Damit können auch $\underline{b_1 = 435\ \text{mm}}$, $\underline{b_2 = 233\ \text{mm}}$, $\underline{t = 1352\ \text{mm}}$ *außen* und $\underline{r = 2670\ \text{mm}}$ von S. 218 übernommen werden. Skizze s. Abb. 217,2.

4. Berechnungsbeispiel für einen Axiallüfter mit profilierten Schaufeln

Der Lüfter soll 4 m³/sek Luft von 0,98 bar abs und 12 °C bei 3000 U/min auf den Gesamtdruck 30 mm WS bringen. Durch ein vorgeschaltetes Leitrad soll die Luft vor dem Laufrad einen solchen Gegendrall erhalten, daß sie das Laufrad drallfrei verläßt.

Bauart. Die Größen in kohärenten Einheiten sind

$$\underline{P} = 0{,}98\ \text{bar abs} = \underline{0{,}98 \cdot 10^5\ \text{N/m}^2\ \text{abs}}\ \text{nach S. 260},$$

$$\underline{T} = 273 + 12 = \underline{285\,°\text{K}},$$

$$\underline{\Delta P} = 30 \cdot 9{,}81\ \frac{\text{kp} \cdot \text{N}}{\text{m}^2 \cdot \text{kp}} = \underline{294\ \text{N/m}^2},$$

$$\underline{n} = 3000/60 = \underline{50\ \text{U/sek}}.$$

Nach Gl. (*6,2) ist

$$R \cdot T = P \cdot v = P/\varrho,$$

also die Dichte

$$\underline{\varrho} = \frac{P}{R \cdot T} = \frac{98000}{286{,}9 \cdot 285} = \underline{1{,}2\ \mathrm{kg/m^3}}$$

und die spezifische Stutzenarbeit

$$\underline{Y} = \Delta P/\varrho = 294/1{,}2 = \underline{245\ \mathrm{J/kg} = \mathrm{Wsek/kg}}.$$

Kennzahl nach Gl. (*61,6)

$$\underline{n_q} = \frac{333 \cdot n \cdot \sqrt{V}}{\sqrt{Y} \cdot \sqrt[4]{Y}} = \frac{333 \cdot 50 \cdot \sqrt{4}}{\sqrt{245} \cdot \sqrt{15{,}65}} = \frac{333 \cdot 50 \cdot 2}{15{,}65 \cdot 3{,}95} = \underline{538}$$

bezogen auf U/min.

Nach S. 84 kommt ein *Axiallüfter mit wenigen langen Propellern* in Frage. Nach Gl. (*61,2a) Gebläsekennziffer $\underline{\sigma} = n_q/158 = \underline{3{,}4}$. Hierfür nach S. 85 für profilierte Schaufeln $\underline{\varepsilon = 0{,}04}$ und $\underline{\eta = 0{,}75}$.

Erforderliche Antriebsleistung. Nach Gl. (*64,7)

$$\underline{N_a} = V \cdot \Delta P/\eta \quad \frac{\mathrm{m^3 \cdot N}}{\mathrm{sek \cdot m^2}} = \frac{\mathrm{Nm}}{\mathrm{sek}} = \frac{\mathrm{J}}{\mathrm{sek}} = \frac{\mathrm{Wsek}}{\mathrm{sek}}$$

$$= 4 \cdot 294/0{,}75 = 1570\ \mathrm{W} = \underline{1{,}57\ \mathrm{kW}}.$$

Wahl der Außen- und Innendurchmesser des Laufrades. $\eta = 0{,}75$ wird nach S. 85 erreicht, wenn nach Abb. 84,1 die Druckzahl $\psi' = 0{,}062$ für $\sigma = 3{,}4$ und das Nabenverhältnis $\nu' \geqq \sqrt{0{,}8\psi'}$ gemacht wird. $\underline{\nu' = D_i'/D_a' \geqq \sqrt{0{,}8 \cdot 0{,}062} = \underline{0{,}223}}$. Aus $\psi' \cdot u_a'^2/2 = Y$ nach Gl. (*58,1b) wird $u_a' = \sqrt{2 \cdot Y/\psi'} = \sqrt{2 \cdot 245/0{,}062} = \sqrt{7900} = 89$ m/sek wie S. 219. Da die kohärenten Einheiten für Längen, Geschwindigkeiten und das sekundliche Volumen im TM und im MKS-System die gleichen sind, so kann von S. 220 u. f. übernommen werden: $\underline{D_i = 200\ \mathrm{mm}\ \varnothing}$, $\underline{D_a = 600\ \mathrm{mm}\ \varnothing}$, $\nu = 0{,}33 > 0{,}223$, $1 - \nu^2 = 0{,}889$, $\underline{u_a = 94{,}2\ \mathrm{m/sek}}$, $\underline{c_m = 15{,}9\ \mathrm{m/sek}}$, $\varphi'' = 0{,}169$, so daß nach Gln. (*58,1b) und (*60,1)

$$\underline{\psi} = \frac{2Y}{u_a^2} = 490/8870 = 0{,}055 \quad \text{und}$$

$$\underline{\sigma} = (1 - \nu^2) \cdot \varphi''^{1/2}/\psi^{3/4} = \frac{0{,}889 \cdot \sqrt{0{,}169}}{\sqrt{0{,}055} \cdot \sqrt{0{,}235}} = \frac{0{,}889 \cdot 0{,}412}{0{,}235 \cdot 0{,}484} = \underline{3{,}22}$$

wird.

Profilabmessungen und Anstellwinkel. $\underline{z = 4}$, $\underline{\omega = 314\ \text{sek}^{-1}}$, $\underline{\eta_h = \eta = 0{,}75}$ werden von S. 220 übernommen. Dann ist nach Gln. (*57,4) und (*49,4)

$$\underline{c_a \cdot l \cdot w_\infty} = \frac{4 \cdot \pi \cdot Y}{z \cdot \omega \cdot \eta_h} = \frac{4 \cdot \pi \cdot 245}{4 \cdot 314 \cdot 0{,}75} = \underline{m = 3{,}265}$$

und

$$\underline{c_u} = \frac{Y}{\eta_h \cdot u} = \frac{245}{0{,}75 \cdot u} = \underline{326{,}5/u}\,.$$

Damit kann aus den anfangs genannten Gründen die gesamte weitere Berechnung von S. 220 u. f. übernommen werden.

Skizze s. Abb. 221,1.

5. Berechnungsbeispiel für einen Axiallüfter mit Blechschaufeln

Bei einer Drehzahl von 4000 U/min soll der Lüfter 10 m^3/sek Luft von 0,98 bar abs und 12 °C auf einen Gesamtdruck von 500 mm WS bringen.

Bauart. Mit den Größen

$$\underline{P} = 0{,}98 \cdot 10^5 \frac{\text{bar} \cdot \text{N}}{\text{m}^2 \cdot \text{bar}} = \underline{98\,000\ \text{N/m}^2\ \text{abs}},$$

$$\underline{T = 273 + 12 = 285\,^\circ\text{K}}, \quad \underline{n} = \frac{4000}{60} = \underline{66{,}67\ \text{U/sek}},$$

$$\underline{\Delta P} = 500 \cdot 9{,}81 \frac{\text{kp} \cdot \text{N}}{\text{m}^2 \cdot \text{kp}} = \underline{4900\ \text{N/m}^2}$$

wird nach S. 331 $\underline{\varrho = 1{,}2\ \text{kg/m}^3}$ wie im Beispiel 4 und die spezifische Stutzenarbeit

$$\underline{Y} = \Delta P/\varrho = 4900/1{,}2 = \underline{4080\ \text{J/kg} = \text{Wsek/kg}}\,.$$

Die Kennzahl wird nach Gl. (*61,6)

$$\underline{n_q} = \frac{333 \cdot n \cdot \sqrt{V}}{\sqrt{Y} \cdot \sqrt[4]{Y}} = \frac{333 \cdot 66{,}67 \cdot \sqrt{10}}{\sqrt{4080} \cdot \sqrt{63{,}8}} = \frac{333 \cdot 66{,}67 \cdot 3{,}16}{63{,}8 \cdot 7{,}99} = \underline{137{,}3}$$

bezogen auf U/min.

$\underline{\sigma} = n_q/158 = 137{,}3/158 = \underline{0{,}87}$ nach Gl. (*61,2a). Für Blechschaufeln ist nach S. 85 $\varepsilon = 0{,}05 > 0{,}04$ und $\psi \approx 5\%$ größer als für profilierte Schaufeln anzunehmen. Es können von S. 222 übernommen werden: $\underline{\psi' = 0{,}477,\ \eta = 0{,}83,\ \eta_m = 0{,}96,\ \eta_h = 0{,}865}$.

Erforderliche Antriebsleistung. Nach Gl. (*64,7)

$$N_a = V \cdot \Delta P/\eta \, \frac{\mathrm{m^3 \cdot N}}{\mathrm{sek \cdot m^2}} = \frac{\mathrm{Nm}}{\mathrm{sek}} = \frac{\mathrm{J}}{\mathrm{sek}} = \frac{\mathrm{Wsek}}{\mathrm{sek}},$$

$$\underline{N_a} = 10 \cdot 4900/0{,}83 = \underline{59000\ \mathrm{W} = 59\ \mathrm{kW}}.$$

Wahl der Außen- und Innendurchmesser des Laufrades. Mit $\nu' \geqq \sqrt{0{,}8 \cdot \psi'}$ nach S. 84 und Gl. (*60,1) wird $\nu' \geqq \sqrt{0{,}8 \cdot 0{,}477} = 0{,}618$ und die vorläufige Lieferzahl φ''' aus

$$\varphi'''^{1/2} = \frac{\sigma \cdot \psi'^{3/4}}{(1-\nu^2)^{1/2}} = \frac{0{,}87 \cdot \sqrt{0{,}477} \cdot \sqrt{0{,}691}}{\sqrt{(1-0{,}382)}},$$

$$\underline{\varphi'''} = \left(\frac{0{,}87 \cdot 0{,}691 \cdot 0{,}831}{0{,}787}\right)^2 = 0{,}634^2 = \underline{0{,}403},$$

$$\psi' \cdot u_a'^2/2 = Y \text{ nach Gl. (*58,1b)},$$

$$u_a' = \sqrt{2\,Y/\psi'} = \sqrt{8160/0{,}477} = \sqrt{17100} = 131\ \mathrm{m/sek}.$$

Damit können aus den im vorigen Beispiel genannten Gründen von S. 223 übernommen werden: $\underline{D_a = 600\ \mathrm{mm}\ \varnothing,\ D_i = 400\ \mathrm{mm}\ \varnothing}$, $\underline{\nu = 0{,}667 > 0{,}618}$, $\underline{u_a = 125{,}7\ \mathrm{m/sek}}$, $\underline{\psi = 0{,}518 < 1{,}05 \cdot 0{,}5}$ für $\underline{\sigma = 0{,}868}$, $\underline{\varphi'' = 0{,}505}$, $\underline{c_m = 63{,}5\ \mathrm{m/sek}}$, $\underline{z = 20}$, $\underline{\omega = 418{,}5\ \mathrm{sek}^{-1}}$. Damit wird nach Gln. (*57,4) und (*49,4)

$$\underline{m = c_a \cdot l \cdot w_\infty} = \frac{4\pi \cdot Y}{z \cdot \omega \cdot \eta_h} = \frac{4\pi \cdot 4080}{20 \cdot 418{,}5 \cdot 0{,}865} = \underline{7{,}1}$$

und

$$\underline{c_u} = \frac{Y}{\eta_h \cdot u} = \frac{4080}{0{,}865 \cdot u} = \underline{4725/u}$$

wie S. 224. Aus den im vorigen Beispiel genannten Gründen kann damit die weitere Rechnung von S. 222 u. f. übernommen werden.
Skizze s. Abb. 224,1.

6. Berechnungsbeispiel für einen Turbokompressor

(Übersicht über die Gesamtberechnung und Durchrechnung der 1. Stufe)

Der Kompressor soll 2,5 $\mathrm{Nm^3/sek}$ Luft von 0,933 bar abs und 15 °C am Saugstutzen auf 6,86 bar abs verdichten. Kühlwasser 15 °C. $u \leqq 230$ m/sek.

Bauart. Nach S. 156 mehrstufiger Kreiselverdichter mit Außenkühlung. Nach Abb. 168,1 durch Zwischenkühlung sich ergebende Stufengruppen mit gleichem Laufraddurchmesser in der Gruppe.

Erforderliche Antriebsleistung. Nach Zahlenbeispiel 1 S. 261 ist die entsprechende Luftmasse

$$m_{\text{sek}} = 3{,}23 \text{ kg/sek}.$$

Infolge der Zwischenkühlung kann für den ganzen Verdichter zum Vergleich der Leistungsbedarf bei isothermischer Verdichtung herangezogen werden. Nach Zahlenbeispiel 2 S. 265 ist $N_{is} = 531$ kW.

Wird für obige Verhältnisse und Radialmaschinen nach „Hütte"[1] $\eta_{is-k} = 0{,}57$ angenommen, so ist die an der Kupplung aufzuwendende Leistung $N_a = N_{is}/\eta_{is-k}$ nach Zahlenbeispiel 5 S. 268 $N'_a = 932$ kW $\triangleq$ 1275 PS vorläufig.

Annahme der Wellendurchmesser. Da die N_a-Werte in kW und PS übereinstimmen, werden die Wellendurchmesser von S. 226 übernommen: Welle 75 mm ⌀ in der Mitte, nach den Lagerstellen zu abnehmend. Nabendurchmesser: 120 mm ⌀ für die 1. Stufe, 135 mm ⌀ für die 2. Stufe, 150 mm ⌀ für die 3. Stufe und 155 mm ⌀ für die 4. Stufe geschätzt.

Luftzustand im Laufradmund der 1. Stufe. Nach S. 83 $n_q = 30$, nach S. 84 $\eta_h = 0{,}88$ in den ersten, abfallend auf 0,84 in den letzten Stufen. Daher nach Gl. (*84,1) $\psi = 1{,}2$. Nach Gl. (*58,2) wird dann für die 1. Stufe *die spezifische Stutzenarbeit* $y_{ad} = \psi \cdot u_2^2/2$ mit $u_2 \leqq 230$ m/sek $y_{ad} = 1{,}2 \cdot 53\,000/2 = 31\,800$ J/kg. Wird nach S. 297 wie S. 226 die *Einlaufzahl* $\varepsilon = 0{,}287$ angenommen, so wird wie dort die Zulaufgeschwindigkeit zum Laufradmund mit Gl. (*73,1) $c_0 = \varepsilon \cdot \sqrt{2 \cdot y_{ad}} = 0{,}287 \cdot \sqrt{63\,600} = 72{,}5$ m/sek. Mit der Geschwindigkeit 40 m/sek am Saugstutzen sinkt infolge der aufzuwendenden Beschleunigungsenergie nach Zahlenbeispiel 13 S. 274 bis zum Laufradmund der absolute Druck auf $p_s = 90\,800 \frac{\text{N}}{\text{m}^2}$ und die Temperatur auf $t_s = 13{,}24\,°\text{C}$.

Durchmesser des Laufrades. Drehzahl. Für diesen Zustand wird das vom Laufradmund sekundlich anzusaugende Volumen nach Gl. (*6,2a) $V_s = \frac{m_{\text{sek}} \cdot R \cdot T_s}{P_s} = \frac{3{,}23 \cdot 286{,}9 \cdot 286{,}24}{90\,800} = 2{,}91 \text{ m}^3/\text{sek}$. Das durch das Laufrad zu verarbeitende Volumen ist um 4% Spaltverluste größer, also $V_{l1} = 1{,}04 \cdot 2{,}91 = 3{,}025 \text{ m}^3/\text{sek}$ *am Eintritt*. Von S. 226 können deshalb übernommen werden: $D_0 = 260$ mm ⌀, $D_1 = 266$ mm ⌀. $D_2 = 558$ mm ⌀, $n = 7875$ U/min $= 131{,}5$ U/sek. Mit Gl. (258,1)

[1] [9], S. 858.

auf S. 258 wird das zu übertragende Drehmoment

$$M_t = \frac{N}{2\pi n} \frac{\text{W}}{\text{sek}^{-1}} = \text{J} = \text{Nm},$$

$$\underline{M_t} = \frac{932000}{2 \cdot \pi \cdot 131{,}5} = \underline{1130\ \text{Nm} = 113000\ \text{Ncm}}.$$

Mit $\underline{\tau_{tzul}} = 200 \cdot 9{,}81 \frac{\text{kp} \cdot \text{N}}{\text{cm}^2 \cdot \text{kp}} = \underline{1960 \frac{\text{N}}{\text{cm}^2}}$ wird aus $W_p \cdot \tau_{tzul} = \frac{\pi\, d'^3}{16} \cdot \tau_{tzul}$ $= M_t$, $d^3 = \frac{M_t \cdot 16}{\pi \cdot \tau_{tzul}} = \frac{113000 \cdot 16}{\pi \cdot 1960} = 292\ \text{cm}^3$, $d' = \sqrt[3]{292} = 6{,}7$ cm, so daß mit einem gewissen Keilzuschlag im 3. Abschnitt $d = 75$ bis 80 mm *richtig angenommen* ist. Doch sind diese Abmessungen, sobald die Laufradgewichte, ihre Verteilung und der Lagerabstand feststehen, noch auf die kritische Drehzahl n_k zu überprüfen (s. S. 227).

Austrittswinkel und Schaufelzahl des Laufrades der 1. Stufe. Aus den in dem vorigen Beispiel angeführten Gründen können von S. 227 übernommen werden: $\beta_1' = 35°$, $\beta_2' = 50°$, $\underline{z = 18}$, $\psi' = 1{,}15$, $k = 0{,}858$, $\psi = 1{,}2$. Dann muß nach Gl. (*84,1) mit $\underline{u_2 = 230 \frac{\text{m}}{\text{sek}}}$ $\underline{c_{2u}} = \frac{\psi \cdot u_2}{2 \cdot \eta_h \cdot k} = \frac{1{,}2 \cdot 230}{2 \cdot 0{,}88 \cdot 0{,}858} = \underline{183\ \text{m/sek}}$ gemacht werden. Von S. 227 wird weiter übernommen: $\underline{c_{2m} = 54{,}5\ \text{m/sek}}$, $\underline{\beta_2 = 49° 15'}$ $\underline{\approx 50°}$.

Druckverhältnis und Temperaturerhöhung der 1. Stufe. Nach Zahlenbeispiel 3 S. 226 wird bei einem Eintrittszustand von $p_s = 90800 \frac{\text{N}}{\text{m}^2}$ abs und $t_s = 13{,}24$ °C lt. Vortext bei verlustloser (adiabatischer) Strömung durch die Zufuhr von $y_{ad} = 31800$ J/kg in der 1. Stufe ein Druck von $p = 132000$ N/m² abs und eine Temperatur von 45 °C $= t'$ °C erreicht.

Infolge Strömungsreibung — erfaßt durch den inneren Wirkungsgrad $\underline{\eta_i = 0{,}8}$ *der Stufe* — sind für diese Drucksteigerung aber $\underline{y_i} = y_{ad}/\eta_i = 31800/0{,}8 = \underline{39900\ \text{J/kg}}$ am Laufrad aufzuwenden. Bei dieser polytropischen Verdichtung werden nach Zahlenbeispiel 4 S. 267 $t_3 = 53$ °C erreicht, da die Reibungswärme der Luft zugute kommt. Damit verändert sich die Dichte der Luft nach S. 267 auf $\varrho_3 = 1{,}41$ kg/m³ und ihr Volumen im Laufrad auf

$$\underline{V_{l2}} = 1{,}04 \cdot m_{\text{sek}}/\varrho_3 = 1{,}04 \cdot 3{,}23/1{,}41 = \underline{2{,}38\ \text{m}^3/\text{sek}}$$

bei Eintritt in die 2. Stufe.

Kühlung. Durchmesserstufung. *Für die 2. Stufe* sei die Druckzahl $\psi = 1{,}19$ statt 1,2 angenommen. Da sie das gleiche u_2 hat, wird nach Gl. (*58,2) $\underline{y_{ad}} = 31800 \cdot 1{,}19/1{,}2 = \underline{31500\ \text{J/kg}}$. Die Berechnung nach Zahlenbeispiel 3 S. 266 würde dann zu $p/p_s = 1{,}38$ statt 1,45 und zu $\Delta t = 39{,}7\,°C$ führen, so daß die Luft mit $p = 1{,}38 \cdot 132000 = 182000\ N/m^2 = 1{,}82$ bar und $53 + 39{,}7 = 92{,}7\,°C$ die 2. Stufe verläßt, um dem Zwischenkühler zuzuströmen.

Dort soll sie nach S. 228 zwar einen *Druckverlust* von $600 \cdot 9{,}81 \frac{kp \cdot N}{m^2 \cdot kg} = \underline{5880\ N/m^2}$ erfahren, aber auf 30 °C abgekühlt werden, so daß sie mit $\underline{p_s} = 182000 - 5880 = \underline{176120\ N/m^2\ abs}$ und $\underline{t_s = 30\,°C}$ in die 3. Stufe eintritt.

Nach Zahlenbeispiel 5 S. 268 muß die Kühlfläche so groß sein, daß sie $\underline{Q = 204\ kW}$ an Wärme abführen kann.

Aus den auf S. 229 angeführten Gründen wird *in der II. Stufengruppe* $\underline{D_2 = 500\ mm\ \varnothing}$ statt 558 mm ∅, $\underline{u_2 = 206\ m/sek}$ statt 230 m/sek, $\underline{\psi = 1{,}18 \text{ bis } 1{,}16}$ und so nach Gl. (*58,2)

$$y_{ad} = \frac{1{,}18 \text{ bis } 1{,}16}{1{,}19} \cdot \frac{206^2}{230^2} \cdot 31500 = \underline{25100 \text{ bis } 24700\ J/kg}$$

gemacht.

Nach den Berechnungen entsprechend Zahlenbeispiel 3 S. 266 ergeben sich dann Druckverhältnisse von 1,315 bis 1,253 und Temperatursteigerungen von 32 bis 32,3 °C je Stufe, während infolge des kleineren sekundlichen Volumens und der somit kleineren Durchflußgeschwindigkeit der Druckabfall im 2. Zwischenkühler nur 2940 statt 5880 N/m² beträgt.

In die III. Stufengruppe tritt die Luft also mit $\underline{p_s} = 176120 \cdot 1{,}315 \cdot 1{,}284 \cdot 1{,}253 - 2940 = 372000 - 2940 = \underline{369060\ N/m^2\ abs} = \underline{3{,}69\ bar\ abs}$ und $\underline{t_s = 30\,°C}$ ein.

Hinter der III. Stufengruppe ist der absolute Enddruck $p = 6{,}86$ bar abs. Damit ist nach Gl. (*13,2) die spezifische Verdichtungsarbeit ohne Verluste

$$y_{ad\,III} = \frac{\varkappa \cdot R \cdot T_s}{\varkappa - 1} \left[(p/p_s)^{(\varkappa-1)/\varkappa} - 1\right]$$

$$= \frac{1{,}4 \cdot 286{,}9 \cdot 303}{0{,}4} \left[(6{,}86/3{,}69)^{0{,}4/1{,}4} - 1\right]$$

mit $1{,}86^{1/3{,}5} = 1{,}195$,

$$\underline{y_{ad\,III}} = \frac{1{,}4 \cdot 286{,}9 \cdot 303 \cdot 0{,}195}{0{,}4} = \underline{59300\ J/kg}.$$

Im Mittel *bei 3 Stufen* $59300/3 = \underline{19800\ J/kg} < 24700$ J/kg *je Stufe.*

Wie S. 229 $\psi = 1{,}15$ bis 1,13. Nach Gl. (*58,2) im Mittel

$$u_2'^2 = \frac{206^2 \cdot 1{,}14 \cdot 19800}{1{,}17 \cdot 24700} = 33200,$$

$$u_2' = \sqrt{33200} = 183\ m/sek$$

mit

$$D_2' = \frac{60 \cdot u_2}{\pi \cdot n} = \frac{60 \cdot 183}{\pi \cdot 7875} = 0{,}444\ \text{m}.$$

Gewählt $\underline{D_2 = 450\ \text{mm}\ \varnothing}$ mit $\underline{u_2 = 186\ \text{m/sek}}$.

$$\underline{Y_{ad}} = \sum y_{ad} = 31\,800 + 31\,500 + 25\,100 + 24\,900 + 24\,700 + 3 \cdot 19800$$
$$= \underline{197\,400\ \text{J/kg}}$$

für den ganzen Kompressor. Nach S. 84 mittlerer innerer Wirkungsgrad $\underline{\eta_i} = (0{,}8 + 0{,}72)/2 = \underline{0{,}76}$.

$$\underline{Y_i} = Y_{ad}/\eta_i = 197\,400/0{,}76 = \underline{260\,000\ \text{J/kg}}.$$

Gl. (*64,6) entsprechend damit

$$\underline{N_i} = m_{\text{sek}} \cdot Y_i = 3{,}23 \cdot 260\,000\ \frac{\text{kg} \cdot \text{Wsek}}{\text{sek} \cdot \text{kg}} = \underline{840\,000\ \text{W} = 840\ \text{kW}}.$$

Dies entspricht bei $\eta_m = 0{,}95$ einer erforderlichen Antriebsleistung

$$\underline{N_a} = N_i/\eta_m = 840/0{,}95 = \underline{885\ \text{kW}}$$

statt $N_a' = 932$ kW lt. Vortext, so daß der *isothermische Kupplungswirkungsgrad*

$$\underline{\eta_{is\text{-}k}} = \frac{\eta_{is\text{-}k}' \cdot N_a'}{N_a} = \frac{0{,}57 \cdot 932}{885} = \underline{0{,}6}$$

wird.

Eintrittswinkel und Eintrittsbreiten des Laufrades der 1. Stufe. Da sowohl Längen und Geschwindigkeiten wie auch das sekundliche Volumen im TM und MKS-System die gleichen kohärenten Einheiten haben, so können die Ergebnisse von S. 230 übernommen werden.

Spaltdruck und Austrittsbreite des Laufrades der 1. Stufe. Die zur Erzeugung des Spaltdruckes erforderliche spezifische Arbeit je Stufe y_p ist gleich der spezifischen Arbeit y_{stat} zur Erzeugung des statischen Enddruckes je Stufe + der spezifischen Verlustenergie im Laufrad je Stufe. Damit wird entsprechend S. 230

$$y_p = y_{stat} + v_u = (u_2^2 - w_{3u}^2 + 0{,}39\,c_0^2)/2.$$

Mit $v_u = 0{,}06 \cdot y_{stat}$, $k = 0{,}858$, $c_{2u} = 183$ m/sek, $c_{3u} = k \cdot c_{2u} = 157$ m/sek wird nach Abb. 47,1 und S. 230 $w_{3u} = u_2 - c_{3u} = 73$ m/sek und $1{,}06 \cdot y_{stat} = (230^2 - 73^2 + 0{,}39 \cdot 72{,}5^2)/2 = 24\,700$ J/kg,

$$\underline{y_{stat} = 24\,700/1{,}06 = 23\,300\ \text{J/kg}}.$$

Damit wird der *Reaktionsgrad der 1. Stufe*

$$\underline{\mathfrak{r}} = y_{stat}/y_{ad} = 23\,300/31\,800 = \underline{0{,}73}.$$

Das im Laufrad der 1. Stufe erzielte Druckverhältnis wird dann nach Gl. (*13,3)

$$\frac{p_{sp}}{p_s} = \left[\frac{y_{stat} \cdot (\varkappa - 1)}{\varkappa \cdot R \cdot T_1} + 1\right]^{\frac{\varkappa}{\varkappa-1}} = \left(\frac{23\,300 \cdot 0{,}4}{1{,}4 \cdot 286{,}9 \cdot 286{,}24} + 1\right)^{1{,}4/0{,}4}$$

$$= 1{,}081^{3{,}5} = 1{,}316,$$

$\underline{p_{sp}} = 1{,}316 \cdot p_s = 1{,}316 \cdot 90\,800 = \underline{119\,300\ \mathrm{N/m^2}\ \mathrm{abs} = 1{,}193\ \mathrm{bar\ abs.}}$
Temperaturerhöhung im Laufrad nach Gl. (*13,3a)

$$\underline{\Delta t_u} = (y_{stat} + v_u)/1005 = 24\,700/1005 = \underline{24{,}6\,°\mathrm{C}}.$$

Temperatur hinter dem Laufrad $\underline{t_{sp}} = t_s + \Delta t_u = 13{,}24 + 24{,}6$ $\underline{\approx 37{,}8\,°\mathrm{C}} \mathrel{\hat{=}} 310{,}8\,°\mathrm{K}$. Sekundliches Volumen kurz vor dem Laufradaustritt

$$V_{sp} = \frac{m_{\mathrm{sek}} \cdot 1{,}04 \cdot 286{,}9 \cdot 310{,}8}{119\,300}$$

nach Gl. (*6,2a),

$$\underline{V_{sp} = 2{,}51\ \mathrm{m^3/sek}}$$

wie S. 231.

Aus der oben angeführten Begründung können die weiteren Werte dieses Abschnitts sowie der folgenden Abschnitte aus S. 231 bis 234 übernommen werden.

Skizze aller Beschaufelungen der Stufe s. Abb. 233,1.

Schrifttum

[1] BRAUER, A.: Die Dampfturbine, Essen: Girardet 1950.

[2] DIETZEL, F.: Dampfturbinen, Braunschweig/Berlin/Hamburg: Georg Westermann 1950.

[3] DUBBELS Taschenbuch für den Maschinenbau, Bd. I u. II, 12. Aufl., Berlin/Göttingen/Heidelberg: Springer 1963.

[4] DZUNG/ROHRBACH: Enthalpie-Entropie-Diagramme für Wasserdampf und Wasser, Berlin/Göttingen/Heidelberg: Springer 1955 (*bezogen auf kJ und bar*).

[5] ECK, B.: Ventilatoren, 4. Aufl., Berlin/Göttingen/Heidelberg: Springer 1962.

[6] ECKERT, B.: Axialkompressoren und Radialkompressoren, 2. Aufl., Berlin/Göttingen/Heidelberg: Springer 1961.

[7] FUCHSLOCHER/SCHULZ: Die Pumpen, 11. Aufl., Berlin/Göttingen/Heidelberg: Springer 1963.

[8] GRAMBERG, A.: Maschinenuntersuchungen, 3. Aufl., Berlin: Springer 1924.

[9] Hütte. Des Ingenieurs Taschenbuch, Bd. II A, 28. Aufl., Berlin: Ernst & Sohn 1955.

[10] KEYL/HÄCKERT: Wasserkraftmaschinen und Wasserkraftanlagen, 2. Aufl., Leipzig: Jänecke 1948.

[11] KLUGE, F.: Kreiselgebläse und Kreiselverdichter radialer Bauart, Berlin/Göttingen/Heidelberg: Springer 1953.

[12] VON DER NUELL/GARVE: Kreiselpumpen und -verdichter, 2. Aufl., Stuttgart: Teubner 1957.

[13] OEHLER, E.: Dampfturbinen, 4. Aufl., Leipzig: Teubner 1951.

[14a] PFLEIDERER, C.: Strömungsmaschinen, 2. Aufl., Berlin/Göttingen/Heidelberg: Springer 1957.

[14b] PFLEIDERER/PETERMANN: Strömungsmaschinen, 3. Aufl., Berlin/Göttingen/Heidelberg: Springer 1964.

[15] QUANTZ/MEERWARTH: Wasserkraftmaschinen, 11. Aufl., Berlin/Göttingen/Heidelberg: Springer 1963.

[16] RITTER, C.: Flüssigkeitspumpen, 4. Aufl., Leipzig: Jänecke 1945.

[17] VDI-Wasserdampftafeln. Mollier (i,s)-Diagramm, 6. Aufl., Berlin/Göttingen/Heidelberg: Springer 1963 (*bezogen auf kcal und ata*).

[18] ZIETEMANN, C.: Die Dampfturbinen, 2. Aufl., Berlin/Göttingen/Heidelberg: Springer 1955.

Druckschriften und Werkbilder

1. Allgemeine Elektricitäts-Gesellschaft Berlin (AEG).
2. Borsig A.G. Berlin-Tegel.
3. Brown, Boveri & Cie. Mannheim (BBC).
4. Demag A.G. Duisburg.
5. Deutsche Babcock-Werke Oberhausen (Rhld.).
6. Escher Wyss G. m. b. H. Ravensburg (EWCR).
7. Escher Wyss A.G. Zürich (Schweiz) (EWCZ).
8. Kühnle, Kopp & Kausch A.G. Frankenthal (Pfalz) (KKK).
9. Klein, Schanzlin & Becker-Amag Frankenthal (Pfalz) (KSB).
10. Maschinenfabrik B. Maier K. G. Brackwede (Westf.).
11. Maschinenfabrik Augsburg-Nürnberg, Werk Nürnberg (MAN).
12. Ossberger Turbinenfabrik Weißenburg (Bayern).
13. Siemens-Schuckertwerke A.G. Erlangen (SSW).
14. Gebrüder Sulzer A.G. Winterthur (Schweiz).
15. J. M. Voith G. m. b. H. Heidenheim (Brenz).

Sachverzeichnis

* bedeutet: Teil B, also MKSAK-System

721/24/65

MIX
Papier aus verantwortungsvollen Quellen
Paper from responsible sources
FSC® C105338

If you have any concerns about our products, you can contact us on
ProductSafety@springernature.com

In case Publisher is established outside the EU, the EU authorized representative is:
Springer Nature Customer Service Center GmbH
Europaplatz 3, 69115 Heidelberg, Germany

Printed by Libri Plureos GmbH
in Hamburg, Germany